LES

PHÉNOMÈNES

DE

LA NATURE.

TOME SECOND.

Bruxelles, imprimerie de J. Stienon.

LES

PHÉNOMÈNES

DE

LA NATURE

LEURS LOIS

ET LEURS APPLICATIONS AUX ARTS ET A L'INDUSTRIE

D'APRÈS LE Dr W. F. A. ZIMMERMANN,

PAR

LE Dr H. VALÉRIUS,

Professeur de physique à l'université de Gand.

PHYSIQUE POPULAIRE A L'USAGE DES GENS DU MONDE,

ILLUSTRÉE D'UN GRAND NOMBRE DE GRAVURES.

TOME SECOND.

Mécanique. — Acoustique. — Optique. — Calorique.

PARIS. SCHULZ ET THUILLIÉ, 12, Rue de Seine.

BRUXELLES. CHARLES MUQUARDT, Editeur.

PARIS. GUSTAVE HAVARD, 15, Rue Guénégaud.

ET CHEZ HECTOR BOSSANGE ET FILS, COMMISSIONNAIRES POUR L'ÉTRANGER.

1858

CONSIDÉRATIONS GÉNÉRALES

SUR LE SON, LA CHALEUR ET LA LUMIÈRE.

Nous avons vu que l'on parvient à expliquer d'une manière assez satisfaisante l'ensemble des phénomènes électriques et magnétiques, en admettant qu'il existe deux substances impondérables différentes, douées de propriétés particulières, de même que l'on admet autant de substances pondérables de nature distincte que l'on connaît de corps simples ou non susceptibles d'être décomposés. Les deux substances impondérables dont il s'agit ne se présentent que sous un seul état, analogue à celui des corps gazeux : elles forment l'une le fluide électrique positif, et l'autre le fluide électrique négatif; les phénomènes électriques et magnétiques ne sont que les manifestations des propriétés caractéristiques de ces fluides.

Pendant longtemps on a cru que les phénomènes de la chaleur et de la lumière étaient pareillement dus à des substances impondérables, se présentant toujours à l'état de fluides élastiques; ces substances étaient désignées l'une sous le nom de *calorique* et l'autre sous celui de *lumière;* dans cette théorie, on admettait que l'intensité des foyers de chaleur ou de lumière était mesurée par le nombre de molécules de calorique ou de matière lumineuse qu'ils étaient censés émettre. Les découvertes modernes ont forcé les physiciens à renoncer à cette théorie et à adopter pour la chaleur et la lumière une hypothèse analogue à celle qui est admise depuis longtemps pour le son.

Le *son* n'est pas une substance, telle que le bois, l'air et l'eau par exemple, mais bien une sensation produite sur l'organe de l'ouïe, par certains mouvements de la matière pondérable, désignés sous le nom de *vibrations.* Une corde de violon pourra servir à faire comprendre notre pensée. La corde convenablement tendue sur l'instrument et immobile ne rendra pas de son; mais, si on l'écarte de sa position d'équilibre avec le doigt ou avec l'archet et qu'on l'abandonne ensuite à elle-même, elle exécutera des mouvements très-rapides de part et d'autre de cette position, et, pendant toute la durée de ces mouvements, elle rendra un son plus ou moins aigu et plus ou moins intense. Ce son résulte de ce que la corde communique aux molécules d'air, avec lesquelles elle est en contact, un mouvement de va-et-vient analogue à celui qu'elle possède elle-même; les molécules d'air déplacées par la corde agissent à leur tour sur des molécules plus éloignées; et de cette manière le mouvement se communique de proche en proche jusqu'à l'oreille où il détermine la sensation du son. Or, ce qui vient d'être dit d'une corde de violon s'applique à tous les corps capables de produire des sons : le son n'est donc pas une matière, mais bien le résultat de l'action de certains mouvements de la matière sur l'organe de l'ouïe. La chaleur et la lumière ont une origine analogue : ces agents résultent des vibrations d'un fluide impondérable, très-subtil, répandu dans le vide aussi bien que dans les corps les plus denses; on a donné à ce fluide le nom d'*éther*. Nous reviendrons plus tard avec détail sur cette théorie que nous n'avons voulu, pour le moment, qu'indiquer.

Il suit de ce qui précède que pour pouvoir comprendre les phénomènes du son, ainsi que ceux de la lumière et de la chaleur, on a besoin au moins de connaissances élémentaires, tant sur les mouvements des corps que sur les causes qui produisent ou détruisent ces mouvements et que l'on désigne sous le nom collectif de *forces*. Nous exposerons ces notions dans un chapitre spécial portant pour titre : *Principes généraux de mécanique*. Ce chapitre sera précédé d'un autre dans lequel nous traiterons des *propriétés générales des corps;* dans l'un et l'autre chapitre, nous indiquerons, à la suite de chaque principe exposé, les applications les plus importantes qu'on a faites de ce principe, soit dans les arts, soit dans l'industrie.

Enfin, après la mécanique, nous étudierons successivement l'*acoustique*, ou la science du son, l'*optique*, ou la science de la lumière et la *chaleur*. (H. V.

PROPRIÉTÉS GÉNÉRALES DES CORPS.

Les corps pondérables, qu'ils soient solides, liquides ou gazeux, présentent certaines propriétés qui leur sont communes à tous, et que l'on nomme, pour ce motif, leurs *propriétés générales*. Parmi ces propriétés, les unes appartiennent à la matière, et les autres dépendent de la manière dont celle-ci se distribue dans l'espace pour former les corps. Elles sont au nombre de neuf, savoir : l'*étendue*, l'*impénétrabilité*, la *mobilité*, l'*inertie*, la *divisibilité*, la *porosité*, la *compressibilité*, l'*élasticité* et l'*attraction*.

Les corps impondérables possèdent les mêmes propriétés générales, sauf l'attraction, car tout porte à admettre que les molécules de chacun d'eux, au lieu de s'attirer mutuellement comme celles des corps pondérables, se repoussent, au contraire, les unes les autres.

Nous étudierons les propriétés générales des corps dans l'ordre que nous venons d'indiquer.

I. — ÉTENDUE.

L'*étendue* est la propriété dont jouit tout corps d'occuper une certaine partie de l'espace ou un certain volume.

Parmi les corps, les uns sont terminés par une surface régulière, susceptible d'une définition simple, tandis que la surface des autres est plus ou moins irrégulière. Le volume des premiers se calcule par les méthodes géométriques, au moyen de certaines longueurs que l'on considère dans leur configuration extérieure. Quant aux corps d'une forme indéterminée, leur volume s'obtient au moyen de leur poids, comme nous le verrons plus tard en parlant des densités.

La matière ne remplit jamais d'une matière continue l'espace limité par la surface extérieure des corps. C'est pour ce motif qu'il faut distinguer le *volume apparent* des corps, de leur *volume réel* : celui-ci est invariable; mais l'autre diminue ou augmente avec le volume des espaces vides ou pores qui existent dans les corps. Par la suite, quand il sera question du volume d'un corps, ce sera toujours du volume apparent qu'il s'agira, à moins que le contraire ne soit dit expressément. (H. V.)

VERNIER.

Dans presque toutes les recherches de physique, on a besoin de mesurer avec exactitude certaines dimensions linéaires des corps. L'opération consiste à porter sur la longueur que l'on veut mesurer, l'unité linéaire autant de fois qu'elle peut y être contenue. Mais il arrive, en général, que cette unité n'y est pas comprise un nombre exact de fois. Il restera alors une fraction de l'unité à évaluer par *estime*, ce qui peut suffire quand on n'a pas besoin d'une grande précision. Dans le cas contraire, on mesure cette fraction au moyen du *vernier*, qui tire son nom de celui de son inventeur, mathématicien français mort en 1637.

Voici la construction de cet instrument. Supposons que la règle A B (fig. 282), qui sert à mesurer les longueurs, soit divisée en milli-

Fig. 282.

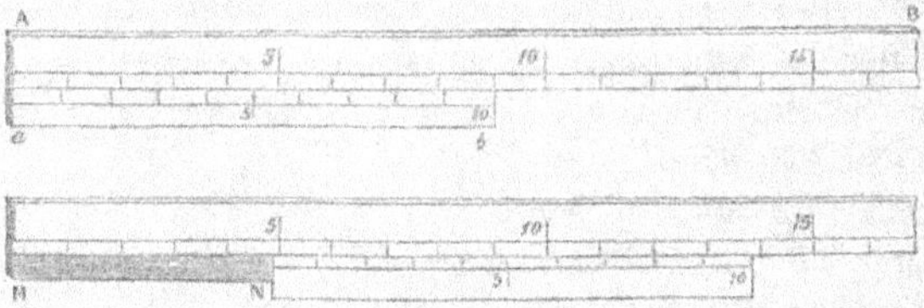

mètres, et que l'on veuille évaluer les longueurs avec une approximation telle, que l'erreur commise soit moindre que $0^{mm},1$. On portera sur une autre règle *ab*, 9 millimètres, dont on divisera l'ensemble en 10 parties égales. Désignons les traits de division respectivement par les numéros d'ordre 0, 1, 2, 3, 4, 5, 6, 7, 8, 9 et 10. La règle *a b* ainsi divisée est le vernier dont il s'agit d'expliquer l'usage. Chacune de ses divisions a une étendue de 9/10 de millimètre. Si donc on la porte sur la grande règle, de manière que son zéro coïncide avec un des traits de division de celle-ci, il n'y aura de nouveau coïncidence qu'à la neuvième division, à partir de ce trait. Les traits intermédiaires seront en avant de ceux du même ordre sur le vernier, le premier de 1/10 de millimètre, le second de 2/10 de millimètre, etc., et le n^e

de n dixièmes de millimètre. Par conséquent, si l'on fait avancer le vernier de gauche à droite, sa première division coïncidera avec un des traits de la grande règle, lorsque le déplacement aura été de 1/10 de millimètre; il en sera de même de sa deuxième division, lorsque le déplacement aura été de 2/10 de millimètre; de sa troisième division, pour un déplacement de 3/10 de millimètre, etc. En un mot, le numéro de la division du vernier qui viendra coïncider avec un des traits de la grande règle A B, indiquera le nombre de dixièmes de millimètre dont aura fait avancer le vernier.

Il est actuellement facile de voir comment on pourra mesurer une longueur M N à moins d'un dixième de millimètre près. A cet effet, il suffira d'appliquer M N sur la règle A B, qui porte les millimètres, de manière qu'un des traits de division de celle-ci coïncide avec une des extrémités de celle-là, ce qui donnera d'abord le nombre entier n de millimètres que contient la longueur à mesurer; de placer ensuite le zéro du vernier à l'autre extrémité de M N, et de voir enfin le numéro n' du vernier qui paraît coïncider avec un des traits de division de la grande règle : ce numéro indiquera le nombre de dixièmes de millimètre à évaluer, puisqu'il donnerait la mesure du déplacement qu'il faudrait imprimer au vernier pour faire passer son zéro, du trait de division du dernier millimètre entier contenu dans la longueur à mesurer, jusqu'à l'extrémité correspondante de celle-ci, c'est-à-dire pour lui faire parcourir un espace égal à celui de la fraction à évaluer. La longueur cherchée sera, par conséquent, $\left(n+\frac{n'}{10}\right)$ millimètres, à moins d'un dixième de millimètre d'erreur près.

D'après cela, on voit que la longueur M N est égale à $4^{mm},8$; car cette longueur contient 4 millimètres entiers, et le 8e trait de division du vernier coïncide sensiblement avec un des traits de la règle qui porte les millimètres.

En donnant au vernier une longueur de 19, 39, 49.... millimètres, et le divisant en 20, 40, 50.... parties égales, on pourra apprécier 1/20, 1/40, 1/50... de millimètre. Il est rare qu'on aille au delà, à cause de la difficulté de tracer des traits assez fins pour qu'une différence de position de 1/50 de millimètre ne soit pas perdue dans leur épaisseur.

Quelquefois cependant on va jusqu'au $0^{mm},01$ dans des instruments de très-grande précision; alors on s'aide d'une forte loupe pour distinguer les traits.

Le vernier s'applique aussi à la mesure des arcs de cercle. (H. V.)

VIS MICROMÉTRIQUE ET SPHÉROMÈTRE.

Pour mesurer les petites épaisseurs, on se sert soit de la *vis micrométrique*, soit du *sphéromètre*. Voici le principe de ces instruments. Lorsqu'une vis est bien exécutée, son *pas*, c'est-à-dire l'intervalle de deux filets consécutifs, est partout le même; d'où il résulte que si la vis tourne dans un écrou fixe, elle avance, à chaque tour, d'une longueur égale à celle du pas; et que pour une fraction de tour, 1/10, par exemple, elle n'avance que de 1/10 du pas. Par conséquent, si le pas est d'un millimètre, et si, à l'extrémité de la vis, est un cercle gradué en 400 degrés, et tournant avec elle, en ne faisant marcher ce cercle que d'une division, on fera avancer la vis de 1/400 de millimètre.

Dans le sphéromètre, la vis qui sert à mesurer les épaisseurs est verticale, tandis qu'elle est horizontale dans la vis micrométrique ordinaire. Comme il n'existe pas d'autre différence essentielle entre ces deux appareils, nous pouvons nous borner à la description du premier; il sera facile ensuite d'imaginer la disposition du second.

Fig. 283.

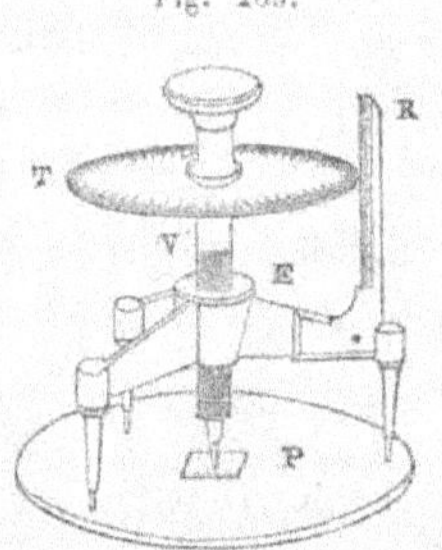

Le sphéromètre se compose d'un écrou fixe E (fig. 283), porté sur trois pointes mousses, dont le plan est perpendiculaire à l'axe de la vis V; celle-ci a une tête circulaire T, divisée en 100, 400 ou 500 parties égales, et son extrémité inférieure est terminée en pointe aiguë. On place cet instrument sur une plaque horizontale de verre dépoli P : il reste alors en équilibre stable sur ses trois pieds; mais si l'on fait tourner la vis de manière à abaisser son extrémité inférieure au-dessous du plan des trois pointes, l'équilibre est rompu, et l'instrument ballotte à la moindre secousse. En faisant tourner la vis dans un sens ou dans l'autre, on parvient aisément à mettre son extrémité dans le plan même des trois pointes; elle doit alors toucher la plaque parfaitement plane sur laquelle l'instrument est placé, sans que celui-ci puisse faire entendre le moindre ballottement. On détermine alors le trait de division du cadran qui se trouve en regard d'une règle verticale R, divisée et fixée à l'écrou. On remonte ensuite la vis, afin de placer dessous l'objet dont on veut mesurer l'épaisseur; on la tourne de nouveau pour abaisser sa pointe jusqu'au contact du corps soumis à l'expérience, sans ballottement de l'appareil. On observe encore le trait de division du cadran qui coïncide avec la règle verticale fixe; puis on enlève le corps, et on ramène la pointe de la vis en contact avec la plaque P. Le nombre et la fraction de tours que la vis doit faire dans ce dernier mouvement donnent, en fraction du pas, dont la longueur est connue, l'épaisseur du corps proposé. Quand ce corps est mou, on le met entre deux lames de verre dont on a préalablement déterminé l'épaisseur; on cherche ensuite l'épaisseur de l'ensemble des deux plaques et du corps, et en retranchant du résultat obtenu l'épaisseur connue des deux plaques, on obtient évidemment l'épaisseur qu'il s'agissait d'évaluer. C'est de cette manière qu'il faut opérer lorsqu'il s'agit, par exemple, de déterminer l'épaisseur d'une feuille de papier ou d'or battu.

Le sphéromètre permet d'apprécier des millièmes de millimètre. Il est tellement sensible, que si l'on appuie le doigt sur la plaque de verre à l'endroit où vient de reposer l'extrémité de la vis, on peut reconnaître, en l'y replaçant, que la chaleur, communiquée par le doigt, a fait gonfler ou dilater le verre en ce point.

Les machines qui servent à diviser les longueurs en parties égales reposent sur le même principe que la vis micrométrique et le sphéromètre. (H. V.)

II. — IMPÉNÉTRABILITÉ.

L'*impénétrabilité* est la propriété en vertu de laquelle deux portions quelconques de matière ne peuvent pas occuper en même temps le même lieu de l'espace.

Cette propriété est évidente, car sans elle il serait impossible de concevoir l'existence de la matière. Cependant elle semble en défaut dans un grand nombre de phénomènes. Par exemple, si dans un tube long et étroit, fermé par un bout, on verse d'abord de l'eau; puis, si on le remplit avec de l'alcool, et, après l'avoir bouché avec un disque de verre usé à l'émeri, si on le retourne à plusieurs reprises pour opérer le mélange des deux liquides, on remarquera une diminution très-sensible du volume total avant le mélange, ce qui semblerait indiquer une pénétration de la substance de l'un des liquides par celle de l'autre. Mais cette pénétration n'est qu'apparente; elle résulte uniquement de ce que les parties matérielles des corps ne se touchent pas, ainsi qu'on le verra à l'article *Porosité*, et que dans le mélange de l'eau et de l'alcool les distances intermoléculaires sont un peu moindres que dans l'un ou peut-être que dans les deux liquides dont ce mélange est formé.

L'impénétrabilité offre un moyen très-simple de démontrer la matérialité des gaz transparents et incolores comme l'air, et dont on ne pourrait reconnaitre l'existence par l'organe de la vue. Ce moyen consiste à enfoncer dans l'eau un simple verre à boire, plein d'air, l'ouverture en bas; on voit alors le liquide monter plus ou moins dans l'intérieur, le gaz qu'il contient, cédant à la pression de l'eau qui enveloppe le verre; mais jamais l'eau ne parvient à remplir complétement celui-ci, ce qui montre qu'il y existe un corps matériel, c'est-à-dire impénétrable : ce corps, c'est l'air.

L'expérience que nous venons de décrire a reçu une application dans la *cloche à plongeur,* au moyen de laquelle on peut, sans se mouiller pour ainsi dire, descendre au fond de la mer, et en explorer le fond. C'est une cloche en métal assez grande, soutenue par des cordes et munie, à sa partie supérieure, d'une fenêtre pour l'arrivée de la lumière, et dans l'intérieur, de bancs pour s'asseoir. Lorsque, après y avoir suspendu une masse d'un poids convenable, on la laisse s'enfoncer dans l'eau, l'homme qui s'y trouve demeure environné d'air et peut respirer à son aise. A mesure que l'air est vicié par la respiration, on le remplace par de l'air pur qu'on refoule dans la cloche à l'aide d'une pompe de compression disposée à peu près comme celle que nous décrirons plus loin en parlant du fusil à vent. L'air vicié s'échappe en bulles au-dessous de la cloche; l'air pur qui le remplace arrive par l'intermédiaire d'un tuyau flexible qui communique, d'une part, avec la pompe de compression, et, de l'autre, avec la partie supérieure de la cloche. (H. V.)

III. — MOBILITÉ.

On appelle *mobilité* la propriété qu'ont tous les corps de pouvoir occuper successivement différentes positions dans l'espace, ou de pouvoir être changés de place.

Le mouvement peut être *absolu* ou *relatif.* Il est absolu dès qu'il a lieu par rapport à des repères fixes; il est relatif, lorsque ces repères eux-mêmes sont en mouvement. C'est ainsi que les mouvements d'un voyageur, qui va et vient dans la chambre d'un navire en marche, ne sont que relatifs, parce que les divers objets auxquels il rapporte les différentes positions qu'il occupe successivement sont eux-mêmes en mouvement.

Il n'y a pas de repos absolu dans la nature. La terre tourne autour de son axe, en entraînant tous les corps situés à sa surface ; ce mouvement se combine avec un autre beaucoup plus rapide, celui de translation autour du soleil; et le soleil lui-même n'est pas immobile : il est transporté dans l'espace, ainsi que notre système planétaire, avec une vitesse au moins égale à celle de la terre dans son orbite. Comme nous partageons tous les mouvements de la terre, celle-ci nous semble immobile; et lorsque des corps changent de distance, nous ne jugeons que de leurs mouvements relatifs, en faisant abstraction de leurs mouvements communs. (H. V.)

IV. — INERTIE OU FORCE D'INERTIE.

On désigne sous le nom d'*inertie* ou de *force d'inertie* la résistance que la matière oppose à tout changement dans son état actuel de repos ou de mouvement.

En ce qui concerne les corps en repos, leur force d'inertie est facile à démontrer. En effet, l'expérience nous apprend que pour les mettre en mouvement, il faut exercer sur eux un effort d'autant plus considérable qu'ils renferment plus de matière et que la vitesse qu'on veut leur imprimer, dans un temps donné, est plus grande. Or, il est évident que s'ils n'opposaient pas de résistance au passage de l'état de repos à celui de mouvement, non-seulement cet effort serait inutile, puisqu'il n'y aurait pas de résistance à vaincre, mais avec une force quelconque on devrait, en outre, pouvoir imprimer toutes les vitesses imaginables à une même quantité de matière, quelque grande qu'on la supposât, ce qui n'a pas lieu, ainsi que nous venons de le dire. Si l'on admet, au contraire, l'existence de la force d'inertie, on comprend sans peine que, pour imprimer, dans un temps donné, une certaine vitesse à un corps en repos, l'effort à employer devra être proportionnel à cette vitesse et à la masse du corps, car la résistance au mouvement doit croître à la fois avec la quantité de matière à mouvoir et avec la grandeur de la vitesse ou du changement d'état qu'on veut lui imprimer.

Voici une expérience très-propre à démontrer la résistance que les corps en repos opposent au mouvement : on suspend à l'une des extrémités d'un fil mince de chanvre ou de lin un poids assez lourd pour tendre fortement le fil, mais trop faible pour le rompre; quand on soulève lentement le poids au moyen du fil, celui-ci résiste; il se rompt, au contraire, si on essaye de soulever le poids brusquement.

C'est que dans ce dernier cas, la résistance que la matière du poids oppose au mouvement qu'on tend à lui imprimer s'ajoute à l'effort que le poids fait pour tomber, et c'est l'action combinée de ces deux forces qui produit la rupture du fil.

Quant aux corps en mouvement, pour les ramener au repos, il faut exercer sur eux, en sens contraire de leur mouvement, des efforts exactement égaux à ceux qui leur ont communiqué la vitesse qu'ils possèdent. C'est ainsi, comme nous le verrons plus loin, que la pesanteur doit agir exactement aussi longtemps pour communiquer une certaine vitesse à un corps qui tombe, que pour détruire la même vitesse lorsque, le corps étant lancé verticalement de bas en haut, cette force agit en sens contraire du mouvement que l'on a imprimé au corps. Comme les corps en repos, les corps en mouvement possèdent donc la force d'inertie. Cependant beaucoup de faits semblent indiquer que le mouvement d'un corps ne peut persister; mais en étudiant avec soin les mouvements qui s'opèrent à la surface de la terre, on reconnaît que les retards et les destructions qu'ils éprouvent sont dus à certains obstacles, et l'on acquiert la conviction qu'ils continueraient d'exister, si ces obstacles pouvaient être écartés. Parmi ces obstacles ou résistances, nous citerons, comme les plus ordinaires, le frottement et la résistance de l'air. Par exemple, une boule lancée sur un terrain horizontal, mais couvert d'aspérités, arrive bientôt à l'état de repos, tandis que, lancée avec la même force sur un parquet poli et ciré, elle ne s'arrête qu'après avoir parcouru un espace beaucoup plus long; ce qui montre que le frottement de la boule sur la surface est une cause de destruction de son mouvement, puisque, en diminuant cette résistance, le mouvement dure plus longtemps. La résistance de l'air ou de tout autre fluide pondérable au milieu duquel un corps se meut produit un effet analogue au frottement, car le corps ne pouvant se mouvoir sans déplacer l'air ou le fluide, une partie de sa force d'inertie est employée à produire ce déplacement, et bientôt son mouvement est éteint.

C'est ici le lieu de donner un exemple des modifications apparentes que le principe de la vie, cette cause mystérieuse de l'existence des êtres organisés, apporte aux lois de la physique. L'homme et les animaux peuvent, d'eux-mêmes et sans intervention étrangère, passer de l'état de repos à celui de mouvement, et vice-versâ, ce qui semble indiquer qu'ils font exception à la loi de l'inertie; mais cette exception n'est qu'apparente. En effet, le corps des animaux est composé de différents organes, parmi lesquels il en existe (les nerfs) qui, dépositaires principaux de la force vitale, possèdent la propriété de communiquer le mouvement à d'autres (les muscles). Ainsi, dans les animaux, chaque organe en particulier est incapable de se mettre de lui-même en mouvement, et ressemble en cela aux corps de la nature morte, et c'est parce que nous considérons le corps de l'homme comme un ensemble que le mouvement qu'il est apte à s'imprimer nous paraît échapper à la loi de l'inertie. Une locomotive se meut de même en apparence spontanément, mais c'est aussi parce qu'elle est composée d'organes dont les uns, sollicités directement par la vapeur, impriment le mouvement aux autres. Ce qui prouve l'exactitude de notre explication, c'est que, dans des circonstances convenables, l'inertie de la matière du corps des animaux reprend tous ses droits. Lorsqu'un homme court, ou saute un fossé, dès qu'il ne touche plus le sol, son mouvement en avant s'effectue par l'inertie seule. Lorsqu'un cheval au grand galop vient à s'arrêter un peu brusquement sans que le cavalier soit sur ses gardes, celui-ci est emporté, en vertu de son inertie, par-dessus la tête du cheval.

C'est aussi l'inertie qui rend si terribles les accidents de chemin de fer. En effet, que la locomotive vienne brusquement à s'arrêter, tout le convoi continue sa marche, en vertu de sa vitesse acquise, les waggons vont se briser les uns contre les autres et les voyageurs sont lancés violemment dans la direction que suivait le convoi.

Nous citerons encore les patineurs, que leur inertie seule emporte fort loin après qu'ils se sont donné un élan convenable, etc.

Nous ferons, en passant, une autre remarque : c'est que l'impossibilité où l'on est de construire une machine dans laquelle le mouvement ne rencontre absolument aucune résistance, constitue l'une des difficultés de la fameuse question du *mouvement perpétuel*, et l'une des raisons pour lesquelles les nombreuses personnes qui se sont livrées à cette recherche y ont perdu leurs peines et leur temps. (H. V.)

V. — DIVISIBILITÉ.

La *divisibilité* est la propriété qu'ont tous les corps de pouvoir être partagés en plusieurs portions isolées.

Voici quelques exemples qui montrent que la division des corps peut être portée à un point extrême.

Wollaston est parvenu à réduire le platine en fils n'ayant que 1/1200 de millimètre d'épaisseur. Ces fils sont tellement minces qu'on ne les distingue à l'œil nu qu'après les avoir fait rougir, en les exposant à la flamme d'une bougie, par exemple; il en faut 200 mètres environ pour peser un centigramme, quoique le platine soit le plus lourd des métaux. On se les procure en étirant à la filière un fil d'argent dont l'axe est occupé par un fil mince de platine, et dissolvant ensuite l'argent, au moyen de l'acide nitrique bouillant. Un pareil fil pourrait facilement être coupé en parties d'un dixième de millimètre de longueur; le volume des parties ainsi obtenues serait moindre qu'un dix-millionième de millimètre cube.

Il existe, dans les eaux stagnantes et dans certaines infusions qu'on a laissées longtemps exposées à l'air, des animaux tellement petits, qu'il faut employer des instruments grossissant très-fortement pour les apercevoir. Or, ces animaux se meuvent, se nourrissent; ils ont, par conséquent, des organes. Quelle ne doit pas être, d'après cela, l'extrême ténuité des particules dont ceux-ci sont composés!

Les bulles de savon, qui donnent de si brillantes couleurs, sont de minces lames d'eau dont Newton a mesuré l'épaisseur. Auprès de leur sommet, elles n'ont ordinairement que 0,0001 de millimètre, et quand on aperçoit une tache noire au moment où elles vont éclater, leur épaisseur n'est que de 0,00001 de millimètre.

Puisque la matière peut s'amincir en superficie comme dans les bulles de savon, et se rétrécir en longueur comme dans les fils de platine, il est évident qu'elle peut s'atténuer de la même manière dans toutes les dimensions. On conçoit donc la possibilité d'obtenir de petits cylindres de platine de 1/1200 de millimètre d'épaisseur et de hauteur, et dont le volume ne serait pas de beaucoup supérieur à trois dix-billionièmes de millimètre cube; on conçoit de même la possibilité d'isoler des portions d'eau de forme cubique, ayant 0,00001 de millimètre de côté, et, par conséquent, un volume égal à un quadrillionième de millimètre cube. Une telle portion d'eau échapperait à l'œil armé des meilleurs microscopes, car avec ces instruments on ne peut distinguer des dimensions linéaires ayant moins de 0,00004 de millimètre.

Enfin, ce qui est au-dessus de toute comparaison, c'est la divisibilité des matières colorantes et des substances odorantes. Ainsi, un millimètre cube d'indigo, dissous dans l'acide sulfurique, peut donner une coloration très-appréciable à plus de dix litres d'eau, c'est-à-dire qu'il se partage très-certainement en plus de dix millions de parties. On sait aussi, par exemple, qu'une très-petite portion de musc peut fournir des particules odorantes à l'air qui se renouvelle autour d'elle pendant plusieurs années; il est évident que si l'on pouvait isoler une de ces particules, elle serait plus petite que tout ce qui peut être soumis à notre observation.

Bien que la matière soit susceptible d'être réduite en particules qui échappent au toucher et à la vue, cependant sa divisibilité a une limite qui n'est jamais franchie, même dans les actions chimiques qui opèrent la division la plus grande possible, puisqu'il n'est pas de corps composé, si petit qu'on le suppose, qui ne puisse être réduit en ses éléments. En effet, si la matière était divisible à l'infini, les propriétés des corps devraient varier d'après la petitesse des parties matérielles dans lesquelles on les aurait réduits. Or, jamais on n'a constaté un effet de cette espèce. C'est pourquoi l'on admet que les corps sont formés d'éléments matériels qui ne se brisent, ni ne s'altèrent, ni ne se transmutent les uns dans les autres, à quelque opération qu'on les soumette. Ces éléments s'appellent *atomes*, pour indiquer qu'ils sont insécables.

Lorsque deux ou plusieurs corps simples, tels que le soufre, le fer, l'oxygène, etc., se combinent, on admet que les atomes de ces corps s'attirent les uns les autres, en vertu d'une force particulière appelée *affinité*[1], et qu'il se produit ainsi des groupes d'atomes formés chacun d'un ou de plusieurs atomes des divers corps qui sont entrés en combinaison. Ces groupes d'atomes, qu'on ne peut détruire que par des actions chimiques, s'appellent des *molécules*. On les désigne aussi quelquefois, mais improprement, sous le nom d'*atomes composés*, ou simplement sous celui d'*atomes*. (H. V.)

VI. — POROSITÉ.

La *porosité* est la propriété que possèdent les corps de présenter des intervalles vides ou *pores* entre leurs parties matérielles.

Il y a deux sortes de porosités. La première, qui seule peut être considérée comme propriété générale, résulte de ce que les atomes des corps ne se touchent pas. On peut l'appeler *porosité simple* ou *intermoléculaire*.

La seconde, dont il est plus souvent question et qu'on appelle aussi *perméabilité*, est particulière à la plupart des solides. Elle consiste dans l'existence de pores ou cavités infiniment plus grandes que les

[1] On est assez généralement d'accord pour considérer l'affinité comme une force d'origine électrique (voy. *Théorie de l'électrolyse*, t. I, p. 285).

intervalles moléculaires et dans lesquelles peuvent s'introduire des liquides et des gaz.

Nous verrons plus tard que tous les corps diminuent de volume ou se contractent quand on abaisse leur température, c'est-à-dire qu'on leur enlève de la chaleur en les mettant en présence de corps froids. Nous devons en conclure que leurs molécules sont susceptibles de se rapprocher et par conséquent qu'elles ne se touchent pas : tous les corps possèdent donc la porosité simple; ils la possèdent même toujours, car quelque froids qu'ils soient, l'expérience démontre qu'ils diminuent constamment de volume quand on les refroidit davantage, de sorte qu'on doit admettre que jamais les atomes n'ont pu être amenés jusqu'au contact. A cause de leur excessive petitesse, nous ne pouvons apercevoir les espaces qui existent entre les atomes; pas plus que nous ne pouvons distinguer ces atomes eux-mêmes.

On peut citer à l'appui de la seconde espèce de porosité, c'est-à-dire de la porosité dans le sens vulgaire du mot, la faculté que possèdent beaucoup de corps solides de laisser passer tel ou tel liquide : certaines pierres, la plupart des tissus des animaux, l'éponge, le bois, le papier jouissent de la propriété dont il s'agit. Dans l'éponge, le bois, et dans un grand nombre de pierres, les pores sont apparents à l'œil nu.

La porosité a été utilisée dans les filtres en papier, en feutre, en pierre, en charbon, dont on fait un fréquent usage dans l'économie domestique. Les pores de ces substances sont assez grands pour laisser passer les liquides, mais ils sont trop petits pour laisser passer les substances que ceux-ci tiennent en suspension. Dans les carrières, on pratique, dans les blocs de pierre, des rainures où l'on introduit des coins de bois bien secs; ceux-ci étant ensuite humectés, l'eau pénètre dans leurs pores, le bois se gonfle et détache des blocs considérables.

Les cordes sèches, si on les mouille, augmentent en diamètre et diminuent en longueur; de là un moyen puissant qui a été utilisé pour soulever d'énormes fardeaux. Il existe, à cet égard, une anecdote intéressante. Sous le pape Sixte-Quint, on élevait à Rome un obélisque apporté d'Égypte, dont le poids considérable donnait tant d'inquiétude aux architectes, que l'on avait ordonné, *sous peine de mort*, le plus profond silence. Le nombre des spectateurs était immense. Des machines nombreuses étaient employées à soulever la masse : mais les cordes surchargées d'un poids si considérable s'étaient allongées, et l'on désespérait de pouvoir parvenir à la soulever à la hauteur convenable, lorsque, du milieu de la foule, une voix s'écria : *Mouillez les cordes!* On le fit, et l'obélisque fut aussitôt placé. (H. V.)

VII. — COMPRESSIBILITÉ.

La *compressibilité* est la propriété qu'ont les corps de pouvoir se réduire à un moindre volume par l'effet de la pression. Cette propriété est la conséquence de la porosité, dont elle est elle-même une preuve.

Chez les solides, la compressibilité est très-variable : elle est très-grande chez quelques-uns, et très-faible chez les autres. Ainsi, en pressant entre les doigts un morceau de liége, un morceau de moelle de sureau, on peut suivre, pour ainsi dire, à l'œil, le rapprochement des molécules. Les métaux sont aussi compressibles, comme l'indiquent les empreintes que prennent les médailles sous le choc du balancier. Il est à remarquer que la compressibilité des solides a une limite au delà de laquelle ces corps, cédant à la pression, se désagrégent tout à coup et se réduisent souvent en poudre impalpable.

Comme les solides, les liquides sont tous compressibles, mais à un degré si faible qu'ils ont été longtemps regardés comme tout à fait incompressibles. Nous décrirons plus tard un appareil, imaginé par Oersted, et au moyen duquel on peut démontrer la compressibilité des liquides.

C'est surtout chez les corps gazeux que la compressibilité se montre à un haut degré, car ces corps peuvent être réduits, sous des pressions suffisantes, à un volume 10, 20 et même 100 fois plus petit que celui qu'ils occupent dans les conditions ordinaires. Toutefois, pour la plupart des gaz, on rencontre une limite de pression au delà de laquelle l'état gazeux ne persiste plus, et est remplacé par l'état liquide. L'air, l'oxygène, l'azote et l'hydrogène sont, pour ainsi dire, les seuls gaz que l'on n'ait pas réussi jusqu'ici à liquéfier par la compression : on les désigne sous le nom de *gaz permanents*.

Fig. 284.

Le *briquet pneumatique* peut servir à mettre en évidence la grande compressibilité des gaz. Cet appareil, représenté par la figure 284, consiste en un cylindre de verre, à parois épaisses, fermé à l'un de ses bouts et ouvert à l'autre. Le tube étant rempli d'un gaz, d'air par exemple, si on adapte à l'ouverture un piston entouré d'une garniture de caoutchouc et fermant exactement; puis, qu'on fasse descendre le piston en employant une certaine force, on verra qu'on peut facilement faire occuper à l'air un volume plus petit que celui qu'il occupait naturellement.

La compression rapide des gaz est accompagnée d'un dégagement de chaleur suffisant pour enflammer certains corps combustibles. On peut le constater en fixant un morceau d'amadou à l'extrémité du piston de l'appareil que nous venons de décrire, et en enfonçant brusquement le piston dans le cylindre; l'amadou alors prend feu et continue à brûler à l'air. Pendant longtemps on s'est servi de l'appareil de la figure 284 pour se procurer du feu; c'est même de là qu'est venu le nom qu'il porte. (H. V.)

VIII. — ÉLASTICITÉ.

L'*élasticité* est la propriété en vertu de laquelle un corps, dont on a changé la forme ou le volume, entre certaines limites, reprend son état primitif, aussitôt que la force qui altérait cette forme ou ce volume cesse d'agir.

L'effort qu'il faut faire pour maintenir un certain changement dans les positions relatives des différentes parties d'un corps, est égal à la force avec laquelle le corps tend à revenir à son premier état, et peut servir à la mesurer. Cette dernière force est ce que l'on appelle la *force élastique* ou de *ressort* du corps soumis à l'expérience.

On apprécie le degré d'élasticité des corps, soit par la grandeur de la déformation qu'on peut leur faire subir sans qu'ils cessent de pouvoir revenir à leur état primitif, soit par les forces nécessaires pour leur faire éprouver à tous un même changement de forme ou de volume. Sous le premier point de vue, on peut dire que le caoutchouc est plus élastique que l'acier, et sous le second, c'est évidemment l'inverse qui a lieu.

Ces définitions établies, nous allons nous occuper successivement de l'élasticité dans les solides, dans les liquides et dans les gaz.

ÉLASTICITÉ DES CORPS SOLIDES.

Tous les corps solides sont élastiques, mais ils le sont à des degrés très-différents. Le liége, le caoutchouc, l'ivoire, le marbre, l'acier trempé, nous offrent des exemples de corps très-élastiques. Le plomb, au contraire, ne possède qu'une élasticité à peine sensible, puisqu'une lame de ce métal étant fléchie ne reprend sa forme primitive qu'à la condition que la flexion ait été extrêmement légère. Pour constater l'élasticité de l'ivoire, du verre ou du marbre, on laisse tomber une petite bille de ces corps sur un plan de marbre poli et recouvert d'une légère couche d'huile. La bille rebondit à une hauteur un peu moindre que celle de la chute, après avoir produit, au point où elle a frappé, une empreinte circulaire d'autant plus étendue, qu'elle est tombée d'une plus grande hauteur. Au moment du choc, la bille a donc été aplatie sur le plan, et cependant si on l'examine après qu'elle est remontée, on trouve qu'elle a repris exactement sa forme sphérique primitive, ce qui démontre qu'elle est élastique. Si l'on répète la même expérience avec des boules de plomb ou d'argile, ces boules ne rebondissent pas et restent aplaties : le plomb et l'argile ne sont donc pas élastiques ou, au moins, ils ne le sont que très-peu.

L'élasticité des corps solides peut être modifiée par certaines opérations, telles que la *trempe*, le *recuit* et l'*écrouissage*.

La trempe s'applique particulièrement à l'acier (voy. t. Ier, p. 180). Non trempé, ce métal est ductile, mou, flexible, peu élastique, en ce sens que la limite de l'élasticité est peu éloignée; trempé, au contraire, il devient dur, cassant, très-élastique et moins dense. On tire parti des propriétés que la trempe donne à l'acier pour fabriquer une foule d'outils, de ressorts, d'instruments tranchants, précieux pour l'industrie. La dureté et l'élasticité de l'acier, et par suite le degré de la trempe, doivent être déterminés d'après l'objet que l'on en veut fabriquer. On arrive à atteindre le degré de trempe dont on a besoin, soit par un choix convenable du liquide dans lequel on effectue la trempe, soit par l'opération du recuit (voy. t. Ier, p. 181). Pour les rasoirs, la coutellerie fine, on recuit jusqu'au jaune-paille; pour les ressorts ordinaires, jusqu'au bleu; pour les ressorts des montres et des pendules, depuis le violet jusqu'au bleu foncé; pour les scies, au bleu foncé.

Le verre éprouve, par la trempe, les mêmes changements que l'acier, c'est-à-dire qu'il devient plus fragile, plus dur et moins dense. Pour tremper le verre, il suffit, après l'avoir fortement chauffé, de le laisser rapidement refroidir dans l'air, en l'y agitant légèrement. La chaleur se déplace, dans l'intérieur du verre, avec tant de lenteur qu'un refroidissement plus énergique le ferait éclater. Le verre trempé est tellement fragile qu'on peut briser le fond d'un matras en verre non recuit (fig. 285), en laissant tomber dans l'intérieur quelques grains de sable siliceux, de manière à le rayer légère-

Fig. 285.

ment en un point; aussitôt qu'une parcelle du verre a été détachée par le sable, le matras éclate en morceaux. Ce matras porte le nom de *fiole philosophique* ou *flacon de Bologne*. Les *larmes bataviques* ou de *Hollande* (figure 286) présentent des phénomènes analogues. Ce sont des gouttes de verre fondu que l'on a fait tomber dans de l'eau où elles se sont solidifiées brusquement : si l'on vient à en casser la queue effilée, toute la masse éclate en poussière, et cette petite explosion est accompagnée d'une lueur, visible dans l'obscurité. Ces phénomènes avaient excité au plus haut degré la curiosité des physiciens du XVIIe siècle, et dans le principe, celui qui avait le bonheur de posséder une larme batavique, réunissait le plus de savants qu'il pouvait, pour la briser solennellement en leur présence.

Fig. 286.

Pour leur ôter leur fragilité, on a coutume de recuire les objets fabriqués en verre, dans des fours dont on laisse baisser lentement la température.

Les effets de la trempe sur l'alliage de cuivre et d'étain qui sert à construire les cymbales et les tam-tams sont tout différents de ceux qu'éprouve l'acier : en effet, quand il est refroidi rapidement, il devient malléable, se laisse travailler au marteau et façonner en instruments; par le refroidissement lent, il acquiert, au contraire, une élasticité considérable, qui lui permet de rendre des sons intenses et prolongés.

On dit qu'un corps a été *écroui* quand ses molécules ont été rapprochées d'une manière permanente par quelque opération mécanique, de sorte que son poids, sous l'unité de volume, se trouve augmenté. On écrouit par le choc du marteau, le passage au *laminoir* (deux cylindres très-rapprochés, tournant en sens contraire l'un au-dessus de l'autre, et entre lesquels on fait passer le corps à laminer ou à étendre en longueur et en largeur), le passage à la *filière* (plaque d'acier percée de trous de différents diamètres, à travers lesquels on fait passer les fils métalliques pour les amincir graduellement), enfin par la compression, la flexion et la torsion, quand on dépasse la limite d'élasticité, c'est-à-dire qu'on déforme le corps de manière qu'abandonné à lui-même, il ne revienne plus à son état primitif. Il est évident que cette opération ne peut s'appliquer qu'aux corps *ductiles*, c'est-à-dire qui sont susceptibles d'être déformés d'une manière permanente sans se briser. Il y a cependant des corps très-ductiles qui ne peuvent être écrouis. Le plomb est dans ce cas; il sort de dessous le marteau, ou du laminoir, sans avoir augmenté de densité.

On peut cependant l'écrouir en le comprimant fortement dans un moule dont les parois l'empêchent de s'étendre.

Les effets de l'écrouissage, sur les propriétés physiques des corps solides, sont plus généraux que ceux de la trempe, car ces effets sont les mêmes sur presque tous les corps ductiles. Ces corps deviennent plus *denses*, plus *durs*, plus *cassants* et plus *élastiques*, en ce sens que la limite d'élasticité est plus éloignée ; en même temps leur résistance à la traction augmente ; ils deviennent plus *tenaces*. Des ébranlements souvent répétés produisent à la longue les mêmes effets que l'écrouissage. C'est ce qui explique la rupture des essieux de voiture qu'on observe souvent après un service prolongé, alors même que l'essieu avait été fabriqué avec du fer de première qualité, c'est-à-dire fort et flexible. Le recuit fait disparaître les effets de l'écrouissement. C'est pourquoi on fait recuire de temps en temps les pièces de fer rendues aigres et cassantes par le battage à froid ; on recuit, pour le même motif, le fer, quand on le passe à la filière. C'est en l'écrouissant par le marteau, que les anciens donnaient au tranchant de leurs armes en bronze la dureté nécessaire. Les faucheurs font usage du même moyen pour durcir le tranchant de leurs instruments. (H. V.)

ÉLASTICITÉ DE TENSION ET DE COMPRESSION.

Dans les solides, l'élasticité peut être développée par quatre moyens différents : 1° par *traction* ou *tension*, 2° par *compression*, 3° par *flexion*, 4° par *torsion*.

Lorsqu'un corps solide homogène, de forme cylindrique ou prismatique, attaché par une de ses extrémités à un point fixe, est tiré dans le sens de sa longueur par une force appliquée à son autre extrémité, *ce corps éprouve un allongement proportionnel à sa longueur et à la force qui le sollicite, et en raison inverse de l'aire de sa section droite*. En outre, pendant qu'il s'allonge sous l'influence de la traction à laquelle il est soumis, *son diamètre diminue et son volume augmente*. On suppose qu'on ne dépasse pas la limite d'élasticité, c'est-à-dire que le corps revient à sa première longueur quand on le rétablit dans les conditions où il se trouvait d'abord.

'S Gravesande est le premier qui ait fait des expériences exactes sur l'élasticité de tension, mais l'appareil dont il s'est servi était assez compliqué. Plus tard, un physicien français, Savart, a imaginé une méthode plus directe pour étudier les phénomènes dont il s'agit. L'appa-

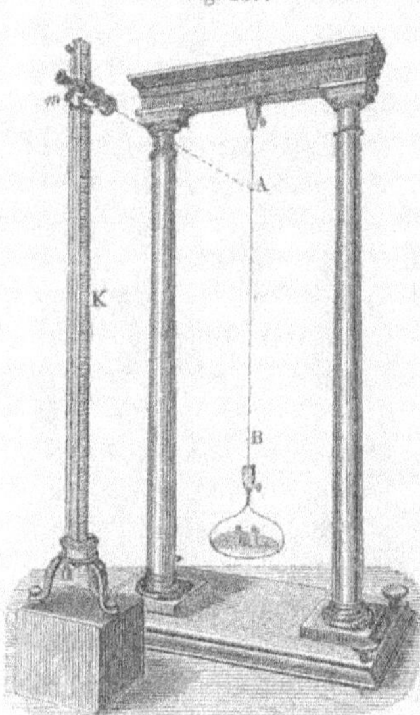

Fig. 287.

reil de Savart, représenté par la figure 287, se compose d'un support en bois auquel on suspend les tiges ou les fils sur lesquels on veut expérimenter. On fixe, à leur extrémité inférieure, un plateau destiné à recevoir des poids, et on marque, sur leur longueur, deux points de repère A et B, dont on mesure exactement la distance, à l'aide d'un cathétomètre, avant que le plateau soit chargé.

On nomme *cathétomètre* une règle en cuivre K, divisée en millimètres et pouvant prendre une position verticale au moyen d'un pied à vis calantes. Une lunette, exactement d'équerre avec la règle, peut glisser dans le sens de sa longueur, et porte un vernier qui donne les cinquantièmes de millimètre. C'est en fixant successivement cette lunette en regard des points A et B, comme on le voit dans la figure pour A, qu'on obtient, sur l'échelle graduée, la distance de ces deux points. Plaçant ensuite des poids dans le bassin, et mesurant de nouveau l'intervalle des points A et B, on détermine l'allongement. Or, on trouve que cet allongement est régi par les lois indiquées plus haut.

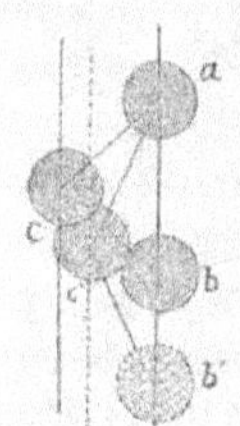

Fig. 288.

Quant à la diminution de diamètre des tiges pendant qu'elles s'allongent sous l'influence d'une traction, on peut facilement s'en rendre compte : en effet, soient trois molécules a, b, c (fig. 288). Si l'on écarte la molécule b de la molécule a, en la transportant en b', la distance de la molécule c à la molécule b sera augmentée, et il se développe entre ces deux molécules une force qui tend, en les rapprochant, à faire disparaître, au moins en partie, cette augmentation de distance. La molécule c viendra donc en c', ce qui ne peut se faire sans un déplacement latéral qui la rapproche de la ligne ab.

Quand on étire un fil ou une barre au moyen d'une charge trop forte, elle ne revient pas exactement à sa première longueur, mais elle conserve une partie de l'allongement et de la diminution de diamètre qu'elle avait éprouvés : c'est qu'on a dépassé la limite de l'élasticité. On dit alors que la barre a été *forcée*. On est convenu de prendre pour mesure de cette limite d'élasticité la charge capable de produire un allongement permanent de 0,00005 sur l'unité de longueur. Enfin, sous une certaine charge, qui dépend de la nature de sa substance et de ses dimensions, la barre finit par se rompre. La plus petite charge capable de produire cet effet sert de mesure à la résistance que la barre oppose à la rupture. Cette résistance, sous l'unité de section, se nomme *ténacité* ou *résistance absolue*.

Musschenbroek, Tredgold, Navier, Wertheim et beaucoup d'autres ont fait un grand nombre d'expériences sur la ténacité de différentes substances, principalement des matériaux que l'on emploie dans les constructions. On conçoit, en effet, que les architectes et les ingénieurs, pour calculer les dimensions à donner à telle ou telle partie d'une construction, aient besoin de connaître exactement la résistance que les matériaux sont capables d'opposer dans les conditions où on les emploie. Le plan de cet ouvrage ne nous permet pas d'entreprendre l'étude de la résistance des matériaux de construction. Nous nous bornerons donc à l'indication des résultats généraux auxquels on a été conduit par les épreuves sur différents métaux. Ces résultats sont : 1° que pour les métaux (et peut-être aussi pour les autres solides), la charge qui mesure la limite d'élasticité est environ le tiers de celle qui produit la rupture ; et 2° que, dans la pratique, il est prudent de n'exposer les métaux qu'à des efforts égaux au tiers ou tout au plus à la moitié de la limite de leur élasticité, parce que, sous des charges permanentes plus fortes, leur élasticité s'altère avec le temps. Les fils de fer que l'on emploie pour la construction des ponts suspendus exigent, pour se rompre, une charge de 72 kil. par millimètre carré de section ; leur limite d'élasticité sera, par conséquent, d'environ 24 kil., et la charge que l'on pourra leur faire porter sera de 12 à 18 kil. par millimètre carré de section, suivant qu'il s'agira de charges permanentes ou de charges temporaires. Des résultats analogues se présentent, lorsque l'élasticité est développée par compression, flexion ou torsion [1].

Si l'on comprime une barre dans le sens de sa longueur, en agissant à ses extrémités et en évitant toute flexion, on reconnaît que le raccourcissement qu'elle éprouve est égal à l'allongement que lui aurait fait subir un effort de traction égal à la compression exercée. Il résulte de cette égalité dans l'étendue de l'effet produit, que les lois

[1] Voy. l'ouvrage de M. Arthur Morin, sur la résistance des matériaux. Paris, 1853.

de l'élasticité développée par la compression sont les mêmes que les lois de l'élasticité de tension.

Lorsque après avoir placé un corps, présentant deux faces planes parallèles, par l'une de ces faces sur un plan infiniment résistant, on exerce sur la face opposée une pression de plus en plus grande, il arrive un moment où le corps est écrasé. La pression exercée à cet instant sert de mesure à la *résistance à l'écrasement* du corps soumis à l'expérience. Cette résistance dépend de la *nature* et de la forme du corps. Des blocs cubiques de gneis, de grès et de bonne brique, de 0^{m},31385 de côté (1 pied du Rhin), exigent respectivement, pour se briser par écrasement, des poids de 367,922, 163,961 et 70,269 kil., ou bien 700,000, 350,000 et 150,000 livres de Berlin. Ces chiffres expliquent comment il peut se faire que les fondations de nos édifices qui supportent tout le poids de ces derniers, ne soient pas réduites en poudre sous cette charge énorme, car si, d'après la hauteur de l'édifice, on calcule la pression qui s'exerce sur chaque pierre de la fondation, on la trouve toujours de beaucoup inférieure à celle qui pourrait produire, non pas l'écrasement, mais seulement une altération permanente de la forme de cette pierre. S'il n'en était pas ainsi, on le conçoit sans peine, nos édifices n'offriraient aucune garantie de stabilité et par suite de sécurité pour ceux qui s'y trouvent. La brique est une excellente pierre de construction, car, outre une grande résistance à l'écrasement, elle offre, sur la plupart des autres pierres de construction, l'avantage immense de résister mieux aux intempéries de l'air et même à l'action de l'eau. C'est ainsi que les briques de l'église de Notre-Dame à Munich, construite depuis plus de cinq siècles, n'ont pas subi jusqu'ici la moindre altération.

ÉLASTICITÉ DE FLEXION.

Fig. 289.

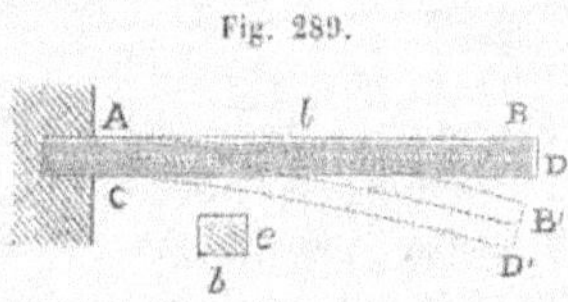

Soit une barre droite AB (fig. 289), à section rectangulaire, fixée par une de ses extrémités dans une position horizontale et sur laquelle on agit à l'autre extrémité, de manière à la courber un peu ; cette barre tendra à revenir à sa première position, en vertu de l'élasticité développée par la flexion, et y reviendra en effet après avoir fait un certain nombre d'oscillations, dès qu'on l'abandonnera à elle-même.

L'élasticité de flexion est due, en grande partie, au rapprochement et à l'écartement des molécules. Ces deux effets se produisent simultanément dans la flexion, car il est facile de voir que si les molécules de la surface convexe AB′ sont écartées les unes des autres, celles de la surface concave CD′ sont rapprochées. Il y a donc de l'élasticité développée par compression et par tension, et la barre tend à se redresser pour ramener les molécules à leur première distance. Il faut ajouter que les molécules ont changé de positions relatives, indépendamment des variations de distance, puisque celles qui étaient disposées en ligne droite sont actuellement sur une ligne courbe. Or, dans les corps solides, un pareil changement est accompagné d'un développement d'élasticité, tout aussi bien qu'une variation de la distance des molécules.

Il y a, dans la barre, une surface parallèle à AB, dans laquelle les molécules conservent leurs distances; celles qui sont au-dessus sont de plus en plus écartées les unes des autres, et celles qui sont au-dessous de plus en plus rapprochées à mesure qu'on s'éloigne de cette surface.

L'élasticité de flexion est celle dont on fait le plus fréquemment usage. La plupart des ressorts, ceux des voitures, des serrures, sont des lames élastiques par flexion; c'est au moyen de l'élasticité développée en courbant fortement un arc d'acier ou de bois, que les anciens, comme le font encore certaines peuplades sauvages (les Javanais, entre autres), lançaient des traits. Les coussins doivent leur élasticité au crin dont ils sont rembourrés et dont les brins se comportent comme autant de petits ressorts qui, comprimés, tendent à reprendre leur première forme. Dans les montres, les pendules, le mouvement est produit par l'élasticité d'une lame roulée en spirale. Enfin, nous verrons une application curieuse de l'élasticité de flexion dans le dynamomètre de Regnier et dans le baromètre anéroïde. (H.V.)

RÉSISTANCE RELATIVE.

On nomme *résistance relative* la résistance qu'une barre oppose à la rupture par flexion, sous l'action d'une force qui agit perpendiculairement à sa longueur.

La force nécessaire pour produire par flexion la rupture d'une barre, varie suivant la nature de celle-ci, la manière dont elle est soutenue, et le point d'application de la force.

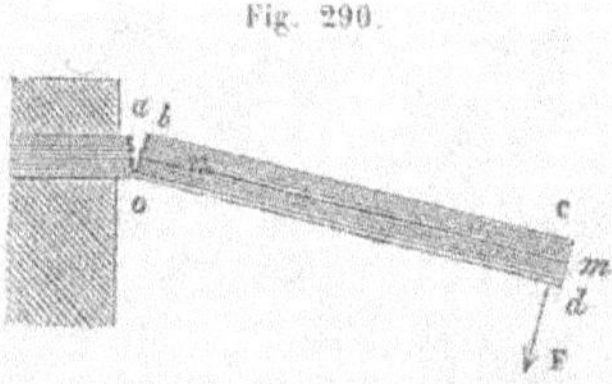

Fig. 290.

Soit d'abord une barre *a b c* (fig. 290), horizontale, encastrée par l'une de ses extrémités, c'est-à-dire fixée invariablement par cette extrémité dans un mur, par exemple. Faisons agir une force F normalement à l'autre extrémité, en y attachant un poids ou une masse pesante quelconque. Si cette masse est faible, elle ne produira qu'une légère flexion de la barre, mais si nous l'augmentons graduellement, il arrivera un moment où la barre se rompra en *a b*, au point d'encastrement. Soit $\frac{1}{2}$ P le poids de la masse en kilogrammes qui produit cet effet; $\frac{1}{2}$ P mesurera la résistance relative de la barre dans les conditions indiquées.

L'expérience et le calcul démontrent que si la masse $\frac{1}{2}$ P, au lieu d'agir tout entière à l'extrémité *c* de la barre, est distribuée uniformément sur toute la surface supérieure *a b c* de celle-ci, elle est insuffisante pour rompre la barre, et que, dans ce cas, pour déterminer la rupture, il faut employer une masse double, c'est-à-dire égale à P kilogrammes.

Ce qui précède nous permet d'expliquer certains accidents qui jadis se reproduisaient de temps en temps dans les théâtres. On sait que dans les salles de spectacle les loges reposent sur des poutres encastrées par une de leurs extrémités comme la barre de la fig. 290. Autrefois les architectes faisaient généralement ces poutres trop minces : elles pouvaient résister tant que les spectateurs des loges se tenaient à distance les uns des autres, mais elles étaient exposées à se rompre chaque fois que ces mêmes spectateurs, pour voir la cause d'un désordre quelconque survenu dans la salle, se rapprochaient tous de la balustrade et pesaient ainsi de tout leur poids sur l'extrémité libre de la poutre d'appui. Or, on a eu plus d'une fois à déplorer de grands malheurs survenus de cette manière.

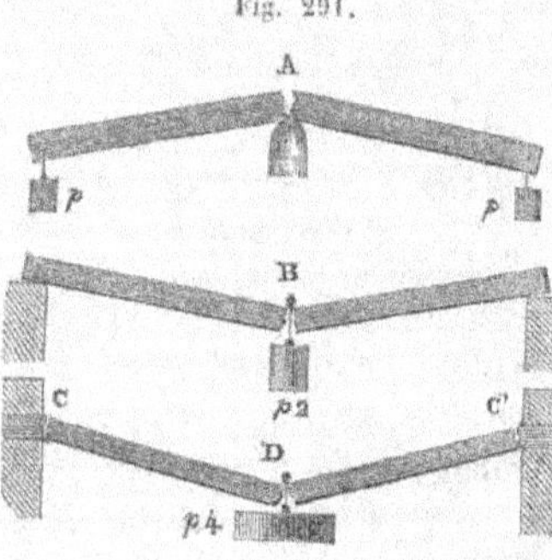

Fig. 291.

Si maintenant nous prenons une autre barre identique à celle *a b c* de la figure 290, et qu'après l'avoir simplement appuyée en son milieu A (fig. 291) comme un fléau de balance, nous fassions agir, normalement à chacune de ses extrémités, une force égale à p kilogrammes, la barre sera pareillement rompue, et la rupture se produira au point A. Si la barre est appuyée par ses deux extrémités, de manière que celles-ci puissent se redresser au moment de la rupture, on trouve que pour la rompre, la charge agissant en son milieu B, il faut que cette charge soit égale à $2p$; la rupture se produit en B. Enfin, si la barre CDC′ est encastrée par ses deux extrémités et chargée en son milieu, elle ne se rompra que sous une charge égale à $4p$: la rupture se fera en trois points C, D, C′. Ce résultat se déduit facilement de ceux qui précèdent. En effet, il faut un effort égal à p pour vaincre la résistance en C et C′, et un effort égal à $2p$ pour vaincre celle qui existe en D; ou en tout $4p$. Ce résultat explique l'utilité de l'encastrement des poutres qui supportent les planchers et les plafonds de nos habitations.

ÉLASTICITÉ DE TORSION.

Fig. 292.

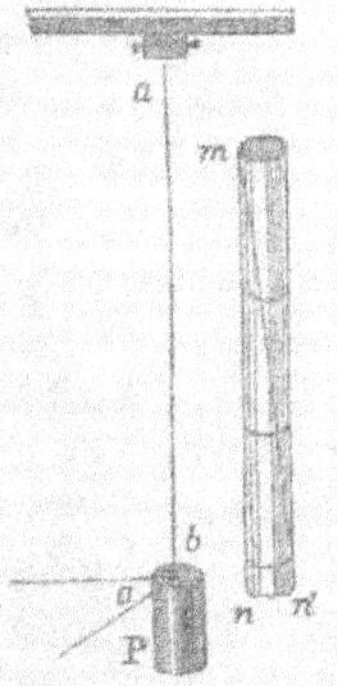

Soit ab (fig. 292) un fil métallique suspendu par son extrémité a et tendu par un poids P, appliqué à son extrémité b. A ce poids fixons une aiguille dont l'extrémité libre parcourt un cercle divisé fixe, ayant son centre sur le prolongement du fil ab. Si nous faisons tourner le corps P sur lui-même, de manière que le fil reste exactement dans la même verticale, nous tordrons ce fil, et l'angle de torsion a sera indiqué par l'arc que l'extrémité de l'aiguille aura parcouru. Pendant cette torsion, le fil tend à revenir à son premier état, et y revient en effet, quand on l'abandonne à lui-même, après avoir fait un certain nombre d'oscillations, pourvu que l'on n'ait pas dépassé la limite d'élasticité. Coulomb a trouvé que la force nécessaire pour tordre un même fil d'un certain angle, est toujours proportionnelle à cet angle, tant qu'on ne dépasse pas la limite d'élasticité. C'est sur ce principe que repose la balance de torsion, que nous avons décrite précédemment (t. I, p. 40).

On conçoit facilement pourquoi la torsion développe de l'élasticité; en effet, si l'on considère une file de molécules mn (fig. 292), parallèle à l'axe du fil cylindrique que l'on tord, ces molécules seront écartées les unes des autres pendant la torsion, en se déplaçant suivant une circonférence dont le plan est perpendiculaire à l'axe et le centre situé sur cette ligne. La distance de ces molécules sera augmentée, et elles se trouveront distribuées sur une hélice mn'. L'élasticité de torsion se rattache donc à celle que développe l'écartement des molécules [1]. Il y a de plus la résistance que ces dernières opposent à tout changement de position, même quand elles conservent leurs distances. (Voy. plus loin l'article relatif aux trois états des corps pondérables.) (H. V.)

RÉSISTANCE DES CYLINDRES CREUX.

Dans tout ce qui précède nous n'avons considéré que des corps massifs, mais il importe également de s'occuper des corps creux, d'autant plus que dans les êtres vivants, dans les animaux comme dans les végétaux, la nature a adopté avec profusion les formes creuses. Or, le lecteur a déjà pu se convaincre, par les phénomènes que nous avons étudiés jusqu'ici, que dans la nature tout est prévu, tout est calculé et pesé avec une science qui n'est jamais en défaut, qui embrasse tout, l'infiniment petit comme l'infiniment grand, l'espace et le temps, les forces et la matière, et dont nos sciences humaines nous laissent à peine entrevoir la profondeur. Cherchons donc en quoi consiste l'avantage de la disposition en forme de tube que présentent les os longs des animaux, les plumes des oiseaux, les tiges de certaines plantes. C'est l'illustre Galilée qui, le premier, a résolu le problème que nous venons de poser. Il résulte de ses expériences qu'un tube creux, pourvu que ses parois ne soient pas trop minces, offre plus de résistance à toute espèce d'efforts qu'une barre massive de même substance, de même longueur et dont la section droite aurait même surface que la section droite de la barre creuse. Ainsi, la barre creuse résiste mieux à la traction, à la compression, et surtout à la flexion et à la torsion que la barre massive. Veut-on s'en convaincre en ce qui concerne la résistance à la flexion, par exemple? On n'a qu'à courber une feuille de carton mince, de manière à en former un cylindre creux, et ensuite à l'enrouler autour d'une tige mince, de façon qu'après avoir fait un certain nombre de révolutions, elle prenne la forme d'un cylindre presque massif, de même hauteur que le premier, mais d'un diamètre beaucoup plus petit. Ces deux cylindres, formés de

[1] Cela suppose que la longueur du fil ne diminue pas pendant la torsion.

la même feuille de carton, auront évidemment même masse, et cependant leur résistance à la flexion sera fort différente; car, étant placés verticalement sur une table, le premier supportera, sans fléchir, une charge, un livre par exemple, qui fera plier le second. Ce résultat n'a, du reste, rien d'étonnant si l'on se rappelle que, dans une barre massive *abc* (fig. 290) que l'on fléchit, les molécules placées près de la surface invariable *mn* n'éprouvent que peu de changements de distance; leur élasticité n'est pas mise en jeu, et, par conséquent, il y a tout avantage à les reporter près des surfaces *bc* et *od*, en rendant la barre creuse. On comprend maintenant pourquoi ceux d'entre les organes des animaux ou des plantes qui sont exposés constamment à des efforts extérieurs, à des pressions, à des chocs, etc., et qui doivent être capables de résister à ces efforts, sont creux et non massifs, car sous la première forme ils offrent une résistance qu'ils n'auraient pas présentée, à masse égale, sous la forme massive.

L'industrie tire aussi parti du même principe pour augmenter la résistance sans augmenter le poids : on fait des colonnes creuses en fonte; au moyen de tubes de fer creux, on fabrique des meubles qui joignent la solidité à une grande légèreté. On a construit en Angleterre des mâts de vaisseau et des vergues creux, au moyen de longues douves assemblées et maintenues par des cercles en fer, comme les douves des barriques. On fait des poutres en fer ou en fonte, pour former la charpente ou pour soutenir les planchers des édifices, et dont la section présente un rectangle très-allongé, placé verticalement, et terminé en haut et en bas par deux autres rectangles allongés, disposés transversalement au premier A (fig. 293). Les rails des chemins de fer présentent une forme analogue B. C'est toujours le même principe : la matière est accumulée le plus possible à l'extérieur.

Fig. 293.

A

B

L'application la plus remarquable qu'on ait faite du principe de Galilée, se voit dans les *ponts-tunnels* qu'on a construits en Angleterre, pour faire franchir des rivières à des trains remorqués par de lourdes locomotives. Ces admirables constructions consistent en tubes gigantesques à section rectangulaire, formés de plaques de tôle clouées. Ces tubes sont simplement appuyés sur des culées ou des piles en maçonnerie, et ne fléchissent pas, malgré leur poids énorme, ce qui ne manquerait pas d'avoir lieu s'ils étaient massifs avec le même poids. Deux ponts semblables ont été construits par l'ingénieur Stephenson, au chemin de fer de Chester à Holyhead, dans l'île d'Anglesey. L'un, jeté sur le détroit de Menaï, à 30 mètres au-dessus de la haute mer, est composé de quatre parties, appuyées sur deux piles intermédiaires. Les deux parties du milieu ont 141 mètres de longueur, et les deux autres 82^{m}. La hauteur et la largeur de la section droite du tube sont de 9^{m} et 4^{m},50. L'autre pont a des dimensions un peu moindres ; il est établi sur la rivière de Conway. L'épaisseur de la tôle varie de 0^{m},0254 à 0^{m},0063. Ces ponts constituent certainement la construction la plus hardie qui ait été entreprise jusqu'à ce jour. Les tubes avaient été construits sur le rivage ; pour les soulever et les poser sur les piles destinées à les soutenir, on s'est servi de presses hydrauliques (voy. *Hydrostatique*) construites à cet effet, et les plus puissantes dont on ait jamais fait usage [1]. (H. V.)

CORPS A STRUCTURE NON UNIFORME.

Dans tout ce qui précède, nous avons eu principalement en vue des corps solides présentant la même structure dans toutes les directions autour de chacun de leurs points. Ces corps doivent présenter même élasticité et même ténacité dans tous les sens. Mais une pareille identité de constitution s'observe rarement, même dans les fils métalliques d'une structure en apparence uniforme. En marquant sur un fil métallique des traits séparés respectivement d'un décimètre, Savart a trouvé, par exemple, que ces traits n'étaient plus à égales distances après qu'il eut soumis le fil à une certaine traction dans le sens de sa longueur. L'allongement éprouvé par les différentes parties de ce fil n'était donc pas le même, ce qui indiquait une variation dans la structure du métal dont il était composé. Mais on constate des différences plus grandes dans les allongements qu'éprouvent des longueurs égales, lorsqu'on opère sur des corps cristallisés ou à structure fibreuse, comme le bois, suivant qu'on prend ces longueurs dans telle ou telle direction. Ainsi, le bois, par exemple, s'allonge moins dans le sens de ses fibres que dans la direction perpendiculaire. Les cristaux présentent quelque chose d'analogue : suivant certaines directions ils se laissent plus facilement diviser que suivant d'autres. Les plans de plus facile division ont reçu le nom de *plans de clivage*.

Nous ajouterons encore que l'élasticité et la ténacité des métaux diminuent de plus en plus à mesure que l'on élève leur température,

[1] Voy. le remarquable *Traité de Physique* publié récemment par M. P. A. Daguin, auquel nous avons emprunté ces détails.

et que, d'après M. Wertheim, l'aimantation ne change pas sensiblement l'élasticité du fer. (H. V.)

ÉLASTICITÉ DES LIQUIDES ET DES GAZ.

Comme les solides, tous les liquides sont élastiques. En effet, quand on les a comprimés à l'aide de l'appareil d'Oersted qui sera décrit plus loin, et qu'ensuite on les abandonne à eux-mêmes, ils reprennent exactement leur volume primitif. D'ailleurs, le son se transmet à travers les liquides, ce qui ne pourrait avoir lieu, comme nous le verrons en acoustique, s'ils n'étaient à la fois compressibles et élastiques. Mais les liquides diffèrent des solides en ce qu'ils ne possèdent guère que l'élasticité de compression.

Les gaz sont parfaitement élastiques. Si on les comprime, ils reviennent toujours exactement à leur volume primitif, dès que la force qui avait produit le rapprochement de leurs molécules cesse d'agir. Toutefois, ils ne présentent que l'élasticité de compression, et quel que soit le volume qu'ils occupent, leurs molécules tendent toujours à s'éloigner les unes des autres et à occuper un plus grand espace, de sorte qu'une masse quelconque de gaz ne peut conserver un volume constant qu'à la condition qu'elle soit soumise à des pressions extérieures capables de s'opposer à la *force expansive*, à la *force élastique* ou à *l'élasticité* de ses molécules. Pour prouver la tendance des gaz à augmenter de volume, on prend une vessie fermée contenant un peu d'air ou d'un autre gaz, et on l'introduit sous une cloche de verre ou *récipient*, dont on peut extraire l'air au moyen d'un système de pompes que nous décrirons plus loin et que nous avons déjà cité souvent sous le nom de *machine pneumatique*. A mesure qu'on enlève l'air du récipient, on voit la vessie se gonfler par la force expansive du gaz qu'elle renferme. Si cet effet ne se produit pas avant l'expérience, c'est que l'air qui nous environne possède aussi une force expansive qui contrebalance celle du gaz intérieur. Quand on laisse rentrer l'air dans le récipient, la vessie reprend son volume primitif. Cette expérience est due à Otto de Guericke.

Il existe un grand nombre d'appareils fondés sur l'élasticité des gaz. Parmi ces appareils, nous ne décrirons, pour le moment, que celui qui est connu sous le nom de *fusil à vent* et dont les figures 294 à 297 montrent la construction.

La partie principale de ce fusil est une crosse en fer (fig. 294 ci-après),

Fig 294.

à l'entrée de laquelle se trouve une soupape élastique, qui s'ouvre de dehors en dedans. Pour le charger, on visse à l'entrée de cette crosse un corps de pompe cylindrique, dans lequel peut se mouvoir un piston et qui est percé d'une petite ouverture placée à une distance de son extrémité libre un peu plus grande que l'épaisseur du piston. Lorsque ce dernier se trouve au-dessous de l'ouverture, dans la position relative de la crosse et de la pompe indiquée par la figure 294, le corps de pompe se remplit d'air, lequel s'introduit dans la crosse pendant qu'on pousse celle-ci de haut en bas, pour faire passer devant le piston, dont on fixe la tige avec les pieds, tous les points de la paroi intérieure du corps de pompe. On élève ensuite la crosse, de manière à ramener le piston au-dessous de l'ouverture du corps de pompe. Pendant cette ascension, l'air contenu dans la crosse ferme, par son élasticité, la soupape dont cette pièce est munie, et, par conséquent, ce gaz s'emprisonne lui-même. En abaissant de nouveau la crosse, on y introduit une nouvelle quantité d'air, et ainsi de suite. Lorsque, au moyen du procédé qui vient d'être indiqué, on a condensé dans la crosse une assez grande quantité d'air, on ôte le corps de pompe, et l'on met à sa place un canon en fer long de 4 pieds environ (fig. 295), et dans

Fig. 295.

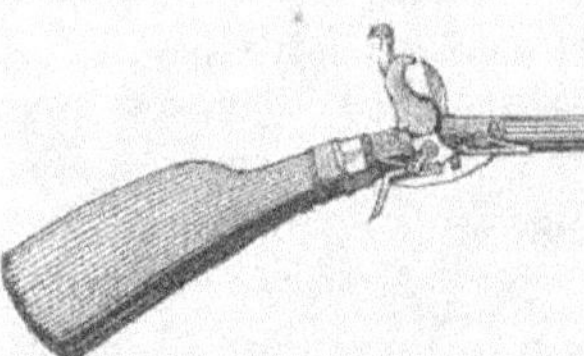

lequel on introduit une balle de son calibre, que l'on y bourre comme dans un fusil ordinaire.

Pour faire partir ce fusil, on tire simplement avec le doigt un petit ressort adapté à la crosse (fig. 296 et 297) : ce ressort fait ouvrir la

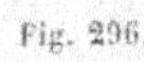

Fig. 296.

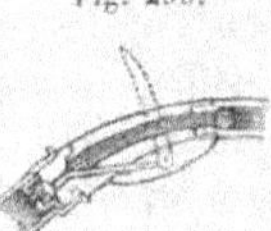

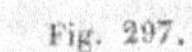

Fig. 297.

soupape, et, par ce moyen, une partie de l'air condensé qu'elle retenait dans la crosse s'échappe, et chasse, par son élasticité, la balle à une grande distance. Comme la soupape se ferme presque aussitôt qu'elle est ouverte, il n'y a qu'une faible partie de l'air condensé qui s'échappe; en sorte qu'on peut tirer un certain nombre de coups avec ce fusil, avant d'être obligé de le recharger. L'air, en s'échappant avec impétuosité, produit un bruit semblable à un coup de fouet, et l'on voit, à l'orifice du canon, une lumière assez vive, due au fluide électrique produit par le frottement de la bourre et des parcelles solides entraînées par l'air. Le fusil à vent peut produire des effets plus énergiques que les fusils de munition. L'invention en est attribuée à Gütter de Nüremberg, en 1560. (H. V.)

IX. — ATTRACTION.

L'attraction est la propriété en vertu de laquelle les molécules de la matière tendent à se rapprocher les unes des autres. Lorsqu'elle se manifeste entre les molécules les plus rapprochées d'un même corps, on lui donne le nom d'*attraction moléculaire;* lorsqu'elle s'exerce, au contraire, à toute distance, entre les molécules de deux corps différents, on l'appelle *attraction universelle.*

Occupons-nous d'abord de cette dernière, c'est-à-dire des faits qui la démontrent et des lois qui la régissent. Ces lois ont été découvertes par Newton, qui les publia, en 1687, dans son immortel ouvrage intitulé : *Philosophiæ naturalis principia mathematica.* Nous les indiquerons un peu plus loin. Quant aux preuves de l'attraction universelle, elles sont au nombre de trois principales, savoir : 1° la pesanteur; 2° les mouvements des planètes autour du soleil; et 3° les expériences de Cavendish qui démontrent directement l'attraction que des corps terrestres de très-petites dimensions exercent les uns sur les autres.

DE LA PESANTEUR OU GRAVITÉ.

Quand on tient dans la main un corps solide, on éprouve le sentiment du poids de ce corps; en d'autres termes, on sent que le corps fait effort pour se rapprocher de la terre; et si on l'abandonne à lui-même, il tombe, c'est-à-dire, il se précipite directement vers la terre. Ce sont là des phénomènes bien familiers, et qui, par cela même, n'éveillent point l'attention; mais, en les examinant de plus près, nous verrons qu'ils conduisent à une conséquence importante. En effet, la terre que nous habitons a une forme à peu près sphérique, et en quelque endroit de sa surface que se trouve un homme, il observera les phénomènes dont il s'agit. Par conséquent, il faut de deux choses l'une : ou bien que la terre ait la propriété d'attirer tous les corps à elle, ou bien qu'une cause extérieure pousse incessamment tous les corps vers la terre. Or, comme on n'aperçoit aucune cause extérieure d'impulsion, on admet que la terre exerce une action ou force *attractive* sur tous les corps. Cette force a reçu le nom de *pesanteur*. Elle s'exerce non-seulement au sommet des plus hautes montagnes et dans les mines les plus profondes, mais encore à de grandes distances de la terre, par exemple à celle où se trouve la lune; car, c'est par son influence que cet astre qui, à chaque instant, en vertu de son inertie, tendrait à se mouvoir en ligne droite, est forcé de décrire une circonférence de cercle autour du centre de la terre [1], à peu près comme la pierre d'une fronde que l'on tourne, décrit une route circulaire autour de la main qui tient la corde : la pesanteur, par le lien invisible qu'elle établit entre la terre et la lune, joue, dans le mouvement circulaire de celle-ci, un rôle analogue à celui de la corde dans le mouvement de la fronde. Il y a plus : la forme de l'orbite de la lune ne permet pas seulement de démontrer que la pesanteur étend son action jusqu'à cet astre, mais elle fournit encore le moyen de calculer la loi suivant laquelle cette force varie quand le corps sur lequel elle agit est successivement placé à différentes distances du centre de la terre : cette loi est celle de la *raison inverse du carré de ces distances*. En effet, nous verrons, en parlant de la chute des corps, que ceux-ci, sous l'influence de la pesanteur seule, tombent tous avec la même vitesse, en parcourant, dans la première seconde de leur chute, sous la latitude de Paris, un espace de $4^{m},4044$. Cet espace peut évidemment être pris pour mesure de l'intensité de la pesanteur à la surface de la terre, c'est-à-dire à une distance du centre du globe égale *au rayon de la terre* (environ 1,500 lieues). Cela posé, le centre de la lune est à une distance moyenne de celui du globe d'environ 60 rayons terrestres, et il tourne autour de ce point en $27^{\text{jours}},322$, dans une orbite qui diffère peu d'une circonférence. Le rayon de cette orbite étant connu, ainsi que la durée d'une révolution, on peut facilement calculer le chemin que la lune parcourt dans l'intervalle d'une seconde. A cause de la grande longueur du rayon de l'orbite lunaire, cet espace

[1] La trajectoire de la lune autour de la terre est une courbe d'une forme très-compliquée; mais, pour les considérations que nous avons à émettre, nous pouvons, sans inconvénient, l'assimiler à une circonférence de cercle.

peut être considéré comme formant sensiblement une ligne droite. Si, au bout d'une première seconde, la lune était abandonnée à elle-même, dans la seconde suivante, elle parcourrait évidemment, suivant le prolongement du premier espace, un chemin égal à celui-ci, car en vertu de son inertie (p. 9) elle ne pourrait modifier d'elle-même ni sa vitesse, ni la direction de son mouvement. Or, des deux extrémités de l'espace que la lune parcourrait dans la deuxième seconde, en vertu de son inertie, l'une se trouve sur l'orbite de l'astre, et l'autre en dehors, à une distance du centre de la terre plus grande que celle qui sépare la première extrémité de ce même centre. La différence entre les distances de ces deux extrémités au centre de la terre mesure l'espace dont la lune tend à s'éloigner du centre de la terre dans l'intervalle d'une seconde. Cet espace est facile à calculer. Il donne évidemment la mesure du chemin dont la pesanteur doit faire tomber la lune vers la terre, pour l'empêcher de s'éloigner de celle-ci, et la forcer de décrire son orbite circulaire. Or, on trouve que ce chemin est égal à la 3600e partie de $4^m,4044$. D'où il suit qu'à la distance où est la lune (60 rayons terrestres), la pesanteur n'est plus que la 3600e partie de ce qu'elle est à la surface de la terre. Or, 3600 est le carré de 60; par conséquent, quand la pesanteur s'exerce à deux distances du centre de la terre qui sont entre elles comme 1 : 60, ses attractions sont entre elles comme 3,600 : 1, ou en raison inverse des carrés de ces distances. Un corps qui pèserait 3,600 kil. à la surface de la terre, ne pèserait donc que 1 kil. à la distance où est la lune, et ce corps placé à cette distance parcourrait pendant la première seconde de sa chute, sous l'influence de la terre, $1^{mm},36$.

Il nous reste à préciser la direction suivant laquelle s'exerce la pesanteur en chaque point de la terre.

Cette direction est partout normale ou perpendiculaire à la surface des eaux tranquilles. C'est ce qui sera démontré plus tard en hydrostatique. Or, de ce que la forme de la surface des mers est la même que celle de la surface des continents, abstraction faite des montagnes dont ils sont hérissés, il s'ensuit qu'en chaque point de la terre la pesanteur doit s'exercer suivant la normale à la surface du globe, ou, si on l'aime mieux, suivant la direction du rayon terrestre, car, à cause de la forme sensiblement sphérique de la terre, ces deux droites diffèrent à peine l'une de l'autre [1].

La direction que les corps suivent en tombant librement est donnée

[1] La terre n'étant pas rigoureusement sphérique, toutes les normales ou verticales

par un appareil d'une extrême simplicité, connu de tout le monde sous le nom de *fil à plomb*. Que l'on conçoive, en effet, un fil très-flexible, fixé par une de ses extrémités, et portant à l'autre un corps pesant de petite dimension, une balle de plomb, par exemple. Il est bien évident que ce fil ne peut empêcher le mouvement de la balle, à moins d'être dirigé suivant la ligne même que celle-ci tend à parcourir; donc enfin, la direction de la chute des corps est donnée par le fil à plomb en repos. Cette direction se nomme la *verticale* du lieu où ce petit appareil est établi. On appelle plan *horizontal* tout plan perpendiculaire à la verticale, et droite horizontale, toute droite située dans un plan horizontal. (H. V.)

DE LA GRAVITATION.

On sait, depuis Copernic [1], que la terre et toutes les autres planètes tournent autour du soleil, et Képler fit connaître, dans son *Astronomie nouvelle*, publiée en 1609, les lois immuables qui régissent leurs mouvements. Enfin, Newton, en 1666, déduisit des mouvements de la lune, que ce satellite est maintenu dans son orbite par l'attraction de la terre, et, peu de temps après, en soumettant les mouvements des planètes à des considérations analogues, mais plus approfondies, ce grand génie fit jaillir des lois de Képler la loi unique à laquelle toute la nature est soumise, et qui, à elle seule, fait persévérer le système du monde dans l'ordre établi [2]. Cette loi, qui constitue l'une des plus grandes conquêtes de l'esprit humain, est connue sous le nom de loi de l'*attraction universelle* ou *gravitation*, et peut s'énoncer comme suit : *Toutes les molécules de la matière s'attirent en raison*

ne se rencontrent pas exactement au même point. Il en résulte qu'il n'y a pas d'antipodes *réciproques*, si ce n'est aux pôles et à l'équateur; c'est-à-dire que la verticale d'un lieu, prolongée jusqu'à ce qu'elle rencontre la terre de l'autre côté du centre, ne coïncide pas avec la verticale de ce point de rencontre.

[1] Nicolas Copernic, l'illustre et célèbre rénovateur du véritable système du monde, naquit, en 1473, à Thorn, en Prusse, et mourut en 1543.

[2] Il existe, sur la manière dont Newton a été conduit à la découverte des lois de la gravitation, une anecdote intéressante. Pemberton rapporte que, en 1666, étant à la campagne où il avait cherché un refuge contre la peste de Londres, Newton vit tomber une pomme; il réfléchit sur ce fait si familier et se demanda si, en supposant le point de départ plus élevé, par exemple à la distance où est la lune, le corps serait tombé de même; il n'hésita pas à adopter l'affirmative; or, la lune ne tombe pas, il soupçonna qu'elle en était empêchée par une impulsion initiale..... et ce fut là le point de départ de sa sublime découverte.

directe de leurs masses, et en raison inverse du carré de leurs distances. Elle explique, jusque dans leurs moindres détails, non-seulement les phénomènes du mouvement des corps célestes connus du temps de Newton, c'est-à-dire les mouvements des planètes autour du soleil, leurs rotations sur elles-mêmes, les mouvements des satellites, ceux des comètes, mais encore jusqu'aux plus faibles perturbations que l'astronomie moderne a constatées dans tous ces mouvements, et cela avec une précision telle, qu'un illustre astronome français, M. Leverrier, a pu, en 1846, à l'aide du calcul seul, et de certaines perturbations des mouvements d'Uranus qui étaient restées inexpliquées, conclure à l'existence d'une planète nouvelle que les astronomes ont ensuite découverte, à plus de 300 millions de lieues au delà d'Uranus, à la place même que la théorie lui avait assignée sur la voûte céleste : cette nouvelle planète, c'est *Neptune*. En présence d'un pareil triomphe de la théorie, il ne saurait rester aucun doute sur l'exactitude des principes qui lui servent de base, et l'on doit compter les lois newtoniennes de la gravitation parmi les vérités les plus incontestables et les mieux démontrées.

La pesanteur elle-même ne peut être autre chose qu'une des formes sous lesquelles se manifeste à nous la gravitation universelle; c'est ce qui a lieu. En effet, on démontre que, si tous les points d'une masse sphérique homogène, ou composée de couches concentriques homogènes, attirent un point extérieur en raison directe de leurs masses et en raison inverse des carrés des distances, cette masse agit comme si elle était réunie à son centre; de sorte que son attraction est dirigée suivant la droite qui joint ce centre au point attiré, et que l'intensité de cette attraction est en raison directe de la masse sphérique qui attire et inversement proportionnelle au carré de la distance du centre de cette masse à la molécule attirée. Or, se sont là précisément les lois qui régissent la pesanteur. Par conséquent cette force doit être considérée comme une preuve de l'attraction universelle et de l'exactitude des lois newtonienes énoncées plus haut. (H. V.)

EXPÉRIENCES DIRECTES DE CAVENDISH.

Puisque l'attraction est une propriété générale, elle existe nécessairement entre les corps qui nous environnent, et ceux-ci doivent tendre à se porter les uns vers les autres. Cependant on ne remarque rien de semblable; mais l'attraction entre deux des corps placés à la surface de la terre étant nécessairement très-faible, parce qu'elle s'exerce entre des masses toujours fort petites, nous allons faire voir que, dans les circonstances ordinaires, elle doit demeurer inefficace, par suite de l'attraction infiniment plus puissante que la terre, à raison de sa masse énorme, exerce sur ces mêmes corps. En effet, considérons deux corps A et B, homogènes et de forme sphérique. Pour constater leur attraction mutuelle, la première idée qui se présente, consiste à placer le plus petit, A par exemple, sur un plan horizontal, et à en approcher l'autre B, dans une position telle, que la force attractive de celui-ci soit horizontale et ne tende qu'à faire glisser A sur le plan. Or, l'expérience faite de cette manière conduit toujours à un résultat négatif, parce que, quelque poli qu'il soit, le plan sur lequel A devrait glisser oppose toujours à ce corps un frottement supérieur à la force qui tend à le mettre en mouvement. On pourrait, en second lieu, suspendre A à un fil très-flexible et en approcher B : mais, dans ce cas encore, on n'obtiendrait pas d'effet, parce que la roideur du fil et le poids du corps A entrant en action aussitôt que celui-ci aurait fait le moindre mouvement vers B, ces deux forces s'opposeraient à ce que le déplacement devînt appréciable. On voit que pour constater l'attraction entre les corps à la surface de la terre, il faut faire disparaître, autant que possible, toute espèce d'obstacle qui pourrait s'opposer aux effets de cette force, toujours excessivement faible. John Mitchell imagina un appareil qui remplit cette condition; mais il mourut avant d'avoir pu exécuter les expériences qu'il projetait, et légua son appareil à Wollaston. Celui-ci le transmit à Cavendish qui en fit usage après l'avoir considérablement perfectionné, et présenta les résultats qu'il obtint à l'Institut royal de Londres, en 1798.

Cet appareil, représenté en coupe et en projection dans la figure 298 ci-après, se compose essentiellement d'un fléau *ab*, en bois mince et ferme, portant à ses deux bouts deux petites sphères de plomb *m, m*, bien égales entre elles. Ce fléau est suspendu par son milieu au moyen d'un fil métallique vertical fort mince, qu'on peut faire tourner sur lui-même au moyen de la vis sans fin V. Ce fil lui-même est suspendu à la partie supérieure d'une boîte en acajou B, B, B, qui enveloppe toute cette portion de l'appareil et s'appuie sur quatre poteaux R, R, R', R', au moyen de vis calantes. Il résulte de cette disposition que lorsque le fléau se mouvra autour de l'axe de son fil de suspension, la torsion que ce fil éprouvera sera la seule force qui tendra à s'opposer au mouvement, et comme cette

Fig. 298.

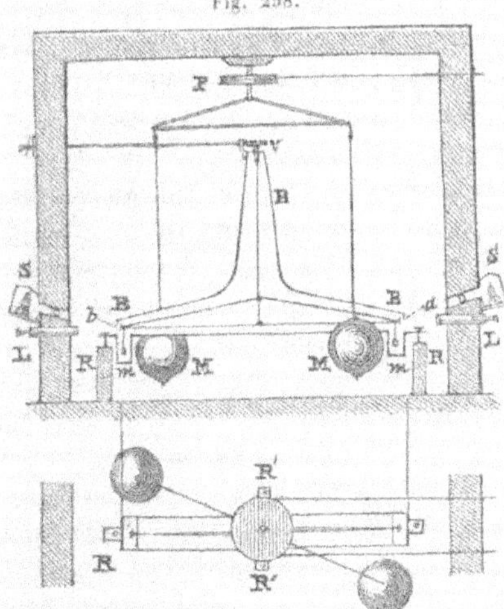

force, pour une même déviation du fléau, devient d'autant moindre que le fil est plus mince et plus long, on peut faire en sorte qu'elle n'oppose qu'une résistance très-faible au déplacement du fléau. Cela posé : pour constater l'attraction des corps à la surface de la terre, on approche des balles *m*, *m*, au moyen d'un cordon qui s'enroule sur la poulie P, mobile autour d'un axe vertical, deux grosses sphères de plomb M, M [1], égales entre elles. On fait en sorte que la ligne des centres de ces sphères passe exactement par le milieu du fléau, afin que les actions des deux masses s'ajoutent et n'altérent pas la position verticale du fil de suspension des balles *m*, *m*. L'appareil est tout entier renfermé dans une chambre, dans laquelle on évite d'entrer, de peur d'agiter l'air ou de faire varier la température. On observe les extrémités du fléau avec deux lunettes L, L, à travers des fentes ménagées dans la boite d'acajou. Les déplacements de ces extrémités se mesurent sur une échelle d'ivoire fixée à la boite et au moyen d'un vernier que porte le fléau et qui peut donner les quarts de millimètre. Cette partie de l'appareil est éclairée par des lanternes S, S.

Cavendish, ayant transporté les masses M, M très-près des balles, vit celles-ci s'en rapprocher, à cause des attractions égales qu'elles subissaient, puis faire une série d'oscillations isochrones (d'égale durée), d'une amplitude décroissante, autour d'une position d'équilibre. Cette position est celle pour laquelle les attractions des masses M font équilibre à la résistance développée par la torsion dans le fil de suspension. Cavendish détermina cette position d'équilibre et mesura la durée d'une oscillation pour différentes distances entre les centres des balles *m*, *m*, et des masses M, M, et il constata ainsi, non-seulement

[1] Dans les expériences de Cavendish, les balles *m*, *m*, pesaient, chacune, 729 gram. 214, et les balles M, M, 157 kil. 927.

que les attractions des sphères et des balles varient en raison directe des masses et en raison inverse du carré de la distance, conformément à la loi de Newton, mais encore que le poids total de la terre est égal à 5,48 fois celui d'un même volume d'eau, ou, en d'autres termes, que le poids spécifique de la terre est égal à 5,48.

M. Reich, en 1837, et M. Bayly, en 1842, ont fait de nouvelles expériences pour déterminer le poids spécifique de la terre, par la méthode de Cavendish : ils ont trouvé, le premier, le nombre 5,44, et le second, le nombre 5,67. On voit que ces résultats diffèrent assez peu de celui auquel était arrivé Cavendish. (H. V.)

ATTRACTION MOLÉCULAIRE.

Les molécules des corps ont trop peu de masse, pour qu'elles puissent exercer les unes sur les autres des attractions appréciables, tant qu'elles se trouvent à des distances sensibles. Mais l'expérience indique que lorsqu'elles sont assez rapprochées pour qu'il soit impossible, par tous les moyens connus, de constater encore l'intervalle qui les sépare, c'est-à-dire quand elles paraissent se toucher ou être en contact, elles s'attirent souvent avec une force considérable. C'est cette attraction qui se manifeste entre des molécules contiguës qu'on appelle *attraction moléculaire*. On la désigne sous le nom de *cohésion* ou sous celui d'*adhésion*, suivant qu'elle s'exerce entre des molécules de même nature ou entre des molécules de corps différents en contact apparent ordinaire.

L'attraction moléculaire est évidente dans les corps solides. En effet, ces corps étant formés d'atomes séparés et pouvant néanmoins conserver une forme déterminée, il doit nécessairement exister une force quelconque qui tende à rapprocher les atomes et s'oppose à leur séparation. Or, c'est cette force que l'on appelle cohésion ou force de cohésion. Cependant, cette force n'est pas la seule qui sollicite les atomes des corps solides, car, dans ce cas, les molécules de ces corps devraient se rapprocher jusqu'au contact parfait, c'est-à-dire jusqu'à ce qu'elles fussent arrêtées par leur impénétrabilité; ce qui serait contraire à cette possibilité de rapprochement qu'elles conservent même dans les corps les plus denses. Il faut donc admettre que ces molécules sont sollicitées, en outre, par une force répulsive, laquelle tend à les éloigner les unes des autres et balance continuellement les effets de la cohésion qui tend, au contraire, à les rapprocher. Cette force répulsive, qui existe dans tous les corps de la nature, paraît être produite par le principe de la chaleur, puisque tous se dilatent quand on élève leur température, et se contractent quand on les refroidit, c'est-à-dire qu'on leur enlève une partie de la chaleur qu'ils renferment.

Les molécules des corps liquides sont pareillement sollicitées à se rapprocher les unes des autres en vertu de la cohésion qui s'exerce entre elles. Cette cohésion peut être mise en évidence par des effets directs, quoique moins prononcés que dans les corps solides. Nous en verrons plus tard plusieurs exemples; pour le moment nous nous bornerons à citer le suivant qu'il est facile d'observer : Lorsqu'on plonge une baguette de verre par un de ses bouts dans l'eau, et qu'ensuite on la retire verticalement, elle entraine une goutte de ce liquide qui y reste suspendue. Si l'on suppose un plan horizontal mené à travers cette goutte, à une certaine distance au-dessous de la baguette, il est évident que toute la masse liquide qui se trouve au-dessous de ce plan ne peut être retenue malgré l'action de la pesanteur, qui tend à la faire tomber, que par l'attraction qu'elle éprouve de la part du liquide supérieur. Il faut, par conséquent, admettre que les molécules des liquides s'attirent les unes les autres, comme le font les molécules des corps solides.

La cohésion et la force répulsive sont égales et se font équilibre dans les solides et les liquides, puisque ces corps conservent un volume constant pour chaque température. Dans les gaz, au contraire, la force répulsive l'emporte, comme cela résulte de leur force élastique ou expansive (p. 29).

L'attraction des molécules de même nature peut, du reste, être mise en évidence par un grand nombre d'expériences directes. Si l'on prend, par exemple, deux balles de plomb (fig. 299), et qu'après avoir enlevé de chacune d'elles un segment avec un instrument tranchant, on les réunisse, par les faces planes qu'on a produites, en les faisant glisser l'une sur l'autre, de manière à chasser l'air qui pourrait être interposé entre elles et empêcher leur contact intime, les deux balles exigent une force de plusieurs kilogrammes pour être séparées. On ne peut attribuer cette adhérence en totalité à la pression de l'atmosphère qui, comme nous le verrons plus loin, agit sur tous les corps avec une grande énergie; car si l'on suspend le système des deux balles sous un récipient dont on a extrait l'air, un poids assez fort, dont on a chargé celle qui se trouve au-dessous de l'autre, ne peut les séparer.

Fig. 299.

L'adhésion entre les corps solides peut être constatée par des expériences analogues à celle des deux balles de plomb. Deux glaces, par exemple, étant superposées, finissent par adhérer tellement qu'on ne peut plus les séparer sans les rompre. C'est par un effet d'adhésion que la colle dont se servent les menuisiers empêche la séparation des morceaux de bois entre lesquels elle se trouve interposée ; que la couche d'amalgame d'étain reste attachée aux glaces qu'on étame, etc.

L'adhésion entre les solides et les liquides se démontre par la propriété que présentent la plupart des solides de se mouiller, c'est-à-dire de retenir à leur surface une mince couche des liquides dans lesquels on les a plongés.

La même adhésion s'observe entre les solides et les gaz. En effet, si l'on plonge dans l'eau une lame de verre ou de métal, on voit des bulles apparaître à sa surface. Comme, dans ce cas, l'eau ne pénètre pas dans les pores de la lame, ces bulles ne sauraient provenir de l'air qui en serait expulsé. Elles sont donc uniquement dues à une mince couche d'air que la lame avait condensée à sa surface et que l'eau vient déplacer.

La cohésion et l'adhésion ne se manifestent qu'à de très-petites distances, ce qui les distingue de la pesanteur et de l'attraction universelle, qui agissent à toutes les distances. On ignore suivant quelles lois elles s'exercent. (H. V.)

CRISTALLISATION.

Parmi les phénomènes dus à l'attraction moléculaire, un des plus remarquables est celui de la cristallisation que tous les corps présentent quand ils passent lentement de l'état fluide à l'état solide, ou quand ils se séparent d'une dissolution, et qui consiste en ce que leurs molécules s'empilent les unes sur les autres, en obéissant aux forces moléculaires qui les sollicitent, et s'arrangent dans un ordre déterminé, de manière à constituer une masse de forme régulière et terminée par des faces planes, nommée *cristal*.

On fait cristalliser les corps par la *voie sèche* ou par la *voie humide*. La première méthode consiste à faire fondre la substance dans un vase placé sur le feu, puis à la laisser refroidir. Une partie du liquide se solidifie d'abord sur les parois du vase et à la surface ; on perce la croûte formée, et l'on verse la portion du liquide qui reste au-dessous. On voit alors, en enlevant la croûte supérieure, les parois recouvertes de cristaux à faces brillantes. Cette méthode s'applique au soufre, au bismuth, à l'antimoine, et à plusieurs autres corps facilement fusibles.

Lorsque la substance se *sublime*, c'est-à-dire, se réduit en vapeur sans passer préalablement par l'état liquide, comme l'arsenic métallique, l'iodure mercurique, le sel ammoniac, etc., on peut la faire cristalliser en recevant la vapeur sur un couvercle froid en forme de voûte, au contact duquel la vapeur passe à l'état solide en formant des cristaux. Les cristaux de l'iodure mercurique obtenus par sublimation sont jaunes; ils se colorent en rouge de sang et changent complétement de forme lorsqu'on les touche avec un corps pointu.

Pour faire cristalliser une substance par la voie humide, on la fait dissoudre dans un liquide approprié, jusqu'à ce qu'il y ait saturation, c'est-à-dire, jusqu'à ce que le dissolvant renferme le plus possible de la substance dissoute. On abandonne ensuite la dissolution à elle-même; le liquide s'évapore peu à peu, de sorte que les molécules du corps dissous se déposent les unes après les autres sur les parois du vase, en prenant un arrangement régulier.

Quelquefois, la dissolution saturée est préparée à une température élevée, et on la laisse refroidir. Comme il faut, en général, plus de substance pour saturer le liquide quand il est chaud que lorsqu'il est froid, la séparation d'une partie de cette substance se fait peu à peu pendant le refroidissement, et les cristaux apparaissent sur les parois du vase. C'est ainsi que l'on fabrique le sucre candi, qui n'est autre chose que du sucre ordinaire cristallisé.

Ebelmen a imaginé une méthode qui tient à la fois de la voie sèche et de la voie humide. Il emploie, pour dissolvant, des substances qui se réduisent en vapeur à une température très-élevée, comme l'acide borique, le borate de soude, etc. Des oxydes dissous dans ces substances fondues par le feu cristallisent et forment artificiellement des minéraux identiques à ceux que l'on trouve dans la nature. M. Gaudin, en chauffant au feu de forge le plus violent, dans un creuset brasqué [1], un mélange de parties égales d'alun et de sulfate potassique préalablement calcinés et réduits en poudre, a obtenu, empâtés dans une concrétion de sulfure de potassium, des cristaux d'alumine d'un millimètre de côté avec une épaisseur de 1/3 de millimètre, plus durs que les rubis naturels dont on se sert pour les trous à pivots usités en horlogerie.

Enfin, nous avons vu, t. I, p. 324, que M. Becquerel est parvenu, de son côté, à obtenir à l'état cristallisé un grand nombre de composés insolubles, au moyen d'influences électro-chimiques faibles.

Les cristaux que l'on obtient à l'aide des procédés que nous venons

[1] On donne ce nom à un creuset de terre réfractaire recouvert à l'intérieur d'une épaisse couche de charbon.

d'indiquer, sont d'autant plus volumineux et plus réguliers que les molécules solides se sont déposées avec plus de lenteur. Plus ce dépôt est rapide, plus les cristaux obtenus sont petits. Quand les cristaux deviennent rudimentaires, il arrive, en général, qu'ils s'enchevêtrent les uns dans les autres, de manière à former une masse à *structure irrégulière*. On peut, en effet, reconnaître l'existence de cristaux rudimentaires dans la plupart des corps qui offrent cette structure, soit au moyen du microscope, soit en faisant agir sur leur surface extérieure des dissolvants faibles, qui attaquent plus facilement les rudiments très-petits de cristaux de la surface, que ceux moins imparfaits qui se trouvent en général au-dessous. Ainsi, en passant de l'acide hydrochlorique faible sur les feuilles de fer-blanc, qui n'est autre chose que la tôle recouverte d'une mince couche d'étain, l'on voit apparaître des taches cristallines irrégulièrement distribuées et formant le *moiré métallique*, employé comme ornement dans divers objets en fer-blanc.

Les corps solides d'origine organique, tels que le bois, la corne, la peau, les muscles, etc., ont, en général, une structure fibreuse. Il faut admettre que cette structure est due à l'influence de la force vitale qui s'oppose à ce que les molécules obéissent à leurs attractions mutuelles et se groupent comme elles le feraient si elles étaient abandonnées à elles-mêmes. (H. V.)

SYSTÈMES CRISTALLINS.

L'observation des diverses formes cristallines a démontré que, dans tout cristal isolé et régulièrement formé de toutes parts, il existe un point autour duquel les faces de même forme sont distribuées parallèlement et symétriquement deux à deux : ce point s'appelle le *centre* du cristal.

On nomme *axe* d'un cristal une ligne droite qui passe par le centre de figure, et autour de laquelle les faces sont disposées de la même manière. Telle sont les diagonales d'un cristal cubique. Il peut y avoir plusieurs systèmes d'axes dans un même cristal. Ainsi, dans un cube, on peut considérer comme tels : 1° les quatre diagonales; 2° les trois droites qui joignent deux à deux les milieux des six faces; 3° celles, au nombre de six, qui joignent les milieux des arêtes opposées.

Quand un axe se trouve seul de son espèce, comme celui qui joint les centres des deux bases d'un prisme droit à bases carrées, on le nomme *axe principal*.

On donne le nom de *système cristallin* à l'ensemble des formes qui ont des axes égaux en grandeur et en direction. L'égalité en grandeur et en direction ne doit pas être prise ici dans un sens absolu; par égalité en grandeur, il ne faut entendre que le fait d'égalité ou d'inégalité entre les axes; et par égalité en direction, il ne faut entendre que le fait de perpendicularité ou d'obliquité de ces axes entre eux.

Les cristallographes ont reconnu six systèmes cristallins :

1° Le *système cristallin régulier*, dans lequel les cristaux ont trois axes égaux perpendiculaires entre eux. A ce système appartiennent le *cube* ou *hexaèdre régulier* (fig. 300); l'*octaèdre régulier* (fig. 301),

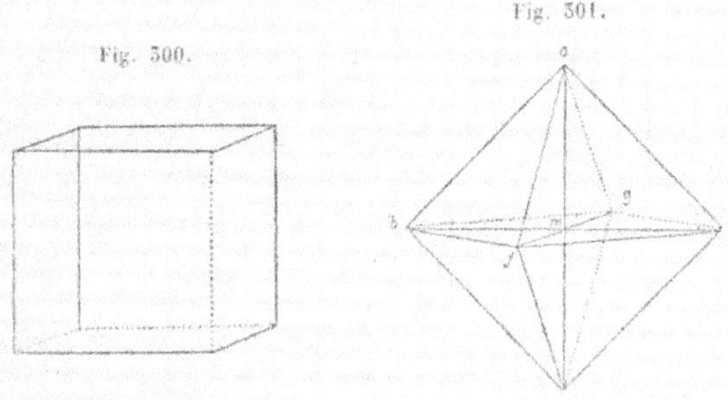

Fig. 300. Fig. 301.

que l'on peut considérer comme formé par deux pyramides droites à base carrée, appuyées l'une sur l'autre par cette base, et dont les arêtes sont égales aux côtés du carré de la base, etc. Dans le cube, les trois axes joignent les milieux des faces opposées, et dans l'octaèdre, les sommets des angles solides opposés. Dans la figure 301, les axes sont représentés par les lignes *ac*, *fg* et *bd*.

L'alun, le sel marin, le grenat, le spath fluor (fluorure de calcium), etc., cristallisent dans le système dont il s'agit.

2° Le *système prismatique droit à base carrée* présente trois axes perpendiculaires entre eux, mais dont deux seulement sont égaux entre eux. Exemples : le prisme droit à bases carrées (fig. 302 ci-après), dont l'axe principal joint les milieux des deux bases; la quadratoctaèdre ou octaèdre à base carrée (fig. 303 ci-après), etc.

A ce système appartiennent le cyanure jaune de fer et de potassium (sel de lessive du sang), le sulfate de nickel, le biarséniate de potasse, etc.

3° Dans le *troisième système* ou *système rhomboédrique*, il existe quatre axes; l'un d'eux est perpendiculaire au plan des trois autres, qui sont égaux entre eux et forment des angles de 60°. Exemple : le prisme hexagonal régulier (fig. 304). Les trois axes égaux sont parallèles aux diagonales des bases; l'axe unique ou principal coïncide avec l'axe du prisme. C'est aussi à ce système qu'appartient le *rhomboèdre*, solide à six faces rhomboïdales égales (fig. 305).

Le spath d'Islande, le cristal de roche, etc., cristallisent dans ce système.

4° Trois axes perpendiculaires entre eux, mais inégaux, caractérisent le *quatrième système* ou *système prismatique rectangulaire droit*. Comme exemple, nous citerons le prisme droit à bases rectangulaires. Les trois axes joignent les milieux des faces opposées.

Exemples de substances qui cristallisent dans ce système : le salpêtre, l'arragonite (carbonate de chaux), la topaze, etc.

5° Les trois axes dissemblables peuvent n'être pas perpendiculaires entre eux. Si cependant l'un d'eux est perpendiculaire au plan des deux autres, on a le *cinquième système* ou *système prismatique rectan-*

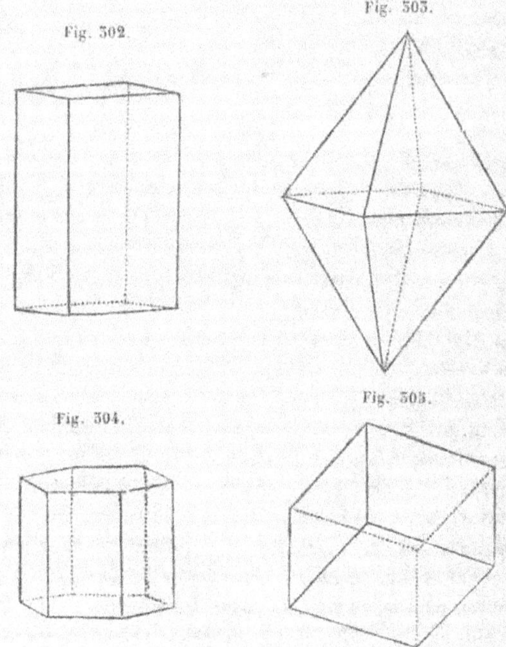

Fig. 302. Fig. 303. Fig. 304. Fig. 305.

gulaire oblique. Exemple : le prisme oblique à bases rectangulaires ou à bases rhombes.

Le gypse, le sucre, le vitriol de fer, etc., cristallisent dans ce système.

6° Enfin, dans le *sixième système cristallin*, les trois axes sont inégaux et obliques les uns par rapport aux autres; par exemple, les octaèdres obliques à base parallélogramme. Les cristaux du sulfate de cuivre ou vitriol bleu appartiennent au système dont il s'agit. (H. V.)

FORME PRIMITIVE.

Dans l'immense majorité des cas, chaque corps prend, en cristallisant, des formes qui toutes peuvent se rattacher à un même système cristallin. On dit alors que le corps cristallise dans ce système. Mais ce n'est pas là le seul rapport constant que l'on observe entre les cristaux d'une même substance. En effet, si on brise certains cristaux, par la percussion, en une multitude de petites particules, ou, plus généralement, si, au lieu de les briser au hasard, comme nous venons de l'indiquer, on essaye d'abattre avec un couteau émoussé, soit les angles, soit les arêtes d'un même cristal, on reconnaîtra que quelques-uns de ces angles ou quelques-unes de ces arêtes peuvent être abattus avec beaucoup de facilité, et que si l'on continue l'opération parallèlement aux facettes brillantes qui apparaîtront à la place où étaient ces angles ou ces arêtes, en enlevant successivement des lames, on finira par arriver à une forme constante dans la même espèce minérale, quelle que soit d'ailleurs la figure extérieure du cristal qu'on aura brisé. Les plans de plus facile division s'appellent *plans de clivage*. On les reconnait souvent à la simple inspection ou à des stries qui leur sont parallèles; d'autres fois on ne les découvre qu'en faisant chauffer fortement le cristal et le plongeant ensuite dans l'eau. C'est ainsi qu'un prisme de cristal de roche se divise en rhomboèdres, quand on le jette brûlant dans l'eau froide. Les cubes du spath fluor et les prismes hexagonaux du spath calcaire conduisent, par le clivage, les premiers à un octaèdre régulier, et les seconds, à un rhomboèdre dont les angles sont de 75° et 105°. Cette espèce de noyau, constant dans une même substance, a été appelé *forme primitive*, et les cristaux qui y conduisent par clivage, *formes secondaires* de la substance. Lorsqu'on clive le noyau parallèlement à ses faces, il donne des solides de même forme de plus en plus petits, et cette propriété s'observe encore lorsque les fragments sont tellement petits qu'il faut les examiner au microscope pour en reconnaître la forme. Haüy, célèbre minéralogiste français, en a conclu que si la division pouvait être poussée assez loin pour atteindre les parties les plus petites (les molécules intégrantes) dont se compose le noyau, ces parties auraient la forme de celui-ci. En partant de là, Haüy explique les formes secondaires d'une même substance, en admettant qu'elles résultent de l'agrégation de molécules ayant la forme du noyau primitif et empilées les unes sur les autres, en couches dont les dimensions et la forme varient d'après certaines lois; en d'autres termes, Haüy suppose que la nature construit les différentes formes secondaires, à peu près comme on construit dans les arsenaux des pyramides, des cônes, des prismes, etc., avec des boulets superposés dans un certain ordre.

Les molécules intégrantes admises par Haüy sont-elles simples, ou sont-elles constituées elles-mêmes par la réunion de molécules plus petites de la substance? M. Delafosse, dans un savant mémoire publié en 1843, se fondant sur différents faits inexplicables dans la théorie de Haüy, entre autres sur celui du *dimorphisme*, qui consiste en ce que certains corps, suivant la température à laquelle ils cristallisent, prennent des formes appartenant à deux systèmes différents, admet cette dernière hypothèse. Mais quelle est la forme de la vraie molécule physique? C'est ce qu'il est impossible de décider dans l'état actuel de la science. (H. V.)

DURETÉ ET FRAGILITÉ.

On donne le nom de *dureté* à la résistance que les molécules des corps opposent à tout effort qui tend, soit à les séparer, soit à les rapprocher les unes des autres. De deux corps, le plus dur est celui qui raye l'autre, ou qui exige un effort plus grand que ce dernier, pour s'écraser ou pour s'aplatir.

La substance la plus dure est le diamant, car il raye tous les corps et n'est rayé par aucun. Pour le tailler on l'use avec de la poudre de même substance. Après le diamant, vient le corindon ou alumine cristallisée, qui reçoit différents noms, suivant sa couleur. Les alliages sont plus durs que les métaux qui les composent. C'est pour cela qu'on a coutume d'allier à l'or et à l'argent des monnaies, un dixième de cuivre. Le bronze est un alliage de cuivre et d'étain. Quand il contient 14 pour cent d'étain, il est plus dur que l'acier. Le maximum de dureté correspond à 46 p. d'étain sur 100 p. de cuivre. C'est à cause de la grande dureté qu'il est susceptible d'acquérir, que le bronze a été employé, dès la plus haute antiquité, pour confectionner les instruments tranchants et les armes de guerre, jusqu'à ce que la connaissance de l'acier eût fourni le moyen de le remplacer avec avantage dans cet emploi.

Les corps durs sont ordinairement *fragiles* ou *cassants*, c'est-à-dire faciles à briser par le choc, comme cela a lieu pour le diamant, le verre, l'acier trempé, etc. Les corps mous sont, en général, ductiles et le choc les déforme plutôt qu'il ne les brise. La craie et le plâtre nous offrent des exemples de corps à la fois mous et fragiles. (H. V.)

THÉORIE DES TROIS ÉTATS DES CORPS PONDÉRABLES.

Les molécules des corps à l'état solide sont maintenues dans des positions fixes les unes par rapport aux autres, de sorte qu'on ne peut changer ni la forme, ni le volume de ces corps, sans employer l'action de forces étrangères très-sensibles. Les corps solides sont, en outre, plus ou moins élastiques, c'est-à-dire que si on déplace leurs molécules, entre certaines limites, elles tendent à revenir à leur position primitive et y reviennent effectivement aussitôt qu'on les abandonne à elles-mêmes. Cette tendance des molécules des corps solides s'observe, soit qu'on les éloigne les unes des autres, soit qu'on les rapproche par la compression, soit qu'on change simplement leur position relative, sans changer leurs distances. En d'autres termes, dans les corps solides les molécules sont en équilibre stable les unes par rapport aux autres, non-seulement quant à leurs distances, mais encore quant à leurs positions relatives.

Pour expliquer ces propriétés caractéristiques des solides, on admet qu'ils sont formés de molécules polyédriques assez rapprochées les unes des autres pour que l'influence de leur forme se fasse sentir sur l'intensité de l'attraction qu'elles exercent suivant chaque direction. On admet, en outre, que lorsque, par suite d'un mouvement quelconque imprimé à ces molécules, leur force attractive est augmentée ou diminuée, la force répulsive augmente ou diminue dans un rapport plus grand. Il est facile, en effet, de faire voir que ces deux hypothèses rendent compte de toutes les particularités que présente l'élasticité dans les corps solides. Vient-on, par exemple, à éloigner, par la traction, les molécules d'un de ces corps? L'élasticité sera mise en jeu, parce que, par l'écartement des molécules, l'attraction ayant été diminuée, la force répulsive aura éprouvé une diminution plus forte; de sorte que lorsqu'on abandonnera ensuite le corps à lui-même, la force attractive, devenue prépondérante, ramènera les molécules dans leur position primitive, où les deux forces qui les sollicitent se font équilibre. Vient-on à comprimer un corps solide? On rapproche les molécules; par là on augmente l'attraction moléculaire; mais, comme en même temps la force répulsive augmente dans un rapport plus grand, cette dernière force fait retourner les molécules à leur position d'équilibre, lorsqu'on cesse de les comprimer. Enfin, si l'on change seulement l'orientation ou la position des molécules, sans faire varier leurs distances, comme elles sont polyédriques, ce déplacement aura encore pour effet de modifier leurs attractions suivant les différentes directions, et il en résultera une inégalité entre la force attractive et la force répulsive qui ramènera les molécules dans leur première position aussitôt qu'on les abandonnera à elles-mêmes.

Dans les liquides, les molécules possèdent une mobilité parfaite, et le moindre effort suffit pour les déplacer, pourvu que l'on ne fasse pas varier leurs distances. En effet, ces corps prennent toujours la forme des vases qui les contiennent, mais leur volume, et par conséquent aussi les distances de leurs molécules, restent les mêmes, quelle que soit la forme qu'ils aient prise. Comme les solides, ils possèdent l'élasticité de compression, c'est-à-dire que leurs molécules, rapprochées par un effort extérieur, tendent à reprendre leurs positions primitives. Ils résistent également aux forces qui tendent à séparer leurs molécules, car leur cohésion n'est pas nulle, ainsi que nous l'avons démontré, p. 39. Il suit de là que, dans les liquides, les molécules sont en équilibre stable, relativement à leurs distances, mais non quant à leurs positions relatives. Pour expliquer cet effet, il suffit d'admettre que ces molécules sont assez éloignées les unes des autres pour que leur forme, et, par suite, leur orientation, n'aient plus aucune influence sensible sur leur attraction. Elles s'attirent alors comme si elles étaient sphériques, c'est-à-dire également dans toutes les directions, et, par conséquent, elles peuvent tourner les unes autour des autres, prendre toutes les positions relatives possibles, sans que l'équilibre entre les deux forces qui les sollicitent soit rompu, et, partant, sans que l'élasticité soit mise en jeu, pourvu cependant que dans les déplacements qu'elles subissent elles restent constamment aux mêmes distances. Mais, lorsque par la compression ou par la traction ces distances viennent à varier, l'élasticité se développe et tend à ramener les molécules à leurs positions primitives, comme dans les corps solides.

Enfin, dans les corps gazeux, la force répulsive de la chaleur l'emporte sur l'attraction moléculaire : car ces corps tendent continuellement à augmenter de volume (p. 29), et ils ne peuvent rester en équilibre qu'autant que cette force répulsive est détruite par la résistance des vases qui les renferment, ou par des forces étrangères.

(H. V.)

PRINCIPES GÉNÉRAUX DE MÉCANIQUE.

I. — NOTIONS GÉNÉRALES.

DES FORCES ET DE LEUR MESURE.

On nomme *force* tout ce qui tend à produire ou à détruire le mouvement, ou, en d'autres termes, tout ce qui tend à vaincre l'inertie de la matière. L'étude des forces et de leurs effets constitue l'objet de la mécanique.

Dans toute force il y a trois choses à distinguer : 1° son *point d'application,* ou le point matériel sur lequel elle agit; 2° sa *direction,* qui est la ligne droite suivant laquelle la force tend à entraîner son point d'application, et l'entraîne réellement s'il n'est soumis à aucune action de nature à s'opposer à cet effet; 3° *l'intensité* ou l'énergie plus ou moins grande avec laquelle la force agit.

Pour mesurer l'intensité des forces, on peut choisir comme unité le kilogramme, qui est l'attraction que la terre exerce, sous la latitude de Paris, sur un décimètre cube d'eau distillée, à la température de + 4°, 1 C. du thermomètre à mercure. On détermine ensuite le nombre de kilogrammes auquel la force donnée peut faire équilibre, en agissant en sens contraire de la pesanteur; ce nombre indique combien de fois cette force contient l'unité de force, et il peut, par conséquent, servir à en représenter l'intensité. De cette manière, les forces, quelle que soit leur nature particulière, deviennent des quantités mesurables, que l'on peut comparer entre elles et exprimer par des nombres. On peut aussi représenter leurs intensités par des lignes proportionnelles à ces nombres, que l'on porte sur leurs directions, à partir du point où elles sont appliquées. Ce procédé graphique, très-simple et très-usité, a l'avantage de donner immédiatement, par l'inspection de lignes, une idée exacte de tous les éléments des forces dont on se propose de déterminer les effets.

Fig. 306.

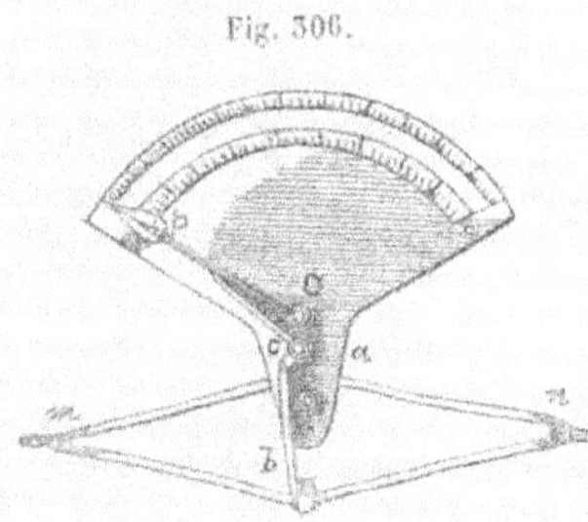

Pour comparer facilement les forces aux poids, on se sert d'instruments auxquels on donne le nom de *dynamomètres*. Celui de Regnier consiste essentiellement en un ressort ovale *manb* (fig. 306), dont les parties *a* et *b* se rapprochent quand on exerce une traction par les extrémités *m* et *n*. Ce rapprochement est indiqué par une aiguille O*p*, dont l'extrémité parcourt les divisions tracées sur un secteur fixé en *a*. Cette aiguille est pressée par un levier coudé *c*, auquel le déplacement de la partie *b* du ressort est communiqué par le repoussoir *bc*, articulé en *c* avec le levier coudé. La graduation s'établit directement avec des poids; chaque division correspond à 10 kil.; une seconde graduation sert pour indiquer les efforts de pression par lesquels on rapproche directement les parties *a* et *b*, comme lorsqu'on veut apprécier la force des mains. Avec cet instrument on a trouvé que l'effort musculaire des deux mains d'un homme est environ de 50 kil. et seulement des deux tiers de cette quantité pour une femme. L'effort moyen d'un homme, pour soulever un fardeau, est de 130 kil. Un cheval exerce en tirant un effort de 300 kilog., et un homme le septième environ de cette quantité. (H. V.)

DES DIFFÉRENTES ESPÈCES DE MOUVEMENTS.

Le mouvement d'un corps peut être un mouvement de *translation*, dans lequel tous les points de ce corps se meuvent parallèlement les uns aux autres, ou un mouvement de *rotation* autour d'un axe, ou enfin une combinaison de ces deux mouvements. La terre nous offre un exemple de ce dernier genre de mouvement, car on sait qu'elle est animée d'un mouvement autour de son axe, qui s'accomplit dans l'espace de 24 heures, et d'un mouvement de translation autour du soleil, qui s'effectue dans l'espace d'une année.

Le mouvement de translation peut être *rectiligne* ou *curviligne*, *uniforme* ou *varié*. Le mouvement uniforme est celui d'un corps qui parcourt des *espaces égaux* dans des *temps égaux*. On nomme *vitesse*, dans cette espèce de mouvement, l'espace parcouru dans l'unité de temps, ou qui serait parcouru dans cette unité si le mouvement était suffisamment prolongé, en restant uniforme. L'unité de temps généralement adoptée en mécanique est la *seconde sexagésimale*. Le mouvement varié est celui d'un corps qui parcourt, dans des *temps égaux*, des *espaces inégaux*.

Nous ne nous occuperons ici que du mouvement de translation rectiligne.

Lorsqu'un corps mis en mouvement par une ou par plusieurs forces est tout à coup abandonné à lui-même, son mouvement devient *rectiligne* et *uniforme*. En effet, le corps abandonné à son inertie ne peut, de lui-même, changer ni la direction, ni la vitesse du mouvement qu'il avait à l'instant où les forces ont cessé de le solliciter, et, par conséquent, il devra continuer à se mouvoir avec cette vitesse et suivant cette direction, c'est-à-dire prendre un mouvement rectiligne et uniforme.

La manière la plus simple de produire un mouvement varié rectiligne consiste à soumettre un corps, entièrement libre, à l'action d'une force qui le sollicite constamment suivant une même ligne droite. Dans ce cas le mouvement du corps sera évidemment rectiligne. Il est facile aussi de voir que ce mouvement sera varié. En effet, partageons le temps pendant lequel la force agit en un très-grand nombre de parties égales, et admettons que la force, dont l'action s'exerce en réalité d'une manière continue, sans aucune interruption, n'agisse que par impulsions successives au commencement de chacun de ces intervalles de temps. En faisant cette hypothèse, nous commettons évidemment une erreur; mais cette erreur sera aussi faible que nous le voudrons, parce que, pour l'atténuer, il suffira de diviser le temps en parties de plus en plus petites; elle deviendra même nulle quand nous supposerons le temps partagé en parties infiniment petites.

Cela posé : représentons par ab (fig. 307 ci-après), l'espace que le mobile parcourt en vertu de l'impulsion que la force lui communique au commencement du premier intervalle de temps. A cause de son inertie, le mobile parcourrait dans le deuxième intervalle de temps un espace bc égal à ab; mais la force, agissant de nouveau au commencement de cet intervalle, lui fera parcourir, en outre, un certain espace cd, égal à celui qu'elle lui aurait fait parcourir s'il n'avait pas encore été en mouvement, car l'expérience nous a appris que *l'action d'une force sur un corps est indépendante de l'état de repos ou de mouvement*

Fig. 307. *de ce corps* [1]. Le mobile parcourra donc, en réalité, pendant le deuxième intervalle de temps, un espace *bd* plus grand que *ab*. Au commencement du troisième intervalle de temps, la force communiquera au corps une nouvelle impulsion, dont l'effet s'ajoutera à celui des deux premières, et le corps parcourra un espace *de* plus grand que *bd*, et ainsi de suite. Le mouvement produit sera donc varié, et la vitesse du mobile changera, par sauts brusques, au commencement de chaque intervalle de temps. Or, pour passer du mouvement que nous venons de considérer à celui qu'il s'agit d'analyser, il suffira évidemment de supposer les intervalles de temps infiniment petits, ce qui revient à admettre que l'action de la force est continue, comme cela a lieu en réalité. On voit qu'alors cette action se réduira à une suite d'impulsions infiniment rapprochées, et que la *vitesse* du mobile changera à chaque instant, quelque petit qu'on le suppose. Lorsque toutes les impulsions sont égales entre elles, on dit que la force est *constante*; lorsqu'elles sont inégales, la force est dite *variable*. Dans les deux cas, la vitesse du mobile est d'autant plus grande, que la force a agi plus longtemps sur lui. Pour déterminer cette *vitesse* à un instant donné, il faut soustraire le corps à l'action de la force, et mesurer l'espace qu'il est capable de parcourir, en vertu de son inertie, pendant la première seconde de temps qui suit l'instant de la suppression de la force. (H. V.)

MESURE DES FORCES CONSTANTES PAR LA QUANTITÉ DE MOUVEMENT QU'ELLES SONT CAPABLES DE PRODUIRE PENDANT L'UNITÉ DE TEMPS.

Nous avons vu que l'on mesure l'intensité d'une force constante F par le nombre P de kilogrammes auquel cette force peut faire

[1] C'est ainsi que les aiguilles d'une montre marchent de la même manière, que la montre soit en repos ou en mouvement ; l'action du ressort sur les rouages n'est donc nullement modifiée par suite d'un mouvement imprimé à l'appareil. Ce résultat n'a du reste rien d'étonnant et il était facile à prévoir. En effet, l'inertie étant une résistance de la matière à tout changement dans son état actuel de repos ou de mouvement, il est évident qu'on aura la même résistance à vaincre, soit qu'il s'agisse d'imprimer une vitesse de 5 mètres, par exemple, à un corps partant du repos, soit qu'il s'agisse d'augmenter de 5 mètres la vitesse d'un corps déjà en mouvement; la force qui sera capable de produire le premier de ces deux effets devra donc également produire le second. Or, on n'exprime pas autre chose en disant que l'action des forces sur les corps est indépendante de l'état de repos ou de mouvement de ces corps.

(H. V.)

équilibre, en agissant en sens contraire de la pesanteur. Pour obtenir ce nombre, on a ordinairement recours au dynamomètre de Regnier (p. 51). Mais on peut le déduire également de la vitesse v que cette force est capable de produire, pendant l'unité de temps, dans un corps dont on connait la *masse* m, c'est-à-dire la quantité de matière inerte qu'il renferme.

Pour le faire voir, prenons toujours pour unité de force le kilogramme, et choisissons pour *unité de masse*, celle d'un corps auquel cette force communiquerait, pendant l'unité de temps (une seconde), l'unité de vitesse, c'est-à-dire, une vitesse en vertu de laquelle ce corps serait capable de parcourir, pendant une seconde et d'un mouvement uniforme, un espace égal à l'unité de longueur (1 mètre), si, après avoir été sollicité pendant une seconde par notre unité de force, il était tout à coup abandonné à son inertie. Cela posé, il est évident que s'il faut une force d'un kilogramme pour communiquer, par une action prolongée pendant une seconde, l'unité de vitesse à l'unité de masse, il faudra une force de v kilogrammes pour imprimer à celle-ci, dans le même temps, une vitesse de v mètres, c'est-à-dire pour vaincre une inertie v fois plus grande; et que pour communiquer cette même vitesse de v mètres, dans les mêmes conditions, non plus à l'unité de masse, mais à une masse de m unités, il faudra une force F égale à m fois v ou à $m\,v$ kilogrammes. Par conséquent, on pourra mesurer la force F par le nombre P de kilogrammes, ou par le produit $m\,v$ auquel ce nombre est égal. C'est ce que l'on exprime en écrivant $P = mv$ kilogr., ou simplement $P = mv$ en sous-entendant le mot kilogrammes. Le produit mv se nomme *quantité de mouvement*. On peut donc, comme il s'agissait de le démontrer, prendre pour mesure de l'intensité d'une force constante la quantité de mouvement qu'elle est capable de produire pendant l'unité de temps.

Si la force que l'on veut mesurer n'est pas d'intensité constante, on la mesure encore par la quantité de mouvement, mais on prend alors pour vitesse celle qui serait produite pendant l'unité de temps, si l'intensité de la force restait constante pendant cet intervalle et égale à celle qui a lieu réellement au moment où on veut la mesurer. (H. V.)

MESURE DE LA MASSE DES CORPS.

La force avec laquelle la pesanteur agit sur les corps à la surface de la terre pour les faire tomber, est ce que l'on appelle le *poids* de ces corps. Cette force, exprimée en kilogrammes et en fractions de kilogramme, s'obtient, pour chaque corps, par une simple pesée. Or, l'expérience a démontré que, dans le vide, tous les corps tombent avec la même vitesse. Cette vitesse, constante dans chaque lieu, varie légèrement d'un lieu à un autre. Nous verrons plus tard la cause de ces variations. A Paris, par exemple, les corps acquièrent, en tombant dans le vide, pendant une seconde, une vitesse g égale à $9^m,8088$. Par conséquent, si nous représentons le poids d'un corps par P et sa masse inconnue par m, nous aurons, d'après l'article précédent, $P = mg = m.\ 9,8088$. Cette équation nous apprend que pour obtenir le nombre m d'unités de masse contenues dans un corps du poids de P kilogrammes, il suffit de diviser le nombre abstrait P par 9,8088; le quotient obtenu sera le nombre m cherché. Si P est égal à 9,8088 kilogrammes, m sera égal à l'unité; ce qui nous apprend que *l'unité de masse* est la quantité de matière contenue dans un corps qui pèse 9 kil. 8088, ou dans 9 lit. 8088 d'eau distillée à $+ 4°$C, car chaque litre de ce liquide pèse exactement 1 kil. (p. 50).

Soit maintenant un corps d'une masse m et d'un poids de P kil., sollicité pendant l'unité de temps par une force F de P′ kil. Si nous désignons par v la vitesse acquise par le corps au bout de ce temps, nous aurons (p. 54) $P' = mv$; ou bien, puisque $m = \frac{P}{9,8088}$,

$$P' = \frac{P\,v}{9,8088}.$$

Cette dernière formule nous permet de calculer v, si nous connaissons P et P′; ou bien, de calculer P′, si l'on nous donne les valeurs de v et de P.

Comme applications, le lecteur pourra s'occuper à résoudre les deux problèmes suivants :

1° Un corps d'un poids P de 20 kilogrammes, posé sur un plan horizontal, est sollicité par une force de 3 kilog., parallèle à ce plan. Quelle vitesse v cette force imprimera-t-elle à ce corps pendant une seconde d'action, en supposant qu'on néglige le frottement? R. : Une vitesse de $1^m,471$.

2° Quelle force horizontale P′ faudrait-il appliquer à ce même corps, pendant une seconde, pour lui communiquer une vitesse finale v de 100^m? R. : Une force de 204 kil.,08. (H. V.)

TRANSPORT DES FORCES.

Fig. 308.

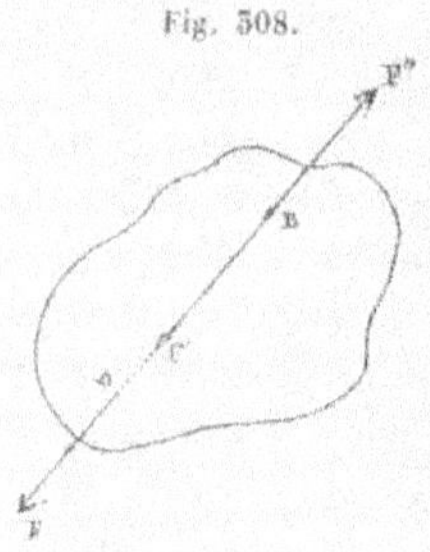

Le point d'application A (fig. 308) *d'une force* F *peut être transporté en un point quelconque* B *de sa direction sans que son effet en soit modifié*, pourvu que ce nouveau point soit invariablement lié au premier. En effet, nous pouvons, sans rien changer à l'état du système, appliquer à ce nouveau point deux forces contraires F'', F', égales à la force donnée et suivant la même ligne droite; la force F'' détruira la force F, qui lui est opposée, et le système se réduira à la seconde des forces auxiliaires, laquelle produit le même effet et se trouve appliquée au point B.

TRAVAIL D'UNE FORCE.

Pour apprécier l'effet d'une force, il faut considérer non-seulement l'intensité avec laquelle elle agit, mais encore la quantité dont elle déplace son point d'application. On voit, en effet, que si les résistances étaient trop grandes, la force motrice ne pouvant déplacer son point d'application, il n'y aurait pas d'effet produit. On nomme *travail* d'une force *constante*, pendant un temps donné, le *produit de son intensité par le chemin dont elle fait avancer, suivant sa direction, le point sur lequel elle agit*. Ainsi, élever des fardeaux, c'est travailler, car c'est vaincre une résistance (le poids des corps), et lui faire parcourir un chemin déterminé en sens contraire de la direction de la pesanteur. Limer ou scier un corps, trainer une voiture le long d'un chemin malgré la résistance due au frottement, tendre un ressort, labourer un champ, etc., c'est encore travailler, c'est vaincre des résistances sans cesse renouvelées le long du chemin que décrit le point d'application de la force employée pour faire le travail. Quand cette force agit par l'intermédiaire d'une corde (comme cela a lieu, par exemple, lorsqu'un cheval, attelé à un palonnier, traine une voiture), et que l'intensité de la force reste constante, pour mesurer le travail accompli pendant un certain temps, on sépare la corde en deux parties que l'on réunit par un dynamomètre (voy. p. 51). Cet instrument marque en kilogrammes l'effort exercé, et on le multiplie par le chemin parcouru.

On voit, par ce qui précède, que le travail d'une force est nul quand la vitesse du point d'application est nulle et quand la force n'agit pas ou quand elle agit perpendiculairement à la direction du mouvement : ainsi, un cheval qui ne peut faire avancer une voiture trop chargée ne produit aucun travail, quoiqu'il exerce un effort constant; un cheval qui marche, sans tirer, devant une voiture qui roule parce qu'elle est sur une pente, ne produit aucun travail, puisque la force qu'il représente est nulle. Il en serait de même d'un cheval qui agirait perpendiculairement aux roues, en supposant qu'elles ne puissent glisser latéralement sur le sol à cause du frottement.

On a généralement adopté pour unité de travail, celui qui est nécessaire pour vaincre une résistance d'un kilogramme le long d'un chemin égal à un mètre : cette unité se nomme *kilogrammètre*. D'après cette définition, un cheval qui traînerait un fardeau en développant un effort constant de 80 kilogrammes, mesuré avec un dynamomètre, et qui parcourrait ainsi 100 mètres, produirait un travail de 8,000 kilogrammètres. Lorsqu'il s'agit du travail des machines, on se sert souvent d'une unité plus considérable, nommée *cheval-vapeur*, parce que c'est surtout dans les machines à vapeur qu'on en fait usage. Le nombre de kilogrammètres que représente cette nouvelle unité n'est pas constant; cependant on adopte assez généralement 75 kilogrammètres par seconde, d'après les expériences de Watt et Bolton, c'est-à-dire le travail d'une force de 75 kilog., dont le point d'application parcourt 1 mètre en une seconde. Ce travail ne représente pas celui d'un cheval vivant; il lui est supérieur, parce que les expériences, pour trouver ce nombre, ont été faites avec des chevaux des plus robustes et exerçant des efforts exceptionnels. On évalue à 45 kilogrammètres seulement le travail d'un cheval ordinaire par seconde, et comme les chevaux vivants ne peuvent travailler que 8 heures environ par 24 heures, il faudra 5,5 chevaux vivants pour produire en 24 heures le travail d'un cheval-vapeur dû à un moteur qui peut agir continuellement sans se fatiguer, comme la vapeur ou une chute d'eau. (H. V.)

DIVISION DE LA MÉCANIQUE.

Lorsqu'un corps est sollicité par des forces quelconques, il peut arriver que ces forces lui impriment un certain mouvement, ou qu'elles se neutralisent mutuellement de façon qu'il reste immobile, ou s'il est déjà en mouvement, que celui-ci n'éprouve aucune modification. Dans ces deux derniers cas, on dit que les forces se font *équilibre*. Le corps lui-même est dit en *équilibre*, quand les forces qui agissent sur lui ne lui impriment aucun mouvement.

Du reste, que les forces qui sollicitent le corps se fassent équilibre ou non, il peut arriver que deux ou plusieurs d'entre elles soient susceptibles d'être remplacées par une force unique, produisant le même effet que leur ensemble. Cette force unique s'appelle la *résultante* de celles qu'elle peut remplacer; on nomme ces dernières les *composantes* de la *résultante*.

La partie de la mécanique qui traite de l'équilibre des corps s'appelle *statique*, ou science de l'équilibre; celle qui traite du mouvement s'appelle *dynamique*, ou science du mouvement.

La statique se divise en *statique des solides*, *statique des liquides* ou *hydrostatique* et *statique des gaz* ou *aérostatique*. La dynamique se divise de même en *dynamique des solides*, *hydrodynamique* et *aérodynamique*.

Les mots de *statique* et de *dynamique* sont souvent employés isolément, pour désigner la statique et la dynamique des solides. (H. V.)

II. — STATIQUE DES SOLIDES.

CONDITIONS D'ÉQUILIBRE D'UN CORPS SOLIDE.

Les conditions requises pour qu'un corps solide, sollicité par des forces données, reste en équilibre, varient suivant les circonstances particulières dans lesquelles il se trouve. Nous examinerons ici trois cas principaux : 1° *celui d'un corps entièrement libre; 2° celui d'un corps retenu par un point fixe autour duquel il peut tourner dans tous les sens;* et 3° *celui d'un corps qui ne peut que tourner autour d'un axe fixe*, comme une roue de voiture autour de son essieu.

Dans le premier cas, il faut et il suffit pour l'équilibre, que l'une quelconque des forces soit égale et directement opposée à la résultante de toutes les autres. En effet, une force ne peut être détruite que par une action égale et contraire. Il faudra donc, pour qu'il y ait équilibre, que si l'on considère à part l'une des forces, toutes les autres puissent être remplacées par une force unique égale et directement opposée à la première, et cette condition sera évidemment suffisante.

Dans le second cas, il suffit, pour l'équilibre, que la direction de la résultante de toutes les forces passe par le point fixe. En effet, quand cette condition est remplie, on peut transporter le point d'application de la résultante au point fixe lui-même (p. 56), et l'on voit qu'alors cette force est détruite.

Enfin, dans le troisième cas, il suffit pour l'équilibre, que la direction de la résultante de toutes les forces coupe l'axe fixe, ou lui soit parallèle. En effet, si la direction de la résultante coupe l'axe fixe, on peut transporter au point d'intersection le point d'application de cette force, qui alors est évidemment détruite. Si la résultante est parallèle à l'axe fixe, elle ne tend pas plus à faire tourner le corps dans un sens que dans l'autre autour de cet axe, et, par conséquent, le corps demeurera en repos. (H. V.)

RECHERCHE DE LA RÉSULTANTE DE PLUSIEURS FORCES.

1. — FORCES DIRIGÉES SUIVANT LA MÊME LIGNE DROITE.

On voit, par l'examen précédent des conditions d'équilibre d'un corps solide, que, pour savoir si elles sont satisfaites, il faut toujours chercher une résultante. Nous allons indiquer, à cause de l'usage que nous aurons à en faire plus tard, la solution de ce problème dans quelques cas particuliers.

Lorsque les forces que l'on considère sont toutes dirigées suivant la même ligne droite, leur résultante est égale à la somme de celles qui agissent dans un sens, moins la somme de celles qui agissent en sens opposé, et elle est dirigée dans le sens des forces qui donnent la plus grande de ces deux sommes. Cela résulte de ce que les forces du système agissent chacune comme si elle était seule. (H. V.)

2. — RÉSULTANTE DES FORCES CONCOURANTES.

Fig. 509.

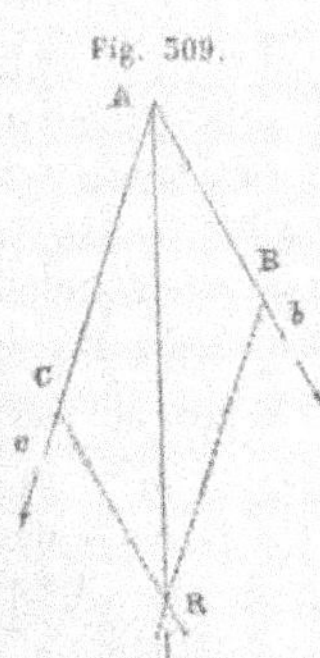

On nomme *forces concourantes* des forces qui sont appliquées au même point. Supposons d'abord qu'il n'y en ait que deux appliquées en A (fig. 509) et dirigées suivant Ab et Ac; soient AB et AC les vitesses que ces forces imprimeraient séparément au corps dans un temps très-petit θ. Nous allons d'abord démontrer qu'en vertu de ces deux vitesses, le mobile parcourra, dans l'unité de temps et d'un mouvement uniforme, la diagonale AR du parallélogramme construit sur les deux droites qui représentent les directions et les grandeurs de ces vitesses. En effet, ce mobile sera dans le même état qu'un point matériel qui parcourrait d'un mouvement uniforme la droite AB, pendant que cette droite se transporterait parallèlement à elle-même en CR, aussi d'un mouvement uniforme et de manière que son extrémité A parcourût la ligne droite AC. Or, l'expérience ayant démontré que les mouvements relatifs des corps ne sont pas modifiés par un mouvement commun qu'on imprime à tous [1], il s'ensuit que le point matériel se mouvra par rapport aux différents points de la droite AB comme si celle-ci restait immobile, et par conséquent il arrivera, au bout de l'unité de temps, en R, puisque, à cet instant, le point B, où le point matériel doit se trouver, occupe cette position. Il est facile aussi de voir qu'à toute autre époque de son mouvement, le point matériel se trouvera sur la diagonale AR, et qu'il parcourra cette droite d'un mouvement uniforme. En effet, au bout de la première demi-unité de temps, par exemple, il devra se trouver au milieu de la droite AB, et, par conséquent, au milieu de la diagonale AR, puisque cette droite divise en deux parties égales la ligne AB transportée parallèlement à elle-même jusqu'au milieu de AC. Le point matériel parcourt ainsi la moitié de la diagonale AR pendant le même temps qu'il parcourt la moitié de AB, et que cette dernière droite elle-même subit la moitié du déplacement qu'on lui imprime. On verrait de même qu'au bout du premier tiers de l'unité de temps, le point matériel sera arrivé au tiers de la diagonale AR, et comme on peut dire la même chose de tous les instants du mouvement, ce point parcourra la diagonale d'un mouvement uniforme. Or, comme nous l'avons dit plus haut, le mobile que nous considérons prendra le même mouvement sous l'influence des vitesses que l'action simultanée des forces lui a imprimées, et la résultante de celle-ci, devant produire le même effet qu'elles, devra être capable de donner au corps dans le temps θ une vitesse qui lui fasse pareillement parcourir dans l'unité de temps la diagonale AR; cette résultante devra donc, d'abord, être dirigée suivant AR. De plus, les forces, agissant sur une même masse, sont entre elles comme les vitesses imprimées après le même temps. Si donc AB et AC représentent les intensités des composantes, la longueur AR représentera l'intensité de la résultante. Ce résultat découvert par le géomètre flamand Stevin [2], est connu sous le nom de règle

[1] Voy. pages 52 et 53 du tome II, ainsi que la note au bas de la page 53.

[2] Simon Stevin, de Bruges, né en 1548 et mort à La Haye en 1620. On doit encore à cet illustre savant une foule d'autres découvertes importantes, telles que l'invention du calcul décimal, le principe des pressions que les liquides pesants exercent sur les parois des vases, etc., etc.

Voy., pour plus de détails, le beau mémoire de M. le professeur Steichen, sur la vie et les travaux de Simon Stevin Bruxelles, 1846. (H. V.)

ou de théorème du *parallélogramme des forces ;* on l'énonce de la manière suivante : *La résultante de deux forces concourantes est représentée en grandeur et en direction par la diagonale du parallélogramme construit sur les deux droites qui représentent ces forces.*

Fig. 310.

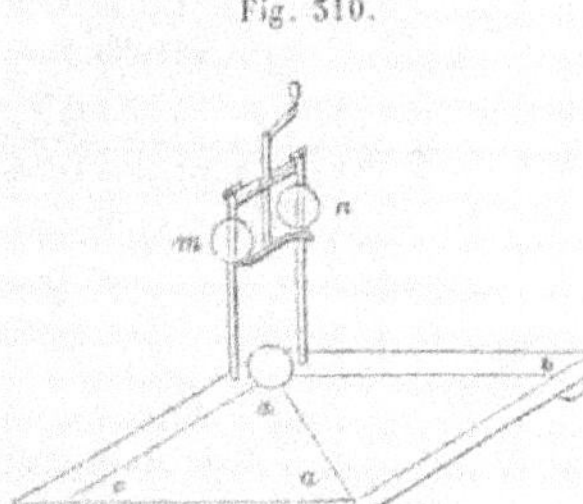

Pour vérifier le principe du parallélogramme des forces, on peut se servir de l'appareil représenté par la figure 310. C'est une planchette horizontale *abac*, disposée comme un petit billard. A l'un de ses angles, elle porte deux tiges verticales qui passent librement à travers les billes d'ivoire *m* et *n*. Entre les deux tiges et au sommet de l'angle où elles se trouvent fixées, on place une troisième bille *a*. Le tout est disposé de façon que lorsqu'on laisse tomber la bille *m*, elle imprime à la bille *a* un mouvement suivant *ab*, tandis que *n*, en tombant de même isolément, fait parcourir à la bille *a* le côté *ac* de la planchette. Or, lorsqu'on laisse tomber à la fois les deux billes *m* et *n*, de manière à les faire agir simultanément sur la bille *a*, celle-ci parcourt la diagonale du parallélogramme construit sur les deux droites *ab* et *ac*.

Pour trouver la résultante d'un nombre quelconque de forces de directions différentes appliquées à un même point, on compose d'abord l'une de ces forces avec une seconde, ce qui donne une première résultante partielle ; on compose ensuite celle-ci avec une troisième force, ce qui donne une seconde résultante partielle ; puis, on compose cette dernière avec une quatrième force, et ainsi de suite. Cette méthode est évidente, car chacune des résultantes partielles ainsi obtenues remplace tout le système des forces qui ont servi à la déterminer.

(H. V.)

DÉCOMPOSITION D'UNE FORCE EN DEUX AUTRES APPLIQUÉES AU MÊME POINT.

On peut, réciproquement, décomposer une force AR (fig. 309), en deux autres appliquées au même point et agissant suivant deux directions A*c* et A*b* situées dans un même plan avec AR. A cet effet, il suffira de mener par le point R des lignes parallèles aux directions données A*b*, A*c*, et les longueurs AB, AC interceptées sur ces droites représenteront évidemment les intensités des composantes.

La décomposition d'une force en deux autres appliquées au même point est d'un usage continuel pour déterminer l'action d'une force quand elle n'agit pas dans la direction du mouvement que peut prendre son point d'application. Considérons, par exemple, un bateau halé obliquement au moyen d'un câble Af (fig. 311), sur lequel on agit du rivage, et ne pouvant s'avancer que dans la direction Aa, à cause de l'action du gouvernail ou des efforts que l'on exerce de l'intérieur pour l'empêcher de s'approcher de la rive. Décomposons la force Af, qui représente la traction exercée, en deux forces, l'une dans la direction Aa du mouvement, l'autre Ab perpendiculaire à cette direction. Cette dernière est détruite à chaque instant par les efforts dont nous venons de parler, tandis que l'autre composante produit le mouvement. On voit que l'action suivant Aa de la force Af est d'autant plus grande que la direction du câble fait un angle plus petit avec la droite Aa, et par suite qu'il est plus long. C'est ce que les haleurs savent parfaitement, mais sans pouvoir s'en rendre compte. (H. V.)

Fig. 311.

PRINCIPE DES MOMENTS STATIQUES.

Fig. 312.

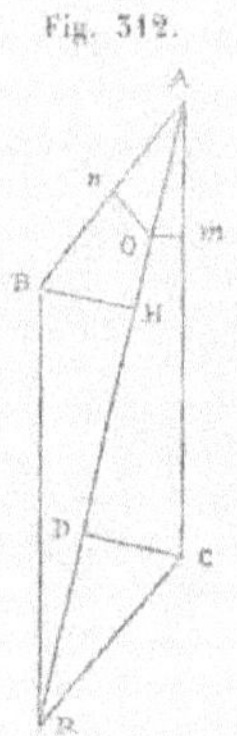

Les différents points de la résultante AR (fig. 312) de deux forces concourantes AB et AC, jouissent d'une propriété importante que nous devons faire connaître, parce que nous aurons plus tard à en faire usage. Cette propriété consiste en ce que, si l'on abaisse d'un même point O de cette résultante des perpendiculaires On et Om sur les directions de ses composantes, les produits de chacune de ces deux dernières forces par la perpendiculaire correspondante sont égaux. Ces produits se nomment les *moments statiques* ou simplement les *moments* des forces auxquels ils se rapportent respectivement. En changeant l'égalité des deux produits en une proportion, on en conclut que les deux forces sont en raison inverse des perpendiculaires correspondantes, c'est-à-dire que l'on a la proportion $AB : AC :: Om : On$. Les personnes un peu familiarisées avec les éléments de géométrie trouveront, dans la note ci-dessous [1], la démon-

[1] Abaissons des points B et C sur AR les perpendiculaires BH et CD. Ces deux

stration du principe que nous venons d'énoncer ; les autres devront se contenter d'en bien saisir l'énoncé, et à cet effet nous allons appliquer celui-ci à un cas particulier. Supposons, par exemple, que l'intensité de la force AC soit égale à 10 kil., et celle de la force AB, à 2 ; dans ce cas, la perpendiculaire O*m* abaissée sur AC sera toujours, quel que soit le point O, cinq fois plus petite que la perpendiculaire O*n* abaissée sur la force AB, de telle sorte que l'on aura 2 (force AB). 5 (perpendiculaire O*n*) = 10 (force AC). 1 (perpendiculaire O*m*).

(H. V.)

3. — COMPOSITION DES FORCES PARALLÈLES.

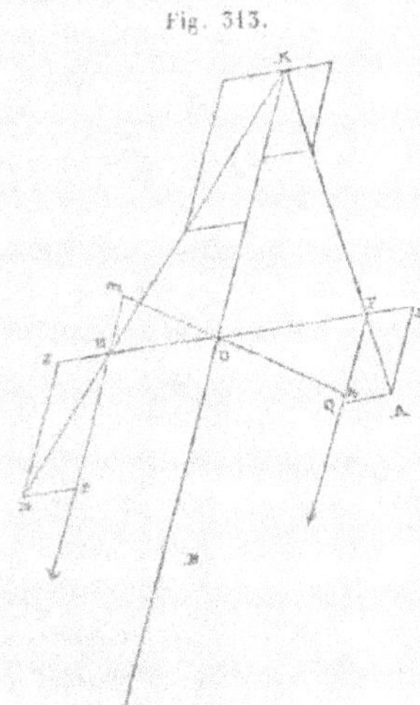
Fig. 313.

Soient d'abord deux forces parallèles P et Q (fig. 313), dirigées dans le même sens et appliquées aux points E et F de la droite EF. On ne changera rien à l'action de ces forces en appliquant aux points E et F, dans la direction de la droite EF et en sens opposé, deux forces égales E*s*, F*s*, qui se font équilibre ; désignons-les par *s* : soit FA la résultante des forces Q et *s*, et EB celle des forces P et *s*. Les directions prolongées de ces deux résultantes se couperont en un point K. Si ce point est lié invariablement à la droite EF, il sera permis de le prendre pour le point d'application commun aux forces FA et EB (p. 56). Supposons cette condition satisfaite et ces forces transportées en K ; puis, décomposons-les, chacune, en deux nouvelles forces, l'une parallèle à EF, l'autre suivant KR parallèle aux forces données. Les deux composantes parallèles à EF seront égales à *s* et se détruiront ; il restera les deux composantes

dernières droites sont égales, car elles mesurent les hauteurs des deux triangles égaux dans lesquels la résultante partage le parallélogramme construit sur les composantes. Cela posé, les deux triangles rectangles BHA et AO*n* ont l'angle en A commun ; par conséquent, ils sont semblables, et ils donnent la proportion AB : AO :: BH : O*n*. Les deux triangles rectangles ACD et AO*m* sont de même semblables, et l'on a AC : AO :: DC (ou son égal BH) : O*m*. Ces deux proportions ayant les moyens égaux, leurs extrêmes donnent la proportion AB : AC :: O*m* : O*n*, qui est précisément celle qu'il s'agissait de démontrer.

suivant KR, qui sont égales l'une à Q, l'autre à P, et dirigées dans le même sens que ces deux forces. Leur résultante, qui est égale à la somme de leurs intensités, sera la résultante R cherchée. Nous pouvons la supposer appliquée au point *o* où sa direction prolongée rencontre la droite EF.

Pour déterminer la position du point *o*, menons par ce point la perpendiculaire commune *mon* aux directions des trois forces parallèles P, Q et R. Le principe des moments statiques (p. 62) étant indépendant de l'angle des deux forces composantes, il doit être applicable aux différents points de la résultante de deux forces parallèles agissant dans le même sens. Par conséquent, puisque le point *o* appartient à la direction de la résultante R, nous devons avoir la proportion P : Q : : *on* : *om*; mais, d'un autre côté, les deux triangles semblables *o*F*n* et *o*E*m* nous donnent *o*F : *o*E : : *on* : *om*, et, par suite, P : Q : : *o*F : *o*E.

On voit donc que *la résultante de deux forces parallèles et de même sens a une intensité égale à leur somme, qu'elle est parallèle à leur direction commune, et que son point d'application partage la droite* EF *qui joint les points d'application des composantes en deux parties réciproquement proportionnelles à leurs intensités.* Si les forces P et Q sont, par exemple, l'une de 7 et l'autre de 5 kil., leur résultante sera égale à 12 kil., et pour trouver le point d'application de cette dernière force, il suffira de diviser la droite EF en 7 + 5 ou 12 parties égales; le point d'application cherché se trouvera à la 7ᵉ division de EF, à partir du point F.

Fig. 314.

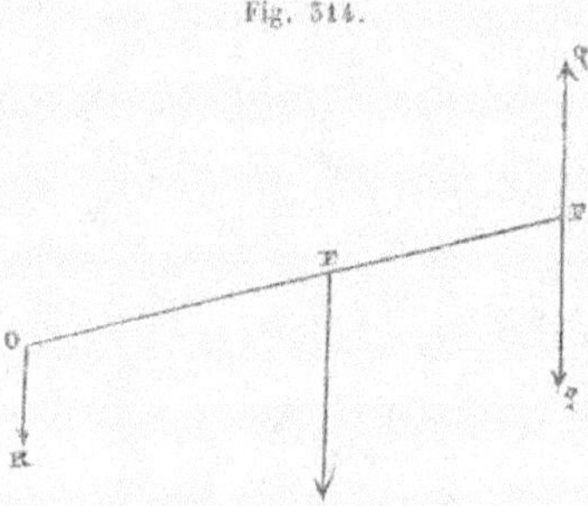

Dans le cas où les deux forces P et Q sont de sens contraire (fig. 314), *la résultante* R *est égale en intensité à leur différence, parallèle à leur direction, dirigée dans le sens de la plus grande, et son point d'application* O *se trouve du côté de cette dernière force, au delà de* EF *et à des distances des points* E *et* F *qui sont entre elles en raison inverse des intensités des composantes.*

Soit P la plus grande des deux forces données. Il est clair qu'on peut toujours la décomposer en deux autres, parallèles et de même sens, l'une *q* égale à Q, appliquée en F, et l'autre R, égale à la différence entre P et Q, et appliquée en un certain point O, dont la position satisfasse à la proportion P — Q : Q = FE : OE. Or, cette proportion donne, par une transformation très-simple, P : Q = OF : OE, ce qui est conforme à la dernière partie de l'énoncé ci-dessus.

Pour donner une application de ce qui précède, supposons les forces P et Q, la première égale à 5 kil. et la seconde à 2. La résultante sera égale à 3 kil. Pour trouver son point d'application, nous partagerons la droite EF en trois parties égales, et, après avoir prolongé cette droite au delà du point E, nous prendrons sur ce prolongement, à partir de ce même point, une longueur OE égale au double de chacune de ces parties. L'extrémité O de cette longueur sera évidemment le point d'application de la résultante des forces données.

Il peut arriver que les deux forces parallèles et de sens contraire soient égales en intensité; alors la résultante est égale à 0 et la proportion P — Q : Q = FE : OE donne OE = Q. FE : 0 = à l'infini, ce qui veut dire qu'il n'y a pas de résultante unique. Un pareil système se nomme un *couple*. Deux semblables forces agissant aux extrémités d'une droite EF (fig. 314), la feront tourner autour de son milieu.

Nous avons vu un exemple remarquable de *couple* dans l'action que la terre exerce sur l'aiguille aimantée (voy. t. I, p. 160).

Lorsqu'un nombre quelconque de forces parallèles agissent sur un corps, on peut les composer entre elles par le même moyen que lorsqu'il s'agit de forces de directions différentes appliquées en un même point (p. 61); c'est-à-dire que l'on combine d'abord une première force avec une seconde, puis la résultante de celles-ci avec une troisième, et ainsi de suite.

Si les forces données ne sont pas toutes dirigées dans le même sens, on cherche ordinairement les résultantes de celles qui sont dirigées dans un même sens. On obtient ainsi deux résultantes partielles qu'on combine ensuite par la règle posée plus haut. Il pourra arriver que ces deux résultantes partielles soient égales; alors il n'y aura pas de résultante unique, et le système sera ramené à un couple. (H. V.)

CENTRE DES FORCES PARALLÈLES.

On appelle *centre* d'un système de forces parallèles *le point par lequel passe constamment la résultante de ces forces de quelque manière qu'on les fasse tourner autour de leurs points d'application, pourvu que l'on ne change ni leur intensité, ni leur parallélisme.*

Fig. 313.

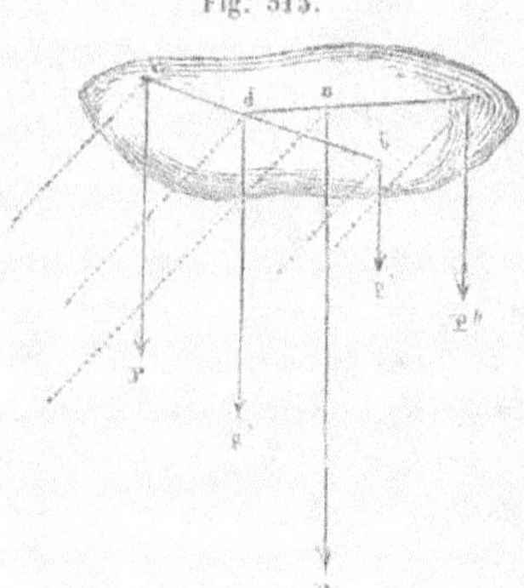

Pour démontrer l'existence de ce point, considérons, par exemple, trois forces parallèles P, P', P'' (fig. 313), dirigées dans le même sens et appliquées aux points a, b, c. Soient R' la résultante de P et de P', et R la résultante de R' et de P''; soient, en outre, d et o les points d'application des forces R' et R, déterminés par la règle relative à la composition de forces parallèles dirigées dans le même sens. Concevons maintenant que les trois forces P, P', P'', tournent autour des points a, b, c, en conservant leur parallélisme et le sens relatif de leurs actions. Indiquons par des lignes ponctuées leurs nouvelles directions. Dans ce nouvel état, la résultante R' des forces P et P' rencontrera la droite ab au même point d qu'auparavant, puisque la position de ce point ne dépend que du rapport des composantes, et nullement des angles que la droite ab fait avec leurs directions; elle sera présentement dirigée suivant la droite ponctuée passant par le point d et parallèle à la nouvelle direction des composantes. Par la même raison, la résultante de R' et de P'' coupera la droite dc au même point o qu'auparavant, et elle sera dirigée parallèlement à la nouvelle direction de ces forces; par conséquent, les trois forces P, P', P'', tournant autour de leurs points d'application a, b, c, leur résultante R tournera aussi autour de son point d'application o, qui est le centre des forces parallèles données.

On voit aussi que, si les forces restant parallèles, leurs points d'application sont invariablement liés entre eux, on pourra faire tourner le système de ces points autour du centre des forces parallèles, sans que la résultante cesse de passer par ce point. De sorte que, s'il était fixe, le système resterait en équilibre dans toutes les positions qu'on pourrait lui donner en le faisant tourner autour de ce point. (H. V.)

CENTRE DE GRAVITÉ.

Nous allons voir maintenant combien le centre des forces parallèles est important à considérer dans les questions relatives à l'équilibre et au mouvement des corps pondérables.

Pour le montrer, rappelons-nous que la pesanteur est une force qui tend à précipiter vers le centre de la terre les molécules des corps sur lesquels elle agit. On peut donc considérer ces corps comme soumis à l'action d'un grand nombre de petites forces agissant respectivement sur chacune de leurs molécules. Ces forces ne se rencontrant qu'au centre de la terre, point infiniment éloigné relativement aux dimensions des corps isolés sur lesquels nous pouvons opérer, elles doivent être regardées comme sensiblement parallèles entre elles. Ces mêmes forces ne peuvent pas changer de direction, mais on peut changer la situation des corps par rapport à leur direction commune. Il doit donc exister, pour chaque corps pesant, un point qui possède la propriété du centre des forces parallèles. Ce point se nomme le *centre de gravité* du corps. On peut le définir comme il suit : *le centre de gravité d'un corps est le point par lequel passe, dans toutes les positions de ce corps, la résultante de l'action de la pesanteur sur toutes ses molécules*. Cette résultante constitue le *poids* du corps, c'est-à-dire l'effort qu'il faut faire pour empêcher celui-ci de tomber, ou de se précipiter vers la surface de la terre. Le poids ne dépend pas de l'état du corps, il reste le même si on le pulvérise, si on le liquéfie, etc.

La première idée du centre de gravité appartient à Archimède, né vers l'an 287 avant J. C., et l'un de ce petit nombre d'hommes dont le génie laisse après eux un long sillon de lumière. (H. V.)

CONDITIONS D'ÉQUILIBRE DES CORPS PESANTS.

Il suit de ce qui précède qu'on pourra toujours considérer un corps pesant comme soumis à l'action d'une seule force égale à son poids, appliquée en son centre de gravité, et agissant verticalement de haut en bas. Par conséquent, un pareil corps ne peut demeurer en équilibre que si une résistance quelconque détruit la force dont il s'agit.

Nous examinerons les conditions de cet équilibre dans les quatre cas suivants : 1° *quand le corps est mobile autour d'un point fixe;* 2° *quand il est mobile autour d'un axe fixe;* 3° *quand il est suspendu à un fil;* et 4° *quand il est simplement posé sur un plan horizontal.*

1. — CORPS MOBILE AUTOUR D'UN POINT FIXE.

Dans ce cas, *il faut et il suffit pour l'équilibre, que la verticale menée par le centre de gravité, passe par le point fixe*, où le poids du corps sera détruit.

Cette condition d'équilibre peut être satisfaite de trois manières, savoir : quand le centre de gravité se trouve verticalement au-dessous du point fixe, quand il se trouve verticalement au-dessus, et enfin quand il coïncide avec ce point.

Fig. 316.

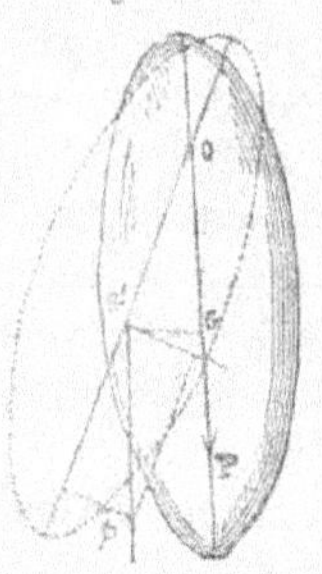

Dans le premier cas, l'équilibre est *stable*, c'est-à-dire que le corps, écarté un peu de sa position, tend à y revenir. En effet, soit un corps suspendu librement par un point fixe O (fig. 316); soit, en outre, G le centre de gravité de ce corps et P son poids, appliqué en ce point. L'équilibre aura lieu si la verticale G P passe par le point fixe O. Si nous faisons tourner le corps de manière que cette droite soit dirigée suivant G′ p, la force P pourra être décomposée en deux autres, l'une suivant le prolongement de O G′ qui sera détruite, et l'autre perpendiculaire à cette droite et qui aura pour effet de faire tourner le corps autour du point O, de manière à le ramener dans la position d'équilibre.

Fig. 317.

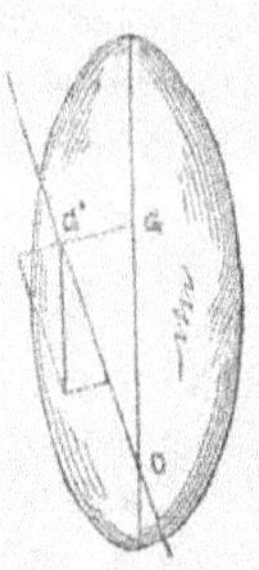

Dans le second cas, l'équilibre est *instable*, c'est-à-dire que le corps écarté un peu de sa position, tend à s'en éloigner de plus en plus. C'est ce dont il est facile de s'assurer par l'inspection de la figure 317, qui représente un corps dont le centre de gravité est supposé en G, verticalement au-dessus du point fixe O. Si l'on écarte ce corps de façon que son centre de gravité vienne en G′, on voit que l'on pourra décomposer son poids P en deux forces, l'une suivant G′ O qui sera détruite, l'autre perpendiculaire à cette droite et qui éloignera le corps de sa position primitive. L'équilibre instable ne peut être réalisé par l'expérience, à moins de résistances, comme des frottements; car le plus petit ébranlement, et il y en a toujours, suffit pour le détruire.

Enfin, dans le troisième cas, l'équilibre est *indifférent*, c'est-à-dire que le corps écarté de sa position ne tend ni à y revenir, ni à s'en éloigner davantage. Il demeure en équilibre dans toutes les positions, ce qui doit être, puisque, dans toutes ces positions, la force qui agit sur lui est détruite. (H. V.)

2. — CORPS MOBILE AUTOUR D'UN AXE FIXE.

Il faut et il suffit, pour l'équilibre, que la verticale, menée par le centre de gravité, coupe l'axe fixe ou lui soit parallèle.

Dans le premier cas, l'équilibre est stable, instable ou indifférent, selon que le centre de gravité sera situé au-dessous ou au-dessus de l'axe fixe ou de son prolongement, ou bien sur cet axe même. Dans le second cas, quelle que soit la position du centre de gravité, l'équilibre sera nécessairement indifférent.

On peut facilement vérifier ce qui précède au moyen d'une roue disposée de telle manière que son axe puisse prendre toutes les positions, et que sa circonférence puisse recevoir, à volonté, une petite masse additionnelle qui place le centre de gravité du système hors de l'axe. (H. V.)

3. — CORPS SUSPENDU A UN FIL FLEXIBLE.

Fig. 318.

Pour qu'un corps solide suspendu à un fil flexible *m* (fig. 318), de manière à pouvoir tourner autour de son point de suspension *a*, soit en équilibre, il faut et il suffit que le prolongement *ap* du fil coïncide avec la verticale passant par le centre de gravité du corps, car alors le poids du corps appliqué en ce point sera détruit par la résistance du fil. Si la verticale passant par le centre de gravité du corps avait toute autre position, par exemple celle de la ligne *bq*, le corps tournerait évidemment autour de son point de suspension *a*. Enfin, si le fil n'était pas vertical, on pourrait décomposer le poids du corps en deux forces, l'une suivant le prolongement du fil qui serait détruite, l'autre perpendiculaire à la direction du fil et qui ferait tourner le système autour du point de suspension *m* de ce dernier. Ainsi, lorsqu'un corps solide suspendu de la manière qui vient d'être indiquée est en équilibre, la direction prolongée du fil passe nécessairement par le centre de gravité de ce corps.

On déduit de là un moyen de déterminer par l'expérience la position du centre de gravité d'un corps solide quelconque. Il suffit, pour cela, de suspendre le corps successivement par deux points différents de sa surface, comme le montre la figure 319 ci-après, et de déter-

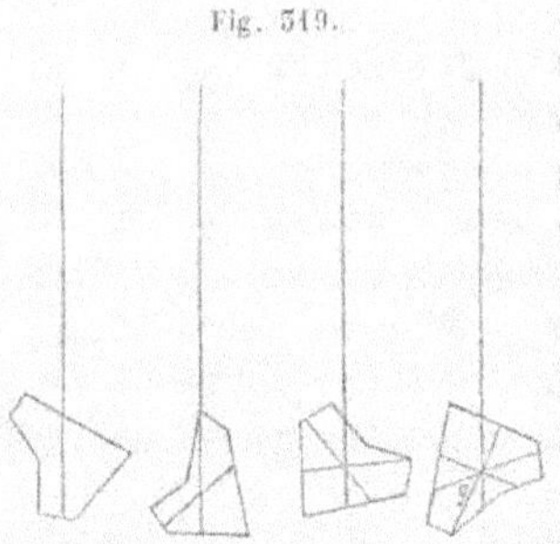
Fig. 319.

miner dans chaque expérience, d'une manière quelconque, le point où la direction prolongée du fil de suspension viendrait percer le corps du côté opposé. Le point de suspension et le point opposé déterminent ainsi, dans chaque expérience, la position d'une ligne droite sur laquelle doit se trouver le centre de gravité, qui est, par conséquent, à l'intersection de ces deux droites. Si l'on répète la même expérience en suspendant le corps par un troisième point, puis par un quatrième, etc., on trouve, comme cela doit être, que le prolongement du fil passe constamment par le point d'intersection des droites déterminées par les deux premières opérations. Ces expériences sont faciles à faire au moyen d'une feuille de carton de forme quelconque. (H. V.)

4. — CORPS POSÉ SUR UN PLAN HORIZONTAL.

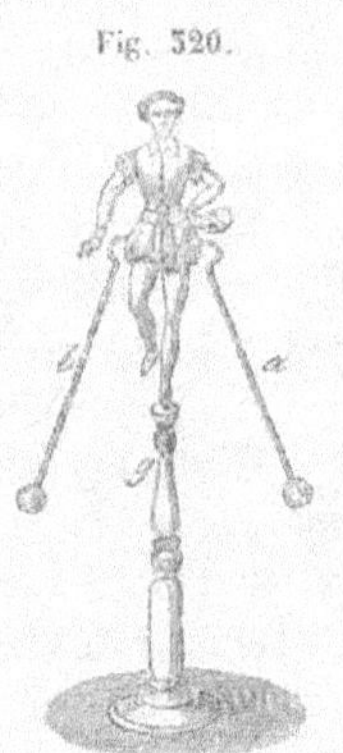

Fig. 320.

Supposons d'abord que le corps ne soit appuyé que par un point sur le plan horizontal. Il faut alors et il suffit que le point d'appui soit sur la même verticale que le centre de gravité. L'équilibre est ordinairement instable, parce que ce dernier point est le plus souvent au-dessus du plan et, par conséquent, du point d'appui. Cependant si l'on dispose des masses *a*, *b*, comme dans la figure 320, de manière à abaisser le centre de gravité *g* au-dessous du point d'appui, l'équilibre sera stable, et, si on le dérange, le système oscillera et finira par s'y arrêter de nouveau.

Les figures nommées *poussahs* (fig. 321 ci-après) nous offrent également un exemple de corps qui, appuyés par un point sur un plan horizontal, se tiennent en équilibre stable. Elles sont construites en carton, et sont creuses, à l'exception de la partie inférieure, qui est remplie d'une matière suffisamment pesante, d'argile, par exemple, de manière que le centre de gravité de l'ensemble se trouve situé très-bas, comme en G, et au-dessus du point par lequel la figure, quant elle se tient droite, repose sur le plan horizontal.

Fig. 521.

Par cette disposition, lorsqu'on penche la figure, son centre de gravité s'élève, et comme ce point est toujours sollicité à descendre, il ramène le poussah à la position d'équilibre lorsqu'on l'abandonne à lui-même.

Quand un corps repose par trois ou un plus grand nombre de points non en ligne droite sur un plan horizontal, on appelle *base de sustentation* la surface la plus grande que l'on peut circonscrire sur le plan, en joignant les points d'appui les uns aux autres. Cela posé, pour que le corps ainsi appuyé soit en équilibre, *il faut et il suffit que la verticale qui passe par le centre de gravité rencontre le plan dans l'intérieur de la base de sustentation.* Il est évident d'abord que cette condition suffit; car, lorsqu'elle est remplie, la force verticale qu'on peut supposer appliquée au centre de gravité et qui produirait le même effet que l'ensemble des composantes appliquées aux diverses molécules du corps si on pouvait supprimer ces composantes, cette force, disons-nous, ne fait que presser le corps contre le plan.

Fig. 522.

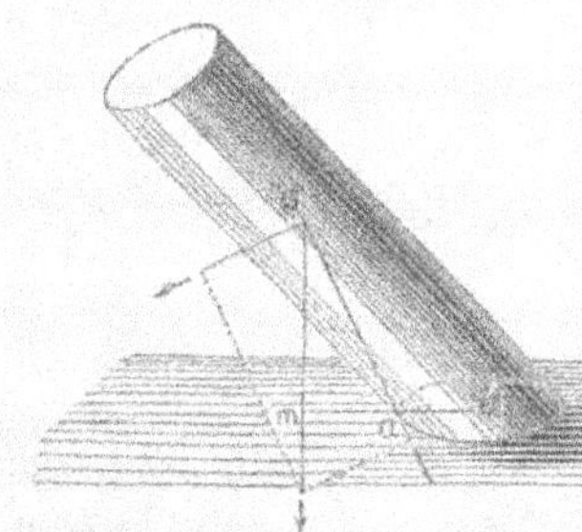

En second lieu, l'équilibre ne pourrait exister si la direction de cette force verticale ne rencontrait pas la base de sustentation; en effet, soit G (fig. 322), le centre de gravité : on pourra décomposer le poids en deux forces, l'une suivant Ga passant par le point a de la base, le plus rapproché du point m où la verticale du centre de gravité rencontre le plan, et l'autre suivant une direction perpendiculaire à Ga. Cette dernière composante agit pour renverser le corps en le faisant tourner autour du point a. Quant à la première, elle peut, elle-même, se décomposer en deux forces, l'une perpendiculaire au plan et détruite par sa résistance, l'autre dans ce plan et suivant ab. Celle-ci tend à faire glisser le corps, ce qui aura lieu pendant qu'il chavirera, si le frottement ne s'oppose pas à l'action de cette composante. (H. V.)

APPLICATION A L'ÉQUILIBRE D'UNE COLONNE.

Dans une colonne cylindrique homogène (fig. 323 ci-après), le centre de gravité se trouve au milieu de son axe. Pour que la colonne

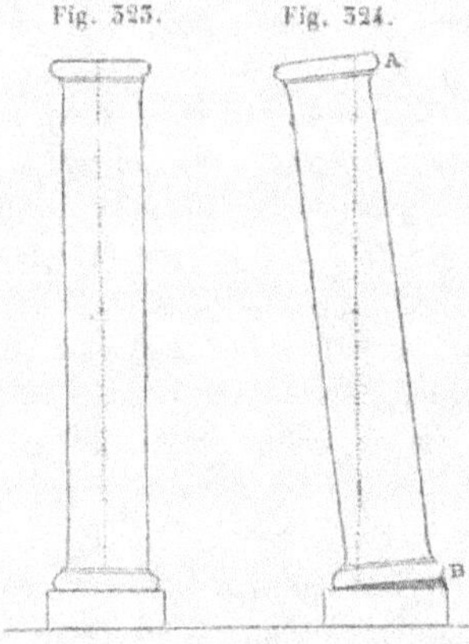

Fig. 323. Fig. 324.

se trouve au maximum de stabilité, il faut que la verticale menée par ce point passe par le centre de la base, c'est-à-dire qu'il faut que l'axe soit vertical. Cependant la colonne conserverait encore une stabilité suffisante, si la verticale, menée par le centre de gravité, passait seulement dans l'intérieur de la base. Ainsi, dans la position (figure 324), la colonne ne culbuterait pas encore; on pourrait même, dans cette position, augmenter la masse du côté AB, et ramener ainsi le centre de gravité sur la verticale qui passe par le centre de la base.

On croit que les tours de Pise et de Bologne, qui sont inclinées à l'horizon et semblent menacer les passants de leur chute, ont été construites exprès de cette manière, et que dans chacune d'elles l'architecte a tellement ménagé la disposition des parties, que la ligne verticale menée par le centre de gravité passe par le centre de la base.

ÉQUILIBRE DU CORPS HUMAIN.

Dans l'homme, le centre de gravité se trouve vers le milieu de la partie inférieure du bassin [1]. Pour qu'un homme soit en équilibre sur ses pieds, il faut que la verticale menée par son centre de gravité passe par la base que la position de ses pieds détermine. Un homme qui se tient debout verticalement est en équilibre; il est d'autant plus ferme, que la position de ses pieds détermine une plus large base.

Lorsqu'un homme est assis, il lui est impossible de se relever s'il tient verticalement son corps au-dessus de son siége : dans ce cas, son centre de gravité est sur le siége, et tombe hors de la base formée par ses pieds; il est donc obligé de se pencher en avant pour ramener son centre de gravité à passer par cette base.

Un homme qui porte un fardeau sur son dos est obligé de se pencher en avant, parce que le fardeau et lui forment un seul système dont

[1] On désigne ainsi, en anatomie, la cavité formée au bas du tronc par les os des hanches.

le centre de gravité passerait au delà de sa base s'il se tenait verticalement. Un homme qui porte un fardeau dans ses bras est obligé, par la même raison, de se pencher en arrière.

Les divers mouvements qu'on fait instinctivement avec les bras pour se soutenir lorsqu'on trébuche n'ont d'autre but que de ramener la direction du centre de gravité à passer par la base formée par les pieds. C'est à cet effet que les danseurs de corde tiennent une longue perche (*balancier*) entre leurs mains pendant leurs jeux, ou font avec les bras divers mouvements.

DES MACHINES.

On nomme *machine* tout corps ou système gêné dans ses mouvements par des obstacles quelconques, et propre à mettre en équilibre ou en mouvement, au moyen de forces données, des corps sollicités par d'autres forces, qui diffèrent des premières par leur direction et, le plus souvent aussi, par leur intensité.

On appelle *puissances*, *forces mouvantes* ou *forces motrices*, les forces dont on dispose pour vaincre ou détruire, au moyen d'une machine, d'autres forces qu'on nomme alors *résistances*.

Il existe un certain nombre de machines qui sont les éléments de toutes les autres; on les nomme *machines simples*. Les machines simples sont : le *levier*, la *poulie*, le *treuil*, les *roues dentées*, le *plan incliné*, la *vis* et le *coin*. Parmi ces machines, nous ne nous occuperons spécialement que du levier et du plan incliné, parce que la théorie des autres, dont nous ne donnerons que la définition, peut se ramener à celle des deux premières. Les *machines composées* sont des assemblages de machines simples; leur théorie se déduit aisément de celle des machines simples dont elles sont formées. (H. V.)

1. — DU LEVIER.

Le *levier* est une barre rigide AB (fig. 325 ci-après), qui ne peut que tourner, dans un plan, autour d'un point fixe O, nommé *point d'appui*. Si l'on fait abstraction du poids du levier, il n'y a ordinairement que deux forces P et Q appliquées à cette machine et dont l'une a pour objet de faire équilibre à l'autre; la première s'appelle la *puissance*; nous la supposerons appliquée en B; l'autre est la *résistance* et agit sur le point A, par exemple. Le sens de ces forces est indiqué par des flèches.

Fig. 325.

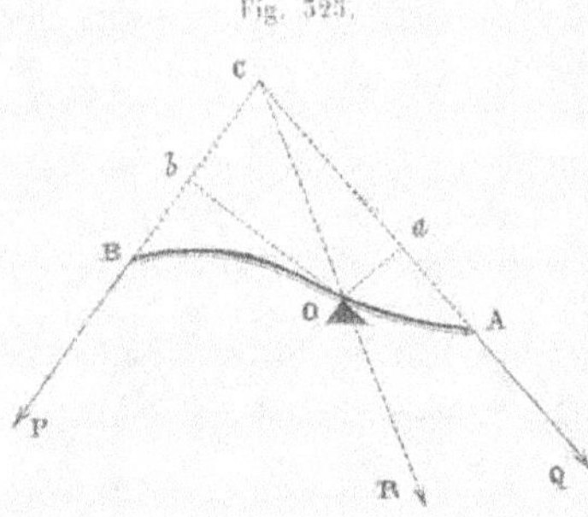

Les forces P et Q étant supposées agir dans le plan où le levier peut tourner, il faut, pour qu'elles se fassent équilibre : 1° *qu'elles tendent à faire tourner le levier en sens opposé;* 2° *que leurs intensités soient en raison inverse de leurs bras de levier.* On nomme bras de levier les longueurs O*a*, O*b*, des perpendiculaires abaissées du point d'appui sur les directions des deux forces.

Pour démontrer ces deux conditions d'équilibre, remarquons que, pour qu'il y ait équilibre, il faut et il suffit que les forces aient une résultante R passant par le point d'appui O, où elle sera détruite par sa résistance (p. 58); autrement cette résultante produirait un mouvement. Soit C le point de rencontre des directions de la puissance et de la résistance. Pour que leur résultante passe par le point O, il faut qu'elle soit dirigée dans l'angle ACB, ce qui exige que les forces tendent à faire tourner le levier en sens contraire, conformément à la première des deux conditions à démontrer.

Quant à la seconde, elle se déduit immédiatement du principe des moments statiques (p. 62). En effet, le point d'appui O devant, lors de l'équilibre, se trouver sur la direction de la résultante, il faut, d'après le principe que nous venons de rappeler, que les perpendiculaires O*b* et O*a* abaissées du point O sur les directions des deux forces, soient en raison inverse de ces dernières. Or, ces perpendiculaires sont précisément ce que nous avons appelé les bras de levier de la puissance et de la résistance.

Fig. 326.

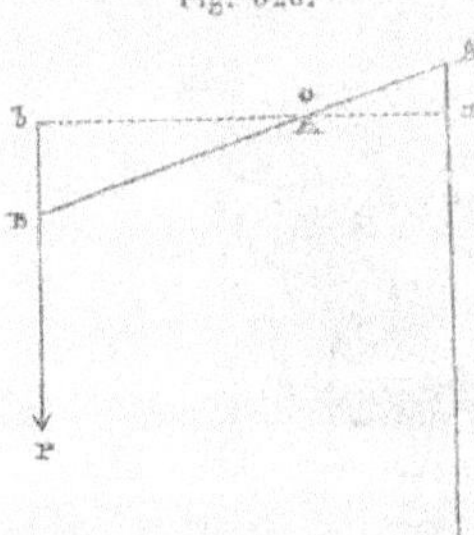

Lorsque le levier BA (fig. 326), est droit et que les forces P et Q sont parallèles, les perpendiculaires menées de l'appui O sur les directions de ces forces, savoir O*b* et O*a*, sont en ligne droite et, de plus, elles sont entre elles comme les deux portions OB et OA dans lesquelles le point d'appui partage la longueur du levier comprise entre les points d'application A et B des forces; de sorte que l'on a P : Q = OA : OB. Dans ce cas, les longueurs OB, OA, qui ne sont plus des lignes fictives, sont proprement *les bras de levier* des forces P et Q. (H. V.)

DES DIFFÉRENTS GENRES DE LEVIERS.

On distingue trois genres de leviers, suivant les dispositions respectives de l'appui, de la puissance et de la résistance.

Dans les *leviers du premier genre*, l'appui est entre la résistance et la puissance ; tels sont les tenailles, les balances ordinaires, la romaine, les ciseaux (assemblages de deux leviers), les bras des pompes, etc. Alors la puissance a d'autant plus d'avantage, que son bras de levier est plus long par rapport à celui de la résistance. C'est ce qui a fait dire à Archimède, auquel on doit le principe du levier, qu'avec un point d'appui et un levier assez grand, il soulèverait le monde : « *Da mihi ubi consistam et terram loco dimovebo.* » Mais quand, par un léger accroissement de la puissance, on met le levier en mouvement, les déplacements des points d'application des deux forces qui le sollicitent sont proportionnels aux bras de levier de celles-ci, et par conséquent en raison inverse de leurs intensités. On a calculé, d'après cela, qu'il faudrait plus de 40 millions de siècles pour déplacer la terre de l'épaisseur d'un cheveu, avec la force d'un seul homme marchant jour et nuit pour suivre le mouvement du levier.

Dans *les leviers du second genre*, la résistance est entre l'appui et la puissance, dont l'intensité peut être beaucoup moindre que celle de la résistance. On en trouve des exemples dans les barres employées à soulever ou à mouvoir des pierres ou d'autres masses pesantes (fig. 327 : *a*, point d'application de la résistance, O point d'appui); dans les rames des bateliers, où le point d'appui est dans l'eau; dans les loquets des portes, le croque-noix, le couteau de boulanger, etc.

Fig. 327.

Enfin, dans *les leviers du troisième genre*, le point d'appui est encore à l'une des extrémités; mais le point d'application de la puissance est moins éloigné du point d'appui que le point d'application de la résistance; de sorte que cette dernière force a généralement l'avantage. Comme exemples de cette espèce de leviers, nous citerons les pédales, sur lesquelles on appuie le pied vers la partie moyenne pour vaincre une résistance appliquée à l'une des extrémités, tandis que le point d'appui se trouve à l'autre; les pincettes, les étaux, les os des animaux, etc. Pour nous assurer que les os sont des leviers du troisième genre, considérons, par exemple, ceux de l'avant-bras (fig. 328). Ces os forment des leviers dont le point d'appui est en O à l'articulation du coude. La résistance peut être représentée par le poids d'une masse *a* qu'il s'agit de soulever avec la main. Les puissances au moyen desquelles on obtiendra cet effet sont développées par la contraction des muscles de la face antérieure du bras, qui s'attachent, d'une part, à l'os du bras, et de l'autre, aux os de l'avant-bras en *b*, près de l'articulation du coude. Lorsque ces muscles se contractent, ils tendent à fléchir l'avant-bras sur le bras, c'est-à-dire à soulever la masse *a* placée dans la main. Les os de l'avant-bras constituent, par conséquent, des leviers du troisième genre, puisque l'on voit que le point d'application de la puissance est entre la résistance et le point d'appui. Ces leviers sont désavantageux pour la puissance, mais cet inconvénient est racheté par cette circonstance très-favorable que les points qu'il faut mouvoir parcourent un grand espace, pour un très-petit déplacement du point d'application de la puissance. La disposition des muscles qui meuvent les os des animaux est donc favorable à la rapidité des mouvements; c'est, en outre, de toutes les dispositions que la nature aurait pu adopter, celle qui se concilie le mieux avec l'élégance de la forme des organes.

Fig. 328.

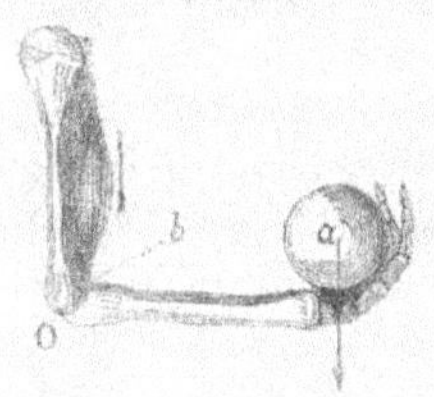

On peut vérifier les conditions d'équilibre du levier à l'aide d'une barre de bois droite, portant des divisions, mobile autour d'un axe horizontal, et en différents points de laquelle on suspend des poids. Seulement, pour les leviers du second et du troisième genre, l'une des deux forces devra agir de bas en haut, ce que l'on obtiendra au moyen d'un cordon passant sur une poulie et portant à l'une de ses extrémités un poids, tandis que son autre extrémité est attachée au levier. Dans ces expériences, il faut, avant d'appliquer la puissance et la résistance, faire équilibre au poids du levier, à moins que son centre de gravité ne se confonde avec le point d'appui. (H. V.)

DE LA BALANCE ROMAINE.

Fig. 329.

La *romaine* est un levier droit AB (fig. 329), à bras inégaux et qui, au moyen d'un poids constant p qu'on éloigne suffisamment de l'appui O, sert à peser des corps qu'on place dans un bassin P suspendu en B au plus petit bras. On la construit de manière à être en équilibre, indépendamment des deux poids : le levier ou fléau est alors horizontal. Il doit pouvoir tourner librement autour de l'axe horizontal O sur lequel il s'appuie, et décrire un plan vertical. Ces conditions remplies, si p et le corps à peser se font équilibre dans la position horizontale, et que le bras de levier A O de p soit égal, par exemple, à 5 fois celui B O du corps, le poids de celui-ci sera évidemment égal à 5 fois le poids p, c'est-à-dire à 500 grammes si le poids p est de 100 grammes. Pour n'avoir pas à mesurer chaque fois la longueur variable de AO, on divise, à partir de l'appui, le plus long bras de la romaine en parties égales à une fraction connue du plus petit.

THÉORIE DE LA BALANCE ORDINAIRE.

La balance ordinaire est un levier droit du premier genre dont le point d'appui est au milieu. A ses extrémités sont suspendus librement deux bassins ou plateaux destinés à recevoir les corps dont on veut comparer les poids. D'un côté on place le corps que l'on veut peser et de l'autre un certain nombre de fois l'unité de poids. Le levier de la balance se nomme *fléau*.

Une balance, pour être juste, doit être en équilibre quand les bassins renferment des poids égaux. On demande, de plus, que cet équilibre n'existe que dans la position horizontale du fléau, et qu'il suffise d'un très-léger excès de poids dans l'un des bassins pour le rompre, de telle façon que la balance possède la plus grande *sensibilité* possible. Pour obtenir ces différents résultats, il faut remplir cinq conditions :

1° *La balance doit être en équilibre quand il n'y a rien dans les bassins.*

2° *Les bras du fléau doivent être parfaitement égaux.*

3° *La droite qui joint les points de suspension des bassins doit passer par l'axe de suspension du fléau.*

4° *Le fléau doit être très-long et construit de telle manière que, lorsqu'il est dans la position horizontale, son centre de gravité soit situé verticalement au-dessous de l'axe de suspension, mais très-près de cet axe.*

5° *Le système du fléau et des bassins doit être aussi léger que possible, sans toutefois que le fléau puisse fléchir quand les bassins sont chargés, et les suspensions du fléau et des bassins doivent présenter, dans les divers mouvements de la balance, le moins de frottement possible.*

Quand ces cinq conditions sont remplies, il est facile de voir que la balance donne les résultats qu'il s'agissait d'atteindre. En effet, chargeons les bassins de poids égaux ou inégaux. Dans le premier cas, la balance se tiendra en équilibre, et cet équilibre n'existera que dans la position horizontale du fléau, puisque ce n'est que dans cette position que le poids de celui-ci, appliqué en son centre de gravité, pourra être détruit par l'axe de suspension. Dans le second cas, la balance sera entraînée du côté du bassin le plus chargé. Mais jamais elle ne trébuchera complétement, et bientôt il s'établira un nouvel équilibre pour une position du fléau plus ou moins inclinée, suivant la disposition de l'appareil employé et suivant la grandeur de la différence des poids qui agissent dans les deux bassins.

Fig. 330.

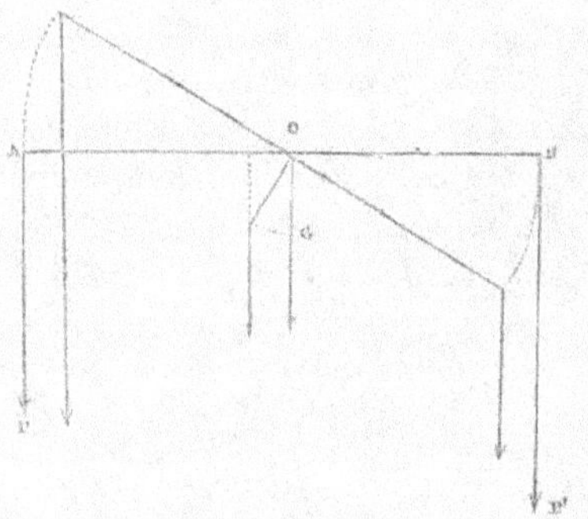

En effet, soit O (fig. 330), le point d'appui du fléau AB; G, la position de son centre de gravité; Q, son poids; P et P′, les poids suspendus en A et B et comprenant les poids placés dans les deux bassins et ceux de ces bassins eux-mêmes; enfin, soit p, l'excès de P′ sur P. Dès que la balance n'est plus horizontale, le centre de gravité G n'est plus dans la verticale du point O, et le poids du fléau Q, appliqué en G, tend à ramener l'appareil à sa première position. Plus l'inclinaison est grande, plus le bras de levier (la perpendiculaire abaissée du point O sur la verticale qui passe par le centre de gravité G) sur lequel ce poids agit est considérable. D'un autre côté, le bras de levier de l'excès de poids p, appliqué en B, va constamment en diminuant, et deviendrait nul si la ligne O B était verticale. Il y a donc nécessairement un moment où les produits de Q et de p par leurs bras de levier respectifs sont égaux; alors l'équilibre existe (p. 74), car Q et p sont les deux seules forces efficaces, puisque la résultante des deux poids égaux P passe, dans toutes les positions du fléau, par l'axe de suspension où elle est détruite. Ce nouvel équilibre s'établira évidemment pour une inclinaison du fléau d'autant plus faible que p est plus petit. Ainsi, l'inclinaison permet jusqu'à un certain point de juger de la différence des poids et, par suite, elle donne le moyen d'abréger notablement le temps nécessaire pour chaque pesée.

On dit qu'une balance est *très-sensible* lorsqu'elle s'incline beaucoup pour un faible excès de poids, et au contraire qu'elle est *paresseuse* quand elle s'incline peu pour une valeur considérable de cet excès p. Or, il est facile de voir que dans une balance qui remplit les cinq conditions énoncées ci-dessus, tout concourt à rendre la sensibilité de l'appareil la plus grande possible. Le centre de gravité G du fléau est très-voisin de l'axe de suspension O, pour que le bras de levier du poids de ce fléau Q s'accroisse plus lentement lorsque la balance vient à s'incliner; le fléau est long, afin d'augmenter le bras de levier de p, et, par suite, l'inclinaison requise pour que le poids du fléau puisse faire équilibre à cette dernière force; enfin, les frottements des suspensions du fléau et des bassins constituant un obstacle que la force p doit vaincre pour incliner le fléau, on les rend le plus petits possible.

Nous ajouterons encore quelques mots sur la sensibilité de la balance. Si l'on pouvait faire disparaître les frottements dont il vient d'être question, cette sensibilité serait indépendante de la charge absolue de l'appareil. En effet, des quatre poids Q, P, P et p qui tendent à faire mouvoir le fléau, les deux intermédiaires se composent en une résultante unique 2 P appliquée à l'axe et ne faisant que l'appuyer sur le plan qui le soutient. Cette force 2 P, qui se trouve ainsi détruite, est précisément celle qui représente la charge. Or, si l'axe du fléau ne présentait pas de frottement, la pression que celle-ci lui fait éprouver serait évidemment sans influence sur la mobilité, et, par suite, sur la sensibilité de l'appareil. Mais dans l'état actuel des choses, cette sensibilité doit diminuer avec la grandeur de la charge, car le frottement augmente avec la pression, ainsi que nous le verrons plus loin. Il suit de là que lorsqu'on veut donner une idée exacte de la limite de sensibilité d'une balance, il faut indiquer sous quelle charge totale cette limite s'observe.

Examinons maintenant les inconvénients que la balance présenterait si, dans sa construction, on ne remplissait pas les cinq conditions indiquées ci-dessus.

Si la première condition n'était pas satisfaite, il est évident que les corps dont on comparerait les poids et qui devraient rétablir l'équilibre, ne pèseraient pas également.

Si les bras du fléau n'étaient pas de même longueur, les poids qui se feraient équilibre ne seraient pas égaux, le plus petit étant du côté du plus grand bras de levier (p. 74). Pour reconnaitre si la balance remplit cette condition, on mettra deux corps en équilibre dans les bassins, puis on les changera de place, et si l'équilibre existe encore, on en conclura que les bras sont égaux.

Une balance à bras inégaux peut être exacte en apparence, c'est-à-dire que le fléau peut se tenir en équilibre stable dans la position horizontale quand il n'y a rien dans les bassins : il suffit, pour cela, que le centre de gravité du fléau soit reculé un peu vers le bras le plus court, de manière que la résultante des poids des bassins vides et du poids du fléau ait son point d'application au-dessous de l'axe dans la position horizontale du fléau.

La parfaite égalité des bras du fléau des balances est extrêmement difficile à réaliser dans la pratique. Heureusement, on peut se passer de cette condition et cependant peser exactement au moyen de la *méthode des doubles pesées* ou de *Borda* : on place le corps dont on veut connaitre le poids dans l'un des bassins, et dans l'autre on place des corps quelconques, comme des grains de plomb, du sable bien sec, jusqu'à ce qu'il y ait équilibre; on enlève ensuite le corps et on le remplace par des poids gradués jusqu'à ce que l'équilibre soit rétabli. Il est évident que ces poids représenteront le poids du corps, puisqu'ils font équilibre à la même charge, dans les mêmes conditions mécaniques.

Si la troisième condition n'est point remplie, deux cas peuvent se présenter : en effet, la ligne de suspension des bassins peut se trouver au-dessus ou au-dessous de l'axe de suspension du fléau.

Dans le premier cas, la balance cesse de présenter un équilibre stable lorsque les charges des bassins sont supérieures à une certaine limite. En effet, les bassins étant supposés chargés de poids égaux, la résultante de ces poids et de ceux des bassins eux-mêmes a son point d'application au-dessus de l'axe de suspension dans la position horizontale du fléau; et, si l'on combine cette résultante avec le poids du fléau appliqué au centre de gravité de celui-ci, la résultante définitive qui agit sur le système aura son point d'application d'autant plus rapproché de celui de la résultante partielle ci-dessus, que cette dernière sera plus grande. En augmentant toujours les poids, il arrivera donc un moment où la résultante définitive sera appliquée au-dessus de l'axe. Alors l'équilibre sera instable, et la *balance folle*. La moindre inégalité entre les charges des deux bassins suffira pour faire trébucher complétement le fléau, et, par conséquent, il sera, pour ainsi dire, impossible d'établir l'égalité entre ces charges, c'est-à-dire de faire une pesée, car on n'aura aucun moyen de reconnaître si l'on se rapproche ou si l'on s'écarte de cette égalité. Ce moyen, on l'a, au contraire, dans les bonnes balances, dont le fléau se rapproche de la position horizontale à mesure que la différence entre les charges des bassins diminue.

Les points de suspension des bassins étant placés plus bas que l'axe de suspension du fléau, supposons les extrémités du fléau chargées, l'une d'un poids P, et l'autre d'un poids $P + p$, p représentant la différence des deux poids. Dans la position horizontale de la balance, la résultante des forces P, P, sera détruite par l'axe de suspension du fléau ; le poids de celui-ci sera pareillement détruit par cet axe, mais il n'en sera pas de même de la force p. Celle-ci fera donc pencher la balance de son côté ; mais la déviation sera moindre que dans le cas où les points de suspension des bassins et du fléau se trouvaient sur la même ligne droite, parce qu'alors la résultante des forces P, P, était détruite, tandis que son action s'ajoute maintenant à celle du poids du fléau pour faire équilibre à la force p, ce qui a évidemment pour effet une diminution de l'inclinaison du fléau. On voit à présent pourquoi il importe que le fléau des balances ne puisse pas fléchir sous les charges des bassins : c'est que cette flexion aurait pour effet d'abaisser la ligne de suspension des bassins, et, par suite, de diminuer la sensibilité de l'appareil.

Les trois premières conditions étant remplies, si le centre de gravité du fléau se trouvait au-dessus de l'axe de suspension de celui-ci, la balance serait constamment *folle;* et si le centre de gravité était sur l'axe lui-même, la moindre inégalité entre les charges des bassins ferait complétement trébucher la balance, de sorte qu'on ne pourrait plus faire usage de l'appareil.

Enfin, si la cinquième condition n'était pas remplie, la balance n'aurait pas de sensibilité : elle serait *sourde* ou *paresseuse*. (H. V.)

BALANCE DE FORTIN.

Dans la balance qui porte le nom du célèbre artiste Fortin, toutes les conditions que nous avons indiquées plus haut se trouvent remplies avec une exactitude suffisante pour la pratique. Comme elle est généralement employée, tant par les physiciens que par les chimistes, nous allons en donner une description sommaire.

Les figures 331 et 332, que nous empruntons au remarquable

Fig. 331. Fig. 332.

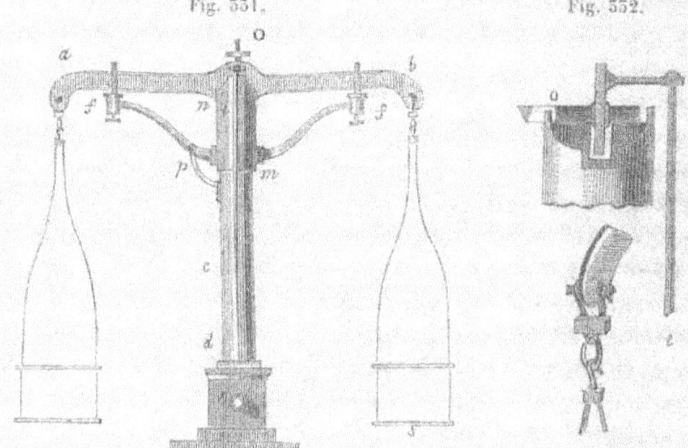

Traité de physique de M. Daguin, représentent une balance dans le système de Fortin, construite dans les ateliers de M. Bianchi, à Paris. *a b* est le fléau en acier trempé et très-rigide. Il est traversé en son milieu par un couteau en forme de prisme triangulaire O (fig. 332), dont les deux moitiés s'appuient, par un tranchant légèrement arrondi, sur deux plaques en agate, disposées dans un même plan horizontal. Une longue aiguille *e* (fig. 331 et 332), perpendiculaire au fléau, indique, sur une division placée en *d*, les moindres inclinaisons de la balance. L'on voit au bas de la figure 332 le système de suspension des bassins : un double crochet est appuyé sur un couteau qui traverse le fléau à son extrémité, et dont le tranchant est tourné vers le haut. Un anneau, dans lequel s'accroche l'extrémité des chaînes ou des tringles qui supportent le bassin, augmente encore la mobilité, de manière que le centre de gravité du bassin et de sa charge se mette toujours de lui-même sur la verticale qui passe par l'axe de suspension. Pour empêcher le couteau O de s'émousser par une pression continue, on soulève le fléau, quand on ne veut pas se servir de la balance, au moyen de deux fourchettes *f f* que l'on fait monter avec le manchon *m n* qui les porte et qui enveloppe la partie supérieure du pied *c* de l'instrument. Ce manchon est mis en mouvement par une tige logée dans l'intérieur de la colonne *c* et articulée avec une excentrique que l'on fait tourner plus ou moins au moyen d'un bouton *r*. Les fourchettes sont guidées dans leur mouvement par la pièce *p* qui les empêche de sortir du plan vertical qui passe par le fléau. Tout l'appareil est renfermé dans une cage vitrée, munie de vis calantes et destinée à le préserver de l'humidité et de la poussière.

Les bonnes balances, dans le système Fortin, indiquent une différence de 1 milligramme quand elles sont chargées de 2 kilogrammes dans chaque bassin. Il y a des balances qui indiquent une différence d'*un quart* de milligramme, mais la charge totale ne doit pas alors dépasser quatre grammes. M. Deleuil a construit une balance qui est sensible au milligramme sous une charge totale de 10 kilogrammes.

Dans les laboratoires de chimie, on se sert fréquemment de balances pesant 500 grammes à 0gr001. Le poids du fléau de ces balances ne dépasse guère 350 grammes. Dans les trébuchets excessivement sensibles que l'on emploie dans les ateliers monétaires, le poids du fléau est encore plus réduit. Il atteint à peine 35 ou 40 grammes. (H. V.)

2. — DE LA POULIE.

La *poulie* est un disque creusé en gorge sur son épaisseur pour recevoir une corde, et mobile autour d'un axe qui le traverse perpendiculairement à son centre. La pièce sur laquelle s'appuient les extrémités de l'axe, se nomme la *chape*.

Fig. 333.

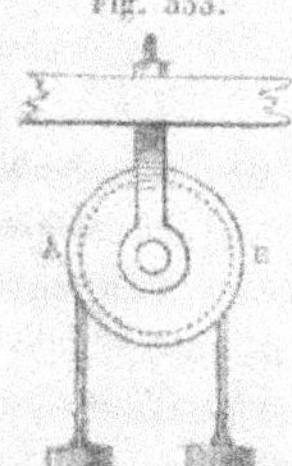

La poulie peut être employée de deux manières :

1° En attachant la chape à un point fixe (fig. 333); la poulie prend alors le nom de *poulie fixe*. Dans ce cas, la puissance et la résistance sont appliquées en deux points de la corde A B, situés respectivement des deux côtés de la poulie. Pour que l'équilibre ait lieu, *il faut que la puissance soit égale à la résistance*.

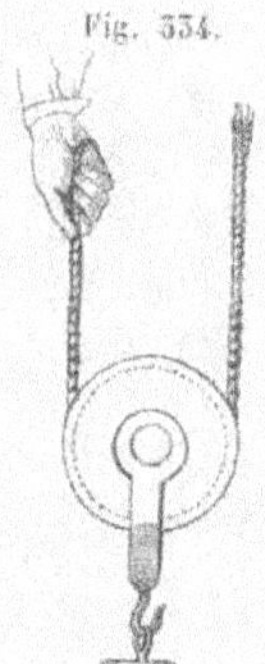

Fig. 334.

2° En attachant une extrémité de la corde à un point fixe (fig. 334), laissant la chape libre, et appliquant la résistance à cette chape. Dans ce cas, la puissance est appliquée à un point de la corde situé de l'autre côté de la poulie que le point fixe. Lorsque dans la *poulie mobile* les deux parties de la corde sont parallèles, *l'équilibre exige que la puissance soit égale à la moitié de la résistance.* (H. V.)

3. — DU TREUIL.

Cette machine se compose d'un cylindre horizontal ou arbre qui peut tourner autour de son axe, et autour duquel s'enroule une corde qui supporte la résistance W (fig. 335). La puissance P agit sur un système variable attaché à l'arbre. Ce système se compose tantôt d'une manivelle, tantôt d'une roue, tantôt d'une ou plusieurs barres implantées dans l'arbre. Nous supposerons que la puissance agisse perpendiculairement à l'extrémité d'une manivelle, et que l'on puisse faire abstraction de l'épaisseur de la corde à laquelle la résistance est appliquée. Dans ces conditions, l'équilibre aura lieu *lorsque la puissance est à la résistance comme le rayon du cylindre est à la longueur de la manivelle comptée à partir de l'axe de ce même cylindre.* (H. V.)

Fig. 335.

4. — DES ROUES DENTÉES.

La figure 336 ci-après nous permettra de donner une idée de la disposition et de l'emploi des roues dentées, dont la théorie se ramène à celle du treuil. *b* représente une première roue sur laquelle agit la puissance et dont l'axe en porte une plus petite appelée *pignon*. Celui-ci engrène avec une nouvelle roue *a*, dont l'axe porte encore un pignon à la circonférence duquel est appliquée tangentiellement la

Fig. 336.

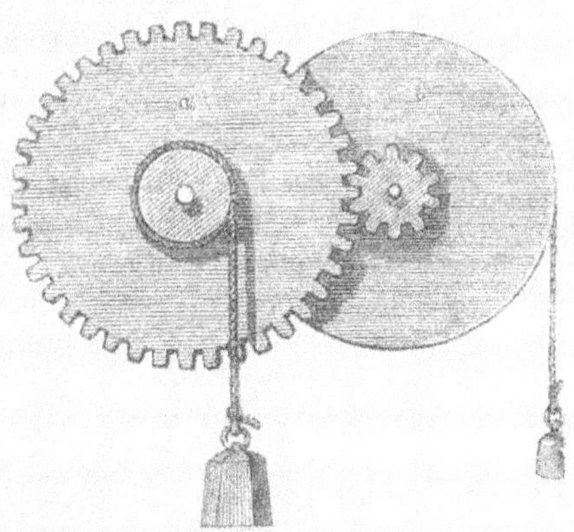

résistance. Au lieu de ce dernier pignon, l'on peut aussi supposer un arbre de treuil, dont la corde reçoive la résistance. On voit aisément que chaque roue avec son pignon agit à la manière d'un treuil, et l'on trouve sans difficulté que, dans des combinaisons analogues à celle représentée par la figure 336, l'équilibre a lieu, quand la *puissance est à la résistance, comme le produit des rayons des pignons est à celui des rayons des roues.*

5. — DU PLAN INCLINÉ.

Le *plan incliné* est une machine simple dans laquelle on considère les conditions d'équilibre d'un corps solide appuyé contre un plan qui fait un angle aigu avec l'horizon. On emploie ordinairement cette machine à tenir en équilibre ou à élever un corps pesant, au moyen d'une force dirigée obliquement de bas en haut.

Fig. 337.

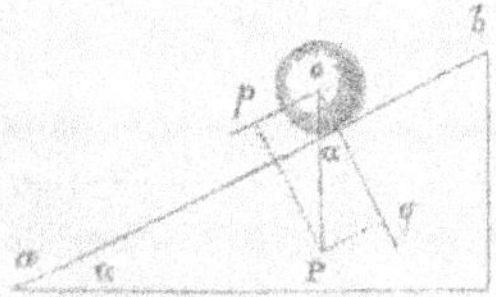

Soit, par exemple, un corps pouvant descendre le long d'un plan incliné ab (fig. 337) et sollicité par son poids dont l'intensité est représentée par oP. Je décompose cette force en deux autres, l'une oq perpendiculaire au plan incliné et qui est détruite par sa résistance, l'autre op parallèle à ce plan et qui a pour effet de faire descendre le corps suivant ba. Pour s'opposer à cet effet, il suffira évidemment d'appliquer au corps suivant la direction de la force op une force égale à celle-ci et agissant en sens contraire. Cette dernière force sera la puissance P et le poids du corps qu'elle maintiendra en équilibre sur le plan incliné sera la résistance R. Pour trouver le rapport entre ces deux forces dans le cas de l'équilibre, il suffit de remarquer que les deux triangles abc et oPp étant semblables, on aura $op : oP = bc : ab$, ou bien, puisque op est égal à la puissance P et oP à la résistance R, $P : R = bc : ab$. Or, ab et bc s'appellent, la première la *longueur*, et la seconde la *hauteur* du plan incliné. Par conséquent, la dernière proportion ci-dessus nous apprend que dans le plan incliné, lorsque la puissance est parallèle à la longueur du plan, l'équilibre existe si *la puissance est à la résistance, comme la hauteur du plan incliné est à la longueur*.

Si la puissance agissait parallèlement à ac, c'est-à-dire à la *base* du plan incliné, on prouverait, d'une manière analogue, que, lors de l'équilibre, *la puissance est à la résistance, comme la hauteur du plan incliné est à la base*.

Tout le monde sait que pour élever des fardeaux on se sert souvent de plans inclinés; c'est parce que le plan soutient une partie du poids du corps, d'autant plus grande que l'angle que le plan fait avec l'horizon est moindre; dès lors, la force qu'il faut employer pour mouvoir le corps est d'autant plus petite.

Les *rampes* ou *routes en pente*, au moyen desquelles on fait franchir de hautes montagnes à des chariots pesamment chargés, constituent une des applications les plus fréquentes de la machine dont il s'agit.

On vérifie les conditions d'équilibre du plan incliné au moyen de l'appareil représenté par la figure 338. Cet appareil se compose : 1° d'un plan de verre RS, dont on peut faire varier à volonté l'incli-

Fig. 338.

naison x; 2° d'un petit chariot a qui peut rouler sur ce plan, et qui est tiré dans l'autre sens par une corde passant sur une poulie fixe et supportant des poids P. Un arc de cercle divisé mesure l'inclinaison du plan, ce qui permet de calculer les rapports entre la longueur, la hauteur et la base de ce dernier. Le poids du chariot constitue la résistance, et la valeur des poids P suspendus à l'extrémité de la corde représente la puissance. Enfin, la poulie fixe peut être placée à volonté de manière que la corde tire, soit parallèlement à la longueur, soit parallèlement à la base du plan. (H. V.)

6. — DE LA VIS.

Fig. 339.

La *vis* (fig. 339) est un cylindre autour duquel rampe une saillie qui forme partout le même angle avec l'axe de ce cylindre. Cette saillie constitue le *filet* de la vis. On nomme *pas* de la vis la distance entre deux révolutions successives du filet. L'*écrou* est une pièce dans laquelle on fait entrer la vis, et qui présente en creux ce que la vis offre en saillie sur une portion de sa longueur égale à l'épaisseur de l'écrou. Quand la vis est entrée dans l'écrou, la rainure de celui-ci est exactement remplie par le filet, de telle sorte que la vis ne peut plus prendre d'autre mouvement que de s'avancer dans le sens de sa longueur, en tournant sur elle-même. Quelquefois la vis est fixe et c'est l'écrou qui s'avance le long de la vis, en tournant autour de son axe; d'autres fois l'écrou est fixe, et la vis se meut dans l'écrou; mais comme ces deux cas reviennent au même pour l'équilibre des forces appliquées à la pièce mobile, nous nous bornerons à considérer le second. De plus, pour fixer les idées, nous placerons le cylindre dans une position verticale; son poids seul suffira alors pour le faire descendre le long du filet de l'écrou fixe, en faisant toutefois abstraction du frottement de la vis contre cet écrou. Nous représenterons par F la force appliquée à la vis pour la tenir en équilibre, et nous supposerons que cette force agit perpendiculairement à l'extrémité d'une barre horizontale dirigée suivant un des rayons du cylindre de la vis. La force F sera la puissance; le poids P de la vis, augmenté, si l'on veut, d'un autre poids, sera la résistance. La puissance et la résistance ainsi définies, on démontre que, *lors de l'équilibre, ces deux forces sont entre elles, comme le pas*

de la vis est à la circonférence de cercle que la puissance tend à faire décrire à son point d'application. Ainsi l'avantage de la puissance sur la résistance est d'autant plus grand, que la première de ces forces agit à une plus grande distance de l'axe, et que le pas de la vis est plus petit.

Il serait difficile de vérifier par l'expérience la condition d'équilibre de la vis, à cause du frottement considérable que présente cette machine, frottement qui, le plus souvent, suffit à lui seul pour maintenir l'équilibre, même lorsqu'on enlève entièrement la puissance. Mais ce frottement a, dans ce cas, une grande utilité; car la vis étant employée, en général, à exercer des pressions, celles-ci se maintiennent alors d'elles-mêmes indéfiniment lorsque la puissance cesse d'agir.

Les applications de la vis sont trop connues, pour qu'il soit nécessaire de les rappeler ici. (H. V.)

7. — DU COIN.

Le *coin* est un prisme triangulaire que l'on introduit par une de ses arêtes latérales qu'on appelle le *tranchant* du coin, entre deux obstacles, pour exercer des efforts qui tendent à les écarter (fig. 340).

Fig. 340.

Les deux faces adjacentes à l'arête dont il s'agit se nomment les *côtés*, et la face opposée, la *tête* ou le *dos* du coin. Nous supposerons un coin dont les deux côtés sont égaux entre eux.

La *résistance* est l'ensemble des efforts exercés contre le coin par les parties du corps que l'on veut diviser; la *puissance* est la percussion que l'on exerce sur le dos du coin, par un coup de marteau ou de toute autre manière. La résistance n'étant jamais bien connue, on ne cherche pas, comme dans les autres machines, le rapport de la puissance à la résistance, mais on se borne à déterminer les efforts que la puissance exerce sur les deux côtés du coin perpendiculairement à ces côtés. On suppose la puissance perpendiculaire à la tête du coin; car si elle était oblique, elle se décomposerait en deux forces : l'une parallèle à cette tête, et qui n'aurait aucun effet pour enfoncer le coin; l'autre perpendiculaire, et seule nécessaire à considérer.

Dans le cas de l'équilibre, les deux composantes que la puissance donne perpendiculairement aux côtés du coin sont égales, chacune, à la moitié de la résistance. On en déduit que, lorsque le coin est en équilibre, *la puissance est à la résistance, comme la moitié de la tête du coin est à un des côtés.* En se servant donc d'un coin très-aigu, ou dont les côtés soient très-grands par rapport à la tête, on pourra exercer latéralement des efforts très-considérables, en frappant d'un coup médiocre sur la tête du coin. — Comme application du coin, nous pouvons citer tous les instruments tranchants. (H. V.)

DES MOUFLES.

Les machines composées sont des combinaisons de machines simples. Telles sont, par exemple, les machines qu'on connait sous le nom de *moufles.*

Fig. 341.

Ce sont des combinaisons de poulies formant, sur deux chapes, l'une fixe, l'autre mobile, deux systèmes séparés et mis en communication par une même corde qui passe successivement sur toutes les poulies de ces deux systèmes. La figure 341 représente une disposition de moufle qu'on emploie fréquemment : la puissance est appliquée à l'une des extrémités de la corde ; l'autre extrémité de celle-ci est attachée à la chape fixe ; la résistance est une masse pesante qu'on se propose de soulever au moyen de la machine.

Dans les moufles, en supposant la chape mobile dépourvue de pesanteur, et les différentes parties de la corde exactement parallèles entre elles, l'équilibre exige que *la puissance soit à la résistance, comme l'unité est au nombre des parties de la corde qui aboutissent aux poulies mobiles.* Ainsi, dans la moufle représentée par la figure 341, il y a 6 cordons qui aboutissent aux poulies mobiles ; par conséquent, pour l'équilibre, il faudra que la puissance soit égale au sixième seulement de la résistance. (H. V.)

PRINCIPE DE LA TRANSMISSION DU TRAVAIL.

Soit, dans une machine en équilibre, P la puissance et R la résistance. Si nous faisons abstraction du frottement, il est évident que, pour mettre cette machine en mouvement, il suffira d'augmenter la puissance d'une quantité quelconque. Quelque petite qu'on suppose la force ajoutée à la puissance, la machine prendra un mouvement accéléré qui, en vertu de l'inertie de la matière, se transformera en un mouvement uniforme aussitôt qu'on fera disparaître cette force additionnelle et qu'on rétablira entre P et R le rapport correspondant à l'équilibre. C'est du moins ce qui aura lieu, *si*, pendant le mouvement, les forces P et R continuent de se faire équilibre dans chacune des positions successives de la machine, ainsi que cela s'observe, par exemple, lorsque ces forces agissent constamment suivant les mêmes lignes droites et dans les mêmes conditions mécaniques, comme dans la poulie mobile ; ou lorsqu'elles peuvent se transporter parallèlement à elles-mêmes sans cesser de se faire équilibre, comme dans le plan incliné ; ou, plus généralement, dans toute machine, lorsque le mouvement imprimé est infiniment petit.

Considérons seulement les machines auxquelles on peut imprimer des mouvements finis, sans que la puissance et la résistance cessent de se faire équilibre dans chacune des positions successives de ces machines. Représentons par p, le chemin dont le point d'application de la puissance s'est déplacé dans la direction même de cette force, c'est-à-dire le chemin réellement parcouru par le point d'application de la puissance projeté [1] sur la droite suivant laquelle elle agit ; représentons de même par r, la projection du chemin décrit par le point d'application de la résistance sur sa propre direction. On aura toujours $Pp = Rr$. Or, Pp est évidemment le travail effectué par la puissance pendant le mouvement de la machine, et Rr est le travail résistant produit. Par conséquent, l'équation ci-dessus nous apprend qu'au moyen des machines on ne fait que *convertir le travail moteur de la puissance en un autre travail équivalent*. On énonce le même principe lorsqu'on dit que, dans toute machine, *on perd en temps ce qu'on gagne en force, et réciproquement ;* en effet, on pourra toujours rendre R aussi grand que l'on voudra par rapport à P, mais alors le chemin r, parcouru dans un temps donné du côté de la résistance, sera d'autant plus petit par rapport au chemin p parcouru du côté de la puissance.

[1] La *projection* d'un point sur une droite ou un plan, est le pied de la perpendiculaire abaissée de ce point sur la droite ou le plan. La droite qui joint les projections des extrémités d'une autre, est dite la *projection* de celle-ci. On obtient de même la projection d'une portion de courbe sur une droite située dans le même plan que cette courbe, en abaissant des extrémités de celle-ci des perpendiculaires sur la droite. Lorsque l'une des extrémités de la portion de courbe se trouve sur la droite même, il suffit évidemment d'abaisser de l'autre extrémité une perpendiculaire sur cette droite : la projection de la portion de courbe est alors égale à la distance du pied de la perpendiculaire au point de la courbe qui se trouve sur la droite.

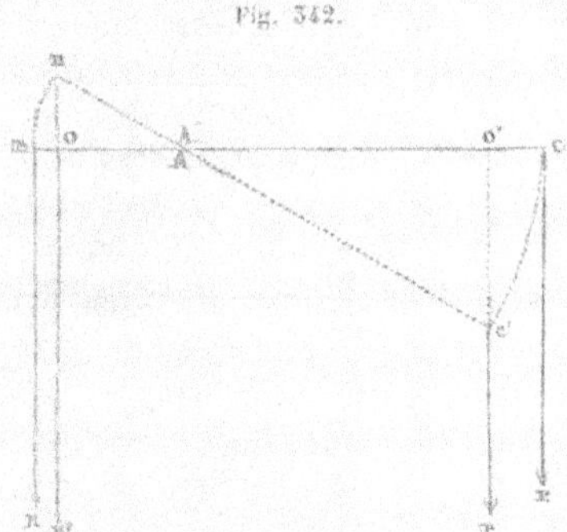
Fig. 342.

Pour vérifier, dans un cas particulier, le principe de la transmission du travail au moyen des machines, considérons un levier droit BC (fig. 342), sollicité par deux forces verticales P et R, se faisant équilibre, et dont la première est la puissance et la seconde la résistance. Supposons que ce levier se meuve dans le sens de la puissance, et que, pendant ce mouvement, les forces P et R se transportent parallèlement à elles-mêmes. Lorsque le levier sera arrivé en B′AC′, le point d'application B de la résistance se sera déplacé, en sens contraire de la direction de cette force, d'une quantité OB′, que nous représenterons par r, tandis que C se sera déplacée dans le sens de la puissance le long d'un chemin p égal à O′C′. D'après le principe qu'il s'agit de vérifier, il faut que l'on ait $Pp = Rr$. Or, il est facile de voir que cette égalité est satisfaite. En effet, puisque les forces P et R se font équilibre, on a $P.AC' = R.AB'$ (1). D'un autre côté, on a, à cause de la similitude des deux triangles AOB′ et C′AO′, $AB' : AC' = B'O : O'C' = r : p$. Cette proportion montre que, dans l'équation (1), on peut remplacer AB′ par r et AC′ par p. En faisant cette substitution, on obtient $P.p = R.r$, ce qui est précisément l'équation dont il s'agissait de vérifier l'exactitude.

Dans tout ce qui précède, nous avons fait abstraction des frottements et autres résistances passives qu'il faut vaincre pour mettre les machines en mouvement. Pour tenir compte de ces résistances, il suffit d'ajouter le travail moteur qu'elles absorbent pendant le mouvement de la machine, à celui qu'exige la résistance *principale* ou *utile* que la machine doit vaincre et en vue de laquelle elle est employée. La somme de ces deux travaux est alors égale au travail effectué par la puissance. On nomme *effet utile*, *travail utile* ou *rendement* d'une machine le rapport entre le travail absorbé par *la résistance principale* et celui de la puissance; ainsi l'on dira que l'effet utile d'une machine est de 0,60 quand le frottement et les autres résistances passives absorbent 0,40 du travail de la puissance représenté par 100. Par exemple, une pompe élève, en 1″, 10 kil. d'eau à 10 mètres de hauteur, ce qui fait un travail de 100 kilogrammètres; elle est mise en mouvement par une roue hydraulique sur laquelle agit en 1″ une masse d'eau pesant 500 kilogrammes et tombant d'une hauteur de 1 mètre. Cette masse d'eau serait capable de produire un travail de 500 kilogrammètres. En supposant que tout ce travail soit transmis à la roue hydraulique (ce qui n'a pas lieu ordinairement), l'effet utile de la pompe sera $\frac{100}{500}$ ou 0,20; les résistances nuisibles absorbent donc ici 0,80 du travail moteur.

En résumé, les machines ne créent pas de force, comme beaucoup de personnes se l'imaginent : elles ne font que transmettre le travail de la puissance, et à cause des résistances passives inévitables, elles ne produisent jamais un effet utile égal au travail effectué par la force motrice. (H. V.)

III. — HYDROSTATIQUE.

L'*hydrostatique* est la science qui s'occupe des conditions de l'équilibre des liquides et des pressions qu'ils exercent, soit sur un point quelconque de leur masse, soit sur les corps qui y sont plongés ou qui flottent à leur surface, soit enfin sur les parois des vases qui les contiennent.

Les conditions d'équilibre des liquides reposent sur les trois propriétés suivantes de ces corps :

1° Sur la mobilité parfaite de leurs molécules sous l'action des forces les plus faibles, pourvu que ces forces tendent seulement à faire glisser les molécules les unes sur les autres, sans changer leurs distances. Cette propriété résulte de ce que les molécules des liquides s'attirent mutuellement comme si elles étaient sphériques (voy. p. 48).

2° Sur ce que les liquides se compriment également dans toutes les directions lorsqu'on exerce une pression sur un point quelconque de leur surface. Cette propriété, qui, ainsi que les deux autres, appartient également aux gaz, constitue un caractère distinctif essentiel entre les fluides en général et les corps solides, dont les molécules ne se rapprochent guère les unes des autres que dans le sens même de la pression.

Nous avons vu que la compressibilité des liquides est toujours très-faible (p. 15); il en résulte que l'on peut, dans la plupart des cas, négliger la diminution de volume qu'ils subissent sous l'influence des pressions, même les plus fortes.

On peut, jusqu'à un certain point, se rendre compte de l'égale compression que les liquides éprouvent dans tous les sens lorsqu'on exerce une pression en un point quelconque de leur surface, en observant que, puisque leurs molécules s'attirent mutuellement comme si elles étaient sphériques, elles ne peuvent être en équilibre stable que si la distance qui les sépare deux à deux est la même dans toute la masse.

Par conséquent, si on vient à les rapprocher dans une direction déterminée, elles se constituent dans un état d'équilibre instable que le plus petit ébranlement, et il y en a toujours, suffit pour détruire; puis, cet équilibre instable rompu, elles se déplacent jusqu'à ce que leurs distances étant devenues les mêmes dans tous les sens, elles se trouvent de nouveau en équilibre stable les unes par rapport aux autres. Ce que nous venons de dire des liquides s'applique également aux gaz.

3° Enfin, sur ce que les liquides possèdent une élasticité de compression parfaite, c'est-à-dire que lorsque, par la compression, on a rapproché leurs molécules, celles-ci, pour reprendre leur position primitive, font toujours un effort exactement égal et contraire à celui qu'il a fallu exercer sur elles pour leur imprimer le déplacement qu'elles ont subi. (H. V.)

PRINCIPE D'ÉGALITÉ DE PRESSION.

Des trois propriétés que nous venons d'expliquer, on peut déduire le *principe d'égalité de pression* dans les liquides, principe qui sert de base à la théorie de l'équilibre de ces corps, et que la plupart des auteurs admettent comme une donnée de l'expérience, sans remonter aux propriétés physiques dont il dérive. Ce principe, qui a été établi par Pascal, vers 1650, peut s'énoncer comme il suit : *Les liquides communiquent également, en tous les sens, les pressions exercées en un point quelconque de leur masse.*

Fig. 343.

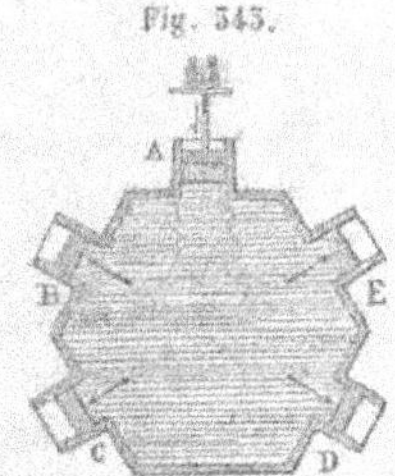

Pour donner une idée exacte du principe dont il s'agit, considérons un vase de forme quelconque, sur les parois duquel sont placées diverses ouvertures cylindriques fermées par des pistons mobiles. Ce vase étant fixement attaché, concevons qu'il soit rempli d'un liquide sans pesanteur. Si, sur le piston supérieur A (fig. 343), on exerce, de dehors en dedans, une pression quelconque P, de 20 kilogrammes, par exemple, d'après le principe que nous expliquons, cette pression se transmettra par l'intermédiaire du liquide sur la face interne des pistons B, C..., et pour qu'ils ne soient pas repoussés, il faudra, si leur surface égale celle du premier, exercer sur chacun d'eux un effort de 20 kilogrammes; mais pour des surfaces deux, trois fois plus grandes, l'effort à employer devra être de 40 ou 60 kilogrammes; c'est-à-dire que la pression transmise croît proportionnellement à la surface. En effet, le liquide étant en équilibre, il aura subi la même compression dans tous les sens. Par conséquent, chacune de ses molécules exercera, en vertu de son élasticité, le même effort pour se replacer par rapport aux molécules voisines dans la position qu'elle occupait avant la compression, et cet effort sera égal à celui que la force P exerce sur chacune des molécules qui subissent directement l'action du piston A. De plus, si l'on considère les molécules en contact avec la surface interne d'un des pistons B, C..., la force avec laquelle chacune d'elles sera pressée contre le point correspondant du piston, sera nécessairement normale à la surface de ce dernier; car, si elle était oblique, on pourrait la décomposer en deux composantes, l'une perpendiculaire et l'autre parallèle à cette surface : la première serait évidemment détruite par l'effort qu'on exerce contre le piston pour l'empêcher d'être repoussé, tandis que la seconde ferait glisser la molécule liquide, et l'équilibre n'aurait pas lieu, contrairement à ce que nous avons supposé. Par conséquent, la pression transmise est nécessairement normale à la surface du piston, et elle croît proportionnellement au nombre des molécules en contact avec lui, c'est-à-dire proportionnellement à la surface pressée.

Cette pression transmise s'exerce de la même manière dans l'intérieur du liquide, et, si l'on y considère une masse quelconque terminée par des faces planes, ou un polyèdre qui y soit plongé, chaque portion égale à celle du piston A prise sur l'une des faces, éprouvera aussi, de dehors en dedans, la pression normale de 20 kil.

Fig. 344.

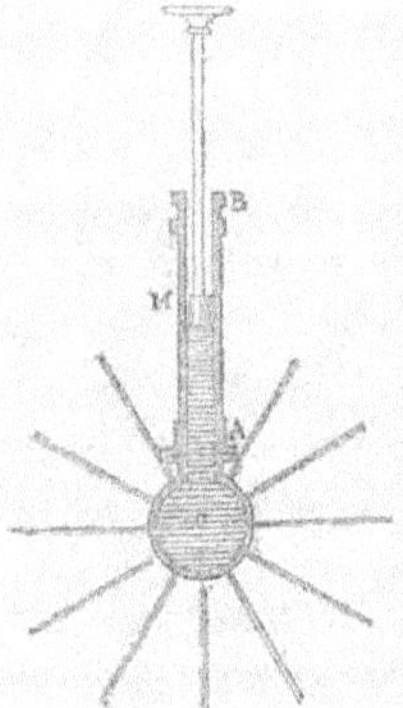

On peut, par l'expérience suivante, démontrer que la pression se transmet, en effet, également dans tous les sens. Un cylindre B A (fig. 344), dans lequel se meut un piston M, est terminé par un vase C, percé d'un grand nombre de petites ouvertures perpendiculaires à sa surface. En plongeant le vase C dans un liquide quelconque, et élevant ensuite le piston, l'appareil se remplit de liquide; si alors on presse le piston, on voit le liquide jaillir de toutes parts sous forme de veines perpendiculaires à la surface du vase aux points d'où elles s'échappent, et ces veines s'élancent toutes à la même distance avant de retomber à terre, ce qui démontre que la vitesse du liquide est la même dans toutes, c'est-à-dire que la pression exercée sur le piston M s'est transmise également dans tous les sens. (H. V.)

PRESSE HYDRAULIQUE.

Le principe d'égalité de pression, que nous venons d'expliquer, a reçu une importante application dans la *presse hydraulique*, qui fut construite, vers le commencement de ce siècle, par un ingénieur anglais, Bramah, mais dont la première idée appartient à Pascal, qui l'avait fait connaître dans son *Traité sur l'équilibre des liqueurs*.

Fig. 345.

Cet appareil, au moyen duquel on peut produire des pressions énormes, se compose essentiellement de deux cylindres verticaux de diamètres très-inégaux (fig. 345), communiquant entre eux par leur partie inférieure, remplis d'eau et renfermant des pistons prenant très-juste; si la surface du piston *a* est cent fois plus petite que celle du piston *bc*, un effort de 300 kilogrammes exercé sur *a* fera équilibre à un effort de 30,000 kilogrammes exercé sur le piston *bc*. Or, au moyen d'un levier, un homme peut aisément exercer sur le piston *a* un effort de 300 kilogrammes; ainsi, le piston *bc* peut sans difficulté être pressé avec une puissance de 30,000 kilogrammes. De plus, si l'on enfonce le piston *a*, le piston *bc* sera soulevé d'une quantité cent fois plus petite : nouvelle application du principe que, dans toute machine, on perd en vitesse ce que l'on gagne en force, et réciproquement (voy. p. 90).

Après avoir indiqué la disposition générale de la presse hydraulique, il convient d'examiner les détails de sa construction.

Les figures 346 et 347 ci-après représentent, la première, une coupe verticale de la presse, et la seconde, une élévation générale : *af* est une pompe aspirante et foulante au moyen de laquelle on donne la pression; *p'p* est un plateau à piston qui la reçoit pour la transmettre immédiatement au corps que l'on veut presser. En levant le levier *l* (fig. 347), on soulève le piston *s* de la pompe, l'eau de la bâche *b* entre par la pomme d'arrosoir *r* (fig. 346), soulève la soupape *i* et passe sous le piston *s*; quand on presse sur le levier *l*, on fait redescendre le piston *s*, l'eau est refoulée, elle ferme la soupape *i*, soulève la soupape *d*, et passe dans le tuyau *tbu* pour arriver dans le corps *cc'* de la presse. Là elle exerce son effort contre le piston *p*, et le force à monter avec le plateau *p'*, qui presse à son tour les corps contre la plate-forme *e* (fig. 347).

Fig. 346.

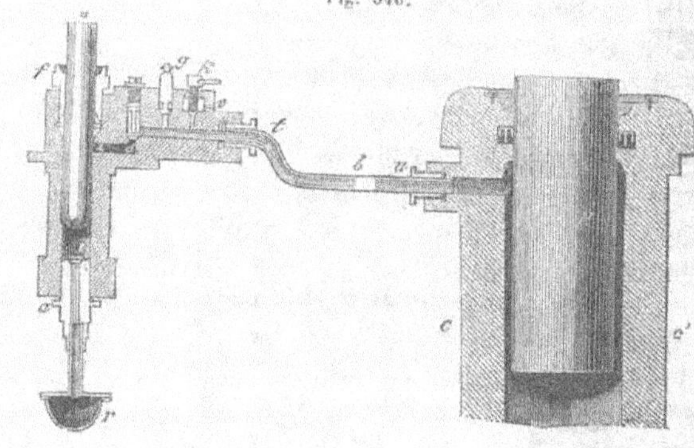

Fig. 347.

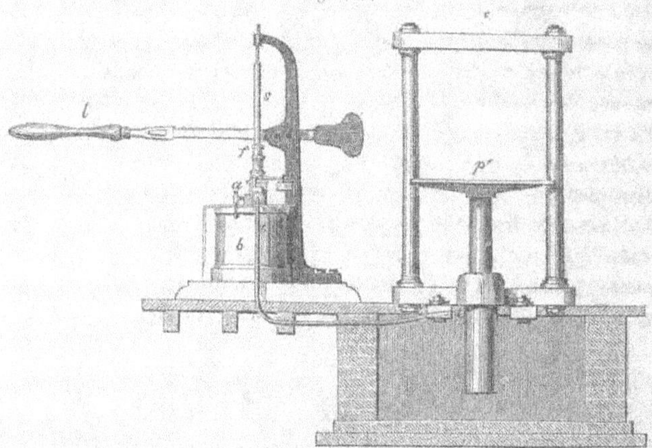

Fig. 348.

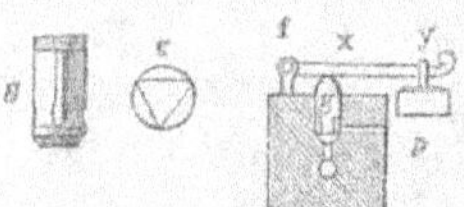

A cause du frottement, une partie seulement de la pression que l'on exerce au moyen du levier *l* se transmet au piston *p*. La pression réellement transmise se mesure à l'aide de la soupape *g* (fig. 348 et 347). En effet, connaissant le poids P, sa distance *yf* au point d'appui *f* du levier du second genre sur lequel il agit, ainsi que la distance *xf* de la soupape *g* au même point *f*, il est facile de calculer la pression que celle-ci éprouve de la part du liquide lorsque le levier *fy* est soulevé.

La soupape *g* s'appelle *soupape de sûreté*. On la charge de façon qu'elle soit soulevée avant que la pression transmise par le liquide puisse devenir préjudiciable au bon état des diverses pièces de la machine.

Fig. 349.

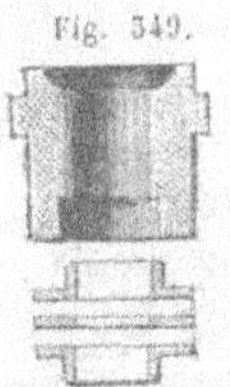

Pour éviter les fuites, on ajuste d'abord avec un soin particulier le piston s; les pièces qui servent à cet usage sont vues en grand dans la figure 349. Mais la principale difficulté se trouvait au piston p; et c'est Bramah qui l'a résolue par l'heureuse invention du cuir embouti (fig. 350), qui est disposé dans un espace annulaire, pratiqué à cet effet dans le corps cc' de la presse (fig. 346); il est facile de voir, par sa forme et sa disposition, qu'il ferme d'autant mieux que la pression est plus forte; car l'effet de la pression est de le pousser en même temps contre le piston p, qu'il embrasse étroitement, et contre les parois de l'espace annulaire.

Fig. 350.

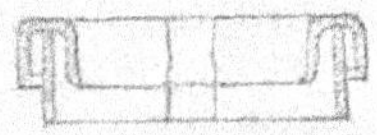

Il est clair que le frottement du piston p contre le cuir embouti fait aussi perdre une partie de la force motrice transmise; de sorte que le plateau p' ne peut jamais exercer un effort égal à la pression mesurée au moyen de la soupape de sûreté.

La vis k (fig. 346) sert à la *dépression* : lorsqu'on la détourne, le liquide revient du corps de la presse par le tube ubt, et s'échappe par l'ouverture v.

La presse hydraulique est d'un usage très-fréquent en agriculture et dans l'industrie. On s'en sert pour exprimer l'huile des graines oléagineuses, le suc de certaines racines, pour comprimer le houblon qu'on veut conserver, le papier, les étoffes, etc. (H. V.)

CONDITIONS D'ÉQUILIBRE DES LIQUIDES.

Pour qu'un liquide sollicité par des forces quelconques, soit en équilibre, il faut :

1° Que la résultante de toutes les forces qui agissent sur une molécule quelconque de sa surface libre, soit normale à cette surface au point où se trouve la molécule, et dirigée de dehors en dedans.

Fig. 351.

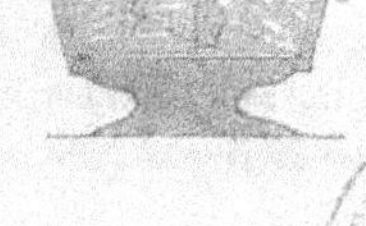

En effet, supposons que mg représentant la direction de la résultante R des forces qui sollicitent une molécule m de la surface (fig. 351), cette surface ne soit pas normale à mg. La résultante R pourra alors se décomposer en deux forces, l'une, md, perpendiculaire à la surface en m, et l'autre, mc, tangente à cette surface.

Or, la première ne fera que comprimer le liquide et pourra être détruite par des obstacles ou des forces convenables s'opposant au déplacement de celui-ci; quant à l'autre, à cause de la parfaite mobilité des molécules liquides les unes par rapport aux autres, elle aura pour effet d'entraîner la molécule dans sa propre direction, ce qui démontre que l'équilibre est impossible.

2° Qu'une molécule quelconque de la masse liquide éprouve, dans tous les sens, des pressions égales et contraires; car, si une molécule était plus pressée dans un sens que dans l'autre, elle se mouvrait suivant la direction de la plus grande des deux pressions (p. 92, 2de propriété des liquides). Ce dernier principe a été établi par Archimède.

Les liquides sont constamment soumis à deux espèces de forces : 1° à celles qui résultent de l'action de la pesanteur sur leurs molécules; 2° à des forces moléculaires qui s'exercent, soit entre les molécules du même liquide, soit entre les molécules de deux liquides en contact, soit entre les molécules d'un liquide et celles d'un solide. Ces dernières forces ne se manifestent qu'entre des molécules qui se trouvent à des distances insensibles les unes des autres (voy. p. 38). Ce sont elles qui déterminent la forme que prennent de petites masses liquides, parce que l'action de la pesanteur sur de pareilles masses étant faible, leur influence l'emporte sur celle de cette dernière force. Lorsqu'il s'agit de masses liquides considérables, on peut, au contraire, négliger leur effet, à moins qu'on n'ait détruit l'action de la pesanteur à l'aide d'un procédé extrêmement ingénieux imaginé par un savant physicien belge, M. Plateau, et que nous indiquerons plus loin; car, dans ce cas, elles impriment à ces masses des formes déterminées qui ont été étudiées par ce physicien et qui doivent satisfaire aux conditions générales d'équilibre indiquées ci-dessus.

Dans ce qui va suivre, nous ferons d'abord abstraction des forces moléculaires, pour considérer uniquement l'action de la pesanteur sur les liquides. Nous nous occuperons ensuite de l'équilibre des liquides soustraits à cette force; enfin, nous considérerons le cas le plus général qui puisse se présenter, celui de l'action simultanée de la pesanteur et des forces moléculaires. (H. V.)

I. — ÉQUILIBRE DES LIQUIDES SOUMIS UNIQUEMENT A LA PESANTEUR.

Les conditions d'équilibre d'un liquide soumis à la seule action de la pesanteur se déduisent facilement, comme cas particulier, de celles qui règlent l'équilibre des liquides en général et que nous avons indiquées dans l'article précédent. Ces conditions sont : 1° que la surface libre du liquide soit, en chaque point, perpendiculaire à la direction de la pesanteur, et 2° que les pressions qui se manifestent dans l'intérieur du liquide, autour de chaque point dans toutes les directions, soient égales entre elles.

L'observation nous apprend que la surface des grandes masses d'eau tranquilles, comme celles des mers et des lacs, a la forme d'une portion de surface sensiblement sphérique dont le centre coïncide avec celui de la terre, et par conséquent, une forme sensiblement plane lorsqu'on n'en considère qu'une étendue très-petite. Le plan d'une pareille portion très-petite de la surface d'une grande masse d'eau tranquille est appelé *plan horizontal*. Une petite masse de liquide en équilibre dans un vase doit de même se terminer par une surface plane et horizontale, ce qui fournit un moyen très-simple de trouver, en chaque point de la terre, la direction du plan horizontal passant par ce point.

Puisque, d'une part, la forme de la surface libre des eaux tranquilles doit nécessairement satisfaire à la première des deux conditions d'équilibre énoncées ci-dessus, et que, de l'autre, l'observation indique que cette forme est sensiblement sphérique comme celle de la surface des continents, abstraction faite des inégalités dont ils sont hérissés, il s'ensuit que la direction de la pesanteur, en chaque point de la terre, est perpendiculaire à la surface de celle-ci, ou en d'autres termes, cette direction coïncide avec le rayon terrestre passant par le point qu'on considère; car, dans la sphère, chaque rayon, c'est-à-dire chaque droite menée du centre à la surface, est perpendiculaire ou normal à cette dernière.

Le principe relatif à la direction de la pesanteur a déjà été indiqué lorsqu'il s'est agit de cette force (p. 33); seulement, nous ne pouvions pas alors en donner la démonstration complète, parce que le lecteur ne connaissait pas encore la loi d'hydrostatique qui sert de base à cette démonstration.

Quant à la seconde condition d'équilibre des liquides pesants, elle se trouve remplie, comme nous le verrons à l'instant, pour les liquides contenus dans des réservoirs ou dans des vases, aussitôt que la surface libre de ces liquides est devenue partout perpendiculaire à la direction de la pesanteur, c'est-à-dire qu'elle a pris la forme sphérique ou plane, suivant la grandeur de la masse liquide. (H. V.)

PRESSIONS PRODUITES PAR LES LIQUIDES PESANTS EN ÉQUILIBRE.

Fig. 332.

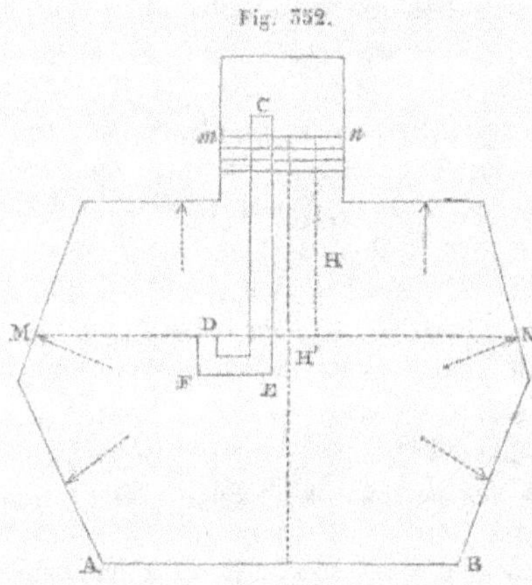

Soit un vase de forme quelconque, rempli de liquide jusqu'en *mn* (fig. 332), et proposons-nous de déterminer comment les pressions qui résultent de la pesanteur de ce liquide se distribuent, non-seulement sur les molécules elles-mêmes, mais sur les parois du vase qui les renferme. A cet effet, divisons toute la masse liquide, par des plans parallèles à *mn*, en tranches infiniment minces. En vertu du principe d'égalité de pression (p. 93), chacune de ces tranches produira sur l'unité de surface de celles qui se trouvent au-dessous d'elle, une pression égale au poids d'une colonne liquide ayant pour base l'unité de surface et pour hauteur l'épaisseur de la tranche, et cette même pression s'exercera normalement sur les parois du vase en contact avec ces dernières tranches.

De là résultent plusieurs conséquences remarquables :

1° Tous les points d'une tranche horizontale quelconque MN supportent la même pression. — 2° La somme des pressions supportées par une tranche horizontale MN, est égale au poids d'un cylindre liquide qui aurait pour base la surface de la tranche et pour hauteur la distance verticale H de cette tranche au niveau *mn* du liquide. — 3° La pression exercée sur une étendue très-petite d'une paroi horizontale, verticale ou inclinée, est perpendiculaire à cette paroi, et égale au poids d'un cylindre qui aurait pour base la petite partie de la paroi que l'on considère et pour hauteur sa distance verticale à la surface libre du liquide. — 4° La pression sur une petite tranche liquide, dirigée d'une manière quelconque, est de même normale à cette tranche, et son intensité se détermine comme celle de la pression que supporterait un élément de paroi occupant la même place que la tranche. — 5° Les pressions étant égales sur tous les points de la paroi horizontale inférieure AB du vase, la pression totale qu'elle supporte est le poids d'un cylindre ou d'un prisme du liquide qui aurait pour base cette paroi, et pour hauteur celle HH' du liquide dans le vase; de sorte que cette pression reste la même, quelle que soit la forme du vase, pourvu que l'étendue du fond et la hauteur du liquide ne changent pas. Ce principe, qu'on doit à Simon Stevin, est connu sous le nom de *paradoxe hydrostatique*. — Citons maintenant quelques expériences à l'appui des propositions que nous venons d'énoncer. (H. V.)

VÉRIFICATION EXPÉRIMENTALE DES CONSÉQUENCES QUI PRÉCÈDENT.

Fig. 353.

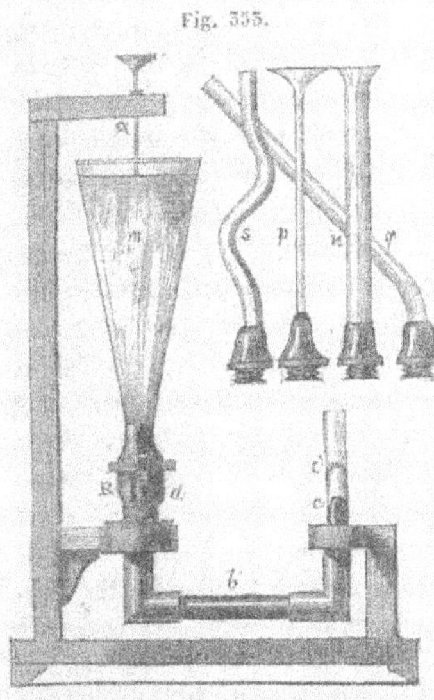

Voyons en premier lieu comment on peut démontrer par l'expérience l'exactitude du paradoxe hydrostatique. A cet effet on emploie ordinairement dans les cours un appareil fort simple connu sous le nom d'appareil de *Haldat*. Il consiste en un tube deux fois recourbé abc (fig. 353), portant en a une virole métallique munie d'un robinet R, et à laquelle on peut visser des vases de verre sans fond m, s, p, n, q de formes très-différentes. Le tube abc renferme du mercure qui s'élève dans les deux branches au même niveau c situé plus bas que le robinet R. Après avoir vissé en a le vase cylindrique n, dont la section est égale à la surface du mercure du même côté, on marque le niveau c dans l'autre branche et l'on verse de l'eau jusqu'à ce que la surface vienne affleurer l'extrémité de la tige α. On reconnaît alors que le mercure a monté du point c au point c' que l'on marque sur le tube.

L'ascension du mercure est due évidemment au poids de la colonne d'eau cylindrique qui presse sur la surface du mercure formant le fond du vase n. Il est évident aussi que toutes les fois que le mercure sera soulevé jusqu'en c', cette surface sera soumise à cette même pression. Après avoir enlevé l'eau au moyen du robinet R, on remplace le vase n par l'un des vases m, s, p, q; on le remplit d'eau jusqu'au repère α, et l'on voit le mercure s'élever toujours exactement jusqu'au point c'. La pression sur la surface du mercure qui forme le fond du vase est donc la même, quelles que soient la forme de ce vase et la quantité de liquide qu'il renferme, pourvu que son niveau soit toujours à la même hauteur.

Pour vérifier le principe relatif à la pression que supporte une tranche horizontale MN (fig. 352) d'un liquide pesant en équilibre dans un vase, l'expérience qui paraît la plus concluante consiste à plonger verticalement dans ce vase un tube cylindrique de verre CD, ouvert à ses deux extrémités et recourbé inférieurement de manière à former une branche horizontale FE et une branche verticale FD dont l'orifice se trouve exactement dans le plan de la tranche MN; le liquide se tient dans la longue branche de ce tube à la hauteur du liquide extérieur. Or, à l'orifice D, l'eau renfermée dans le tube tend à s'écouler par une pression égale au poids du liquide renfermé dans le tube au-dessus de l'orifice : par conséquent, si le tube reste plein, il faut nécessairement que la tranche de liquide qui se trouve à l'orifice soit pressée en sens contraire par le liquide environnant avec une force égale. Ce que nous venons de dire de la pression supportée par la portion D de la tranche MN s'applique à toute autre portion de la surface de celle-ci, et il en résulte évidemment le principe qu'il s'agissait de vérifier, à savoir : que la somme des pressions supportées par la tranche horizontale MN est égale au poids d'un cylindre liquide qui aurait pour base la surface de la tranche et pour hauteur la distance verticale de cette tranche au niveau du liquide.

Enfin, à l'appui de ce que nous avons dit sur les pressions que supportent les divers éléments des parois latérales des vases, on peut citer les expériences du *chariot à réaction* et du *tourniquet hydraulique*.

Fig. 354.

Le premier de ces appareils consiste tout simplement dans un petit vase rectangulaire en cuivre très-mince, porté sur des roulettes fort mobiles (fig. 354). Si on l'emplit d'eau, les pressions que ce liquide exercera sur la face d'avant seront exactement détruites par les pressions opposées de la face postérieure, et l'équilibre subsistera. Mais, que l'on vienne à pratiquer une ouverture en *o*, la pression élémentaire que supportait la paroi en ce point sera détruite. La résultante des pressions exercées sur la face d'avant deviendra prépondérante, et l'équipage marchera dans ce sens.

Quoique ce petit chariot soit d'un usage commode pour démontrer les pressions latérales des liquides, on emploie plus souvent encore dans le même dessein le tourniquet hydraulique. C'est un tube cylindrique vertical (fig. 335), mobile autour de son axe, et communiquant

Fig. 335.

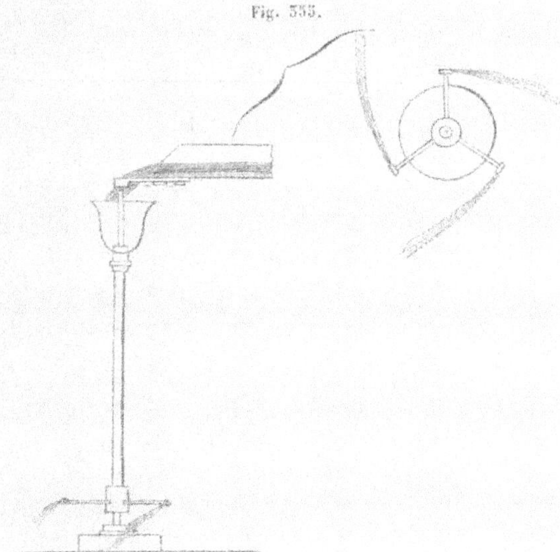

vers le bas avec un ou plusieurs tubes horizontaux, mobiles avec lui. Chacun de ces tubes horizontaux est fermé à son extrémité libre, et percé, près de cette extrémité, d'une petite ouverture latérale. L'appareil étant rempli d'eau, il reste en équilibre, aussi longtemps que les ouvertures latérales sont bouchées, par exemple, avec un petit morceau de cire. Mais lorsqu'on débouche une ou plusieurs de ces ouvertures, il prend un mouvement de rotation, dû à ce que l'eau exerce sur les côtés des tubes horizontaux opposés aux ouvertures, des pressions qui ne sont plus détruites par des pressions égales et contraires, comme cela avait lieu lorsque les ouvertures étaient bouchées. Le mouvement de rotation doit être dirigé en sens contraire des jets d'eau qui s'échappent par les ouvertures, et c'est effectivement ce que l'on observe. — Le tourniquet hydraulique est désigné par quelques auteurs sous le nom de *roue* à réaction.

Quant à la 4e proposition, elle se déduit facilement de celles qui la précèdent, et, par conséquent, elle n'exige pas de preuve expérimentale. (H. V.)

CENTRE DE PRESSION.

On voit facilement, d'après ce qui précède, ce qu'il faut faire pour calculer la pression totale supportée par une paroi latérale plane d'un vase contenant un liquide : on estime les actions exercées sur les éléments, on les compose comme des forces parallèles quelconques, et on trouve que leur résultante est égale au poids d'un prisme du liquide contenu dans le vase, ayant la paroi pour base, et pour hauteur la distance verticale du centre de gravité de celle-ci au niveau. Le point d'application de cette résultante se nomme *centre de pression*. Ce point est toujours situé au-dessous du centre de gravité de la paroi, car les forces parallèles qui agissent sur celle-ci vont en augmentant d'intensité, à mesure que l'on s'éloigne de la surface du liquide. Le calcul fournit le moyen de trouver la position de ce point quand la paroi a une forme connue.

L'on a souvent à faire des applications des lois relatives aux pressions des liquides. Quand on construit des digues destinées à retenir les eaux, on a toujours soin de donner plus d'épaisseur au pied, parce que la pression augmente avec la profondeur. Au reste, il faut, à égale profondeur, une digue tout aussi solide pour soutenir l'eau dans une simple rigole, que pour soutenir les eaux d'un lac très-étendu. (H. V.)

PRESSIONS SUR LES CORPS PLONGÉS.

La pression sur un élément quelconque de la surface d'un corps plongé dans un liquide, est égale au poids d'une colonne de ce liquide qui aurait pour base l'élément pressé, et pour hauteur la distance de cet élément au niveau du liquide. On déduit facilement de ce principe que, si l'on plonge dans un liquide un corps solide présentant une face plane horizontale inférieure ou supérieure, le liquide produira sur cette surface une pression verticale, dirigée de bas en haut ou de haut en bas, et égale au poids d'une colonne liquide qui aurait pour base la surface pressée, et pour hauteur sa distance verticale au niveau du liquide.

Cette conséquence se vérifie de la manière suivante : *v* (fig. 356 ci-après) est un tube de verre un peu épais, qui est bien dressé à son extrémité inférieure ; *t* est un disque de verre dépoli, qui est pareillement plan, et qu'on appelle *obturateur ;* il est attaché par un fil qui

Fig. 336.

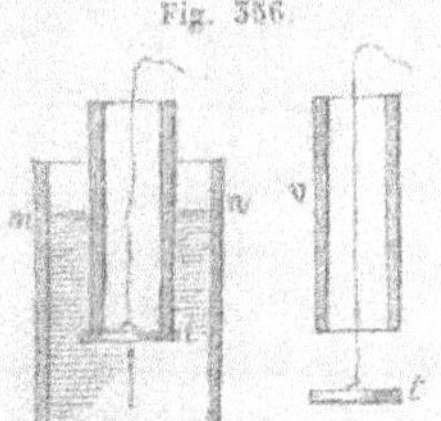

passe dans le tube, en sorte qu'en tirant le fil, l'obturateur vient fermer le tube ; on le ferme ainsi, et on le plonge dans l'eau. Alors, il n'est plus nécessaire de tirer le fil pour empêcher que l'obturateur ne tombe, parce qu'il est repoussé en haut par toute la pression de bas en haut qui s'exerce sur sa surface inférieure ; et cette pression est égale au poids d'une colonne d'eau qui aurait pour base cette surface et pour hauteur sa distance au niveau du liquide. Pour en donner la preuve, on verse de l'eau dans le tube : dès que le niveau intérieur approche du niveau extérieur *n*, l'obturateur est poussé de haut en bas, autant qu'il était repoussé de bas en haut, et l'on voit en effet qu'il tombe par son propre poids. (H. V.)

PRINCIPE D'ARCHIMÈDE.

Lorsqu'un corps solide est plongé dans un liquide pesant, il éprouve sur chaque élément de sa surface une pression que nous avons appris à évaluer. Or, on peut établir que toutes ces pressions ont toujours une résultante unique, dirigée verticalement de bas en haut, égale au poids du liquide déplacé, et appliquée au point où se trouvait le centre de gravité de celui-ci.

En effet, considérons un liquide en équilibre sous l'action de la pesanteur. Cet équilibre ne sera pas troublé, si nous concevons qu'une partie de ce liquide, ayant une forme quelconque, vienne à se solidifier en conservant son volume primitif. Or, la masse solidifiée, qui tend à tomber en vertu de son poids P′, ne peut évidemment rester en repos que sous l'action d'une force égale et contraire à P′. Par conséquent, les pressions que le liquide exerce sur les différents points de sa surface doivent avoir une résultante unique, égale et directement opposée au poids de la masse.

Si l'on imagine maintenant qu'à cette masse liquide solidifiée on substitue un corps solide de même forme et de même volume, ce corps sera sollicité à se mouvoir de haut en bas en vertu de son poids, que nous désignerons par P. Mais il sera, en outre, sollicité sur sa surface par les pressions du liquide, qui seront évidemment les mêmes que celles exercées sur la masse liquide solidifiée et dont la résultante sera dirigée verticalement de bas en haut, passera par le centre de gravité du volume de liquide déplacé, et sera égale au poids P′ de ce volume de liquide. Le centre de gravité du volume de liquide déplacé, a reçu le nom de *centre de poussée.*

Si le corps solide est homogène, son centre de gravité coïncidera avec le centre de poussée. Alors, si P = P', le corps sera en équilibre, dans toutes les positions. Si P surpasse P', le corps tendra à tomber dans le liquide comme s'il ne pesait que P — P', et l'on pourra dire qu'il a perdu de son poids une quantité égale au poids du liquide déplacé. Cette dernière conséquence porte le nom de *principe d'Archimède;* elle est vraie pour tous les liquides et pour tous les fluides pesants dans lesquels les corps peuvent être plongés. Lorsque P est moindre que P', le corps tend à monter en vertu de l'excès P' — P. Si aucun obstacle ne s'oppose à cette ascension, le corps s'élève dans le liquide, et flotte sur sa surface libre lorsqu'il ne déplace plus qu'une quantité de liquide dont le poids est égal au sien. (H. V.)

VÉRIFICATION EXPÉRIMENTALE DU PRINCIPE D'ARCHIMÈDE.

Pour s'assurer de l'exactitude du principe d'Archimède, on a recours à une expérience très-simple.

Au-dessous d'un cylindre de cuivre creux A (fig. 357), on en atta-

Fig. 357.

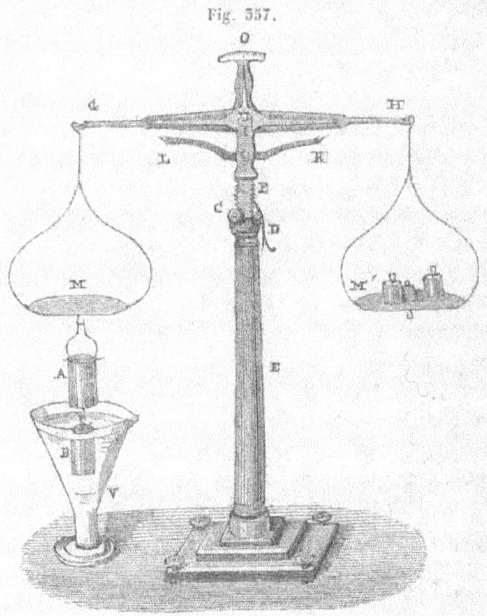

che un autre de cuivre massif B, et qui peut le remplir très-exactement. Puis on les suspend ensemble à l'un des plateaux d'une balance hydrostatique (balance dont les bassins portent en dessous de petits crochets pour y suspendre différents corps), et l'on fait équilibre par des poids mis de l'autre côté. Les choses étant ainsi disposées, on fait plonger le cylindre massif dans l'eau. Le plateau auquel il est attaché se soulève aussitôt, et pour rétablir l'équilibre, il faut remplir d'eau le cylindre creux; alors le fléau reprend son horizontalité, pourvu que le cylindre massif reste complétement immergé. Et de là suit évidemment que la poussée du liquide contre ce dernier égale le poids du liquide qu'il déplace. Dans la balance ordinairement employée pour faire cette expérience, le plan I, qui supporte l'axe du fléau, est porté à l'extrémité d'une règle à crémaillère F qui peut se soulever à l'aide du pignon C; cette disposition rend l'immersion plus facile.

Si l'on veut réaliser par l'expérience les différents cas qui peuvent se présenter lorsqu'un corps solide est plongé dans l'eau, on peut se servir d'un œuf. Celui-ci va au fond dans l'eau pure; il flotte sur une dissolution très-concentrée de sel marin dans l'eau; enfin, il se tient en équilibre, dans toutes les positions, au milieu d'une dissolution saline d'un degré de concentration convenable. (H. V.)

STABILITÉ DE L'ÉQUILIBRE DES CORPS FLOTTANTS.

Les conditions d'équilibre d'un corps, soit plongé, soit flottant, sont au nombre de deux, savoir : 1° *Le corps doit déplacer un poids de liquide égal au sien;* 2° *le centre de gravité du corps et le centre de poussée doivent être sur la même verticale. L'équilibre est toujours stable lorsque le premier de ces points est au-dessous du second.* En effet, soient c le centre de poussée et g le centre de gravité d'un corps flottant (fig. 358); si les deux conditions ci-dessus sont satisfaites, les forces appliquées en c et en g, étant égales et contraires, elles se détruisent, et il y a équilibre. Si, de plus, g est au-dessous de c, l'équilibre est

Fig. 358. Fig. 359. Fig. 360.

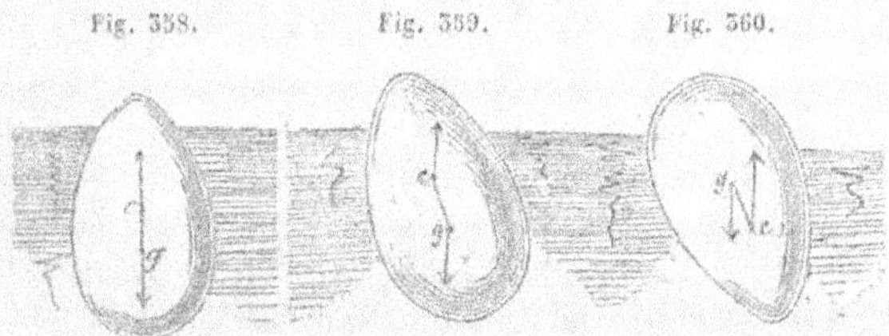

nécessairement stable; car si le corps est incliné comme le montre la figure 359, les forces appliquées en c et en g tendent évidemment à le ramener à la position verticale. Mais si le centre de poussée est au-dessous du centre de gravité, il n'y a qu'équilibre instable lorsque les points g et c sont sur la même verticale, car aussitôt qu'on incline le corps (fig. 360), les actions des deux forces concourent pour le faire chavirer et le ramener à sa première position (fig. 358).

Cependant, avec une forme convenable, un flotteur peut être en équilibre stable à la surface d'un liquide, quoique son centre de gravité soit un peu au-dessus du centre de poussée.

Fig. 361.

Supposons, en effet, que ABC (fig. 361) représente la section d'un flotteur pour lequel les deux centres soient en G et en P. Dans l'état d'équilibre, si le mouvement de l'eau amène le flotteur dans la position A′B′C′, les déplacements des points G et P sont évidemment tels, que les forces qui s'y trouvent appliquées tendent à ramener le corps entier à la position ABC. Il n'est pas besoin de faire remarquer qu'un effet de ce genre se produit dans les mouvements des embarcations ordinaires.

Ce qui précède explique pourquoi, dans beaucoup d'appareils flottants, on charge la partie inférieure de corps lourds auxquels on donne le nom de *lest*, et qui sont destinés à abaisser le centre de gravité au-dessous du centre de poussée. Par exemple, quand un navire de commerce n'est pas chargé, on le leste avec du sable qu'on jette au fond. Les vaisseaux de guerre sont lestés avec des prismes en fonte dont on recouvre l'intérieur de la cale, etc. (H. V.)

APPLICATIONS DU PRINCIPE D'ARCHIMÈDE.

Le principe d'Archimède peut servir à expliquer une multitude de phénomènes, et on en fait de fréquentes applications. Chacun a pu observer qu'une masse, assez lourde pour qu'on ne puisse la remuer sur terre, peut être facilement soulevée quand elle est plongée dans l'eau. La densité moyenne du corps de l'homme est peu supérieure à celle de l'eau; aussi n'a-t-on que peu d'efforts à faire pour se soutenir près de la surface, et encore une partie de ces efforts est-elle employée, dans la natation, à soutenir hors de l'eau la tête, qui, chez l'homme, a un grand poids par rapport aux membres inférieurs et tend pour cette raison à plonger. Les cadavres des animaux vont d'abord au fond de l'eau, puis viennent à la surface au bout de quelques jours, parce que la décomposition putride produit des gaz qui gonflent les tissus et augmentent le volume du corps sans changer son poids. L'eau de mer étant plus dense que l'eau douce, à cause des sels qu'elle tient en dissolution, un navire s'enfonce moins dans la mer que dans une rivière. Quand il est destiné à remonter un fleuve, il faut donc que la charge soit calculée de manière qu'il ne s'enfonce pas trop dans l'eau douce. On a des exemples de navires qui ont sombré à l'embouchure de rivières, faute d'avoir tenu compte de cette circonstance.

On a fait une application heureuse de la théorie des corps flottants au sauvetage des objets tombés au fond de la mer, comme les débris d'un vaisseau naufragé. On attache au débris submergé des tonneaux pleins d'eau dont l'ouverture est au-dessous. On fait ensuite arriver par cette ouverture, au moyen de tuyaux flexibles, de l'air qu'on refoule avec des pompes. Cet air chasse l'eau des tonneaux, dont le poids est alors bien inférieur à celui du liquide déplacé, et la force de poussée soulève la masse, si le nombre de tonneaux est suffisamment grand, et l'amène d'un seul coup à la surface.

CONDITIONS D'ÉQUILIBRE DES LIQUIDES SUPERPOSÉS.

Quand plusieurs liquides de densités différentes, et n'exerçant aucune action chimique les uns sur les autres, ont été fortement agités dans un même vase, qu'on laisse ensuite en repos, ces liquides ne tardent pas à se séparer et à se placer les uns au-dessus des autres, les plus denses au fond, les plus légers vers la partie supérieure. Cette séparation s'opère par les mêmes causes qui font mouvoir les corps solides dans les fluides : le liquide le plus dense, se réunissant en gouttes dont le poids est plus considérable que celui du fluide hétérogène qu'elles déplacent, doit descendre; l'inverse a lieu pour le liquide le plus léger. Lorsque l'équilibre est établi, les liquides se trouvent superposés dans l'ordre décroissant de leurs densités, en sorte que le centre de gravité de la masse totale est le plus bas possible, comme l'exige la condition de stabilité; toutes les surfaces de séparation sont des plans horizontaux, ce qui doit être d'après les lois qui régissent les liquides en équilibre. L'expérience se fait avec un tube fermé (fig. 362 ci-après), dans lequel on introduit des liquides différents, qui sont ordinairement du mercure, une dissolution concentrée de carbonate de potasse, de

Fig. 362. l'alcool et de l'huile de naphte; c'est ce qu'on nomme la *fiole aux quatre éléments*. Si l'on vient à mélanger ces liquides en agitant le tube et à le laisser ensuite en repos dans la position verticale, on observe que le mercure, qui est le plus dense, se précipite au fond, puis, au-dessus du mercure, se déposent successivement l'eau, l'alcool et l'huile de naphte. Tel est, en effet, l'ordre des densités décroissantes de ces corps. C'est afin que l'eau ne se mêle pas à l'alcool qu'on la sature de carbonate de potasse, ce sel n'étant pas soluble dans l'alcool. (H. V.)

ÉQUILIBRE DES LIQUIDES DANS LES VASES COMMUNIQUANTS.

Lorsque plusieurs vases de forme quelconque et contenant le même liquide communiquent entre eux, il n'y a équilibre qu'autant que *les diverses surfaces libres du liquide, dans tous les vases, sont situées dans un même plan horizontal, ou comme on dit encore, qu'autant que le liquide s'élève à la même hauteur dans les différents vases.*

Fig. 363.

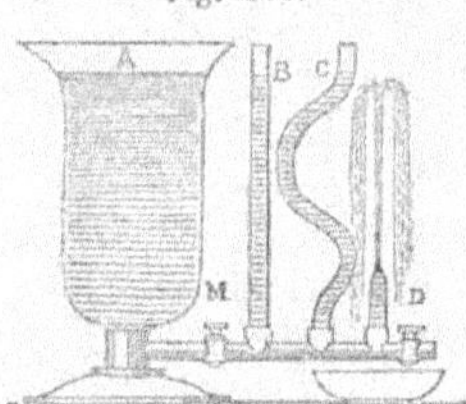

Soient, en effet, différents vases A, B, C, communiquant entre eux (fig. 363); si l'on conçoit, dans le tube de communication MD, une petite tranche liquide verticale, cette tranche ne pourra demeurer en équilibre qu'autant que les pressions qu'elle supporte de M vers D et de D vers M soient égales et contraires. Mais on a vu (p. 100) que ces pressions sont respectivement équivalentes au poids d'une colonne d'eau qui aurait pour base la tranche que nous considérons, et pour hauteur sa distance verticale à la surface libre du liquide. Si l'on conçoit donc un plan horizontal MD mené par cette tranche, on voit que l'équilibre ne peut exister qu'autant que la hauteur du liquide au-dessus de ce plan est la même dans chaque vase, ce qui démontre le principe énoncé. (H. V.)

JETS D'EAU. — PUITS ARTÉSIENS.

Si l'un des vases de l'appareil précédent, le tube D, par exemple, ne s'élève pas jusqu'au niveau du liquide dans le vase A, le liquide s'élance par l'ouverture de ce tube pour atteindre la hauteur à laquelle il serait parvenu si le tube eût été suffisamment prolongé; mais il n'y parvient jamais exactement, soit à cause des frottements dans l'orifice d'écoulement, soit à cause de la résistance de l'air, soit enfin à cause du choc des gouttes de liquide qui, en retombant, diminuent la vitesse de celles qui s'élèvent. Quoi qu'il en soit, c'est ainsi que se produisent les jets d'eau naturels ou artificiels, sous quelque forme qu'ils se présentent.

Pour alimenter d'eau une grande ville, si l'on n'a pas à sa disposition un réservoir naturel à niveau très-élevé, on en construit un que l'on remplit à l'aide de machines hydrauliques. Du fond de ce réservoir partent des tuyaux de conduite, qui, rampant sous le sol, vont se distribuer dans les différents quartiers, se redressent et viennent s'ouvrir dans des fontaines publiques.

Il faut que le niveau du réservoir soit toujours notablement au-dessus de l'orifice par lequel l'eau sort quand elle est rendue à destination, sans quoi les frottements dans les tuyaux de conduite pourraient gêner beaucoup l'écoulement, ou même, à la rigueur, le rendre impossible.

Dans certains endroits, il suffit de percer dans la terre un trou avec une sonde, pour se procurer une source jaillissante. Cette circonstance doit se présenter toutes les fois qu'il se trouve, à quelque distance sous terre, deux couches imperméables dont l'intervalle, libre ou rempli de sable, forme une sorte de conduit qui communique avec une rivière ou une masse d'eau quelconque d'un niveau plus élevé; il suffit même que les couches imperméables BB, AA (fig. 364),

Fig. 364.

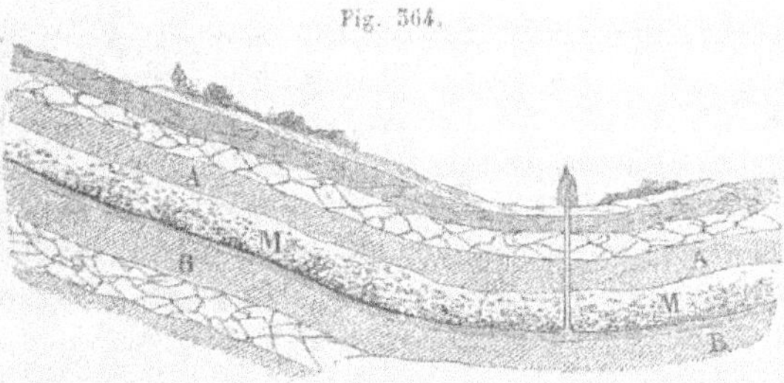

soient inclinées de manière que les eaux des pluies puissent se rassembler dans la couche perméable MM qui les sépare.

On a fait, en plusieurs endroits, des fontaines de l'espèce que nous venons de citer, et on les appelle *puits artésiens*, parce que c'est dans l'ancienne province d'Artois qu'ils ont d'abord été pratiqués.

On comprend que la profondeur des puits artésiens doive varier avec les localités. Le puits foré de Grenelle a 548 mètres de profondeur. Il donne 3,000 litres d'eau par minute. C'est un des plus abondants et des plus profonds qu'on ait percés. L'eau qui s'en dégage est, en toute saison, à 27°. (H. V.)

NIVEAU D'EAU ET SON USAGE.

Le niveau d'eau sert à faire des nivellements, c'est-à-dire à trouver de quelle quantité un point se trouve au-dessus d'un autre. Cet instrument, dont Pline attribue l'invention à Théodore de Samos, l'un des architectes du temple d'Éphèse, est une application usuelle du principe des vases communiquants. Il consiste en un tube de fer-blanc, long d'un mètre environ, dont les deux bouts se recourbent à angle droit sur l'axe A B (fig. 365), et reçoivent deux petits tubes de

Fig. 365.

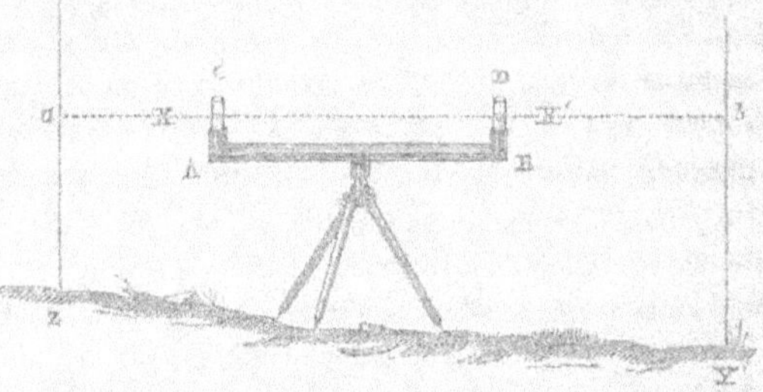

verre AC, BD, qui y sont fixés avec du mastic. L'appareil est soutenu en son milieu I sur un trépied. Lorsqu'on y verse du liquide, les niveaux en X et X′ sont dans un même plan horizontal. Pour trouver la différence de niveau de deux points Y et Z, on fixe en Z une règle verticale divisée, et plaçant l'œil en X′, on voit à quelle division de la règle aboutit le rayon visuel X′X. Soit *a* ce point; on mesure la distance *a* Z. Cela fait, on place l'œil en X et s'alignant sur X′, on vise à la règle divisée que l'on a transportée en Y. On mesure de même la distance *b* Y, et la différence entre *b* Y et *a* Z sera évidemment l'élévation de Z au-dessus de Y. Quand les points Z et Y sont très-éloignés l'un de l'autre, on prend successivement la différence des niveaux d'un certain nombre de points intermédiaires.

Il est bon d'ajouter que dans la pratique, au lieu de chercher à voir à grande distance une division de la règle Z, on fait glisser le long de celle-ci une plaque carrée divisée en quatre compartiments égaux et carrés eux-mêmes, de couleur alternativement rouge et blanche. C'est le centre de cette plaque qui sert de repère. (H. V.)

NIVEAU A BULLE D'AIR.

Fig. 366.

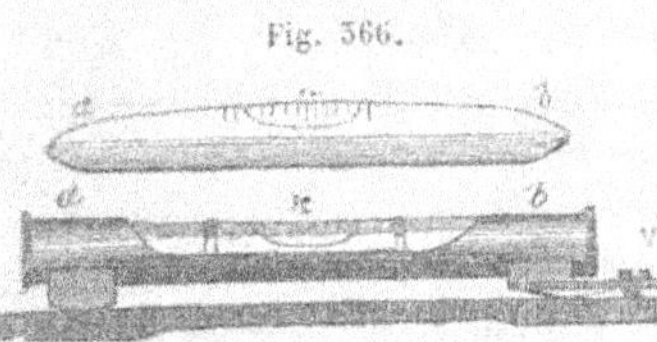

Le niveau à bulle d'air est beaucoup plus sensible que le niveau d'eau. Il consiste en un gros tube de verre *ab* (fig. 366), un peu bombé à sa partie supérieure et renfermé dans un étui de cuivre fixé sur une plaque de même métal qui doit être exactement parallèle à son axe. Ce tube contient de l'alcool ou de l'éther, et une grosse bulle d'air *n* qui tend toujours à se porter au point le plus haut.

Supposons d'abord que cette bulle soit réduite à une seule molécule d'air. Cette molécule se placera au milieu de la partie bombée du tube quand le niveau sera posé sur un plan horizontal, car alors elle se trouvera au point le plus élevé, c'est-à-dire au point où le plan tangent à la surface convexe du tube est horizontal. Si l'on incline l'instrument, la molécule mobile se déplacera pour venir occuper le nouveau point de contact de ce plan tangent, et s'écartera d'autant plus du milieu, que la courbure sera moins prononcée. Quand, au lieu d'une seule molécule d'air, on a une grosse bulle, il suffit de suivre les mouvements de son milieu ou de l'une de ses extrémités.

Pour reconnaître qu'un niveau à bulle d'air est juste, on le place sur un plan de manière que la bulle soit au milieu, puis on le retourne bout à bout. Si la bulle se trouve encore au milieu, c'est que le niveau est juste. Dans le cas contraire, on agit sur la vis V jusqu'à ce qu'on ait obtenu, par tâtonnement, l'exactitude cherchée. L'étui porte un appendice que la vis traverse et qu'un ressort placé entre le pied de l'instrument et l'étui presse continuellement contre la tête de cette dernière.

Pour prendre des nivellements avec cet appareil, on le fixe à une lunette dont il sert à indiquer les positions horizontales. (H. V.)

ÉQUILIBRE DE LIQUIDES DIFFÉRENTS DANS DES VASES COMMUNIQUANTS.

Pour que deux colonnes de liquides différents exercent, sur une même surface, des pressions égales, il faut évidemment que ces colonnes aient des hauteurs en raison inverse des poids de l'unité de volume, ou si l'on aime mieux, des densités des liquides. Un centimètre cube de mercure, par exemple, pèse 13gr.,59, c'est-à-dire 13 fois et demie autant qu'un centimètre cube d'eau distillée; par conséquent, au moyen d'une colonne de mercure d'un centimètre de hauteur verticale on doit pouvoir faire équilibre à une colonne d'eau de 13 1/2 centimètres. C'est, en effet, ce que l'expérience indique. Pour s'en assurer, on prend un tube recourbé *mn*, fixé sur une planchette verticale (fig. 367), et on y verse du mercure; puis, dans une des branches AB, on verse de l'eau. La colonne d'eau AB exerçant en B une pression sur le mercure, le niveau de celui-ci baisse dans la branche AB et s'élève dans l'autre d'une quantité CD; en sorte que, l'équilibre étant établi, si l'on conçoit en B un plan horizontal BC, la colonne d'eau AB fait équilibre à la colonne de mercure DC. Mesurant alors les hauteurs DC et AB, au moyen de deux échelles fixées parallèlement aux branches du tube, on trouve que la première est 13 fois et demie plus petite que AB. (H. V.)

Fig. 367.

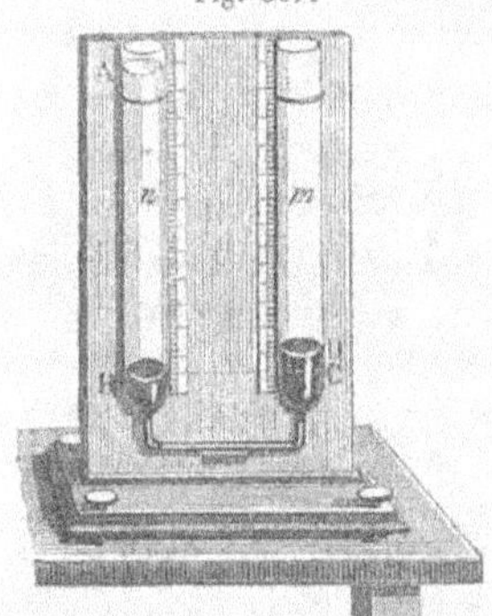

2. — ÉQUILIBRE DE LIQUIDES SOUMIS UNIQUEMENT A DES ATTRACTIONS MOLÉCULAIRES.

Considérons un liquide soumis à la seule attraction mutuelle de ses molécules.

Avant de chercher les conditions d'équilibre d'une pareille masse liquide, nous allons montrer que cette attraction donne lieu à des pressions qui émanent d'une couche superficielle excessivement mince et dont l'intensité dépend de la forme de la surface libre du liquide.

En effet, supposons, en premier lieu, le liquide terminé par une surface plane, et désignons par *r*, le rayon de la sphère d'activité de l'attraction moléculaire, c'est-à-dire la distance à laquelle les actions de cette force deviennent insensibles; cette distance, comme nous l'avons vu (p. 38), est toujours d'une extrême petitesse. Cela posé, imaginons dans la masse un filet rectiligne de molécules ABC (fig. 368), partant d'un point quelconque de la surface dans une direction

Fig. 368.

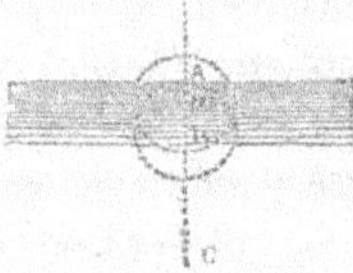

normale à celle-ci et s'étendant jusqu'à une profondeur supérieure à r. Soit m une molécule de ce filet située à une distance z de la surface. Toutes les molécules situées dans la sphère de rayon r, dont m est le centre, attireront m. La résultante de toutes ces actions sera évidemment nulle, si z est égal à r ou plus grand que cette quantité; elle existera et sera dirigée normalement à la surface si z est moindre que r, puisqu'il y aura alors plus de molécules qui tendront à abaisser m que de molécules qui tendront à la soulever; cette résultante sera d'autant plus grande, que z sera plus petit; enfin, elle aura sa plus grande valeur lorsque le point m que l'on considère sera à la surface même en A. Par conséquent, si la portion AB du filet s'étend jusqu'à une profondeur égale au rayon d'activité ci-dessus, toutes les molécules contenues dans cette petite portion seront sollicitées vers l'intérieur de la masse, et la somme de toutes ces actions constituera une pression dirigée dans le même sens. Désignons cette somme par P.

La pression due à l'attraction moléculaire diminue quand la surface devient concave, et augmente au contraire dans le cas de la convexité.

Fig. 369.

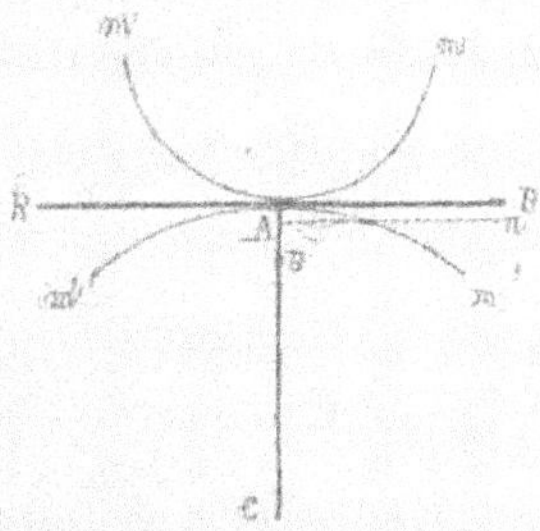

Pour trouver la cause de cette variation, supposons d'abord la surface concave, et considérons de nouveau un filet moléculaire ABC (fig. 369), partant d'un point quelconque de la surface dans une direction normale à celle-ci; puis, par le point dont il s'agit, faisons passer un plan tangent RAR. Les actions des molécules comprises entre ce plan et la surface mAm, sur celles du filet ABC, auront évidemment une résultante totale M dirigée normalement à la surface, de l'intérieur vers l'extérieur de la masse, c'est-à-dire de B vers A; en sorte que la pression définitive P que supporteraient les molécules du filet AC, situées à une profondeur plus grande que r, si la surface était plane, n'est plus égale qu'à P — M, lorsque cette surface est concave. De plus, il est aisé de voir que M sera d'autant plus grand, et, par conséquent, P — M d'autant plus petit que la concavité sera plus prononcée.

Si la surface m'Am' (fig. 369) est convexe, la pression est au contraire plus forte que dans le cas d'une surface plane. Pour le faire voir, menons encore un plan tangent au point d'où part le filet moléculaire ABC, et imaginons, pour un instant, que l'espace compris entre la surface convexe et ce plan soit rempli de liquide. Cela étant, considérons une molécule n de cet espace suffisamment rapprochée, et de ce point abaissons une perpendiculaire sur le filet A B C. L'action de la molécule n sur la portion du filet comprise entre le pied de la perpendiculaire et la surface, sollicitera cette portion vers l'intérieur de la masse. Si ensuite nous prenons de l'autre côté de la perpendiculaire et à partir du pied de celle-ci une portion du filet égale à la première, l'action de la molécule n sur cette seconde portion sera égale et opposée à celle qu'elle exerçait sur la première; de sorte que l'ensemble de ces deux portions ne sera sollicité ni vers l'intérieur ni vers l'extérieur de la masse; si, au delà de ces deux mêmes portions, il y a encore une partie du filet qui soit comprise dans la sphère d'activité de n, cette partie sera évidemment sollicitée vers l'extérieur. L'action définitive de n sur le filet sera donc dirigée dans ce dernier sens. Il suit de là que toutes les molécules de l'espace compris entre la surface m'Am' et le plan tangent R A R qui seront assez rapprochées du filet pour exercer sur lui une action efficace, le solliciteront vers l'extérieur de la masse. Si donc on supprime cette portion du liquide, de manière à rétablir la surface convexe, il en résultera une augmentation de pression de la part du filet. Ainsi, la pression correspondante à une surface convexe est plus forte que celle qui correspond à une surface plane, et elle sera évidemment d'autant plus considérable que la convexité sera plus prononcée.

Maintenant il nous sera facile de déterminer les conditions requises pour l'équilibre d'une masse liquide uniquement soumise à l'attraction mutuelle de ses molécules. Ces conditions sont : 1° que la force qui sollicite chaque molécule de la surface vers l'intérieur du liquide, soit normale à la surface au point où est située la molécule que l'on considère; 2° que les pressions exercées par les filets moléculaires qui partent des différents points de la surface, soient toutes égales entre elles. En effet, imaginons un filet moléculaire partant normalement d'un point de la surface, et se recourbant ensuite pour aboutir normalement à un second point de cette même surface; il est évident que ce filet ne peut rester en équilibre que si les pressions exercées par ses deux extrémités sont égales; et, si cette égalité a lieu, l'équilibre existera nécessairement. Or, ces pressions dépendent des courbures de la surface aux points où se trouvent situées les deux extrémités du filet que l'on considère; les courbures devront donc être telles, aux différents points de la surface libre de la masse, qu'elles déterminent partout la même pression.

La théorie des pressions qu'un liquide exerce sur lui-même en vertu de l'attraction mutuelle de ses molécules appartient à Laplace, illustre géomètre français, qui en a fait la base de sa belle théorie des phénomènes capillaires dont il sera question un peu plus loin. Mais c'est un physicien belge, M. Plateau, qui, le premier, a appliqué les idées de Laplace à la détermination des figures d'équilibre d'une masse liquide quelconque qui serait soumise uniquement à l'attraction de ses molécules, et a démontré, par l'expérience, que, parmi ces figures, se trouvent, entre autres, la surface sphérique, le plan et la surface convexe du cylindre [1]. Ces trois surfaces satisfont évidemment aux conditions d'équilibre indiquées plus haut, puisque, dans chacune d'elles, toutes les courbures sont les mêmes en chaque point. (H. V.)

EXPÉRIENCES DE VÉRIFICATION.

Pour observer les figures d'équilibre d'une masse liquide abandonnée à la seule attraction de ses molécules, il faut soustraire cette masse à l'influence de la pesanteur, tout en la laissant libre d'obéir à la première de ces forces. C'est à quoi l'on parvient à l'aide d'un procédé très-simple, imaginé par M. Plateau.

Les huiles grasses sont, comme on sait, moins denses que l'eau, et plus denses que l'alcool. D'après cela, on peut faire un mélange d'eau et d'alcool, ayant une densité précisément égale à celle d'une huile donnée, de l'huile d'olive, par exemple. Or, si l'on introduit, dans le mélange ainsi formé, une quantité quelconque d'huile d'olive, il est évident que l'action de la pesanteur sur cette masse d'huile se trouvera complétement détruite; car, en vertu de l'égalité de densité, l'huile ne fera que tenir la place d'une masse égale du liquide ambiant. D'une autre part, les huiles grasses ne se mêlent pas avec une liqueur composée d'alcool et d'eau. La masse d'huile devra donc demeurer suspendue et isolée au milieu du liquide ambiant, et se comporter comme si elle n'était soumise qu'à l'excès de sa propre attraction moléculaire sur celle qu'elle éprouve de la part du mélange ambiant. Cette masse d'huile se trouvera, par conséquent, dans les mêmes conditions qu'un liquide sans pesanteur, suspendu librement dans l'espace, et soumis à ses propres attractions moléculaires.

[1] M. Plateau a publié jusqu'ici trois mémoires sur le sujet dont il s'agit. Ces remarquables travaux ont paru, dans le Recueil de l'Académie de Bruxelles, en 1843, 1849 et 1856, sous le titre de *Mémoires sur les phénomènes que présente une masse liquide libre et soustraite à l'action de la pesanteur*.

L'appareil dans lequel on introduit le mélange alcoolique et l'huile est représenté dans la figure 370. C'est un vase à parois planes formées de plaques de verre rectangulaires assemblées dans un châssis en fer; les faces latérales ont chacune 25 centimètres de largeur et 20 de hauteur. Ce vase est fermé supérieurement par une plaque de verre, mastiquée dans un cadre de fer (fig. 371), de manière à

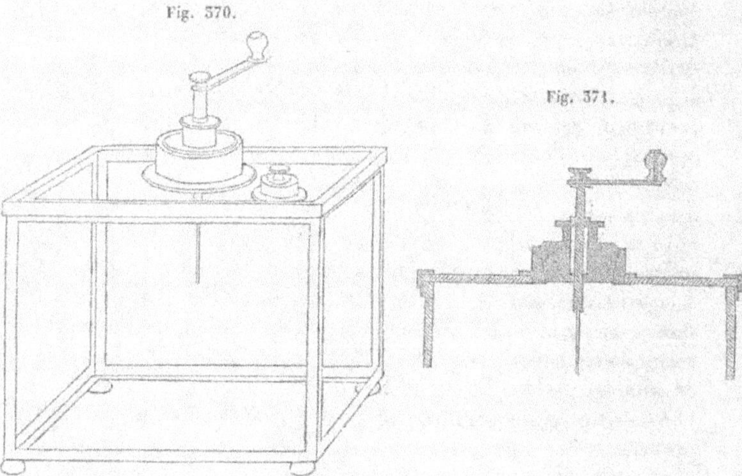
Fig. 370. Fig. 371.

s'adapter sur le vase comme un couvercle sur une boîte; elle est percée de deux ouvertures munies chacune d'un goulot de fer que l'on ferme avec un bouchon de même métal. L'une de ces ouvertures est au milieu de la plaque, et son diamètre est de 55 millimètres; c'est à travers le bouchon qui la ferme, que passe à frottement doux une tige de fer (fig. 371), qui reçoit d'une part une manivelle et de l'autre différents systèmes solides qu'on y visse et dont il sera question plus loin. L'autre ouverture doit être placée près de l'ouverture centrale et avoir mêmes dimensions que celle-ci; on verra bientôt l'usage de cette seconde ouverture.

Maintenant, pour obtenir les figures d'équilibre, M. Plateau opère comme il suit. Lorsqu'il s'agit de la sphère, il suffit d'introduire l'huile dans le mélange alcoolique qu'on a préparé d'avance et versé dans le vase de l'appareil que nous venons de décrire. A cet effet, on se sert d'un entonnoir à long col qu'on fait pénétrer, à travers l'ouverture centrale du couvercle, jusqu'à une certaine profondeur dans la liqueur alcoolique. On verse l'huile avec assez de lenteur. Alors, si le mélange est exactement dans les proportions requises, l'huile forme, à l'extrémité du col de l'entonnoir, une sphère dont le volume augmente graduellement à mesure que l'on ajoute de ce dernier liquide. Lorsque la sphère a atteint le volume que l'on désire, on retire avec précaution le col de l'entonnoir; la sphère, qui y reste suspendue, s'élève avec lui vers la surface de la liqueur, et l'huile qu'il contient encore s'ajoute à la précédente. Enfin, lorsque la sphère est près d'atteindre la surface du mélange alcoolique, une petite secousse la détache de l'entonnoir.

Parmi les figures d'équilibre d'une masse liquide soustraite à l'action de la pesanteur, la sphère seule peut être formée en entier, les autres présentant des dimensions infinies dans certains sens qui rendent impossible leur réalisation à l'état complet. Mais on peut réaliser partiellement ces dernières figures, en faisant adhérer la masse liquide à des systèmes solides. A la vérité, en opérant ainsi, on fait intervenir une nouvelle force, l'attraction qui s'exerce entre le liquide et le système solide. Mais l'action de cette nouvelle force s'éteint à une distance excessivement petite du solide; par conséquent, pour tout point de la surface du liquide situé à une distance sensible du solide, il n'y a plus à considérer que l'attraction moléculaire du liquide pour lui-même, de sorte que pour ces points la surface est la même que si toute la masse liquide était entièrement libre et soustraite à l'action de la pesanteur.

Fig. 372.

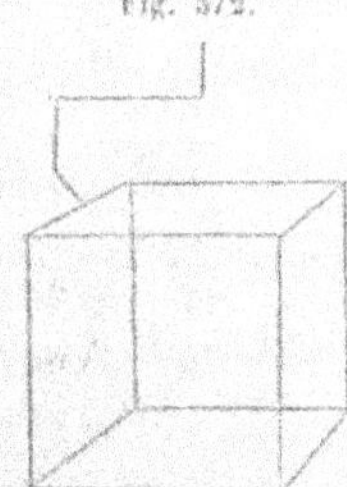

Cela posé, veut-on montrer que le plan est une surface d'équilibre? On pourra, à cet effet, se servir d'une charpente en fils de fer formant les arêtes d'un cube (fig. 372), et portant un fil de suspension au moyen duquel on la visse à l'extrémité inférieure de la tige qui traverse le bouchon du goulot central de l'appareil représenté dans la fig. 370. La charpente étant fixée, on remplit le vase de mélange alcoolique, dans lequel on introduit une masse d'huile d'un volume un peu supérieur à celui du cube de la charpente; puis, on amène l'huile dans celle-ci, et à l'aide d'une spatule de fer que l'on introduit par la seconde ouverture du couvercle du vase et que l'on fait pénétrer dans la masse, on oblige aisément celle-ci à s'attacher successivement à toute la longueur de chacune des arêtes solides. Alors, on enlève graduellement l'excès d'huile au moyen d'une petite seringue en verre, et toutes les surfaces libres de l'huile deviennent ainsi à la fois exactement planes. L'expérience que nous venons de décrire démontre donc que le plan est une surface d'équilibre; elle nous donne, en outre, le moyen de réaliser le curieux spectacle de polyèdres formés d'huile, et qui n'ont de solide que leurs arêtes seules.

Fig. 373.

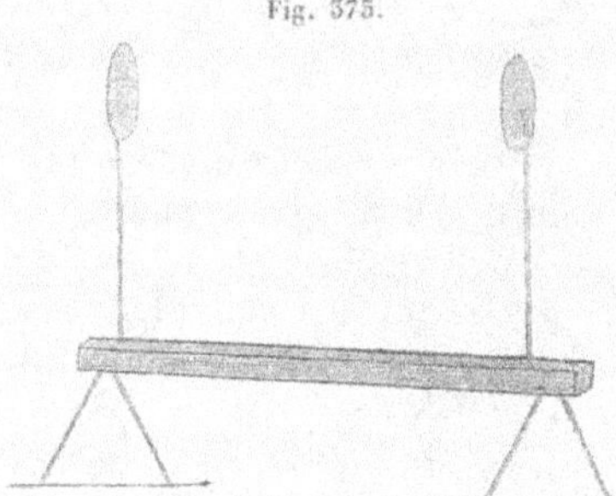

Pour obtenir les cylindres liquides, M. Plateau se sert d'un système solide présentant deux disques verticaux de même diamètre placés parallèlement entre eux, à la même hauteur, et en regard l'un de l'autre (figure 373). Chacun de ces disques est porté par un fil de fer fixé normalement à son centre, puis replié verticalement de haut en bas, et les extrémités inférieures de ces deux fils sont attachées à une même tige horizontale munie de quatre petits pieds. Si la distance des deux disques est moindre que 3,141 fois leur diamètre, on obtient facilement un cylindre de liquide qui, s'étendant de l'un des disques à l'autre, a des bases égales à l'aire de ces disques. A cet effet, on commence par faire adhérer une masse d'huile convenable à l'un des disques; puis, à l'aide d'un anneau en fil de fer de même diamètre que ceux-ci et porté par un fil droit de même métal dont on tient à la main l'extrémité libre, on étire la masse jusqu'à ce qu'elle se soit également attachée à l'autre disque; ensuite on retire l'anneau et on enlève, avec une seringue, de l'huile jusqu'à ce que la masse restante soit exactement cylindrique.

Nous avons dit plus haut que la réalisation facile de cylindres liquides exige que le rapport entre la longueur du cylindre et le diamètre de sa base soit moindre que 3,141, c'est-à-dire que le nombre qu'on désigne dans les ouvrages de mathématiques par la lettre π et qui, dans le cercle, exprime le rapport de la circonférence au diamètre. M. Plateau a reconnu, en effet, que le cylindre liquide devient une figure d'équilibre instable au delà de cette limite de longueur.

M. Plateau a également étudié les propriétés des cylindres liquides d'une longueur supérieure à celle de la limite de stabilité que nous venons d'indiquer, et cette étude l'a conduit à des résultats de la plus haute importance pour l'explication des phénomènes si curieux que présentent les veines liquides. Le cadre trop restreint de cet ouvrage ne nous permettant pas d'entrer dans les détails de ces dernières recherches du savant physicien, nous nous bornerons à en énoncer succinctement les principaux résultats, qui sont renfermés dans les lois suivantes :

1° Si un cylindre liquide a une longueur considérable par rapport à son diamètre, il se convertit spontanément, par la rupture de l'équilibre, en une série de sphères isolées, égales en diamètre, également espacées, ayant leurs centres sur la droite qui formait l'axe du cylindre, et dans les intervalles desquelles sont rangées, suivant ce même axe, des sphérules de différents diamètres.

2° La marche du phénomène est la suivante (fig. 574) : le cylindre

Fig. 574.

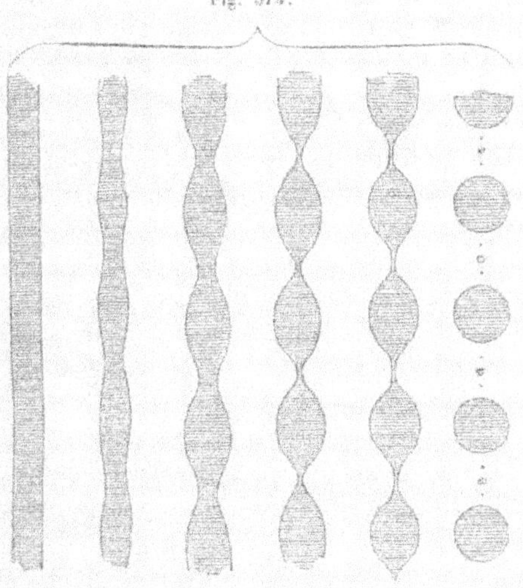

commence par se renfler graduellement sur des portions de sa longueur situées à égale distance les unes des autres, tandis qu'il s'amincit dans les portions intermédiaires, et la longueur des renflements ainsi formés est égale ou à fort peu près à celle des étranglements; ces modifications continuent à se prononcer de plus en plus, en s'effectuant avec une vitesse accélérée, jusqu'à ce que les milieux des étranglements soient devenus très-minces; alors, à partir de chacun de ces milieux, le liquide se retire rapidement dans les deux sens, mais en laissant encore les masses réunies deux à deux par un filet sensiblement cylindrique; puis, celui-ci éprouve les mêmes modifications que le cylindre; seulement, il ne s'y forme en général que deux étranglements, qui comprennent, par conséquent, entre eux un renflement; chacun de ces petits étranglements se convertit à son tour en un filet plus délié, qui se déchire en deux points et donne naissance à une sphérule isolée très-petite, tandis que le renflement ci-dessus se transforme en une sphérule plus grande; enfin, après la rupture de ces derniers filets, les grosses masses prennent complétement la forme sphérique.

M. Plateau nomme *divisions* d'un cylindre liquide, les portions de ce cylindre dont chacune doit fournir une sphère. La *longueur* d'une division mesure, par conséquent, la distance constante qui, pendant la transformation, se trouve comprise entre les cercles de gorge ou sections de plus grand retrécissement de deux étranglements successifs. Cette longueur est dite *normale*, lorsqu'elle est la même que celle des divisions d'un cylindre d'une longueur infinie.

Ces définitions établies, voici les deux autres lois relatives aux propriétés des cylindres liquides :

3° La nature du liquide ne changeant pas, la longueur normale des divisions est proportionnelle au diamètre du cylindre.

4° Si le liquide est du mercure, et que les divisions aient leur longueur normale, le temps qui s'écoule depuis l'origine de la transformation jusqu'à l'instant de la rupture des filets qui réunissent les différentes sphères qui tendent à se former, est exactement ou sensiblement proportionnel au diamètre du cylindre. Cette loi paraît également applicable aux autres liquides.

Les lois que nous venons d'énoncer servent de base à la nouvelle théorie de M. Plateau sur la constitution des veines liquides lancées par de petits orifices. Cette théorie sera exposée dans l'hydrodynamique. (H. V.)

3. — PHÉNOMÈNES CAPILLAIRES.

Il se produit, au contact des solides et des liquides, une série de phénomènes auxquels on a donné le nom de *phénomènes capillaires*, parce qu'ils s'observent surtout dans des tubes très-étroits, dont on a comparé le diamètre à l'épaisseur d'un cheveu. La partie de la physique qui a pour objet l'étude des phénomènes capillaires se désigne sous le nom de *capillarité*. Toutefois, cette expression s'applique aussi à la force même qui produit ces phénomènes.

Les effets de la capillarité sont très-variés; mais, dans tous les cas, ils sont le résultat de l'action combinée de trois forces, qui sont : 1° l'attraction des molécules liquides entre elles; 2° l'attraction qui s'exerce entre les molécules des corps solides et celles des corps liquides; et 3° la pesanteur. Nous allons d'abord exposer les principaux faits, puis nous ferons voir comment ils sont produits par les forces que nous venons d'indiquer. (H. V.)

DESCRIPTION DES PRINCIPAUX PHÉNOMÈNES CAPILLAIRES.

1° Quand une lame est en partie plongée dans un liquide en équilibre, la surface du niveau n'est pas plane près de la lame, mais elle forme une surface courbe *cb* (fig. 375), qui s'élève au-dessus du niveau général quand la lame est mouillée par le liquide, et qui s'abaisse au-dessous quand elle ne peut être mouillée. Le premier cas se présente pour le verre, les métaux plongés dans l'eau, l'alcool..., qui les mouille, et le second pour le verre, le bois, le fer..., plongés dans le mercure, les corps gras plongés dans l'eau. Quand le liquide s'élève au-dessus du niveau général, la courbe qu'il forme tourne sa concavité vers le haut; c'est le contraire quand il y a dépression.

Fig. 375.

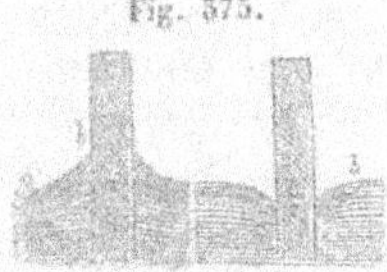

La partie *abc* comprise au-dessus ou au-dessous du niveau du liquide prolongé porte le nom de *ménisque;* on donne souvent le même nom aux surfaces courbes *cb*, *cb*. On dira donc que, dans le cas d'une surface mouillée, il se forme un ménisque concave, et dans le cas contraire un ménisque convexe.

Il existe des substances avec lesquelles il n'y a ni élévation ni dépression, le liquide conservant son niveau horizontal jusqu'au contact de la lame. Tel est l'acier poli plongé dans l'eau, le verre dans le mercure mêlé d'une certaine proportion d'oxyde, formé en faisant bouillir ce liquide au contact de l'air pendant un temps convenable. Dans ce cas le liquide ne mouille pas la lame.

2° Dans un tube cylindrique d'un diamètre intérieur suffisamment petit, en partie plongé dans un liquide, celui-ci s'élève au-dessus du niveau général, ou s'abaisse au-dessous, suivant que ce tube est mouillé ou non mouillé par le liquide (fig. 376). La colonne liquide dans l'intérieur du tube est terminée par une surface concave de forme sensiblement sphérique dans le premier cas, et par une surface convexe de même forme dans le

Fig. 376.

second; en outre, l'élévation ou la dépression est en raison inverse du diamètre du tube; de plus, l'une et l'autre varient avec la nature du liquide et avec la température, mais elles sont indépendantes de l'épaisseur de la paroi du tube, et même de la substance de celui-ci quand il s'agit d'un liquide qui le mouille et qu'on a pris la précaution de mouiller le tube avant de le plonger dans le liquide. Toutes ces lois se vérifient dans le vide comme dans l'air.

Pour donner une idée exacte des phénomènes ci-dessus, nous indiquerons les résultats numériques de quelques expériences. L'eau, l'essence de térébenthine et l'alcool mouillent le verre; à la température de 18°, ces liquides s'élèvent respectivement dans un tube de verre de 1 millimètre de diamètre intérieur, de $29^{mm},79$, de $12^{mm},72$ et de $12^{mm},18$. Dans un tube de verre de 2 millimètres de diamètre intérieur, la dépression du mercure est de $4^{mm},454$.

3° Si l'on plonge en partie dans un liquide deux lames parallèles suffisamment rapprochées, le liquide s'élève ou s'abaisse entre elles, mais moitié moins que dans un tube qui aurait pour diamètre intérieur la distance de ces deux lames. La surface du liquide entre les lames présente la forme d'un cylindre concave dans le cas de l'ascension, et convexe dans celui de la dépression.

4° Deux corps légers flottant sur un liquide qui les mouille également, se précipitent l'un vers l'autre quand ils se trouvent à une distance assez petite pour que les ménisques soulevés se joignent (fig. 377). Le même résultat se produit quand les deux corps ne sont pas mouillés par le liquide (fig. 378); mais si l'un d'eux étant mouillé l'autre ne l'est pas, les deux corps rapprochés l'un de l'autre s'éloignent aussitôt qu'on les abandonne à eux-mêmes (fig. 379). Au moyen d'une baguette dont on enfonce le bout dans le liquide, on peut poursuivre, sans parvenir à le toucher, un corps flottant qui n'est pas mouillé comme elle, ou qui est mouillé quand la baguette ne l'est pas. On peut de même retenir ce corps derrière la baguette qu'il suit constamment, quand il est mouillé ou non mouillé en même temps qu'elle.

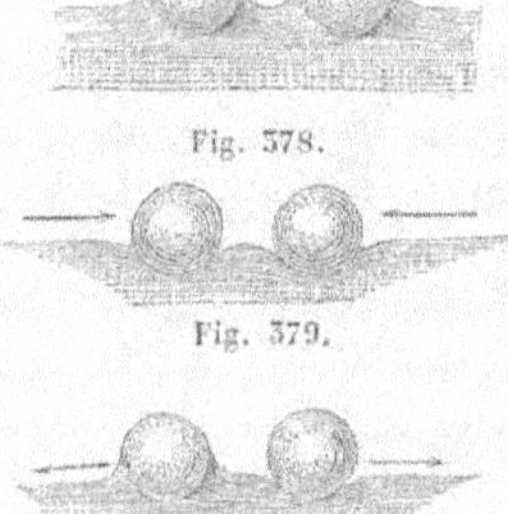
Fig. 377. 
Fig. 378.
Fig. 379.

Nous placerons encore ici, comme se rattachant à la capillarité, le phénomène suivant : Si l'on pose un fil de platine sur du mercure, on le verra flotter, quoique le platine soit beaucoup plus dense que le mercure. Un fil de métal très-fin et légèrement graissé en le passant simplement entre les doigts peut de même être posé sur l'eau sans s'y enfoncer. Ce résultat singulier s'explique en remarquant que le corps flottant n'est pas mouillé par le liquide, de sorte qu'il se forme tout autour un ménisque dont le volume est considérable par rapport à celui de ce corps. Il en résulte que le volume de liquide déplacé, soit par le corps, soit par l'effet capillaire, pèse autant que le corps flottant; d'où il résulte qu'il ne s'enfonce pas.

Fig. 380.

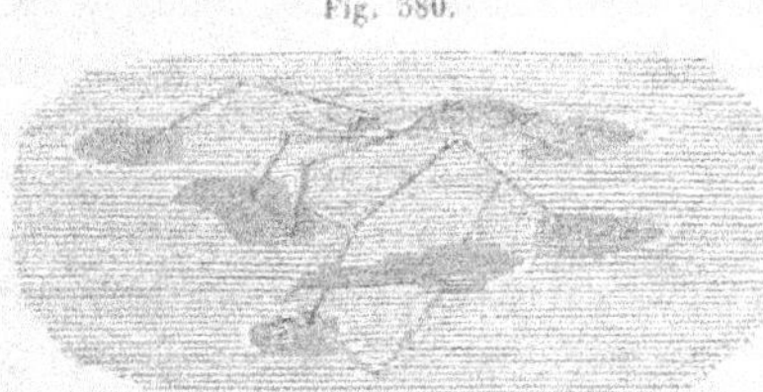

Il y a des insectes qui courent sur l'eau sans s'y enfoncer (fig. 380); ils doivent cette faculté à la substance grasse qui enduit les tarses allongés qui terminent leurs pattes; l'eau déplacée par les pattes et par l'effet capillaire, pèse alors autant que l'insecte lui-même.

(H. V.)

NOTIONS SUR LA THÉORIE DES PHÉNOMÈNES CAPILLAIRES.

Le phénomène de l'ascension ou de la dépression des liquides dans les tubes capillaires est une conséquence directe de la forme concave ou convexe que prend la surface libre des liquides dans ces tubes et de la différence des pressions qu'exerce sur elle-même une masse liquide suivant la forme de la surface qui la termine.

Pour nous en assurer, considérons, par exemple, le cas de l'ascension. La colonne soulevée se termine alors par une surface concave vers le bout. Cela posé, soit T (fig. 381) le tube plongé verticalement par son extrémité inférieure dans le liquide. Imaginons dans la masse de celui-ci un filet A C D E, s'abaissant verticalement suivant l'axe même du tube, et se courbant ensuite horizontalement pour venir se terminer par une portion verticale à la surface plane du niveau extérieur. L'équilibre de ce filet exige que les pressions en C et en D soient égales. Or, puisque la pression due à l'attraction moléculaire en A est moindre que celle que cette même force

Fig. 381.

produit en E (p. 115), il est évident que l'égalité des pressions en C et en D n'aura lieu que si la longueur du filet CA surpasse celle du filet DE d'une quantité telle, que le poids de l'excès de CA sur DE fasse équilibre à l'excès de pression moléculaire qui émane du point E. En outre, comme la pression produite en A diminue quand la courbure de la surface du liquide dans le tube devient plus forte (p. 115), c'est-à-dire quand le tube devient plus étroit, on comprend que la hauteur de la colonne liquide soulevée doit augmenter à mesure que le diamètre intérieur du tube devient moindre. Le phénomène de la dépression des liquides dans les tubes capillaires s'explique d'une manière analogue.

Pour compléter ces indications sommaires sur la théorie des phénomènes capillaires, il nous reste à rendre compte du changement de forme qu'éprouve la surface des liquides au contact des corps solides. A cet effet, soit une molécule liquide m (fig. 382) en contact avec un corps solide. Cette molécule est soumise à trois forces : la pesanteur qui la sollicite suivant la verticale m P, l'attraction du liquide qui agit dans une direction m F, et l'attraction de la lame qui s'exerce dans la direction mn. Or, selon les intensités respectives de ces forces, leur résultante peut prendre les trois positions suivantes :

1° Cette résultante est dirigée suivant la verticale m R (fig. 382); alors la surface en m reste évidemment plane et horizontale.

2° La force n augmentant, ou F diminuant, la résultante est dirigée dans l'angle nmP (fig. 383); dans ce cas, la surface prend une direction inclinée perpendiculaire à m R, et elle est concave.

3° La force F augmentant, ou n diminuant, la résultante R prend la direction m R (fig. 384) dans l'angle P m F, et la surface, se disposant perpendiculairement à cette direction, devient convexe.

(H. V.)

Fig. 382. Fig. 383. Fig. 384.

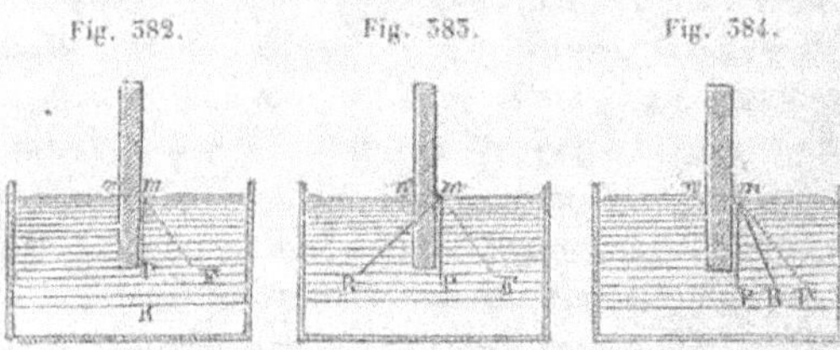

APPLICATIONS DE LA CAPILLARITÉ.

Les actions capillaires peuvent servir à expliquer plusieurs phénomènes qui se produisent journellement sous nos yeux ; on en a fait aussi quelques applications.

L'imbibition des corps poreux par les liquides, dans lesquels ils ne plongent que par leur partie inférieure, est due à la capillarité. C'est par un effet semblable que la surface du sol reçoit des parties inférieures l'eau qui y avait pénétré pendant la pluie : à mesure que la surface se dessèche, l'eau des parties plus profondes monte et entretient l'humidité nécessaire à la végétation. Si cette eau tient en dissolution quelques sels, on les verra se déposer à la surface où ils sont portés par l'eau et abandonnés ensuite par elle quand elle s'évapore. C'est ainsi que se produisent une foule d'efflorescences qui se montrent dans les endroits humides. Comme exemple, nous citerons le salpêtre de houssage des pays orientaux.

Les corps gras, liquides ou fondus par la chaleur, montent entre les filaments de la mèche des lampes ou des bougies par un effet de capillarité. (H. V.)

DE L'ENDOSMOSE.

Le phénomène de l'endosmose dépendant également d'attractions moléculaires, nous croyons que c'est ici le lieu de nous en occuper. Voici d'abord en quoi il consiste.

Lorsque deux liquides différents, contenus dans un même vase et ayant de l'affinité l'un pour l'autre, sont séparés par une cloison poreuse verticale, on remarque, en général, que la quantité de liquide qui se trouve d'un côté de la cloison augmente, tandis que celle qui se trouve du côté opposé diminue. Si l'on examine ensuite la composition des liquides de part et d'autre de la cloison, on constate que chacun d'eux renferme des élements de celui qui, au commencement de l'expérience, se trouvait du côté opposé de la cloison. Celle-ci a donc été traversée par les deux liquides, mais avec plus de facilité par l'un que par l'autre, puisque, sans cela, les niveaux des liquides mis en expérience n'auraient pas varié. C'est le phénomène de cette infiltration inégale de liquides différents au travers d'une cloison poreuse que Dutrochet a découvert et qu'il a désigné sous le nom d'*endosmose*. (H. V.)

ENDOSMOMÈTRE.

Pour étudier avec facilité le phénomène que nous venons de définir, on se sert d'un instrument particulier imaginé par Dutrochet, qui lui a donné le nom d'*endosmomètre*.

Fig. 585.

L'endosmomètre se compose d'un tube *a* (fig. 585), d'un réservoir évasé *b*, et d'une cloison *cd*. Le tube est en verre; il peut avoir plusieurs décimètres de longueur et quelques millimètres de diamètre intérieur; le réservoir est soudé au tube; la cloison est formée de la substance poreuse dont on veut étudier les propriétés; elle doit fermer l'ouverture du réservoir assez exactement pour que le liquide ne puisse entrer ou sortir qu'en la traversant.

Voici maintenant les phénomènes que l'on observe, quand, par exemple, la cloison est une membrane de vessie fortement ficelée sur les bords du réservoir, et quand il y a de l'*alcool* à l'intérieur et de l'eau à l'*extérieur*. L'endosmomètre étant soutenu verticalement dans l'eau sans que la cloison touche le fond du vase, l'équilibre mécanique s'établit bientôt entre le liquide intérieur, le liquide extérieur et la tension de la cloison. Soit *n* le niveau de l'eau dans le vase, et *n'* le niveau de l'alcool dans l'instrument; après un quart d'heure il y aura un changement considérable, le niveau *n'* se sera élevé de plusieurs millimètres, puis il continuera de s'élever; et si le tube n'a que 4 à 5 *décimètres* de hauteur, on peut s'attendre qu'après un jour le liquide aura gagné le sommet et coulera par-dessus les bords. Il y a donc *endosmose* de l'*eau à l'alcool* au moyen de la membrane de la vessie, et inversement, il y a *endosmose* de l'*alcool à l'eau*, car on peut constater la présence de l'alcool dans l'eau extérieure; mais l'endosmose de l'eau à l'alcool l'emporte sur celle de l'alcool à l'eau, puisque sans cela les niveaux *n* et *n'* n'auraient pas varié.

Si l'on prolonge l'expérience assez longtemps, on trouvera que l'eau ne cessera de pénétrer dans le réservoir et l'alcool dans le vase extérieur, que lorsque les liquides de part et d'autre de la cloison auront la même composition chimique.

Si l'on répétait l'expérience précédente en se servant d'une mince membrane de caoutchouc au lieu d'une membrane de vessie, on observerait des phénomènes inverses : le niveau *n'* de l'alcool baisserait, tandis que celui *n* de l'eau s'élèverait. C'est que, dans ce cas, l'infiltration de l'alcool au travers de la cloison de caoutchouc est plus considérable que celle de l'eau au travers de la même cloison. Ces différences entre les quantités de divers liquides qui peuvent traverser une cloison poreuse, démontrent que les phénomènes qui nous occupent ne sont pas dus à la simple porosité de la cloison, mais à des actions moléculaires que celle-ci exerce sur les liquides avec lesquels on la met en contact et dont l'intensité varie avec la nature de la cloison et avec celle des liquides employés. L'expérience vérifie complétement cette conclusion, comme nous allons le faire voir.

Dutrochet a constaté que diverses membranes végétales et animales jouissent à différents degrés des propriétés dont jouit la vessie; que des plaques de terre cuite, d'ardoise calcinée, d'argile et en général de substances alumineuses en jouissent aussi, quoique à un très-faible degré.

(H. V.)

THÉORIE DE M. LIEBIG.

Mises en contact avec un liquide, les membranes animales en absorbent une certaine quantité, qui varie avec la nature du liquide employé. Cette absorption a lieu en vertu de l'attraction moléculaire qui s'exerce entre les molécules de la membrane et celles du liquide. D'après M. Liebig, 100 parties en poids d'une membrane de vessie desséchée absorbent, en 24 heures :

268 parties d'eau;
133 « d'une dissolution de sel marin d'un poids spécifique de 1,204; et
38 « d'esprit-de-vin à 0,84.

Ces résultats expliquent pourquoi une vessie se gonfle et se ramollit dans l'eau, tandis qu'elle se contracte et durcit dans l'alcool.

Lorsqu'une membrane animale qui a absorbé un liquide est mise en contact avec un corps qui a de l'affinité pour ce dernier, elle en cède une partie à ce corps. Par exemple, si l'on saupoudre avec du sel marin une vessie imbibée d'eau, le sel absorbe une partie de cette eau et s'y dissout; mais comme le pouvoir absorbant de la vessie pour la dissolution du sel marin est moindre que pour l'eau pure, une partie de celle-ci lui est enlevée et découle sous forme de gouttes; en même temps la vessie se resserre et perd une partie de sa souplesse. De même, si l'on plonge dans l'alcool une membrane de vessie imbibée d'eau, elle perd, en 24 heures, à peu près la moitié de son poids, se resserre et durcit.

Ces faits expliquent le phénomène de l'endosmose d'une manière très-simple.

Quand deux liquides différents sont séparés par une membrane, celle-ci absorbe une certaine quantité de chacun d'eux, en vertu de l'attraction qu'exercent ses molécules sur celles des deux liquides; une partie de chacun de ces liquides absorbés est enlevée par suite de l'affinité qu'a pour lui le liquide du côté opposé de la membrane; dès lors, celle-ci n'étant plus saturée du liquide qu'on a considéré, elle peut en absorber une nouvelle quantité, et ces effets se reproduisent jusqu'à ce que les liquides des deux côtés de la membrane aient même composition chimique.

L'endosmose a servi à expliquer une foule de phénomènes de la vie des plantes et de celle des animaux. C'est ainsi que l'on est assez généralement d'accord pour la considérer comme une des causes de l'absorption de la séve dans les végétaux. (H. V.)

IV. — AÉROSTATIQUE.

L'*aérostatique* traite des conditions d'équilibre des fluides élastiques et des pressions qu'ils exercent sur les corps avec lesquels ils sont en contact.

On divise les fluides élastiques en *gaz* et en *vapeurs*. Celles-ci se distinguent des premiers principalement par la facilité avec laquelle elles se liquéfient, soit sous l'influence de la compression ou du froid, soit sous l'influence combinée de ces deux moyens. L'air atmosphérique peut être cité comme le type des gaz, et la vapeur d'eau comme celui des vapeurs.

L'*air atmosphérique* ou simplement l'*air* forme la couche gazeuse au milieu de laquelle nous vivons et que l'on désigne sous le nom d'*atmosphère*. Il enveloppe de tous côtés notre globe et participe à ses mouvements dans l'espace. La chimie moderne a fait voir qu'il est un mélange d'azote et d'oxygène, dans le rapport, en volume, de 20,80 d'oxygène à 79,20 d'azote.

Outre ces deux principes, l'air contient encore une quantité variable de vapeur d'eau, et quelques dix-millièmes de gaz acide carbonique en volume. Ce dernier gaz provient de la respiration des animaux, des combustions et de la décomposition des substances organiques.

Certains phénomènes atmosphériques prouvent que la masse d'air est limitée et que sa surface libre est située à peu près à 10 ou 12 lieues de la surface de la terre. M. Biot, en partant d'observations faites à des hauteurs successives par Gay-Lussac, par M. de Humboldt et par M. Boussingault, est arrivé, en effet, à assigner à l'atmosphère une épaisseur au plus de 47,000^{m}.

Fig. 386.

L'air est pesant. Pour s'en assurer, on fait, au moyen de la machine pneumatique, le vide dans un ballon de verre de 3 à 4 litres (fig. 386) qui se ferme à l'aide d'un robinet, et on le met en équilibre à l'un des bras de la balance; ensuite on ouvre le robinet, l'air rentre, et la balance penche du côté du ballon, qui est devenu plus lourd. Le poids de celui-ci augmente tant qu'on entend un sifflement qui annonce la rentrée de l'air. Quand ce sifflement a cessé et que, par conséquent, l'air a fini par remplir le ballon, on rétablit l'équilibre en ajoutant des poids dans l'autre bassin de la balance. Ces poids additionnels prouvent non-seulement que l'air est pesant, mais ils font connaître combien pèse un volume d'air égal à la capacité du ballon. On trouve ainsi que, dans les circonstances ordinaires, 1 litre d'air pèse un peu plus d'un gramme, environ 1$^{gr.}$,3; par conséquent, 1 mètre cube d'air pèse 1,300 grammes, ou 1$^{k.}$,3.

La pesanteur des autres fluides élastiques se constate et se mesure par des expériences analogues. Celle de l'air est la cause d'une foule de phénomènes importants dont il sera bientôt question.

Dans ce qui va suivre, nous nous occuperons principalement des gaz; nous reviendrons sur les vapeurs dans le chapitre consacré à l'étude du calorique. (H. V.)

PRINCIPE D'ÉGALITÉ DE PRESSION.

Tant qu'ils ne sont pas trop rapprochés de leur point de liquéfaction, les fluides élastiques présentent des propriétés analogues à celles dont dépendent les conditions d'équilibre des liquides (p. 92), et, par conséquent, ils doivent être soumis au principe d'égalité de pression comme ces derniers. C'est effectivement ce que l'expérience confirme, ainsi que nous allons le faire voir. Seulement, lorsqu'il s'agit de fluides élastiques, il faut avoir égard à la diminution de volume qui correspond à une augmentation de pression, même faible; car cette diminution n'est plus assez petite pour pouvoir être négligée, comme dans les liquides.

Cela posé, pour vérifier le principe d'égalité de pression dans les

Fig. 387.

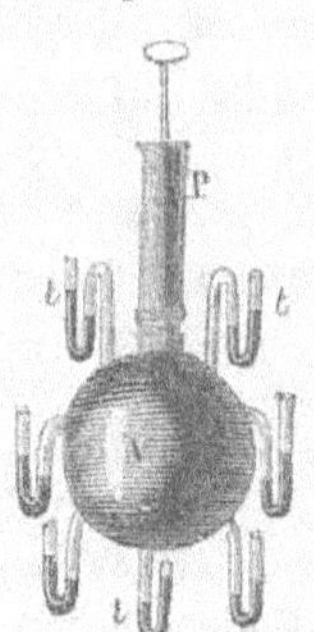

fluides élastiques, dans l'air par exemple, on se sert d'un vase V (fig. 387) de forme quelconque, aux parois duquel on adapte des tubes de verre *t*, *t*, *t*,... recourbés et ouverts à leurs deux extrémités. Ces tubes contiennent une certaine quantité d'un liquide coloré qui se tient d'abord à la même hauteur dans les deux branches de chaque tube. Le vase est, en outre, muni d'un cylindre P, adapté à une ouverture pratiquée dans une des parois du vase, et dans ce cylindre se meut un piston. Il résulte de cette disposition de l'appareil que l'on a dans l'intérieur du vase une masse d'air complétement isolée, et qui, en vertu de sa force élastique (p. 29), exerce sur le liquide contenu dans les tubes la même pression que l'air extérieur, puisque sans cela le liquide ne se tiendrait pas à la même hauteur dans les deux branches de chaque tube. Or, si à l'aide du piston, on exerce une certaine pression sur l'air contenu dans le vase, le liquide est refoulé, et l'on observe que la différence de niveau de ses surfaces libres est constamment la même dans chacun des tubes, d'où il résulte évidemment que la pression exercée sur le gaz est transmise également dans tous les sens, comme l'exige le principe qu'il s'agissait de vérifier.

(H. V.)

CONDITIONS D'ÉQUILIBRE DES FLUIDES ÉLASTIQUES.

Il suit de ce qui précède que les conditions d'équilibre des fluides élastiques doivent être les mêmes que celles des liquides (p. 97), avec cette seule différence qu'il faut toujours qu'une force extérieure fasse équilibre à la tendance de leurs molécules à s'écarter les unes des autres, ce qui n'est pas nécessaire pour les liquides, dont les molécules peuvent rester en équilibre sans l'intervention de forces étrangères. Lorsqu'un fluide élastique est contenu dans un vase fermé de toutes parts, les parois du vase détruisent, par leur résistance, l'effort que le fluide exerce contre elles pour se dilater. A la surface libre de l'air atmosphérique qui est en contact avec le vide, c'est le poids des molécules d'air qui les empêche de se dissiper dans l'espace, comme elles le feraient si la pesanteur n'existait point. (H. V.)

PRESSION DE L'AIR. — EXPÉRIENCE DE TORRICELLI.

Parmi les forces qui agissent constamment sur l'air atmosphérique, la pesanteur est la plus importante à considérer : c'est elle qui détermine principalement la forme et la constitution normales de cette masse gazeuse. En effet, la forme de la surface libre de l'atmosphère, de même que celle des eaux tranquilles, est sensiblement celle d'une sphère dont le centre coïncide avec celui du globe, et nous allons faire voir que l'air exerce sur lui-même et sur les corps avec lesquels il est en contact des pressions régies par les mêmes lois que celles qui résultent de la pesanteur des liquides, c'est-à-dire, normales à la surface pressée et, si celle-ci est très-petite, égales au poids d'une colonne d'air qui aurait pour base la surface pressée et pour hauteur sa distance verticale à la surface libre de l'atmosphère.

Fig. 388.

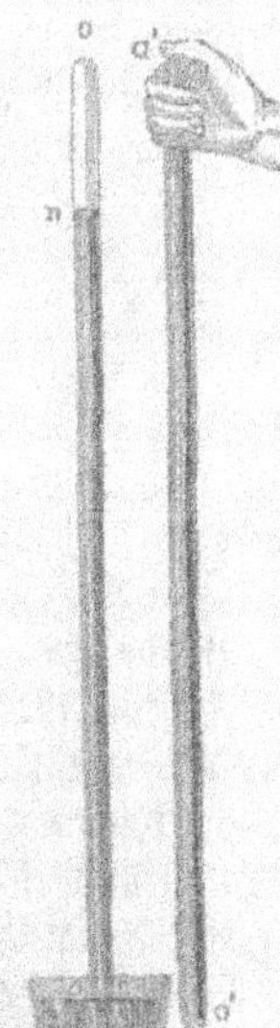

On peut constater la pression atmosphérique et en mesurer l'intensité au moyen de l'expérience suivante, faite, pour la première fois, en 1643, par Torricelli, disciple de Galilée. On prend un tube de verre *o' a'* (fig. 388), ayant environ 90 centimètres de longueur, fermé par un bout et ouvert à l'autre : on le remplit de mercure, et bouchant très-exactement, avec le doigt, son orifice ouvert, on le retourne ; puis, on plonge cette extrémité dans une cuvette remplie de même liquide; après quoi, ôtant le doigt, on établit une libre communication entre la cuvette et le tube. Alors, si ce dernier a la longueur indiquée, le liquide s'abaisse de lui-même dans son intérieur, mais il en reste toujours une colonne *n a*, dont la hauteur verticale au-dessus du niveau *a c* du mercure dans la cuvette est, en moyenne, de 76 centimètres, si l'expérience est faite au niveau des mers.

L'ensemble du tube, de la cuvette et du mercure qu'ils contiennent, forme l'instrument auquel on a donné le nom de *baromètre à cuvette* ou simplement de *baromètre*. L'espace *on*, qui se trouve au-dessus du niveau du mercure dans le tube, a été appelé *vide barométrique* ou de *Torricelli*. Si, dans la construction de cet appareil, on prend les précautions que nous indiquerons plus loin, le vide barométrique ne renfermera d'autre matière pondérable que la petite quantité de vapeur que le mercure émet à la température ordinaire. Le poids et la force élastique de cette vapeur sont assez faibles pour que nous puissions, sans erreur sensible, en faire abstraction.

Cela posé, il est facile de démontrer que c'est la pression de l'air atmosphérique sur la surface du mercure de la cuvette qui soutient la colonne liquide dans le baromètre. En effet, cette colonne exerce contre la tranche horizontale *ac*, sur laquelle elle s'appuie dans l'intérieur du tube, une pression dirigée verticalement de haut en bas, et égale au poids d'un cylindre de mercure qui aurait pour base la surface de cette tranche et pour hauteur verticale celle de la colonne. La tranche *ac* ne peut donc rester en équilibre que si elle est sollicitée de bas en haut par une pression égale à la première. Or, cette seconde pression ne peut évidemment provenir que de l'air atmosphérique qui presse par son poids sur la surface extérieure du liquide de la cuvette; celui-ci transmet la pression de l'air à la tranche et l'empêche d'être refoulée par la colonne *na*. Remarquons, en outre, que puisque la pression de la colonne de mercure sur la tranche *ac* ne dépend pas de sa forme, mais seulement de sa hauteur verticale (p. 100), les niveaux supérieurs dans plusieurs baromètres de forme très-différente, devront tous se trouver dans un même plan horizontal (fig. 389), quelles que soient la forme et l'inclinaison données au tube. C'est ce que l'expérience confirme. Elle indique aussi que, dans une chambre, le mercure du baromètre se tient à la même hauteur qu'en plein air, pourvu que l'air de la chambre communique ou ait communiqué librement avec l'atmosphère. Ce résultat est facile à expliquer. En effet, lorsque l'air de la chambre communique avec l'atmosphère, il se comprime ou se dilate jusqu'à ce que sa force élastique fasse équilibre à la pression de l'air extérieur, et alors, en vertu de cette force élastique, il exerce sur les corps avec lesquels il vient en contact des pressions égales à celles que l'atmosphère exercerait elle-même à cause de son poids.

Fig. 389.

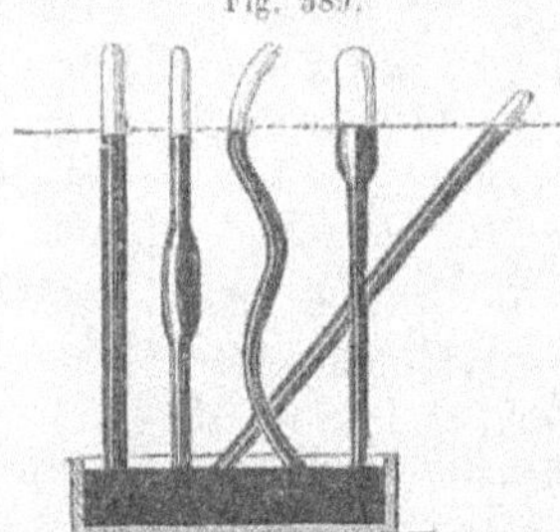

On voit, par ce qui précède, qu'au niveau des mers, la pression moyenne de l'air sur une surface peu étendue est égale au poids d'une colonne de mercure qui aurait cette surface pour base et pour hauteur $0^m,76$. D'après cela, la pression de l'air sur une surface d'un centimètre carré est d'environ $1^{kil},033$; car un centimètre cube de mercure pèse $13^{gr},59$, et le volume de la colonne de mercure dont le poids mesure la pression cherchée est de 76 centimètres cubes. Avec cette donnée, il est facile de résoudre un problème qui, au premier abord, peut paraître entouré de difficultés insurmontables, savoir, celui de la détermination du poids total de l'atmosphère. En effet, la pression de l'air sur un centimètre carré est égale au poids d'une colonne de ce fluide qui aurait la même base et qui serait prolongée jusqu'aux limites supérieures de l'atmosphère. Par conséquent, le poids de tout l'air est égal à autant de fois $1^{kil},033$ que la surface de la terre contient de centimètres carrés. On a trouvé de cette manière un nombre qui n'est pas tout à fait la millionième partie de la masse de la terre, et qui représente plus de 5 quintillions de kilogrammes. Pour nous faire une idée d'un nombre aussi grand, nous dirons que l'atmosphère pèse autant que 5,112,800 cubes d'eau d'un kilomètre de côté.

Le calcul que nous venons d'indiquer montre que l'expérience de Torricelli est une expérience vraiment *barométrique*, et que l'appareil employé à la faire peut, à juste titre, être nommé baromètre.

(H. V.)

AUTRES EXPÉRIENCES A L'APPUI DE LA PRESSION DE L'AIR.

Pour que des colonnes de différents liquides exercent la même pression sur une surface donnée, il faut que les hauteurs verticales de ces colonnes soient en raison inverse des densités des liquides (p. 113). Par conséquent, en répétant l'expérience de Torricelli avec divers liquides, on devra constater que les hauteurs verticales des colonnes soulevées suivent la même loi, puisque ces colonnes doivent toutes faire équilibre à une même pression, savoir la pression atmosphérique. L'expérience confirme cette conclusion : l'eau, par exemple, qui est 13,59 fois moins dense que le mercure, s'élève à une hauteur 13,59 fois plus grande que ce dernier, c'est-à-dire à une hauteur de $10^{m},33$, lorsque la pression de l'air est mesurée par une colonne de mercure de $0^{m},76$.

On peut également démontrer la pression atmosphérique au moyen du *baromètre à siphon*, qui consiste en un simple tube de verre recourbé à branches inégales ; la plus courte est ouverte, l'autre fermée, et sa longueur doit atteindre au moins $0^{m},80$ (fig. 390 ci-après). Après avoir rempli cette dernière de mercure bien pur, on retourne

Fig. 390.

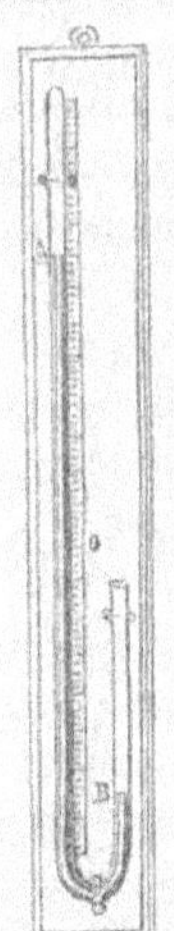

l'instrument, et on lui donne une position exactement verticale. On voit alors un espace vide se former à la partie supérieure de la grande branche, et la colonne mercurielle comprise entre le niveau supérieur A et le niveau inférieur B, mesure évidemment la pression atmosphérique. Le zéro de l'échelle qui sert à estimer la hauteur de cette colonne est placé le plus souvent entre les points où s'arrête le liquide dans les deux branches ; quelquefois aussi il se trouve au-dessous de la coudure inférieure : dans le premier cas, la hauteur barométrique est la somme des distances du zéro aux deux niveaux ; dans le second, elle est leur différence.

Dans les baromètres à cuvette et à siphon, la colonne mercurielle reste suspendue par la pression que l'air exerce verticalement de haut en bas, soit sur le mercure de la cuvette des premiers, soit sur celui qui se trouve dans la branche ouverte des seconds. Mais, à cause du principe d'égalité de pression qui se vérifie pour les fluides élastiques comme pour les liquides, la pression de l'air doit s'exercer de la même manière et avec la même intensité dans toute autre direction. Or, c'est ce qu'il est facile de constater. En effet, si l'on retire lentement de sa cuvette le tube d'un baromètre assez étroit pour que l'air ne puisse y diviser la colonne liquide, il la maintient suspendue contre l'action de la pesanteur ; la pression de l'air agit donc de bas en haut avec la même intensité que dans la direction opposée. Si l'on remplit de mercure un tube barométrique auquel soit soudé à angle droit un autre tube ouvert de petit diamètre, et qu'on retourne cet appareil, le mercure se répand en partie dans le second tube devenu horizontal, et se maintient dans le premier à la même hauteur que dans le baromètre ordinaire ; la pression de l'air agit donc horizontalement sur la surface inférieure du mercure, avec la même force que dans une direction verticale.

Fig. 391.

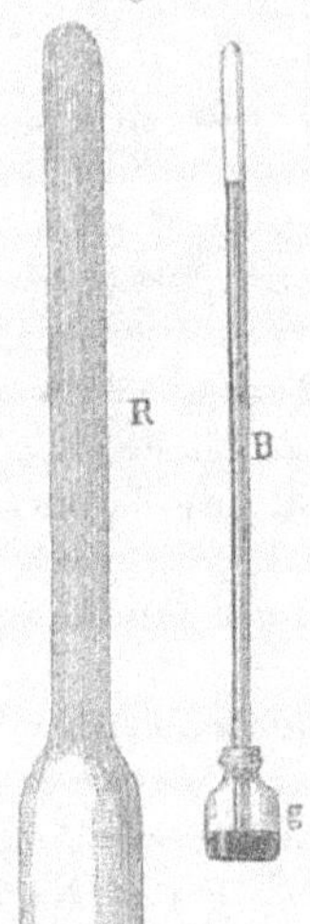

Lorsqu'on dispose un baromètre à cuvette B (fig. 391) sous le récipient R de la machine pneumatique, le mercure se maintient dans le tube du baromètre à la même hauteur qu'à l'air libre, parce que la force élastique de l'air du récipient est égale à la pression de l'atmosphère. Mais, quand on fait

POMPE DE COMPRESSION.

Fig. 418.

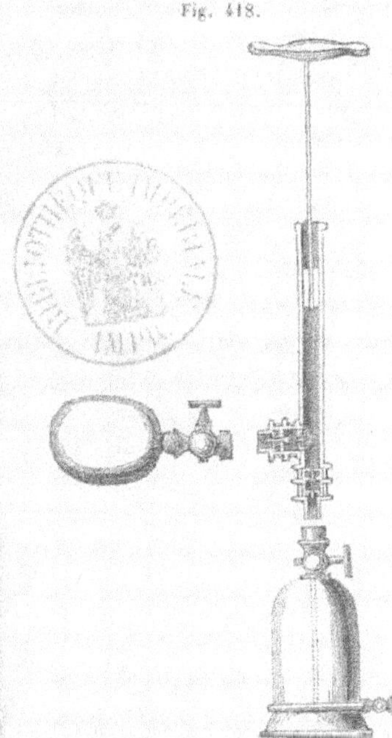

Quand on veut comprimer des gaz autres que l'air, on se sert d'un corps de pompe dont le piston n'est pas perforé et qui porte à sa partie inférieure deux soupapes, l'une, qui s'ouvre de haut en bas et est destinée à laisser passer le gaz dans le vase où l'on veut le comprimer, l'autre, s'ouvrant de dehors en dedans, et placée dans une tubulure latérale à laquelle on adapte un tube qui se rend dans le réservoir où le gaz à comprimer est renfermé (fig. 418). Cette seconde soupape laisse pénétrer le gaz dans ce corps de pompe quand on élève le piston.

C'est au moyen d'une pompe disposée comme nous venons de le dire qu'on fabrique les eaux de Seltz artificielles. Le réservoir où l'on doit refouler de l'acide carbonique (fig. 418), est en grande partie rempli d'eau; il porte en haut un robinet auquel tient un tube qui plonge presque au fond du réservoir; au-dessus du robinet est un pas de vis destiné à recevoir la pompe de compression. Quand l'eau est saturée de gaz, on la transvase dans des bouteilles par le robinet qui se trouve à la partie inférieure du réservoir. Le gaz reste dissous, à cause de la pression très-forte qui existe au-dessus du liquide dans la bouteille, dont le bouchon doit être solidement fixé, pour n'être pas chassé par cette pression. Dès que le bouchon est enlevé, le gaz s'échappe de l'eau avec rapidité. Toutes les liqueurs mousseuses, la bière, les vins mousseux, doivent leur propriété à l'acide carbonique qu'elles tiennent en dissolution et qui s'échappe abondamment dès que, en retirant le bouchon, on supprime la portion de gaz comprimé à la faveur de laquelle le liquide pouvait en retenir une grande quantité (p. 161).

FONTAINE DE COMPRESSION.

Fig. 419.

La fontaine de compression (fig. 419) consiste en un réservoir disposé à peu près comme celui qui sert à la fabrication de l'eau de Seltz artificielle. On y refoule de l'air au moyen d'une pompe de compression que l'on visse au robinet qu'il porte en haut. Cette pompe est en tout semblable à celle qui sert à condenser l'air dans la crosse du fusil à vent (p. 30). Lorsque l'air refoulé dans le réservoir a acquis une force élastique suffisante, on ferme le robinet, on enlève la pompe, et on la remplace par un ajutage conique, traversé par un canal capillaire. Si alors on ouvre de nouveau le robinet, la force élastique de l'air du réservoir, agissant sur la surface du liquide, le fait jaillir par le canal de l'ajutage à une hauteur plus ou moins considérable, mais qui va continuellement en diminuant, attendu que, l'eau qui s'échappe cédant sa place à l'air, la tension de celui-ci diminue continuellement. (H. V.)

FONTAINE DE HÉRON.

Dans cet appareil on obtient aussi un jet d'eau au moyen de l'air comprimé; mais ce qu'il présente de particulier, c'est que la compression est produite par une colonne d'eau. Il se compose essentiellement de trois réservoirs D, N, M (fig. 420 ci-après). Le premier est ouvert, les deux autres sont hermétiquement fermés. La partie inférieure du premier communique avec la partie inférieure du second par le tube B; la partie supérieure du second communique avec la partie supérieure du troisième par le tube A; enfin, le dernier communique par sa partie inférieure avec l'air, au moyen d'un tube d'écoulement dont l'extrémité supérieure est terminée par un orifice étroit d'où l'eau doit jaillir. Ce troisième tube se retire pour remplir d'eau le réservoir M, quand on veut faire fonctionner l'appareil.

Supposons les réservoirs D et M pleins d'eau, et le réservoir N plein d'air : le premier étant ouvert, l'eau qu'il renferme s'écoulera dans le réservoir N, l'air de ce dernier passera dans le réservoir M, et la pression qui en résultera fera jaillir l'eau de ce réservoir par l'orifice du tube d'écoulement. Si ce tube était assez long, l'eau s'y élèverait à une hauteur égale à la distance des niveaux dans le bassin D et dans le réservoir N.

Lorsque l'on veut vider le réservoir N et remplir le réservoir M, il suffit de renverser l'appareil : en effet, l'air rentre alors dans le réservoir N par le tube B, l'eau qu'il renferme s'écoule dans le réservoir M par le tube A, et l'air sort de ce dernier par l'orifice du canal d'écoulement.

La figure 421 représente un modèle de fontaine de Héron tout en verre. (H. V.)

DES POMPES A EAU.

Les pompes sont destinées à élever l'eau. On en distingue trois espèces principales : 1° la *pompe aspirante*, 2° la *pompe aspirante et foulante*, et 3° la *pompe foulante*.

La figure 422 représente un modèle de pompe aspirante destinée à la démonstration, mais offrant les mêmes dispositions que les pompes

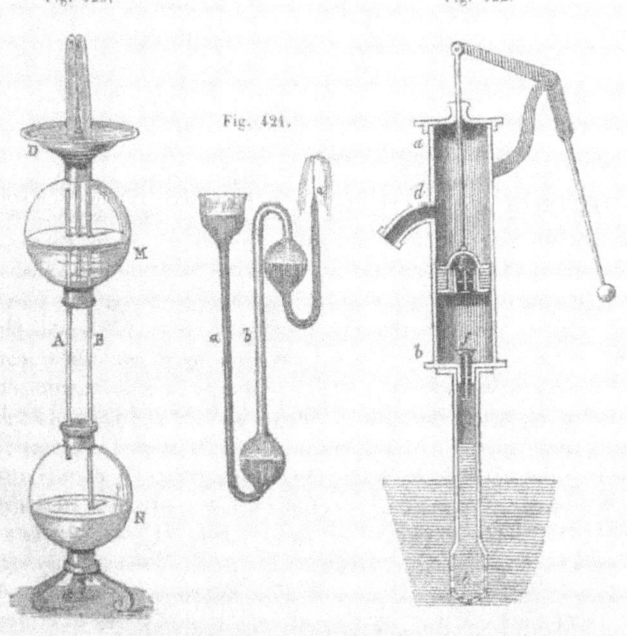

Fig. 420. Fig. 421. Fig. 422.

usitées dans l'industrie. Elle se compose : 1° d'un *corps de pompe* cylindrique *ab*, à la base duquel est une soupape *f*, ouvrant de bas en haut; 2° d'un *tuyau d'aspiration ch*, qui plonge dans le réservoir d'où l'on veut élever l'eau; 3° d'un *piston* qu'une tige fait monter ou descendre dans le corps de pompe, et qui est percé d'un trou dont l'orifice supérieur est recouvert par une soupape *e* ouvrant aussi de bas en haut.

Pour expliquer le jeu de cet appareil, supposons le piston au bas de sa course, et la pression de l'air contenu dans la pompe égale à celle de l'air atmosphérique qui s'exerce sur l'eau du réservoir. Dans ces conditions, les deux soupapes *e* et *f* seront fermées, et l'eau se tiendra dans le tube d'aspiration au même niveau que dans le réservoir. Cela posé, lorsqu'on élève le piston, le vide tend à se faire au-dessous de lui, et la soupape *e* reste fermée par la pression atmosphérique, tandis que l'air du tuyau d'aspiration, en vertu de sa force élastique, ouvre la soupape *f* et passe en partie dans le corps de pompe. L'air du tuyau d'aspiration étant ainsi raréfié, sa force élastique ne pourra plus contre-balancer la pression de l'atmosphère sur l'eau du réservoir; ce liquide s'élèvera donc dans le tuyau *ch* au fur et à mesure que le piston montera; puis, lorsque celui-ci sera parvenu au haut de sa course, la soupape *f* se fermera, et l'eau se maintiendra à la hauteur qu'elle aura atteinte. Cette hauteur est telle, que la pression de la colonne soulevée, ajoutée à la tension de l'air raréfié qui reste dans le tube, fasse équilibre à la pression atmosphérique.

Lorsqu'on fait ensuite descendre le piston, on comprime l'air emprisonné au-dessous de lui dans le corps de pompe; ce gaz recevant ainsi un accroissement de force élastique, il soulève la soupape *e* et se dégage dans l'atmosphère au fur et à mesure que le piston s'abaisse; puis, aussitôt la descente terminée, la soupape *e* se referme par son propre poids. A un deuxième coup de piston, la même série de phénomènes se reproduit, et, après quelques coups, l'eau pénètre enfin dans le corps de pompe. Quand elle s'y trouve en quantité suffisante, le piston ne pourra évidemment achever sa descente qu'en obligeant une portion de cette eau à passer au-dessus en ouvrant la soupape *e*; puis celle-ci se ferme, et lorsque le piston remonte, la portion d'eau qui est au-dessus est soulevée et s'écoule par le tuyau de déversement *d*. Alors, il n'y a plus d'air dans le corps de pompe, et l'eau, poussée par la pression atmosphérique, monte avec le piston, à moins qu'au sommet de sa course il ne soit à une distance du niveau de l'eau dans le réservoir où plonge le tuyau d'aspiration, plus grande que la hauteur de la colonne d'eau qui ferait équilibre à la pression atmosphérique à l'endroit où la pompe se trouve placée. Par conséquent, au niveau des mers, la distance de la limite supérieure de la course du piston au-dessus de l'eau du réservoir, doit être plus petite que $10^m,33$ (p. 135). Cependant, cette condition à elle seule ne suffit pas pour que le jeu de la pompe soit assuré. En effet, dans la pratique, le piston ne s'applique jamais exactement sur la base du corps de pompe, et lorsqu'il est au plus bas de sa course, il existe encore au-dessous de lui un *espace nuisible* rempli d'air à la pression atmosphérique. Soit cet espace nuisible égal à 1/30 du volume de la portion du corps de pompe que le piston parcourt en s'élevant ou en s'abaissant. L'air qui est dans l'espace nuisible se dilate à mesure que le piston remonte, et lorsque celui-ci est arrivé au haut de sa course, la tension de l'air qui reste dans le corps de pompe est 1/30 de la pression atmosphérique, d'après la loi de Mariotte (p. 153). L'air du tuyau d'aspiration ne peut donc être raréfié au delà de cette limite, et, par conséquent, dans ce tube, l'eau ne peut s'élever, dans le cas que nous considérons, qu'à une hauteur égale aux 29/30 de $10^m,33$; c'est-à-dire à $9^m,9$. Or, pour que la pompe puisse donner de l'eau, il est nécessaire que ce liquide s'élève dans le corps de pompe à une certaine hauteur au-dessus de la soupape *f*, ce qui exige évidemment que le tuyau d'aspiration ait moins de $9^m,9$ de hauteur, ou, plus généralement, il faut que la hauteur de ce tuyau soit moindre que celle de la colonne d'eau qui ferait équilibre à la différence entre les pressions de l'atmosphère et celle de l'air raréfié dans le corps de pompe quand le piston est au haut de sa course. C'est pour tenir compte de l'espace nuisible, inévitable en pratique, que, dans les pompes, on ne donne jamais au piston une course de plus de 8 mètres au-dessus du niveau de l'eau dans le réservoir, et, par conséquent, au tuyau d'aspiration, une hauteur moindre encore.

La théorie des pompes aspirantes est due à Torricelli. Avant lui, on expliquait l'ascension de l'eau dans le tube aspiration par l'horreur du vide (p. 137).

La pompe aspirante et foulante élève l'eau à la fois par aspiration et par pression. Elle diffère peu de celle qui vient d'être décrite; seulement son piston est plein. A la base du corps de pompe, sur l'orifice du tuyau d'aspiration, est encore une soupape *a* (fig. 423 ci-après), ouvrant de bas en haut. Une autre soupape *b*, ouvrant dans le même sens, ferme l'ouverture d'un tube coudé, qui communique d'une part avec le fond du corps de pompe, et de l'autre avec le

Fig. 423.

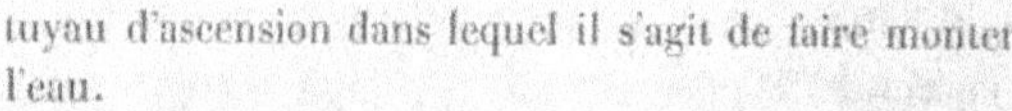

tuyau d'ascension dans lequel il s'agit de faire monter l'eau.

A chaque ascension du piston, l'eau monte dans le tuyau d'aspiration, et pénètre dans le corps de pompe. Lorsque le piston redescend, la soupape *a* se ferme, et l'eau comprimée soulève la soupape *b* pour passer dans le tuyau d'ascension, dans lequel la hauteur qu'elle peut atteindre n'a d'autre limite que la force du moteur qui fait jouer la pompe.

Fig.

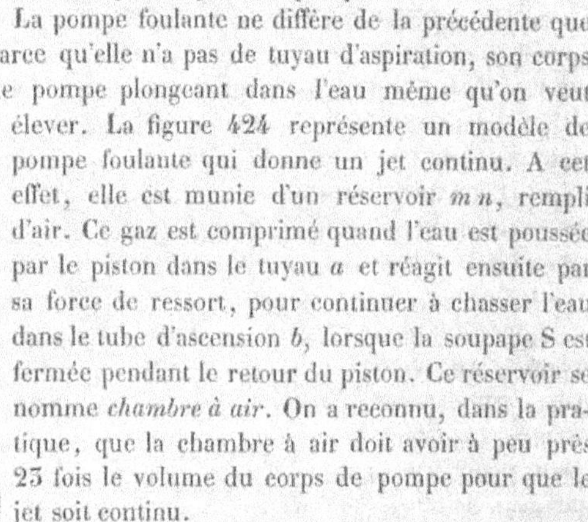

La pompe foulante ne diffère de la précédente que parce qu'elle n'a pas de tuyau d'aspiration, son corps de pompe plongeant dans l'eau même qu'on veut élever. La figure 424 représente un modèle de pompe foulante qui donne un jet continu. A cet effet, elle est munie d'un réservoir *m n*, rempli d'air. Ce gaz est comprimé quand l'eau est poussée par le piston dans le tuyau *a* et réagit ensuite par sa force de ressort, pour continuer à chasser l'eau dans le tube d'ascension *b*, lorsque la soupape S est fermée pendant le retour du piston. Ce réservoir se nomme *chambre à air*. On a reconnu, dans la pratique, que la chambre à air doit avoir à peu près 23 fois le volume du corps de pompe pour que le jet soit continu.

Les pompes à incendie consistent en un système de deux pompes foulantes accouplées, agissant alternativement. De cette façon, on obtient la continuité du jet sans employer de chambre à air. (H. V.)

DU SIPHON.

Le *siphon* est un tube recourbé *abcd* (fig. 425 ci-après), à deux branches inégales, qui sert à transvaser les liquides, en les soulevant au-dessus de leur niveau ; c'est la *courte branche ab* qui plonge dans le liquide à transvaser.

Pour faire usage de cet instrument, on commence par l'*amorcer*, c'est-à-dire par le remplir de liquide. Pour cela, on le retourne et on l'emplit directement ; puis, fermant momentanément ses deux orifices, on le remet en place comme le montre la figure ; ou bien, plongeant

Fig. 425.

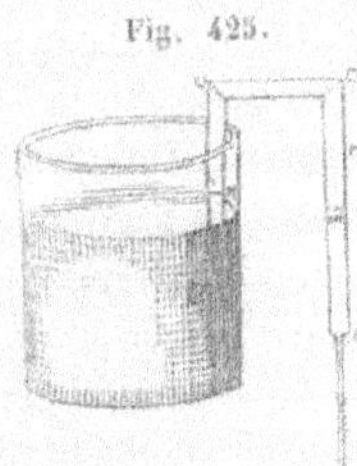

la petite branche dans le liquide à transvaser, on aspire avec la bouche, par l'orifice *d*, l'air qui est dans l'appareil. Le vide se fait alors dans celui-ci, le liquide est refoulé dans le tube par l'effet de la pression atmosphérique, et le remplit.

Lorsque le liquide à transvaser n'est pas de nature à être introduit dans la bouche, on fait usage d'un siphon *bsb'* (fig. 426) auquel est soudé un second tube *at* parallèle à la grande branche.

Fig. 426.

C'est alors par l'orifice *t* de ce tube additionnel qu'on aspire l'air, en ayant soin de fermer en même temps l'orifice *b'*, et de ne pas laisser le liquide s'élever, dans le tube additionnel, jusqu'à la bouche. De quelque manière que le tube ait été rempli, l'écoulement se continue de la petite branche vers la grande, tant que la première plonge dans le liquide.

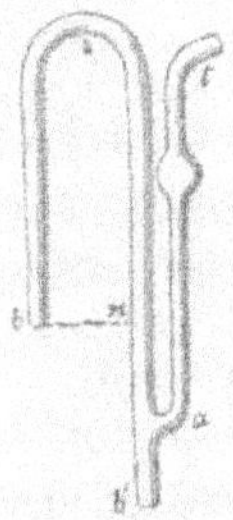

On comprend d'abord que cet écoulement ne doit point être attribué à la seule action de la pression atmosphérique sur la surface du liquide contenu dans le vase; car, si d'une part, cette pression tend à chasser le liquide dans le siphon par la branche *ab* (fig. 425), d'une autre part, l'air presse de bas en haut à l'ouverture *d*, et pousse le liquide en sens contraire avec une égale énergie. Mais la pression atmosphérique joue un autre rôle, sans lequel le phénomène ne se produirait pas. En effet, la colonne liquide *nb*, qui se trouve dans la courte branche au dessus du niveau du liquide dans le vase, tend à descendre, en vertu de son poids; il en est de même de la colonne liquide *cd* renfermée dans la grande branche. Par conséquent, si rien n'y mettait obstacle, le liquide du siphon se séparerait en deux portions, dont l'une retomberait dans le vase, et dont l'autre se répandrait à l'extérieur par l'orifice *d*. Or, ce qui empêche cette séparation, c'est la pression de l'air, laquelle tendant, comme nous l'avons vu, à faire monter chacune des deux colonnes, serre le liquide contre lui-même. Cependant, l'équilibre ne peut exister; car, tandis que les pressions exercées par l'air des deux côtés sont sensiblement égales, les tendances des deux colonnes à descendre ne le sont pas, à cause de l'inégalité des longueurs respectives de ces colonnes. En effet, en prolongeant la surface du niveau du liquide du vase jusqu'en *m*, on reconnait sans peine que la tendance de la colonne de la grande branche excède celle de la colonne de la courte branche de tout le poids du liquide contenu dans la partie *md*. Le liquide doit donc, en vertu de cet excès, sortir par l'extrémité *d*, et comme la pression atmosphérique rend impossible toute désunion dans l'intérieur du siphon, le liquide du vase doit monter incessamment pour suivre celui qui s'écoule. La force qui fait ainsi marcher le liquide de bas en haut dans la branche *ab* est bien la pression de l'air sur la surface du liquide du vase; mais elle produit cet effet uniquement par suite de la sortie du liquide par l'autre branche, et ce n'est point elle qui détermine cette sortie. Aussi, le siphon est-il plus ou moins actif, suivant que l'ouverture de la grande branche se trouve à une distance plus ou moins grande au-dessous de la surface de niveau dans le vase; si cette distance était nulle, c'est-à-dire si la branche *cd* se terminait en *m*, l'instrument ne fonctionnerait point, et il en serait de même à plus forte raison si l'ouverture *d* était au-dessus du niveau prolongé, en *r* par exemple. Pour s'en convaincre, il suffit de plonger dans le vase, sans l'enfoncer trop avant, la longue branche au lieu de la courte, et d'amorcer ensuite le siphon : on verra alors que celui-ci ne fonctionne pas, ou que le liquide retourne dans le vase.

L'invention du siphon est généralement attribuée à Héron, qui vivait à Alexandrie 120 ans avant l'ère chrétienne. Mais il résulte de l'étude de monuments de l'ancienne Égypte, sur lesquels cet instrument est figuré, qu'il était en usage chez les Égyptiens plus de 1,700 ans avant notre ère. Ils en faisaient usage, du temps de Héron, pour faire passer l'eau par dessus les collines. Actuellement, on emploie encore la même méthode dans certains travaux hydrauliques. (H. V.)

VASE DE TANTALE.

Fig. 427.

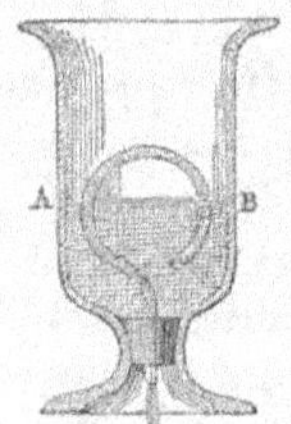

Ce petit appareil, connu des anciens, consiste en un vase A B dans lequel se trouve un siphon (fig. 427) dont l'une des branches s'ouvre près du fond du vase, et dont l'autre en traverse le pied. Si l'on verse de l'eau dans ce vase, elle montera à la même hauteur dans le siphon, jusqu'à ce que le niveau AB atteigne le point le plus élevé de ce tube. Alors le liquide tombera dans la grande branche du siphon, en la remplissant complétement (ce qui suppose que son diamètre n'est pas trop considérable), et le siphon étant dès lors amorcé, tout le liquide sortira du vase. Quelquefois le siphon est creusé dans l'épaisseur d'une petite figure représentant Tantale, et disposée de manière que l'eau ne puisse atteindre à sa bouche avant que le siphon ne soit amorcé. C'est de là que vient le nom de vase de Tantale que portent l'appareil qui précède et d'autres qui n'en sont que des modifications.

FONTAINE INTERMITTENTE.

Fig. 428.

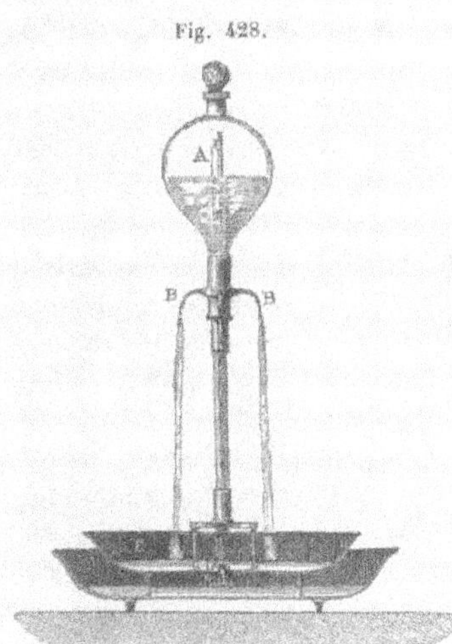

Cet appareil se compose d'un réservoir d'eau A (figure 428), fermé en haut au moyen d'un bouchon de verre usé à l'émeri et portant à sa partie inférieure deux ou plusieurs ajutages B. Enfin, de la partie supérieure de ce réservoir part un tube CD, qui, traversant l'armure inférieure du réservoir, descend jusqu'à une petite distance du centre d'une cuvette E.

Cela posé, on verse, par l'ouverture supérieure, de l'eau dans le vase A, que l'on bouche ensuite. Tant que l'extrémité D du tube CD communique librement avec l'air, l'eau du réservoir s'écoule par les petits ajutages B, B, qui la versent dans la cuvette E, laquelle la cède à un récipient inférieur par une ouverture O. Toutefois cette ouverture ne laisse point couler autant d'eau que les ajutages B, B, et par suite la cuvette E se remplit peu à peu et l'eau finit par fermer l'ouverture inférieure du tube CD. Alors, l'air du vase A n'ayant plus de communication avec l'air extérieur, il se raréfie de plus en plus à mesure que l'écoulement continue ; il arrive un moment où sa force élastique, augmentée de la pression due à la colonne d'eau du réservoir A, fait exactement équilibre à la pression atmosphérique qui s'exerce à l'orifice des ajutages. A ce moment, l'écoulement s'arrête et l'eau de la cuvette E remonte dans le tube CD à une hauteur égale à la distance qui existe entre les orifices des ajutages et le niveau du liquide dans le réservoir A. Mais l'écoulement de l'eau de la cuvette E continuant, le niveau du liquide descend et bientôt l'ouverture D se trouve dégagée ; alors, l'air extérieur s'introduit dans l'appareil, la colonne d'eau entrée dans le tube CD retombe, et l'écoulement de l'eau du vase A recommence, pour s'arrêter de nouveau après un certain temps, et ainsi de suite, tant qu'il reste du liquide dans le vase supérieur. (H. V.)

FONTAINE INTERMITTENTE NATURELLE.

Fig. 429.

Il existe dans la nature des sources intermittentes que l'on explique par le jeu du siphon. On suppose que l'ouverture *a* (fig. 429), par laquelle l'eau sort au dehors, communique avec une cavité souterraine C, au moyen d'un canal *anb*, ayant la forme d'un siphon. Cette cavité reçoit de l'eau, de manière que le niveau s'élève peu à peu jusqu'à *nn*; alors le siphon est amorcé, et l'eau jaillit en *a*. Si l'on admet que l'eau sorte plus vite par le siphon qu'elle n'arrive dans la cavité C, le niveau baissera jusqu'en *b*, l'air pénétrera dans le siphon, et l'écoulement s'arrêtera pour se reproduire aussitôt que l'eau aura atteint le niveau *nn*.

PIPETTE.

Si l'on renverse un vase plein d'eau, en tenant l'ouverture fermée par un morceau de papier, le liquide ne tombe pas, parce qu'il est retenu par la pression atmosphérique. Si l'on enlève le morceau de papier, l'air s'introduit par bulles à travers la colonne d'eau qu'il divise et le liquide tombe. On peut empêcher cet effet sans faire usage d'un morceau de papier, en rendant l'ouverture du vase suffisamment étroite pour que l'air ne puisse pas diviser la colonne liquide. C'est ce qui a lieu dans la pipette, dont on fait un fréquent usage pour soutirer un liquide contenu dans un vase. Cet appareil consiste en un simple tube en verre ou en métal, terminé supérieurement et inférieurement par un orifice étroit (fig. 430). Lorsqu'on plonge ce tube dans un liquide, ses orifices inférieur et supérieur étant ouverts, le même niveau s'établit en dedans et en dehors; si alors on ferme avec le doigt l'orifice supérieur, et que l'on enlève

Fig. 430.

l'appareil, une partie du liquide soulevé s'écoule par l'orifice inférieur ; mais comme l'air ne peut y rentrer, celui qui y est enfermé se dilate, et l'écoulement s'arrête aussitôt que la différence entre la pression de l'air extérieur, qui agit sur l'orifice inférieur, et la pression de l'air dilaté, qui agit en sens contraire, peut soutenir la colonne liquide restée dans le tube.

Au lieu de plonger la pipette dans le liquide pour la remplir, on peut se borner à en plonger l'extrémité inférieure et à aspirer ensuite l'air intérieur. Cela fait, si l'on applique le doigt sur l'extrémité supérieure, de manière à s'opposer à la rentrée de l'air dans l'appareil, celui-ci retient une certaine quantité de liquide que la pression atmosphérique empêche de s'écouler. La pipette est employée souvent de cette manière pour retirer une certaine quantité d'un liquide contenu dans un vase. Dans ce cas, elle consiste ordinairement en un tube de verre effilé à l'une de ses extrémités. On plonge cette extrémité dans le liquide et on aspire par l'autre. Le liquide aspiré se rend dans un renflement que porte le tube près de son extrémité effilée. (H. V.)

APPAREIL D'OERSTED POUR MESURER LA COMPRESSIBILITÉ DES LIQUIDES.

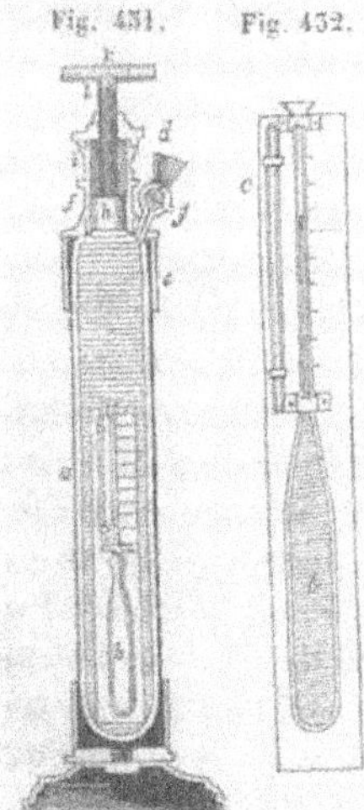

Fig. 431. Fig. 432.

Oersted a imaginé l'appareil représenté dans la figure 431, pour observer et mesurer la compressibilité des liquides. Cet appareil se compose essentiellement d'un cylindre de verre épais *a*, et d'un réservoir à tube capillaire *b* que l'on appelle un *piézomètre*, et qui est représenté plus en grand dans la fig. 432 ; on voit que ce tube se termine par un petit entonnoir. Un point important pour l'exactitude de l'instrument est de diviser ce tube en parties égales qui soient une fraction connue de la capacité entière du réservoir piézométrique ; pour cela on détermine le poids du mercure contenu dans le piézomètre, qui sera, par exemple, 1,000 grammes, et le poids du mercure contenu dans une longueur donnée du tube, qui sera, par exemple, 2 décigrammes pour une longueur de 100 millimètres. Alors il est évident que la capacité correspondante à 1 millimètre du tube (supposé bien calibré) sera 0,000002 de la capacité du cylindre, et comme on peut lire aisément les demi-millimètres, sur une échelle adaptée au tube, on pourra observer les millioniémes du volume primitif.

Supposons maintenant que l'on veuille employer ce piézomètre à déterminer la compressibilité de l'eau : on le remplit de ce liquide bien purgé d'air, et, par de légères variations de chaleur, on fait pénétrer dans le tube une petite colonne de mercure, qui sépare et limite le volume d'eau sur lequel on veut opérer. Le piézomètre ainsi ajusté, on adapte à son échelle un thermomètre et un petit manomètre à air c, c'est-à-dire un tube cylindrique de verre, fermé en haut et ouvert en bas; on le porte dans le cylindre a préalablement rempli d'eau à la même température que lui, afin de n'occasionner aucun déplacement de la bulle de mercure. Il reste à comprimer la grande masse d'eau du réservoir extérieur, afin qu'elle transmette sa pression au liquide contenu dans le piézomètre au moyen de l'ouverture de l'entonnoir; pour cela, on visse sur la forte virole en métal e qui termine le réservoir en verre un cylindre en cuivre dans lequel se trouve un piston h, que l'on peut faire descendre en tournant la vis l au moyen de la traverse k. On voit en g un tube par lequel on verse de l'eau jusqu'au piston, et que l'on ferme ensuite; pendant ce temps-là, l'air s'échappe par l'ouverture latérale i, qui doit à son tour être fermée par le piston dès qu'il commence à descendre. Enfin, cela fait, il suffit de faire descendre la vis l, qui pousse le piston devant elle, et alors on observe en même temps le manomètre, pour avoir la mesure de la pression, le thermomètre pour connaitre la température, et l'index du piézomètre pour avoir la diminution de volume correspondante. Ce résultat direct doit toutefois subir une correction, car le piézomètre se trouvant pressé également, à l'intérieur et à l'extérieur, doit, comme il est facile de le concevoir, éprouver une diminution de volume égale à celle qu'éprouverait un corps solide dont le volume serait égal à la capacité du piézomètre et dont la surface subirait sur tous ses points des pressions de même intensité que celles qui agissent de dehors en dedans sur la surface extérieure du piézomètre. D'après Colladon et Sturm, c étant la capacité d'un piézomètre de verre sous la pression ordinaire, cette capacité devient $c\,(1 - 0{,}0000165\ n)$, sous un nombre n d'atmosphères de plus. En corrigeant les observations directes, d'après cette donnée, Colladon et Sturm ont trouvé 0,00004965, pour la compressibilité moyenne de l'eau, sous une augmentation de pression d'une atmosphère.

D'après M. Grassi, qui a opéré au moyen d'un appareil particulier imaginé par M. Regnault, la compressibilité de l'eau, sous une augmentation de pression d'une atmosphère, serait, à 0° C, de 0,0000503; à 4°,1, de 0,0000497; à 10°,8, de 0,0000480; et à 53°, de 0,0000441 seulement; l'éther sulfurique à 0°, sous une même augmentation de pression, se comprimerait de 0,000111; l'alcool à 7°,3, de 0,0000828, et enfin le mercure à 0°, de 0,00000295. On voit que, de tous les liquides sur lesquels on a expérimenté, le mercure est celui qui se comprime le moins, et l'éther sulfurique celui qui se comprime le plus. (H. V.)

POIDS SPÉCIFIQUES ET DENSITÉS.

On appelle *pesanteur spécifique* ou mieux *poids spécifique* d'un corps le rapport entre le poids d'un certain volume de ce corps et le poids d'un égal volume d'eau distillée à 4°. On a choisi l'eau à 4°, parce que, à cette température, elle possède la plus grande densité qu'elle puisse avoir, et qu'alors, sous l'unité de volume, elle a un poids égal à l'unité. De cette façon, les poids spécifiques des corps expriment, en même temps, les poids de ceux-ci sous l'unité de volume. Le poids spécifique du mercure, par exemple, c'est-à-dire le rapport des poids de volumes égaux de mercure et d'eau, est 13,59; par conséquent, un centimètre cube de ce métal pèse 13$^{gr.}$,59, car le centimètre cube d'eau à 4° pèse 1 gramme.

Le poids spécifique d'un corps ne dépend pas uniquement de la nature de sa substance, mais encore de la température. En effet, tous les corps changent de volume lorsqu'on les chauffe ou lorsqu'on les refroidit, et par suite leurs poids spécifiques éprouvent des variations correspondantes. Il faut donc indiquer chaque fois la température à laquelle se rapportent les nombres qui expriment les résultats des expériences. Dans les ouvrages, et à moins que le contraire ne soit explicitement marqué, les poids spécifiques indiqués sont relatifs à la température de 0°.

La connaissance des poids spécifiques des corps est utile pour la solution d'une foule de questions qui se présentent à chaque instant dans la pratique. Veut-on déterminer le poids d'un volume donné d'un corps quelconque, d'un demi-mètre cube de cuivre, par exemple? Il suffit de savoir que le poids spécifique de ce métal est 8,8. En effet, ce nombre exprime que le cuivre pèse 8,8 de fois plus que l'eau sous le même volume. Mais d'autre part, d'après la définition du kilog., on sait que le demi-mètre cube d'eau pèse 500 kilog. Donc le demi-mètre cube de cuivre pèse 500 kilog. $\times$ 8,8 = 4400,0.

La solution de la question inverse, c'est-à-dire la détermination du volume d'un corps dont on connait le poids, n'offre pas plus de difficulté. Un vase peut contenir 7500 grammes de mercure. Le poids spécifique du mercure étant 13,59, il s'ensuit qu'un volume d'eau égal à celui de 7500 grammes de mercure pèserait $\frac{7500^{gr}}{13,59}$. Par conséquent, puisque le gramme d'eau occupe 1 centimètre cube, $\frac{7500}{13,59}$ est l'expression, en centimètres cubes, du volume de 7500 grammes de mercure ou de la capacité du vase.

Il est facile de généraliser ces résultats, et de voir qu'entre les expressions numériques P et V du poids et du volume d'un corps et le nombre p qui en représente le poids spécifique, on a la relation $P = p\,V$.

La *densité* d'un corps est la masse ou la quantité de matière de l'unité de volume de ce corps. Or, nous avons vu (p. 55) que si l'on désigne par P le poids d'un corps, par m sa masse et par g l'intensité de la pesanteur, on a $P = mg$. D'après cela, pour obtenir la densité d du corps que l'on considère, il suffit de remplacer P, dans l'équation ci-dessus, par le poids de l'unité de volume du corps ou par son poids spécifique p, et de calculer ensuite la valeur correspondante de m, qui sera la densité d cherchée. On trouve de cette manière $d = \frac{p}{g}$. De cette dernière équation il résulte que les densités des différentes substances sont proportionnelles à leurs poids spécifiques. Par suite, les tables qui donnent les poids spécifiques des corps en font aussi connaître les densités relatives, et pour cette raison, on les désigne souvent sous le nom de *tables de densité*.

Cela posé, nous allons indiquer les principales méthodes employées pour la détermination des poids spécifiques. Toutefois, nous ferons remarquer auparavant que ces méthodes ne donnent que le rapport du poids des corps à celui d'un égal volume d'eau à la température de l'expérience. Si cette température était toujours de 4°, les méthodes dont il s'agit feraient connaître immédiatement les poids spécifiques des corps à 4°.

Mais ce n'est qu'exceptionnellement que cette condition pourrait se trouver réalisée. Il faut donc en général faire subir aux résultats de l'expérience une correction pour les ramener à ce qu'ils auraient été si l'on avait pu déterminer directement le poids d'un volume d'eau à 4° égal à celui des corps. Cette correction étant généralement très-faible, nous en ferons abstraction. Du reste, dans l'étude du calorique, nous indiquerons la manière d'y avoir égard. Nous y indiquerons aussi comment on déduit du poids spécifique d'un corps à une température donnée celui de ce même corps à 0°. (H. V.)

DÉTERMINATION DES POIDS SPÉCIFIQUES.

1. — CORPS SOLIDES.

Il existe trois procédés principaux pour déterminer le poids spécifique d'un corps solide : 1° le procédé de la balance hydrostatique; 2° le procédé de l'aréomètre de Nicholson; et 3° le procédé du flacon ou de Klaproth.

Pour prendre le poids spécifique d'un corps solide à l'aide du premier de ces procédés, on commence par peser le corps dans l'air. Soit P le poids obtenu. Avec un fil très-fin, on accroche ensuite le corps au-dessous de l'un des plateaux d'une balance hydrostatique (p. 106), et après lui avoir fait équilibre, on le force à plonger dans l'eau; le fléau s'incline du côté de la tare. Alors on rétablit l'horizontalité en ajoutant un poids convenable p dans le plateau qui se soulève; p mesure évidemment la diminution de poids que le corps a éprouvée par le fait de son immersion. Or, d'après le principe d'Archimède, cette diminution de poids est précisément égale au poids du volume de liquide déplacé, et, par conséquent, $\frac{P}{p}$ sera le poids spécifique cherché.

Fig. 433.

L'aréomètre de Nicholson se compose d'un cylindre creux A (fig. 433), en métal ou en verre, terminé à chacune de ses extrémités par un cône. Le cône supérieur porte une tige mince D et un plateau C; ce dernier est destiné à recevoir des poids et le corps dont on cherche le poids spécifique; sur la tige est marqué un trait qu'on nomme *point d'affleurement*, et qui sert à indiquer quand l'appareil plonge de la même quantité. Le cône inférieur porte une capsule B, que l'on y suspend librement au moyen d'un crochet. Enfin l'instrument, plongé, à vide, dans l'eau, doit être lesté de manière à se tenir dans une position verticale stable, et à ne s'enfoncer dans le liquide que jusqu'à la base environ du cône supérieur.

Cela posé, lorsqu'on veut déterminer le poids spécifique d'un corps solide, on cherche d'abord le poids A dont le plateau C doit être chargé pour que l'aréomètre s'enfonce jusqu'au point d'affleurement dans l'eau distillée. Ensuite, on place un morceau du corps solide proposé, d'un poids moindre que A, successivement dans la cuvette supérieure C et dans la cuvette inférieure B; on détermine l'affleurement dans ces deux circonstances, en ajoutant sur la cuvette C des poids convenables A′ et A″. Il est facile de voir que A — A′ et A — A″ représenteront le poids du corps solide dans l'air, et celui de ce même corps dans l'eau; que conséquemment A″ — A′ sera le poids d'un volume d'eau égal à celui du corps, et qu'enfin la fraction $\frac{A - A'}{A'' - A'}$ sera le poids spécifique cherché.

Si la substance dont on cherche le poids spécifique est plus légère que l'eau, elle tend à surnager et ne peut demeurer sur la cuvette inférieure B. On adapte alors à celle-ci un petit grillage mobile, en fil de fer, qui s'oppose à l'ascension du corps, et le reste de l'expérience se fait comme ci-dessus.

Comme cet instrument est peu dispendieux, très-portatif, et qu'il est susceptible de donner une assez grande précision, il est souvent employé, surtout dans les excursions scientifiques.

Quand les dimensions d'un corps sont suffisamment petites, on peut commodément déterminer son poids spécifique à l'aide du procédé de Klaproth. A cet effet, après avoir cherché le poids P du corps sur lequel on opère, on le place dans une des coupes d'une balance à côté d'un flacon plein d'eau et fermé par un bouchon à l'émeri. Lorsque la balance est équilibrée par une masse M placée dans la seconde coupe, on ouvre le flacon pour y plonger le corps, qui fait sortir un volume d'eau égal au sien; après avoir fermé et essuyé le flacon, on le replace sur la première coupe; il faut alors y ajouter un certain poids P′ pour équilibrer la même masse M; P′ est évidemment le poids de l'eau déplacée par le corps, et $\frac{P}{P'}$ le poids spécifique cherché.

Quand le corps à éprouver est en petits fragments ou en poudre, il faut avoir grand soin de faire échapper toutes les bulles d'air qui pourraient y rester adhérentes et occasionner des erreurs, en accroissant le volume d'eau déplacée. On y arrive en laissant, après l'introduction du corps, le flacon débouché sous le récipient de la machine pneumatique, et cela pendant un temps assez long. On peut encore chauffer le petit appareil jusque vers une centaine de degrés, et le maintenir quelque temps à cet état. Le dégagement des bulles s'opère alors beaucoup plus facilement.

Les méthodes qui précèdent ne peuvent plus être employées lorsqu'il s'agit d'un corps soluble dans l'eau ou susceptible d'éprouver de la part de ce liquide une altération quelconque. Alors on commence par déterminer son poids spécifique par rapport à un liquide qui n'exerce sur lui aucune action, et en multipliant ensuite ce poids spécifique par celui du liquide auxiliaire, on obtient le poids spécifique du corps par rapport à l'eau, tel qu'on l'aurait trouvé si le corps avait pu être pesé dans ce dernier liquide. En effet, si le poids spécifique du corps par rapport au liquide auxiliaire est, par exemple, 3, cela exprime qu'à volume égal le corps pèse 3 fois plus que ce liquide; par conséquent, si le poids spécifique de celui-ci par rapport à l'eau est 2, par exemple, à volume égal, le corps pèsera 2×3 ou 6 fois plus que l'eau, de sorte que son poids spécifique sera égal à 6.

Table du poids spécifique d'un certain nombre de corps solides à la température de 18°.

Platine écroui	23,000	Diamants (les plus lourds)	3,531
— passé à la filière	21,042	— (les plus légers)	3,501
Or forgé	19,362	Soufre	2,086
— fondu	19,258	Marbre statuaire	2,837
Plomb fondu	11,350	Porcelaine de Chine	2,385
Argent fondu	10,474	— de Sèvres	2,146
Bismuth fondu	9,822	Ivoire	1,917
Antimoine fondu	6,712	Glace à 0°	0,930
Cuivre fondu	8,850	Houille compacte	1,329
Cuivre laminé	8,950	Succin	1,078
Acier recuit	7,816	Hêtre	0,852
Fer en barre	7,788	Chêne, le cœur (60 ans)	1,17
Fer de fonte	7,207	Sapin jaune	0,65
Étain fondu	7,291	Peuplier commun	0,389
Zinc fondu	6,861	Liége	0,240

2. — CORPS LIQUIDES.

Pour obtenir le poids spécifique des liquides, il y a trois méthodes principales, qui correspondent à celles que nous avons décrites pour les corps solides.

1° On suspend à l'un des bassins de la balance hydrostatique un corps inattaquable par le liquide, une masse de verre, par exemple. On cherche la perte de poids P que ce corps éprouve quand on le plonge dans ce liquide; puis la perte de poids p que ce même corps subit quand on le plonge dans l'eau. P et p seront les poids de volumes égaux de liquide et d'eau, en supposant que ces deux liquides soient à la même température. Par conséquent, la fraction $\frac{P}{p}$ sera le poids spécifique cherché.

Fig. 434.

2° La seconde méthode pour déterminer le poids spécifique d'un liquide consiste dans l'emploi de l'*aréomètre* de *Fahrenheit* (fig. 434). Cet aréomètre, qui se fait ordinairement en verre, parce que les métaux sont attaqués par beaucoup de liquides, ne diffère de celui de Nicholson qu'en ce que la cuvette inférieure est supprimée et remplacée par une boule de verre, dans laquelle on a mis du mercure ou des grains de plomb servant de lest. Le poids P de l'instrument étant évalué avec soin, on le plonge dans le liquide, sur lequel il doit flotter, et on amène l'affleurement au moyen de poids gradués p que l'on place sur le plateau supérieur. $P+p$ représente alors le poids d'un volume de liquide égal au volume de l'aréomètre jusqu'au point d'affleurement. On opère de même dans l'eau pure, et en représentant par p' les poids nécessaires pour obtenir l'affleurement dans ce liquide, le poids du volume déplacé est $P+p'$. Par conséquent, en négligeant les corrections relatives à la température, $\frac{P+p}{P+p'}$ sera le poids spécifique cherché.

Fig. 435.

3° Enfin, pour déterminer le poids spécifique d'un liquide par la méthode du flacon, on opère comme suit : on prend un flacon portant un col long et étroit, sur lequel est marqué un repère (fig. 435); puis, on pèse ce flacon successivement vide, plein de liquide et plein d'eau jusqu'au repère. Soient F, P et p les résultats obtenus; les poids du liquide et de l'eau remplissant le flacon seront $P - F$ et $p - F$, et le poids spécifique du liquide sera $\frac{P - F}{p - F}$.

L'emploi du flacon à long col a été introduit par M. Regnault.

Tableau du poids spécifique d'un certain nombre de liquides à 0°.

Mercure	13,596	Eau de mer	1,026
Acide sulfurique concentré.	1,841	Vin	0,99
Acide azotique du commerce.	1,220	Huile d'olive.	0,915
Acide chlorhydrique concentré	1,208	Alcool absolu	0,792
Lait	1,030	Éther sulfurique.	0,715

3. — GAZ.

Le poids spécifique d'un gaz est le rapport entre le poids de ce gaz et celui d'un volume égal d'air à la même pression et à la même température. Ce rapport, pour chaque gaz, est un nombre sensiblement constant, parce que les gaz éprouvent tous sensiblement les mêmes variations de volume pour un même changement de température ou de pression.

On choisit ici un gaz pour terme de comparaison, et non l'eau, afin que les poids spécifiques ne soient pas exprimés par des fractions trop petites; et l'air atmosphérique, parce que ce gaz est de même nature sur toute la surface de la terre et dans toutes les saisons.

Cela posé, voici la marche générale de l'opération :

On prend un ballon à robinet, comme celui qui nous a servi à démontrer la pesanteur des gaz (p. 131), et on le remplit d'air parfaitement sec. A cet effet, on y fait le vide un grand nombre de fois et on y laisse rentrer de l'air qui, dans son passage à travers un tube contenant des fragments de pierre-ponce imbibés d'acide sulfurique très-concentré, a été dépouillé complétement d'humidité. On laisse pendant 20 ou 30 minutes en communication avec le tube à acide sulfurique le ballon plein d'air sec, afin qu'il se mette en équilibre de température avec les corps environnants, et en équilibre de pression avec l'air : puis, son robinet étant fermé, on le suspend à l'un des plateaux d'une balance bien sensible, et on établit la tare avec de la grenaille de plomb et du sable. Puis on y fait le vide autant que possible. Soit h la pression restante et H la pression atmosphérique. On ferme ensuite le robinet et l'on replace le ballon sous la balance. Le poids P qu'il faut ajouter alors pour rétablir l'équilibre est évidemment celui d'un volume d'air égal au volume du ballon, à la température t de l'expérience, et sous la pression $H - h$.

Nous supposons que pendant le laps de temps qui s'écoule entre les deux pesées, la température, la pression et l'état hygrométrique de l'air atmosphérique n'ont pas varié, de sorte qu'il n'y a aucune correction à faire relativement à la perte de poids du ballon dans l'air, attendu que celle-ci est la même dans chacune des deux opérations, et n'influe pas, par conséquent, sur la valeur de P.

En second lieu, il faut remplacer l'air par le gaz dont on veut évaluer le poids spécifique. A cet effet, on épuise le ballon d'air à peu près autant que cela est possible, et on y laisse entrer le gaz desséché par une substance appropriée à sa nature. En faisant le vide de nouveau, on entraine avec le gaz la petite quantité d'air dont il était mêlé, tellement qu'en remplissant une seconde fois le ballon de gaz, celui-ci peut être considéré comme pur, sans erreur sensible.

Cela fait, on suspend le ballon à la balance, et on établit la tare comme il a été dit plus haut. Puis, on fait le vide jusqu'à la pression h, et on replace le ballon encore une fois sous la balance. Le poids P', qu'il est nécessaire d'ajouter alors pour rétablir l'équilibre est le poids d'un volume de gaz égal au volume du ballon, et si la température et la pression atmosphérique n'ont pas varié, $\frac{P'}{P}$ exprimera le poids spécifique cherché. Mais il est rare que, pendant la durée toujours un peu considérable de toutes les manipulations nécessaires pour arriver au résultat, la pression, l'état hygrométrique et surtout la température de l'air ne varient pas sensiblement, surtout en certains jours. Il faut alors faire subir aux poids P' et P de nombreuses corrections, soit pour réduire ces poids à ce qu'ils auraient été si la température et la pression des gaz n'avaient pas varié, soit pour tenir compte des changements de capacité du ballon dus aux variations de la température, soit enfin pour avoir égard aux variations des pertes de poids du ballon dans l'air qui ne se compensent plus lorsque l'état de l'atmosphère ne reste pas invariable pendant le laps de temps qui s'écoule entre la pesée du ballon rempli de gaz et celle du ballon vide. Toutes ces corrections seraient longues et plusieurs d'entre elles offriraient des difficultés presque insurmontables. Heureusement on peut les éviter toutes ensemble lorsqu'on opère par une méthode indiquée et employée par M. Regnault dans ses recherches sur les densités des gaz.

Voici en quoi consiste cette nouvelle méthode :

On fait choix de deux ballons ayant à très-peu près même volume, 20 litres environ. A l'un on ajoute une monture à robinet; puis on attache au second un petit tube de verre fermé aux deux bouts, et dont le volume soit exactement égal à la différence de ceux des deux autres : nous supposerons que le premier ballon soit originairement un peu plus grand que le second; enfin on ferme celui-ci après avoir ajouté à l'intérieur un peu de mercure pour que son poids devienne à très-peu près égal à celui du premier.

Quand toutes ces précautions ont été prises, si l'on attache les deux ballons au-dessous des deux plateaux d'une balance (fig. 436 ci-après) et si on les met en équilibre, on constate qu'ils y restent indéfiniment, quelles que soient les variations qui surviennent dans les conditions atmosphériques; et il ne peut en être autrement, puisque l'effet de ces variations est exactement le même de part et d'autre.

Ainsi se trouve éliminée l'influence que les variations dont il s'agit exerceraient sur la perte de poids du ballon à robinet dans l'air.

Fig. 456.

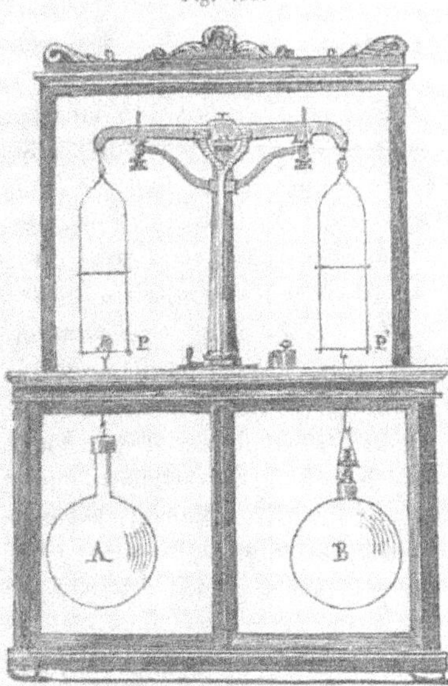

Pour éliminer de même l'influence des changements de température sur le gaz et sur la capacité du ballon, on place celui-ci dans un bain à température invariable, un bain de glace pilée par exemple, soit quand on y introduit le gaz, soit quand on y fait le vide. Il ne reste donc plus qu'à avoir égard aux changements de la pression atmosphérique, ce qui n'offre aucune difficulté. En effet, si P' désigne le poids du gaz qui remplit le ballon à zéro et sous la pression $H - h$, le poids du même volume de gaz toujours à zéro serait $\frac{P'.0,76}{H-h}$ sous la pression de $0^m,76$. On ramène de même le poids P de l'air renfermé dans le ballon à zéro et sous la pression $H' - h$ à ce qu'il aurait été sous la pression de $0^m,76$, et la fraction $\frac{P'(H'-h)}{P(H-h)}$ donne la valeur exacte du poids spécifique cherché. (H. V.)

Poids spécifiques de quelques gaz à zéro, et sous la pression de $0^m,76$.

Air.	1	Acide carbonique . . .	1,52910
Oxygène	1,10563	Oxyde de carbone . . .	0,9569
Hydrogène	0,06926	Chlore	2,4216
Azote.	0,97137	Acide sulfureux. . . .	2,1930

D'après les dernières recherches de M. Regnault, le poids d'un litre d'air sec à zéro, et sous la pression de $0^m,76$, est $1^{gr},293$. Le poids spécifique de l'air par rapport à l'eau est donc en ces circonstances

$$\frac{1,293}{1000} = 0,001293 = \frac{1}{772,6}.$$

Connaissant le poids d'un litre d'air, il est facile de voir que, pour obtenir celui d'un égal volume de tout autre gaz, dans les mêmes conditions de température et de pression, il suffit de multiplier le poids spécifique du gaz par le poids d'un litre d'air. (H. V.)

ARÉOMÈTRES.

Fig. 437.

On emploie souvent dans l'industrie, pour reconnaître rapidement si une liqueur possède un degré de concentration convenable pour l'usage auquel elle doit servir, de petits instruments qu'on désigne sous le nom d'*aréomètres* ou *pèse-liqueurs*. Ils sont ordinairement en verre, et se composent d'une tige cylindrique, terminée par un renflement et par une boule contenant du plomb ou du mercure destiné à lester l'appareil (fig. 437); la tige porte une échelle divisée. Lorsque cet instrument est plongé dans un liquide, il se tient vertical, et s'enfonce d'autant plus dans le liquide que ce dernier est moins dense, le volume déplacé devant toujours représenter le poids du corps flottant, poids qui est ici constant. C'est à Archimède que nous devons l'invention de l'aréomètre; on l'appelait alors *baryllion* ou *hydroscope*.

Les pèse-liqueurs ordinairement employés sont les aréomètres de Baumé et l'alcoomètre centésimal de Gay-Lussac.

Fig. 438.

Le pèse-acide de Baumé (fig. 438) est destiné à titrer des liquides plus denses que l'eau. Dans ce liquide, à la température de 15°, il doit s'enfoncer jusqu'à la partie supérieure : on marque 0 en ce point; on marque ensuite 15 au point de la tige qui affleure dans une solution formée de 85 parties d'eau contre 15 de sel marin. L'intervalle compris entre les deux traits ainsi marqués est ensuite divisé en 15 parties égales, et l'on prolonge la division sur le tube jusqu'à la boule. Ces divisions sont ordinairement placées sur une petite bande de papier que l'on fixe dans la tige, dont on ferme ensuite l'extrémité à la lampe d'émailleur. L'acide sulfurique concentré marque 66 à cet appareil.

Un autre aréomètre du même auteur est destiné à vérifier la valeur des liqueurs alcooliques. Pour graduer ce nouvel appareil, on marque 0 au point où il s'enfonce dans une solution de 10 de sel contre 90 d'eau, et 10 à l'endroit où il affleure dans l'eau pure. Enfin on divise l'intervalle de ces deux points en dix parties égales et l'on prolonge la division au-dessus du zéro qui doit être peu distant de la boule.

L'alcoomètre centésimal est, quant à la forme, un aréomètre ordinaire. Uniquement destiné à l'essai des liqueurs alcooliques, il est gradué de manière à faire connaître le volume de l'alcool absolu qu'elles contiennent. Le zéro est placé à la partie inférieure de l'échelle, au point d'affleurement dans l'eau distillée à 15°, et le nombre 100, dernier degré de l'échelle, est donné par l'alcool absolu, aussi à la même température. L'intervalle entre ces deux points est divisé en 100 parties, qui ont des longueurs très-différentes : ces degrés indiquent combien 100 volumes de la liqueur alcoolique, dans laquelle l'alcoomètre est supposé plongé à + 15° C., contiennent de volumes d'alcool absolu. Ainsi, l'alcoomètre s'arrêtant dans une liqueur spiritueuse à 45°, on en conclut que cette liqueur contient 0,45 de son volume d'alcool absolu ; c'est-à-dire qu'elle constitue de l'alcool à 0,45^{èmes}. Si l'expérience était faite à toute autre température, les indications de l'alcoomètre ne donneraient plus exactement le contenu en alcool de la liqueur, parce que la densité de celle-ci aurait changé. On est donc obligé de faire des corrections aux résultats observés, lorsque la température à laquelle on les obtient est supérieure ou inférieure à celle qui existait lors de la graduation de l'instrument. Ces corrections, pour chaque degré de l'alcoomètre et pour tous les degrés du thermomètre depuis 0° jusqu'à 30, se trouvent consignées dans l'*Instruction sur l'usage de l'alcoomètre*, publiée par Gay-Lussac.

Les avantages de l'alcoomètre centésimal l'ont fait adopter exclusivement par les gouvernements de France, de Suède, de Prusse et de Belgique. Avec cet instrument, l'eau-de-vie marque environ 36° ; c'est ce qu'on nomme du trois-six. L'esprit-de-vin ordinaire marque 81°, et l'esprit-de-vin rectifié 85°. (H. V.)

DE L'INFLUENCE DE L'AIR DANS LES PESÉES.

L'air étant pesant, les corps qui s'y trouvent plongés perdent nécessairement une partie de leur poids (p. 140), et, d'après la valeur assignée au poids d'un litre d'air sec (p. 189), la perte doit être d'environ 1$^{\text{gr.}}$,293 par décimètre cube. Comment peut-on tenir compte de cette perte dans les pesées, ou, en d'autres termes, comment peut-on obtenir le poids absolu d'un corps ?

A cet effet, nous ferons d'abord remarquer que, si l'on désigne par P le poids absolu d'un corps, par D son poids spécifique dans les circonstances où l'on opère, et par δ le poids de l'unité de volume d'air dans les mêmes circonstances, $\frac{P}{D}$ sera son volume (p. 182), et $\frac{P}{D}\delta$ le poids de l'air déplacé; par suite $P - \frac{P}{D}\delta$ sera le poids du corps dans l'air ou le poids apparent.

Nous rappellerons ensuite que les poids marqués dont on fait usage dans les pesées sont, d'après la manière dont on les ajuste, échantillonnés à leur valeur réelle; c'est-à-dire que le numéro qu'ils portent indique ce qu'ils pèsent dans le vide.

Supposons d'après cela qu'un corps de poids inconnu x et de poids spécifique D soit équilibré dans l'air par un poids de cuivre marqué p. Si l'on représente par Δ le poids spécifique du cuivre, la pression que le poids p exercera sur le plateau de la balance sera $p - \frac{p}{\Delta}\delta$; et celle du poids x, $x - \frac{x}{D}\delta$. Ces deux pressions se faisant équilibre sont égales, et, par suite, on a, pour déterminer x, la relation

$$x - \frac{x}{D}\delta = p - \frac{p\delta}{\Delta}.$$

Dans la détermination des poids spécifiques, il faut également tenir compte de la perte de poids des corps dans l'air. Nous ne pouvons ici indiquer la manière dont on atteint ce but. Ceux de nos lecteurs que la chose pourrait intéresser, trouveront, du reste, dans l'excellent *Traité de physique* de M. P. Desains (Paris, 1857) tous les éclaircissements désirable s ur la question dont il s'agit. (H. V.)

MESURE DES HAUTEURS PAR LE BAROMÈTRE.

L'expérience de Pascal sur le Puy-de-Dôme (p. 137) fit songer aussitôt à la possibilité de déduire la hauteur des montagnes de la différence entre les hauteurs du baromètre à leur pied et à leur sommet. Si l'air avait la même densité à toutes les hauteurs, il est facile de voir que la différence des hauteurs barométriques et la différence des niveaux auxquels on aurait porté l'instrument, seraient en raison inverse des densités du mercure et de l'air. Or, la densité du mercure est égale à 10464 fois celle de l'air à la température de 0° et sous la pression de $0^m,76$. Un abaissement de 1^{mm} dans la colonne de mercure indiquerait donc qu'on s'est élevé de $10^m,464$ au-dessus du point de départ.

En réalité, la densité de l'air diminue à mesure qu'on s'élève, et le résultat de cette diminution est évidemment d'accroître l'épaisseur de la couche atmosphérique équivalente à un millimètre de mercure, de sorte que la relation que nous venons de trouver ne peut servir que

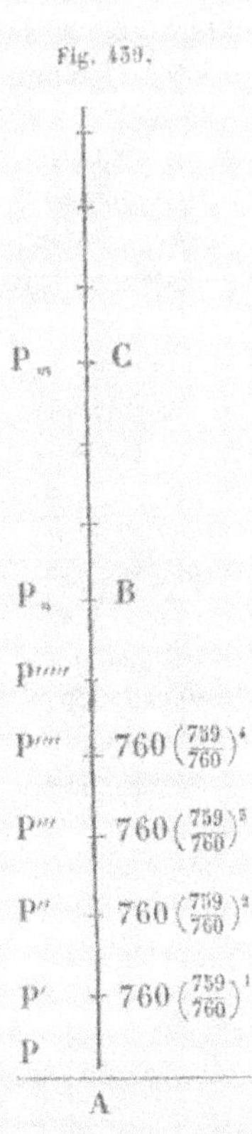

Fig. 439.

pour des hauteurs d'une centaine de mètres au plus. Lorsqu'on veut calculer des hauteurs qui dépassent cette limite, il faut tenir compte des variations de densité de l'air. A cet effet, considérons deux stations, l'une A au niveau de la mer et l'autre C à un niveau plus élevé (fig. 439). Supposons l'air sec, et admettons que la température entre les deux stations soit invariable et égale à 0°. Cela posé, à partir de la station A, divisons l'atmosphère en couches d'épaisseur assez petite pour que dans l'étendue de chacune la densité puisse être regardée comme constante. En désignant par e cette épaisseur, les distances des bases inférieures de ces couches au niveau de la mer seront évidemment 0, e, $2e$, $3e$, etc. Soient P, P', P'', P''', etc., les hauteurs barométriques à ces distances, et d, d', d'', d''', etc., les densités de l'air dans les couches successives. Les pressions exercées par ces couches étant évidemment proportionnelles à la densité de l'air qui les compose, nous aurons, entre les pressions $P - P'$ et $P' - P''$ des deux premières, la relation $P - P' : P' - P'' = d : d'$. D'un autre côté, on a, d'après la loi de Mariotte (p. 153), $d : d' = P : P'$, et par conséquent, on a pour déterminer P'' en fonction de P et P', l'équation $P - P' : P' - P'' = P : P'$, qui donne $P'' = P\left(\frac{P'}{P}\right)^2$.

On trouvera de même $P''' = P'\left(\frac{P''}{P'}\right)^2$, ou bien, à cause de la valeur de P'', $P''' = P\left(\frac{P'}{P}\right)^3$. Enfin, on aura généralement, pour la pression P_m à $m\,e$ mètres au-dessus de la mer, $P_m = P\left(\frac{P'}{P}\right)^m$. *La pression varie donc en progression géométrique, quand le nombre* m *de tranches, ou la hauteur, varie en progression arithmétique.*

L'expérience indique que lorsqu'on s'élève de $11^m,5$ au-dessus du niveau de la mer, la pression atmosphérique descend de 760^{mm} à 759^{mm}. Par conséquent, si la station C est à m fois $11^m,5$ au-dessus du niveau de la mer, la pression y sera $P_m = 760\left(\frac{759}{760}\right)^m$ (1).

Soit maintenant une troisième station B, située entre A et C, à n fois $11^m,5$ au-dessus de la première. La pression P_n de l'air à cette station B sera donnée par l'équation $P_n = 760\left(\frac{759}{760}\right)^n$ (2).

Si l'on observe directement les pressions P_n et P_m en B et C, il est facile de déduire des équations (1) et (2) la distance verticale H de ces deux stations, car $H = m . 11^m,5 - n . 11^m,5 = (m-n) 11^m,5$, et les équations dont il s'agit permettent de calculer m et n.

La formule $P_m = 760 \left(\frac{759}{760}\right)^m$ que nous venons d'établir n'est qu'approchée : elle ne tient compte ni des changements de température qui ont lieu dans les différentes couches de l'atmosphère, ni de la vapeur d'eau que celle-ci contient, ni de la variation qu'éprouve l'intensité de la pesanteur lorsque la latitude du lieu varie. Lorsqu'on veut tenir compte de ces divers éléments, il faut recourir à une formule établie par Laplace et dont M. Ramond a vérifié très-complétement l'exactitude par de nombreuses observations faites dans les Pyrénées.

C'est à l'aide de cette formule de Laplace qu'on a déterminé approximativement les limites de l'atmosphère. Elle indique, en effet, qu'à une hauteur de 46 à 47 kilomètres, la pression de l'air n'est plus que de 1^{mm}; c'est-à-dire qu'à cette hauteur la rareté de l'air est plus grande que celle que nous pouvons obtenir avec nos meilleures machines [1]. On trouvera dans le petit tableau ci-dessous quelques autres résultats déduits de la même formule. Ces résultats se rapportent à la latitude de 45° et supposent que la somme des températures aux deux stations est égale à 0°.

TABLEAU DES ÉLÉVATIONS

CORRESPONDANTES A DIFFÉRENTES HAUTEURS BAROMÉTRIQUES.

Longueur des colonnes barométriques.	Élévation du lieu d'observation au-dessus du niveau des mers.
$0^m,70$	657^m
0,60	1888
0,50	3344
0,40	5127
0,30	7425

[1] Voici la formule dont il est question dans le texte :

$$X = 18393 (1 + 0,002837 . \cos . 2 \psi) \left(1 + \frac{2 (T + t)}{1000}\right) \log . \frac{P}{P_n} .$$

Dans cette formule X est la différence de hauteur de deux stations où les hauteurs barométriques observées simultanément sont P et P_n, T et t les températures correspondantes, et ψ la latitude. Pour la latitude de 45°, la formule devient

$$X = 18393 \left(1 + \frac{2 (T + t)}{1000}\right) \log . \frac{P}{P_n} .$$

En faisant dans cette dernière formule $T + t = -60°$, $P = 0^m,76$ et $P_n = 0^m,001$, on obtient la hauteur approchée de l'atmosphère : cette hauteur est $X = 46,627^m,68$.

(H. V.)

On voit, par ce tableau, qu'un lieu où la pression barométrique moyenne est de $0^m,70$, se trouve à 657^m au-dessus du niveau des mers. C'est également à l'aide de la formule de Laplace que l'on a trouvé $38^m,4$ pour l'altitude de l'Observatoire de Bruxelles où la hauteur absolue du baromètre est, d'après M. A. Quetelet, de $755^{mm},89$, à la température de $10^{\circ},5$. (H. V.)

AÉROSTATS.

Le problème de s'élever et de voyager dans les airs a de tout temps tourmenté l'homme. Mais ce n'est qu'en 1782 que Montgolfier en donna le premier une solution satisfaisante, par l'invention d'un appareil qu'on a appelé *aérostat* ou *ballon*, à cause de sa forme sphérique.

Fig. 440.

Les aérostats se composent d'une enveloppe à peu près sphérique (fig. 440), formée de longs fuseaux de taffetas cousus ensemble et enduits d'un vernis au caoutchouc, qui rend le tissu imperméable. Au sommet du ballon, que l'on gonfle avec un gaz plus léger que l'air, se trouve une soupape que maintient fermée un ressort et que l'aéronaute peut ouvrir, à volonté, à l'aide d'une corde. Au commencement le gaz employé était de l'air chauffé au moyen d'un réchaud où l'on brûlait des substances capables de donner de la flamme et qui était suspendu dans une ouverture qui se trouvait à la partie inférieure du ballon. Mais aujourd'hui on préfère à l'air chaud le gaz hydrogène dont la densité est à peu près 14 fois moindre que celle de l'air chauffé, ou même, à cause de son prix moins élevé, le gaz de l'éclairage recueilli vers la fin de la distillation de la houille et dont le poids spécifique varie entre 0,5 et 0,6. Une nacelle légère, en osier, dans laquelle peuvent se placer plusieurs personnes, pend au-dessous du ballon, soutenue par un filet de corde qui enveloppe celui-ci en entier. On gonfle le ballon en le mettant par sa partie inférieure en communication avec un tuyau qui amène le gaz dont on veut le remplir.

L'appareil ainsi disposé s'élèvera dans l'air si son poids, y compris celui du gaz qu'il contient, est moindre que celui du volume d'air qu'il déplace. Or, c'est ce qu'il est facile d'obtenir en donnant au ballon un volume convenable, puisqu'on peut à volonté augmenter le volume d'air déplacé, sans augmenter notablement le poids du ballon. A mesure que le ballon s'élève, la pression de l'air dans lequel il pénètre diminue, et par conséquent le gaz qu'il contient tendra à se dilater pour se mettre en équilibre de pression avec l'air environnant. Il s'ensuit que si le ballon avait été fermé et gonflé complétement au point de départ, la force expansive du gaz finirait infailliblement par le crever, puisque cette force ne serait plus contre-balancée par la pression extérieure de l'air, comme au moment du départ. Pour prévenir cet accident, on laisse le ballon ouvert à sa partie inférieure et on ne le gonfle jamais complétement. Alors le ballon se remplit à mesure qu'il s'élève, et quand il est complétement gonflé, une partie du gaz peut s'échapper lorsque l'appareil pénètre dans des couches d'air plus raréfiées. La force ascensionnelle du ballon, quand il s'élève, reste toujours la même jusqu'à ce qu'il soit entièrement gonflé par la dilatation du gaz intérieur; mais à partir de ce moment, cette force diminue, pour devenir égale à zéro à une certaine hauteur où le ballon resterait en équilibre, au moins momentanément, s'il y arrivait sans vitesse acquise. En effet, si la pression atmosphérique est devenue, par exemple, deux fois plus petite, le gaz de l'aérostat, d'après la loi de Mariotte, a doublé de volume. Il en résulte que le volume d'air déplacé est lui-même devenu deux fois plus grand; d'ailleurs sa densité est deux fois moindre; donc son poids, et, par suite, la poussée de bas en haut, n'ont pas changé. Mais une fois que le ballon est complétement gonflé, la force d'ascension décroît; car, d'une part, le volume d'air déplacé reste alors le même, et, de l'autre, la densité de ce gaz diminue. Il vient donc un moment où la poussée est égale au poids du ballon. Mais comme celui-ci atteint cette position d'équilibre avec une vitesse acquise, il la dépasse, pour ne s'y arrêter qu'après quelques oscillations verticales, et d'une manière momentanée seulement; car il est facile de voir que la moindre cause, une légère fuite de gaz par exemple, suffira pour le faire descendre de nouveau jusqu'à terre. Pendant cette descente, que l'aéronaute peut ralentir ou accélérer à volonté, soit en jetant du lest qu'il a eu soin d'emporter, soit en ouvrant la soupape pour laisser échapper une partie du gaz, le ballon suit la direction des courants d'air qui règnent dans l'atmosphère.

Ce n'est que d'après les indications du baromètre que l'aéronaute sait s'il monte ou s'il descend. Dans le premier cas, la colonne de mercure s'abaisse; elle s'élève, dans le second. C'est à l'aide du même instrument qu'il évalue la hauteur à laquelle il se trouve. Une longue banderole fixée à la nacelle (fig. 440) indique aussi, par la position qu'elle prend au-dessous et au-dessus de celle-ci, si l'on monte ou si l'on descend.

Lorsqu'un ballon doit pouvoir enlever facilement trois personnes, on lui donne environ 15 mètres de hauteur, et 11 mètres de diamètre; de telle sorte que son volume, quand il est gonflé complétement, est de près de 700 mètres cubes. L'enveloppe pèse 100 kilogrammes, et les accessoires, tels que filet, nacelle, 50 kilogrammes. Il suffit que la force ascensionnelle du ballon soit de 4 à 5 kilogrammes.

(H. V.)

ASCENSIONS AÉROSTATIQUES REMARQUABLES.

Le 20 novembre 1783, Pilatre de Rozier, célèbre par la témérité de ses expériences et qui devait périr plus tard, victime de son audace et de son imprudence[1], entreprit, en compagnie du chevalier d'Arlandes, le premier voyage aérien dans un ballon libre à air chaud. Son nom mérite d'être transmis à la postérité, car il y avait de l'audace et de la grandeur à s'exposer, dans un léger esquif, au sein de l'immensité des airs, et à aller ainsi, nouveau Christophe Colomb, prendre possession, au nom de l'humanité, de régions de l'espace restées inaccessibles aux générations passées. L'ascension eut lieu au château de la Muette, près du bois de Boulogne, en présence du dauphin et de sa cour. Au bout de 25 minutes, les deux voyageurs ralentirent le feu de paille qu'ils avaient entretenu jusqu'alors, et la machine les déposa doucement à 8 kilomètres du point de départ, après s'être élevée à 1,000 mètres environ. Le ballon traversa la Seine et plana au-dessus de Paris. Toute la population était dehors; les toits, les sommets des édifices élevés étaient couverts de spectateurs.

A partir de l'expérience de la Muette, la voie était ouverte. Dix

[1] Ayant voulu traverser la Manche à travers les airs, de Rozier réunit deux ballons, l'un au-dessus de l'autre; celui de dessous était gonflé par le feu, l'autre par le gaz hydrogène. Il venait de partir de Boulogne avec Romain, lorsqu'on vit le double appareil, après s'être élevé assez haut, tomber avec rapidité... Les deux malheureux voyageurs furent trouvés brisés dans la nacelle, aux mêmes places qu'ils occupaient. On n'a jamais su exactement la cause de ce déplorable accident. Les dépouilles de ces deux premières victimes d'un art nouveau reposent dans le cimetière du village de Vimille, auprès de Boulogne.

jours après, dans le jardin des Tuileries, le physicien Charles et son frère Robert, répétaient la même expérience avec un ballon à gaz hydrogène.

Le 7 janvier 1785, Blanchard, en compagnie du docteur Jeffries, fit, le premier, la traversée de Douvres à Calais. Les deux aéronautes n'atteignirent les côtes de France qu'à grand'peine et après avoir jeté à la mer jusqu'à leurs vêtements, pour rendre leur ballon plus léger.

Depuis, un nombre considérable d'ascensions ont été exécutées. Celle que fit Gay-Lussac, en juillet 1804, fut la plus remarquable par les faits dont elle a enrichi la science, et par la hauteur qu'atteignit le célèbre physicien, hauteur qui fut de 7,016 mètres au-dessus du niveau des mers. Depuis, M. Green s'est élevé plus haut encore, savoir, à 8,228 mètres.

A la hauteur où était parvenu Gay-Lussac, le baromètre était descendu à 32 centimètres, et le thermomètre centigrade, qui marquait 31 degrés à la surface du sol, était alors à 9°,5 au-dessous de zéro. Une ascension récente a donné, pour la même hauteur, une température plus basse encore.

Dans ces hautes régions, la sécheresse était telle, le jour de l'ascension de Gay-Lussac, que les substances hygrométriques, telles que le papier, le parchemin, se desséchaient et se tordaient, comme si on les eût présentées au feu. La respiration et la circulation du sang s'accélèrent à cause de la grande raréfaction de l'air. Gay-Lussac a constaté que son pouls faisait alors 120 pulsations au lieu de 66 qui était son état normal. A cette grande hauteur, le ciel prend une teinte bleue très-foncée, tirant sur le noir, et un silence absolu et solennel entoure l'aéronaute.

Parti de la cour du Conservatoire des arts et métiers, à Paris, Gay-Lussac descendit auprès de Rouen, au bout de six heures, ayant fait environ 30 lieues.

Les aérostats n'ont pas eu jusqu'ici d'applications importantes. A la bataille de Fleurus, en 1794, les Français firent usage d'un ballon captif, c'est-à-dire retenu par une corde, dans lequel était un observateur qui faisait connaître, par des signaux, les mouvements de l'ennemi. Plusieurs ascensions ont aussi été entreprises dans le but de faire des observations météorologiques dans les hautes régions de l'atmosphère. Mais les aérostats ne pourront être d'une véritable utilité que le jour où l'on pourra les diriger. Les tentatives faites jusqu'ici, dans ce but, ont complétement échoué. On n'a, aujourd'hui, d'autre ressource que de s'élever dans l'atmosphère jusqu'à ce qu'on rencontre un courant d'air qui porte plus ou moins dans la direction qu'on veut suivre. (H. V.)

PARACHUTES.

Les aéronautes qui s'élèvent dans l'atmosphère pour amuser le public descendent quelquefois, en abandonnant le ballon, à l'aide d'un appareil qu'on désigne sous le nom de *parachute*. Il consiste en un dôme d'étoffe très-résistante (fig. 441), de 4 à 5 mètres de diamètre, et présentant à peu près la forme d'un parapluie, avec cette différence que les baleines sont remplacées par des cordes qui se prolongent au delà des bords et soutiennent la nacelle dans laquelle se trouve l'aéronaute. Le parachute est suspendu, plié, au ballon, comme le montre la figure 442. En tirant une corde, on l'en sépare, et il tombe d'abord très-rapidement; mais bientôt il s'ouvre, et la résistance de l'air ralentit la descente, de manière à la rendre sans danger. On diminue de beaucoup l'amplitude des oscillations de la nacelle, en pratiquant au sommet du parachute une ouverture par laquelle l'air peut s'écouler.

J. Garnerin osa le premier se laisser tomber d'une hauteur de 1,000 mètres, suspendu à un semblable appareil.

L'invention du parachute parait très-ancienne. En effet, une gravure de 1617, publiée par un recueil très-répandu, le *Magasin Pitto-*

Fig. 441. Fig. 442.

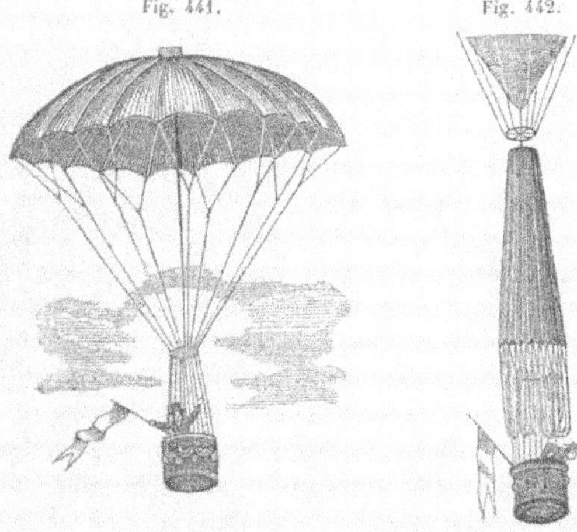

resque représente un homme qui se laisse tomber du haut d'une tour, soutenu par un parachute de forme rectangulaire. (H. V.)

V. — DYNAMIQUE DES SOLIDES.

MOUVEMENT RECTILIGNE UNIFORME.

Nous avons vu (p. 51) que les mouvements des corps peuvent être *uniformes* ou *variés, rectilignes* ou *curvilignes*.

Considérons en premier lieu le mouvement rectiligne uniforme.

Pour que le mouvement d'un corps soit complétement déterminé, il faut connaître la vitesse du mobile à un instant quelconque et sa distance à un repère fixe.

Cela posé, dans le mouvement rectiligne uniforme la vitesse v est constante, de sorte que l'on a $v = c$, en désignant par c le nombre de mètres ou la fraction de mètre que le mobile parcourt dans l'unité de temps, la seconde sexagésimale, par exemple. Quant à la position du mobile à un instant quelconque, elle se détermine aussi avec la plus grande facilité. A cet effet, soient v sa vitesse, d et e ses distances au point de repère, au commencement et à la fin du temps t, distances mesurées sur la droite suivant laquelle le mobile se meut, on aura évidemment $e = d + vt$, équation dans laquelle d et v peuvent être des nombres négatifs. (H. V.)

MOUVEMENT RECTILIGNE UNIFORMÉMENT VARIÉ.

Un mouvement est dit uniformément accéléré ou retardé, lorsque la vitesse croît ou décroît proportionnellement au temps depuis l'origine du mouvement.

Lorsqu'un corps se meut sous l'influence d'une force constante, son mouvement est uniformément varié. En effet, supposons que le mobile parte du repos, et soit g la vitesse que la force lui imprime pendant la première seconde du mouvement. Il est évident que si le mobile reste soumis pendant t secondes à l'action de la force, il acquerra une vitesse v proportionnelle à ce temps et égale à gt; car d'une part, pendant chaque seconde la force développera une vitesse g, puisque son action sur le corps est indépendante de l'état de repos ou de mouvement de celui-ci (p. 52), et d'autre part, en vertu de l'inertie de la matière, le corps conserve toutes les vitesses que la force lui imprime successivement.

Si le corps était déjà animé d'une vitesse v' au moment où il vient à être sollicité par la force, celle-ci aurait pour effet d'accroître ou de diminuer cette vitesse pendant le temps t de gt, suivant qu'elle agirait dans le sens du mouvement du corps ou en sens opposé; la vitesse de celui-ci croîtrait ou décroîtrait donc encore proportionnellement au temps, de sorte que le mouvement produit serait encore uniformément varié.

Dans le mouvement uniformément accéléré, l'espace parcouru par le mobile partant du repos est proportionnel au carré du temps employé à le parcourir. Pour le démontrer, nous ferons d'abord remarquer que pendant la première seconde le mobile se meut comme s'il était animé d'une vitesse constante égale à $1/2\ g$; l'espace parcouru pendant cette seconde est donc égal à $1/2\ g$. Pendant la seconde suivante, l'espace parcouru est égal à $3/2\ g$; car le mobile parcourt, d'une part, un chemin égal à g, en vertu de la vitesse qu'il a acquise pendant la première seconde, et d'autre part, un espace $\frac{g}{2}$, en vertu de la vitesse g, que la force développe pendant ce nouvel intervalle de temps. On verrait de même que les espaces parcourus pendant la 3e, la 4e, etc., seconde sont égaux à $\frac{5}{2}g$, $\frac{7}{2}g$, etc. Il suit de là que les chemins parcourus pendant 1, 2, 3, 4, etc., secondes, sont respectivement $\frac{1}{2}g$, $\frac{4}{2}g$, $\frac{9}{2}g$, $\frac{16}{2}g$, etc.; de sorte que ces espaces sont proportionnels aux carrés des temps employés à les parcourir, comme il s'agissait de le démontrer.

En résumé, lorsqu'un corps partant de l'état de repos est sollicité pendant un temps t par une force constante dont l'intensité est représentée par g, il acquiert une vitesse v et parcourt un espace e donnés par les formules :

$$v = gt \quad (1)$$
$$e = \frac{1}{2}gt^2 \quad (2)$$

Telles sont les deux formules ou équations du mouvement uniformément accéléré. Les formules du mouvement uniformément retardé sont analogues et s'obtiennent par des considérations tout aussi simples.

Il résulte des formules (1) et (2) ci-dessus, que si la force accélératrice, après avoir agi pendant un temps t sur le mobile, cessait de le solliciter, il parcourrait uniformément, dans le temps t suivant, un espace double de celui qu'il a parcouru sous l'influence de la force dont il s'agit. En effet, à la fin du temps t, l'espace parcouru est $\frac{1}{2}gt^2$ et la vitesse est gt; or, l'espace que le corps peut parcourir en vertu de cette vitesse pendant un nouveau temps égal à t est gt^2, c'est-à-dire double de celui qu'il a parcouru sous l'action de la force qui l'a sollicité.

En éliminant le temps t entre les mêmes équations (1) et (2), il vient $v = \sqrt{2ge}$. Ainsi, la *vitesse à l'instant où le mobile a parcouru un espace e, est proportionelle à la racine carrée de cet espace.* (H. V.)

CHUTE DES CORPS.

Lorsqu'un corps partant de l'état de repos tombe d'une hauteur assez faible pour qu'on puisse considérer sa distance au centre de la terre comme n'éprouvant pas de variation sensible pendant toute la durée de la chute, ce corps se meut sous l'action d'une force constante égale à son poids, et, par conséquent, il doit prendre un mouvement uniformément accéléré. C'est ce que l'expérience confirme, comme Galilée le fit voir le premier.

A cet effet, il chercha à retarder le mouvement, parce que sa trop grande vitesse se prête mal aux observations. Dans ce but, à la chute directe suivant la verticale, il substitua la descente très-ralentie le long d'un plan incliné; et en effet, il est facile de voir que quand un corps glisse le long d'un pareil plan, les vitesses qu'il possède aux différentes époques de son mouvement croissent exactement comme en chute libre; seulement leurs grandeurs absolues sont d'autant moindres que l'inclinaison du plan sur l'horizon est plus faible. C'est ce dont on peut se convaincre immédiatement à l'examen de la figure 443, qui représente un plan incliné ab sur lequel est posé un corps o. On voit, en effet, que la force p, qui fait descendre ce corps le long de ce plan, n'est qu'une fraction du poids P du corps, d'autant plus petite que l'inclinaison α du plan incliné est moindre; car nous avons vu (p. 86) que l'on a $p : P :: bc : ab$, et, par suite, $p = P . \frac{bc}{ab}$. La force p reste d'ailleurs constante dans toutes les positions du mobile sur le plan, et dès lors, abstraction faite du frottement, on voit que le mouvement le long du plan incliné ne sera qu'une copie réduite de celui que le mobile prendrait en chute libre.

Fig. 443.

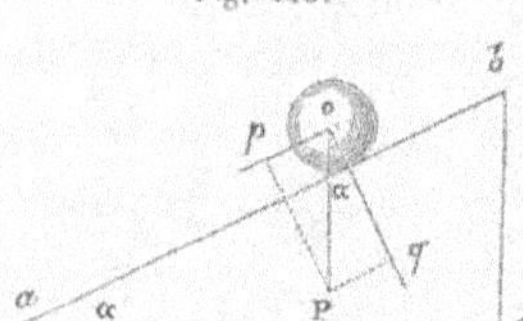

Le plan incliné de Galilée était une espèce de gouttière hémi-cylindrique, creusée dans une forte pièce de bois que l'on pouvait incliner

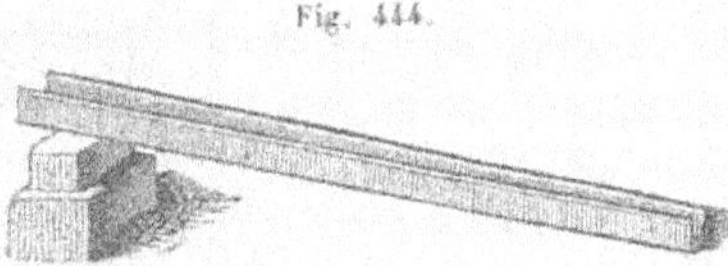
Fig. 444.

plus ou moins à l'horizon (fig. 444); le mobile était une balle de cuivre. Les espaces parcourus furent trouvés proportionnels aux carrés des temps comptés depuis l'origine : le mouvement était donc uniformément accéléré, comme l'exigeait la théorie. (H. V.)

MACHINE D'ATWOOD.

En 1782, un physicien anglais, Atwood, professeur à l'université de Cambridge, fit connaître une machine très-ingénieuse, à l'aide de laquelle on peut étudier la chute des corps plus complétement et plus commodément qu'avec le plan incliné de Galilée.

Fig. 445.

La machine d'Atwood est représentée par la figure 446 ci-après. Mais pour la simplicité du raisonnement, nous la réduirons à ses éléments essentiels, savoir, à une poulie R (fig. 445), parfaitement mobile, sur laquelle passe un fil très-fin, aux extrémités duquel se trouvent attachés deux poids égaux p et p'. Ces poids se font mutuellement équilibre; mais, si l'on vient à poser sur l'un d'eux, p', une petite masse additionnelle m, tout le système se trouvera mis en mouvement. Or, quand le poids m tombe seul et librement, il ne fait mouvoir que sa propre masse; lorsqu'il tombe, au contraire, appliqué sur le poids p', il fait mouvoir à la fois la masse $2\,p$ et la sienne propre. Il suit de là que dans le second cas, à chaque époque du mouvement, la vitesse sera beaucoup plus petite que celle dont, au même instant, eût été animée la masse additionnelle m tombant en liberté. En effet, dans les deux cas, la force motrice efficace n'est jamais que l'action de la pesanteur sur m, et nous savons que les vitesses g et g' qu'une même force imprime, dans le même temps, à des masses différentes m et $2\,p + m$, sont inversement proportionnelles aux grandeurs de ces masses; de sorte que l'on aura

$$g : g' = 2\,p + m : m, \text{ ou bien}$$

$$g' = g \cdot \frac{m}{2p + m}.$$

Si, par exemple, $p = 49{,}5$ et $m = 1$, on aura $2\,p + m = 100$; la masse à mouvoir dans le second cas sera donc 100 fois plus grande que dans le premier, et par suite, la vitesse acquise au bout

Fig. 446.

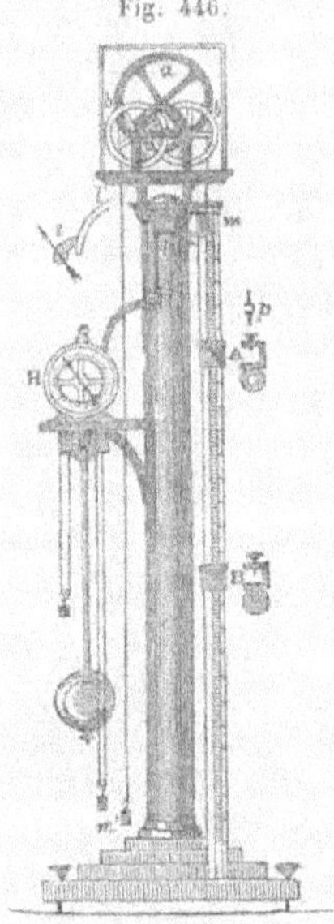

du même temps devra être 100 fois moindre. Tel est le principe de la machine d'Atwood.

Cette machine se compose d'une forte colonne de bois (fig. 446), haute de deux mètres et demi environ, et terminée à sa partie supérieure par une plate-forme qui supporte la pièce principale de tout l'appareil, c'est-à-dire cette poulie dont nous venons de parler et qui sur la figure 446 est désignée par la lettre *a*. Pour rendre la poulie *a* très-mobile, on appuie l'axe qui la traverse sur les jantes croisées deux à deux de quatre roues égales *b*, *b*, *b*, *b* (fig. 447). La résistance au mouvement est beaucoup plus petite quand l'arbre de la poulie roule, au lieu de glisser, sur le contour des roues qui le soutiennent, en les faisant tourner d'un mouvement lent.

Fig. 447.

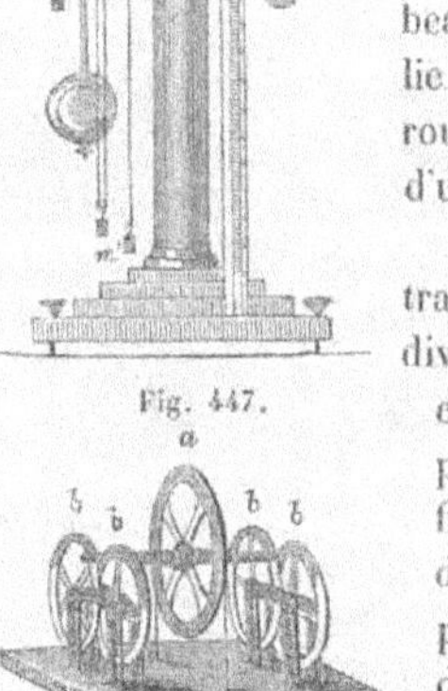

Le fil qui porte les poids *m*, *m'*, passe à travers la plate-forme. Une règle verticale divisée en millimètres est dressée le long du chemin que doit parcourir la masse *m* et porte deux curseurs A et B qui peuvent être fixés à des hauteurs quelconques au moyen de vis de pression. Ces curseurs portent des plaques horizontales dont l'une, A, est percée de manière à permettre à la masse *m* de passer.

Contre la colonne est attachée une horloge à balancier H qui, d'une part, donne la mesure du temps dans les expériences (elle marque les secondes), et qui, d'autre part, règle le départ du mobile dont on observe la chute; voici comment :

Au niveau de la division zéro de la règle, est fixé un petit plateau *n* pouvant trébucher autour d'un axe horizontal. Ce plateau, sur lequel on fait reposer le poids *m*, est retenu par un crochet qui termine à sa partie supérieure le levier coudé *l*. Une excentrique adaptée à l'axe de l'aiguille de l'horloge, et figurée à part en *e*, presse le levier et dégage le plateau *n* au moment précis d'un battement de la pendule. Ce plateau tombe aussitôt en vertu de son poids, et la masse *m*, chargée de son poids additionnel, se met en mouvement au même instant.

On cherche alors, par des essais successifs, à quel endroit il faut placer le curseur B pour que le choc de la masse m sur la plaque qu'il soutient coïncide avec le second battement. La distance du curseur au zéro de l'échelle donne alors l'espace parcouru pendant une seconde. On recommence l'expérience en plaçant le curseur B à une distance quadruple, et l'on trouve que le choc de la masse m coïncide avec le troisième battement à partir de celui qui s'est produit au moment du départ du système; ce qui montre que l'espace parcouru en 2″ est quadruple de celui qui est parcouru en 1″; en plaçant le curseur à une distance neuf fois plus grande, le nouvel espace est parcouru en 3″, et ainsi de suite.

Pour vérifier la loi des vitesses, on met sur la masse qui doit descendre, un poids additionnel p (fig. 446), de forme allongée; on place ensuite le curseur à plaque percée A, au point où il arrive au bout de la première seconde et le curseur B à une distance du curseur A, égale au double de celle qui sépare ce dernier du zéro de l'échelle. L'ouverture du curseur annulaire A laisse passer la masse principale m, et arrête le poids additionnel p, de telle sorte que l'action de la force accélératrice se trouve instantanément supprimée. A partir de cet instant, le mouvement n'a plus lieu qu'en vertu de la vitesse acquise, il est uniforme et l'espace parcouru en 1″ mesure la vitesse du système au moment où le poids additionnel a été arrêté. L'expérience montre que le troisième battement coïncide avec le choc de la masse m sur le curseur B. L'espace parcouru pendant 1″, en vertu de la vitesse acquise, est donc double de l'espace parcouru pendant le même temps pour acquérir cette vitesse, c'est-à-dire de l'espace parcouru avant la suppression du poids additionnel. Si l'on fait une nouvelle expérience en laissant tomber le système pendant 2″ avant d'enlever le poids additionnel, on trouve que l'espace parcouru à partir de ce moment et pendant le même temps est double de celui qui a été parcouru pendant les deux premières secondes, et ainsi de suite.

L'expérience démontre donc que le mouvement d'un corps qui tombe est uniformément accéléré, et par suite que l'intensité de la pesanteur sur un pareil corps est constante. A la vérité, nous avons négligé, dans les expériences, la masse de la poulie, les frottements qu'elle éprouve sur son axe et la résistance de l'air; mais cela est permis si l'on prend le poids additionnel assez petit pour que le mouvement soit lent, car alors l'influence de toutes les résistances indiquées ci-dessus devient tout à fait négligeable quand la chute ne dure que 3 ou 4 secondes. (H. V.)

CHUTE DES CORPS DANS LE VIDE.

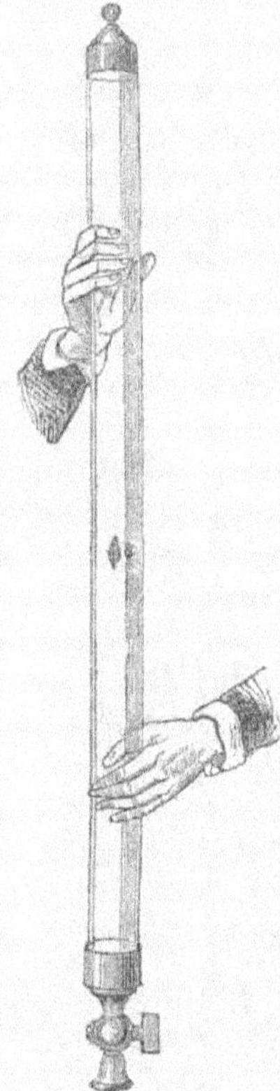
Fig. 448.

Tous les corps, dans le vide, tombent également vite.

Cette importante proposition, que nous avons déjà énoncée (p. 55), fut longtemps méconnue. Mise en évidence par Galilée, on la démontre très-simplement, dans les cours, à l'aide d'une expérience imaginée par Newton. A cet effet, on se sert d'un gros tube de verre de 3 mètres de long, garni à chacune de ses extrémités d'une virole de cuivre (fig. 448). L'une de ces viroles est munie d'un robinet par lequel on peut extraire l'air au moyen de la machine pneumatique. Sur le bord parfaitement dressé de l'autre virole on pose un disque de cuivre traversé, à son centre, par une tige cylindrique armée de saillies qui soutiennent des palettes mobiles fixées à charnière à une plaque de cuivre que porte la face inférieure du disque. Sur ces palettes, on place différents corps, tels que des morceaux de plomb, des feuilles d'or très-minces, des feuilles de papier, des plumes, etc.; puis on fait le vide. Si on tourne alors la tige, de manière à laisser tomber successivement les palettes qu'elle soutient, on verra tous ces corps arriver en même temps au fond du tube; mais si on laisse rentrer de l'air en ouvrant le robinet, et qu'on fasse de nouveau tomber une ou plusieurs palettes, on remarquera que les corps qui, sous un petit poids, présentent un grand volume descendent plus lentement que les autres, et d'autant plus qu'on a laissé rentrer plus d'air. Ces retards qu'on observe dans le mouvement des corps les moins denses sont dus à la résistance de l'air et à la perte de poids qu'ils éprouvent par leur immersion dans ce fluide. A la vérité, ces deux causes retardent aussi le mouvement des corps les plus denses, mais elles le ralentissent dans une proportion moindre, parce que ces corps, sous le même volume, offrent une masse plus considérable.

De ce que les corps, dans le vide, tombent tous également vite, il s'ensuit que l'action de la pesanteur est proportionnelle à la masse des corps, mais indépendante de leur nature, ou en d'autres termes, qu'à masse égale, toutes les molécules pondérables sont attirées avec la même force. En effet, soient deux corps de substances différentes, une plume et une balle de plomb, par exemple. Supposons que celle-ci contienne 100 fois plus de masse ou de matière que la plume. Si la pesanteur attire avec la même intensité l'unité de masse de chacun de ces deux corps, il est évident que la force qui fait tomber le plomb dans le vide sera 100 fois plus grande que celle qui fait tomber la plume. Pour imprimer la même vitesse au plomb et à la plume, il faut évidemment deux forces qui soient entre elles comme les masses de ces deux corps, c'est-à-dire comme 100 : 1. Or, l'expérience indique que, dans le vide, le plomb et la plume tombent également vite ; il faut donc que les forces motrices soient entre elles dans le rapport indiqué, et par suite, qu'à masse égale, le plomb et la plume éprouvent, de la part de la terre, la même attraction. (H. V.)

CORPS LANCÉ VERTICALEMENT DE BAS EN HAUT.

Soit un corps lancé verticalement de bas en haut, avec une vitesse initiale a, et proposons-nous de déterminer la hauteur à laquelle il parviendra. Pour résoudre ce problème, remarquons que la vitesse du mobile va en diminuant à cause de l'action de la pesanteur qui agit en sens contraire de son mouvement primitif. Le corps s'élèvera donc jusqu'à ce que sa vitesse initiale a soit entièrement détruite par la force retardatrice dont il s'agit. Si l'on désigne par g la vitesse acquise par un corps en tombant dans le vide pendant une seconde (à Paris, $g = 9^m,8088$), le temps t de l'ascension de notre mobile sera, par conséquent, égal à autant de secondes que a contiendra de fois g; de sorte que l'on aura

$$t = \frac{a}{g}.$$

Pour trouver la hauteur h à laquelle le corps s'élèvera pendant ce temps t, nous ferons remarquer que la pesanteur détruit successivement des vitesses en vertu desquelles il aurait parcouru un espace e égal à $\frac{1}{2}gt^2$. Par conséquent, h sera donné par la différence entre l'espace at que le mobile aurait parcouru s'il n'avait pas été sollicité par la pesanteur et l'espace qui correspond aux vitesses successivement détruites par cette force. On aura donc $h = at - \frac{1}{2}gt^2$, expression qui se réduit à $\frac{a^2}{2g}$, en y remplaçant t par sa valeur $\frac{a}{g}$.

Si après cette époque $\frac{a}{g}$, la pesanteur agit toujours, elle entraînera le corps d'un mouvement uniformément accéléré, et lorsque le mobile aura de nouveau parcouru l'espace $\frac{a^2}{2g}$, sa vitesse sera $v = \sqrt{2g\frac{a^2}{2g}} = a$ (p. 202). En sorte que le corps, revenu à sa position primitive, a recouvré sa vitesse initiale, mais dans un sens contraire. Le temps employé à redescendre de la hauteur $\frac{a^2}{2g}$ est donné par l'équation $t^2 = \frac{2\,a^2}{g.2g} = \frac{a^2}{g^2}$; t est par conséquent égal à $\frac{a}{g}$. Ainsi, le temps employé par le corps pour s'élever à la hauteur $\frac{a^2}{2g}$ et perdre sa vitesse initiale a est exactement égal à celui qu'il emploie pour revenir à sa position primitive et récupérer cette même vitesse. Nous avons cité ce fait p. 10, pour démontrer l'inertie des corps en mouvement. (H. V.)

PRINCIPE DES FORCES VIVES.

Soit m la masse et P le poids d'un corps lancé verticalement de bas en haut avec une vitesse v. Ce corps s'élèvera à une hauteur h égale à $\frac{v^2}{2g}$, en effectuant un travail Ph (p. 56). On peut exprimer ce travail en fonction de m et de v. A cet effet, il suffit de substituer, dans Ph, à P sa valeur mg (p. 55) et à h sa valeur $\frac{v^2}{2g}$. En faisant ces substitutions, on a

$$\mathrm{P}\,h = \frac{m\,g.\,v^2}{2g.} = \tfrac{1}{2}m\,.\,v^2.$$

Le produit $\frac{1}{2}mv^2$ a été nommé par Leibnitz *force vive*. L'égalité ci-dessus montre que la force vive d'un corps exprime le travail qu'il est capable d'effectuer en vertu de la vitesse dont il est animé.

Ce principe est général. En effet, si le corps toujours animé d'une vitesse v était employé à vaincre une résistance P', il serait ramené au repos après s'être déplacé le long d'un chemin h', tel que l'on eût de nouveau $\mathrm{P}'\,h' = \frac{1}{2}mv^2$.

En effet, si la force P' agissait sur le corps, elle lui imprimerait, dans l'unité de temps, une vitesse g' donnée par l'équation $\mathrm{P}' = mg'$ (p. 53). D'un autre côté, lorsque cette même force agit en sens contraire de la vitesse v du corps, elle détruit dans chaque unité de temps une partie g' de cette vitesse, de sorte que le corps est ramené au repos après s'être déplacé en sens contraire de la force le long d'un chemin donné par l'équation $h' = \frac{v^2}{2g'}$, et après avoir, par conséquent, effectué un travail $P' h' = mg' \cdot \frac{v^2}{2g'} = \frac{1}{2} m v^2$.

Réciproquement, si une force P′ agit sur un corps entièrement libre le long d'un chemin h', de manière à effectuer un travail $P' h'$, elle imprime à ce corps une force vive $\frac{1}{2} m v^2$, telle que l'on ait $P' h' = \frac{1}{2} m v^2$.

En effet, soit de nouveau g' la vitesse acquise par le corps au bout de l'unité de temps lorsqu'il est sollicité par la force P′. Si cette force agit sur le corps le long d'un chemin h', elle effectue un travail égal à $P' h'$, et imprime au corps une vitesse v donnée par l'équation $v = \sqrt{2g'h'}$. En tirant de cette équation la valeur de h', on a $h' = \frac{v^2}{2g'}$; et par conséquent, puisque $P' = mg'$, $P' h' = mg' \frac{v^2}{2g'} = \frac{1}{2} mv^2$. (H. V.)

APPLICATIONS DU PRINCIPE DES FORCES VIVES.

Le principe des forces vives permet de résoudre plusieurs questions intéressantes. En voici quelques exemples.

1° On peut admettre que le frottement sur les rails des chemins de fer est environ 1/200 du poids des waggons, de sorte que pour faire avancer une voiture du poids de 2,000 kil., par exemple, il faut vaincre, outre l'inertie de la matière, une résistance égale à $10^{kil.}$. Cela posé, soit un convoi du poids de $50,000^{kil.}$ et animé d'une vitesse de 15^m par $1''$; le convoi étant abandonné à son inertie, on demande le chemin x qu'il parcourra avant d'être ramené au repos.

Rép. $x = 2293^m$ environ.

2° La force vive d'un boulet de canon de $12^{kil.}$, lancé avec une vitesse v de 500^m par seconde, est égale à environ $152900^{k.\,m.}$. Pour lancer chaque seconde un pareil projectile, il faudrait un moteur de la force de 152900 : 75 = 2038 50/75 chevaux-vapeur.

3° Le poids de la terre étant d'environ 5 quadrillions de kilogrammes, et sa vitesse de translation autour du soleil de 30000^m, sa force vive est de $\frac{30000^2 \cdot 5}{2 \cdot 9,8088}$ quadrillions de kilogrammètres. Pour imprimer à la terre la vitesse qu'elle possède, il faudrait la soumettre, pendant 6000 ans, à l'action d'un moteur de la force d'environ 16 billions et demi de chevaux-vapeur. (H. V.)

MOUVEMENT CURVILIGNE.

Lorsqu'un corps animé d'une certaine vitesse est à chaque instant détourné de la ligne droite suivant laquelle il tend à se déplacer en vertu de son inertie, il prend un mouvement curviligne. C'est ce qui a lieu, par exemple, pour un corps ou projectile lancé obliquement.

Fig. 449.

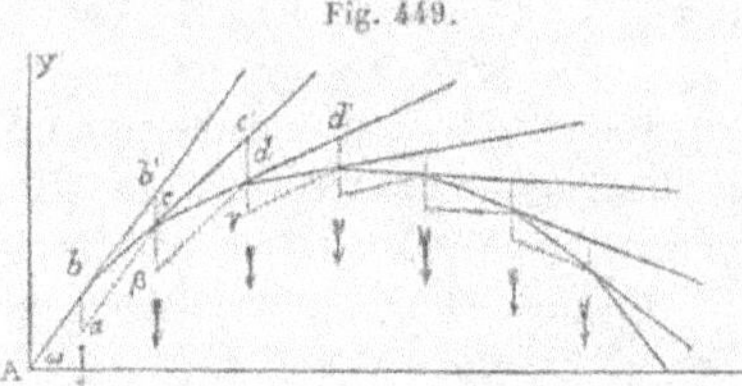

Pour le faire voir, supposons que la pesanteur agisse sur le mobile par intermittences à des intervalles très-petits θ. Soit A b' (fig. 449), la direction de l'impulsion initiale; bb' l'espace que le mobile parcourrait uniformément, pendant le temps θ, en vertu de cette impulsion, si aucune cause n'altérait son mouvement; enfin, soit $b\alpha$ le chemin que le corps parcourrait dans le même temps, sous l'influence de la première impulsion communiquée par la pesanteur. On sait que le mobile se mouvra suivant la diagonale du parallélogramme construit sur les droites bb' et $b\alpha$. Soit bc cette diagonale. Parvenu en c, le mobile reçoit une nouvelle impulsion qui, si elle existait seule, lui ferait parcourir, pendant le temps θ, un chemin $c\,\beta$. D'un autre côté, en vertu de son inertie, il tend à parcourir sur la droite bc' un chemin cc' égal à bc; par conséquent, pendant le second intervalle θ, le projectile parcourra la diagonale cd d'un second parallélogramme $cc'd\,\beta$ construit sur les droites cc' et $c\,\beta$, et ainsi de suite, de sorte que la trajectoire décrite pendant un certain temps devient un polygone composé d'autant de côtés que la pesanteur a imprimé d'impulsions au mobile pendant ce temps. Plus les impulsions se rapprocheront, plus le polygone décrit aura de côtés et plus ceux-ci seront petits. Enfin, quand les impulsions se succéderont d'une manière continue, sans intermittence, comme cela a lieu dans la nature, le polygone parcouru dans un temps fini, se composant d'un nombre infini de côtés infiniment petits, se transformera en une courbe et le mouvement sera curviligne. On démontre que cette courbe, abstraction faite de la résistance de l'air, est une parabole dont l'axe est vertical.

Les mouvements curvilignes des planètes et des satellites sont pareillement le résultat d'une impulsion initiale, combinée avec les attractions qu'exercent le soleil sur les planètes et celles-ci sur leurs satellites (p. 34). Dans ces mouvements, comme dans tous les mouvements curvilignes en général, si la force qui fait, à chaque instant, passer le mobile d'un élément de la courbe sur le suivant, venait à être supprimée, le corps continuerait à se mouvoir, en vertu de son inertie, suivant l'élément sur lequel il se trouvait à l'instant où il a été abandonné à lui-même. Comme la direction de cet élément coïncide avec celle de la tangente à la courbe au point où il se trouve, on peut dire que, dans tout mouvement curviligne, le mobile tend sans cesse à s'échapper suivant la tangente à la courbe qu'il décrit. La vitesse du mouvement uniforme et rectiligne qu'il prendrait suivant cette tangente, s'il s'échappait, sert de mesure à la *vitesse* dans le mouvement curviligne, et la force qui serait capable d'imprimer au mobile cette vitesse s'appelle la *force tangentielle*. (H. V.)

DU PENDULE.

Un pendule consiste, en général, en une masse métallique, lenticulaire ou sphérique, suspendue à une tige mobile autour d'un axe horizontal ; tels sont les balanciers d'horloge, tel est le pendule qui se trouve dans la machine d'Atwood (fig. 446). Si le centre de gravité de la lentille se trouve sur le prolongement de l'axe de la tige, le pendule sera en équilibre lorsque la verticale qui passe par ce point rencontrera l'axe de suspension. Mais si l'on dérange l'appareil de cette position et qu'on l'abandonne ensuite à lui-même, il exécutera, sous l'influence de la pesanteur et de chaque côté de la position d'équilibre, des mouvements de balancement que l'on nomme *oscillations*. Pour étudier les propriétés de ce genre de mouvement, les mathématiciens considèrent d'abord un pendule idéal nommé *pendule simple*, par opposition au nom de *pendule* composé donné au pendule matériel.

Le pendule simple consiste en un point matériel pesant suspendu à un point fixe au moyen d'un fil sans masse ni poids, inextensible et parfaitement flexible.

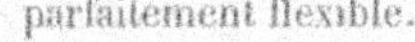

Fig. 450.

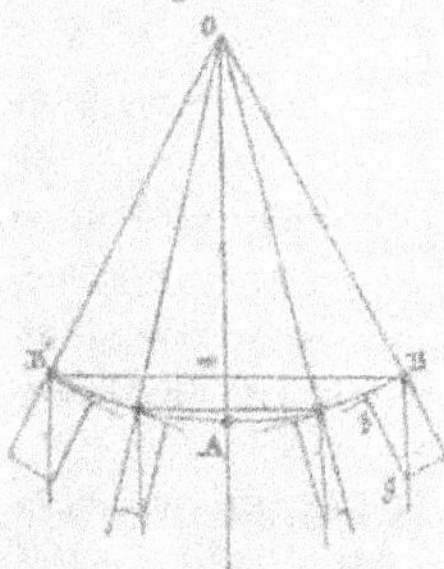

Soit O A (fig. 450) un pendule simple dans la position verticale et par conséquent en équilibre. Si nous l'amenons dans la position O B, le poids Bg du point matériel B pourra être décomposé en deux forces, l'une suivant le prolongement de O B, détruite par la résistance du fil et du point fixe O, l'autre suivant B b perpendiculaire à O B, qui ramènera le pendule à la position d'équilibre. L'intensité de la composante Bb

diminue à mesure que le pendule se rapproche de la position d'équilibre O A. Le mouvement accéléré qui se produit est donc dû à une force continue, mais non constante, et dont l'intensité diminue pour devenir nulle quand le pendule est vertical.

Arrivé dans cette position, le pendule la dépasse en vertu de la vitesse acquise, et remonte de A en B′ avec un mouvement retardé, car la composante du poids de la molécule tangente à l'arc décrit est alors dirigée en sens contraire du mouvement. Comme tout est symétrique de chaque côté de la verticale, la composante tangente du poids de la molécule diminue la vitesse en chaque point de l'arc AB′ d'une quantité égale à celle dont elle l'avait augmentée aux points de l'arc B A situés à égale distance du point A; de sorte que la vitesse ne sera complétement détruite que lorsque le pendule aura parcouru l'arc AB′ égal à AB. Arrivé en B′, il y aura un moment imperceptible de repos, après lequel le pendule retournera sur ses pas pour remonter en B, revenir de nouveau en B′,..., et ainsi de suite indéfiniment, en supposant qu'il n'y ait aucune résistance.

Chacun des mouvements de B en B′ et de B′ en B se nomme une *oscillation*. L'angle B O B′ ou l'arc BB′ qui sert à le mesurer, se nomme l'*amplitude* de l'oscillation. Enfin, le temps que le pendule emploie à effectuer une oscillation s'appelle la *durée* de celle-ci. (H. V.)

LOIS DU PENDULE.

Les mouvements oscillatoires du pendule sont régis par les quatre lois suivantes :

1° *La durée des oscillations est sensiblement indépendante de leur amplitude quand celle-ci est très-petite, de 3 ou 4 degrés par exemple.* Cette loi s'énonce encore d'une autre manière en disant que les oscillations très-petites du pendule sont *isochrones;*

2° *La durée de l'oscillation est proportionnelle à la racine carrée de la longueur du pendule;*

3° *Cette durée est, en outre, en raison inverse de la racine carrée de l'intensité de la pesanteur;*

4° *Pour des pendules de même longueur, la durée des oscillations est la même, quelle que soit la substance dont le pendule est formé.* C'est-à-dire que des pendules simples dont le point matériel serait en liége, en plomb, en or, exécutent le même nombre d'oscillations dans le même temps, s'ils sont d'égale longueur.

5° *Le plan d'oscillation du pendule tend, en vertu de l'inertie de la matière, à conserver une position invariable.*

Cette dernière loi a été démontrée par M. Foucault, en 1851, et elle l'a conduit à faire usage du pendule pour mettre en évidence le mouvement de rotation de la terre. Les quatre autres se déduisent de la formule $t = \pi \sqrt{\frac{l}{g}}$, que l'on démontre par le calcul, et dans laquelle t représente la durée d'une oscillation, l la longueur du pendule, π le rapport de la circonférence au diamètre égal à 3,1416, et g l'intensité de la pesanteur ou la vitesse acquise par un corps en tombant dans le vide pendant une seconde.

On peut se rendre compte du principe de l'isochronisme de la manière suivante : prenons deux amplitudes appartenant à deux pendules égaux, et assez petites pour qu'on puisse regarder l'arc BAB′ (fig. 450) comme se confondant avec la corde B′ m B. Supposons ces deux amplitudes différentes, doubles l'une de l'autre, par exemple. La composante Bb de la pesanteur perpendiculaire au pendule est proportionnelle à la droite Bm qui se confond avec l'arc BA, lequel mesure la moitié de l'amplitude de l'oscillation : en effet, les deux triangles semblables BOm et Bbg donnent OB : m B = Bg : Bb, et par suite $\mathrm{B}b = \frac{\mathrm{B}g}{\mathrm{OB}} . \mathrm{B}m$. Cela posé, divisons les amplitudes en un nombre égal de parties infiniment petites, telles qu'on puisse les considérer comme parcourues d'un mouvement uniforme. Ces parties seront dans l'un des arcs doubles de ce qu'elles sont dans l'autre ; mais les composantes, qui sont proportionnelles aux distances au point le plus bas comptées sur l'arc, sont aussi doubles pour des subdivisions de même rang ; le temps employé à parcourir d'un mouvement uniforme chaque subdivision des deux amplitudes est donc le même, et, par suite, le temps employé à parcourir l'amplitude entière.

C'est Galilée qui, le premier, constata l'isochronisme des petites oscillations du pendule. On rapporte qu'il fit cette découverte, jeune encore, en observant les mouvements d'une lampe suspendue à la voûte de la cathédrale de Pise. Il remarqua, en effet, que l'étendue des arcs qu'elle décrivait décroissait graduellement, mais que le nombre des battements effectués dans le même temps était toujours le même à quelque époque du mouvement qu'on les observât. (H. V.)

LONGUEUR DU PENDULE COMPOSÉ.

Les lois ci-dessus s'appliquent aussi au pendule composé ; mais alors il faut définir ce qu'on entend par la longueur de ce pendule. Pour cela, observons que tout pendule composé étant formé d'une tige pesante terminée par une masse plus ou moins considérable, les divers points matériels de ce système tendent, d'après la loi du pendule, à décrire leurs oscillations dans des temps d'autant plus longs qu'ils sont plus éloignés du point de suspension. Or, tous ces points étant invariablement liés entre eux, leurs oscillations se font nécessairement dans le même temps. Il résulte de là que le mouvement des points les plus rapprochés de l'axe de suspension se trouve retardé, tandis que celui des points les plus éloignés est accéléré. Entre ces deux positions extrêmes, il y a donc des points dont le mouvement n'est ni accéléré ni retardé, et qui oscillent comme s'ils n'étaient pas liés au reste du système. Ces points sont équidistants de l'axe de suspension, et l'ensemble de ceux qui se trouvent dans le plan passant par l'axe de suspension et par l'axe de la tige du pendule, constitue ce que l'on appelle l'*axe d'oscillation* de l'appareil. C'est la distance de l'axe de suspension à l'axe d'oscillation qu'on nomme *longueur du pendule composé*. C'est à-dire que *la longueur d'un pendule composé est celle du pendule simple qui ferait ses oscillations dans le même temps.*

L'axe d'oscillation jouit de la propriété d'être réciproque de l'axe de suspension; c'est-à-dire qu'en suspendant le pendule par son axe d'oscillation, la durée des oscillations reste la même, ce qui montre que la longueur n'est pas changée. Cette propriété donne le moyen de trouver expérimentalement la longueur du pendule composé.

Fig. 451.

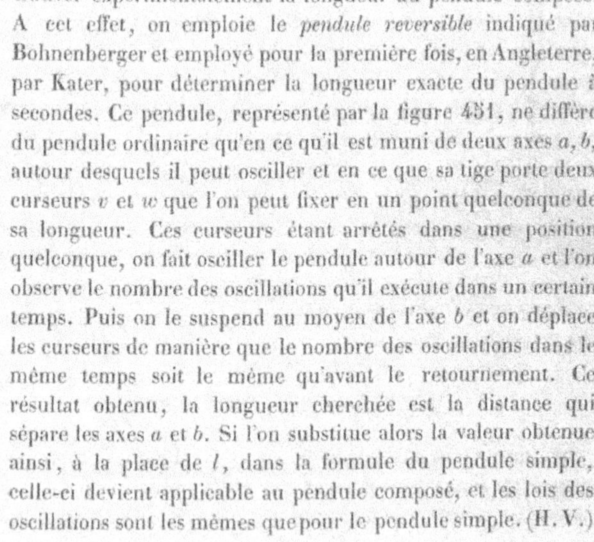

A cet effet, on emploie le *pendule reversible* indiqué par Bohnenberger et employé pour la première fois, en Angleterre, par Kater, pour déterminer la longueur exacte du pendule à secondes. Ce pendule, représenté par la figure 451, ne diffère du pendule ordinaire qu'en ce qu'il est muni de deux axes a, b, autour desquels il peut osciller et en ce que sa tige porte deux curseurs v et u que l'on peut fixer en un point quelconque de sa longueur. Ces curseurs étant arrêtés dans une position quelconque, on fait osciller le pendule autour de l'axe a et l'on observe le nombre des oscillations qu'il exécute dans un certain temps. Puis on le suspend au moyen de l'axe b et on déplace les curseurs de manière que le nombre des oscillations dans le même temps soit le même qu'avant le retournement. Ce résultat obtenu, la longueur cherchée est la distance qui sépare les axes a et b. Si l'on substitue alors la valeur obtenue ainsi, à la place de l, dans la formule du pendule simple, celle-ci devient applicable au pendule composé, et les lois des oscillations sont les mêmes que pour le pendule simple. (H. V.)

VÉRIFICATION DES LOIS DU PENDULE.

Pour vérifier les lois du pendule simple, on se sert habituellement d'un pendule composé formé d'un fil fin, à l'extrémité duquel on suspend une petite sphère d'une substance très-dense, par exemple, de plomb ou de platine (fig. 452). Le pendule ainsi formé oscille sensiblement comme le pendule simple dont la longueur serait égale à la distance du centre de la petite sphère au point de suspension.

Pour vérifier la loi de l'isochronisme des petites oscillations, on fait osciller le pendule ainsi construit, et on compte le nombre des oscillations qu'il exécute, en temps égaux, lorsque l'amplitude est successivement de 3, 2 ou 1 degrés. On observe ainsi que le nombre d'oscillations est constant.

Fig. 452.

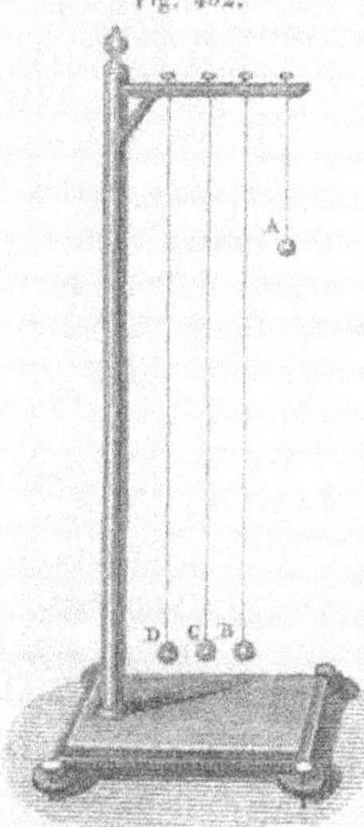

On vérifie la seconde loi en faisant osciller des pendules dont les longueurs sont respectivement 1, 4, 9...., et on trouve que les nombres d'oscillations correspondants sont comme 1, 1/2, 1/3 ..., ce qui démontre que leur durée est successivement 1, 2, 3 ...

La troisième loi ne peut pas se démontrer directement par l'expérience.

Pour démontrer la quatrième loi, on prend plusieurs pendules B, C, D (fig. 452), ayant tous des longueurs égales, et terminés par des sphères de même diamètre, mais de substances différentes, par exemple, en plomb, en cuivre, en ivoire. On observe qu'en négligeant la résistance de l'air, tous ces pendules font, dans le même temps, le même nombre d'oscillations; d'où l'on conclut que la pesanteur imprime à tous les corps qui tombent la même vitesse dans le même temps, ce qu'on a déjà constaté (p. 206).

VÉRIFICATION DE LA LOI DE M. FOUCAULT.

Soit un pendule construit de la même manière que ceux de la figure 452, et suspendu à un châssis mobile autour d'un axe vertical (fig. 453 ci-après). Sur le disque qui porte ce châssis est tracée une

Fig. 453.

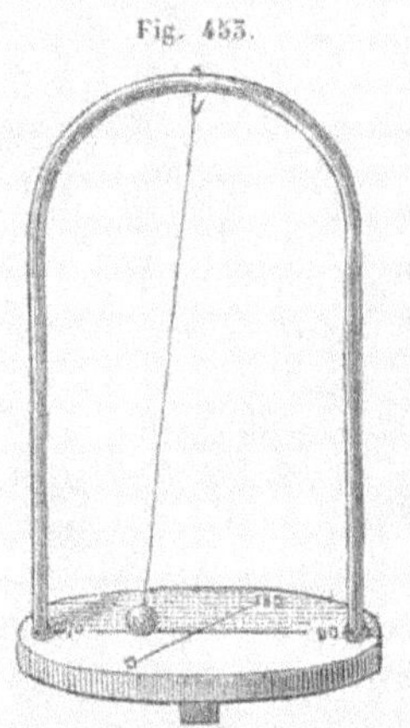

circonférence de cercle divisée en degrés et dont le centre se trouve sur l'axe de rotation de l'appareil. Admettons que l'on fasse osciller le pendule dans un plan passant par les divisions 0 et 180. Si l'on fait tourner le châssis, on remarque que le plan d'oscillation du pendule passe constamment par les différentes divisions qui viennent l'une après l'autre prendre la place qu'occupaient les divisions 0 et 180 lorsque le châssis était en repos; en d'autres termes, si le disque tourne de gauche à droite, le plan d'oscillation semble tourner de droite à gauche par rapport au disque supposé fixe. Il suit de là que ce plan ne participe point au mouvement de rotation de l'appareil; car, dans le cas contraire, sa trace coïnciderait toujours avec le même diamètre. Ce résultat est une conséquence de l'inertie de la matière, et si le fil de suspension est suffisamment mince, la torsion que celui-ci éprouve ne le change en rien.

Un pendule dont le point de suspension serait exactement sur le prolongement de l'axe de rotation du globe, et que l'on ferait osciller, se trouverait, par rapport au plan de l'horizon, dans les mêmes conditions que le pendule précédent par rapport au disque tournant; car, en vertu de la rotation diurne du globe, le plan de l'horizon accomplit, en 24 heures, une révolution complète autour de la verticale.

Si donc les oscillations se perpétuent pendant un certain temps, le mouvement de la terre, qui ne cesse de tourner d'occident en orient, deviendra sensible par le contraste de l'immobilité du plan d'oscillation dont la trace sur le sol semblera marcher de l'est à l'ouest; et si les oscillations pouvaient se perpétuer pendant 24 heures, la trace de leur plan exécuterait dans le même temps une révolution entière autour de la projection verticale du point de suspension.

A l'équateur, au contraire, la trace du plan d'oscillation d'un pendule sur le plan de l'horizon doit rester fixe; car, dans la rotation du globe autour de son axe, la ligne horizontale qui représente cette trace ne tourne pas autour de la verticale, mais se transporte parallèlement à elle-même en décrivant une surface cylindrique.

Mais quand on remonte vers nos latitudes, en faisant osciller un pendule dans le méridien, on doit voir de nouveau son plan d'oscillation tourner autour de la verticale, de manière à faire avec le méri-

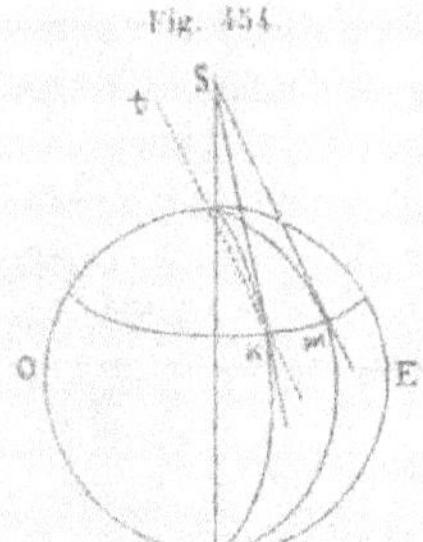

Fig. 454.

dien un angle de plus en plus grand, parce que la tangente à ce méridien ne se déplace plus parallèlement à elle-même comme à l'équateur. Ce plan s'avancera de l'ouest à l'est, du côté du nord, car le plan du méridien venant de Sn en Sm (fig. 454), et le plan d'oscillation restant parallèle à sa première direction, il aurait fallu qu'il fût d'abord en nt pour se trouver ensuite dans le méridien Sm. Ce plan a donc tourné en apparence de l'angle tn S par rapport au méridien et de l'ouest à l'est du côté du nord.

L'expérience a confirmé toutes ces prévisions de la théorie. M. Foucault a opéré au moyen d'un pendule gigantesque formé d'un fil métallique de 67 mètres de longueur suspendu sous le dôme du Panthéon à Paris et soutenant une masse sphérique pesant 28 kilog. Une pointe fixée au-dessous de cette sphère servait à marquer les changements du plan d'oscillation sur une division circulaire disposée au-dessous du pendule. La durée de l'oscillation était de 8″ et le déplacement du plan d'oscillation de 2^{mm},5 environ à chaque retour du pendule du côté du départ. Cette expérience peut, du reste, s'exécuter avec un pendule de 3 ou 4 mètres de longueur; mais le résultat est moins prononcé, l'arc d'amplitude ne pouvant plus être aussi long et le pendule s'arrêtant plus tôt. (H. V.)

MESURE DE L'INTENSITÉ DE LA PESANTEUR.

L'intensité de la pesanteur n'est autre chose que la vitesse acquise par un corps en tombant dans le vide pendant une seconde, ou bien le double de l'espace parcouru pendant la première seconde de sa chute (p. 201). La machine d'Atwood semble propre à donner ce résultat; car, ayant mesuré la vitesse dans cette machine, celle du corps tombant librement s'en déduirait facilement par la proportion $g : g' = p + 2m : p$; g étant la vitesse acquise par le corps tombant librement, g' celle donnée par la machine, p le poids additionnel qui la met en mouvement, et m l'une des masses égales suspendues au fil qui passe sur la poulie. Mais la résistance de l'air, le frottement sur l'axe de la poulie, sa masse, dont l'inertie doit être vaincue pour la faire tourner, le fil qui s'allonge d'un côté pendant qu'il se raccourcit de l'autre, constituent des causes d'erreur qui rendraient le résultat peu précis.

Le pendule offre un moyen d'obtenir l'intensité de la pesanteur avec une exactitude incomparablement plus grande. A cet effet, on fait osciller un pendule composé dont on a déterminé d'avance la longueur d'oscillation, et l'on mesure la durée d'une oscillation avec beaucoup de précision. Pour cela, on en compte un grand nombre et l'on observe le temps employé à les accomplir. Divisant ce temps par le nombre des oscillations, on a la durée d'une seule avec une grande exactitude, car il ne peut y avoir d'erreur que dans l'appréciation de l'instant où commence la première oscillation et de l'instant où finit la dernière, et la somme de ces erreurs, déjà très-petite, se trouve divisée par le nombre des oscillations observées, quand on calcule ensuite la durée d'une seule.

Ayant obtenu par cette méthode la durée exacte d'une oscillation, la formule $t = \pi \sqrt{\frac{l}{g}}$ donne alors pour l'intensité cherchée $g = \frac{\pi^2 l}{t^2}$. Borda et Cassini ont trouvé de cette manière pour l'intensité de la pesanteur, à l'Observatoire de Paris, le nombre g = 9m,8088.

Des expériences nombreuses ont été faites, au moyen du pendule, par un grand nombre d'observateurs et dans une multitude de pays différents, dans le but d'étudier la pesanteur. Il résulte de la comparaison des divers résultats obtenus, que l'intensité de la pesanteur n'est pas la même partout, et qu'elle va en augmentant quand on marche de l'équateur au pôle. (H. V.)

PENDULE A SECONDE.

Connaissant la valeur de g, on en peut conclure la longueur du pendule à seconde, c'est-à-dire la longueur du pendule simple qui ferait une oscillation infiniment petite en une seconde. Pour cela, il suffit de tirer de la formule du pendule la valeur de l, après y avoir remplacé t par 1″ et g par sa valeur.

La longueur du pendule à seconde doit varier avec l'intensité de la pesanteur. On a trouvé, en effet, qu'elle est :

Sous l'équateur.	0m,990925
A Paris.	0,993846
A 10° du pôle.	0,995924

APPLICATION DU PENDULE AUX HORLOGES.

C'est Huyghens, célèbre physicien et mathématicien hollandais, qui, le premier, appliqua le pendule comme régulateur aux horloges, en 1657, et le ressort spiral aux montres, en 1675.

Fig. 455.

La figure 455 fera comprendre la première de ces applications. Une roue à dents obliques R, nommée *roue de rencontre* ou *rochet*, est mise en mouvement par un poids, soit directement, soit par l'intermédiaire de rouages. Une pièce d'*échappement* ab, nommée *ancre* et placée au-dessus, peut osciller autour d'un axe $o\,o'$ perpendiculaire à la roue. Ce mouvement d'oscillation est communiqué à l'ancre ab par un pendule P, mis en rapport avec l'axe oo' au moyen de la fourchette of. Quand le pendule est dans la position verticale, l'une des dents de la roue s'appuie sur l'extrémité supérieure du crochet b et l'appareil est en repos. Mais si le pendule se met en mouvement, de manière que le crochet b s'éloigne de la roue, la dent appuyée sur ce crochet est rendue libre et la roue tourne jusqu'à ce que le crochet a, qui s'est approché de la roue pendant que b s'en éloignait, soit frappé de bas en haut par la dent qui était immédiatement au-dessous. Le pendule revenant ensuite sur ses pas, le crochet a se retire, laisse partir la roue, qui se trouve arrêtée de nouveau un instant après par le crochet b que vient rencontrer en-dessus la dent suivante... et ainsi de suite. Le mouvement de la roue sera donc composé de petits déplacements égaux se succédant régulièrement comme les oscillations du pendule.

DE LA FORCE CENTRIFUGE.

Soit un corps attaché, par un fil résistant, à un point fixe et décrivant autour de ce point, d'un mouvement uniforme, une circonférence de cercle. Partageons le temps d'une révolution complète en parties très-petites θ, de façon que l'espace décrit pendant chacun de ces intervalles puisse être considéré comme rectiligne et les rayons du cercle qui aboutissent aux extrémités de cet espace comme parallèles entre eux. Supposons le corps arrivé en m (fig. 456 ci-après). S'il était libre, il parcourrait, en vertu de son inertie, pendant le temps θ, un espace $m\,a$

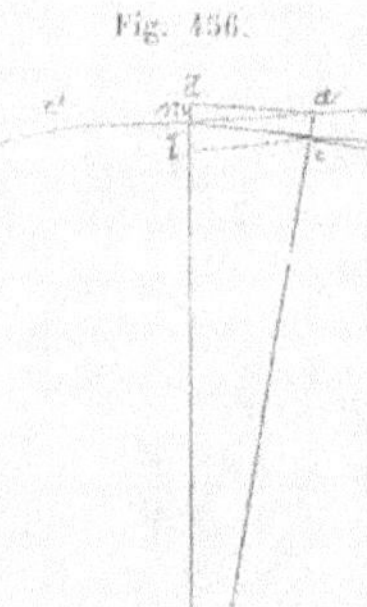
Fig. 456.

égal à celui $c'm$ qu'il a parcouru pendant l'intervalle précédent. La vitesse du mobile suivant ma peut être décomposée en deux autres, l'une suivant mc dans la direction du mouvement circulaire; l'autre suivant le prolongement md du rayon. Cette dernière représente la force avec laquelle, à chaque instant de son mouvement, le corps tend à s'éloigner du centre. On lui donne le nom de *force centrifuge*. Pour que le mobile reste sur la circonférence, il faut que la force centrifuge soit détruite par une force égale et contraire, c'est-à-dire dirigée de m au centre et capable de faire parcourir au mobile, pendant le temps θ, un espace mb égal à md. Cette dernière force est la *force centripète*. Dans le mouvement que nous considérons, c'est la force centrifuge qui produit la tension du fil, et c'est la résistance de ce même fil qui, en détruisant à chaque instant les impulsions de la force dont il s'agit, représente la force centripète.

La force centrifuge, dans le mouvement circulaire uniforme, est proportionnelle à la masse du mobile et au rayon du cercle décrit; elle est, en outre, en raison inverse du carré du temps d'une révolution.

Ces lois se déduisent de la formule $F = m \frac{4\pi^2 R}{T^2}$, que l'on démontre en mécanique et dans laquelle F représente la force centrifuge exprimée en kilogrammes, m la masse du mobile, π le rapport de la circonférence au diamètre, R le rayon du cercle décrit et T le temps d'une révolution. (H. V.)

APPLICATIONS DE LA FORCE CENTRIFUGE.

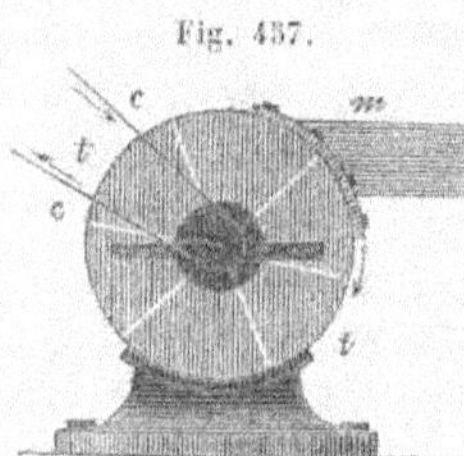

Fig. 457.

On a fait plusieurs applications importantes de la force centrifuge. Telle est, entre autres, le *ventilateur à force centrifuge* imaginé par Desaguillers. Cet appareil consiste en un tambour cylindrique tt (fig. 457), dans l'intérieur duquel tourne rapidement un axe o portant des ailes quadrangulaires et dont les bords rasent ses faces intérieures. L'air emprisonné entre ces ailes prend un mouvement de rotation et se presse sur le contour du tambour, jusqu'à ce qu'il parvienne au canal *m*, dirigé tangentiellement, et dans lequel l'air se précipite avec toute sa vitesse; de larges ouvertures ménagées au milieu des deux bases permettent à l'air de se renouveler continuellement.

Le ventilateur est utilisé, dans l'agriculture, pour nettoyer le blé; on l'emploie aussi comme machine soufflante dans beaucoup de fonderies et de forges.

On doit à M. Clavières une machine très-curieuse qu'il a nommée *chemin de fer aérien*, et qui montre d'une manière frappante les effets de la force centrifuge. Cet appareil consiste en deux barres de fer parallèles (fig. 458), soutenues par des supports en fer de manière à

Fig. 458.

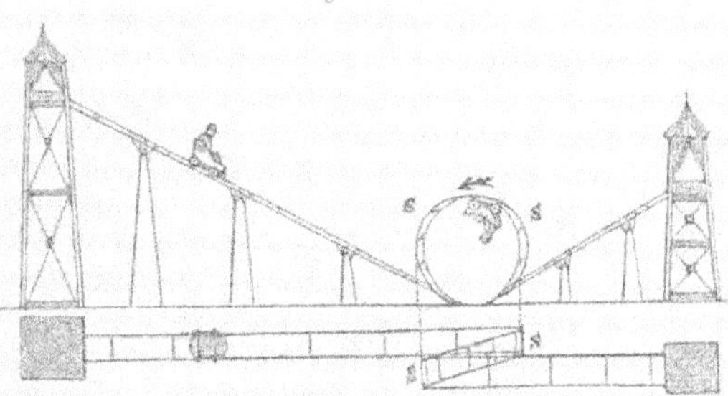

présenter d'abord une pente de $0^m,44$ par mètre, puis une spire d'hélice SS dont l'axe est horizontal et le diamètre de 4^m. Un chariot porté sur des roues à gorge qui s'appuient sur les barres de fer, et dans lequel peut se placer un homme, roule sur la pente, puis parcourt avec une grande rapidité la spire SS, sur laquelle il est constamment pressé de dedans en dehors par la force centrifuge. Le chariot monte ensuite une seconde pente, sur laquelle sa vitesse est peu à peu détruite.

CAUSES DES VARIATIONS DE LA PESANTEUR.

Les différences que l'on remarque dans l'intensité de la pesanteur, quand on change de latitude (p. 218), sont dues à deux causes : 1° l'aplatissement du globe vers ses pôles; 2° la force centrifuge qui résulte du mouvement de la terre sur elle-même. Nous verrons plus loin que l'aplatissement des pôles paraît dû lui-même à la force centrifuge, de sorte que ces deux causes rentrent l'une dans l'autre et ont toutes les deux pour origine le mouvement de rotation de la terre.

La terre n'a pas une forme exactement sphérique; elle n'est même pas rigoureusement un solide de révolution. Cependant les irrégularités de forme qu'elle présente sont assez petites pour qu'on puisse la regarder comme un ellipsoïde de révolution quand on considère sa forme générale, et M. Saigey a trouvé pour l'aplatissement le nombre $\frac{1}{302,4}$; car le rayon de l'équateur, qui est de $6,377,946^{\text{kilom.}}$, surpasse celui du pôle de $21,087^{\text{kilom.}}$, et l'aplatissement n'est autre chose que la différence entre ces deux rayons, divisée par le rayon de l'équateur.

La terre étant aplatie à ses pôles, il est facile de voir comment cette circonstance diminue la pesanteur près de l'équateur. En effet, les distances d'un corps aux différentes molécules attirantes de la terre sont plus grandes lorsque ce corps se trouve à l'équateur que lorsqu'il est au pôle, et par conséquent son poids, c'est-à-dire la résultante de toutes les attractions qu'il éprouve, doit être moindre dans le premier cas que dans le second.

Pour concevoir l'effet de la seconde cause indiquée ci-dessus sur l'intensité de la pesanteur, il faut se rappeler que la terre tourne sur elle-même en 24 heures, et, par conséquent, que tous les points de sa surface décrivent dans le même temps des circonférences de cercle dont le rayon va en diminuant de l'équateur aux pôles. La force centrifuge va donc en augmentant du pôle, où elle est nulle, à l'équateur, où elle est à son maximum. L'effet de cette force étant d'éloigner les corps de l'axe de rotation, il est évident que sur tous les points de la terre, excepté aux pôles, elle détruira une partie de l'action de la pesanteur sur les corps. A l'équateur elle est opposée à la pesanteur et la diminue de toute son intensité; au lieu que partout ailleurs, la force centrifuge mf (fig. 459) étant toujours perpendiculaire à l'axe de rotation, une partie seulement de cette force agit en sens contraire de la pesanteur. En effet, on peut décomposer la force mf en deux autres ma et mb, l'une verticale, l'autre horizontale. La première seule sera dirigée en sens contraire de la pesanteur; l'autre, agissant horizontalement, ne produira aucun effet. — A l'équateur, la force centrifuge est 1/289 de la pesanteur. Pour le démontrer, il suffit de substituer dans l'équation $f = \frac{4\pi^2 r}{T^2}$ les nombres qui correspondent aux lettres qu'elle renferme. On a $\pi = 3,14159$; $r = 6375000^{\text{m}}$; $T = 86564$ secondes, et par suite $f = 0^{\text{m}},0339$. Ainsi à l'équateur, la force centrifuge imprimerait à un corps, pendant une seconde, une vitesse de $0^{\text{m}},0339$. Or, à

Fig. 459.

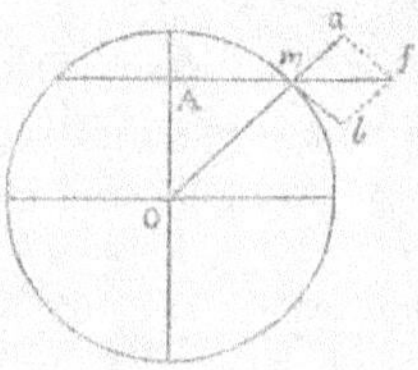

l'équateur, la vitesse de la chute est, d'après l'observation, de $9^m,78$; et comme cette vitesse est la différence entre celle qui est due à la pesanteur et celle qui résulte de la force centrifuge, la vitesse réellement due à la pesanteur $= 9,78 + 0,0339 = 9,8139$, et le rapport de la force centrifuge à la pesanteur $= \frac{0,0339}{9,8139} = \frac{1}{289}$.

Comme la force centrifuge croît proportionnellement au carré de la vitesse, si la terre tournait 17 fois plus vite, cette force, à l'équateur, serait $\frac{1}{289} \times 17^2 = 1$, c'est-à-dire serait égale à la pesanteur. Alors à l'équateur les corps ne tomberaient pas à la surface de la terre. (H. V.)

CAUSE DE L'APLATISSEMENT DE LA TERRE.

Nous avons dit plus haut que l'aplatissement des pôles de la terre paraît être dû à la force centrifuge. En effet, l'ensemble des phénomènes géologiques rend extrêmement probable que le globe s'est trouvé primitivement à l'état de fusion ignée. Or, si l'on admet qu'il ait reçu son mouvement avant la solidification de son écorce, il a dû prendre une forme analogue à celle que lui assignent les mesures géodésiques et les variations d'intensité de la pesanteur constatées au moyen du pendule. En effet, les points placés près de l'équateur, décrivant dans le même temps des parallèles plus grands que les points qui sont près des pôles, tendent à s'éloigner de l'axe de rotation avec plus de force. De là le renflement de l'équateur, et, par suite, à cause de l'attraction mutuelle des parties du globe, le rapprochement des pôles.

Fig. 460.

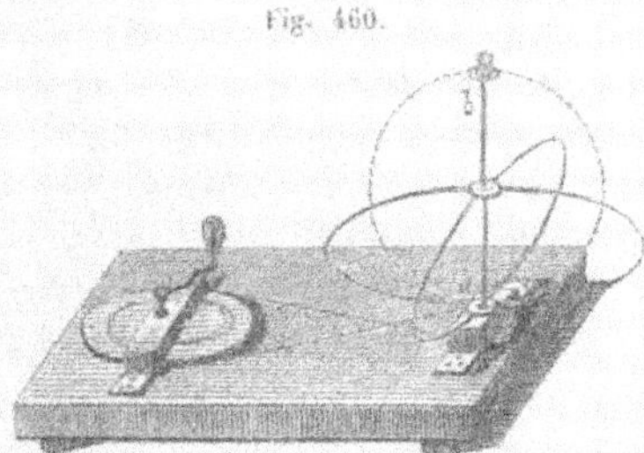

Pour démontrer l'influence de la force centrifuge sur la forme d'un corps sphérique dont les diverses parties peuvent se déplacer, on fait une expérience concluante avec l'appareil (fig. 460). Deux cercles d'acier ou de laiton sont fixés par leur partie inférieure à une tige verticale *ab* et sont attachés par leur partie supérieure à un anneau *b* qui peut glisser le long de cette tige. Une poulie, sur laquelle passe une corde sans fin qui s'enroule d'autre part sur une roue à gorge munie d'une manivelle, est adaptée au bas de la tige et sert à lui imprimer un mouvement rapide de rotation. Pendant ce mouvement, l'on voit les cercles métalliques s'aplatir dans le sens vertical et s'étendre dans le sens horizontal, et d'autant plus que le mouvement est plus rapide. (H. V.)

CHOC DIRECT DES CORPS NON ÉLASTIQUES.

Quand un corps, animé d'une grande vitesse, agit sur un autre par pression, pour modifier son état de repos ou de mouvement, on dit qu'il y a *choc*. Les lois du choc diffèrent suivant qu'il a lieu entre corps non élastiques ou entre corps doués d'élasticité. Nous nous occuperons d'abord du *choc direct*, c'est-à-dire que nous supposerons que les centres de gravité des deux corps suivent une même ligne droite, à laquelle leur surface est normale aux deux points par lesquels ils se rencontrent, et que tous leurs autres points décrivent des parallèles à cette droite.

Fig. 461.

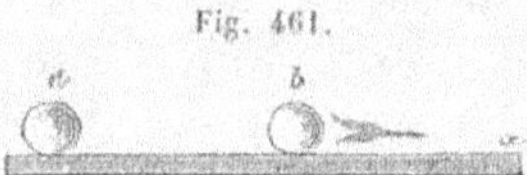

Quand deux corps a et b (fig. 461), non élastiques, animés de vitesses différentes, se choquent, ils agissent l'un sur l'autre, en se comprimant mutuellement, jusqu'à ce que leur vitesse soit devenue la même; puis ils continuent à se mouvoir avec cette vitesse commune, en restant juxtaposés et en conservant la forme que la compression leur a donnée. Dans cette réaction, la force ou quantité de mouvement perdue ou gagnée par l'un des corps est nécessairement égale à la quantité de mouvement gagnée ou perdue par l'autre. D'après cela, il est facile de déterminer la vitesse commune u après le choc, lorsqu'on connaît les masses m et m' des corps a et b et leurs vitesses v et v' avant le choc (v et v' sont de mêmes signes ou de signes contraires, selon que les deux mobiles marchent à la suite ou au-devant l'un de l'autre).

En effet, la vitesse perdue par la masse m est $v - u$, et la quantité de mouvement correspondante à cette vitesse est $m(v-u)$. La vitesse gagnée par m' est $u - v'$, et la quantité de mouvement gagnée $m'(u-v')$. Par conséquent, l'on doit avoir $m(v-u) = m'(u-v')$; d'où l'on tire $u = \dfrac{mv + m'v'}{m + m'}$.

Si le corps b marchait à la rencontre du corps a, il faudrait remplacer v' par $-v'$, et la vitesse finale serait $u = \dfrac{mv - m'v'}{m + m'}$.

Cette dernière vitesse est nulle quand on a $mv = m'v'$, c'est-à-dire quand les corps ont des quantités de mouvement égales.

Si les masses m et m' sont égales et les deux vitesses dirigées dans le même sens, la première formule donne $u = \frac{v + v'}{2}$; la vitesse finale est donc la moyenne entre les vitesses des deux mobiles avant le choc.

Si nous faisons $m =$ à l'infini et $v' = o$, c'est-à-dire si le corps b est remplacé par un obstacle fixe, il vient $u = o$, résultat évident d'avance.

Les différentes lois du choc de corps non élastiques peuvent se vérifier au moyen de masses sphériques d'argile molle ou de plomb.

(H. V.)

CHOC DIRECT DES CORPS ÉLASTIQUES.

Fig. 462.

Supposons que, toutes choses restant d'ailleurs les mêmes, les deux masses sphériques m et m' soient parfaitement élastiques (fig. 462). Au moment où elles se rencontrent, avec des vitesses v et v', ces deux sphères s'aplatissent mutuellement, jusqu'à ce qu'elles aient acquis une vitesse commune u ; et les choses se passent jusqu'à ce moment, comme dans le choc des corps non élastiques. A partir de cet instant, les deux corps tendent à reprendre leur première forme, en s'appuyant toujours l'un contre l'autre et pressant sur leur point de contact, par l'effet de la force de ressort que la compression a développée. Il en résulte que la masse m continue à pousser la masse m', jusqu'à ce que la force de ressort soit épuisée, et en lui communiquant une quantité de mouvement égale à celle qui a été dépensée pour produire la compression à laquelle est due cette force de ressort, c'est-à-dire égale à $m(v - u)$. De même la masse m' communique à la masse m, pendant la seconde période du choc, une quantité de mouvement égale aussi à $m(v - u)$. Pendant la seconde partie du phénomène, la vitesse de chaque masse varie donc de la même quantité que pendant la première. Quand les deux sphères ont repris leur forme primitive, elles se quittent, et c'est la fin du choc.

Pour trouver les vitesses V, V' des deux corps après le choc, supposons $v > v'$, et appelons toujours u leur vitesse commune quand la compression est arrivée à son maximum. La masse m a alors perdu une partie $v - u$ de sa vitesse et la masse m' a gagné $u - v'$; et comme, à partir de cet instant, la détente des deux sphères double l'effet produit, la vitesse de m se trouve diminuée, à la fin du choc, de $2(v - u)$, et celle de m' augmentée de $2(u - v')$. Or, les vitesses cherchées V et V' sont égales aux vitesses avant le choc, modifiées comme il vient d'être dit.

On a donc :

$$V = v - 2(v - u), \quad V' = v' + 2(u - v'),$$

la valeur de u étant toujours donnée par la formule $u = \frac{mv + m'v'}{m + m'}$.

Discutons ces formules dans quelques cas particuliers. Si la masse m' est regardée comme infiniment grande par rapport à la masse m, et qu'on ait $v' = o$, on aura $u = o$, et, par conséquent, $V = -v$; d'où il résulte que quand une sphère, douée d'une élasticité parfaite, vient frapper un obstacle fixe, elle rebondit avec une vitesse égale à celle qu'elle avait avant le choc. S'il s'agit, par exemple, d'une bille d'ivoire qui tombe, dans le vide, sur un plan horizontal de marbre, elle devra remonter à sa hauteur primitive. L'expérience ne confirme pas complétement cette déduction de la théorie, mais cela provient de ce que, par l'effet du choc, la plaque de marbre se comprime dans une certaine étendue autour du point de contact (p. 17), et de ce que la force de ressort qui se développe, au moment où elle revient à sa forme plane, n'est pas restituée entièrement à la bille, une grande partie de la détente se faisant en des points qui sont en dehors de ceux où il y a contact.

Si l'on suppose $m = m'$, on aura $2u = v + v'$, $V = v'$ et $V' = v$. Il y a donc échange de vitesse dans le choc de deux sphères parfaitement élastiques dont les masses sont égales; de sorte que si l'une est en repos avant le choc, l'autre demeurera en repos après qu'il aura eu lieu, et la première se mouvra avec la vitesse de la seconde. Ce résultat est facile à vérifier; seulement, quand le choc est très-énergique, la théorie paraît en défaut, mais cela tient à ce que les sphères se quittent alors avant d'être complétement revenues à leur première forme, comme on l'a supposé dans le calcul des formules.

De ce qu'une bille qui vient en choquer une autre de même masse, mais en repos, cède à celle-ci sa vitesse et demeure immobile après le choc, il suit que si l'on a une série de billes égales en masse, et dont les centres sont rangés en ligne droite, que si la première est seule en mouvement, et que sa vitesse, que nous désignerons par v, est dirigée suivant la droite des centres et du côté des autres billes; cette première bille sera réduite au repos en choquant la deuxième; celle-ci prendra la vitesse v, avec laquelle elle ira choquer la troisième bille, et sera ensuite ramenée au repos; la troisième prendra la vitesse v, qu'elle perdra en choquant la quatrième, et ainsi de suite jusqu'à la dernière, qui conservera la vitesse v. Après cette suite de chocs, toutes les billes seront donc en repos, excepté la dernière, qui se trouvera animée de la vitesse que la première avait au commencement; et comme ce résultat est indépendant de la grandeur des intervalles compris entre les billes consécutives, il est naturel d'en conclure qu'il aura encore lieu quand ces intervalles disparaîtront, et que les billes choquées par la première seront en contact.

Fig. 463.

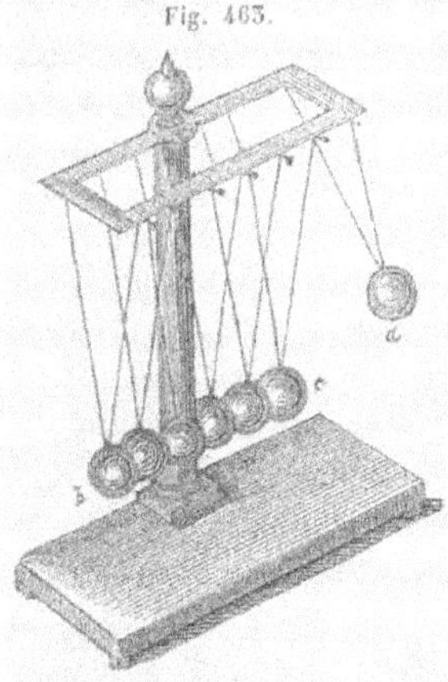

Ainsi, lorsqu'une série d'un nombre quelconque de billes parfaitement élastiques, en repos, juxtaposées, égales en masse, et dont les centres sont en ligne droite, sera choquée par une autre bille élastique égale à chacune d'elles, et en mouvement suivant la ligne des centres, celle-ci se réunira à la série qui demeurera en repos, excepté la bille placée à l'autre extrémité, laquelle se détachera seule avec la vitesse de la bille choquante. Ce phénomène peut facilement être constaté en suspendant des billes *a*, *b*, *c* ..., par des cordons à un support disposé comme le montre la figure 463. Le temps de la communication du mouvement est très-petit; il est inappréciable lorsque la série n'est composée que d'un petit nombre de sphères, mais il deviendrait très-sensible si ce nombre était considérable.

(H. V.)

DURÉE DE LA COMMUNICATION DU MOUVEMENT.

La plupart des forces qui mettent les corps en mouvement n'agissent d'une manière directe que sur un petit nombre des molécules qui composent les corps. Ainsi, quand deux corps se choquent, ils ne se touchent que par un certain nombre de points de leurs surfaces; quand le vent pousse un vaisseau, il ne presse que les voiles; et quand la poudre lance un boulet, les gaz qui se développent et qui donnent l'impulsion ne touchent et ne pressent que son hémisphère intérieur. Cependant toutes les parties d'un corps se meuvent; aussi bien les parties sur lesquelles la force n'agit pas, que les parties qu'elle pousse directement. Cet effet résulte de ce que les molécules directement choquées poussent les molécules voisines, celles-ci les suivantes, et ainsi de proche en proche, jusqu'à ce qu'enfin toutes les parties du corps se meuvent d'un mouvement commun. Mais pour se communiquer d'une molécule à l'autre, le mouvement exige un certain temps qui n'est pas très-grand, mais qui n'est pas non plus infiniment court. L'existence de ce temps nécessaire à la communication du mouvement donne l'explication de plusieurs faits assez curieux.

Lorsqu'un projectile lancé avec une certaine force rencontre un corps d'une très-grande étendue, mais de peu d'épaisseur, si la vitesse du projectile est peu considérable, la pression éprouvée par les parties situées sur le chemin du projectile se transmettra aux parties voisines, et le corps sera brisé sur une grande étendue. Mais si la vitesse du mobile est très-grande, la pression ne pourra se transmettre qu'à une petite distance, pendant le temps que le projectile traverse le corps, et par conséquent ce dernier ne sera brisé que sur le chemin du projectile. C'est ainsi, par exemple, qu'un boulet de canon à demi-portée traverse un navire en ne faisant qu'une très-petite ouverture; tandis que, à une distance plus considérable, sa vitesse étant plus petite, il déchire les flancs du navire sur une surface plus ou moins étendue. C'est encore ainsi qu'une balle tirée à une petite distance dans une vitre la traverse en ne faisant qu'un trou circulaire, et la brise en totalité si la distance est assez considérable. C'est par la même raison qu'il arrive souvent que la partie supérieure du fusil d'un fantassin est emportée par un boulet sans qu'il s'en aperçoive; que l'on peut tirer à balle dans une porte ouverte très-mobile sans la mettre en mouvement et qu'il est possible d'user et de polir des corps en repos, plus durs que le fer et le cuivre, au moyen d'un disque de ces métaux en lui imprimant une vitesse d'au moins 34 pieds par seconde, et cela sans que le disque se trouve attaqué dans cette opération. (H. V.)

CHOC OBLIQUE CONTRE UN PLAN INÉBRANLABLE.

Fig. 464.

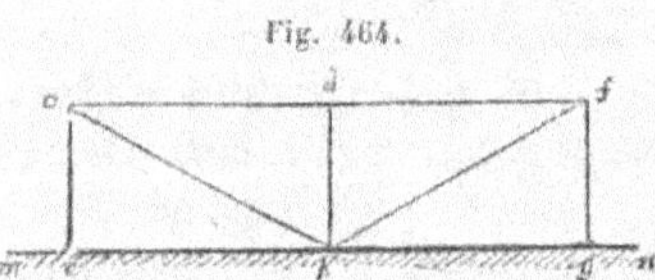

Lorsqu'un corps non élastique se mouvant suivant ab (fig. 464), vient choquer obliquement un plan inébranlable mn, après le choc ce corps se mouvra suivant bg; car la vitesse ab peut se décomposer en deux autres, l'une ac perpendiculaire au plan, laquelle sera détruite, et l'autre ad parallèle à ce plan; cette dernière produira le mouvement suivant bg.

Si le corps choquant est élastique, la détente qui succède à la compression produite dans la première période du choc, restitue à ce corps la vitesse ac, mais en sens contraire. Le mobile doit donc se mouvoir suivant bf, diagonale du parallélogramme construit sur les vitesses bd

et bg comme côtés. Cela posé, on nomme *angle d'incidence* l'angle abd que fait la direction ab de la vitesse avant le choc avec la normale bd à la surface du corps fixe, et *angle de réflexion* l'angle dbf, formé par la direction bf de la vitesse après le choc avec cette même normale. L'égalité des triangles dba et dbf montre que les angles abd et fbd sont égaux. On peut donc dire que dans le choc d'un corps élastique contre un plan inébranlable, le mobile est réfléchi de manière que *l'angle de réflexion soit égal à l'angle d'incidence*. (H. V.)

DU FROTTEMENT.

Lorsqu'un corps est assujetti à se mouvoir sur la surface d'un autre, le corps mobile éprouve dans son mouvement une certaine résistance qu'on nomme *frottement*.

Dans certains corps, le frottement paraît provenir de ce que les aspérités de leurs surfaces pénètrent les unes dans les autres, et ne peuvent se dégager que par un déchirement ou par des ressauts du corps mobile; cependant, comme le frottement se manifeste dans les corps les plus polis, où l'on ne peut supposer une semblable pénétration des aspérités, il est probable que le frottement est dû aussi à une certaine adhérence des surfaces qui sont mises en contact.

On distingue deux espèces de frottements, savoir, le *frottement de glissement* ou de *première espèce*, et le *frottement de roulement* ou de *seconde espèce*. Le premier a lieu lorsqu'un corps est obligé de glisser sur un autre en lui présentant toujours les mêmes points; celui de seconde espèce se manifeste lorsqu'un corps roule sur un autre en lui présentant successivement les différents points de sa surface. Le frottement de glissement est toujours plus considérable que le frottement de roulement, parce que, dans celui-ci, le mouvement de rotation contribue à dégager les aspérités, qui se désengrènent en quelque sorte comme les dents de deux roues qui rouleraient l'une sur l'autre. C'est pour ce motif, par exemple, qu'en descendant une montagne, on enraie les roues des voitures, c'est-à-dire que l'on empêche les roues de tourner autour de leur essieu, de manière à transformer le frottement de deuxième espèce en frottement de première espèce, et à ralentir ainsi la vitesse de la descente.

Voici les principales lois qui régissent le frottement.

1° Le frottement est proportionnel à la pression.

2° A pression égale, il est indépendant de l'étendue des surfaces en contact.

Cette loi est une conséquence de la précédente. En effet, si la surface de contact devient, par exemple, deux fois plus grande, la pression et par suite le frottement par unité de surface deviennent deux fois moindres; mais comme le nombre des unités de surface a été doublé, le frottement total n'éprouvera pas de variation.

Il suit de là que, pour deux mêmes corps frottant l'un sur l'autre, le frottement est toujours une même fraction de la pression. Cette fraction a reçu le nom de *coefficient de frottement.* Ce coefficient pour le fer glissant à sec sur du fer est 0,277; de sorte que si la pression est de 1[kil.], il faut un effort de 0[k.],277 pour vaincre le frottement produit.

3° Le frottement est d'autant plus petit, que les surfaces en contact sont mieux polies.

4° Le frottement est plus grand entre corps de même nature qu'entre des corps de nature différente.

5° On peut toujours diminuer le frottement en introduisant entre les corps certaines substances, telles que de l'huile, des graisses, du savon, de la plombagine, du talc, etc.

Pour vérifier les lois qui précèdent, on se sert d'un appareil imaginé par Coulomb et qui a reçu le nom de *tribomètre.* C'est une table horizontale recouverte d'une plaque de bois, de métal ou de tout autre corps qu'on veut soumettre à l'expérience. Sur cette table peut glisser un corps présentant une surface plane et mis en mouvement au moyen d'une corde qui passe sur une poulie et qui supporte un bassin pour recevoir des poids. On ajoute des poids dans ce bassin jusqu'à ce que le mouvement soit produit. Ces poids mesurent alors le frottement éprouvé par le corps. Voici quelques-uns des résultats obtenus à l'aide de l'appareil qui vient d'être décrit.

	Coefficient de frottement.
Fer sur fer	0,277
Fer sur laiton	0,263
Fer sur cuivre	0,170
Chêne sur chêne (dans le sens des fibres). .	0,418
Id. (Les fibres étant perpendiculaires). .	0,273

(H. V.)

RÉSISTANCE DES FLUIDES.

Lorsqu'un corps se meut dans un fluide, il éprouve une résistance due à l'inertie des molécules qu'il doit déplacer.

Les lois de cette résistance ne sont pas encore bien connues. Cependant on admet qu'elle est proportionnelle, à la fois, à la densité du fluide, à la surface du corps perpendiculairement à la direction du mouvement, et au carré de la vitesse.

Fig. 465.

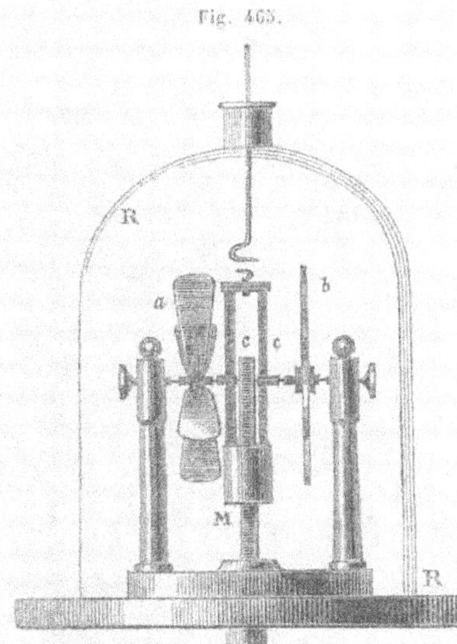

On peut constater l'influence que la surface du corps exerce sur la résistance qu'un fluide, l'air par exemple, oppose au mouvement, à l'aide de l'appareil représenté dans la fig. 465, et qui se compose de deux moulinets *a* et *b*, à ailes mobiles, auxquels on peut imprimer un mouvement rapide de rotation au moyen d'un poids M qui entraine dans sa chute deux cremaillères *c c*, dont les dents engrènent avec celles de deux roues dentées fixées aux axes des moulinets. Si les ailes de ces moulinets sont dirigées de la même manière et qu'après avoir été mis en mouvement, les moulinets s'arrêtent en même temps dans l'air, on n'a qu'à déplacer les ailes de l'un d'eux, pour qu'ils ne s'arrêtent plus simultanément, et l'on verra que celui des deux moulinets dont les ailes présentent le plus de surface perpendiculairement au mouvement s'arrêtera le premier. Ce qui prouve que cet effet est dû à l'air, c'est que si on place l'appareil dans le vide, les deux moulinets s'arrêtent de nouveau au même instant. (H. V.)

VI. — HYDRODYNAMIQUE.

L'*hydrodynamique* traite du mouvement des liquides. Nous nous bornerons à faire connaître les principes les plus importants de cette science, ainsi que quelques-unes des applications que l'on a faites de ces principes.

VITESSE D'ÉCOULEMENT PAR DES ORIFICES PERCÉS EN MINCE PAROI.

Si l'on pratique un orifice dans la paroi d'un vase, en un point baigné par le liquide qu'il contient, l'écoulement a lieu par cet orifice en vertu de la pression exercée de dedans en dehors sur la tranche liquide qui occupe l'orifice et qui se renouvelle à chaque instant. Le jet liquide qui s'écoule alors du réservoir se désigne sous le nom de *veine*.

La quantité de liquide qui s'écoule par un orifice, pendant un temps donné, se nomme la *dépense*. Elle dépend de la grandeur de l'orifice et de la vitesse des molécules liquides à leur sortie. On nomme *vitesse* de l'écoulement l'espace parcouru pendant 1" par une molécule s'échappant de l'orifice, en supposant que son mouvement reste uniforme pendant ce temps. Cette vitesse dépend essentiellement de la hauteur du liquide au-dessus du centre de gravité de l'orifice, hauteur que l'on nomme la *charge*. Mais cette vitesse peut être modifiée par des résistances qui ont lieu à l'orifice, comme des frottements et d'autres causes dont il sera question plus loin. En employant des orifices en *minces parois*, c'est-à-dire percés dans des plaques très-minces, et ajustés à des vases de grande dimension, afin que le liquide n'ait qu'une très-petite vitesse contre les parois du vase lui-même et que de cette façon les frottements soient évités autant que possible; en supposant, en outre, toutes les autres causes perturbatrices mises de côté, la vitesse peut être calculée au moyen du principe suivant, dû à Torricelli :

La vitesse d'un liquide à la sortie d'un orifice pratiqué en mince paroi est la même que celle qu'acquerrait un corps en tombant librement, dans le vide, d'une hauteur égale à la distance verticale du centre de l'orifice à la surface du liquide dans le réservoir. Ce principe est encore exact quand le liquide renfermé dans le vase et l'orifice de sortie sont soumis à la même pression. Ainsi, la vitesse d'écoulement resterait la même si le vase était placé dans le vide, dans l'air, ou dans une atmosphère d'une densité quelconque.

On voit aussi que la vitesse d'écoulement ne dépend pas de la densité du liquide; de sorte qu'un même vase mettra toujours le même temps à se vider, quel que soit le liquide qu'il renferme. On peut se rendre compte de ce dernier résultat, en observant que, si la force qui chasse la tranche liquide qui occupe l'orifice est proportionnelle à sa densité, la masse de cette tranche est elle-même proportionnelle à cette densité; la force et la masse qu'elle met en mouvement varient donc dans le même rapport quand la densité change; la vitesse doit, par conséquent, rester la même. (H. V.)

FLACON DE MARIOTTE.

Fig. 466.

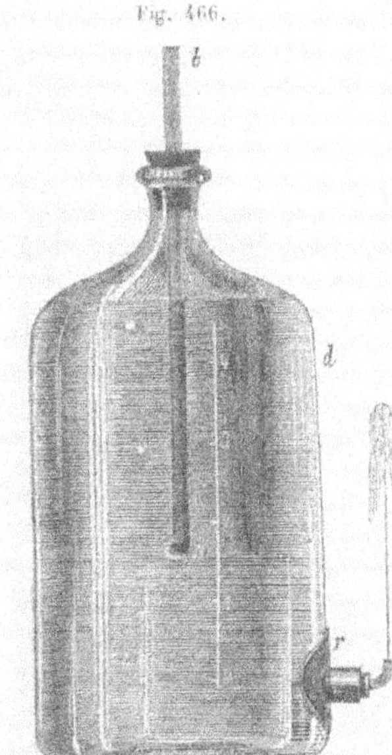

Pour vérifier expérimentalement le théorème de Torricelli, il faut d'abord faire en sorte que la hauteur du liquide au-dessus de l'orifice reste invariable, sans quoi la vitesse d'écoulement ne serait pas constante. On peut obtenir ce résultat au moyen du flacon de Mariotte (fig. 466). C'est un flacon un peu grand dont le goulot est fermé avec un bouchon. Dans celui-ci passe un tube de verre *b*, ouvert à ses deux bouts. Sur le côté du flacon est une tubulure *r*, dans laquelle on fixe, au moyen d'un bouchon, un petit tube de verre terminé en *o* par un orifice étroit et fermé à l'aide d'un morceau de cire.

Pour obtenir un écoulement constant au moyen de cet appareil, on remplit le flacon entièrement d'eau et l'on fixe le tube *b* dans une position telle, que son extrémité inférieure *a* soit au-dessus de l'orifice *o*. Le tube étant ouvert en *b*, l'eau s'y élève à la même hauteur que dans le flacon. Cela posé, si l'on ouvre l'orifice *o*, le liquide jaillira, en vertu de la pression exercée par la colonne d'eau que contient le tube, augmentée de celle due à la colonne *ao*. La vitesse d'écoulement va d'abord en diminuant, à mesure que le niveau descend dans le tube *ba*, ce que l'on reconnait, soit à la diminution rapide de l'amplitude du jet s'il est lancé horizontalement, soit à la diminution de la hauteur qu'il atteint s'il est lancé verticalement, comme le suppose la figure; mais dès que le niveau est arrivé en *a*, l'écoulement devient uniforme. En effet, à partir de ce moment, l'air pénètre par l'ouverture *a* et monte par bulles dans la partie supérieure du flacon. Là, il prend une force élastique égale à la pression atmosphérique diminuée du poids de la colonne qui se trouve dans le flacon au-dessus de l'ouverture *a*, et l'eau que cet air remplace ramène constamment le niveau au point *a* dans le tube *ba*, malgré la dépense. La vitesse d'écoulement est donc due à une colonne dont la hauteur est égale à la distance verticale entre *o* et *a*, et comme cette hauteur ne change pas, la vitesse d'écoulement doit rester constante, du moins tant que le niveau de l'eau dans le flacon n'est pas venu au-dessous du point *a*. L'air et l'eau logés autour du tube *ab* n'exercent aucune pression en *o*, puisque la pression atmosphérique leur fait équilibre. La charge d'eau se mesure au moyen d'une échelle tracée sur le flacon.

On remarque que la veine liquide oscille pendant l'écoulement, et que les oscillations coïncident avec la sortie des bulles d'air par l'orifice *a*. Cela tient à ce que la bulle, prête à se séparer du tube *ba* pour monter au sommet du flacon, diminue, pendant un moment, la charge d'eau, qui reprend sa grandeur dès que la bulle s'est détachée. (H. V.)

APPAREIL A VASE RENVERSÉ.

Fig. 467.

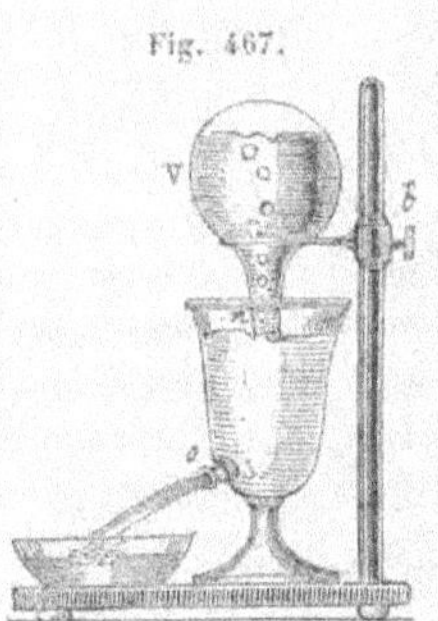

On emploie souvent, pour obtenir un écoulement constant, une autre disposition (fig. 467); on installe, près du niveau du liquide, un vase renversé V complétement fermé à sa partie supérieure, et dont l'orifice *n* est échancré. Ce vase est plein de liquide. Dès que le niveau arrive à l'échancrure, le moindre abaissement la met à découvert, l'air passe par bulles dans le vase V, et l'eau qu'il chasse rétablit le niveau. L'écoulement est donc constant et dû à la pression exercée par la colonne *no*; en effet, le liquide et l'air renfermés dans le vase V sont constamment soutenus par la pression atmosphérique et n'exercent aucune pression sur la masse liquide qui se trouve dans le vase *n*.

Le réservoir V peut se fixer dans différentes positions, au moyen de la vis de pression *b*, pour obtenir la vitesse voulue, en disposant de la hauteur *no*.

C'est sur le même principe que repose la construction du quinquet

Fig. 468.

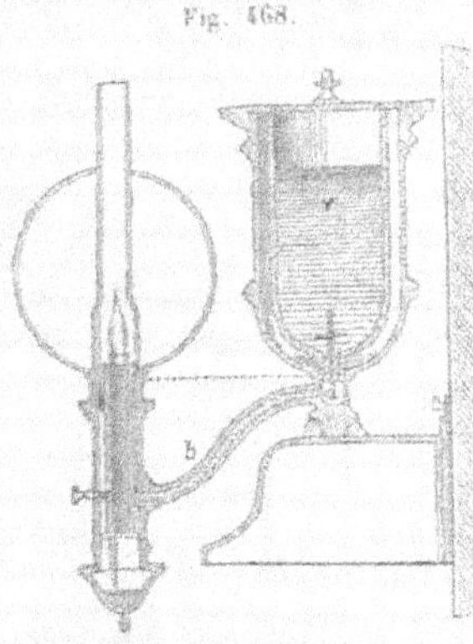

(fig. 468) et de la plupart des lampes suspendues. L'huile est contenue dans un réservoir v, terminé inférieurement par un tube qui porte une échancrure a. Le conduit b établit la communication entre le bec et le réservoir; mais le haut du bec est à 3 ou 4 millimètres au-dessus de l'échancrure. C'est l'action capillaire qui fait monter l'huile dans la mèche; à mesure qu'elle se brûle, le niveau baisse un peu dans le bec, et, par conséquent, autour de l'échancrure; alors l'air peut pénétrer dans le réservoir et faire tomber l'huile, qui relève le niveau dans le bec et autour du tube; puis cette nouvelle provision étant consommée, le même phénomène se reproduit. Le tube étant de nouveau dégagé, une autre bulle d'air monte dans le réservoir, et fait descendre un volume d'huile égal qui relève le niveau. C'est ainsi que toute la quantité d'huile du réservoir arrive au bec goutte à goutte par des intermittences assez rapprochées pour que l'éclat de la flamme ne soit pas sensiblement altéré.

Pour remplir le réservoir, on l'enlève et on le retourne; mais comme le tube doit être assez large pour que la colonne se divise, sans quoi les bulles d'air ne pourraient pas monter, on y adapte une soupape munie d'une tige; on ferme cette soupape pour faire le retournement et remettre en place le réservoir; alors elle s'ouvre par l'excès de longueur de la tige, et reste constamment ouverte, jusqu'à ce que le réservoir soit de nouveau soulevé.

VÉRIFICATION EXPÉRIMENTALE DU PRINCIPE DE TORRICELLI.

Maintenant il nous sera facile de faire comprendre de quelle manière on peut vérifier expérimentalement le théorème de Torricelli. A cet effet, on dispose l'orifice d'un appareil à niveau constant, de manière que l'écoulement ait lieu verticalement de bas en haut, comme le représente la figure 466; on observe alors que la veine liquide atteint à peu près le niveau à partir duquel se compte la charge qui détermine l'écoulement, et si elle ne l'atteint pas tout à fait, cela provient de la résistance de l'air et du choc des molécules liquides qui, en retombant, s'opposent à l'ascension du jet. Il faut donc qu'au sortir de l'orifice le liquide soit animé, comme l'exige le théorème de Torricelli, de la même vitesse que celle qu'acquerrait un corps en tombant d'une hauteur égale à la distance entre l'orifice et le niveau, sans quoi la veine liquide ne pourrait pas tendre à s'élever jusqu'à ce niveau; car nous avons vu (p. 207) que lorsqu'un corps est lancé verticalement de bas en haut avec une certaine vitesse, il tend à s'élever à la hauteur même dont il devrait tomber pour acquérir cette vitesse. (H. V.)

DÉPENSES THÉORIQUE ET EFFECTIVE.

Si les molécules liquides s'échappaient normalement aux orifices en minces parois et avec la vitesse indiquée par le théorème de Torricelli, il serait facile de calculer la *dépense* au bout d'un temps donné, quand l'écoulement est uniforme et l'orifice de grandeur connue. En effet, soit d' la dépense ou le nombre des litres de liquide sortis pendant le temps t, s l'aire de l'orifice et v la vitesse d'écoulement. En supposant que la première tranche sortie ait continué de marcher avec la même vitesse pendant une seconde, elle sera la base d'un cylindre liquide dont l'autre base sera l'orifice, et dont la longueur sera v. Or, le volume de ce cylindre est sv. On voit par là que le volume de liquide qui s'écoulerait dans une seconde serait sv, et, par conséquent, l'on aurait pour la dépense au bout de t secondes $d' = tvs$.

Or, si l'on dispose un appareil à niveau constant, d'où un liquide s'écoule par un petit orifice en mince paroi d'une section connue s, et dont le centre soit à une profondeur connue h au-dessous du niveau; puis, si l'on observe la dépense pendant un temps t, on la trouve seulement égale aux deux tiers environ de la dépense d' calculée comme il a été dit plus haut. C'est pour ce motif que l'on appelle cette dernière, *dépense théorique*, tandis que l'on désigne sous le nom de *dépense effective*, le volume qui s'écoule en réalité. (H. V.)

CONTRACTION DE LA VEINE LIQUIDE.

La différence qui existe entre les dépenses théorique et effective démontre que, dans l'écoulement des liquides par des orifices en minces parois, les molécules ne s'échappent pas normalement à ces orifices. Cette conclusion est vérifiée par l'expérience. Pour s'en assurer, il suffit de rendre les mouvements des molécules apparents, en mettant dans le liquide des corps d'un très-petit volume et d'une densité peu différente de la sienne : par exemple, dans l'eau, de la sciure de bois, de l'ambre réduit en poudre, etc. Si le liquide est de l'eau contenue dans un vase en verre portant inférieurement un orifice ab (fig. 469), on observe que ce n'est pas seulement la colonne d'eau perpendiculaire au-dessus de ab qui tombe; mais toute l'eau du vase, s'il n'est pas extrêmement grand, a un mouvement de chute. Dans le haut, toute la masse du liquide tombe assez uniformément, si le vase est d'une largeur égale; plus profondément le mouvement ne demeure ni rectiligne, ni uniforme; mais les particules d'eau prennent des directions à peu près telles qu'elles sont représentées dans la figure. L'eau afflue donc de tous les côtés vers l'ouverture, et dans l'intérieur de la masse les molécules décrivent des courbes qui convergent entre elles en présentant vers l'orifice leurs convexités. Ces courbes traversent l'orifice sous des inclinaisons variables, et elles ne peuvent se réduire à des droites parallèles qu'à une certaine distance de cet orifice. Aussi voit-on qu'immédiatement à la sortie du vase, la veine liquide va en se rétrécissant jusqu'à une distance un peu supérieure à la moitié du diamètre de l'orifice; sa section cd n'est plus alors que les 2/3 environ de la section de l'orifice lui-même. Ce phénomène, découvert par Newton, s'observe dans toutes les directions possibles du jet, et dans le vide aussi bien que dans l'air. Il est connu sous le nom de phénomène de la *contraction de la veine liquide*, parce que, avant les expériences de Savart, on croyait que la veine augmentait toujours de diamètre, après avoir diminué jusqu'à une petite distance de l'orifice, quelle que fût sa direction, tandis qu'en réalité la section de la veine ne croît au delà de la section contractée cd que lorsque le jet étant dirigé de bas en haut, sa direction fait avec l'horizon un angle de plus de 45 degrés. Quoi qu'il en soit, c'est dans la section contractée de la veine que les filets liquides sont devenus sensiblement parallèles et qu'ils se meuvent avec la vitesse indiquée par le théorème de Torricelli. Si l'on désigne cette vitesse par v et par s' la section contractée, on devra donc avoir pour la dépense effective d, pendant un temps t, $d = s'vt$, ou bien, comme s' est égal aux 2/3 de la section s de l'orifice, $d = 2/3\, svt$. Or

Fig. 469.

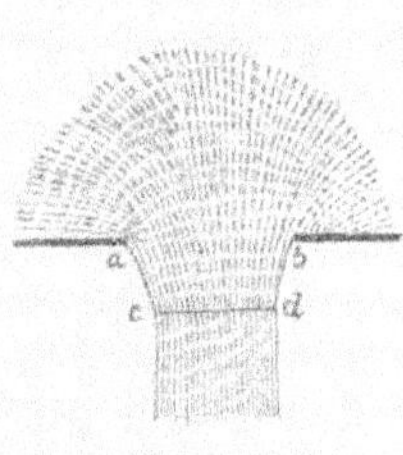

dans cette expression de d, le produit svt n'est autre chose que la dépense théorique. On voit donc que pour obtenir la dépense effective, il faut prendre les 2/3 de la dépense théorique, ce qui est conforme aux résultats de l'expérience (voy. l'article précédent). (H. V.)

CONSTITUTION DE LA VEINE LIQUIDE.

Considérons actuellement l'ensemble de la veine liquide qui s'élance par un petit orifice circulaire percé dans une paroi mince. Cet ensemble se compose toujours de deux parties distinctes dont la forme et les dimensions varient avec la direction du jet. La première, qui touche à l'orifice, paraît calme, transparente, et semblable à une tige de cristal; l'autre, au contraire, est toujours agitée, trouble, et formée, à partir d'un certain point, de portions discontinues; car lorsqu'on fait écouler un liquide opaque, comme le mercure, on voit à travers cette dernière partie de la veine.

Fig. 470.

a b

Quand on examine attentivement la partie troublée, on reconnaît qu'elle présente une série d'élargissements (ventres) et de rétrécissements successifs (nœuds) (fig. 470 a), conservant les uns et les autres les mêmes positions, quoique produits par des portions de liquide qui se renouvellent continuellement. Savart[1], qui a découvert ce fait, a reconnu qu'il était dû à ce que la partie discontinue est produite par des gouttes dont les dimensions transversales augmentent et diminuent périodiquement, de manière que chaque goutte ait la même forme au moment où elle arrive en un point déterminé de la veine (fig. 470 b). Savart a remarqué de plus qu'il existe une ou plusieurs petites gouttes entre les grosses gouttes dont nous venons de parler. Enfin, le même savant a constaté que la partie limpide de la veine présente aussi des renflements et des étranglements successifs, mais qui sont emportés avec le liquide, et se prononcent de plus en plus jusqu'au milieu du premier ventre de la partie trouble, où les renflements se séparent pour former les grosses gouttes. On peut aisément constater toutes ces particularités de la veine liquide. A cet effet, il faut l'éclairer pendant un temps assez court pour que son état et la position de ses diverses parties n'aient pas le temps de se modifier pendant cet intervalle. Il suffit,

[1] *Annales de chimie et de physique*, 1833.

pour cela, d'opérer dans l'obscurité et d'éclairer la veine instantanément, au moyen d'une étincelle électrique, dont la durée est inappréciable (t. I, p. 131).

Les changements périodiques de forme que subissent les grosses gouttes de la partie trouble et qui donnent lieu aux ventres et aux nœuds qu'on observe dans celle-ci, sont dus, en partie, à des vibrations déterminées par son choc contre le liquide dans lequel elle tombe et transmises au vase par l'intermédiaire de l'air et des supports, en partie, à de petites vibrations que le vase reçoit aussi par les supports et qui proviennent des bruits extérieurs propagés dans le sol [1]. En soustrayant, par certains procédés, le vase à ces deux influences, la partie trouble de la veine prend l'aspect qui lui est propre. On remarque alors qu'elle ne présente plus ni ventres, ni nœuds, mais qu'elle affecte sensiblement une forme cylindrique d'un diamètre plus grand que celui de la partie limpide, car les gouttes qui la composent gardent la forme sphérique. En même temps, la partie limpide s'allonge plus ou moins, mais sans jamais cesser de présenter, quand on l'examine à la lumière électrique, les renflements et les étranglements dont nous avons parlé. Ces renflements et ces étranglements appartiennent donc à la forme propre de la partie continue de la veine.

Les phénomènes des cylindres liquides (p. 120) ont conduit M. Plateau à une théorie complète de la constitution des veines lancées par des orifices circulaires et soustraites à toute influence vibratoire. Voici le résumé de cette théorie en ce qui concerne les veines lancées verticalement de haut en bas. Ces veines tendent, à partir de la section contractée, à prendre une forme qui se rapproche de celle d'un cylindre très-allongé. Or, comme cette forme est instable, la veine doit se subdiviser pendant sa chute. Mais cette subdivision exige pour s'effectuer un temps proportionnel à la section de la veine. Voilà pourquoi la veine reste continue jusqu'à une certaine distance de la section contractée, et présente, à partir de cette section jusqu'à l'extrémité de la portion continue, des subdivisions dans toutes les phases de transformation possibles. De là les renflements et les étranglements que Savart a si bien décrits. Au-dessous de la partie continue de la veine se trouve la partie discontinue, qui est formée de sphères liquides, séparées par des sphérules. Celles-ci se forment aux dépens du filet liquide

[1] Savart a découvert une série de phénomènes fort curieux que présentent les veines lorsqu'on les soumet à l'influence des sons. M. Plateau, dans son troisième mémoire, a donné une théorie très-plausible des phénomènes dont il s'agit. (H. V.)

qui se produit entre deux subdivisions successives de la veine, quelques instants avant leur séparation complète.

Quand les orifices ne sont pas circulaires, la partie continue de la veine présente des aspects variés et très-remarquables qui ont été particulièrement étudiés par MM. Poncelet et Lesbros, et, tout récemment par M. Magnus, célèbre physicien allemand [1]. Ces aspects variés résultent principalement des pressions moléculaires que le liquide exerce sur lui-même et qui sont plus fortes aux angles de la section que partout ailleurs. Nous devons nous borner à cette simple indication de la cause du phénomène qui nous occupe, car un examen complet de la question exigerait des développements dans lesquels le cadre de cet ouvrage ne nous permet pas d'entrer. (H. V.)

ÉCOULEMENT PAR LES AJUTAGES ET LES TUYAUX.

On appelle *ajutages* des tuyaux de diverses formes qui s'ajustent aux orifices en minces parois pour donner passage au liquide qui s'écoule.

Le plus simple des ajutages est celui qui a la forme exacte que prend la veine depuis l'orifice jusqu'à la section contractée. Lorsqu'il est travaillé avec soin, et que sa surface intérieure est bien polie, il n'exerce qu'une faible influence sur la dépense.

De tous les ajutages, ceux qui donnent la plus grande dépense sont les ajutages formés de deux troncs de cônes, réunis par leur petite base, dont le premier se moule exactement sur la veine en se terminant à la section contractée, et dont le second a une longueur et une ouverture de sortie convenables. Venturi a conclu de ses expériences que ces ajutages pouvaient donner une dépense effective 2,4 fois plus grande que celle fournie par un orifice en mince paroi, de même diamètre que la petite base, et 1,46 fois plus grande que la dépense théorique.

La propriété de ces ajutages était connue des anciens Romains. Les citoyens, à qui l'on avait concédé une certaine quantité d'eau à prendre aux réservoirs publics, trouvaient, par l'emploi de ces ajutages, le moyen d'accroître le produit de leur concession ; et la fraude devint telle, qu'une loi en défendit l'usage.

Dans les *ajutages cylindriques* de même diamètre que les orifices en minces parois auxquels ils sont appliqués, il se produit un phéno-

[1] *Annales de physique et de chimie* de Poggendorf (1855).

Fig. 471.

mène singulier : tantôt la veine liquide reste *libre*, et passe dans l'ajutage sans le toucher ; tantôt elle devient *adhérente* (fig. 471), et l'écoulement se fait à *gueule bée*, c'est-à-dire à plein tuyau. Dans le premier cas, la présence de l'ajutage n'influe pas sur la dépense ; il ne peut produire aucun effet, puisqu'il n'a aucun point de contact avec le liquide. Dans le second cas, l'adhérence qui s'établit entre la surface de la veine et les parois de l'ajutage détermine une augmentation de dépense. La dépense du premier cas est à celle du second comme 100 est à 133, pourvu toutefois que le diamètre de l'ajutage soit à peu près le quart de sa longueur. L'adhérence de la veine s'observe toujours sous de faibles charges ; sous de grandes pressions, la veine reste libre.

La vitesse d'écoulement des liquides n'est augmentée par les ajutages que lorsqu'ils sont très-courts. Quand, au contraire, la longueur est très-grande par rapport au diamètre, la vitesse est diminuée par les frottements et devient beaucoup plus petite que la vitesse théorique. C'est ce qui a lieu dans les tuyaux de conduite des eaux. Plus le tuyau est étroit, plus les changements de direction sont brusques et multipliés, plus l'écoulement est ralenti. Aussi a-t-on soin d'éviter les angles et de les remplacer par des contours arrondis. En même temps on rend la surface intérieure aussi unie que possible pour atténuer les frottements. (H. V.)

BÉLIER HYDRAULIQUE.

Parmi les machines fondées sur les principes de l'hydrodynamique, les roues et le bélier hydrauliques sont les plus importantes. Nous ne décrirons que cette dernière machine, car l'examen des diverses espèces de roues hydrauliques exigerait des développements qui dépassent le cadre trop restreint de cet ouvrage.

Le bélier hydraulique, inventé par Montgolfier, est une application très-ingénieuse du choc que les liquides en mouvement exercent, en vertu de leur inertie, contre les obstacles qui se trouvent sur leur passage. Cette machine est destinée à élever l'eau. Elle consiste d'abord en un long tuyau C (fig. 472 ci-après), nommé le *corps du bélier*, et par lequel arrive l'eau d'un réservoir plus ou moins élevé. A l'extrémité opposée au réservoir, se trouve *la tête du bélier*, composée de plusieurs parties : 1° la *soupape d'arrêt* E s'ouvrant de haut en bas et formée d'une matière dont la densité est à peu près double de celle de l'eau ;

Fig. 472.

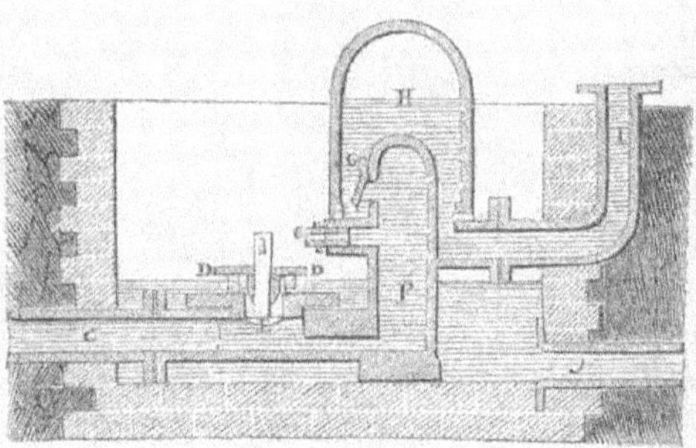

2° un tube F qui fait suite au tuyau C et est muni d'une soupape G, qui s'ouvre de manière à permettre à l'eau d'entrer dans le récipient en fonte H ; 3° un tuyau I par lequel passe l'eau qui doit être élevée.

Voici maintenant comment fonctionne cette machine : lorsque l'eau commence à s'écouler par le tuyau C, la soupape E est abaissée par son poids. Mais à mesure que l'écoulement se prolonge, la vitesse du liquide va en croissant, et avant qu'elle ait atteint son maximum, l'eau frappe le dessous de la soupape E avec assez de force pour la soulever et la tenir appliquée contre son ouverture, qui se trouve alors fermée. L'écoulement se trouve ainsi brusquement interrompu, et il en résulte, à cause de l'inertie et de la vitesse acquise de l'eau dans la conduite C, un choc ou *coup de bélier*, qui s'exerce, d'une part, contre les parois de la conduite qu'il écarte légèrement, et, d'une autre part, contre la soupape G qu'il ouvre ; aussitôt que ce dernier effet est produit, une partie de l'eau passe dans le récipient H, et de là dans le tuyau d'ascension I. Immédiatement après, la vitesse étant détruite, les parois de la conduite C reviennent par leur élasticité, l'eau est refoulée vers le réservoir, il se forme une espèce de vide, les soupapes retombent, et l'eau recommence à s'écouler par l'orifice DD ; sa vitesse augmente graduellement, et bientôt la soupape E est soulevée de nouveau, et l'eau de la conduite C, après avoir ouvert la soupape G, va choquer la colonne qui se trouve dans le tuyau d'ascension et la pousse à une hauteur qui dépend, non de l'élévation du réservoir, mais de la quantité de mouvement de la masse affluente. Plus cette masse sera grande, plus l'effet sera énergique. Dès que le mouvement de l'eau est détruit, la soupape E retombe, l'écoulement recommence, un nouveau coup de bélier se produit, qui lance une nouvelle quantité d'eau dans le tuyau I, et ainsi de suite.

Le récipient H renferme de l'air destiné à rendre l'ascension de l'eau plus régulière. Cet air se comprime pendant chaque coup de bélier, et dans l'intervalle il agit par sa force élastique pour continuer à pousser l'eau dans le tuyau d'ascension I. Une soupape à piston *e* est destinée à renouveler l'air que l'eau entraîne peu à peu, soit en le dissolvant, soit mécaniquement. Cette soupape est composée d'un prisme triangulaire mobile dans un tuyau circulaire, terminé aux deux extrémités par deux plaques percées, au centre, de deux orifices que le piston prismatique ferme alternativement. Après chaque coup de bélier, la pression de l'air précipite le petit piston vers l'intérieur, et permet l'introduction d'une certaine quantité d'air, qui passe ensuite du tuyau F dans lequel il se rend d'abord, dans le réservoir H, au coup de bélier suivant.

Le bélier hydraulique donne plus de 60 pour cent d'effet utile; mais il ne peut être exécuté sur une trop grande échelle, à cause des secousses qui tendent à produire la dislocation des pièces de la machine, d'autant plus promptement que ses dimensions sont plus considérables. D'après M. Daguin, l'un des plus grands béliers hydrauliques existe à Senlis; le corps a $0^m,203$ de diamètre intérieur, et 8^m de longueur. La chute n'est que de $0^m,976$, et il élève 269 litres d'eau par minute à une hauteur de $4^m,55$; et comme la source fournit 1,987 litres, l'effet utile est à peu près 0,63. (H. V.)

VII. — AÉRODYNAMIQUE OU DYNAMIQUE DES FLUIDES ÉLASTIQUES.

Quand un gaz, renfermé dans un réservoir percé d'un orifice, possède une force élastique plus grande que la pression extérieure, ce gaz s'échappe par l'orifice avec une vitesse qui dépend de la différence des pressions intérieure et extérieure. Comme pour les liquides, l'écoulement peut avoir lieu par des orifices en minces parois, par des ajutages ou par des tuyaux; il peut également avoir lieu sous des pressions constantes ou sous des pressions variables. Les appareils au moyen desquels on obtient des écoulements constants se nomment des *gazomètres*.

DES GAZOMÈTRES.

Lorsqu'on recherche une grande précision, l'écoulement constant du gaz est produit par l'écoulement constant d'un liquide; rien n'est

Fig. 473.

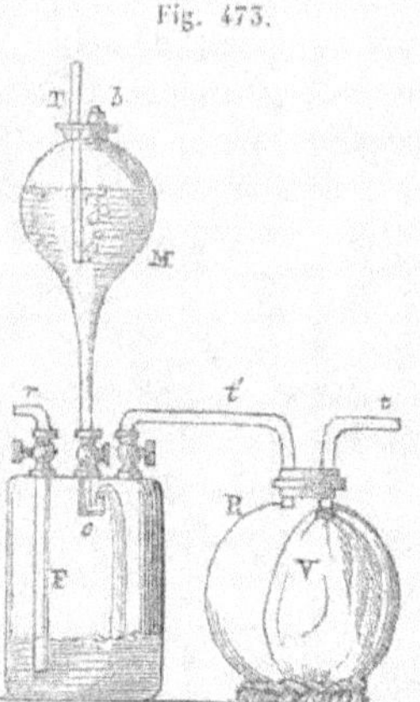

plus commode pour cet usage que le vase de Mariotte (p. 233). On le dispose alors comme on le voit en M (fig. 473); l'orifice *o* du col de ce vase se trouve dans le réservoir de gaz F. Cet orifice est relevé afin d'empêcher le gaz du réservoir de pénétrer dans le vase M. L'écoulement du gaz s'effectue par le tube de dégagement *t'*. On règle la vitesse d'écoulement du flacon M en enfonçant plus ou moins le tube T. Le liquide, en arrivant dans le réservoir F, en chasse évidemment un volume de gaz égal au sien, et comme la vitesse d'écoulement du liquide est constante, il en sera de même de celle du gaz.

Pour appliquer ce principe aux gaz différents de l'air, on les recueille dans de grandes vessies ou dans des ballons de baudruche V que l'on enferme dans un second réservoir R; l'air qui sort du premier réservoir arrive dans le second par le tube *t'*, et exerce sur ces membranes une pression constante qui produit de même un écoulement constant. Cette pression est égale à celle qui détermine l'écoulement du liquide dans le flacon de Mariotte.

Fig. 474.

Les grands gazomètres de l'éclairage sont construits sur un autre principe : un cylindre à un seul fond (fig. 474) est renversé sur une grande citerne remplie d'eau. Ce cylindre est en feuilles minces de métal, et a, par exemple, 10 mètres de diamètre, contient 100 mètres cubes de gaz, et pèse, je suppose, 10,000 kilogrammes. Il n'enfonce pas dans l'eau, puisqu'il est plein de gaz : seulement il presse de tout son poids sur ce gaz intérieur, et le tient à une pression plus forte que la pression atmosphérique. Dans notre hypothèse, cet excès de pression serait de 10,000 kilogrammes sur une base de 5 mètres de rayon, ce qui fait à peu près une colonne d'eau de 13 centimètres. Si l'on conçoit maintenant que du fond de la citerne s'élève un tube qui vienne d'une part s'ouvrir un peu au-dessus du niveau intérieur de l'eau pour communiquer avec le gaz du gazomètre, et qui s'en aille d'une autre part se subdiviser en une foule de ramifications terminées par des becs d'éclairage, on verra qu'il suffit de tourner un robinet pour éclairer une grande ville. L'écoulement du gaz sera constant, parce que le gazomètre ne fera qu'une petite perte de poids en s'enfonçant dans l'eau de la citerne; au reste, on peut, avec des contre-poids, lui donner encore plus de régularité ou modérer sa pression. Pour remplir le gazomètre, on ferme le robinet de distribution, et l'on ouvre un autre robinet qui établit la communication entre les cornues où se forme le gaz et le tube vertical qui s'élève du fond de la citerne au-dessus du niveau intérieur de l'eau.

Fig. 475.

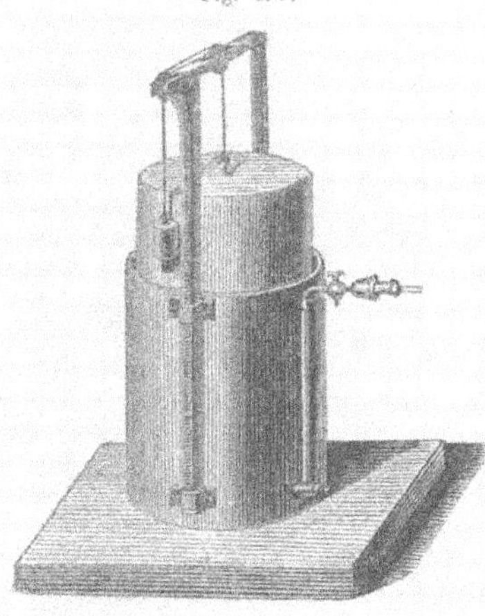

La figure 475 représente un petit gazomètre de laboratoire construit d'après le même principe. Il ne présente qu'un seul tube qui sert à la fois pour l'arrivée et pour la sortie du gaz.

VITESSE D'ÉCOULEMENT DES GAZ COMPRIMÉS.

Lorsqu'un gaz comprimé s'échappe par une ouverture quelconque percée en mince paroi, la vitesse d'écoulement dépend de la différence des pressions intérieures et extérieures, et de la densité du gaz qui s'écoule. On peut calculer la vitesse d'écoulement en considérant le gaz comme un liquide de même densité, qui serait soumis à une pression égale à celle qui résulte de la force élastique du gaz, diminuée de celle du gaz ambiant. Alors, pour avoir la vitesse, il faut trouver la hauteur d'une colonne liquide de même densité que le gaz, et dont le poids serait égal à la pression qui produit l'écoulement; la vitesse d'écoulement cherchée est alors égale à celle qu'acquerrait un corps en tombant de cette hauteur dans le vide.

Pour vérifier ce résultat par l'expérience, on a déterminé la quantité de gaz écoulée pendant une seconde par l'abaissement de la cloche d'un gazomètre disposé comme celui de la figure 475, mais dont la cloche était munie à sa partie supérieure d'une ouverture à laquelle on adaptait des plaques minces percées de différents orifices ou des ajutages de différentes formes par lesquels le gaz s'écoulait, et on a divisé le volume de gaz écoulé par la section de l'orifice; le quotient obtenu représentait la vitesse effective d'écoulement à l'orifice. En opérant ainsi, on a reconnu que la vitesse du gaz calculée d'après la théorie était supérieure à celle qui résulte de l'expérience, ce qui prouve que la veine fluide se contracte dans les gaz comme dans les liquides. On a reconnu, en outre, que, dans le cas de faibles pressions, pour obtenir la dépense réelle, il faut multiplier la dépense théorique par 0,65 si l'orifice est percé en mince paroi, par 0,93 si l'orifice est terminé par un ajutage cylindrique court, par 0,95 s'il est terminé par un ajutage un peu évasé.

Lorsque l'écoulement des gaz a lieu par de longs tuyaux, la vitesse est diminuée par les frottements sur les parois.

D'après les expériences de D'Aubuisson, ce frottement est proportionnel à la longueur des tuyaux et au carré de la vitesse, et en raison inverse du diamètre. (H. V.)

EMPLOI DES GAZ COMME MOTEURS.

Comme les liquides, les gaz en mouvement sont susceptibles d'être employés comme moteurs. Toutefois l'air atmosphérique, auquel diverses causes naturelles impriment des vitesses souvent très-considérables, est le seul gaz dont on fasse usage dans ce but. C'est le vent, c'est-à-dire l'air en mouvement, qui, par exemple, pousse les voiles des vaisseaux, et fait tourner les ailes des moulins à vent. Nous allons indiquer comment le vent produit ce dernier effet.

Les moulins à vent se composent, comme on sait, d'un axe incliné à l'horizon, à l'extrémité duquel se trouvent deux tiges perpendiculaires entre elles et à l'axe, et qui sont garnies de voiles inclinées. L'axe est mobile, et peut être amené dans la direction du vent. La pression de l'air contre les voiles se décompose en deux forces rectangulaires : l'une perpendiculaire à leur surface; l'autre parallèle. La première seule produit de l'effet pour pousser la voile; et comme le mouvement ne peut avoir lieu qu'autour de l'axe de rotation, cette pression se décompose encore en deux autres : l'une parallèle à l'axe, qui est détruite par la résistance de la machine; l'autre perpendiculaire à l'axe, qui produit la rotation : car cette dernière force est toujours dans le même sens, quelle que soit la position de la voile.

Le petit moulinet de la figure 465 peut très-bien servir à vérifier ce qui précède. A cet effet, il suffit de tourner les ailes toutes dans le même sens et de façon que leurs plans fassent un certain angle avec l'axe de rotation. Alors si l'on dirige sur les ailes un courant d'air parallèle à cet axe, l'appareil se met à tourner. (H. V.)

ANÉMOMÈTRE DE M. COMBES.

Les anémomètres, c'est-à-dire, les instruments au moyen desquels on peut mesurer directement la vitesse d'un courant de gaz, se composent d'un arbre très-léger portant, à l'une de ses extrémités, un système de quatre ailettes un peu inclinées à l'axe et que le courant de gaz fait tourner quand on place le petit moulinet de manière que son axe soit dans une direction parallèle à celle du mouvement du gaz. Dans l'anémomètre de M. Combes, l'arbre du moulinet porte sur la partie moyenne une vis sans fin qui engrène avec l'une des roues d'un compteur destiné à faire connaître le nombre des tours que le courant de gaz a fait faire à l'arbre de l'appareil pendant un temps donné, par exemple, pendant 2 ou 3 minutes. Pour avoir maintenant la vitesse absolue du courant, il faut que l'on ait primitivement gradué l'instrument; or, voici comment on obtient cette graduation directe : on place l'anémomètre à l'extrémité d'une longue alidade horizontale, en ayant soin que l'arbre soit horizontal lui-même, et perpendiculaire à la direction de l'alidade. Si alors on fait mouvoir celle-ci autour de son centre avec une vitesse constante et connue, les ailettes du moulinet choquent l'air, et l'appareil est exactement dans les mêmes conditions que s'il était soumis à l'action d'un courant dont la vitesse égalerait celle de l'extrémité libre de l'alidade. On peut donc voir aisément le nombre de tours qui répond à cette dernière.

(H. V.)

ACOUSTIQUE.

DU SON ET DE SON ORIGINE.

On dit qu'un corps *oscille* lorsque ses molécules exécutent des mouvements de va-et-vient qui les ramènent périodiquement par les mêmes points de l'espace. Quand ces mouvements sont très-rapides, ils reçoivent le nom de *vibrations*.

Nous verrons bientôt que les mouvements vibratoires sont produits par l'élasticité des corps dans lesquels on les observe. Il suit de là que les corps discontinus, comme la laine, l'étoupe, le coton, la sciure de bois, le sable, etc, et, en général, tous les corps doués d'une élasticité très-faible, sont incapables de vibrer, et, par conséquent, de transmettre les vibrations d'autres corps.

Lorsqu'un corps exécute des vibrations suffisamment rapides, et que ces vibrations peuvent se transmettre à l'organe de l'ouïe, soit directement, soit par l'intermédiaire d'un ou de plusieurs corps élastiques, il en résulte la sensation particulière appelée *son*. L'air atmosphérique est le véhicule par lequel nous arrivent la plupart des sons, mais tous les corps élastiques, solides, liquides ou gaz, pourraient remplir le même rôle. L'*acoustique* a pour objet l'étude du son.

Pour justifier la définition que nous venons de donner du son, il faut montrer que toutes les fois qu'un son est produit, il existe : 1° un corps en vibration ; et 2° entre ce corps et l'oreille un milieu élastique, susceptible de transmettre à notre organe les vibrations du corps sonore.

En ce qui concerne d'abord la première de ces deux conditions, il est facile de s'assurer qu'elle est toujours remplie quand un son est produit. En effet, la plupart des corps sonores accomplissent des oscillations sensibles pendant le temps qu'ils rendent des sons. Ce phénomène est surtout frappant dans les cordes de violon, de harpe, de guitare et des autres instruments de cette espèce. Dans les timbres ou les cloches, il y a des vibrations analogues; pour s'en assurer, on frappe une grande cloche de verre pour lui faire rendre un son, et ensuite on l'incline pour qu'une petite bille d'ivoire vienne en toucher la paroi; alors la bille saute d'un mouvement rapide, et l'on entend les chocs répétés qu'elle produit en retombant, par son poids.

Enfin, il suffit de poser le doigt légèrement sur un corps sonore quelconque, pour sentir un frémissement qui accompagne toujours la production du son.

Il y a des instruments, tels que la flûte et le sifflet, qui semblent faire exception au principe général que nous avons énoncé, car rien dans ces corps sonores ne paraît être en vibration; mais nous verrons bientôt que, si la matière solide de ces instruments ne vibre pas ou ne vibre que d'une manière insensible, il y a cependant une matière vibrante, et cette matière est la masse d'air qu'ils contiennent. Ainsi, pour qu'un son se forme, il faut toujours qu'il y ait un corps en vibration; mais cela ne suffit pas, il faut encore que le mouvement vibratoire soit assez rapide. On peut le prouver au moyen d'une corde tendue entre deux points fixes. Si la corde a 1 ou 2 mètres de longueur, et qu'elle est faiblement tendue, on peut la faire osciller sans qu'elle produise un son; c'est qu'alors ses vibrations sont trop lentes; mais si on la raccourcit successivement, ou si on la tend de plus en plus, la vitesse de ses oscillations augmente, et bientôt elle produit un son appréciable.

Enfin, si la production du son exige qu'il se trouve, entre le corps sonore et l'oreille, une suite non interrompue de milieux élastiques, lorsque le corps vibre dans le vide, de telle manière que ses mouvements ne puissent être transmis à l'air extérieur, il faut que l'on n'entende aucun son. Or, c'est ce qui a lieu, comme le démontre l'expérience suivante :

Au milieu de la platine de la machine pneumatique, on dispose un petit coussinet de laine, de coton, ou de tout autre corps hétérogène et discontinu, incapable d'exécuter et de transmettre des mouvements vibratoires (fig. 476 ci-après); sur ce coussinet on place un mouvement d'horlogerie à détente, muni d'un timbre; puis, l'appareil étant couvert d'une cloche à tige et à boîte à cuir, on fait le vide, et on tourne la tige *t* pour presser la détente *l* et lâcher le ressort. A l'instant

Fig. 476.

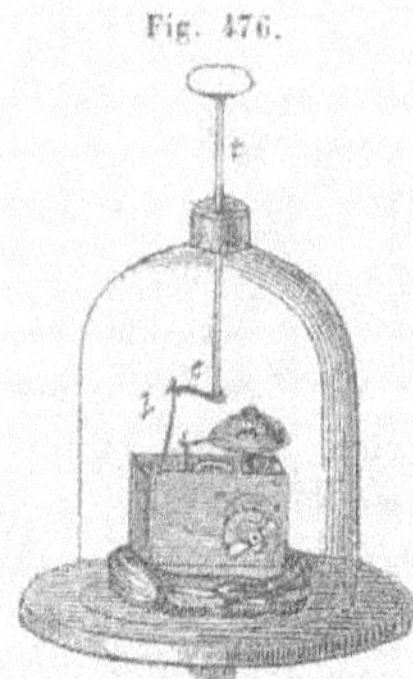

l'horloge marche, le marteau frappe le timbre par intervalle, et aucun bruit ne se fait entendre au dehors.

La soustraction de l'air sous la cloche, ou de l'un des milieux pondérables élastiques qui formaient une suite non interrompue du corps sonore à l'oreille, suffit donc pour annuler la sensation. Cette soustraction limite l'espace où le mouvement vibratoire existe, et rend impossible la transmission de ce mouvement aux corps extérieurs. Si l'on introduit, dans le vide formé, de l'air ou tout autre fluide élastique, le son se fait entendre de nouveau, avec d'autant plus d'intensité que le milieu introduit est plus dense, ou que plus de molécules pondérables partagent et transmettent le mouvement vibratoire.

En effet, si, après avoir fait l'expérience précédente, on ouvre la clef de la machine, on commence bientôt à ressaisir le son ; faible d'abord, il reprend progressivement son intensité primitive, à mesure que la masse d'air augmente sous le récipient. Lorsque le même timbre est disposé sous la cloche d'une machine de compression, on entend un son d'autant plus fort que l'air est plus comprimé. Le même accroissement d'intensité a lieu si la cloche renferme un fluide élastique plus dense que l'air. Dans les gaz dont la densité est moindre, dans l'hydrogène par exemple, le son est au contraire plus faible.

Tous ces faits prouvent que l'atmosphère gazeuse qui nous entoure remplit une fonction importante dans le phénomène du son. Toutes choses égales d'ailleurs, l'intensité des sons transmis par l'air croît et décroît avec la densité de ce fluide. A mesure que l'on s'élève dans l'atmosphère, le son provenant d'une même cause est de plus en plus faible. Sur le Mont-Blanc, par exemple, un coup de fusil ne produit pas un bruit plus fort qu'un coup de pistolet tiré dans la plaine.

Les fluides élastiques ne sont pas les seuls corps qui puissent transmettre les sons, tous les liquides possèdent la même propriété. L'eau, par exemple, transmet très-bien le son ; les plongeurs peuvent entendre ce que l'on dit sur le rivage, et du rivage on entend le bruit des cailloux qui sont heurtés sous l'eau à de grandes profondeurs.

Enfin, les corps solides élastiques peuvent non-seulement produire le son, mais ils peuvent aussi le transmettre : dans l'appareil ci-dessus, quand la cloche est remplie d'air, il faut bien que le son du timbre traverse toute l'épaisseur des parois pour se faire entendre au dehors. Un grand nombre d'expériences analogues démontrent cette vérité; nous allons en citer quelques-unes. Si un observateur appuie l'oreille à l'une des extrémités d'une poutre de bois de 15 à 20 mètres de longueur, il entend le bruit que l'on fait à l'autre extrémité en frappant légèrement le bout des fibres avec la tête d'une épingle, et cependant ce bruit est si faible dans l'air qu'il échappe à celui qui le produit. Les parties solides de la tête transmettent les sons à l'organe de l'ouïe, avec une grande facilité. Un diapason qui vibre faiblement, de manière qu'on n'entende aucun son, étant posé sur le front, sur les dents, etc., se fait entendre distinctement. Deux personnes parlant très-bas, et tenant les extrémités d'une baguette ou d'un fil entre les dents, s'entendent à une grande distance; celle qui parle peut aussi appuyer l'extrémité de la baguette sur la poitrine, sans changer sensiblement l'intensité du son transmis. Si l'on suspend une tige de fer ou une cuiller d'argent à un fil tenu entre les dents, et qu'on vienne à frapper sur l'objet métallique, après s'être bouché les oreilles, on entend un son grave transmis, jusqu'à l'organe de l'ouïe, par le fil et les parties osseuses de la tête.

On fait entendre les sourds-muets par les dents, quand la surdité ne provient que du défaut des organes extérieurs; l'abbé Cot, en parlant dans un tuyau, dont le sourd serre le bord opposé entre ses dents, lui fait entendre des mots, qu'il peut répéter aussitôt.

Les matières solides dont se compose l'écorce terrestre transmettent aussi le son. On sait, en effet, que le bruit produit par le passage de la cavalerie, et surtout le bruit du canon peuvent se distinguer à une grande distance, quand on a soin d'appuyer son oreille par terre. C'est ainsi que, lors de la bataille de Waterloo, on a pu entendre le canon jusqu'à Gand, qui est à plus de 60 kilomètres de ce célèbre champ de bataille.

On voit, par ce qui précède, que les corps solides élastiques ont tous la propriété de pouvoir transmettre les vibrations; les autres corps solides ne sont point doués de cette propriété : placés dans l'épaisseur d'une cloison, ils empêchent d'entendre les bruits qui se produisent du côté opposé; on les nomme *mauvais conducteurs* du son. (H. V.)

DES VIBRATIONS D'UNE LAME ÉLASTIQUE.

L'air étant le véhicule habituel du son, nous allons étudier les changements qu'il subit pendant la transmission de celui-ci, en supposant

Fig. 477.

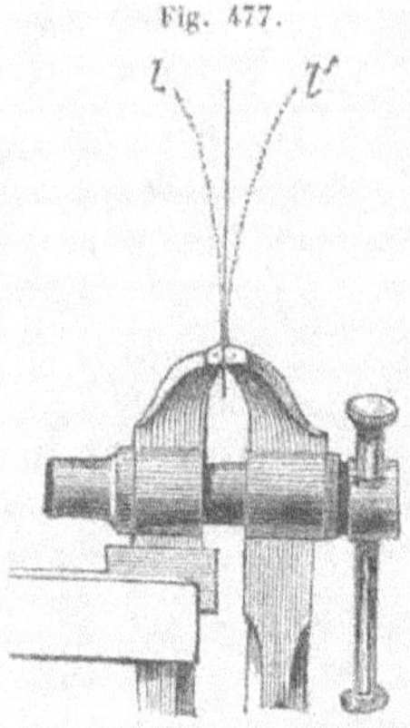

que le corps sonore soit une lame élastique, d'acier trempé par exemple, pincée fortement dans un étau par une de ses extrémités (fig. 477).

Lorsqu'on fléchit cette lame, et qu'on l'abandonne ensuite à elle-même, elle se met à osciller de part et d'autre de sa position d'équilibre, et toutes ses parties décrivent des arcs de cercle dont la grandeur est rendue sensible par l'augmentation du volume apparent de la lame, due à la persistance des impressions qu'elle produit dans chacune de ses positions successives sur la rétine (t. I, p. 128). En même temps, si la lame n'a pas une trop grande longueur, elle fait entendre un son plus ou moins grave.

On peut facilement se rendre compte de la manière dont se produisent ces vibrations. En effet, supposons qu'on abandonne la lame à elle-même dans la position *l*. L'élasticité mise en jeu par l'écartement de la lame agira pour la ramener à sa position d'équilibre. L'intensité de cette force diminue à mesure que la lame se rapproche de cette position, pour laquelle elle est nulle. D'après cela, on voit que la lame est sollicitée par une force variable, mais continue. Elle doit donc se rapprocher de sa position d'équilibre en prenant un mouvement accéléré. Arrivée dans cette position, elle la dépasse en vertu de la vitesse acquise, et s'avance avec un mouvement retardé jusqu'en *l'*; car la force élastique est alors dirigée en sens contraire du mouvement. Comme tout est symétrique de chaque côté de la position d'équilibre, la force élastique diminue actuellement la vitesse de la même manière qu'elle l'avait augmentée jusqu'à l'instant de l'arrivée de la lame à sa position d'équilibre; de sorte que la vitesse ne sera complétement détruite que lorsque la lame aura parcouru à droite de cette position un espace égal à celui qu'elle a parcouru à gauche de la même position. Arrivée en *l'*, il y aura un moment imperceptible de repos, après lequel la lame retournera sur ses pas pour repasser en *l*, revenir de nouveau en *l'*,... et ainsi de suite, en supposant qu'il n'y ait aucune résistance. Mais en réalité l'amplitude des vibrations va successivement en diminuant par la perte de force due à la transmission du mouvement au milieu et aux corps environnants; enfin, la lame rentre à l'état de repos. On appelle *oscillation* ou *vibration*, l'ensemble des mouvements, tant directs que rétrogrades, par lesquels la lame s'écarte et se rapproche d'une même position extrême l ou l'. Quand l'amplitude de ces oscillations est faible, elles sont *isochrones*, parce qu'alors on peut admettre que la force élastique qui les produit est à chaque instant proportionnelle à la distance qui sépare la lame de sa position d'équilibre. Cette condition suffit, en effet, pour l'isochronisme, comme on peut s'en assurer par un raisonnement analogue à celui qui nous a servi à expliquer l'isochronisme des petites oscillations du pendule (p. 213). (H. V.)

ONDES SONORES.

Considérons actuellement une portion très-petite AB de la lame, située, par exemple, à son extrémité libre; si l'amplitude du mouvement est assez petite, relativement à la longueur du corps sonore, on pourra regarder comme parallèles toutes les positions successives de AB, et, par conséquent, comme égales entre elles les vitesses dont sont animés tous ses points, à une même époque du mouvement vibratoire. Cela posé, admettons que la surface AB (fig. 478) vibre

Fig. 478.

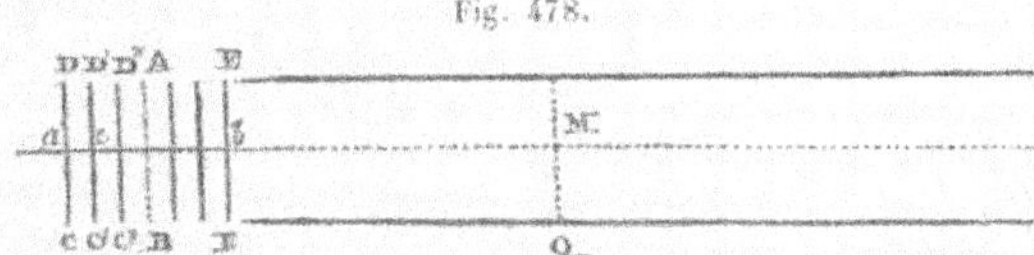

à l'orifice d'un tuyau cylindrique rempli d'air, et dont l'axe soit dans le prolongement de la droite ab que parcourt, en oscillant, le milieu de AB; représentons, de plus, par AB, DC, EF, la position d'équilibre et les positions extrêmes de l'élément vibrant; enfin, supposons cet élément dans sa position extrême DC, et admettons que la force élastique agisse sur la lame par intermittences à des intervalles égaux, mais très-petits θ. Cette hypothèse n'est pas exacte, mais elle s'éloignera d'autant moins de la réalité que le temps sera divisé en parties plus petites.

Pendant le premier intervalle très-court, l'élément se déplacera d'une petite quantité, et se transportera en D'C', par exemple. En parcourant l'espace ac, il choque les molécules d'air avec lesquelles il est en contact et leur communique une certaine vitesse; ces molécules, en se mouvant, choquent les molécules voisines, leur transmettent la vitesse qu'elles ont reçue de la lame, et rentrent au repos, de la même manière qu'une boule d'ivoire qui en choque une autre immobile et de même masse; ces dernières molécules d'air transmettent à leur tour la vitesse à des molécules plus éloignées, et ainsi de suite; de sorte que, si dans le choc la vitesse pouvait se communiquer instantanément, il sortirait du tuyau, quelque long qu'il fût, une tranche d'air d'une épaisseur égale à ac. Mais en réalité, la communication du mouvement exige un temps appréciable. Il en résulte que les molécules d'air choquées pendant le transport de la lame de DC en D'C', n'ont pu transmettre leur vitesse que jusqu'à une certaine distance de la lame, par exemple jusqu'aux molécules situées sur la section normale Q du tuyau; au delà de cette distance, les couches d'air seront restées en repos. Pendant le premier intervalle de temps, les molécules d'air mises en mouvement se rapprochent donc de la section Q, et il se forme dans le tuyau une couche d'air comprimé dont nous pourrons considérer l'épaisseur comme égale à bM, à cause de la faible amplitude des vibrations de la lame.

Fig. 479.

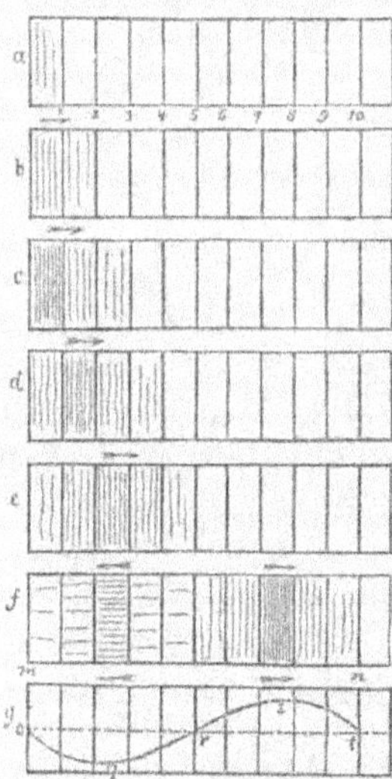

Cela posé, partageons la masse d'air contenu dans le tuyau en colonnes égales à bM, et désignons ces colonnes, y comprise la première, par les numéros d'ordre 1, 2, 3, 4..., etc. L'état de l'air, au bout du premier intervalle θ, est représenté dans la figure 479 *a* : la colonne 1 est couverte de légères rayures, pour indiquer son état de compression; une flèche indique le sens du déplacement que les molécules d'air de cette colonne ont subi; la lame vibrante n'est pas représentée.

Si au bout du premier intervalle θ la lame s'arrêtait, pendant l'intervalle suivant, la colonne 1 transmettrait sa compression à la colonne 2, et reviendrait à son état primitif. Mais en réalité la lame se transporte de D'C' en D''C'', et parcourt un espace plus grand que ac (fig. 478). Il en résulte qu'à mesure que les molécules de la colonne 1 transmettent leur compression à celles de la colonne 2, la première colonne se comprime de nouveau et plus fortement, à cause de la vitesse plus grande de la lame. Par conséquent, lorsque, au bout du second intervalle de temps, la lame est arrivée en D″ C″, les colonnes 1 et 2 seront condensées, mais la première le sera plus que la seconde (fig. 479 *b*). Pendant le troisième intervalle de temps, les colonnes 1 et 2 transmettent leurs condensations respectives aux colonnes 2 et 3, et la colonne 1 est de nouveau condensée par le déplacement que subit la lame pendant ce nouvel intervalle de temps. L'état de l'air qui correspond à la fin du troisième intervalle de temps est représenté dans la figure 479 *c*. Enfin, si nous supposons le temps d'une demi-oscillation partagé en cinq parties égales, on verra facilement que les états de l'air, au bout du quatrième et du cinquième intervalle, seront respectivement ceux qu'indiquent les parties *d* et *e* de la figure 479.

Il suit de ce qui précède qu'il se formera dans le tuyau une série de condensations en nombre égal à celui dans lequel on aura décomposé le temps de la demi-oscillation que nous avons considérée. Ces condensations chemineront à la suite les unes des autres avec la même vitesse. Lorsque l'élément sera arrivé en EF (fig. 478), il retournera en arrière, et l'on aura alors une série de dilatations qui marcheront aussi avec une vitesse constante, et précisément égale à celle avec laquelle se transportent les condensations précédentes. De sorte que si nous divisons aussi le temps de la seconde demi-oscillation en cinq parties égales, l'état de l'air à l'instant où la lame revient en DC pourra être représenté par la figure 479 *f*, dans laquelle les dilatations sont marquées par des rayures horizontales.

Nous avons supposé jusqu'ici que la vitesse de la lame variait brusquement après des intervalles très-courts, pour rester constante pendant chacun de ces mêmes intervalles. Mais en réalité la vitesse varie d'une manière continue; en sorte que si nous considérons une mince tranche d'air, à une certaine distance de l'élément vibrant, cette tranche passera successivement par une série d'états de condensation et de dilatation se reproduisant à des intervalles égaux à celui que l'élément met à exécuter une oscillation complète, mais qui, par suite du temps qu'ils mettent à se propager dans le milieu, ne seront pas simultanés avec la cause qui les produit en BA (fig. 478). L'expérience indique que ce temps varie d'un milieu à un autre. Les condensations et les dilatations dont il s'agit résultent des petits mouvements de va-et-vient que la lame vibrante imprime aux molécules d'air avec lesquelles elle est en contact et qui la transmettent ensuite aux molécules plus éloignées. Ce sont ces mouvements vibratoires qui, en arrivant à l'air contenu dans l'oreille, occasionnent la sensation du son.

On nomme *onde sonore* la série des dilatations et des condensations qui correspondent à une vibration complète de la lame, c'est-à-dire à un mouvement de a en b (fig. 478) et de b en a. L'espace mn (fig. 479 f), dans lequel sont distribuées ces condensations et ces dilatations, se nomme *longueur de l'onde* ou *longueur d'ondulation*. La partie dilatée, dans laquelle les molécules d'air éprouvent un léger déplacement vers la lame vibrante, se nomme la *demi-onde dilatée* ou *dilatante*. Et la moitié où il y a condensation, et dans laquelle les molécules sont légèrement poussées par la lame, est la *demi-onde condensée* ou *condensante*. On peut représenter les condensations qui ont lieu dans les diverses couches d'air qui composent la demi-onde condensée, par des perpendiculaires à la direction suivant laquelle le mouvement se propage. En joignant ensemble les extrémités de ces perpendiculaires, on formera une courbe rst (fig. 479 g) qui donnera une idée exacte de l'état de l'air dans toute l'étendue de la demi-onde condensée. La demi-onde dilatée se représente par une courbe analogue oqr; seulement, pour indiquer que, dans cette demi-onde, les couches d'air sont dilatées, les perpendiculaires qui représentent les dilatations sont tracées en sens contraire de celles qui donnent les condensations de l'autre moitié de l'onde. De cette façon, on obtient pour la représentation d'une onde sonore une courbe en S, ainsi que l'indique la figure. Cette même courbe peut servir à représenter les petits déplacements ou vitesses des molécules d'air de l'onde, car ces vitesses sont évidemment d'autant plus grandes que la condensation ou la dilatation de la couche d'air où elles existent est plus forte.

La longueur de l'onde est facile à déterminer, si l'on connaît la vitesse de propagation v du son dans l'air, et le nombre n de vibrations que le corps sonore fait pendant une seconde. En effet, cette longueur, que nous représenterons par l, est égale au chemin parcouru par le son pendant la durée d'une vibration, c'est-à-dire pendant le temps $\frac{1}{n}$. Or, la vitesse du son étant uniforme, ce chemin est égal à $\frac{v}{n}$; de sorte que l'on a, pour déterminer l, l'équation $l = \frac{v}{n}$.

Cela posé, pour se représenter la propagation de l'onde sonore, on n'a qu'à supposer que la courbe $oqrst$ (fig. 479 g) se meuve d'un mouvement uniforme avec la vitesse de propagation du choc dans l'air, sur l'axe du cylindre; car chaque couche d'air passera ainsi par les différents états de condensation et de dilatation qui résultent du mouvement vibratoire de la lame. Il ne faut pas confondre cette vitesse de propagation avec la vitesse propre aux molécules; celle-ci est petite et varie avec la vitesse de la lame ; celle-là est constante et indépendante de la vitesse de la lame.

Jusqu'ici nous n'avons considéré que les modifications produites dans l'air du tuyau par une seule vibration complète de la lame. Mais il est facile de prévoir ce qui arriverait si la lame effectuait deux, trois... vibrations isochrones. Dans ce cas, il y aurait deux, trois... ondes sonores se propageant dans la masse d'air, et l'ensemble du mouvement général pourrait être représenté par la translation d'une courbe égale à 2, 3... fois la portion de courbe *oqrst*, glissant d'un mouvement uniforme, avec la vitesse de propagation du choc dans l'air, sur l'axe du cylindre. Si quelqu'un se trouve sur le trajet de ces ondes, l'air contenu dans son oreille sera poussé légèrement de gauche à droite, pendant le passage des demi-ondes condensées, et de droite à gauche pendant le passage des demi-ondes dilatées, et ce sont ces petits déplacements de l'air qui occasionnent, comme nous l'avons déjà dit plus haut, la sensation du son. (H. V.)

PROPAGATION DU SON DANS UN MILIEU INDÉFINI.

Fig. 480.

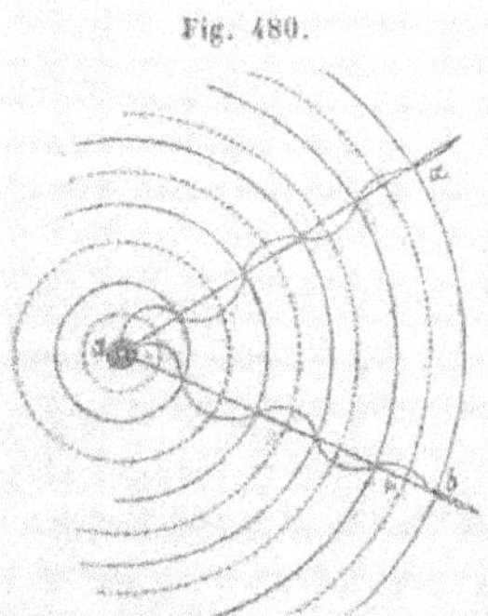

On passe facilement de la théorie du mouvement des ondes sonores dans un cylindre, à celle de leur mouvement dans toutes les directions autour d'un point, centre d'ébranlement où l'on peut supposer une petite sphère *s* (fig. 480), dont le diamètre augmente et diminue périodiquement avec rapidité, de manière à produire, dans la couche d'air qui l'enveloppe, des condensations et des dilatations successives. Ces condensations et ces dilatations se propageront et chemineront les unes à la suite des autres, comme dans une colonne cylindrique, et il n'y aura de différence qu'en ce que les tranches dilatées ou condensées seront terminées par des surfaces sphériques dont le centre commun sera au centre de la sphère vibrante.

Il faut remarquer aussi que l'intensité de ces condensations ou dilatations ira en diminuant, à mesure qu'elles s'éloigneront du centre *s*, comme l'expriment les courbes *sa*, *sb* de la figure, parce que les tranches ébranlées vont en augmentant d'étendue et par conséquent de masse.

On nomme *surface d'une onde* la surface dont tous les points reçoivent au même instant le mouvement émané du corps sonore, et *rayon sonore* toute direction suivant laquelle le son ou le mouvement vibratoire se propage. Dans les ondes formées autour d'un centre d'ébranlement et se propageant dans un milieu homogène (fig. 480), la surface est sphérique et les rayons sonores sont des rayons de cette surface. Quand une lame vibre à l'orifice d'un tuyau cylindrique, les ondes sont planes et perpendiculaires à l'axe du tuyau, et les rayons sonores sont des droites parallèles à ce même axe. On voit, d'après cela, que dans les ondes qui propagent le son, les vibrations des molécules d'air ont lieu suivant la direction des rayons sonores, contrairement à ce que l'on observe dans les ondes formées à la surface de l'eau par un corps qu'on y laisse tomber. En effet, dans celles-ci, le mouvement se communique perpendiculairement à la direction suivant laquelle les molécules d'eau s'élèvent et s'abaissent, ainsi qu'on peut s'en assurer au moyen d'un flotteur posé sur le liquide. Les ondes qui donnent lieu à la sensation de la lumière offrent le même caractère que celles produites à la surface de l'eau. (H. V.)

DES QUALITÉS DU SON.

L'oreille distingue, dans un son, trois qualités : la *hauteur* ou le *ton*, l'*intensité* et le *timbre*.

1° La *hauteur* est cette qualité qui fait qu'un son est *grave* ou *aigu*. On peut, comme nous le verrons bientôt, déterminer très-exactement le nombre des vibrations que chaque corps sonore accomplit dans un temps donné. L'expérience a indiqué que ce nombre augmente avec l'acuité du son produit, de sorte qu'il peut servir à la mesurer. On peut aussi prendre pour mesure des sons la longueur des ondes qui leur correspondent dans un même milieu. En effet, tous les sons se propageant avec la même vitesse dans le même milieu, cette longueur, pour chaque son, est en raison inverse du nombre des vibrations (p. 256), et, par conséquent, la hauteur du son augmente à mesure que la longueur des ondes qui le propagent devient moindre.

2° L'*intensité* du son est l'énergie avec laquelle l'oreille est ébranlée. Cette qualité ne dépend point du nombre, mais de l'amplitude des vibrations. C'est ainsi qu'une corde tendue donne des sons d'autant plus intenses que, pour la faire vibrer, on l'écarte davantage de sa position d'équilibre ; mais tous les sons qu'elle produit ont même hauteur, parce que la durée de ses oscillations est indépendante de leur amplitude (v. p. 253).

Quand l'amplitude augmente, les dilatations, les compressions et les vitesses que le corps sonore communique à l'air deviennent plus considérables; de sorte que pour indiquer le renforcement d'un son, on n'a qu'à donner un accroissement convenable aux perpendiculaires qui représentent l'état de l'air dans les diverses parties de l'onde. Ainsi, l'on voit de suite que les deux ondes représentées dans la figure 481, appartiennent à des sons de même hauteur, mais d'intensités différentes.

Fig. 481.

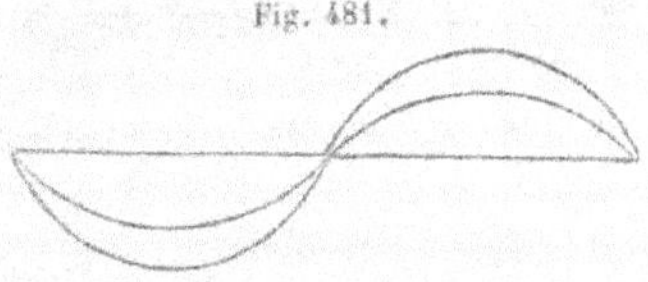

3° Le *timbre* est une qualité qui nous fait distinguer l'un de l'autre, deux sons de même hauteur et de même intensité. C'est ainsi que l'on ne confondra jamais les sons d'une flûte avec ceux d'un violon ou d'une trompette. Le timbre dépend de plusieurs circonstances que nous ferons connaître plus loin.

On nomme *bruit* toute impression faite sur l'organe de l'ouïe et dont on ne peut apprécier directement la hauteur ou le ton. Un bruit peut être le résultat d'un mélange de sons qui n'ont entre eux aucun rapport simple; comme, par exemple, le bruit de la mer, celui du vent dans les arbres, celui d'une chute d'eau, les mille bruits confus que l'on entend en approchant d'une grande ville. Un bruit n'est souvent aussi qu'un son trop bref pour que l'oreille puisse en apprécier le ton; ainsi le claquement du fouet, le bruit résultant d'un choc, de la rentrée brusque de l'air dans le crève-vessie (p. 138) ou dans une bouteille qu'on débouche, ne sont pas habituellement comparables; mais on peut les rendre comparables entre eux, en les faisant entendre à de petits intervalles. En jetant, par exemple, par terre quatre morceaux de bois de dimensions relatives convenables, on reconnait l'accord parfait, dans les bruits qu'ils produisent en rencontrant le plancher ou le pavé. (H. V.)

VARIATIONS DE L'INTENSITÉ DU SON AVEC LA DISTANCE.

Quand un son se propage librement dans l'air ou dans tout autre milieu homogène, tel que l'eau, son intensité doit diminuer avec la distance au centre d'ébranlement, parce que les molécules successivement déplacées reçoivent des vitesses d'autant moindres qu'elles sont plus éloignées de ce centre (p. 257). L'observation confirme cette conséquence, et la théorie indique, en outre, que l'*intensité est en raison inverse du carré de la distance au corps sonore.*

Lorsque le son se propage, au contraire, dans un tuyau cylindrique, son intensité ne doit pas diminuer avec la distance, puisque toutes les tranches d'air successivement ébranlées étant égales, elles doivent recevoir toutes la même vitesse. C'est, en effet, ce qui a lieu. M. Biot l'a constaté dans les tuyaux des aqueducs de Paris. Les sons les plus faibles, comme ceux que l'on émet en parlant très-bas à l'oreille de quelqu'un, parvenaient à 951^{m} de distance sans perdre sensiblement de leur intensité.

On a tiré parti de cette propriété pour se faire entendre à de grandes distances au moyen de tuyaux, nommés *tubes acoustiques*. On communique ainsi entre les différentes parties d'un vaste édifice par l'intermédiaire de tubes en caoutchouc ou en gutta-percha, nommés par les Anglais *speaking-tube*. C'est aussi par ce moyen que l'on transmet les ordres dans le local où se trouve la machine des grands navires à vapeur. (H. V.)

APPAREILS POUR LA MESURE DU NOMBRE DE VIBRATIONS. — SIRÈNE.

A cause de leur trop grande rapidité, on ne peut compter directement le nombre absolu des vibrations qui correspondent à un son donné. Pour évaluer ce nombre de la manière la plus simple et la plus précise, on fait usage, soit de la *sirène*, soit des *roues dentées* de Savart, soit du *vibroscope* de M. Marloye.

La sirène, imaginée par Cagniard-Latour, sert non-seulement à la mesure des sons, mais elle permet, en outre, de constater que les liquides et les gaz peuvent donner naissance à des sons, tout aussi bien que les corps solides. Cet appareil se compose d'une boîte cylindrique de cuivre tt' ff' (fig. 482), ayant 8 ou 10 centimètres de diamètre et environ 3 centimètres de hauteur; la surface supérieure de la table tt' est plane et très-polie. Le fond ff' est percé au milieu d'une ouverture ss'. Un tuyau $g'g$ se visse ou s'ajuste dans l'ouverture ss', et permet de faire communiquer la boîte tt' ff', soit avec une soufflerie, soit avec un tuyau de conduite vertical, par lequel l'eau tombe d'une certaine hauteur. La table tt' est

Fig. 482.

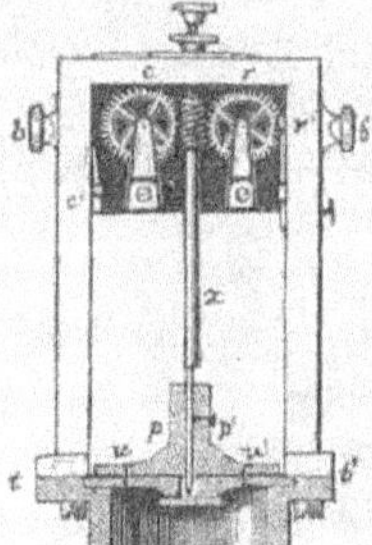

Fig. 483.

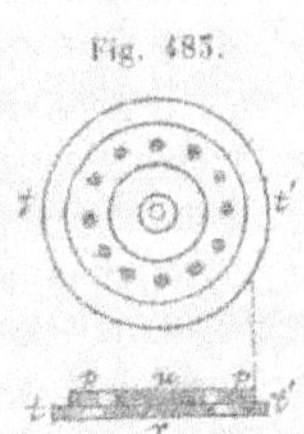

percée d'ouvertures circulaires et équidistantes v, disposées sur une circonférence de cercle dont le centre coïncide avec celui de la table (fig. 483) : on en peut faire 10, par exemple, et on leur donne des dimensions telles, que les intervalles pleins qui les séparent aient un peu plus de largeur que les ouvertures elles-mêmes; nous ajouterons que les parois des ouvertures sont inclinées aux faces de la table, et que l'axe de chacune d'elles est perpendiculaire à la droite qui joindrait le centre de l'ouverture au centre de la table. Un disque métallique pp', aussi horizontal et mobile autour d'un axe vertical x, est disposé immédiatement au-dessus de la table; il est percé d'ouvertures u, exactement correspondantes aux ouvertures v de la table, par leur nombre, leur position et leurs distances respectives, mais inclinées en sens contraire. Ainsi, toutes les ouvertures de la table sont ouvertes à la fois ou fermées à la fois, suivant la position du disque mobile.

Cela posé, pour faire comprendre comment cet appareil peut produire des sons, admettons qu'on l'ait fait communiquer avec un tuyau de conduite vertical, par lequel l'eau tombe d'une certaine hauteur; cette eau, remplissant la boite, s'échappe par les ouvertures de la table et ensuite par celles du plateau mobile, si ces dernières sont en coïncidence avec elles, comme nous pouvons le supposer. Mais les parois des ouvertures de la table et du disque étant inclinées en sens contraire, les jets d'eau auxquels les ouvertures de la table livrent passage exerceront sur les parois des ouvertures du disque des pressions obliques, dont la composante horizontale fera tourner celui-ci, s'il est suffisamment mobile. Il résulte de ce mouvement de rotation une intermittence dans l'écoulement, et une suite de chocs produits par l'eau qui s'échappe des ouvertures du disque mobile, sur l'eau située au-dessus de l'appareil, si celui-ci est submergé. Lorsque les ouvertures inférieures commencent à se découvrir, l'écoulement est faible, ainsi que les chocs; ceux-ci n'acquièrent leur plus grande intensité que lorsque les ouvertures des deux plaques coïncident complétement; mais à partir de ce moment, ils vont de nouveau en décroissant d'intensité jusqu'à devenir nuls à l'instant de la fermeture des ouvertures inférieures. On voit donc que ces chocs suivent les mêmes variations que les vitesses d'une lame vibrante; par conséquent, s'ils sont assez nombreux, ils devront donner naissance à un son, en supposant toutefois que le liquide puisse le produire et le transmettre. Or, en employant une hauteur de chute convenable, on entend effectivement un son, dont la hauteur va en croissant, devient stationnaire, mais diminue ensuite lorsque la hauteur de chute n'est pas constante. Cette variation dans la hauteur du son tient à ce que la vitesse de rotation du disque va en augmentant, à partir du moment où l'on ouvre le robinet qui établit le courant; car les impulsions obliques, que reçoivent successivement les parois inclinées des trous du disque, agissent alors comme une force accélératrice, jusqu'à ce que les frottements de l'appareil, qui augmentent avec les vitesses des parties mobiles, détruisant l'accélération, la vitesse de rotation devienne uniforme. Il est évident d'ailleurs que l'intensité des impulsions diminue avec la hauteur du liquide, et que conséquemment la vitesse de rotation du disque, le nombre des chocs, et par suite l'acuité du son produit, doivent aussi diminuer avec la même hauteur.

Au lieu d'une chute d'eau, on peut également se servir du courant d'air d'une soufflerie, qui produit le même effet et dont on peut aussi faire varier facilement la vitesse, pour élever le son donné par la sirène à la hauteur de celui dont on se propose de déterminer la longueur d'ondulation.

Dans tous les cas, que la sirène soit mue par l'eau ou par l'air, il se produit en 1″ autant d'ondes condensées qu'il y a de chocs pendant le même temps, et deux ondes successives sont séparées par un intervalle où le milieu qui transmet le son est dans son état naturel; cet intervalle devient d'autant plus grand, que la largeur des espaces pleins qui séparent les ouvertures de l'appareil excède davantage celle de ces ouvertures elles-mêmes. Les ondes formées par la sirène diffèrent donc essentiellement de celles qui se produisent par les vibrations d'une lame élastique; car ces dernières sont toujours composées d'une onde condensée et d'une onde dilatée. La sirène rendra le même son que la lame, lorsque la longueur d'une onde condensée, plus celle de l'intervalle qui la sépare de la suivante, sera égale à la longueur des ondes produites dans le même milieu par la lame élastique. En effet, la hauteur du son ne dépend pas de la constitution des ondes, mais seulement du nombre de fois que l'oreille est impressionnée exactement de la même manière pendant l'unité de temps.

D'après ce qui précède, on voit que pour trouver le nombre des vibrations qui correspondent à un son donné, il suffit de faire rendre ce son à la sirène et de déterminer le nombre des chocs qui ont lieu par seconde : ce nombre exprimera combien de vibrations complètes ferait une lame élastique rendant le même son. Afin de concevoir la possibilité de compter ces chocs, il faut remarquer d'abord qu'à chaque tour du plateau mobile il y aura autant de chocs que ce plateau offre de trous; nous supposerons qu'il y en ait dix. Il suffit, d'après cela, que l'instrument puisse indiquer le nombre de tours que fait le plateau dans un temps donné. A cet effet, une vis sans fin se trouve vers la partie supérieure de l'axe de rotation x (fig. 482); elle engrène avec une roue rr' de 100 dents, qu'elle fait marcher d'un centième de sa circonférence à chaque tour. L'axe de rr' porte un bras qui, choquant sur la tranche une seconde roue cc' à dents aiguës et obliques, la fait avancer d'une dent à chaque révolution complète de la première roue, ou à chaque centaine de tours du plateau. Les axes de ces roues portent des aiguilles qui parcourent des cadrans divisés d et d' (fig. 484); ces aiguilles et les roues qui les mettent en mouvement forment le *compteur* de la sirène. On peut à volonté faire marcher le compteur ou l'arrêter : pour cela, il suffit de presser le bouton b' pour faire engrener la roue rr' avec la vis sans fin, ou le bouton b pour désengrener; dans ce dernier cas, les dents de cette roue vont heurter contre un arrêt qui amortit immédiatement la vitesse acquise.

Fig. 484.

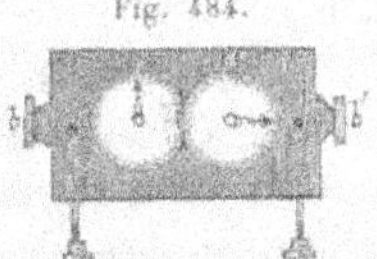

Lorsque le courant d'air de la soufflerie a été réglé de telle manière que la sirène rende le son voulu, on pousse le bouton b'; on compte sur un chronomètre un certain nombre de secondes, 20 par exemple, et lorsqu'elles se sont écoulées, on désengrène subitement. Les cadrans indiquent alors le nombre N de centaines de tours qui ont eu lieu, et celui n des tours simples de la centaine non achevée; enfin le nombre de chocs ou de vibrations doubles correspondant au son proposé est $\frac{10\,(100\,\mathrm{N} + n)}{20}$. Quand on a un peu l'habitude de ce genre d'observation, on ne se trompe pas d'une vibration sur 500. L'expérience peut d'ailleurs être prolongée pendant plusieurs minutes, et rendre ainsi sensiblement nulle l'erreur possible, lorsqu'on touche le mécanisme au moment du départ et à la fin. (H. V.)

ROUES DENTÉES DE SAVART.

L'appareil imaginé par Savart pour compter le nombre absolu des vibrations est représenté dans la figure 485 : a est un banc de bois de chêne, très-solide, que l'on rend plus stable encore, soit en le fixant sur le sol, soit en le contre-buttant de différents côtés; b est une roue de $1^{m},80$ de diamètre, portée par un axe très-fort c, et mise en mou-

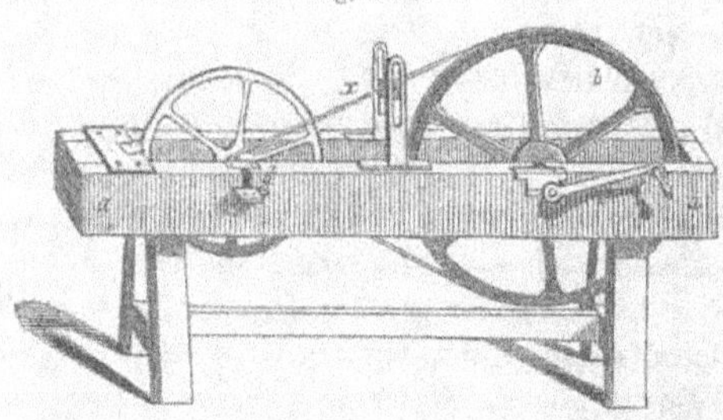

Fig. 485.

vement au moyen d'une manivelle ; d est un second axe destiné à recevoir un mouvement de rotation très-rapide par la courroie x, qui passe sur la grande roue et sur une petite poulie de l'axe d ; pendant que la roue fait un tour, la poulie en fait, par exemple, dix ; par conséquent, si la roue fait 4 tours par seconde, l'axe en fera 40. L'axe d porte une roue dentée de métal, dont le nombre des dents peut être de 720 ; et lorsqu'on présente la tranche d'une carte au choc successif des dents qui passent avec rapidité, l'on peut obtenir ainsi 24,000 chocs en 1″ ; on est maître d'en obtenir plus ou moins, en tournant plus ou moins vite, ou en montant sur l'axe d diverses roues dont le nombre des dents soit variable. Dans tous les cas, le son que l'on obtient est pur, continu, bien caractérisé, et d'autant plus aigu que les chocs se répètent à des intervalles plus rapprochés ; il est par conséquent très-facile de le mettre d'accord avec le diapason, et de le soutenir à l'unisson aussi longtemps que l'on veut. Or, le choc des dents contre la tranche de la carte produit un son, parce que la carte est mise en vibration ; pendant que la dent passe, la carte est pressée dans un sens, puis elle revient par son élasticité au-devant de la dent suivante, en sorte qu'en réalité elle vibre comme une lame, en accomplissant par l'effet de chaque dent une vibration double, c'est-à-dire, une *allée* et une *venue*, et formant, par conséquent, une onde condensée et une onde raréfiée. Il y a donc en 1″ autant de vibrations doubles qu'il y a de dents qui passent, et il suffit de compter le nombre de ces dents pour avoir le nombre des vibrations. Dans ce but, l'axe d porte une vis sans fin qui engrène dans une roue destinée à servir de compteur : ce compteur est du reste analogue à celui de la sirène.

VIBROSCOPE DE M. MARLOYE.

M. Marloye a construit, d'après les indications de M. Duhamel, un

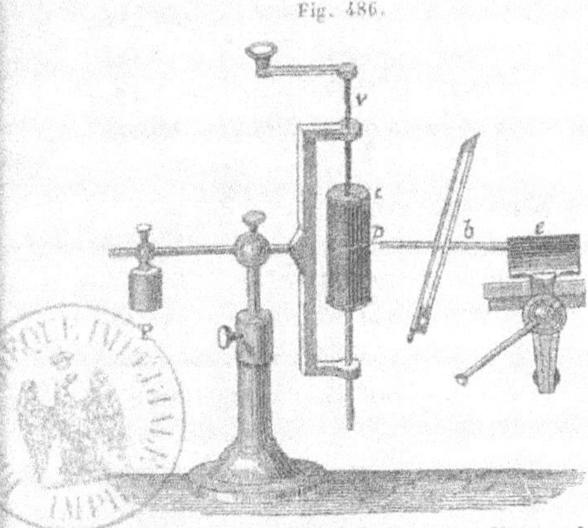

Fig. 486.

instrument qu'il a nommé *vibroscope*, et dans lequel le corps vibrant trace lui-même ses vibrations sur un cylindre recouvert de noir de fumée, de manière qu'il n'y ait plus qu'à les compter. Ce cylindre est représenté en *c* (fig. 486). Il peut tourner autour d'un axe dont la partie supérieure *v* est filetée et passe dans un écrou soutenu par le pied de l'instrument, pendant que la partie inférieure peut glisser dans l'ouverture qui la reçoit. L'appareil est équilibré par le poids P, et le cylindre *c* peut prendre différentes positions, pour la plus grande commodité des expériences.

Cela posé, soit à trouver le nombre des vibrations d'une verge élastique *b*, pincée en *e* par un étau. On fixe à l'extrémité de la verge une pointe fine *p*, qui s'appuie légèrement sur la surface noircie du cylindre *c*. La verge ayant été mise en vibration au moyen d'un archet, pendant qu'elle vibre, on fait tourner le cylindre à l'aide de la manivelle adaptée à son axe; la pointe *p* trace alors sur le noir de fumée une ligne en forme d'hélice, composée de zigzags très-fins. Si l'on a mis le cylindre en mouvement, à un instant précis et pendant un temps mesuré par un chronomètre, il n'y aura plus qu'à compter avec soin les traits en zigzag, pour connaître le nombre de vibrations simples accomplies pendant ce temps. (H. V.)

RÉSULTATS OBTENUS.

En employant les divers appareils que nous venons de décrire, on est arrivé à plusieurs résultats importants. On a d'abord reconnu d'une manière plus directe et plus générale qu'on n'avait pu le faire jusqu'alors, que les sons graves correspondent aux vibrations les plus lentes, et les sons aigus aux plus rapides. En opérant avec la sirène, on a constaté que le *la* du diapason ordinaire correspond à 440 trous du plateau passant, par seconde, sur un trou de la table, c'est-à-dire à 440 vibrations complètes, ou à 880 vibrations simples. On s'est assuré encore que le *la* des diapasons n'a pas partout la même hauteur, car on a trouvé, par exemple, que les diapasons au Grand-Opéra, au Théâtre-Italien de Paris, au théâtre de Berlin, donnent respectivement à peu près 433, 434 et 441 vibrations doubles par seconde. (H. V.)

LIMITES DES SONS PERCEPTIBLES.

Depuis Sauveur, on admettait que le son correspondant à 16 vibrations complètes était le plus grave que l'oreille humaine pût distinguer; mais Savart a démontré que la sensibilité de l'organe de l'ouïe s'étend à des sons plus graves encore. A cet effet, il a substitué à la roue dentée de la figure 485, une simple barre de fer ou de bois, et il a fait voir que lorsque les deux moitiés de cette barre traversent successivement une fente pratiquée dans une planche assez mince qu'on dispose sur le banc de l'appareil, on obtient à chaque passage un bruit explosif d'une intensité véritablement assourdissante; cette intensité paraît avoir son maximum quand la barre, en passant dans la fente, en rase les bords à la distance de 1 à 2 millimètres. Les explosions sont d'abord distinctes et successives quand le mouvement de la barre est très-lent; mais, dès qu'il acquiert assez de vitesse pour qu'il y ait 7 ou 8 chocs, ou plutôt 7 ou 8 passages de la barre par seconde, le son devient parfaitement continu, et il a en même temps une force et une gravité remarquables. Ainsi, l'oreille humaine perçoit distinctement des sons graves qui correspondent à 7 ou 8 vibrations complètes par seconde; car à chaque passage de la barre à travers la fente, il se produit évidemment une onde condensée, et comme la hauteur du son ne dépend que du nombre de fois que l'oreille est impressionnée de la même manière dans un temps donné, il s'ensuit que les 7 à 8 ondes condensées qui se forment par seconde correspondent exactement aux ondes condensées et dilatées que produirait une lame élastique qui ferait 7 à 8 vibrations complètes pendant le même temps.

Pour trouver la limite des sons aigus, Savart s'est servi, au contraire, de son appareil, tel que nous l'avons décrit (p. 263). La roue dentée portait 720 dents, de manière qu'on pouvait faire passer 24,000 dents par seconde. Le son que l'on obtenait alors était encore perceptible, quoique excessivement aigu. M. Despretz est allé beaucoup plus loin; il est parvenu à produire et à apprécier des sons correspondant à 36,850 vibrations, au moyen de diapasons montés sur des caisses sonores destinées à renforcer le son. Pour obtenir le nombre de vibrations aussi rapides, cet habile physicien prenait pour point de départ un diapason donnant un nombre modéré de vibrations, mesuré par les méthodes ordinaires; et les autres diapasons étaient établis de manière à donner l'*octave* aiguë les uns des autres. L'intervalle d'octave étant facile à apprécier avec l'oreille, comme on sait qu'un son à l'octave aiguë d'un autre correspond à un nombre double de vibrations (p. 276), on pouvait ensuite calculer facilement ce nombre pour les diapasons les plus aigus. C'est de cette manière qu'a été trouvé le nombre 36,850. Ainsi notre oreille est douée d'une si merveilleuse délicatesse qu'elle peut entendre et distinguer les uns des autres tous les sons qui se trouvent compris entre 8 vibrations et 36,850 vibrations complètes par seconde. Encore ne peut-on pas dire que ce sont là les vraies bornes de sa sensibilité; il est probable, au contraire, qu'au delà de ces limites, il y a encore des sons qui deviendraient perceptibles, s'ils avaient assez d'intensité. (H. V.)

VITESSE DU SON DANS L'AIR.

La vitesse du son, dans un même milieu, est la même pour les sons graves ou aigus, forts ou faibles, et quel que soit leur timbre. En effet, on reconnait qu'un air de musique n'est pas altéré, quand on l'entend à une grande distance; ce qui ne manquerait pas d'avoir lieu, si les différents sons qui le composent ne parvenaient pas à l'oreille dans le même temps.

On a entrepris plusieurs fois de déterminer par l'expérience la vitesse de propagation du son dans l'air. L'opération la plus exacte est celle qui fut faite, en 1822, par le Bureau des Longitudes, dans les environs de Paris, entre Montlhéry et Villejuif. Un canon était tiré à l'une des stations, et l'on comptait à l'autre le temps qui s'écoulait entre l'apparition de la lumière et l'instant où le bruit se faisait entendre. Le temps que la lumière met à se propager à quelques lieues étant tout à fait inappréciable, il suffisait de diviser la distance connue des deux stations, par le nombre des secondes écoulées entre la lumière reçue et le son transmis, pour avoir la vitesse de propagation cherchée. Ces expériences furent faites la nuit afin d'apercevoir plus facilement le signal, et pour que le bruit ne fût pas affaibli par des sons étrangers.

Le vent qui entraine la masse d'air dans laquelle l'onde se propage doit ralentir ou augmenter la vitesse du son, suivant qu'il se dirige en sens contraire ou dans le même sens. Cette cause d'erreur peut être écartée en croisant les feux dans des temps très-rapprochés, et en prenant la moyenne des deux observations consécutives; car le son se propageant dans deux directions opposées, sa vitesse réelle devra être autant diminuée dans un sens par le vent existant, qu'elle sera augmentée dans l'autre; et la moyenne des deux vitesses apparentes observées sera égale à la vitesse réelle cherchée, ou qui aurait lieu dans un air calme.

Le nombre auquel le Bureau des Longitudes est parvenu, dans ses expériences, est celui de $340^m,88$ par seconde, à la température de 16° C. D'après Moll, la vitesse du son, dans l'air sec à 0°, serait de $332^m,147$ par seconde; nous admettrons, par la suite, en nombre rond, 333^m. (H. V.)

VITESSE DU SON DANS L'EAU.

Colladon et Sturm ont déterminé par une expérience directe la vitesse du son dans l'eau. Ils ont opéré pendant une nuit sur le lac de Genève, en produisant un son à une des extrémités du lac, et comptant le temps qu'il mettait à parvenir, par sa propagation dans l'eau, à une distance de près de 4 lieues. Le son était produit au moyen d'une cloche assez forte suspendue à un bateau, et qui plongeait dans l'eau (fig. 487). Une lance à feu *f* venait mettre le feu à un amas de pou-

Fig. 487.

dre *p*, au moment même où un marteau *m* tombait sur la cloche; on avait ainsi un signal lumineux qui indiquait l'instant de départ du son.

La difficulté de l'expérience consistait principalement à rendre le son transmis par l'eau appréciable à la distance considérable où on voulait le percevoir; on s'est servi à cet effet d'une caisse en tôle mince *oc* (fig. 487), remplie d'air, présentant une surface plane *c* du côté d'où venait le son, et dont l'extrémité, percée d'une petite ouverture, était engagée dans le conduit de l'oreille. Cet appareil étant immergé, les ébranlements communiqués à la plaque par les vibrations de l'eau se transmettaient à l'air du tuyau, et l'on entendait distinctement le son produit à près de quatre lieues de distance. C'est ainsi que Colladon et Sturm ont trouvé que la vitesse du son dans l'eau est de 1435^{m}, ou environ 4 fois et demie celle que l'on observe dans l'air.

D'après ce qui précède, il est facile de trouver la valeur numérique des ondes sonores dans l'air et dans l'eau. En effet, la vitesse du son dans l'air étant d'environ 340^{m} à 16°, et le *la* du diapason ordinaire étant produit par 440 vibrations complètes, la longueur des ondulations qui correspondent à ce son est égale à $\frac{340^{m}}{440} = 0^{m},77$; dans l'eau, la longueur des ondes du même son serait égale à $\frac{1435^{m}}{440} = 3^{m},26$.

Le son produit par 8 vibrations, c'est-à-dire le son le plus grave que l'oreille puisse distinguer, correspond, dans l'air à 16°, à des ondes de $\frac{340^{m}}{8} = 42^{m},50$; et le son le plus aigu, à des ondes de $\frac{340^{m}}{36850} = 0^{m},0092$. (H. V.)

RÉFLEXION ET RÉFRACTION DU SON.

Quand des ondes sonores, transmises par un milieu élastique, arrivent à la surface qui le sépare d'un second milieu, dont la densité et l'élasticité sont différentes, le mouvement ondulatoire se partage en deux autres, l'un qui se communique aux molécules situées de l'autre côté de la surface de séparation, et l'autre qui revient du même côté de cette surface. Ce dernier mouvement constitue le phénomène de la *réflexion* du son, et les ondes auxquelles il donne lieu s'appellent des *ondes réfléchies*. On désigne, au contraire, sous le nom de *réfraction* du son le phénomène qui donne lieu au mouvement propagé dans le second milieu, et l'on appelle *ondes réfractées* les ondes produites par ce mouvement. Les lois de la réflexion et de la réfraction sont les mêmes pour le son que pour la lumière et la chaleur. Pour le moment, nous nous bornerons à l'étude de la réflexion du son ; quant à sa réfraction, il en sera question après que nous nous serons occupé du phénomène lumineux correspondant.

Voici d'abord les définitions de quelques mots dont nous devrons

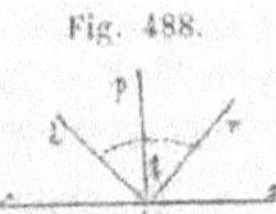

Fig. 488.

faire usage. On nomme *rayon incident* tout rayon sonore ri (fig. 488), avant sa rencontre avec la surface de séparation des deux milieux, et *rayon réfléchi* tout rayon, tel que id, parti, par réflexion, d'un point de cette surface. L'*angle d'incidence* est l'angle rip que fait le rayon incident avec la perpendiculaire ou normale ip à la surface de séparation, et l'*angle de réflexion* est celui pid que fait le rayon réfléchi avec cette même normale.

Cela posé, les lois de la réflexion sont les suivantes :

1° *Le rayon sonore incident et le rayon réfléchi sont dans un même plan avec la normale à la surface.*

2° *L'angle d'incidence est égal à l'angle de réflexion.*

On peut vérifier les lois de la réflexion par l'expérience, mais indirectement. Pour cela, on cherche les conséquences de ces lois et on les vérifie expérimentalement. Or, il résulte de ces lois que si la surface réfléchissante est celle d'un ellipsoïde de révolution [1], les rayons sonores fa, fc, fe,..., partis de l'un des foyers f (fig. 489), doivent, après leur réflexion, concourir à l'autre foyer f'; car, dans cette surface, les droites menées d'un point quelconque aux foyers f, f', font des angles égaux avec la normale à la surface au même point. Il suit de là que deux personnes qui seraient placées l'une en f et l'autre en f', pourraient s'entendre à une distance considérable en parlant à voix basse, sans qu'aucun mot pût être saisi par des auditeurs intermédiaires. On observe, en effet, ce phénomène dans certaines salles dont la voûte présente la forme d'une portion d'ellipsoïde de révolution. Nous pouvons citer, comme exemple, une des salles du Musée des Antiques, au Louvre. (H. V.)

Fig. 489.

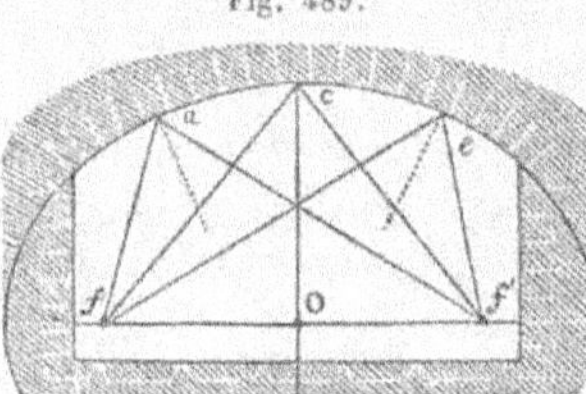

DE L'ÉCHO.

La réflexion des ondes sonores trouve une confirmation complète dans le phénomène des *échos*. Il y a des *échos simples* qui ne répètent

[1] L'*ellipse* est une courbe telle, que la somme des distances de chacun de ses points à deux points fixes nommés *foyers*, est constante et égale au diamètre passant par ces deux points, diamètre que l'on nomme son *grand axe*. Si l'on fait tourner l'ellipse autour de cet axe, elle engendrera un ellipsoïde de révolution.

chaque syllabe qu'une fois, et des *échos multiples* qui redisent plusieurs fois la même syllabe. La formation des premiers n'exige qu'un seul obstacle réflecteur, convenablement situé ; celle des autres en exige au moins deux. Un seul obstacle forme écho, quand il renvoie à l'observateur les ondes sonores après un laps de temps égal à la durée de l'émission d'une syllabe, c'est-à-dire après un 1/4 de seconde, car on ne peut généralement prononcer que quatre syllabes par seconde, en articulant nettement. En effet, si le son réfléchi arrivait à l'observateur après un intervalle de temps plus court, ce son empiéterait sur le son direct non encore complétement articulé, et il y aurait seulement *résonnance*. D'après cela, il est facile de voir qu'un obstacle situé en face d'un observateur, à une distance d'environ 42^m, peut répéter une syllabe, en supposant que le son soit produit par l'observateur lui-même; en effet, le son exigeant 1/4 de seconde pour parcourir un chemin de 2 fois 42^m, reviendra à l'observateur à l'instant où l'articulation de la syllabe est achevée. Si l'obstacle réflecteur est à une distance moindre, le son réfléchi coïncidera plus ou moins avec le son direct et ne fera qu'en modifier l'intensité. Quand il est au contraire à une distance plus grande, il peut répéter un plus ou moins grand nombre de syllabes : 2, par exemple, s'il est à une distance de 84^m ; 3, à une distance de 126^m, et ainsi de suite. Il existe sur les bords du Rhin un rocher qui répète 20 syllabes.

Il y a des échos multiples qui dépendent de plusieurs obstacles tellement disposés que, par les réflexions successives qui s'opèrent à leur surface, ils renvoient à l'oreille le même son, à des époques différentes et avec des intensités décroissantes. Ces échos peuvent se produire aussi entre deux surfaces réfléchissantes parallèles, car un son réfléchi ayant la propriété de se réfléchir de nouveau, il est évident que de telles surfaces pourront se renvoyer le son comme deux miroirs opposés se renvoient la lumière. C'est entre des tours ou entre des murs parallèles et éloignés, que sont produits la plupart des échos multiples. Kircher parle d'un écho de cette espèce, qu'il a observé au château de Simonetta, en Italie, entre deux ailes de bâtiment parallèles et qui répète quarante à cinquante fois le bruit d'un pistolet. Monge a eu l'occasion de vérifier ce résultat.

Les obstacles qui produisent les échos sont ordinairement des édifices, des rochers, des arbres, présentant une surface convenablement dirigée par rapport à l'observateur et au centre d'où le son part. Mais les nuages peuvent aussi produire des échos. Pour que le son se réfléchisse, il suffit même qu'il rencontre sur sa route des couches d'air de densités différentes. Quand cette circonstance se présente, le son s'affaiblit rapidement avec la distance, parce que, à chaque passage d'une masse d'air dans une autre de densité différente, il éprouve une réflexion partielle, de sorte que la portion qui passe outre a perdu une partie de son intensité. C'est ce qui explique l'affaiblissement plus rapide du son pendant le jour que pendant la nuit. En effet, pendant le jour, l'air est agité et composé de parties d'inégale densité, parce que les couches inférieures s'échauffent au contact du sol, et ne se mêlent qu'imparfaitement avec les couches supérieures moins échauffées. Pendant la nuit, l'air est, au contraire, calme et homogène, ce qui favorise la propagation du son.

L'accroissement de l'intensité du son pendant la nuit était connue des anciens. On a voulu en trouver l'explication dans les mille bruits confus qui agissent sur l'oreille pendant le jour, et qui n'existent pas pendant la nuit; mais cette explication ne pourrait s'appliquer aux forêts de l'Orénoque, dans lesquelles une foule d'animaux nocturnes remplissent l'air de leurs cris. M. de Humboldt a trouvé la véritable explication du phénomène; c'est celle que nous avons indiquée plus haut. (H. V.)

RÉSONNANCE.

Quand un son réfléchi empiète sur le son direct, comme cela a lieu lorsque l'obstacle réflecteur est peu éloigné, il y a *résonnance;* le son direct est renforcé par sa coïncidence partielle avec le son réfléchi, mais il devient confus, par la prolongation qu'y apporte ce dernier. Dans les grands édifices, les églises, ce phénomène se remarque souvent. Dans un espace moins étendu, comme dans une chambre, les sons réfléchis par les murs, le plafond et le plancher, arrivent à l'oreille presque en même temps que le son direct, et les sons se trouvent renforcés, tout en conservant leur netteté. C'est pour ce motif que la voix s'entend mieux dans une chambre qu'en plein air. Les corps mous, les draperies, rendent un espace *sourd,* parce que la réflexion ne se fait pas sur ces sortes de corps, qui cèdent aux compressions et aux dilatations qui se présentent, et ne peuvent occasionner le retour des ondes.

I. — VIBRATIONS TRANSVERSALES DES CORPS SOLIDES.

Les corps solides peuvent exécuter des vibrations *transversales*, *longitudinales* et *tournantes*. Les vibrations transversales sont celles pour lesquelles les molécules se déplacent dans une direction perpendiculaire à la plus grande des dimensions du corps, dont les parties éprouvent alors des flexions alternatives de part et d'autre de leur position d'équilibre. Les vibrations longitudinales ont lieu dans le sens de la longueur du corps, et dans les vibrations tournantes ou par torsion les molécules oscillent en décrivant des portions de courbes perpendiculaires à cette même dimension. (H. V.)

VIBRATIONS TRANSVERSALES DES CORDES.

Une *corde sonore* est un fil de métal ou de toute autre matière élastique, fortement tiré dans le sens de sa longueur. Lorsqu'une pareille corde est pincée ou frottée transversalement avec un archet, puis abandonnée à elle-même, elle résonne, et l'on peut constater à la vue l'état de vibration qui accompagne le son ; car, si la corde n'est pas trop courte, tant qu'elle résonne, elle paraît occuper un volume plus grand que le sien, et les dimensions transversales de ce volume apparent diminuent à mesure que le son s'affaiblit.

La rapidité du mouvement vibratoire d'une corde dépend de sa longueur, de son diamètre, de sa tension et de sa densité. On a trouvé, par le calcul, que le nombre des vibrations, pendant l'unité de temps, est régi par les lois suivantes :

1° *Ce nombre est en raison inverse de la longueur de la corde ;* 2° *en raison inverse de son diamètre ;* 3° *proportionnel à la racine carrée de la tension ;* 4° *en raison inverse de la racine carrée de la densité.*

Pour vérifier ces lois, on a besoin d'un instrument qui donne des sons purs et qui permette de mesurer avec exactitude les longueurs des cordes. Cet instrument s'appelle *sonomètre ;* on lui a donné différentes formes ; nous supposerons que l'on emploie celui de Savart, qui est représenté par la figure 490 ci-après ; il est disposé de manière qu'on puisse y fixer à volonté une ou deux cordes. Chacune de ces cordes est retenue par une pince c, passe sur des espèces de chevalets f et h, sur une poulie m, et s'attache à un crochet auquel on suspend les poids p. Le chevalet mobile h peut laisser glisser la corde sans la toucher ; on l'arrête où l'on veut, et pour réduire la longueur de la corde, il suffit

Fig. 490.

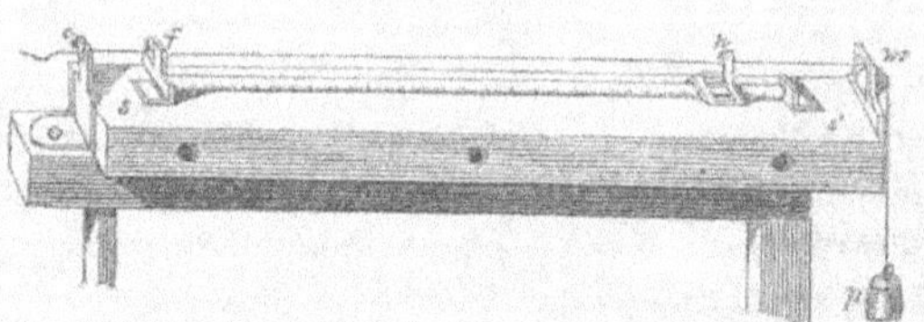

de serrer la vis de pression de ce chevalet. Nous verrons plus tard que la caisse *s s'* sert à renforcer le son.

Si l'on veut constater seulement la première loi énoncée plus haut, le sonomètre n'a besoin que de porter une seule corde. On fait sonner d'abord la corde entière, ensuite on la raccourcit au moyen du chevalet mobile de manière à ne plus faire vibrer que des fractions connues de sa longueur, et l'on détermine chaque fois par la sirène le nombre des vibrations qui correspondent au son obtenu. En opérant sur des cordes un peu longues, on arrive ainsi à des résultats qui confirment complétement la loi qu'il s'agissait de vérifier; mais avec des cordes courtes, on trouve un léger désaccord entre le résultat de l'expérience et celui de la théorie. Savart a démontré que ce désaccord, qui est généralement inférieur à 1/4 de ton, provient de ce que la corde n'est pas douée d'une parfaite flexibilité, comme le suppose la théorie.

La loi des longueurs étant établie, on peut s'en servir pour vérifier les trois autres lois. Par exemple, pour s'assurer de l'exactitude de la seconde, on fixe sur le sonomètre deux cordes de cuivre aussi identiques que possible, de manière qu'étant tendues par des poids égaux, elles rendent le même son. Supposons que la tension de chacune des deux cordes soit produite par un poids de $8^{\text{kil.}}$. Si l'on augmente la tension de l'une d'elles de manière à la porter à $12^{\text{kil.}},5$, les tensions seront entre elles comme 8 : 12,5, ou comme 16 : 25. Par conséquent, si les nombres des vibrations sont entre eux comme les racines carrées des poids qui tendent respectivement les deux cordes, l'une devra faire 4 vibrations, quand celle chargée de $12^{\text{kil.}},5$ en fait 5. Or, cela a lieu, puisque, en faisant vibrer les $\frac{4}{5}$ de la longueur de la corde qui doit exécuter 4 vibrations, on obtient un son de même hauteur que celui de la seconde corde.

Il est facile de voir comment on peut de même vérifier, au moyen du sonomètre, les deux dernières lois des vibrations transversales des cordes sonores. (H. V.)

DE LA GAMME.

Il nous sera très-facile maintenant de représenter par des nombres les différents sons musicaux. A cet effet, supposons une corde fixée sur un sonomètre, et convenablement tendue pour rendre un son plein et pur en vibrant à vide; prenons ce son pour point de départ, ou pour l'*ut*, et avançons peu à peu le chevalet mobile pour obtenir successivement les autres notes de la *gamme*, *ré*, *mi*, *fa*, *sol*, *la*, *si*, *ut*; la longueur de la corde entière étant représentée par 1, on trouvera pour les autres notes les longueurs suivantes :

Noms des sons	*ut*,	*ré*,	*mi*,	*fa*,	*sol*,	*la*,	*si*,	*ut*.
Longueur des cordes. . .	1,	8/9,	4/5,	3/4,	2/3,	3/5,	8/15,	1/2.

Mais les nombres de vibrations de la corde étant en raison inverse de sa longueur, on aura, en représentant par 1 le nombre des vibrations qui donnent l'*ut* :

Noms des sons	*ut*,	*ré*,	*mi*,	*fa*,	*sol*,	*la*,	*si*,	*ut*.
Nombre des vibrations. .	1,	9/8,	5/4,	4/3,	3/2,	5/3,	15/8,	2.

On nomme *intervalle* de deux sons, le rapport numérique entre les nombres de vibrations accomplies dans le même temps par ces deux sons. Si l'on cherche ce rapport entre un son quelconque de la gamme et celui qui le précède immédiatement, on ne trouve que 3 rapports différents :

$$\frac{9}{8}, \qquad \frac{10}{9}, \qquad \frac{16}{15};$$

le premier intervalle se nomme *ton majeur*, le second *ton mineur*, et le troisième *semi-ton majeur*. Les intervalles se succèdent de la manière suivante :

ut,		*ré*,		*mi*,		*fa*,		*sol*,		*la*,		*si*,		*ut*.
	9/8		10/9		16/15		9/8		10/9		9/8		16/15	
	Ton maj.		ton min.		semi-ton maj.		ton maj.		ton min.		ton maj.		semi-ton maj.	

Si l'on prend le rapport entre le ton mineur $\frac{10}{9}$ et le ton majeur $\frac{9}{8}$, on trouve $\frac{10}{9} : \frac{9}{8} = \frac{80}{81}$, quantité qui ne diffère de l'unité que de $\frac{1}{81}$. L'oreille, à moins d'une attention toute particulière, ne distingue pas une aussi petite différence. Tout rapport qui diffère assez peu de l'unité pour que l'oreille n'y fasse pas attention, se nomme *comma*, dénomination due à Pythagore. Un comma se néglige ordinairement en musique.

Indépendamment des intervalles entre un son quelconque de la gamme et celui qui le précède immédiatement, on en distingue d'autres qui ont reçu des noms particuliers.

L'intervalle de *ut* à *ré* s'appelle une *seconde;* de *ut* à *mi* une *tierce;* de *ut* à *fa* une *quarte;* de *ut* à *sol* une *quinte;* de *ut* à *la* une *sixte;* de *ut* à *si* une *septième;* de *ut* à *ut* une *octave.*

Ainsi, quand deux sons forment l'*octave*, le nombre des vibrations du plus aigu est double du nombre des vibrations du plus grave; pour la *tierce*, le plus grave fait 4 vibrations et le plus aigu 5; pour la *quarte*, le plus grave 3 et le plus aigu 4; pour la *quinte*, le plus grave 2 et le plus aigu 3, etc.

On peut d'après cela écrire facilement autant d'octaves que l'on voudra *au-dessus* ou *au-dessous* de l'octave précédente, puisqu'il suffira de multiplier tous les nombres de celle-ci par 2, par $2^2 = 4$, par $2^3 = 8$, etc., pour avoir successivement la première, la deuxième, la troisième octave *au-dessus*, et de les multiplier par $\frac{1}{2}$, par $\frac{1}{2^2} = \frac{1}{4}$, par $\frac{1}{2^3} = \frac{1}{8}$, etc., pour avoir la première, la deuxième, la troisième octave au-dessous, etc. On désigne au moyen des indices $_{-1}$, $_{-2}$, etc., $_2$, $_3$, ... les différents sons des gammes au-dessous ou au-dessus de celle qui sert de terme de comparaison. Ainsi ut_{-1} est l'ut de la première gamme au-dessous de cette dernière, et $ré_4$ est le ré de la troisième au-dessus. On est convenu, en physique, de prendre pour gamme de comparaison celle dont l'*ut* correspond au son le plus grave de la basse, son dont le nombre de vibrations est de 64 par seconde. D'après cela, le *la* ordinaire, ou la_3 correspondrait à environ 428 vibrations complètes.

Les sons qui précèdent ne sont pas les seuls que l'on emploie dans la musique; on emploie aussi des *dièses* et des *bémols*. Mais il est facile de s'assurer au moyen du sonomètre, par des expériences analogues à celles indiquées ci-dessus, que *diéser* un son, c'est multiplier le nombre de ses vibrations par 25/24; c'est-à-dire que c'est lui substituer un son faisant 25 vibrations dans le même temps qu'il en fait 24; et que *bémoliser* un son, c'est le multiplier par 24/25, c'est-à-dire que c'est réduire le nombre de ses vibrations dans le rapport de 25 à 24.

A l'aide des dièses et des bémols l'on arrive à pouvoir établir des gammes commençant par tout autre son que l'*ut*. Veut-on, par exemple, obtenir une gamme commençant par le *ré*, on ne pourra faire usage ni du *fa*, ni de l'*ut* de la gamme naturelle. En effet, l'intervalle entre le *fa* et le *ré* est égal à 4/3 : 9/8 = 32/27, et ne forme pas la première tierce d'une gamme. Mais, si au *fa* nous substituons *fa dièse*, nous obtiendrons, pour le rapport entre le nombre des vibrations de cette dernière note et du *ré*, le rapport $4/3 \times 25/24 : 9/8 = 100/81$, qui ne diffère de $5/4$, valeur exacte de la tierce, que de $5/324$, quantité qu'on peut négliger sans que l'oreille en soit choquée. Le ton *fa dièse* appartient donc à la gamme commençant par le *ré*. On verrait qu'il en est de même de l'*ut dièse*, de sorte que, dans cette gamme, les sons doivent se succéder dans l'ordre suivant :

ré, mi, fa dièse, sol, la, si, ut dièse, ré.

Si l'on veut commencer la gamme par *fa*, il faudra substituer au ton *si* le ton *si bémol*. On aura donc *fa, sol, la, si♭, ut, ré, mi, fa*, et l'on pourra facilement s'assurer que ces huit sons se succèdent comme ceux de la gamme et qu'ils sont séparés par les mêmes intervalles.

Un air de musique ou une *mélodie* n'est autre chose qu'une suite de sons pris dans la gamme et arrangés, quant à leur succession et à leur durée, dans un ordre déterminé par le goût du compositeur. La note par laquelle commence la gamme, dans laquelle sont pris les sons qui figurent dans un air, se nomme *tonique* et en détermine le *ton*. Ainsi, les deux gammes ci-dessus sont dans les tons de *ré* et de *fa*. Dans toutes les gammes autres que celle qui commence par l'*ut*, et qu'on appelle gamme naturelle, les sons ne se succèdent pas rigoureusement comme dans cette dernière, et il en résulte que le caractère d'un morceau de musique dépend en partie du ton dans lequel il est écrit.

Dans un même morceau de musique, l'on change souvent de *ton*, c'est-à-dire que les sons avec lesquels on le compose sont pris successivement dans différentes gammes. Mais, pour passer ainsi d'une gamme à une autre, ce qui s'appelle *moduler*, il faut suivre certaines règles que l'oreille impose ; par exemple, il faut toujours finir dans le ton avec lequel on a commencé.

La gamme dont nous venons de nous occuper n'est pas la seule que l'on emploie dans la musique ; on emploie aussi la gamme *mineure*, dans laquelle les sons se succèdent dans l'ordre suivant :

ut, ré, mi♭, fa, sol, la♭, si♭, ut.
1, 9/8, 6/5, 4/3, 3/2, 8/5, 9/5, 2

Les airs écrits dans le mode mineur ont un caractère triste et mélancolique, qui les fait immédiatement distinguer de ceux qui sont écrits dans le mode majeur.

Enfin, on distingue encore la *gamme chromatique*, dans laquelle on procède par demi-tons, en confondant chaque note diésée avec la suivante bémolisée. Les anciens chantaient des airs entiers dans cette gamme, comme le font encore quelques peuplades sauvages de l'Amérique. La musique est alors monotone, et le goût le plus vulgaire ne pourrait aujourd'hui la tolérer. On ne s'en sert quelquefois, dans la musique moderne, que dans des passages peu étendus. (H. V.)

ACCORDS ET DISSONANCES.

On appelle *accord* des sons dont la production simultanée impressionne agréablement l'oreille, et *dissonance* des sons simultanés qui déterminent une sensation opposée. Dans les accords, les rapports entre les nombres de vibrations des sons qui les composent sont dans des rapports simples. L'accord de trois sons le plus agréable est formé par l'*ut*, le *mi* et le *sol*, dont les nombres de vibrations 1, 5/4 et 3/2 sont entre eux comme les nombres 4, 5, 6. C'est l'*accord parfait majeur;* en y joignant l'octave, on aura la série 1, 5/4, 3/2, 2; ou 4, 5, 6, 8.

Les sons qui forment l'accord parfait constituent donc une réunion de sons dans les rapports les plus simples, et que l'on pourra combiner comme on voudra pour former un chant dont les sons plairont toujours, parce que l'oreille n'est pas seulement impressionnée d'une manière agréable par la production simultanée des sons d'un accord, mais encore lorsque les sons se succèdent rapidement, de façon que le souvenir des impressions produites par les premiers soit encore très-vif, quand le dernier se fait entendre.

Les sons *sol, si,* $ré_2$, sol_2 forment de même un accord parfait, car les nombres de vibrations de ces sons, savoir 3/2, 15/8, 18/8 et 6/2 sont entre eux comme les nombres entiers 4, 5, 6, 8.

Enfin, les sons fa_{-1}, la_{-1}, *ut, fa* forment pareillement un accord parfait, de telle sorte que les sons qui composent la gamme sont distribués en trois accords parfaits, disposés de manière que le son fondamental de chacun d'eux est la quinte grave ou aiguë du son fondamental des deux autres, en prenant toutefois l'octave grave ou aiguë à la place de certaines notes. En effet, les sons fondamentaux de ces accords sont (ut), (sol), (fa_{-1}), et ces deux derniers sons représentent l'un la quinte aiguë et l'autre la quinte grave de ut.

L'*harmonie* est l'art de faire entendre simultanément plusieurs mélodies ou des successions d'accords : c'est donc la science des accords. Les accords pris dans la gamme que nous avons expliquée ci-dessus, sont généralement des tierces superposées, comme, par exemple, l'accord parfait majeur. C'est pour cela que les anciens n'ont pas connu l'harmonie, Pythagore n'admettant pas notre tierce composée d'un ton majeur et d'un ton mineur, mais une de deux sons majeurs, qui est dissonante et représentée par $\frac{81}{64}$, au lieu que la nôtre est représentée par 5/4. On sait, en effet, que dans la musique des premiers Grecs tous les tons étaient égaux à 9/8. (H. V.)

SONS HARMONIQUES.

Les *sons harmoniques* sont ceux qui suivent la série des nombres entiers, 1, 2, 3, 4, 5, etc.; le deuxième est l'octave du premier; le troisième en est la douzième, ou la double quinte; le quatrième la double octave; le cinquième la dix-septième ou la triple tierce, etc.; ainsi ils ne forment jamais de dissonance. C'est sans doute pour cette raison qu'on les appelle depuis longtemps *sons harmoniques.* Ils se produisent dans une multitude de circonstances, et voilà pourquoi il importe de les remarquer; ainsi, nous allons voir qu'une corde, indépendamment du son principal, rend les sons harmoniques 1, 2, 3... Une cloche, une verge élastique, produisent aussi quelques-uns des sons harmoniques du son fondamental, et il est probable que les différences de timbre qui existent entre les sons de divers corps sonores tiennent, en grande partie, aux sons harmoniques qui accompagnent le son principal.

Si l'on met en mouvement avec l'archet une corde de violon ou de violoncelle, on n'entend pas seulement le son *fondamental* de cette corde, celui qu'elle rend en vibrant dans toute sa longueur, mais on entend encore tantôt le son 2 ou son octave, tantôt le son 3 ou sa douzième, tantôt le son 5 ou sa dix-septième; il y en a même qui prétendent démêler aussi le son 6 ou sa dix-neuvième. Ce phénomène trouve son explication dans l'expérience suivante que l'on doit à Sauveur. On place un chevalet mobile sous le milieu de la corde du sonomètre (fig. 490), et avec le doigt on appuie *très-légèrement* sur ce point, tandis que l'on passe l'archet près de l'un des chevalets *f* ou *h*, pour ébranler l'une des moitiés de la corde; cette moitié s'ébranle en effet, mais l'autre moitié entre aussi en vibration très-visiblement, et si l'on veut s'en assurer, il suffit de mettre en divers points près de son milieu de petits chevrons de papier qui seront lancés au loin. On peut ensuite placer le chevalet mobile à la fin du premier tiers de la corde, et quand on ébranle ce premier tiers avec l'archet comme tout à l'heure, les deux autres tiers entrent à l'instant en vibration; mais chacun d'eux

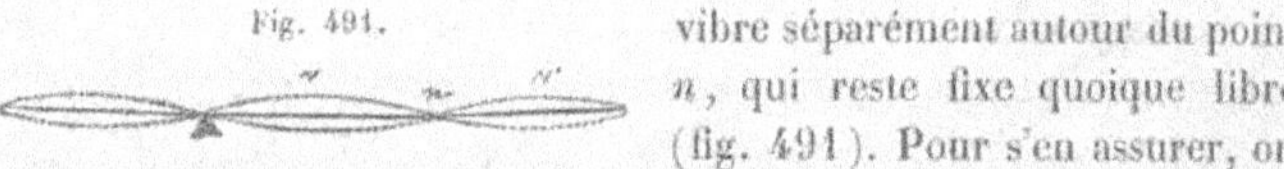
Fig. 491.

vibre séparément autour du point n, qui reste fixe quoique libre (fig. 491). Pour s'en assurer, on met encore de petits chevrons de papier, en v, en n et en v'. Ceux qui sont en v et v' sautillent d'abord et sont bientôt renversés, tandis que celui qui est en n reste immobile. Le point n s'appelle un *nœud*, et les points v et v' des *ventres*.

L'expérience réussit de même lorsqu'on place le chevalet à la fin du premier quart, du premier cinquième ou du premier sixième de la corde; il y a alors 2, 3, ou 4 nœuds sur lesquels les chevrons restent immobiles, tandis qu'ils sautent vers le milieu de tous les ventres.

Sauveur s'appuie sur ces résultats curieux, pour conclure qu'une corde sonore ébranlée à vide ne vibre pas seulement dans toute sa longueur, mais que chacune de ses moitiés, chacun de ses tiers, chacun de ses quarts, de ses cinquièmes et de ses sixièmes, etc., peut vibrer séparément et produire le son qui convient à sa longueur, et que telle est la cause de la formation des sons harmoniques. En effet, que le milieu de la corde oscille, quand la corde vibre en totalité, ce mouvement n'empêche pas que chaque moitié ne vibre autour de lui, comme s'il était en repos; il en est de même de tous les nœuds correspondants à chaque tiers, à chaque quart. (H. V.)

VERGES ET LAMES ÉLASTIQUES.

Les verges et les lames élastiques peuvent, comme les cordes, exécuter des vibrations transversales et produire des sons. Les lois de ces vibrations dépendent de la manière dont la lame est disposée. Le cas le plus simple est celui où la lame est encastrée par une de ses extrémités et libre à l'autre (fig. 477). On a trouvé que, dans ce cas, le nombre des vibrations est indépendant de la largeur de la lame, mais proportionnel à l'épaisseur et en raison inverse du carré de la longueur de la partie vibrante. Le calcul et l'expérience ont démontré aussi qu'une lame, dans les conditions indiquées, peut se diviser, soit spontanément, soit par le contact d'un obstacle, en deux ou plusieurs parties qui vibrent à l'unisson, et qui sont séparées par des nœuds de vibration.

Le *diapason* est fondé sur les vibrations transversales des verges courbes. Cet appareil, destiné à produire un son fixe pour accorder les instruments, est formé de deux branches de métal qui se réunissent

Fig. 492.

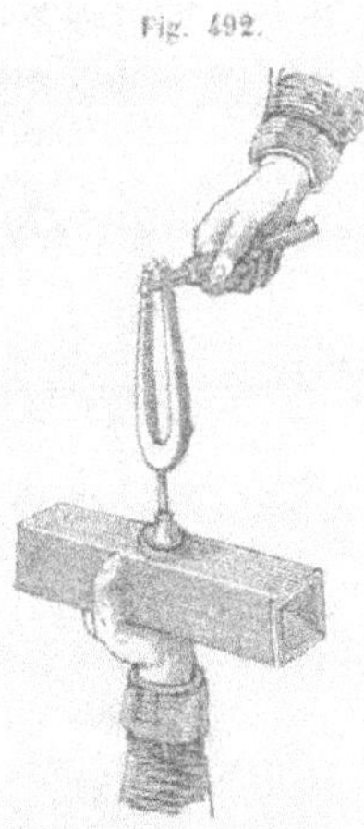

vers le bas; leur coude est supporté par une colonne cylindrique terminée par un petit timbre qui sert de pied, et que l'on peut poser sur une table ou fixer sur une caisse sonore pour renforcer le son produit (fig. 492). Les deux branches se rapprochant vers leurs bouts libres, un cylindre de bois d'un diamètre un peu plus large que l'intervalle qui sépare ces extrémités, et que l'on force de sortir par cet intervalle, écarte les deux branches, qui vibrent ensuite transversalement en exécutant des mouvements oscillatoires contraires l'un de l'autre. Pour élever le son donné par le diapason, il suffit de diminuer la longueur des branches en les limant sur leurs bouts libres; en donnant un coup de lime dans la partie courbe qui les réunit, on produit le même effet que si l'on augmentait leur longueur, et le son s'abaisse. Le diapason, comme les verges pincées par une extrémité, donne le son le plus grave quand ses branches vibrent sur toute leur longueur; mais chacune de ces branches peut aussi se diviser en deux ou en un plus grand nombre de parties et présenter des nœuds de vibration. (H. V.)

PROCÉDÉ DE M. LISSAJOUS POUR RENDRE VISIBLE LE MOUVEMENT VIBRATOIRE DES CORPS SOLIDES.

Fig. 493.

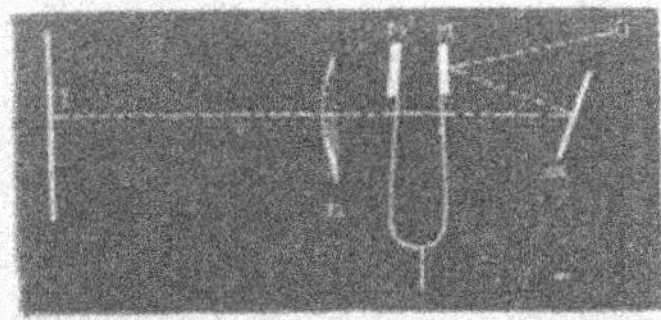

Pour rendre visible le mouvement vibratoire d'un corps solide, d'un diapason, par exemple, M. Lissajous fixe à l'extrémité d'une des branches, sur la surface convexe (fig. 493), un petit miroir plan en métal M. L'autre branche porte un contre-poids M', afin que la surcharge soit égale sur les deux branches, condition indispensable pour que le diapason vibre facilement et longtemps. Ceci fait, il opère de deux manières, soit par projection, soit par vision directe.

1° *Par projection.* On prend pour source de lumière le soleil ou la lumière électrique, que l'on fait passer à travers un diaphragme étroit O de forme circulaire; on place le diapason verticalement, le miroir faisant face au diaphragme; on fait tomber un faisceau de lumière sur le miroir du diapason, et à l'aide d'un second miroir *m*, on renvoie ce faisceau sur un écran blanc I, placé à distance; on interpose ensuite, sur le trajet du faisceau, une lentille de verre L que l'on place de façon à former sur l'écran une image de l'ouverture aussi nette que possible.

Fig. 494.

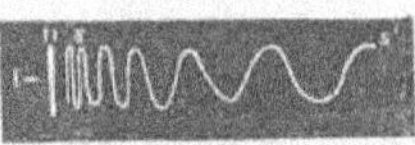

On fait ensuite vibrer le diapason; l'image I (fig. 494), se transforme alors en une ligne allongée H, dont la direction est verticale si les deux miroirs sont verticaux, et si la réflexion s'est faite à leur surface dans une incidence presque normale. Cet allongement indique déjà l'existence du mouvement vibratoire; mais elle se manifeste plus nettement encore par l'artifice suivant : on fait osciller autour d'un axe vertical le deuxième miroir, de façon à promener sur l'écran l'image de l'ouverture suivant une ligne perpendiculaire à son allongement, et on voit alors cette image remplacée par une ligne sinueuse SS'.

2° *Par vision directe.* — Prenons pour source de lumière une lampe dont nous masquons la flamme avec une cheminée opaque percée d'un trou d'aiguille, et remplaçons la lentille par une lunette à court foyer que nous ajustons de façon à voir aussi nettement que possible l'image réfléchie avant de donner aucun mouvement à l'appareil. Faisons alors vibrer le diapason, et opérons comme précédemment, et nous verrons dans la lunette toutes les apparences que nous apercevions sur l'écran.

A l'aide de la méthode optique que nous venons d'indiquer, M. Lissajous est parvenu à reconnaître, par la vue, plus exactement qu'on ne peut le faire par l'oreille, si deux diapasons sont à l'unisson ou non. Les deux diapasons à comparer sont disposés en D et D' (fig. 495), perpendiculairement l'un à l'autre. Lorsqu'on les fait vibrer simultanément, l'image de l'ou-

Fig. 495.

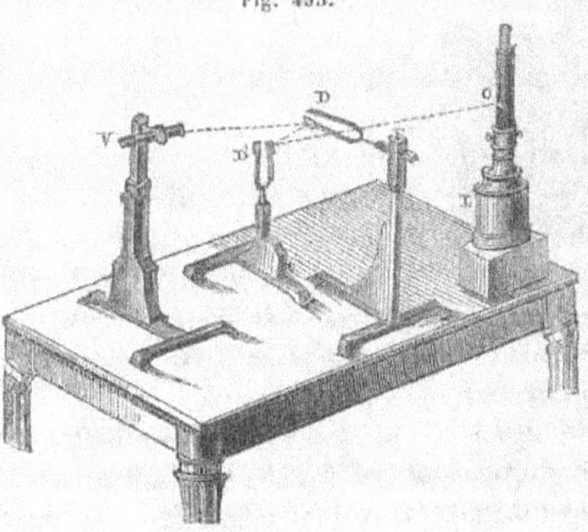

verture O de la lampe L, vue dans la lunette V, affecte une forme qui reste constante ou qui change périodiquement, suivant que les diapasons sont ou ne sont pas d'accord. Dans ce dernier cas, les transformations de l'image sont d'autant plus rapides que les deux diapasons sont plus éloignés de l'unisson. (H. V.)

VIBRATIONS TRANSVERSALES DES PLAQUES.

Fig. 496.

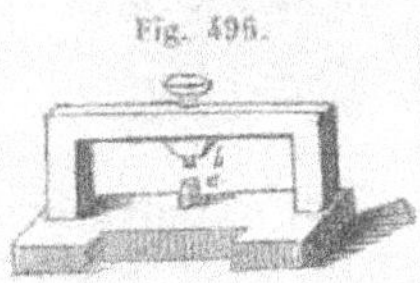

Pour faire vibrer les plaques, on peut employer la pince de la figure 496, après l'avoir fixée très-solidement sur un établi ou sur une table; la plaque est saisie entre le cylindre *a* et la vis *b*, qui se terminent l'un et l'autre par un morceau conique de liége ou de peau de buffle; lorsqu'elle est assez fortement pressée, on l'ébranle avec un archet, pour en tirer des sons.

En procédant de la sorte, on constate d'abord ce premier résultat général, que, quelle que soit la substance de la plaque, bois, terre cuite, verre, métal, etc.; quelle que soit sa forme carrée, triangulaire, ronde, elliptique, etc., on peut toujours en obtenir des sons extrêmement variés : il suffit pour cela de changer la position des obstacles qui soutiennent la plaque, ou de ceux que l'on ajoute pour déterminer la fixité de certains points, ou bien d'attaquer la lame en un autre point ou même de changer la direction et la rapidité du mouvement de l'archet. On constate pareillement ce second résultat, que, pour chacun des sons qu'elle rend, la plaque se partage en *parties vibrantes* et en *lignes de repos* ou *lignes nodales* offrant un arrangement particulier, avec cette circonstance remarquable qu'à mesure que le son s'élève, l'étendue des parties vibrantes devient plus petite, et par conséquent les lignes nodales plus multipliées.

Pour démontrer ce point essentiel, on saupoudre la surface supérieure de la plaque avec du sable sec et fin : alors au premier son qui est produit, le sable entre en mouvement, et, toujours repoussé par les parties vibrantes, il va s'accumuler sur les parties immobiles, et marque ainsi la trace des lignes nodales. Ce moyen simple et ingénieux de rendre visibles les figures des lignes nodales a été imaginé par Chladni, célèbre acousticien allemand.

Les figures 497 et 498 ci-après représentent une série de figures produites par une même plaque carrée fixée à son milieu. Pour obtenir, par exemple, la croix dont les branches passent respectivement

Fig. 497.

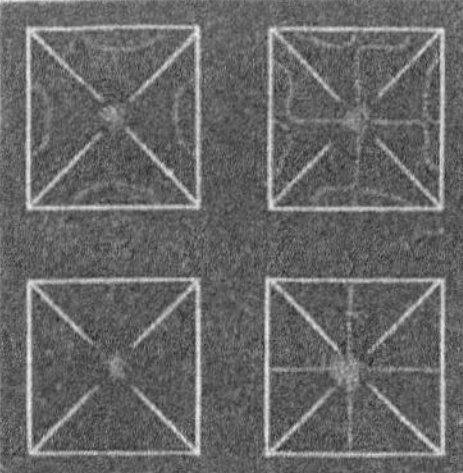

Fig. 498.

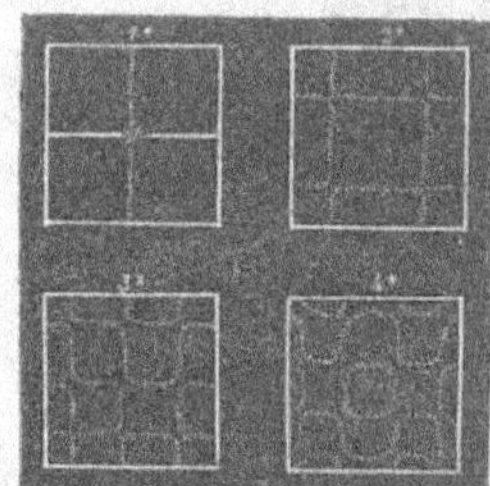

par les milieux des côtés opposés de la plaque, il suffit de placer l'archet à l'un des angles de celle-ci. Si l'on place l'archet au milieu de l'un des côtés du carré, on peut obtenir la croix diagonale, etc.

Les plaques triangulaires, rectangulaires ou polygonales, donnent des figures analogues.

Les figures acoustiques des plaques circulaires peuvent être rapportées à trois systèmes différents, savoir : le système *diamétral*, le système *concentrique* et le système *composé*.

Le système diamétral est uniquement composé de diamètres qui divisent la circonférence en un nombre pair de secteurs égaux. Avec des disques de métal qui ont 3 ou 4 décimètres de diamètre, on peut obtenir la division du cercle en un très-grand nombre de secteurs. Le nombre des secteurs est toujours pair, pour que deux concamérations ou parties vibrantes consécutives puissent partout exécuter des mouvements contraires, et, par suite, la ligne qui les sépare rester en repos.

Dans le système concentrique, toutes les lignes nodales sont des circonférences dont le centre est au centre de la plaque.

Le cas le plus simple est celui d'une seule ligne nodale; ensuite on peut en obtenir deux, trois ou davantage. Pour reproduire ces figures plus facilement, Chladni prend des plaques d'un grand diamètre, et les perce au centre d'un trou circulaire de 4 ou 5 millimètres de diamètre; dans ce trou, il fait passer une mèche de crin en guise d'archet; la plaque doit être soutenue seulement par quelques points des lignes nodales que l'on veut produire.

Dans le système composé, les lignes nodales sont des diamètres plus ou moins courbés et des circonférences plus ou moins altérées dans leurs contours.

Les figures acoustiques donnent un moyen très-simple de reconnaître si un corps présente la même élasticité ou la même structure dans tous les sens. A cet effet, on n'a qu'à le tailler en disques circulaires suivant différentes directions : si ces disques donnent tous les mêmes figures acoustiques, c'est que la substance a une structure uniforme; dans le cas contraire, l'élasticité du corps varie suivant la direction que l'on considère. Savart a utilisé ce moyen pour étudier la structure des corps, tels que le bois, les cristaux, etc. (H. V.)

VIBRATIONS TRANSVERSALES DES CLOCHES ET DES MEMBRANES.

Les cloches exécutent, en général, des vibrations perpendiculaires comme les plaques, et se partagent aussi en diverses parties séparées par des lignes nodales. Pour prendre une idée de ces lignes nodales, il suffit de mettre de l'eau ou du mercure dans une cloche ou dans un grand verre à pied, et d'en ébranler le bord avec un archet; alors on verra distinctement la surface liquide se partager, par exemple, comme dans les figures 499 et 500, où il y a deux diamètres perpendiculaires dont les extrémités correspondent à 4 lignes nodales parfaitement marquées.

Fig. 499.

Fig. 500.

Les membranes peuvent vibrer transversalement comme les plaques; on peut s'en assurer avec du papier ou du parchemin, ou, ce qui vaut mieux encore, avec de la baudruche très-souple et très-égale; seulement, il faut employer un moyen particulier pour tendre et pour ébranler ces espèces de plaques trop minces pour se soutenir d'elles-mêmes. Savart fixe les membranes par leurs bords, en les collant sur des cadres de bois ou sur l'ouverture d'une cloche de verre; ensuite, pour les ébranler, il en approche à quelque distance un timbre vibrant, ou un tuyau d'orgue dont le son est plein et soutenu : dès que le son se fait entendre, la membrane vibre comme si elle était directement ébranlée, et les grains de sable qui la recouvrent vont dessiner les lignes nodales. Les figures que l'on obtient sont extrêmement variées; elles dépendent de la tension de la membrane et de l'acuité du son qui la frappe.

Parmi les instruments fondés sur l'emploi des membranes tendues, nous citerons les timbales et les tambours.

Chladni pensait qu'à chaque lame ou plaque solide ne pouvait correspondre qu'un certain nombre d'états de vibration distincts, ou qu'une certaine série de sons; d'où il suivait que le corps était incapable de produire des sons autres que ceux de cette série. Mais le fait qu'une membrane tendue peut, comme il vient d'être dit, toujours vibrer à l'unisson de tel son donné que l'on veut, prouve que cette opinion de Chladni est erronée. Le même fait nous explique pourquoi la membrane du tympan, qui est analogue aux membranes dont il vient d'être question, peut vibrer à l'unisson de tous les sons qu'elle entend. (H. V.)

EXPÉRIENCE DE TREVELYAN.

Nous placerons ici une expérience très-curieuse, faite en 1829, par Trevelyan, et qui démontre que le contact de corps à des températures différentes peut donner lieu à des vibrations assez rapides pour produire des sons. Voici cette expérience, telle que Trevelyan l'a décrite. On prend un bloc de plomb arrondi par sa partie supérieure et une plaque de cuivre pliée en gouttière et terminée par une mince tige de fer qui lui sert de manche. Si, après avoir chauffé cette gouttière avec une lampe à alcool, on la pose sur l'arête supérieure du bloc, de telle sorte qu'elle soit empêchée de glisser par son manche qui repose sur la table où se trouve placé le bloc, elle se met bientôt à vibrer en produisant un son musical qui se prolonge jusqu'à ce qu'elle soit refroidie. M. Tyndall a constaté depuis que ces mêmes vibrations peuvent se produire entre deux substances de même nature, mais alors il faut que la gouttière repose sur le bord d'une plaque mince, au lieu de reposer sur un bloc épais : c'est ainsi qu'une gouttière en fer vibre très-facilement sur le tranchant d'un couteau de table. M. Tyndall a trouvé également que le bloc de métal pouvait être remplacé par des substances non métalliques sans que les sons cessent de se produire. Des gouttières d'argent, de cuivre, de laiton posées sur une arête naturelle d'un cristal de quartz ou de spath fluor, ou sur un bloc de sel gemme, donnent des sons distincts.

M. Faraday a expliqué le son produit dans l'expérience de Trevelyan en admettant que l'expansion du métal froid, au moment de son contact avec le métal chauffé, donnait naissance à une impulsion qui produisait le mouvement vibratoire. Les résultats des recherches récentes de M. Tyndall sont favorables à cette explication.

Dans ces derniers temps, on s'est beaucoup occupé de l'expérience de Trevelyan, sous le nom d'expérience des *métaux chanteurs*. M. L. Figuier lui a consacré un fort joli article dans l'ouvrage intitulé : *L'année scientifique et industrielle* (Paris, 1858), qu'il vient de publier. (H. V.)

II. — VIBRATIONS LONGITUDINALES.

TUYAUX SONORES.

On emploie deux moyens principaux pour produire le son dans les tuyaux sonores : l'*embouchure de flûte*, et l'*embouchure à anche*.

Fig. 501 et 502.

Les figures 501 et 502 représentent un tuyau de bois prismatique à embouchure de flûte, pareil à ceux qui entrent dans la composition des orgues. On y distingue le *tuyau* proprement dit, et l'*embouchure*, qui se compose elle-même de deux parties, savoir, du *pied* qui apporte le vent, et de la *bouche* qui fait *parler*. Le pied *p* s'engage dans une ouverture qui communique avec un réservoir d'air comprimé ; l'air entre par le bout inférieur du pied, et vient s'échapper au bout supérieur par la *lumière l*, espèce de fente dont la largeur et les bords doivent être disposés avec soin ; cette lame d'air, toujours très-mince, est dirigée un peu obliquement et vient raser le *biseau* ou l'extrémité de la *lèvre supérieure b'*. Le tuyau proprement dit peut être ouvert ou fermé du côté opposé à l'embouchure : dans le premier cas on a un tuyau ouvert, dans le second un tuyau fermé. Dans la flûte traversière, le fifre et la flûte à bec, le son est produit de la même manière, l'air insufflé par la bouche se dirigeant également vers une ouverture dont les bords sont taillés en biseau. Ces instruments représentent donc des tuyaux sonores ouverts.

Fig. 503.

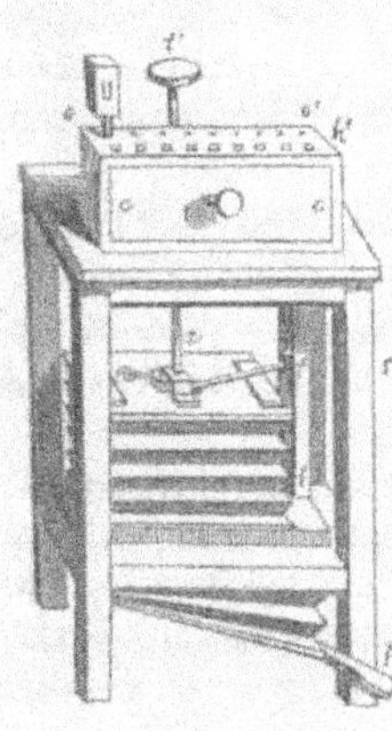

Pour donner le vent aux tuyaux dans les expériences, on se sert d'un soufflet ordinaire *ss'* (fig. 503), qui se gonfle au moyen de la pédale *p* ; le petit conduit *ff'* apporte le vent dans la caisse *cc'*, dont la table supérieure est percée d'une douzaine de trous *oo'* ; ces trous sont fermés par de petites soupapes à ressort, et s'ouvrent à volonté au moyen des touches *hh'*. Un tuyau étant mis en place et le soufflet gonflé, on met le doigt sur la touche, et, au moyen de la tige *tt'* que l'on presse plus ou moins, on donne le vent avec plus ou moins de force.

Dans les tuyaux à embouchure de flûte, le son est produit par le choc de la lame d'air qui sort de la lumière et vient se briser contre le tranchant du biseau : en effet, une embouchure isolée à lèvre supérieure mobile donne des sons sans être surmontée d'un tuyau. Pour expliquer la formation de ce son, remarquons que la lame d'air qui sort par la lumière se précipite contre la surface plane qui termine le biseau, se comprime et réagit ensuite, pour refouler le courant, quand son élasticité est devenue trop grande; puis elle est comprimée de nouveau pour réagir encore... De là des vibrations qui produisent un son quand elles se succèdent avec assez de rapidité. Le sifflement du vent dans les branches des arbres dépouillés de feuilles, sur les cordages des navires, a une origine analogue.

Fig. 504.

Une *anche* est, en général, une lame vibrante, mise en mouvement par un courant d'air. La figure 504 représente un tuyau d'orgue dans lequel le son est produit par une semblable lame. On y distingue deux tuyaux mis bout à bout, *t* et *t'*, un bouchon *b* qui les sépare, et l'embouchure à anche *a*, qui traverse ce bouchon. L'embouchure elle-même est représentée en détail dans la figure 505; *r*, rigole; *l*, anche; *z*, rasette.

La rigole est un tube de métal prismatique, fermé au bout inférieur, ouvert au bout supérieur, et percé latéralement d'une fenêtre qui établit la communication entre les deux tuyaux de part et d'autre du bouchon.

Fig. 505.

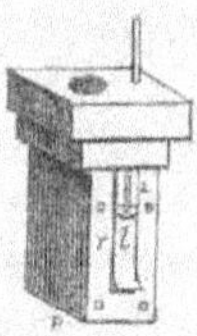

L'anche est une lame vibrante; dans sa position naturelle, elle ferme la fenêtre ou à peu près, c'est-à-dire qu'elle en rase les parois par ses trois bords libres pendant qu'elle accomplit ses battements; son quatrième bord est solidement fixé sur la paroi du tube.

La rasette est un fil de métal très-ferme, recourbé à sa partie inférieure par laquelle il appuie fortement sur toute la largeur de la languette. Elle glisse à frottement dans le bouchon; elle sert à changer la longueur vibrante de la languette, car, au-dessus de la rasette, rien ne peut vibrer.

Le vent du soufflet entre par le pied du tuyau *t'*, presse la languette pour s'ouvrir un passage, traverse la rigole et sort par le tuyau *t*. La languette ainsi écartée pour un instant est bientôt rappelée par son élasticité et accomplit, sous l'influence de ces deux forces contraires, des vibrations qui se répètent aussi longtemps que dure le courant d'air. Les tuyaux à anche sont toujours ouverts aux deux bouts.

Dans les jeux d'orgues, il y a des anches d'une autre sorte qui sont appelées *anches canardes*, à cause du timbre particulier de leurs sons; elles diffèrent des précédentes en ce que la languette vient par ses bords battre sur les bords de la rigole.

Les embouchures de basson, de hautbois et de clarinette, ne sont autre chose que des embouchures à anche diversement ajustées : dans ces instruments, c'est la pression des lèvres qui tient lieu de rasette. Les divers instruments de cuivre, tels que le cor, la trompette, le clairon, l'ophicléide, le trombone, etc., appartiennent également à la classe des instruments à anche; les lèvres plus ou moins rapprochées et tendues y font office d'anches ou de lames vibrantes destinées à mettre en vibration la colonne d'air contenue dans le tuyau de l'instrument.

Les orgues expressifs, les harmoniums, les accordéons, doivent aussi les sons qu'ils produisent à de petites anches libres placées au fond de compartiments qui communiquent d'un côté avec un soufflet et de l'autre avec l'extérieur, par une ouverture fermée par une soupape qu'on peut lever en appuyant sur une touche. (H. V.)

LOIS DE BERNOUILLI.

Daniel Bernouilli, célèbre géomètre, mort en 1782, a, le premier, fait connaître les lois suivantes sur les vibrations des tuyaux sonores :

1° Tous les tuyaux cylindriques ou prismatiques de même longueur donnent à peu près les mêmes sons, pourvu qu'étant tous ouverts ou tous fermés à l'extrémité opposée à la bouche, leur longueur soit égale à 10 ou 12 fois leur diamètre, et que la matière qui les compose ait une rigidité convenable; le timbre et l'intensité de ces sons éprouvent seuls une certaine altération qui varie avec la nature des parois du tuyau.

Il suit de là que, dans les tuyaux dont il s'agit, l'air contenu dans leur intérieur est réellement le corps sonore; car si la matière solide d'un tuyau contribuait à la hauteur du son, cette hauteur varierait avec la substance des parois.

2° Lorsqu'on fait parler un tuyau sonore fermé, en lui donnant le vent avec plus ou moins de force, on parvient à lui faire rendre différents sons; et si l'on représente par 1 le son *fondamental*, c'est-à-dire le son le plus grave qu'il puisse donner, les autres sons suivront la série des nombres impairs 3, 5, 7, etc., et, quelque moyen que l'on essaie, on ne parviendra jamais à lui faire rendre un son quelconque compris entre ceux-là.

3° Un tuyau ouvert rend aussi différents sons lorsqu'on lui donne le vent avec plus ou moins de force; mais si l'on représente de nouveau par 1 le son fondamental, on trouve que les autres sons que le tuyau est capable de produire suivront la série des nombres naturels 2, 3, 4, etc.

4° Le son fondamental d'un tuyau fermé et le son fondamental d'un tuyau ouvert de même longueur, sont toujours à l'octave, et le tuyau fermé donne le son le plus grave ou le son 1, tandis que le tuyau ouvert donne le son aigu ou le son 2.

5° Quand un tuyau ouvert rend le son 2, on peut faire une ouverture au milieu de sa longueur; ou même le couper par le milieu et enlever sa moitié supérieure, sans que le son éprouve la moindre altération; de même quand il rend le son 3, on peut faire des ouvertures à la base de chacun de ses deux tiers supérieurs, ou enlever l'une de ces parties et même toutes les deux, etc.

Les points où l'on peut pratiquer des ouvertures dans les parois du tuyau sans que le son change se nomment des *ventres de vibration*.

Dans les tuyaux fermés il se forme également des ventres de vibration, dont on reconnaît le lieu en ouvrant le tuyau en différents points de sa longueur; partout où le son n'est pas changé par ces ouvertures, il y a un ventre.

6° Dans tous les tuyaux sonores deux ventres de vibration successifs sont séparés par une tranche immobile, appelée *nœud de vibration*. On reconnaît l'existence et le lieu de ces nœuds en poussant un piston dans l'intérieur du tuyau; le son ne recevra aucune altération toutes les fois que le piston arrivera en un point où il y a un nœud de vibration. Ainsi, par exemple, lorsqu'un tuyau fermé rend le deuxième son, on peut placer le piston au premier tiers de la longueur, sans altérer le son. Le son éprouverait, au contraire, une altération dans toutes les autres positions du piston.

Les lois de Bernouilli ne se vérifient pas exactement par l'expérience, ce qui tient à diverses causes, entre autres à ce que la section des tuyaux n'est pas infiniment petite par rapport à leur longueur, comme le suppose la théorie, à ce que les parois vibrent elles-mêmes par communication et modifient plus ou moins les vibrations de l'air, etc. (H. V.)

NOTIONS THÉORIQUES SUR LES TUYAUX SONORES.

Supposons une colonne d'air renfermée dans un tuyau très-étroit par rapport à sa longueur et fermé à l'une de ses extrémités ; à l'autre, on produit des ondes qui se propagent dans l'intérieur du tuyau et se réfléchissent ensuite sur le fond de celui-ci, en sorte qu'en chaque point, les impulsions communiquées aux molécules d'air s'ajouteront, si elles sont de même sens, et se retrancheront si elles sont de sens contraire, car l'expérience indique que les ondes réfléchies croisent les ondes directes sans les altérer. Cela posé, il résulte de cette superposition continuelle des ondes directes et des ondes réfléchies, et de ce que la réflexion renverse la direction de la vitesse des molécules d'air :

1° Que les couches d'air situées à des distances du fond du tuyau, égales à 0, à 1/2, à 3/2, à 5/2,... longueurs d'ondulations, seront toujours atteintes en même temps par deux vitesses égales et de signe contraire, de sorte qu'elles ne vibreront pas, mais éprouveront des changements continuels de densité. Ces couches forment des *nœuds de vibration*.

2° Qu'à des distances de la surface réfléchissante égales respectivement à 1/4, 3/4, 5/4,... d'une longueur d'ondulation, les couches d'air seront constamment atteintes par deux portions d'onde dont l'une est autant dilatée que l'autre est condensée, et qui apportent des vitesses égales, dirigées dans le même sens. Ces couches d'air qui vibrent, sans cependant changer de densité ou de pression, s'appellent des *ventres de vibration*.

Pour que le tuyau renforce le son produit à son extrémité ouverte, il faut qu'il puisse se former un ventre de vibration à cette extrémité, car alors la colonne d'air, une fois mise en vibration, continuera d'elle-même à vibrer, comme une corde qu'on abandonne à elle-même après l'avoir écartée de sa position d'équilibre. Le cas le plus simple est celui où il se forme un nœud et un ventre ; la longueur l du tuyau est alors égale à 1/4 de longueur d'onde, et celle-ci, par conséquent, pourra être représentée par $4\,l$. Il peut ensuite se former deux nœuds et deux ventres ; dans ce cas la longueur des ondes est égale à $4/3\,l$. S'il se formait 3 nœuds et 3 ventres, on trouverait de même pour la longueur de l'onde du son produit $4/5\,l$, etc. Or, les nombres de vibrations de ces différents sons sont en raison inverse des longueurs de leurs ondes ; par conséquent, les différents sons que peut donner un tuyau fermé suivent la série des nombres impairs 1, 3, 5, 7, ...

Dans les tuyaux ouverts, il existe aussi des ondes en retour qui marchent en sens opposé des ondes directes et qui proviennent d'une réflexion sur la première tranche indéfinie hors du tuyau. Dans cette réflexion, les compressions se transforment en dilatations et réciproquement, et les vitesses des molécules ne changent pas de sens. Nous voyons donc que les deux extrémités du tuyau seront des ventres de vibrations. Par conséquent, le son fondamental d'un tuyau ouvert correspondra à un son dont la longueur d'onde sera égale à $2\,l$. Cette onde a une longueur deux fois moindre que celle du son fondamental d'un tuyau fermé de même longueur que le précédent. On voit maintenant pourquoi le son fondamental d'un tuyau ouvert est l'octave aiguë du son fondamental d'un tuyau fermé de même longueur. (H. V.)

VIBRATIONS LONGITUDINALES DES CORDES, DES TIGES, DES LAMES ET DES TUBES.

Supposons, par exemple, que l'on prenne un tube de verre, et qu'en le soutenant d'une main, juste en son milieu, on exerce de l'autre main, sur l'une de ses moitiés, une légère friction avec un morceau de drap mouillé : à l'instant on entendra un son, et avec un peu d'habitude on parviendra à lui donner beaucoup d'éclat et de pureté. Les vibrations que l'on détermine ainsi sont évidemment des vibrations longitudinales. En frottant toujours de la même manière par un mouvement de va-et-vient, mais avec plus ou moins de vitesse, et en pressant plus ou moins, on pourra produire une série de sons différents; et si l'on représente par 1 le premier son de la série, c'est-à-dire le plus grave, il sera facile de constater que les autres se trouvent représentés par la suite des nombres naturels 2, 3, 4, etc.; il sera difficile de faire sortir le son 4 quand le tube n'aura que deux mètres de longueur. Si le tube est encastré par l'une de ses extrémités et libre à l'autre, on pourra encore le mettre en vibration en le frottant dans le sens de sa longueur avec un morceau de drap mouillé, et en tirer différents sons; mais ces sons diffèrent des premiers et sont représentés par la suite des nombres impairs 1, 3, 5, 7, etc.; le son fondamental forme l'octave grave du son fondamental qu'on obtient quand le tube est libre à ses deux extrémités.

On obtiendra les mêmes résultats avec de longues lames prismatiques de verre, ou avec des cylindres pleins de la même substance, et aussi avec des tubes, des lames et des cylindres de bois ou de métal. Seulement, pour ces derniers, il sera plus commode d'exciter les vibrations en frottant avec du drap enduit de résine. On pourra s'assurer ainsi que des verges de même substance sont toujours à l'unisson pour leur son fondamental quand elles ont la même longueur, quelles que soient leur largeur ou leur épaisseur, pourvu toutefois que ces deux dimensions restent toujours petites par rapport à la troisième.

Fig. 506.

La figure 506 représente un instrument fondé sur les vibrations longitudinales des verges. Cet instrument, construit par M. Marloye, consiste en un socle plein, en bois, sur lequel sont fixées vingt verges cylindriques en sapin, les unes coloriées, les autres blanches. Leurs longueurs sont déterminées de manière que les verges blanches donnent la gamme diatonique, tandis que les demi-tons sont donnés par les verges coloriées. Pour jouer un air avec cet instrument, on frotte les verges, dans le sens de leur longueur, entre le pouce et l'index, qu'on a trempés préalablement dans de la résine en poudre. (H. V.)

III. — VIBRATIONS TOURNANTES.

Chladni a découvert un troisième mode de vibration de lames rigides auquel il a donné le nom de *vibrations tournantes;* il l'a d'abord observé sur des tiges cylindriques, mais on peut le faire naître sur des lames de toute autre forme; il faut pour cela fixer la tige par un bout, la tenir à la main sur un autre point, et la frotter légèrement avec un archet dans un plan perpendiculaire à son axe. Le contact de la main s'opposant aux vibrations transversales, le frottement de l'archet détermine une véritable torsion qui donne lieu à des mouvements synchrones dirigés dans un plan perpendiculaire à la longueur de la tige. Le son produit dans cette circonstance est plus grave que celui qui correspond aux vibrations longitudinales; ce qui prouve bien que ce mode diffère essentiellement des vibrations longitudinales et transversales. (H. V.)

DE L'INTERFÉRENCE DES ONDES SONORES.

Lorsque des ondes sonores de même longueur se propagent suivant la même direction, il se produit des phénomènes très-curieux qu'on désigne sous le nom de *phénomènes d'interférence* et que nous allons étudier.

Considérons deux systèmes d'ondes se propageant dans le même sens suivant la ligne droite *ac* (fig. 507), et représentés, l'un, par

Fig. 507.

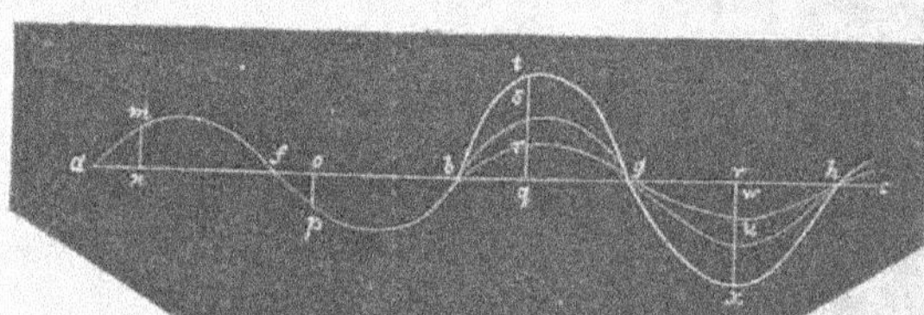

la ligne sinueuse *bsguh*, et l'autre par la courbe *brgwh*; supposons de plus que ces deux systèmes se trouvent d'accord, c'est-à-dire qu'à un instant donné les points de repos et de mouvement se correspondent exactement. Il est clair que s'il y a accord parfait à un instant donné, cet accord se soutiendra toujours. Quand le point *g* sera en repos sur le premier système, il sera en repos sur le second; quand il aura le maximum de vitesse positive sur le premier, il aura le maximum de vitesse positive sur le second, etc. Par conséquent, si les deux systèmes coïncident, comme nous le supposons, chaque molécule d'air recevra constamment deux vitesses égales et dirigées dans le même sens; il est donc évident que toutes les vitesses s'ajouteront par la superposition des petits mouvements et que l'intensité du son deviendra plus considérable. Le résultat serait le même encore, si l'un des systèmes d'ondes était en retard ou en avance sur l'autre, d'une ou de plusieurs ondulations entières, ou ce qui est la même chose, d'un nombre pair de demi-ondulations. Donc, *deux systèmes d'ondes sonores ajoutent leur intensité quand ils se meuvent suivant la même ligne droite, et que l'un d'eux est, à l'égard de l'autre, en avance ou en retard d'un nombre pair de demi-ondulations.*

On verrait par des considérations analogues que, *si ces deux systèmes étaient de même intensité et avaient l'un à l'égard de l'autre une avance ou un retard d'un nombre impair de demi-ondulations, ils se détruiraient et produiraient le silence le plus absolu.*

Fig. 508.

Cette conséquence de la théorie se vérifie au moyen de l'expérience suivante de M. Wheatstone : On prend un tuyau bifurqué de longueur convenable (fig. 508), dont les branches sont ouvertes, et l'extrémité supérieure fermée par une membrane de baudruche. Si l'on place les ouvertures des deux branches au-dessus de deux ventres successifs d'une plaque vibrante et toujours animés, comme on sait, de mouvements inverses, la colonne d'air renfermée dans le tuyau ne résonne pas; parce qu'au moment où la lame envoie une demi-onde condensée dans l'une des branches, en s'avançant vers cette branche, elle produit, en s'éloignant de la seconde branche, une dilatation qui se propage dans le tuyau, et réciproquement, quand la lame revient sur ses pas. Or, ces deux ondes opposées se détruisent en se rencontrant dans le tuyau. Mais si l'on dispose les deux branches au-dessus de deux ventres alternes, où les mouvements sont de même sens, la colonne d'air du tuyau entre en vibration, et l'on voit du sable, jeté sur la membrane de baudruche, sauter vivement.

Si l'on fait résonner deux tuyaux d'orgue, donnant les mêmes sons et placés à une distance l'un de l'autre, moindre que la moitié d'une longueur d'ondulation, l'effet produit par les deux tuyaux réunis est moindre que l'effet d'un seul. Deux instruments à corde, placés trop près l'un de l'autre, dans un orchestre, et produisant exactement les mêmes sons, peuvent se nuire mutuellement et produire moins d'effet qu'un seul. Ces résultats sont encore attribués à l'interférence des sons.

(H. V.)

DES BATTEMENTS.

Lorsqu'on fait vibrer ensemble deux tuyaux ou deux cordes qui donnent des sons très-rapprochés, comme par exemple, l'*ut* et l'*ut dièse*, on entend à de petits intervalles un renflement très-sensible dans le son; c'est ce phénomène remarquable que les organistes appellent le *battement*. Sauveur en a donné le premier l'explication. Lorsque nous entendons à la fois deux sons dont l'un fait 24 vibrations tandis que l'autre en fait 25, il est évident qu'à chaque 24 vibrations du premier ou à chaque 25 vibrations du second, les ondes sonores recommençant à partir ensemble, il se produit une condensation ou une dilatation plus forte de l'air, et ce sont ces condensations ou ces dilatations plus fortes qui, venant périodiquement frapper l'oreille, occasionnent le battement. Si l'on représente par n et n' les nombres de vibrations par 1″ du son le plus aigu et du son le plus grave, le nombre des battements, dans le même temps, sera $n - n'$.

Lorsque les deux sons simultanés diffèrent beaucoup, les coïncidences trop rapprochées cessent d'être distinctes. Alors au lieu de battements, on entend un nouveau son, plus grave que les deux premiers, et que l'on appelle ordinairement son de Tartini. Par exemple, lorsqu'on fait résonner à la fois une note et sa quinte, on entend très-distinctement l'octave grave de la note elle-même; c'est-à-dire que les sons 2 et 3 simultanés produisent le son 1 par leurs coïncidences périodiques.

M. Lissajous est parvenu à démontrer optiquement la théorie des battements. A cet effet, il place les deux diapasons de l'appareil de la figure 495 de façon que leurs axes soient verticaux, et les miroirs en regard. Supposons ces diapasons d'accord, et placés de manière à renvoyer à l'œil l'image de la petite ouverture percée dans la cheminée de tôle d'une lampe (p. 283) : si on fait vibrer le premier, l'image de l'ouverture s'allonge; si on fait vibrer les deux à la fois, l'allongement de l'image devient plus grand ou plus petit suivant qu'il y a ou non concordance entre les mouvements simultanés des deux diapasons. Si on vient alors à altérer l'accord des deux diapasons, la concordance entre leurs mouvements simultanés est détruite et rétablie périodiquement. L'image s'allonge et se raccourcit par une sorte de pulsation régulière, et en même temps le défaut d'accord est accusé à l'oreille par des battements dont la période est exactement la même. On augmente le nombre des battements, en chargeant l'un des diapasons de morceaux de cire, qui ont pour effet de ralentir ses vibrations.

(H. V.)

COMMUNICATION DES MOUVEMENTS VIBRATOIRES DES CORPS.

Lorsqu'un corps vibre, il excite des mouvements vibratoires dans tous les corps élastiques avec lesquels il est en contact; l'existence de ces mouvements vibratoires communiqués résulte de ce que le son produit dans un milieu se transmet à travers tous les corps qui sont en contact avec ce milieu.

Savart a étudié ce qui se passe dans cette transmission des mouve-

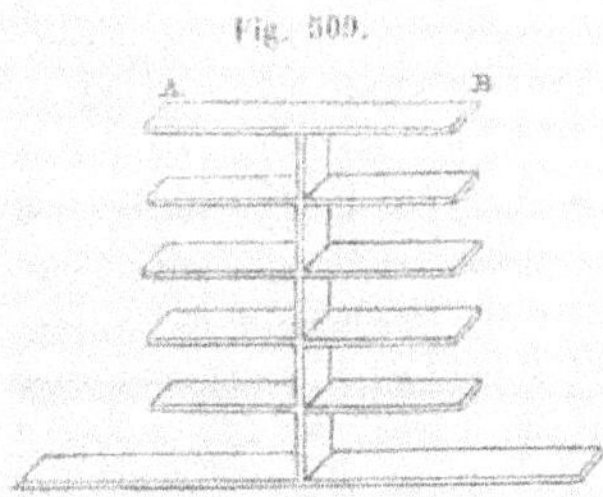

Fig. 509.

ments vibratoires, et, après une multitude d'expériences, il est arrivé à ce résultat général, savoir, que *la direction même du mouvement primitif est conservée*. L'appareil représenté par la figure 509 peut servir à constater l'exactitude de cette loi. Il se compose d'un système de lames horizontales de laiton, fixées, par leur milieu, à une lame verticale également en laiton. Si l'on met la première verge A B en vibration, toutes les autres vibrent parallèlement; par exemple, si on lui imprime des vibrations transversales, toutes les verges vibrent transversalement. En effet, si l'on répand du sable sur les lames, on peut voir qu'il dessine sur toutes les mêmes figures.

Toutes les fois que le son se communique d'un corps à un autre, il subit une réflexion d'autant plus grande que le second corps est plus dense et plus élastique. Il suit de là que le son doit se transmettre difficilement de l'air aux corps liquides et solides. C'est ce que l'expérience confirme. Mais on peut, comme M. J. Müller l'a démontré le premier, favoriser cette transmission à l'aide de membranes convenablement tendues. S'il s'agit de transmettre le son de l'air à un liquide, la membrane doit être mise en contact avec la surface de celui-ci; s'il s'agit, au contraire, de favoriser la transmission du son de l'air dans un solide, on fait communiquer ce dernier avec le cadre qui supporte la membrane.

Lorsqu'un corps solide vibre dans l'air, chacun des points de sa surface devient le centre d'une onde sonore qui se propage dans ce gaz. Il suit de là que le son transmis à l'air aura une intensité d'autant plus grande, que la surface du corps sonore sera plus étendue. C'est ce qui explique pourquoi les plaques vibrantes donnent des sons bien plus intenses que les cordes ou les lames élastiques.

Pour renforcer le son des corps solides, on peut ou bien les mettre en communication avec d'autres corps solides, ou bien les faire sonner devant un tuyau de longueur convenable. Dans les instruments à cordes, on fait usage de ces deux moyens de renforcement du son. En effet, les *caisses sonores* de ces instruments représentent des corps solides creux, qui renforcent le son des cordes, tant par les vibrations de leurs parois, que par celles de la colonne d'air qu'ils contiennent.

(H. V.)

DE L'ORGANE DE L'OUÏE CHEZ L'HOMME.

On distingue dans l'organe de l'ouïe, chez l'homme, trois parties, savoir : l'*oreille externe*, la *caisse du tympan* et l'*oreille interne* ou *labyrinthe*. L'oreille externe se compose du pavillon et du conduit auditif *a*, ouvert à l'extérieur (fig. 510). La caisse du tympan est une

Fig. 510.

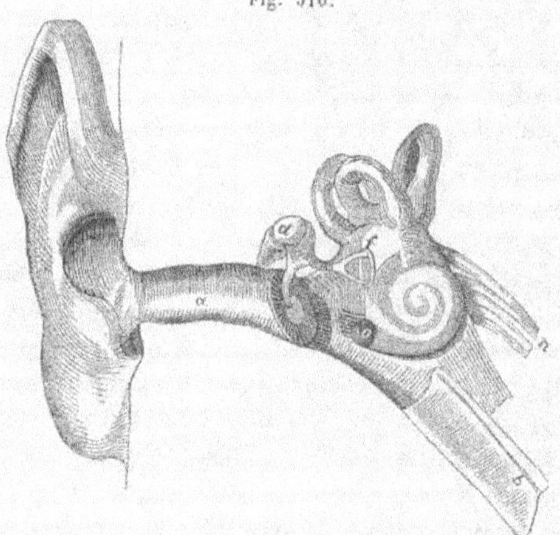

cavité remplie d'air, qui se trouve disposée entre le labyrinthe et l'extrémité interne du conduit auditif. Elle est séparée de celui-ci par une membrane oblique, mince et très-élastique, connue sous le nom de *membrane du tympan*. Sa paroi tournée vers le labyrinthe présente deux ouvertures, communiquant avec ce dernier et fermées par des membranes : l'une de ces ouvertures se nomme la *fenêtre ovale*, et l'autre la *fenêtre ronde* (*o*). Au milieu de la caisse sont suspendus quatre petits os, composant la chaîne des osselets, et que leurs formes différentes ont fait nommer : le *marteau* (*d*), l'*enclume* (*e*), l'*os lenticulaire* et l'*étrier* (*f*). Le marteau, fixé à la membrane du tympan, se lie par une de ses extrémités à l'enclume; l'enclume est jointe au lenticulaire, et ce troisième os à l'étrier, qui aboutit à la fenêtre ovale. Des muscles particuliers meuvent cette chaîne, et permettent ainsi de tendre plus ou moins les deux membranes entre lesquelles elle est suspendue. Enfin, la caisse du tympan communique avec l'arrière-bouche par un petit canal *b*, nommé la *trompe d'Eustache*. C'est par cette trompe qu'arrive l'air contenu dans la caisse du tympan, et que s'établit l'équilibre de pression de ce gaz et de l'air extérieur. Cet équilibre de pression est nécessaire pour que, dans aucun cas, la membrane du tympan ne puisse être trop tendue, ce qui l'empêcherait d'exécuter des vibrations aussi amples que celles qu'elle peut effectuer lorsqu'elle éprouve des pressions égales sur ses deux faces. En effet, Savart a reconnu que pour qu'une membrane résonne fortement sous l'influence des sons qui se propagent dans l'air, il faut qu'elle soit faiblement tendue, et, par conséquent, il doit en être de même du tympan. A l'appui de cette opinion on peut citer l'expérience suivante de Wollaston : on peut, en se bouchant le nez et fermant la bouche, comprimer l'air des poumons et en pousser une partie dans la caisse du tympan, par la trompe d'Eustache ; alors la membrane tympanique est tendue de dedans en dehors, et l'on distingue encore les sons aigus, mais les sons graves deviennent à peine perceptibles. Quand on éternue, l'air chassé brusquement des poumons produit le même effet.

Dans le labyrinthe ou oreille interne, on distingue le vestibule, les trois canaux semi-circulaires et le limaçon. Le vestibule est une cavité osseuse, située derrière la fenêtre ronde *o;* le limaçon est un conduit osseux tourné en spirale, comme le montre la figure, et dont l'intérieur est partagé en deux compartiments par une cloison spirale. L'un des compartiments du limaçon et les trois canaux semi-circulaires s'ouvrent dans le vestibule. L'autre compartiment est fermé par la fenêtre ovale. Enfin toutes les parties de l'oreille interne contiennent un liquide transparent, au milieu duquel viennent flotter les premiers filets du nerf acoustique *n*, qui est la partie du système nerveux destinée à recevoir les vibrations et à transmettre au cerveau la sensation du son qui en résulte. Les ondes sonores qui pénètrent dans le conduit auditif, soit directement, soit après avoir été réfléchies par les parois diversement contournées du pavillon, font vibrer la membrane du tympan. Celle-ci communique ses vibrations par l'intermédiaire de la chaîne des osselets à la fenêtre ovale, qui les transmet à son tour au liquide dans lequel flottent les filets du nerf acoustique; une faible partie des vibrations de la membrane du tympan se communique à l'air de la caisse et se transmet au nerf acoustique par l'intermédiaire de la fenêtre ronde. On a reconnu par l'observation que l'oreille interne et les deux fenêtres ronde et ovale sont seules indispensables pour que la perception du son puisse avoir lieu; mais tout porte à croire que les autres parties sont nécessaires pour rendre sensibles toutes les nuances de ce phénomène. Les fonctions de la plupart des parties de l'oreille interne sont encore inconnues; mais on voit que tout le reste de l'organe de l'ouïe est calculé de manière à faciliter la transmission des vibrations de l'air au liquide qui remplit les cavités de l'oreille interne.

Pour suppléer au défaut de sensibilité de l'ouïe, on augmente l'intensité des sons au moyen du cornet acoustique. Il consiste en un tube conique évasé, que l'on contourne de diverses façons et dont le sommet ouvert s'engage dans le conduit auditif. Le renforcement des sons par cet instrument s'explique de la manière suivante : les tranches d'air comprimées ou dilatées qui arrivent à l'ouverture extérieure transmettent leur compression à des tranches de plus en plus petites, et, par conséquent, la transmettent avec une intensité croissante. Il suit de là que la tranche d'air qui est en contact avec la membrane du tympan reçoit et transmet à cette membrane une compression ou une dilatation beaucoup plus forte que dans l'absence de l'instrument.

(H. V.)

DE L'ORGANE VOCAL CHEZ L'HOMME.

Le *larynx* forme la partie essentielle de l'organe vocal. Il se trouve disposé entre l'arrière-bouche et la trachée-artère, dont il forme en quelque sorte la partie supérieure. On sait que la trachée-artère est un tuyau circulaire qui se termine inférieurement dans les poumons, après s'être subdivisé en canaux de plus en plus petits que l'on appelle les *bronches*.

Les parois du larynx sont formées par des cartilages, tapissés à l'intérieur par le prolongement de la muqueuse de la trachée-artère. Ces cartilages, auxquels s'attachent divers muscles destinés à leur imprimer de petits mouvements les uns par rapport aux autres, sont réunis par un grand nombre de ligaments élastiques. Parmi ces ligaments il y en a deux qui, disposés l'un à droite et l'autre à gauche vers l'orifice supérieur du larynx, font saillie dans l'intérieur de la cavité de celui-ci, et sont recouverts par un repli de la muqueuse. On leur a donné le nom de *cordes vocales :* ils sont susceptibles d'être plus ou moins rapprochés l'un de l'autre, de manière à laisser entre eux une fente plus ou moins étroite que l'air expiré doit traverser pour se répandre au dehors. La fente dont il s'agit est connue sous le nom de *glotte*. Au-dessus des cordes vocales, le canal du larynx présente deux cavités appelées les *ventricules* et qui ont pour but de rendre libre la partie supérieure des cordes vocales ; puis le larynx se rétrécit encore, ce qui donne lieu à une seconde fente, plus large que la glotte, et que peut fermer l'*épiglotte*, espèce de couvercle cartilagineux, disposé au sommet du larynx et dont une des extrémités est libre et mobile. Le gosier, la bouche et les fosses nasales complètent enfin l'appareil vocal.

L'appareil vocal chez l'homme peut être assimilé à un tuyau à anche. Le pied du tuyau est représenté par la trachée-artère, l'embouchure est formée par les deux cordes vocales que le courant d'air qui s'échappe par la glotte fait vibrer; et le gosier, la bouche et les fosses nasales représentent le tuyau sonore proprement dit, destiné à renforcer le son et à en modifier le timbre. D'après J. Müller, les sons de poitrine se produisent lorsque les cordes vocales vibrent dans toute leur largeur; la hauteur du son est déterminée par le plus ou moins de tension des cordes vocales opérée par les muscles qui meuvent les cartilages auxquels ces cordes sont attachées. Les sons de la voix de fausset se forment lorsque les bords libres des cordes vocales sont seuls mis en vibration. Cette théorie de Müller repose sur un grand nombre d'expériences faites sur des larynx de cadavres, et peut être considérée comme ayant mis un terme à la longue discussion qui s'était élevée entre les savants pour savoir à quelle espèce d'appareil musical il fallait assimiler l'organe vocal chez l'homme. (H. V.)

Fig. 511.

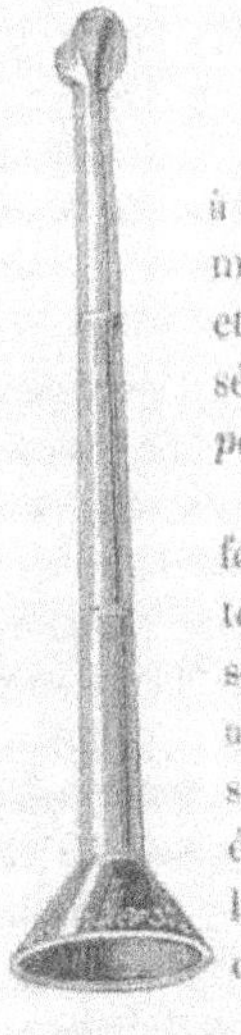

PORTE-VOIX.

Le porte-voix, ainsi que son nom l'indique, est destiné à transmettre la voix à de grandes distances. C'est un cône métallique vers le sommet duquel est une embouchure, et qui présente à son autre extrémité une partie plus évasée que le reste du cône, à laquelle on donne le nom de *pavillon* (fig. 511).

Les sons émis à travers un porte-voix ne sont pas renforcés dans la direction de son axe seulement, mais dans toutes les directions, que l'instrument soit muni ou non de son pavillon. D'après Hassenfratz, l'effet du porte-voix est dû au renforcement que les colonnes d'air font éprouver aux sons produits à l'une de leurs extrémités. Quant à l'influence énorme du pavillon, elle est de même nature que celle que l'on remarque dans les instruments à vent, et, comme pour ceux-ci, on n'est pas encore parvenu à l'expliquer[1]. (H. V.)

[1] Plusieurs des données relatives à l'acoustique ont été empruntées au remarquable *Traité de physique* de M. Daguin, professeur à la faculté des sciences de Toulouse. (H. V.)

OPTIQUE.

I. — NOTIONS GÉNÉRALES.

L'*optique* traite des propriétés et de la nature de la lumière. On appelle *lumière* l'agent qui produit en nous, par son action sur la rétine, le phénomène de la *vision*, c'est-à-dire la sensation qui nous décèle la forme et la couleur des corps.

Sous le rapport de la manière dont les corps se comportent par rapport à la lumière qui tend à les traverser, on peut les diviser en *corps opaques*, comme le bois, les métaux; en corps *diaphanes* ou *transparents*, comme l'air, l'eau, la plupart des verres et des corps cristallisés; et en *corps translucides*, tels que le papier en feuilles minces, le verre dépoli, la corne, etc.

Les corps opaques ne transmettent point la lumière au travers de leur masse : interposés entre l'œil et un objet, ils empêchent celui-ci d'être vu. L'opacité n'est jamais absolue, mais elle dépend de l'épaisseur; tous les corps réduits en lames ou en feuilles assez minces laissent passer une partie de la lumière qu'ils reçoivent; ainsi, au travers d'une feuille très-mince d'or collée sur une lame de verre, on distingue une lueur verdâtre très-sensible, lorsqu'on regarde une bougie ou même la lumière du ciel ou des nuées.

Les corps diaphanes transmettent la lumière et, quand leur épaisseur n'est pas trop considérable, ils laissent apercevoir nettement, au travers de leur substance, tous les détails de la forme des objets. Le *vide* se comporte comme les corps transparents, ou plutôt il transmet encore infiniment mieux la lumière. En optique, on désigne sous le nom de *milieu* tout espace, vide ou occupé par un corps transparent, à travers lequel la lumière peut se propager.

Les corps translucides laissent passer une partie de la lumière qui se présente pour les traverser; mais on ne peut distinguer, au travers de leur substance, ni la distance, ni la forme des objets.

Les observations les plus familières nous apprennent qu'un corps lumineux quelconque émet de la lumière dans tous les sens : la flamme d'une bougie, par exemple, serait visible de tous les points d'une sphère dont elle occuperait le centre; il en serait de même d'un corps phosphorescent, tel qu'un ver luisant, ou d'une étincelle électrique.

Les corps lumineux sont essentiellement composés de matière pondérable; le vide peut bien propager la lumière, mais il est incapable de la produire. On donne le nom de *point lumineux* à toute portion infiniment petite d'un corps qui émet de la lumière.

Dans un milieu homogène, la lumière se propage toujours en ligne droite. En disposant sur une longue règle trois disques percés en leur centre d'un trou très-petit, on voit à une grande distance la flamme d'une bougie, ou bien on cesse de l'apercevoir, suivant que les trous sont ou ne sont pas en ligne droite.

Un *rayon lumineux* est la direction que suit la lumière en se propageant. Dans un milieu homogène cette direction est rectiligne. Un *faisceau* est la réunion de plusieurs rayons qui se suivent sans interruption. Il est *convergent*, *divergent* ou *parallèle*, suivant que les rayons qui le composent vont en s'éloignant, en se rapprochant ou en restant à la même distance les uns des autres. (H. V.)

OMBRE ET PÉNOMBRE.

La marche rectiligne de la lumière explique plusieurs phénomènes intéressants que nous allons examiner : tels sont les phénomènes de l'ombre et de la pénombre, ceux de la chambre obscure, etc.

L'*ombre* d'un corps opaque est le lieu de l'espace où il empêche la lumière de pénétrer.

Lorsque le corps est éclairé par un point lumineux unique, l'étendue et la forme de l'ombre que ce corps projette derrière lui sont faciles à déterminer. En effet, si l'on conçoit qu'une droite indéfinie se meuve autour du corps opaque, en s'appuyant sur le bord de la surface visible du point lumineux et en passant constamment par ce point, cette droite engendre une espèce de surface conique qui, au delà du corps, sépare la portion de l'espace qui est dans l'ombre de celle qui est éclairée. Dans le cas que nous considérons, en plaçant au delà du corps opaque un écran, le passage de l'ombre à la lumière sur cet écran aurait lieu brusquement (nous négligeons ici l'influence de la *diffraction*, c'est-à-dire des modifications que la lumière éprouve dans sa marche lorsqu'elle passe près des bords des corps opaques); mais ce n'est pas ce qui a lieu dans les cas ordinaires, où les corps lumineux ont toujours une certaine étendue.

Supposons, en effet, pour simplifier la démonstration, que le corps éclairant et le corps éclairé soient deux sphères A et B (fig. 512). Si

Fig. 512.

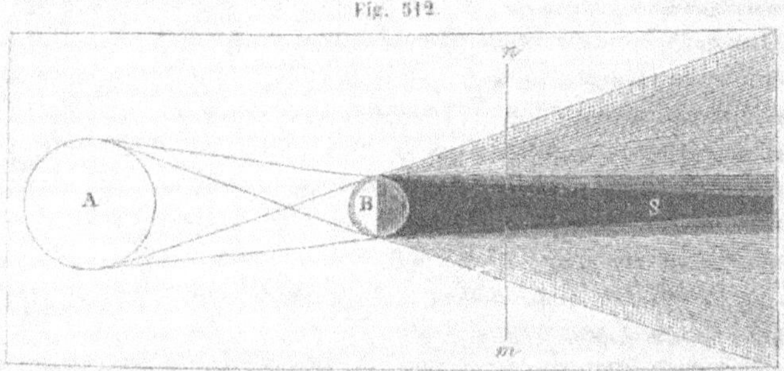

l'on conçoit qu'une droite indéfinie se meuve tangentiellement à ces sphères, en coupant constamment la ligne des centres au point S, elle engendre une surface conique qui a pour sommet ce point, et qui limite, derrière la sphère B, un espace complétement noir ou privé de lumière. Si, actuellement, au moyen d'une seconde droite, on décrit la surface du cône tangent intérieur aux deux sphères, on reconnaît à l'inspection de la figure, que tout l'espace extérieur à cette surface est complétement éclairé, mais que la partie comprise entre les deux surfaces coniques n'est ni complétement privée de lumière, ni complétement éclairée, parce qu'elle reçoit de la lumière de certains points du corps lumineux, mais n'en reçoit pas de tous; c'est pourquoi on donne à cette dernière portion de l'espace situé derrière le corps opaque le nom de *pénombre*.

Toutes ces conséquences géométriques sont vérifiées par l'expérience. Si, au moyen d'un écran *mn*, on intercepte les rayons qui se propagent derrière le corps B, on reconnaît facilement que l'ombre a la forme circulaire comme l'exige la théorie, et qu'à partir de cette ombre l'intensité de la lumière va en croissant jusqu'aux limites de la pénombre au delà desquelles elle reste constante, du moins si l'on fait abstraction du décroissement qui résulte de l'augmentation de distance au corps éclairant A quand on s'éloigne de plus en plus de la pénombre. Les ombres et les pénombres dessinées à la surface de la terre par les corps qui interceptent les rayons solaires ont aussi toujours la forme que leur assigne la construction précédente. Le phénomène des éclipses de soleil et de lune peut également être cité à l'appui de la théorie que nous venons d'exposer. (H. V.)

IMAGES PRODUITES PAR DE PETITES OUVERTURES.

Les rayons solaires qui traversent un petit espace libre, circonscrit par les bords d'un ou de plusieurs corps opaques, forment un faisceau dont la section, par un plan perpendiculaire au rayon central, prise à une distance convenable, est toujours sensiblement circulaire, quelle que soit la forme de l'ouverture. C'est ce que l'on observe, par exemple, sur les faisceaux lumineux que laissent passer les jours du feuillage des arbres et qui vont projeter sur le sol des images rondes ou elliptiques, suivant l'inclinaison des surfaces qui les reçoivent.

Pour se rendre compte de ce phénomène, il suffit de remarquer que *chaque point* du soleil, à cause du grand éloignement de cet astre, envoie des rayons parallèles qui, s'ils existaient seuls, formeraient, au delà des bords opaques, un faisceau cylindrique ayant partout une section égale à celle de l'ouverture. Il est facile, d'après cela, de trouver la forme de l'image lumineuse projetée sur un écran par le faisceau multiple.

A cet effet, soit v (fig. 513) un écran percé d'une ouverture carrée,

Fig. 513.

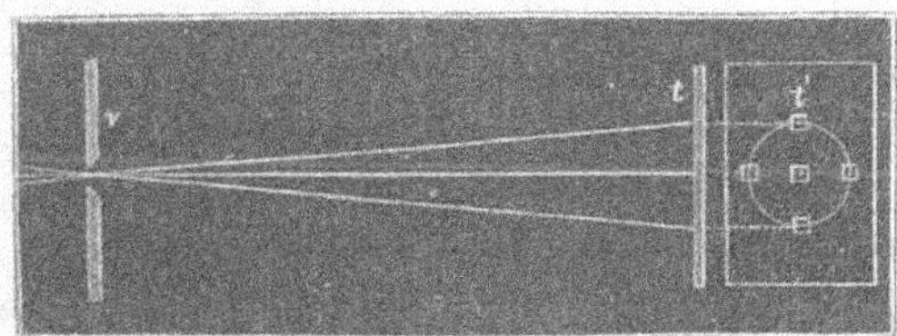

par exemple, et t un écran blanc sur lequel on reçoit le faisceau transmis à travers cette ouverture. Rabattons le plan de t en t', pour faire voir en face les images. Le centre du soleil fait une image carrée égale à l'ouverture ; les deux extrémités du diamètre vertical apparent du soleil forment aussi des images carrées et égales ; il en est de même des deux extrémités du diamètre horizontal. Le tableau t' représente ces cinq petits carrés formés par ces cinq points du globe du soleil ; mais les points en nombre infini qui composent le bord apparent du soleil donneront un nombre infini de petits carrés ayant leurs centres sur la même circonférence du tableau : quelle que soit la forme de l'ouverture, l'image sera donc ronde, et son diamètre doit évidemment aller en augmentant à mesure que le tableau s'éloigne de l'ouverture.

Lorsque les rayons qui traversent la petite ouverture v et que l'on reçoit ensuite sur l'écran t, proviennent d'un objet assez éloigné, on obtient sur cet écran une image renversée de l'objet extérieur, d'autant plus grande que l'écran t est plus éloigné de l'ouverture. Cette image s'explique de la même manière que celle du soleil dans l'expérience précédente. Pour bien la distinguer, il faut que les yeux de l'observateur soient soustraits à l'influence de toute lumière étrangère. A cet effet, on a l'habitude de pratiquer la petite ouverture v au volet d'une chambre noire et de recevoir les images des objets extérieurs sur un écran blanc placé dans cette chambre. C'est là l'expérience si connue de la *chambre obscure*. On verra plus loin comment on augmente l'éclat et la netteté des images au moyen de verres de forme convenable et par quels procédés on les redresse.

Si l'on n'a pas à sa disposition une chambre noire, on peut faire usage de deux tubes cylindriques qu'on peut enfoncer plus ou moins l'un dans l'autre, comme les tubes des longues-vues. L'ouverture libre de l'un de ces tubes est percée à son centre d'une petite ouverture que l'on dirige vers l'objet dont on veut obtenir l'image renversée; l'autre tube est fermé au moyen d'une mince feuille de papier translucide, de papier à calquer, par exemple; c'est sur cet écran que l'image vient se peindre, et pour l'observer il suffit de se placer derrière l'écran, en ayant soin de soustraire les yeux, par un moyen quelconque, à l'influence de la lumière du jour. (H. V.)

VITESSE DE LA LUMIÈRE. — PROCÉDÉ DE M. FIZEAU.

La vitesse avec laquelle la lumière se répand dans l'espace est si grande, qu'elle paraît infinie pour tous les phénomènes lumineux produits et observés à la surface de la terre; mais un astronome danois, Roemer, a trouvé, en 1778, le moyen de la mesurer par l'observation des éclipses d'un des satellites de Jupiter, et, dans ces derniers temps, M. Fizeau et M. Foucault sont parvenus au même résultat, sans recourir à ce genre d'observations. Nous nous bornerons à donner une idée du procédé de M. Fizeau, et, pour faciliter notre explication, nous dirons que la méthode de Roemer avait donné 79,572 lieues de 4^{m},000 mètres par seconde, pour la vitesse dont il s'agit. Nous admettrons, en nombre rond, le chiffre de 70,000 lieues par seconde.

Concevons une roue dont la circonférence porte des dents laissant entre elles un vide égal au plein. Si l'on imprime à cette roue un mouvement de rotation très-rapide autour de son axe, il est facile d'obtenir que le temps qu'une dent ou un vide met à passer devant un point fixe, soit égal à environ 1/10000 de seconde. Or, pendant ce petit intervalle de temps, la lumière parcourt un chemin qui n'est que de 7 lieues. Par conséquent, si un rayon de lumière passe par un vide de la roue tournante et qu'un miroir éloigné, en le réfléchissant, le ramène en sens contraire vers la roue, il est évident que selon la vitesse de celle-ci, ce rayon, à son retour, pourra rencontrer soit une dent, soit un vide, c'est-à-dire se trouver arrêté ou se propager derrière la roue où l'œil pourra l'apercevoir. Tel est le principe du procédé de M. Fizeau.

La figure 514 nous permettra de faire comprendre l'appareil dont

Fig. 514.

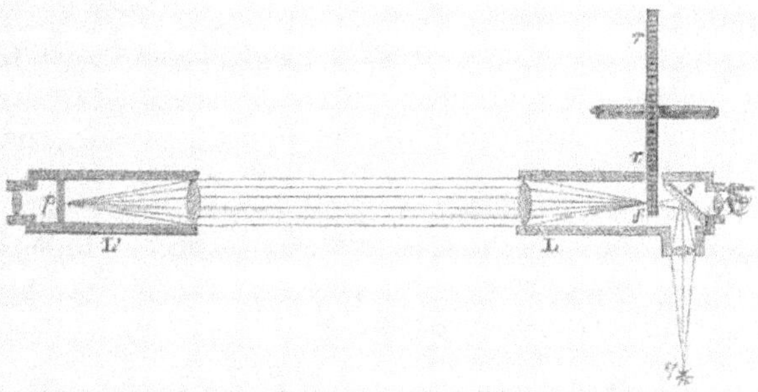

cet ingénieux physicien a fait usage. L et L' sont deux lunettes qui étaient disposées sur le même axe à une distance de 8633 mètres, et ajustées de manière que par chacune d'elles on pût voir nettement l'objectif de l'autre. Dans l'une des lunettes, entre l'oculaire et le foyer de l'objectif, se trouve une glace mince S, à faces parallèles, inclinée de 45° sur l'axe de l'instrument et réfléchissant sur l'objectif de la lunette la lumière d'une bonne lampe placée latéralement en *q*. Le tuyau latéral par lequel pénètre cette lumière porte une lentille convergente ou un système de lentilles qui forme une image réelle de la flamme de la lampe. Cette image est ramenée par la glace S au foyer principal de l'objectif, qui transforme les rayons qui la produisent en un faisceau parallèle à l'axe commun des deux lunettes. Les rayons de ce faisceau concourent au foyer principal de l'objectif de la lunette L' et là ils sont réfléchis par un miroir plan *p*, ramenés sur l'objectif qui les rend de nouveau parallèles, et enfin réfractés par l'objectif de la lunette L au foyer principal duquel ils forment une image de la flamme que l'on regarde au moyen de l'oculaire de la lunette à travers la glace S. L'autre côté de la lunette L est muni d'une fente par laquelle pénètre le bord de la roue dentée *rr*, dont les dents aboutissent au foyer de l'objectif.

L'expérience réussit complétement. Suivant que la vitesse de la roue était plus ou moins grande, on apercevait un point lumineux ou le champ de la lunette était entièrement obscur. La première éclipse eut lieu pour une vitesse de 12,6 tours par seconde. En doublant cette vitesse, on vit reparaître l'image, tandis qu'elle fut éclipsée de nouveau pour une vitesse triple, etc. La roue portait 720 dents et elle était en communication avec un système d'engrenages mû par un poids. Un compteur permettait de mesurer exactement la vitesse imprimée. La largeur de chaque dent ou de chaque vide étant égale à 1/1440 de la circonférence de la roue, pour une vitesse de 12,6 tours par seconde, le temps qu'une dent ou un vide mettait à passer devant le foyer principal *f* de l'objectif était de $1/1440 . 12,6 = 1/18144$ de seconde. Or, la lumière qui a passé par un vide revient de la seconde lunette pendant le passage d'une dent au point *f*, d'où il suit que dans la 1/18144 partie d'une seconde la lumière a parcouru un chemin de $2.8633 = 17266^{m}$, et, par conséquent, sa vitesse est de $17266 \times 18144 = 313283304$ mètres, ou bien de 78321 lieues environ. En répétant 28 fois l'expérience, M. Fizeau a déduit, comme moyenne, pour la vitesse de la lumière une valeur qui ne diffère que de 1/44 de celle que l'on obtient par les observations astronomiques.

Sachant que la vitesse de la lumière est de 79372 lieues par seconde, il est facile de calculer le temps qu'elle met pour aller du soleil aux diverses planètes. Le temps qu'elle emploie pour venir, par exemple, de Neptune à la terre est d'environ 4 heures; de sorte que l'astronome qui regarde le globe de Neptune le voit où il était 4 heures auparavant, et que si cette planète était anéantie à un instant donné, on la verrait encore 4 heures après qu'elle aurait cessé d'être.

Nous ne savons pas à quelle distance de la terre sont disposées les étoiles, mais nous savons avec certitude qu'il n'y a pas un de ces astres qui ne soit au moins à 200000 fois la distance du soleil à la terre (152 millions de kilomètres); par conséquent, pour arriver à nous, leur lumière met au moins 3 ans 43 jours; sans doute, il n'y a pas d'exagération à supposer que nous voyons des étoiles qui sont quelques milliers de fois plus éloignées et dont la lumière met par conséquent plusieurs siècles à venir jusqu'à nous. Comme M. Pouillet le fait observer avec raison, tout ce qui existe dans le ciel, au delà de notre système, pourrait être brisé, confondu, anéanti, et nous, habitants paisibles de la terre, nous passerions encore de nombreuses années à contempler comme aujourd'hui ce grand spectacle d'ordre et de magnificence qui ne serait plus qu'une illusion trompeuse, une image sans réalité. (H. V.)

INTENSITÉ DE LA LUMIÈRE.

Lorsqu'une source de lumière éclaire une même surface placée successivement à différentes distances, *l'intensité ou la quantité reçue est en raison inverse du carré de la distance;* de sorte que, si l'on représente par 1 la quantité de lumière que la surface reçoit à l'unité de distance, la quantité qu'elle recevra à une distance double sera 4 fois moindre, ou égale à 1/4; celle qui lui parviendra à une distance triple sera 9 fois moindre, ou égale à 1/9, et ainsi de suite. Cette loi peut se démontrer expérimentalement. A cet effet, nous ferons d'abord observer qu'il est facile de reconnaitre à l'œil l'égalité de deux lumières, éclairant deux lames égales et de même nature, telles que deux morceaux de papier que l'on regarde par derrière, et qui reçoivent chacun la lumière d'un seul corps éclairant, condition qu'il est facile de remplir au moyen d'un écran, placé entre les deux corps lumineux et normal aux feuilles translucides. Si, lorsque cette égalité est observée, les deux sources lumineuses sont à des distances égales, et placées de la même manière par rapport aux corps qu'elles éclairent respectivement, on pourra regarder comme égales les intensités de la lumière qu'elles émettent, ou les prendre pour des *lumières égales*. Or, si l'on éclaire un des morceaux de papier par une seule lumière placée à la distance d'un pied, et l'autre par quatre sources reconnues égales à la première, mais placées à deux pieds de distance, l'œil jugera les deux corps translucides également éclairés, ce qui démontre la loi. (H. V.)

PHOTOMÈTRES.

On nomme *photomètres* des appareils servant à comparer les intensités relatives de deux lumières, c'est-à-dire les quantités de lumière que recevrait la même surface, à la même distance, si elle était successivement éclairée par les deux sources.

On a imaginé un grand nombre de photomètres; mais tous laissent beaucoup à désirer sous le rapport de la précision. Nous ne décrirons ici que le photomètre de Rumford, fondé sur le principe suivant :

Si deux lames translucides éclairées chacune par une des deux lumières à comparer paraissent également éclairées à l'œil qui les voit simultanément par derrière, les carrés des distances qui séparent les corps lumineux des lames qu'ils éclairent respectivement sont entre eux comme les intensités de leurs lumières à l'unité de distance; c'est-à-dire que si l'une des lumières produit à une distance triple le même éclairement que l'autre, cela indique qu'elle éclairerait 9 fois plus que celle-ci à l'unité de distance, ou que son intensité est égale à 9 fois celle de la seconde source lumineuse. Cela posé, voici de quelle manière Rumford a tiré parti du principe que nous venons d'indiquer.

Le photomètre de Rumford se compose d'un écran en verre dépoli CD (fig. 515), devant lequel est fixée une tige opaque S. A une

Fig. 515.

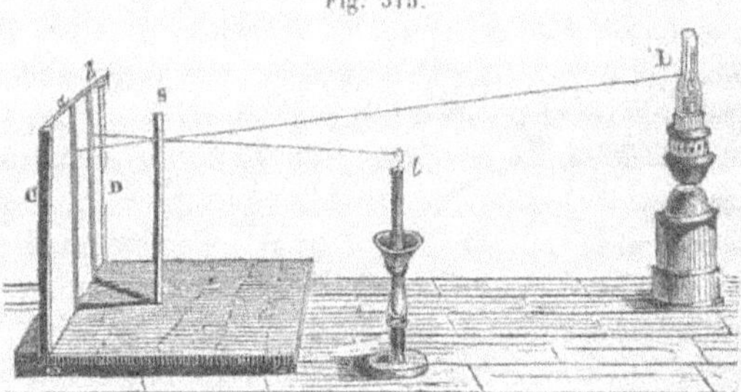

certaine distance sont placées les lumières qu'on veut comparer, par exemple, une bougie *l* et une lampe L, de manière que chacune d'elles projette sur l'écran une ombre de la tige. Les ombres sont d'abord d'inégale intensité; mais, en reculant la lampe, ou en l'approchant, on obtient une position où l'intensité des deux ombres *a* et *b* est la même. Quand on a trouvé cette position, on n'a plus qu'à mesurer les distances qui séparent les corps lumineux de l'écran et à chercher le rapport des carrés de ces distances; ce rapport donne celui des intensités qu'il s'agissait d'obtenir. En effet, les ombres *a* et *b* sont éclairées chacune par une des deux lumières, tandis que le reste de l'écran est éclairé par les deux lumières à la fois. Par conséquent, si les ombres sont égales, cela indique que les sources sont à des distances pour lesquelles leur pouvoir éclairant est le même; le rapport entre les carrés de ces distances est donc égal au rapport entre les intensités des deux lumières.

Les photomètres sont des appareils indispensables pour la détermination de la valeur relative des différents systèmes d'éclairage. Supposons, par exemple, qu'on ait trouvé, au moyen du photomètre de

Rumford, qu'un bec de gaz donne la lumière de neuf bougies. Si ce bec coûte moins que neuf bougies brûlant pendant le même temps, il est évident alors que l'éclairage au gaz sera plus économique que l'éclairage par les bougies ; si le bec de gaz coûtait plus, ce serait l'inverse qui aurait lieu ; enfin, si le prix du gaz était égal à celui de neuf bougies, on pourrait indifféremment, sous le rapport économique, employer l'un ou l'autre des deux systèmes d'éclairage. (H. V.)

II. — RÉFLEXION DE LA LUMIÈRE.

LOIS DE LA RÉFLEXION DE LA LUMIÈRE.

Lorsqu'un rayon de lumière rencontre la surface de séparation entre deux milieux, il se partage en quatre parties : l'une qui est réfléchie *régulièrement*, l'autre *irrégulièrement*, c'est-à-dire dans toutes les directions, la troisième qui est éteinte ou absorbée par le second milieu, et la quatrième qui est transmise à travers ce même milieu, s'il est transparent. Cette quatrième partie s'appelle *lumière réfractée*, et le milieu dans lequel se propage cette lumière se nomme *milieu* ou *corps réfringent*.

La réflexion régulière s'effectue d'après les deux lois suivantes, qui sont les mêmes que pour la réflexion du son (p. 270).

1° *Le rayon incident, le rayon réfléchi et la normale à la surface réfléchissante au point d'incidence se trouvent dans un même plan ;*

2° *L'angle de réflexion est égal à l'angle d'incidence.*

Les mots *rayon incident, rayon réfléchi, angle d'incidence, angle de réflexion*, étant pris ici dans le même sens qu'à la page 270, nous n'avons pas à les définir de nouveau.

Pour s'assurer de l'exactitude des deux lois ci-dessus, il suffit de laisser pénétrer dans la chambre obscure un mince faisceau de rayons solaires et de le recevoir ensuite sur une plaque de verre poli. Si alors on répand dans l'air un peu de poussière de craie, de manière à rendre plus visible la marche de la lumière, on reconnaît, à la vue, ou mieux à l'aide d'un demi-cercle gradué, que les angles d'incidence et de réflexion sont égaux, et que la normale, le rayon incident et le rayon réfléchi se trouvent dans un même plan. Lorsque la surface réfléchissante est courbe, on constate, par les mêmes moyens, que la réflexion a lieu comme sur le plan tangent à la surface au point d'incidence ; de sorte que, pour obtenir le rayon réfléchi, on n'a qu'à mener la perpendiculaire au plan tangent, ou, ce qui est la même chose, la normale à la surface au point d'incidence, et à construire une droite, située dans le plan d'incidence, qui fasse avec cette normale le même angle que le rayon incident : cette droite représentera la direction du rayon réfléchi.

Pour des corps de même substance, l'intensité de la lumière réfléchie régulièrement augmente avec le degré de poli et avec l'angle que les rayons incidents font avec la normale à la surface réfléchissante. Sur le verre dépoli, le papier blanc, etc., la réflexion régulière est, en général, presque nulle; mais si l'on augmente l'angle d'incidence, de façon qu'il diffère peu d'un angle droit, elle devient très-appréciable. Pour s'en assurer, on reçoit dans une chambre obscure un faisceau de lumière solaire sur une lame de verre dépoli ou simplement sur une feuille de papier : tant que l'incidence des rayons ne dépasse pas 70 à 80°, on n'obtient presque pas de réflexion régulière; mais lorsque l'incidence approche de 90°, il se forme un faisceau de rayons réfléchis régulièrement, assez intense pour éclairer d'une manière très-sensible un écran blanc ou un verre sur lequel on le reçoit. Enfin, l'intensité de la lumière réfléchie régulièrement par un corps dépend de la nature du milieu dans lequel il est plongé. Par exemple, le verre poli, plongé dans l'eau, perd une grande partie de son pouvoir réflecteur.

Les *miroirs* reposent sur la réflexion régulière de la lumière. On donne ce nom à des corps à surface polie, en métal ou en verre, qui font voir par réflexion les objets qu'on leur présente. Le lieu où ces objets apparaissent est leur *image*. Une surface imparfaitement polie peut fonctionner comme miroir dans des conditions convenables. Par exemple, si l'on regarde très-obliquement une feuille de papier blanc, placée devant une bougie, on aperçoit par réflexion une image de la flamme; ce qui n'a plus lieu quand l'œil se rapproche de plus en plus de la normale à la surface de la feuille.

La lumière réfléchie irrégulièrement se désigne sous le nom de lumière *diffuse;* c'est elle qui nous fait voir les corps. En effet, la lumière diffusée par un point étant renvoyée dans toutes les directions, elle doit produire sur l'œil la même impression que les rayons que ce point émettrait suivant les mêmes directions s'il était lumineux par lui-même, et, par conséquent, elle doit rendre le point visible comme le feraient ces derniers rayons. Il suit de là qu'une même surface sera d'autant moins visible qu'elle réfléchira régulièrement une plus grande proportion de lumière. L'expérience confirme ce résultat, car lorsqu'on dirige les yeux sur une glace bien polie, on distingue parfaitement les images des objets environnants, mais c'est à peine si l'on aperçoit la surface réfléchissante elle-même.

La quantité de lumière absorbée ou éteinte par le second milieu augmente avec son opacité et son épaisseur; mais elle ne devient jamais nulle, même pour les corps les plus transparents, tels que le verre, l'eau, l'air même; car ces milieux éteignent graduellement la lumière qui les traverse, et, sous une épaisseur suffisante ils peuvent l'affaiblir assez pour qu'elle n'agisse plus sur la rétine. On observe, en effet, qu'un grand nombre d'étoiles qui ne sont pas visibles, même par le ciel le plus pur, quand on est dans les plaines, le deviennent quand on s'élève sur les hautes montagnes. On sait aussi que l'éclat de la lumière du soleil s'affaiblit à mesure que cet astre se rapproche de l'horizon, c'est-à-dire à mesure que la couche d'air traversée par les rayons lumineux devient plus considérable.

Quant à l'intensité de lumière réfractée, elle dépend à la fois de la nature des deux milieux que le rayon traverse. Pour un même milieu réfringent, elle augmente avec le poli de la surface, et avec le degré de transparence du corps. Enfin, elle diminue à mesure que les rayons incidents s'éloignent de la normale à la surface réfringente au point d'incidence. (H. V.)

DES MIROIRS.

Suivant leur forme, on divise les miroirs en miroirs *plans*, *concaves*, *convexes*, *sphériques*, *cylindriques*, *coniques*, etc. Nous ne nous occuperons ici que des miroirs plans et des miroirs sphériques, soit concaves, soit convexes.

MIROIRS PLANS.

Fig. 516.

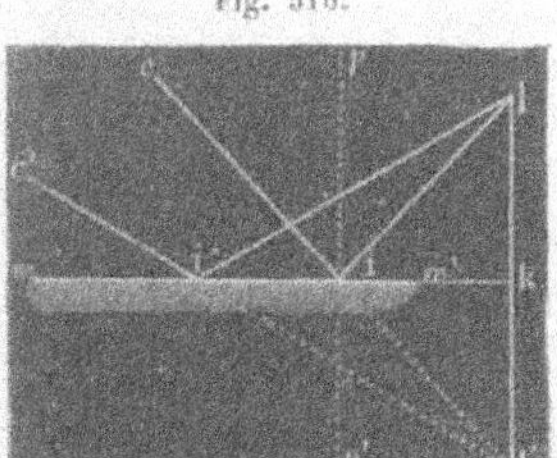

Soit d'abord un point unique *l* placé devant un miroir plan *mm'* (fig. 516). Un rayon quelconque *li*, parti de ce point et rencontrant le miroir, se réfléchit suivant la direction *ic*, en faisant l'angle de réflexion *pic* égal à l'angle d'incidence *lip*.

Cela posé, si l'on abaisse du point *l* une perpendiculaire *lk* sur le miroir, prolongé s'il le faut, et si l'on prolonge la direction du rayon *ic* jusqu'à ce qu'elle rencontre cette perpendiculaire en un point *l'*, on forme deux triangles rectangles *lik* et *kil'*, qui sont égaux, parce qu'ils ont un côté commun *ik* et que les angles *lik* et *kil'* sont égaux, comme complémentaires des angles d'incidence et de réflexion. De l'égalité de ces triangles il résulte que *lk* est égal à *kl'*, c'est-à-dire qu'un rayon quelconque *li* prend, après la réflexion, une direction telle, que son prolongement derrière le miroir vient couper la perpendiculaire *lk*, en un point *l'* situé précisément à la même distance du miroir que le point *l* lui-même. Cette propriété n'étant pas particulière au rayon *li*, s'applique à tout autre rayon *li'* parti du point *l*. Il suit de là que tous les rayons émis par le point *l* et réfléchis sur le miroir, *se propagent, après leur réflexion, comme s'ils étaient tous partis du point l'*; de sorte que si l'œil se trouve sur le trajet de quelques-uns de ces rayons, il croira voir en *l'* un point lumineux, qui sera l'image du point *l*. Cette image n'existant pas réellement, puisqu'elle n'est formée que par le prolongement des rayons réfléchis, se nomme *image virtuelle*, pour la distinguer des *images réelles* qui résultent du concours de pareils rayons. Concluons de ce qui précède, que, dans les miroirs plans, *l'image d'un point se produit derrière le miroir, à une distance égale à celle du point donné, et sur la perpendiculaire abaissée de ce point sur le miroir.*

Fig. 517.

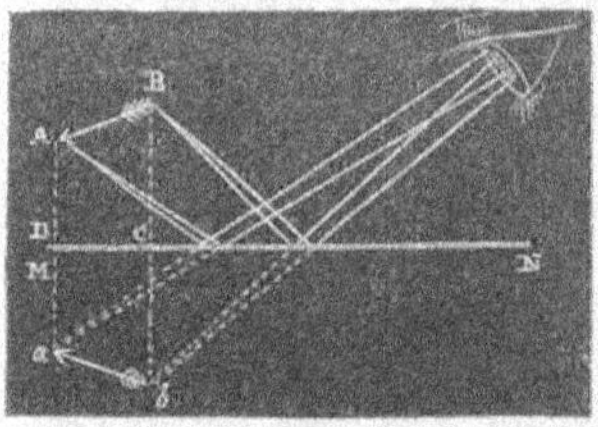

Il est évident qu'on obtiendra l'image d'un objet quelconque en construisant, d'après la règle ci-dessus, l'image de chacun de ses points, ou du moins de ceux qui suffisent pour en déterminer la position et la forme. La figure 517 montre la construction qu'il faut faire pour obtenir l'image *ab* d'un objet quelconque AB, d'une flèche, par exemple.

De cette construction on déduit immédiatement que, dans les miroirs plans, *l'image est de même grandeur que l'objet*; car, si l'on rabat le trapèze ABCD sur le trapèze DC*ab*, on voit facilement qu'ils coïncident et que l'objet AB se confond avec son image.

Il découle encore de la construction ci-dessus que, dans les miroirs plans, l'*image est symétrique de l'objet*, et non renversée, en attachant au mot symétrique le même sens qu'en géométrie, où l'on dit que deux points sont symétriques par rapport à un plan lorsqu'ils sont sur une même perpendiculaire à ce plan et à une distance égale, l'un d'un côté du plan, l'autre de l'autre côté, conditions auxquelles satisfont évidemment tous les points de l'objet AB et de son image *ab* dans la figure 517.

Les miroirs métalliques, qui n'ont qu'une seule surface réfléchissante, ne produisent qu'une seule image; mais il n'en est plus ainsi des miroirs de verre, qui présentent deux surfaces réfléchissantes, l'une formée par la surface antérieure du verre, et l'autre par la couche de tain appliquée sur la face postérieure. Lorsque les rayons lumineux, partis d'un objet placé en avant du miroir, rencontrent la première surface de celui-ci, une partie est réfléchie et donne une première image de l'objet; l'autre partie pénètre dans le verre, se réfléchit sur la couche de tain et revient à l'œil en donnant une seconde image. Celle-ci, distante de la première du double de l'épaisseur du miroir, est plus intense qu'elle, la couche de tain réfléchissant plus que le verre. Outre ces deux images, il s'en forme encore d'autres, de plus en plus faibles et qui proviennent de ce que la face antérieure du verre ne laisse jamais passer toute la lumière réfléchie par la couche métallique, mais en renvoie constamment une partie vers celle-ci. On observe facilement ces images multiples en regardant obliquement, dans une glace, l'image d'une bougie. Comme cette multiplicité d'images nuirait à l'observation dans plusieurs instruments d'optique, on emploie alors des miroirs métalliques. (H. V.)

IMAGES MULTIPLES SUR DEUX MIROIRS PLANS.

Lorsqu'un point lumineux est placé entre deux miroirs parallèles, il tend à se produire de ce point un nombre infini d'images, situées à différentes distances sur la perpendiculaire abaissée du point lumineux sur les deux miroirs. Si l'on n'aperçoit pas un nombre infini d'images, c'est parce que la lumière, après avoir subi un certain nombre de réflexions, n'a plus une intensité suffisante pour impressionner l'œil. Cet affaiblissement provient de ce que, à chaque réflexion, une partie de la lumière est éteinte par la substance du miroir, en même temps qu'une autre est réfléchie irrégulièrement, de façon à être perdue pour la formation des images.

Si les deux miroirs, au lieu d'être parallèles, forment entre eux un angle droit ou aigu, il se produit du point lumineux des images dont le nombre augmente avec l'inclinaison. S'ils sont d'abord perpendiculaires l'un à l'autre, l'œil, placé en O, par exemple, pourra recevoir : 1° des rayons arrivant directement du point lumineux A (fig. 318 ci-après); 2° des rayons réfléchis une seule fois par l'un des miroirs ZW et WV; ces rayons sembleront partir de a' ou de a; 3° d'autres rayons ayant subi deux réflexions, une sur chaque miroir, et qui diverge-

Fig. 518.

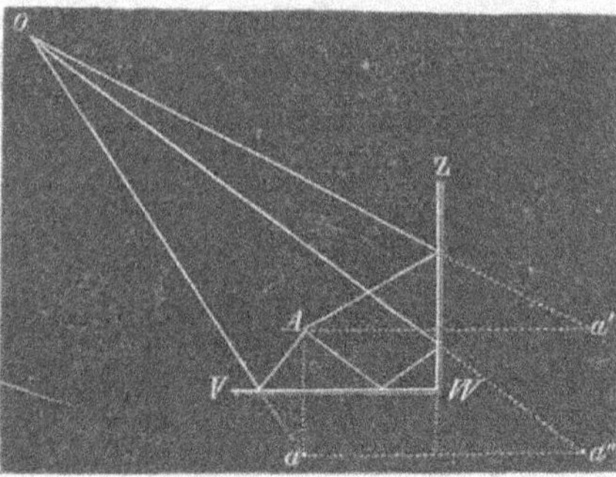

ront du point a''. Ainsi, l'œil apercevra, outre le point lumineux lui-même, trois images a, a', a'', disposées comme le montre la figure. Si l'angle des deux miroirs était de 60°, il y aurait 5 images, outre l'objet vu directement ; 7 si l'angle était de 45°, etc. Ces images devraient être en nombre infini si l'angle des deux miroirs était incommensurable avec 4 angles droits ; mais la lumière s'affaiblissant rapidement lorsque le nombre des réflexions augmente, l'œil n'apercevra toujours qu'un nombre limité de ces images.

C'est sur la propriété des miroirs inclinés qu'est fondé le *kaléidoscope*, appareil formé d'un tube de carton dans lequel sont deux miroirs inclinés de 45 degrés. Des objets très-irréguliers, comme de la mousse, de la dentelle, des morceaux de verre coloré, étant placés à une extrémité, entre deux disques de verre, dont le plus extérieur est dépoli, lorsqu'on regarde par l'autre extrémité, on aperçoit ces objets et leurs sept images symétriquement disposées, ce qui donne un ensemble très-varié et souvent très-agréable. (H. V.)

MIROIRS SPHÉRIQUES.

1. — *Foyer principal.*

Si l'on imagine une sphère dont l'intérieur soit très-poli, et qu'on la coupe par un plan, on en détache une calotte qui est un *miroir sphérique concave* ; ce serait un *miroir sphérique convexe* si la sphère était polie en dehors. Le centre C de la sphère dont le miroir fait partie est dit *le centre de courbure* ou *le centre géométrique* (fig. 519). L'*ouverture* du miroir est l'angle des deux rayons CM et CN menés du centre C aux bords opposés de la ca-

Fig. 519.

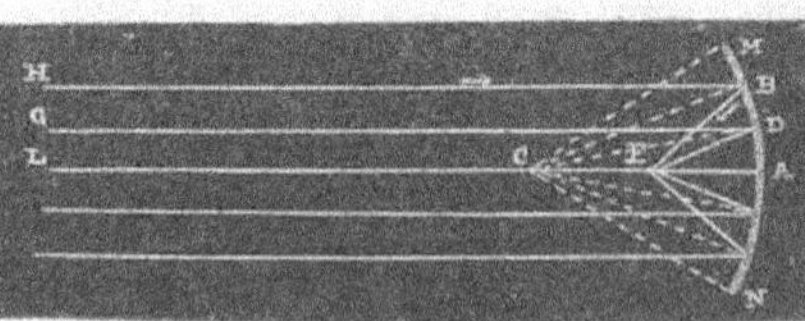

lotte; dans ce qui va suivre, nous supposerons toujours que l'ouverture ne dépasse pas 8 à 10 degrés. La droite indéfinie AL, menée par le centre A de la calotte et le centre C de la sphère, est l'*axe principal* du miroir; toute droite qui passe par le centre C seulement, sans passer par le point A, est un *axe secondaire*. Enfin, on nomme *section méridienne* d'un miroir la section MN qu'on obtient en le coupant par un plan qui passe par l'axe principal LA.

Considérons d'abord des rayons incidents parallèles à l'axe principal d'un miroir sphérique concave (fig. 519). Nous allons démontrer que ces rayons, après leur réflexion sur le miroir, passeront par un point F, situé sur cet axe sensiblement à distance égale du centre de courbure et du miroir; le point F se nomme le *foyer principal* du miroir. A cet effet, soit un rayon quelconque GD parallèle à l'axe AL. Pour trouver la direction du rayon réfléchi, nous devons mener d'abord la normale à la surface du miroir au point d'incidence D; cette surface étant sphérique, la normale est le rayon CD de la sphère. Il faut ensuite, dans la section méridienne où se trouve le rayon incident, mener une droite FD qui fasse avec CD un angle CDF égal à l'angle d'incidence GDC; cette droite DF indiquera la direction du rayon réfléchi. Cela posé, il est facile de s'assurer que le point F, où le rayon réfléchi vient rencontrer l'axe principal, divise très-approximativement le rayon de courbure AC en deux parties égales. En effet, dans le triangle DFC, les côtés DF et CF sont égaux, comme opposés à des angles égaux, car les angles DCF et FDC sont tous deux égaux à l'angle CDG, le premier comme alterne-interne, le second d'après les lois de la réflexion. D'ailleurs, FD approche d'autant plus d'égaler FA que l'arc AD est plus petit. On peut donc, lorsque cet arc n'est que d'un petit nombre de degrés, regarder les droites AF et CF comme sensiblement égales, et le point F comme le milieu de AC. Tant que l'ouverture MCN du miroir ne dépasse pas 8 à 10 degrés, tout autre rayon HB, parallèle à l'axe principal, vient ainsi, après la réflexion, passer par le point F. La distance FA de ce point au miroir s'appelle la *distance focale principale*; on vient de voir qu'elle est la moitié du rayon de courbure CA.

On démontrerait de la même manière que si les rayons incidents étaient parallèles à un axe secondaire, tel que CD, par exemple, ils iraient encore, après leur réflexion, concourir en un même point situé sur cet axe sensiblement à distance égale du centre de courbure et du miroir. Nous nommerons *foyer secondaire* le point de concours dont il s'agit.

Enfin, on démontrerait encore de la même manière que, dans le cas d'un miroir convexe, les rayons parallèles à l'axe principal ou à un axe secondaire, après s'être réfléchis, prennent des directions divergentes qui, prolongées, vont concourir en un foyer principal ou secondaire situé sensiblement au milieu du rayon de courbure parallèle aux rayons incidents (fig. 520). Mais ces foyers sont *virtuels*, tandis que ceux des miroirs concaves sont, au contraire, réels, c'est-à-dire formés, non par les prolongements des rayons réfléchis, mais par le concours de ces rayons eux-mêmes.

Fig. 520.

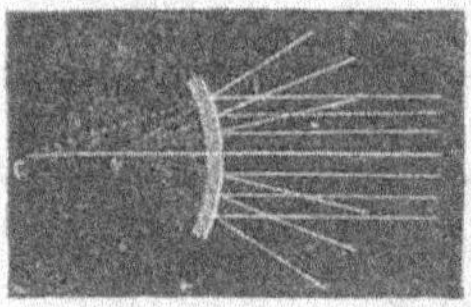

Lorsqu'un point lumineux ou éclairé est situé devant un miroir sphérique à une distance très-grande, on peut considérer les rayons qu'il émet vers ce miroir comme parallèles entre eux. Dans le cas d'un miroir concave, les rayons réfléchis concourent en un foyer unique, ainsi que nous venons de le démontrer; si l'œil se trouve sur le trajet de ces rayons, après leur concours, il sera affecté de la même manière que par un point lumineux qui serait placé au foyer; celui-ci forme par conséquent une image du point lumineux, et cette image est réelle. Dans le cas d'un miroir convexe, il se formerait encore une image au foyer principal ou au foyer secondaire, mais elle serait virtuelle. Il est facile de voir aussi que, dans le cas d'un miroir concave, si l'on plaçait un point lumineux au foyer principal, les rayons que ce point enverrait au miroir se transformeraient, par la réflexion, en un faisceau de rayons parallèles à l'axe principal. En effet, lorsqu'un point lumineux est placé en F (fig. 519), il émet vers le miroir des rayons incidents, tels que FD, FB, ...; l'angle d'incidence du rayon FD, par exemple, sera l'angle FDC, et comme cet angle est égal à CDG, DG représentera évidemment la direction du rayon réfléchi correspondant. Or, ce que nous disons du rayon FD, est applicable à tout autre rayon incident, et, par conséquent, le faisceau réfléchi se composera de rayons parallèles à l'axe principal. (H. V.)

2. — *Foyers conjugués.*

Soit maintenant le cas où les rayons lumineux qui tombent sur le miroir, sont émis d'un point A (fig. 521 ci-après) situé sur l'axe principal ou sur un axe secondaire, à une distance telle, que les rayons incidents ne soient plus parallèles, mais divergents. Tant que l'ouver-

Fig. 321.

ture du miroir ne dépasse pas un petit nombre de degrés, les directions des rayons réfléchis viennent encore concourir sensiblement en un même point *a* situé sur l'axe qui passe par le point lumineux. De plus, il y a réciprocité entre les points A et *a*, c'est-à-dire que si le point éclairant était *a*, le foyer serait A. C'est pour cette raison que A et *a* sont appelés *foyers conjugués*. Le point *a* d'où partent ou d'où semblent partir les rayons réfléchis quand ils divergent à partir du miroir, forme toujours l'image du foyer lumineux; dans le premier cas, cette image est *réelle;* et dans le second elle est *virtuelle*.

L'existence des foyers conjugués ne peut être démontrée sans l'emploi du calcul. Mais l'existence de ces foyers étant admise, il est facile de déterminer la position du foyer conjugué correspondant à un point lumineux quelconque donné. Pour cela, il suffit, en effet, de savoir trouver la direction de deux rayons réfléchis; le point d'intersection de ces deux directions sera évidemment le foyer conjugué cherché. Or, parmi les rayons partis d'un point A (fig. 321), il y en a toujours un A*n* parallèle à l'axe principal et dont le rayon réfléchi passe par le foyer principal F; la direction de ce rayon réfléchi se trouve par conséquent en joignant simplement le point d'incidence *n* au point F. Un second rayon incident part du point A suivant la droite A*mb* qui passe par le centre *m* du miroir; le rayon réfléchi correspondant se propagera donc, à partir du miroir, suivant la même droite que le rayon incident. Le point d'intersection des deux droites *n*F et A*b* sera le foyer conjugué *a* du point lumineux A. Lorsque le miroir est concave, comme le suppose notre figure, et que le point A se trouve situé au delà du centre de courbure *m*, le foyer conjugué *a* se forme entre le foyer principal F et le centre *m*. En effet, la figure A*n*F*m* est un trapèze dont les côtés non parallèles prolongés doivent évidemment se rencontrer quelque part en un point *a*, situé entre F et *m*. La même construction est applicable au cas où le point A se trouve sur l'axe principal du miroir. En effet, la direction de cet axe représente alors celle du rayon réfléchi provenant du rayon incident normal. Pour avoir un second rayon réfléchi, on mène un rayon incident quelconque; on trace l'axe secondaire parallèle à ce rayon et l'on joint par une droite le point d'incidence au foyer secondaire de cet axe; cette droite représentera la direction d'un second rayon réfléchi, et son point d'intersection avec l'axe principal sera le foyer conjugué dont il s'agissait de déterminer la position. (H. V.)

3. — *Formation des images dans les miroirs sphériques.*

Jusqu'ici on a supposé que l'objet lumineux ou éclairé, placé devant les miroirs, était simplement un point; mais si cet objet a une certaine étendue, on en obtiendra l'image en construisant, d'après le procédé graphique ci-dessus, l'image de chacun de ses points, ou du moins de ceux qui suffisent pour en déterminer la position et la forme. La figure 322 montre la construction qu'il faut faire pour obtenir

Fig. 322.

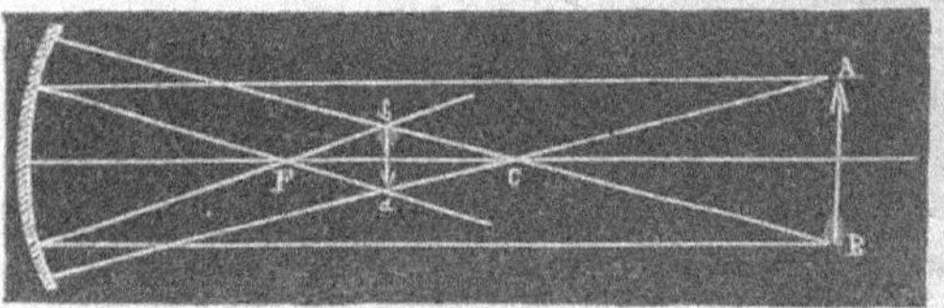

l'image *ab* d'un objet quelconque, d'une flèche AB, par exemple, placée devant un miroir concave, au delà du centre de courbure C. Il suit de cette construction que l'*image est réelle*, *renversée*, *plus petite que l'objet, et placée entre le centre de courbure* C *et le foyer principal* F. On peut voir cette image de deux manières : en plaçant l'œil sur le prolongement des rayons réfléchis, et c'est alors une image aérienne qu'on aperçoit; ou bien, on reçoit les rayons sur un écran placé à l'endroit même où se trouve l'image; cet écran la fait paraître par la lumière qu'il réfléchit dans toutes les directions et qu'il renvoie ensuite à l'œil.

Réciproquement, si l'objet lumineux ou éclairé, dont on cherche l'image, est placé en *ab*, entre le foyer principal et le centre, son image se forme en AB. Elle est encore réelle et renversée, mais plus grande que l'objet, et d'autant plus grande que l'objet *ab* est plus près du foyer principal.

Comme on le voit par la figure 323 ci-après, lorsque l'objet AB est placé entre le foyer principal F et le miroir, l'image *ab est virtuelle, droite et plus grande que l'objet.*

On peut vérifier tout ce qui précède en se plaçant devant un miroir concave : tant qu'on est au delà du centre de courbure, on voit sa propre image renversée et plus petite; lorsqu'on se trouve entre le

Fig. 523.

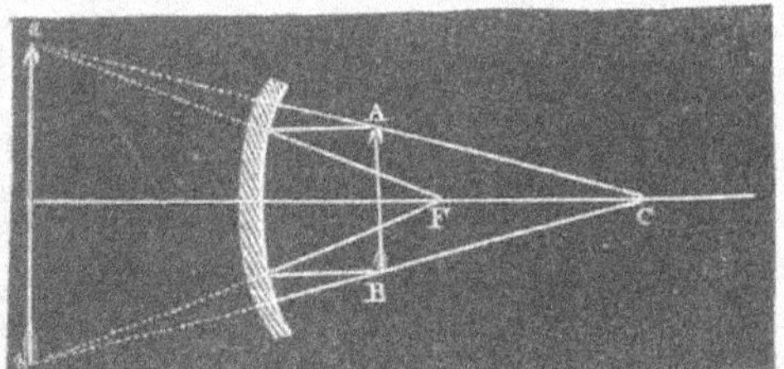

foyer principal et le miroir, on voit son image droite et plus grande derrière le miroir; c'est l'image virtuelle.

Fig. 524.

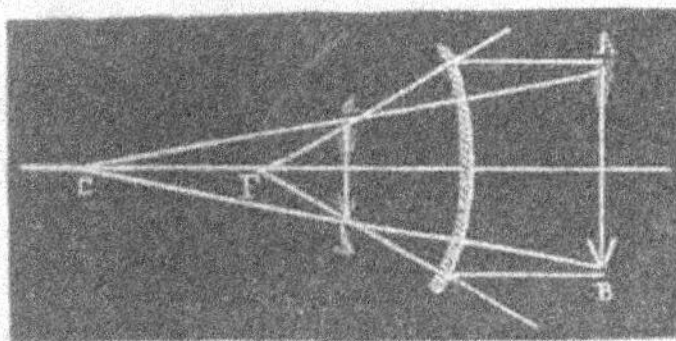

Les miroirs convexes donnent toujours des *images droites, virtuelles et plus petites que les objets*. C'est ce qui résulte de la figure 524, qui représente la construction de l'image *ab* d'un objet AB placé devant un pareil miroir. (H. V.)

4. — *Détermination du foyer principal.*

Dans les applications des miroirs concaves ou convexes, il est souvent nécessaire de connaître le rayon de courbure. Or, cette recherche revient à celle du foyer principal, car ce foyer étant placé au milieu du rayon de courbure (p. 317), il suffit, pour avoir celui-ci, de doubler la distance focale.

Pour trouver le foyer, lorsque le miroir est concave, on présente celui-ci aux rayons solaires, de manière que son axe principal leur soit parallèle; puis, avec un petit écran en carton ou en verre dépoli, on cherche le lieu où l'image est la plus petite et la plus nette possible; là est le foyer principal. Mesurant la distance de ce point au miroir et la doublant, on a le rayon du miroir.

Fig. 525.

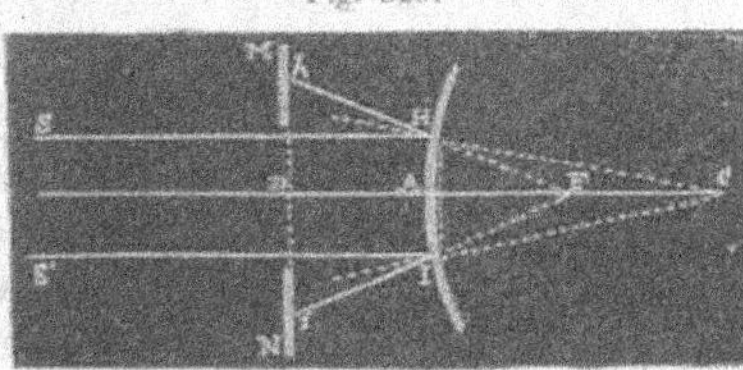

Si le miroir est convexe, on le recouvre d'une feuille de papier, dans laquelle on a ménagé deux petites ouvertures H et I (fig. 525), également distantes du centre de figure A. On expose ensuite le miroir aux rayons solaires, en ayant soin de le diriger de façon que son axe soit parallèle à la direction de ceux-ci. Puis, l'on reçoit les rayons réfléchis par les deux points du miroir laissés libres sur un écran MN, percé à son centre d'une ouverture circulaire plus grande que la distance HI, afin de ne pas intercepter les faisceaux incidents SH et S'I. On déplace l'écran jusqu'à ce que la distance de ses deux points éclairés *h* et *i* soit double de celle des points réfléchissants. Il est facile de voir qu'il est alors éloigné du miroir d'une quantité DA égale à la distance focale AF; le double de DA représente donc le rayon de courbure du miroir. (H. V.)

APPLICATIONS DES MIROIRS.

On connait les applications des miroirs plans dans l'économie domestique. Ces miroirs sont aussi d'un fréquent usage dans différentes recherches de physique. M. Wheatstone s'en est servi pour la détermination de la durée de l'étincelle électrique et de la vitesse de l'électricité (t. I, p. 131 et 133); Gauss en a tiré parti dans son magnétomètre de déclinaison (t. I, p. 192); M. Foucault a employé un miroir tournant pour déterminer la vitesse de propagation de la lumière dans les différents milieux; plus récemment, M. Lissajous a utilisé les miroirs plans pour l'étude des mouvements vibratoires des corps (p. 281). On a utilisé encore les miroirs plans dans le *sextant*, instrument qui sert à la mesure des angles; dans le *porte-lumière* et dans l'*héliostat*.

Ces deux derniers instruments sont destinés à réfléchir les rayons solaires dans une direction qui reste invariable pendant un jour entier, malgré les hauteurs sans cesse changeantes du soleil au-dessus de l'horizon. Dans l'héliostat, ce résultat s'obtient par un mouvement d'horlogerie qui fait varier l'inclinaison du miroir réflecteur au moyen d'une tige à laquelle celui-ci est fixé; dans le porte-lumière, on produit le même effet à la main, au moyen de vis, à l'aide desquelles on imprime au miroir des mouvements convenables.

Enfin, la réflexion de la lumière a été utilisée pour mesurer les angles des cristaux avec une grande précision, au moyen d'instruments connus sous le nom de *goniomètres* à réflexion.

Les miroirs concaves ont aussi reçu de nombreuses applications. On s'en sert comme miroirs grossissants, tels sont les miroirs à barbe. Ils sont encore employés dans les télescopes. Enfin, on les utilise comme réflecteurs pour porter la lumière à de grandes distances. En effet, c'est par suite de la divergence des rayons que l'intensité de la lumière est en raison inverse du carré de la distance ; mais si l'on fait cesser cette divergence, l'intensité de la lumière reste sensiblement la même à de grandes distances. C'est à quoi l'on arrive quand on place une lampe au foyer principal d'un miroir concave, car les rayons réfléchis ont alors une direction parallèle à l'axe (p. 318), et leur intensité ne décroît plus que par la perte qu'éprouve la lumière en traversant l'atmosphère (p. 315). C'est sur ce principe qu'étaient fondés les anciens phares par réflexion. (H. V.)

III. — RÉFRACTION SIMPLE DE LA LUMIÈRE.

On dit que la lumière se *réfracte* lorsqu'elle passe d'un milieu dans un autre.

Dans les milieux non cristallisés, comme l'air, les liquides, le verre ordinaire, ou dans les cristaux appartenant au système régulier (p. 45), un rayon homogène, c'est-à-dire composé d'une seule couleur, un rayon rouge, par exemple, simple à l'incidence, reste encore simple après la réfraction ; mais dans les corps cristallisés appartenant à l'un des cinq derniers systèmes, comme le spath d'Islande, le cristal de roche, le rayon incident donne naissance à deux rayons réfractés. Le premier phénomène constitue la *réfraction simple ;* le second se désigne sous le nom de *double réfraction*. Il ne sera question ici que de la réfraction simple ; nous nous occuperons plus loin de la double réfraction. (H. V.)

LOIS DE LA RÉFRACTION SIMPLE.

Pour constater le phénomène de la réfraction simple et, en même temps, pour en déterminer les lois, on peut, comme l'a fait Descartes, employer un vase hémicylindrique en verre *aob* (fig. 526 ci-après), muni d'un limbe vertical gradué *aobc*, dont le centre *m* se trouve sur l'axe même de la surface cylindrique du vase. Après avoir rempli ce vase d'eau, de manière que la surface du liquide soit exactement à la hauteur du centre *m*, on dirige obliquement vers ce point et dans le plan *bm*S un rayon solaire *lm*. On mesure l'angle *lm*S que forme ce rayon avec la droite *m*S, normale à la surface qui sépare les deux milieux, l'air et l'eau. Cet angle s'appelle l'*angle d'incidence ;* il est de 60° pour le rayon *lm*. On cherche ensuite le point où le rayon réfracté, après avoir traversé le liquide, émerge de nouveau dans

Fig. 526.

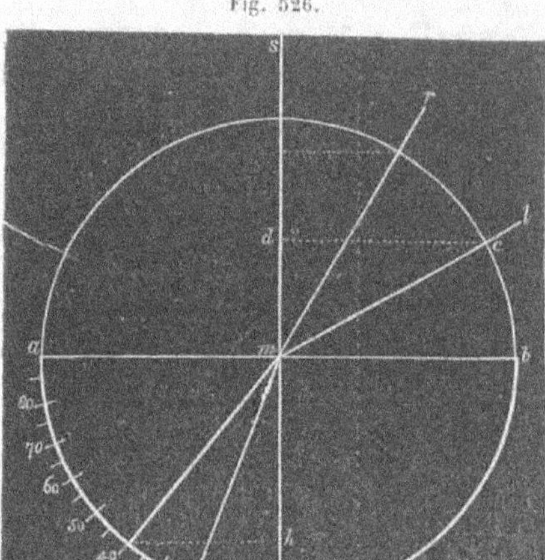

l'air, par la paroi diaphane et peu épaisse du vase. On constate que ce point se trouve dans le plan d'incidence lmS. La division à laquelle il correspond fait connaître l'*angle de réfraction*, c'est-à-dire l'angle que forme la direction des rayons dans l'eau avec la normale mS prolongée. Sur notre figure, l'angle de réfraction du rayon lm est de 40°, ce qui indique que lorsque la lumière passe de l'air dans l'eau, elle se rapproche de la normale au point d'incidence. Si maintenant des points où les rayons incident et émergent rencontrent le limbe gradué, on abaisse les perpendiculaires cd et h sur la normale mS, on obtient ce que l'on appelle les *sinus* des angles d'incidence et de réflexion. Ces deux sinus sont entre eux comme 4 est à 3. Or, si l'on répète l'expérience avec un autre rayon quelconque rm, on constate que le rayon réfracté se trouve toujours dans le plan d'incidence rmS, et que le rapport entre les sinus des angles d'incidence et de réfraction est constamment égal à 4/3. Enfin, si le rayon lumineux est perpendiculaire à la surface qui sépare l'air et l'eau, il n'est pas dévié, mais il continue à se propager en ligne droite.

En soumettant d'autres substances à des expériences analogues, on a reconnu que le phénomène de la réfraction simple est régi par les trois lois suivantes :

1° *Le rayon incident et le rayon réfracté sont dans un même plan perpendiculaire à la surface qui sépare les deux milieux.*

2° *Quelle que soit l'obliquité du rayon incident, le sinus de l'angle d'incidence et le sinus de l'angle de réfraction sont dans un rapport constant pour deux mêmes milieux.* Ce rapport s'appelle l'*indice de réfraction*. En le désignant par n, et appelant i et r les angles d'incidence et de réfraction, on aura donc constamment $\frac{\sin i}{\sin r} = n$. Il suit de cette formule que, si n est plus grand que l'unité, le rayon incident, en se réfractant, doit se rapprocher de la normale; il doit, au contraire, s'éloigner de cette même normale, si n est plus petit que l'unité. Suivant que le rayon réfracté s'approche ou s'écarte de la normale, on dit que le second milieu est plus ou moins *réfringent* que le premier.

3° *Si la lumière suivait une route inverse, c'est-à-dire si elle passait du second milieu dans le premier, les angles de réfraction seraient changés en angles d'incidence, et ceux d'incidence en angles de réfraction, mais ces angles conserveraient les mêmes valeurs que précédemment.*

Il résulte de cette loi que si n désigne l'indice de réfraction correspondant au passage de la lumière d'un premier milieu dans un second, $\frac{1}{n}$ représentera l'indice relatif au mouvement inverse des rayons. D'après cela, l'indice de réfraction de l'air à l'eau étant 4/3, celui de l'eau à l'air sera 3/4.

On attribue généralement à Descartes la découverte des lois de la réfraction simple. C'est à tort : l'honneur de cette découverte revient à Snellius, savant physicien hollandais. (H. V.)

CONSTRUCTION GRAPHIQUE DU RAYON RÉFRACTÉ.

Connaissant l'indice de réfraction n qui correspond au passage de la lumière d'un milieu dans un autre, il est facile de construire le rayon réfracté d'un rayon incident donné. Pour fixer les idées, supposons que la lumière passe de l'air dans l'eau; l'indice de réfraction sera alors égal à 4/3. Cela posé, soit ab (fig. 326) la surface de l'eau et lm le rayon incident. Du point m comme centre et avec un rayon égal à l'unité, décrivons une circonférence de cercle. Du point c où cette circonférence rencontre le rayon incident, abaissons la perpendiculaire cd sur la normale mS à la surface du liquide, et divisons cd, qui représente le sinus de l'angle d'incidence lmS, en 4 parties égales; à partir du point d'incidence, portons sur la droite ma 3 de ces parties, et par l'extrémité libre de la dernière menons une parallèle à mh, puis joignons, par une ligne droite le point m et le point où cette parallèle rencontre la circonférence; la droite ainsi obtenue représentera la direction du rayon réfracté. En effet, il est facile de voir que le sinus de l'angle que cette droite fait avec la normale mh est égal à 3, comme l'exige la formule $\frac{\sin i}{\sin r} = \frac{4}{3}$. (H. V.)

ANGLE LIMITE. — RÉFLEXION TOTALE.

Fig. 527.

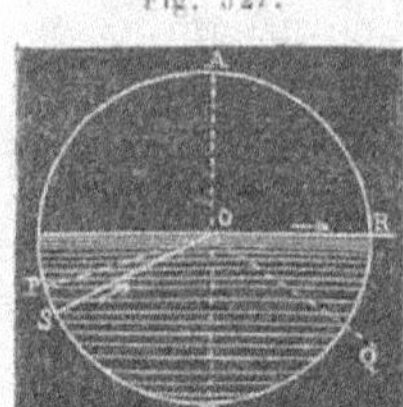

Quand un rayon lumineux passe d'un milieu dans un autre moins réfringent, comme de l'eau dans l'air, l'angle de réfraction est alors plus grand que l'angle d'incidence. Il suit de là que quand la lumière se propage dans une masse d'eau, de S en O (fig. 527), il y a toujours une valeur de l'angle d'incidence **SOB** pour laquelle l'angle de réfraction **AOR** est droit, ou, ce qui est la même chose, pour laquelle le rayon réfracté **OR** est parallèle à la surface de l'eau.

Cet angle **SOB** se nomme *angle limite,* parce que, pour tout angle d'incidence plus grand, tel que **POB**, le rayon incident ne peut donner naissance à aucun rayon réfracté. En effet, l'angle **AOR** augmentant avec l'angle **SOB**, le rayon **OR** se trouve porté en **OQ**, c'est-à-dire qu'il n'y a plus de réfraction au point O, mais une réflexion intérieure qu'on désigne sous le nom de *réflexion totale*, parce que la lumière incidente est alors réfléchie à peu près en totalité.

La valeur de l'angle limite se détermine facilement. A cet effet, soit n l'indice de réfraction du milieu le moins réfringent au milieu le plus réfringent. On aura $\frac{\sin i}{\sin r} = n$, i et r désignant les angles d'incidence et de réfraction. En posant dans cette équation $i = 90°$, on en déduira $\sin r = \frac{1}{n}$, pour le sinus de l'angle limite cherché. On obtiendra ensuite r, en cherchant dans les tables trigonométriques l'angle dont le sinus a la valeur indiquée.

Du verre à l'air, l'angle limite est de 41° 49'. Il en résulte que si l'on construit un cylindre de verre terminé à l'une de ses extrémités par un plan perpendiculaire à l'axe, et à l'autre par un plan incliné d'environ 48°, et qu'on laisse tomber normalement sur la première base les rayons solaires, ceux-ci, arrivés à la base inclinée, feront un angle d'incidence égal à 42°, et devront subir le phénomène de la réflexion totale. Ils seront donc complétement arrêtés, et aucun d'eux ne pourra sortir du cylindre, si l'on a eu la précaution de recouvrir la surface convexe de celui-ci d'une couche de peinture noire qui absorbe les rayons qui l'atteignent. C'est ce qui a lieu en réalité; quand on fait l'expérience, on remarque que la lumière diffuse du jour passe seule.

(H. V.)

MIRAGE.

La réflexion totale qui a lieu sous certaines incidences, explique toutes les variétés du phénomène connu sous le nom de *mirage*. Ce phénomène consiste dans la formation d'images qui se produisent par réflexion sur des couches d'air agissant à la manière des miroirs plans. Il se réalise lorsque deux couches d'air de températures et conséquemment de densités différentes, sont séparées par une surface plane assez nettement déterminée, ce qui ne peut arriver que dans des moments de calme, et qu'un objet situé dans la couche la plus dense, laquelle est en même temps la plus réfringente, envoie, vers la couche la plus chauffée, des rayons tombant sur la surface de séparation des deux couches sous un angle plus grand que l'angle limite de réfraction; dans ce cas, ces rayons se réfléchissent comme sur un miroir et rentrent dans la couche d'air la plus dense. Un observateur placé sur le trajet de ces rayons réfléchis verra donc une image de l'objet, sans qu'il y ait en apparence aucune surface réfléchissante qui en explique la formation. C'est là le phénomène du *mirage*.

Si la masse d'air la plus échauffée et la moins dense touche le sol, comme cela a lieu souvent dans les plaines de sable de la basse Égypte, la surface de la terre vers l'horizon ressemblera à un lac tranquille, et réfléchira les images renversées des objets éloignés, comme un miroir plan horizontal ou comme la surface d'une eau calme. Si la couche la plus échauffée est supérieure à la plus dense, comme cela se présente quelquefois en pleine mer, on verra les vaisseaux qui voguent vers l'horizon répétés par des images renversées, et placées au-dessus d'eux. Enfin si les masses d'air de densités différentes sont séparées par des plans verticaux, les objets sembleront doubles, et leurs images seront droites. Cette dernière variété du mirage a quelquefois lieu sur les côtes maritimes, l'air situé au-dessus de la terre et celui supérieur à l'eau pouvant conserver des températures et par suite des densités différentes, lorsque le calme de l'atmosphère retarde leur mélange. Elle se présente également lorsque le soleil donne en plein sur un mur noirci. (H. V.)

PHÉNOMÈNES DIVERS PRODUITS PAR LA RÉFRACTION.

Concevons qu'un observateur soit placé sur le côté d'un vase vide et à parois opaques **ABMN** (fig. 328 ci-après), de manière à n'aperce-

Fig. 528.

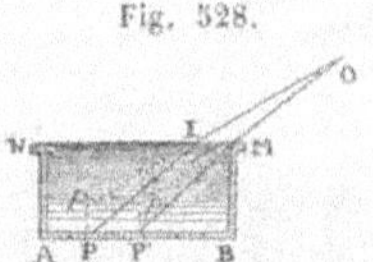

voir qu'une certaine partie AP du fond de ce vase; P étant le point qui envoie à l'œil le faisceau lumineux OM, tangent au bord opaque. Si dans ces circonstances on remplit le vase d'eau, l'œil de l'observateur, toujours à la même place, aperçoit une partie de plus en plus étendue du fond; le point P semble s'élever verticalement; un autre point P' est vu dans la direction limite OM. Ainsi le faisceau lumineux qui part de P et produit la sensation de ce point dans l'œil, éprouve une déviation telle, qu'il semble diverger de *p*, point plus élevé que P et situé dans le même plan vertical que la droite OM. Cette déviation provient de la réfraction que la lumière éprouve en passant de l'eau dans l'air et qui a pour effet de l'écarter de la normale. La lumière venue en I du point P situé dans l'eau s'incline suivant IO à son entrée dans l'air, et cela sans sortir du même plan vertical. Pareillement la lumière venue en M du point P' se propage dans l'air suivant MO, direction plus inclinée à l'horizon que P' M.

C'est de la même manière que s'explique cet autre fait, qu'un bâton droit, plongé en partie dans l'eau, paraît brisé à la surface du liquide. Il en est de même de l'expérience suivante : Après avoir placé une pièce de monnaie dans un vase, qu'on s'éloigne jusqu'à ce que l'une des parois intercepte les rayons de la pièce; que quelqu'un verse alors de l'eau dans le vase, la pièce reparaîtra bientôt, et le spectateur la verra comme s'il s'était rapproché. Enfin, on explique encore de la même manière pourquoi un bassin rempli d'eau limpide paraît moins profond qu'il n'est réellement. (H. V.)

RÉFRACTION ASTRONOMIQUE.

L'air possède, comme tous les milieux transparents, la propriété de réfracter les rayons lumineux. A cause de cette propriété de l'air, les objets qui sont vus dans une direction oblique par rapport à l'atmosphère, semblent situés autrement que le spectateur ne les verrait si l'atmosphère n'existait pas. Pour faire comprendre comment se produit cet effet, concevons un spectateur en A (fig. 529 ci-après), sur la surface K*ak* de la terre. Soient désignés par L*l*, M*m*, N*n*, les couches successives de densités décroissantes suivant lesquelles nous concevons l'atmosphère décomposée et qui sont concentriques à la surface de la terre. S représentant une étoile (ou tout autre corps céleste au delà des limites de l'atmosphère), le spectateur la verrait suivant la

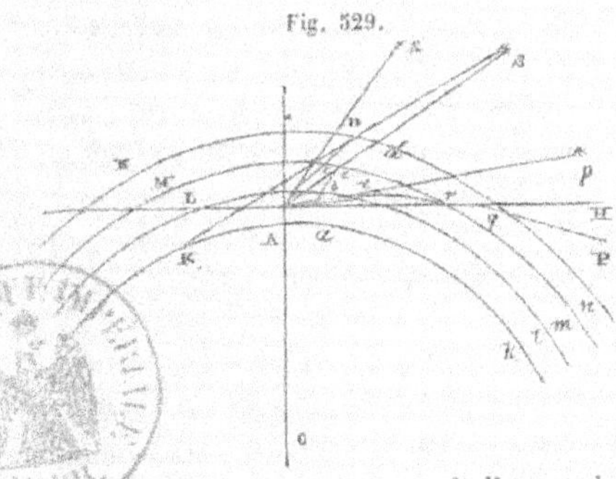
Fig. 329.

droite AS, si l'atmosphère n'existait pas. Mais en réalité, lorsque le rayon lumineux SA pénétrera dans l'atmosphère, en *d*, par exemple, il s'infléchira vers le bas, en se rapprochant de la verticale passant par *d*. Ce premier changement sera imperceptible, vu l'extrême ténuité de la couche supérieure de l'atmosphère. Mais, à mesure qu'il s'y enfoncera davantage, ce rayon rencontrera des couches de plus en plus denses, et il s'approchera de plus en plus de la normale à chaque point d'incidence, de sorte qu'il décrira une courbe S*dcba*, de plus en plus concave vers la terre, qu'il atteindra, non pas en A, mais en un certain point *a* plus rapproché de S. Il n'arrivera donc point à l'œil du spectateur. Celui-ci ne verra pas l'étoile au moyen du rayon S*d*A, mais à l'aide d'un autre rayon qui, en l'absence de l'atmosphère, eût été frapper la terre au point K, situé en arrière du spectateur; ce rayon se pliera dans l'air suivant la courbe SD*c*A, qui aboutit en A. Or, un objet étant vu dans la direction que suit la lumière au moment même où elle arrive à l'œil, l'étoile S sera vue dans la direction A*s* de la tangente à la courbe SD*c*A au point A; et, puisque A*s* passe au-dessus de AS qui eût été le rayon non réfracté, l'étoile paraîtra plus élevée au-dessus de l'horizon AH, que si l'atmosphère n'eût pas existé; mais elle restera dans le plan vertical SAC, mené par elle, par l'œil de l'observateur et par le centre de la terre.

Ainsi la réfraction de l'air a pour effet d'élever tous les astres au-dessus de l'horizon plus qu'ils ne le sont en réalité. Un astre, le soleil, par exemple, qui serait actuellement sous l'horizon, et qui ne serait pas visible sans l'effet de la réfraction, pourra le devenir par suite de ce phénomène. A l'horizon, la réfraction est de 33'; c'est-à-dire, un peu plus que supérieure au plus grand diamètre apparent, soit du soleil, soit de la lune. Ainsi lorsque ces astres paraissent toucher l'horizon par leur bord inférieur, leur disque entier se trouve réellement sous l'horizon. La réfraction abrége ainsi la durée de la nuit. Comme elle s'accroît rapidement près de l'horizon, elle relève inégalement les différents points des disques solaire et lunaire. C'est ce qui explique la forme aplatie que présentent ces astres lorsqu'ils approchent de l'horizon.

La réfraction subie par les rayons des corps célestes, tous placés en dehors de l'atmosphère, s'appelle la *réfraction astronomique* ou *céleste*. La réfraction est dite *terrestre* quand elle s'opère sur des rayons venus d'objets terrestres ou situés dans l'atmosphère, et qui traversent les couches inégalement denses de celle-ci. (H. V.)

LAMES A FACES PARALLÈLES.

Maintenant que nous connaissons les lois de la réfraction simple, nous pouvons déterminer la marche de la lumière à travers des milieux monoréfringents de formes données. Nous considérerons, dans ce qui va suivre, les phénomènes auxquels donnent lieu les *lames à faces parallèles*, les *prismes* et les *lentilles*.

Fig. 330.

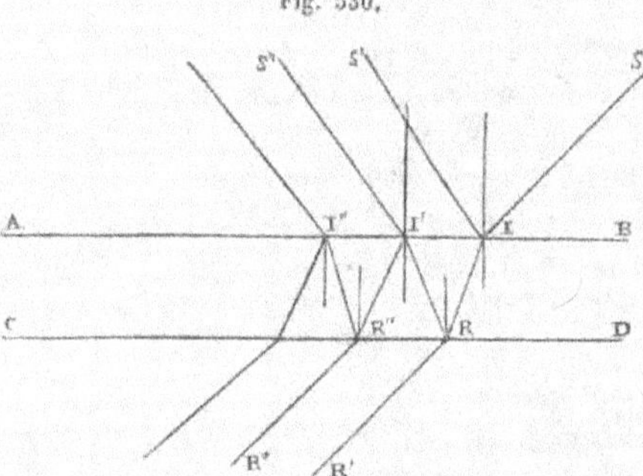

Soient AB et CD, les deux faces polies et parallèles d'une lame diaphane (fig. 330) et SI un rayon simple incident oblique. Au point d'incidence I, ce rayon se partagera en deux parties principales : l'une IS′ sera réfléchie régulièrement, et l'autre IR pénétrera dans la lame en se rapprochant de la normale, si, comme nous le supposons pour fixer les idées, la lame est plus réfringente que le milieu dans lequel elle est placée. Le rayon IR, au moment où il atteint la surface CD, se partage à son tour en deux parties, dont l'une RI′ se réfléchit régulièrement, tandis que l'autre RR′ rentre dans le premier milieu. Le rayon émergent RR′ sera évidemment parallèle au rayon incident, puisque l'angle qu'il fait avec la normale au point R est égal à l'angle d'incidence du rayon SI, et que les deux normales qui forment chacune un des côtés de ces angles sont parallèles. La distance qui séparera les deux rayons SI et RR′ croît avec l'épaisseur de la lame; quand cette épaisseur est très-faible, on peut les considérer comme se confondant, et dire que le rayon incident traverse la lame en ligne droite. Quant au rayon RI′, arrivé en I′, il se divise aussi en deux parties, dont l'une sort de la lame, suivant I′S″, parallèlement à IS′, et dont l'autre rebrousse chemin, suivant I′R″, parallèlement à IR. Ce rayon I′R″ donne à son tour deux rayons, l'un R″R‴, parallèle à RR′, et l'autre R″I″, parallèle à RI′, et ainsi de suite, jusqu'à ce que, par suite de l'affaiblissement qui résulte de ces partages successifs et de l'absorption dans la lame, qui ne possède jamais une transparence parfaite, la lumière soit devenue incapable d'impressionner la rétine. Si le faisceau incident SI est un faisceau de rayons solaires, et que la lame soit de verre et ait environ un centimètre d'épaisseur, on peut facilement obtenir 4 à 5 images réfléchies du soleil et autant d'images réfractées, dont les intensités vont en diminuant à partir des deux images extrêmes, produites par une première réflexion et par deux réfractions. (H. V.)

PRISMES.

Un *prisme*, en optique, est un milieu diaphane compris entre deux surfaces planes et polies, qui se coupent ou qui se couperaient si elles étaient suffisamment prolongées. Le *sommet* du prisme est l'arête d'intersection de ces deux plans. La *base* du prisme est un plan quelconque, parallèle au sommet et qui limite le milieu diaphane du côté opposé à celui-ci. L'*angle réfringent* est l'angle formé par les deux faces du prisme. Une *section principale* est une section faite par un plan perpendiculaire à l'arête qui forme le sommet. Nous ne considérerons que des rayons de lumière traversant les prismes dans le plan d'une section principale. Dans la plupart des expériences, on opère sur la portion du milieu diaphane comprise entre le sommet, la base et deux sections principales, de telle sorte que la forme extérieure du milieu soit celle d'un prisme droit à bases triangulaires. Les sections principales d'un pareil prisme sont toujours des triangles. Suivant que ces triangles sont rectangles, isocèles, équilatéraux ou scalènes, on dit que le prisme est lui-même *rectangle*, *isocèle*, *équilatéral* ou *scalène*. Ces prismes sont en général montés sur un pied de cuivre (fig. 531). En tirant le tube *t* on peut les élever plus ou moins, et au moyen du genou *g* on peut leur donner toutes les positions qu'exigent les expériences.

Fig. 531.

Considérons maintenant un rayon de lumière homogène *ln* (fig. 532 ci-après), tombant sur l'une des faces *ab* d'un prisme, dans la section principale *abc*. Les angles d'incidence et de réfraction étant toujours dans le même plan, il est clair que ce rayon accomplira son trajet sans sortir de la section principale. Supposons, pour fixer les idées, que la

Fig. 332.

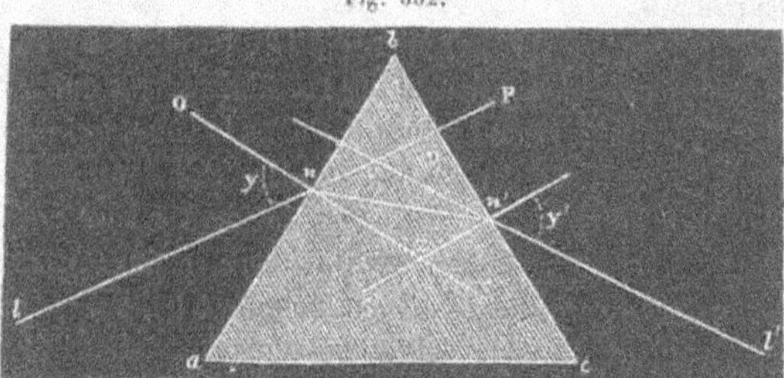

lumière vienne de l'air et que le prisme soit de verre. Au point d'incidence n, élevons la normale no, et construisons le rayon réfracté nn'. Ce rayon fera avec la normale un angle de réfraction x moindre que l'angle d'incidence y. L'effet de la première réfraction sera donc de rapprocher le rayon de la base ac du prisme. Arrivé en n', le rayon nn' subira une seconde réfraction, pourvu qu'il fasse avec la normale au point n' un angle moindre que l'angle limite. L'effet de cette nouvelle réfraction sera également de le dévier vers la base ac, de manière qu'il sortira suivant la direction $n'l'$, par exemple. Les directions ln et $n'l'$ des rayons incident et émergent étant prolongées jusqu'à leur rencontre en V, elles se couperont suivant un angle n'VP que l'on appelle *angle de déviation* et qui mesure l'effet dû au passage du rayon ln à travers le prisme. Cet angle dépend de l'indice de réfraction de l'air par rapport au verre, de l'angle réfringent du prisme, et de l'angle d'incidence sur la première face. Pour un même prisme et des rayons homogènes, on démontre qu'il a un minimum D, qui se produit, quand les angles d'incidence et d'émergence y et y' sont égaux entre eux, ou ce qui revient au même, quand le rayon réfracté nn' fait un triangle isocèle bnn' avec les côtés du prisme.

On déduit de là un moyen très-exact de déterminer les indices de réfraction de l'air à une substance transparente façonnée en prisme. En effet, en désignant par A l'angle abc du prisme ou celui des deux normales aux points d'incidence et d'émergence du rayon qui subit le minimum de déviation, il est facile de voir qu'on aura $y = \frac{D+A}{2}$, $x = \frac{A}{2}$, et, par conséquent, $\frac{\sin y}{\sin x} = \frac{\sin\left(\frac{D+A}{2}\right)}{\sin\frac{A}{2}}$. Cette équation donnera la valeur de l'indice de réfraction n de l'air à la substance du prisme, si l'on connaît A et D. L'angle A se mesure directement; quant à l'angle D, nous allons voir comment on parvient à le déterminer. (H. V.)

MESURE DES INDICES DE RÉFRACTION.

Fig. 333.

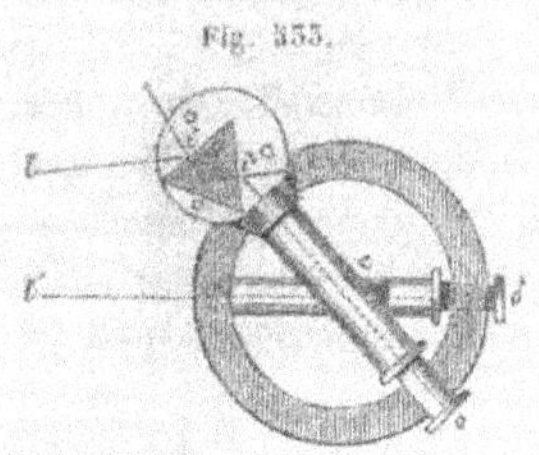

Pour mesurer l'angle D, on dispose le prisme verticalement sur une petite plate-forme liée à la lunette supérieure d'un cercle répétiteur (fig. 333); cette plate-forme est mobile sur son plan autour d'un axe vertical. La lunette inférieure du même cercle est dirigée sur un point d'une mire éloignée et se fixe dans cette position; ensuite, avec la lunette supérieure, on cherche à recevoir l'image réfractée du même point de la mire, ce qui sera toujours facile si le prisme est bien vertical. Dès que cette image vient tomber sous le fil de la lunette, on fait tourner en même temps le prisme au moyen de la plate-forme, et la lunette pour suivre l'image. Après quelques essais, on trouve la position de la déviation minimum dont la mesure est donnée par l'angle des lunettes. Cette valeur et la valeur connue de l'angle réfringent du prisme étant substituées dans la formule donnée plus haut, il n'y a plus d'inconnue que la valeur de n, que l'on détermine aisément.

Pour les liquides, on les verse dans des prismes creux, et l'on opère comme sur un prisme solide plein. Les deux lames de verre qui composent ces prismes doivent être, autant que possible, chacune à faces parallèles, afin que la déviation ne soit due qu'au prisme liquide. Mais cette condition étant difficile à obtenir, il faut, ou faire en sorte que les deux parois occasionnent des déviations contraires qui se compensent, ou évaluer l'erreur totale et en corriger le résultat. Pour qu'il y ait compensation, on se procure une lame de verre à glace rectangulaire, dont les deux faces soient parfaitement aplanies; après l'avoir coupée au diamant en deux parties égales, on forme avec ses moitiés, disposées inversement, les deux faces du prisme creux; de cette manière l'erreur de déviation causée par une des parois se trouve détruite par l'autre.

Pour les gaz, on se sert encore d'un prisme creux, mais d'un angle très-grand, afin d'augmenter un peu les déviations, qui sont toujours très-petites, à cause de la faible réfringence des fluides élastiques. On fait d'abord le vide dans le prisme, et l'observation donne l'indice de réfraction l qui correspond au passage de la lumière du vide dans l'air; on introduit ensuite le gaz dans le prisme, et une nouvelle observation donne l'indice de réfraction l' de l'air au gaz. Au moyen des valeurs de l et de l', on peut ensuite calculer l'indice L relatif au passage de la lumière du vide dans le gaz. En effet, on démontre que l'on a toujours $L = ll'$.

Le procédé que nous venons d'indiquer pour la mesure des indices de réfraction est dû à Newton. M. Biot l'a appliqué aux liquides, et, conjointement avec Arago, aux corps gazeux.

Nous donnons, dans le tableau suivant, les indices de réfraction et les angles limites de plusieurs substances. La lumière est supposée arriver du vide.

Noms des substances.	Indices de réfract.	Angles limites.
Chromate de plomb	2,926	19° 59'
Diamant	2,470	23 53
Flint	1,600	38 41
Crown	1,533	40 43
Alcool	1,374	
Eau	1,336	48 28
Air	1,000294	
Oxygène	1,000272	
Hydrogène	1,000138	
Azote	1,000300	
Vide	1,000000	

(H. V.)

DES LENTILLES.

1. — DÉFINITIONS.

On nomme *lentilles* des milieux transparents qui, vu la courbure de leur surface, ont la propriété de faire converger ou diverger les rayons lumineux qui les traversent. Suivant le genre de cette courbure, les lentilles sont dites sphériques, cylindriques, coniques, etc. Les lentilles sphériques sont les seules en usage dans les instruments d'optique. Elles sont généralement en *crown-glass*, verre qui ne contient pas de plomb, ou en flint-glass, verre qui en contient et qui est plus réfringent que le crown.

Fig. 334.

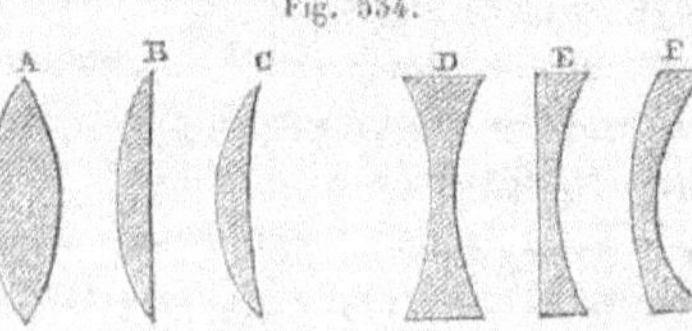

En combinant des surfaces sphériques entre elles ou avec des surfaces planes, on forme six espèces de lentilles représentées en coupe dans la figure 334; quatre sont formées par deux surfaces sphériques, et deux par une surface plane et une surface sphérique.

La première A est dite *bi-convexe;* la seconde B, *plan-convexe;* la troisième C, *concave-convexe;* la quatrième D, *bi-concave;* la cinquième E, *plan-concave;* et la dernière F, *convexe-concave*. Les trois premières, qui sont plus épaisses au centre que sur les bords, sont *convergentes;* les dernières, qui sont plus minces au centre que sur les bords, sont *divergentes*.

Dans les lentilles dont les deux faces sont sphériques, les centres de ces surfaces sont dits *centres de courbure;* la droite indéfinie menée par ces deux centres est l'*axe principal*. Dans une lentille plan-concave ou plan-convexe, l'axe principal est la perpendiculaire abaissée du centre de la face sphérique sur la face plane.

Pour toute lentille, il existe un point nommé *centre-optique*, qui est situé sur l'axe principal, et qui jouit de cette propriété, que tout rayon lumineux, passant par ce point, n'éprouve pas de déviation angulaire, c'est-à-dire que le rayon émergent est parallèle au rayon incident.

Fig. 335.

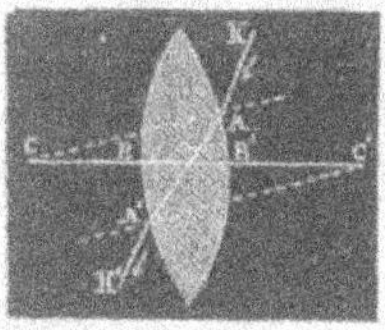

Pour démontrer l'existence de ce point dans une lentille bi-convexe, soient menés à ses deux surfaces deux rayons de courbure parallèles CA et C'A' (fig. 335). Les deux éléments plans qui appartiennent à la surface de la lentille en A et A', étant parallèles entre eux, comme perpendiculaires à deux droites parallèles, on peut admettre que le rayon réfracté KAA'K' se propage dans un milieu à faces parallèles; par conséquent, le rayon qui se présente en A sous une inclinaison convenable pour qu'après s'être réfracté il suive la direction AA', doit sortir parallèle à sa première direction (p. 330); le point O où la droite AA' coupe l'axe est donc le centre optique. Dans le cas où la courbure des deux faces est la même, ce point est évidemment situé au milieu de la droite CC'. Si les courbures sont inégales, on détermine CO ou C'O, au moyen des triangles AOC et A'OC' qui sont semblables. L'une de ces deux droites étant connue, on a la position du point O.

Dans les lentilles bi-concaves, concaves-convexes ou convexes-concaves, le centre optique se détermine par la même construction que ci-dessus. Dans les lentilles qui ont une face plane, ce point est à l'intersection même de l'axe par la face courbe.

Toute droite qui passe par le centre optique sans passer par les centres de courbure, est un *axe secondaire*. D'après la propriété du centre optique et à cause de la petite épaisseur des lentilles, tout axe secondaire d'une lentille représente la direction d'un rayon lumineux réfracté à travers ce milieu. En effet, on peut admettre que les rayons qui passent par le centre optique restent en ligne droite, c'est-à-dire qu'on peut négliger le petit déplacement qu'éprouvent les rayons lorsqu'ils traversent un milieu à faces parallèles d'une faible épaisseur (p. 330). (H. V.)

2. — FOYERS PRINCIPAUX.

Considérons d'abord des rayons incidents parallèles à l'axe principal d'une lentille bi-convexe (fig. 336). On démontre, par le calcul, que

Fig. 336.

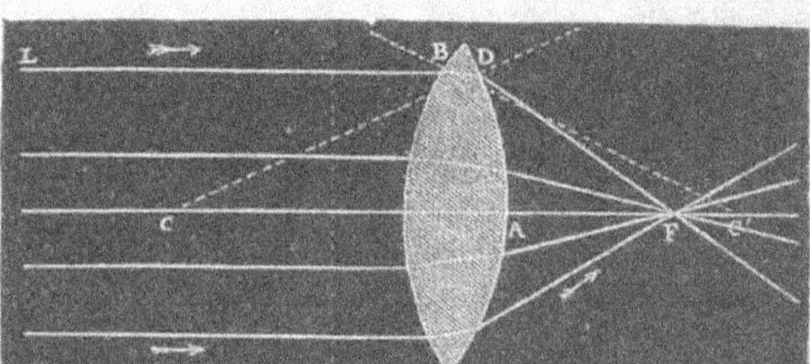

ces rayons, après leur passage à travers la lentille, passent sensiblement par un même point F, appelé *foyer principal* et situé sur l'axe à une distance FA, variable avec la courbure des deux faces de la lentille et avec l'indice de réfraction. La distance FA se nomme la distance *focale principale*. Pour se rendre compte de ces résultats, il suffit de suivre la marche d'un rayon incident quelconque LB à travers la lentille. En effet, ce rayon, en se rapprochant de la normale C'B au point d'incidence B, et en s'écartant de la normale CD au point d'émergence D, se réfracte deux fois vers l'axe qu'il vient couper en F. Tous les rayons parallèles à l'axe se réfractant de la même manière, on conçoit qu'ils puissent venir passer sensiblement par le même point F, du moins tant que l'ouverture de la lentille, c'est-à-dire l'angle formé par deux droites menées du point F aux bords opposés du verre, ne dépasse pas une certaine limite, 10 à 12 degrés, par exemple.

Quand la position du point F est connue et qu'on suppose la lentille très-mince, de manière que la portion BD du rayon qui se trouve dans son intérieur se réduise sensiblement à un point, on obtient la direction du rayon émergent produit par un rayon incident quelconque

LB, en menant une droite par le point d'incidence B et par le foyer F.

Fig. 537.

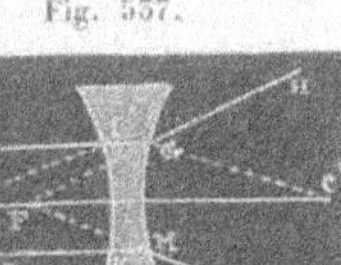

La figure 537 montre le passage d'un rayon SI à travers une lentille bi-concave sur laquelle il tombe parallèlement à l'axe principal. Ce rayon se brise deux fois dans le même sens pour s'écarter de l'axe CC'. La même chose ayant lieu pour tout autre rayon incident parallèle à cet axe, il en résulte, qu'après avoir traversé la lentille, les rayons incidents SI, S'K, etc., d'abord parallèles entre eux, forment un faisceau divergent GHMN. Il ne peut donc y avoir de foyer réel, comme dans les lentilles bi-convexes; mais les prolongements de ces rayons se rencontrent en un point F, qui est le *foyer virtuel principal.*

Si nous supposons de nouveau la lentille très-mince, on verra facilement que pour obtenir la direction d'un rayon incident, après son passage à travers la lentille, il suffit de joindre par une droite le point d'incidence au foyer F, et de prolonger cette droite de l'autre côté de la lentille.

Lorsque les rayons incidents sont parallèles à un axe secondaire qui s'écarte peu de l'axe principal, ils forment encore un foyer secondaire *réel ou virtuel,* à leur sortie de la lentille. Ce foyer est situé sur l'axe secondaire à une distance de la lentille égale à la distance focale principale. (H. V.)

3. — FOYERS CONJUGUÉS.

Soit maintenant le cas où les rayons qui tombent sur une lentille bi-convexe, sont émis d'un point P (fig. 538) situé sur l'axe principal

Fig. 538.

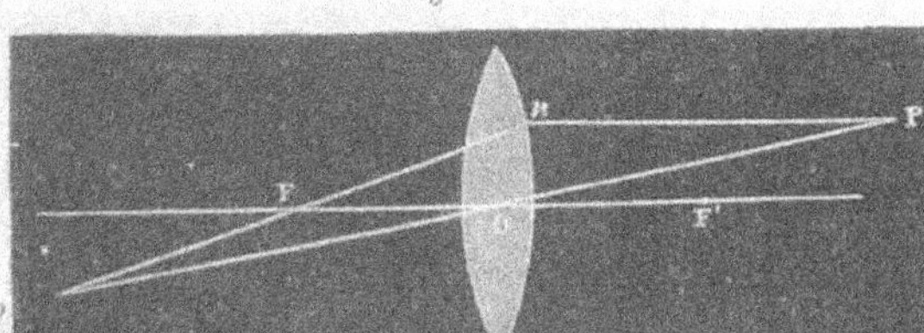

ou sur un axe secondaire, à une distance telle, que les rayons incidents ne soient plus parallèles, mais divergents. Tant que l'ouverture de la lentille, c'est-à-dire l'angle sous lequel elle est vue de ses foyers principaux, ne dépasse pas 10 à 12 degrés, les directions des rayons émergents viennent encore concourir sensiblement en un même point p situé sur l'axe qui passe par le point lumineux. De plus, il y a réciprocité entre les points P et p, c'est-à-dire que si le point éclairant était p, le foyer serait P. C'est pour cette raison que P et p sont appelés *foyers conjugués*. Le point p, d'où partent ou d'où semblent partir les rayons émergents quand ils divergent à partir de la lentille, forme toujours l'image du foyer lumineux ; dans le premier cas, cette image est *réelle*, et dans le second elle est *virtuelle*.

L'existence des foyers conjugués ne peut être démontrée sans l'emploi du calcul. Mais l'existence de ces foyers étant admise, il est facile de déterminer la position du foyer conjugué correspondant à un point lumineux quelconque donné. Pour cela, il suffit, en effet, de savoir trouver les directions de deux rayons émergents ; le point d'intersection de ces deux directions sera évidemment le foyer conjugué cherché.

Or, parmi les rayons partis d'un point P, il y en a toujours un, Pn, parallèle à l'axe principal et dont le rayon émergent passe par le foyer principal F ; la direction de ce rayon émergent se trouve par conséquent en joignant simplement le point d'incidence n au point F. Un second rayon incident traverse la lentille en ligne droite ; c'est celui qui passe par le centre optique O et dont on obtient la direction en joignant ce point au foyer lumineux P. Pour trouver maintenant le point p, il suffit évidemment de prolonger les deux droites PO et nF jusqu'à leur rencontre en p ; p sera le foyer conjugué cherché. Lorsque P est situé au delà du foyer principal F', son foyer conjugué p est réel et se trouve au delà du foyer F. En effet, la figure nPOF est un trapèze dont les côtés non parallèles prolongés doivent évidemment se couper quelque part en un point p situé au delà de F. La même construction est applicable au cas où le point P se trouve sur l'axe principal de la lentille. En effet, la direction de cet axe représente alors celle du rayon qui, passant par le centre optique, traverse la lentille sans éprouver de déviation. Pour avoir un second rayon émergent, on mène un rayon incident quelconque ; on trace l'axe secondaire parallèle à ce rayon, et l'on joint par une droite le point d'incidence au foyer secondaire de cet axe ; cette droite représentera la direction d'un second rayon émergent, et son point d'intersection avec l'axe principal sera le foyer conjugué dont il s'agissait de déterminer la position. (H. V.)

4. — FORMATION DES IMAGES DANS LES LENTILLES SPHÉRIQUES.

Jusqu'ici on a supposé que l'objet lumineux ou éclairé, placé devant les lentilles, était simplement un point ; mais si cet objet a une certaine étendue, on en obtiendra l'image en construisant, d'après le procédé graphique ci-dessus, l'image de chacun de ses points, ou du moins de ceux qui suffisent pour en déterminer la position et la forme.

La figure 539 montre la construction qu'il faut faire pour obtenir

Fig. 539.

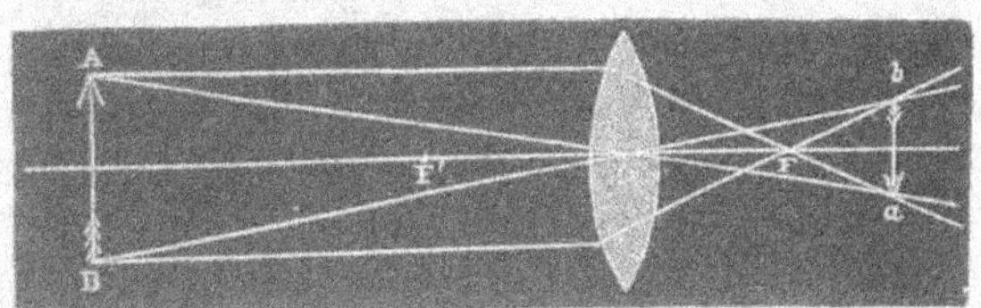

l'image *ab* d'un objet quelconque, d'une flèche AB, par exemple, placée devant une lentille bi-convexe au delà du foyer principal F'. Il suit de cette construction que l'*image est réelle, renversée, placée au delà du foyer principal* F, *et d'autant plus grande et plus éloignée que l'objet est plus rapproché du point* F'. On peut voir cette image de deux manières, soit en la recevant sur un écran, soit en plaçant l'œil sur le prolongement des rayons émergents.

Réciproquement, si l'objet lumineux ou éclairé, dont on cherche l'image, est placé en *ab*, son image se forme en AB. Elle est encore *réelle* et *renversée*, et ses dimensions et sa distance à la lentille dépendent de la position de l'objet *ab* par rapport au foyer principal F.

Comme on le voit par la figure 540, lorsque l'objet AB est placé

Fig. 540.

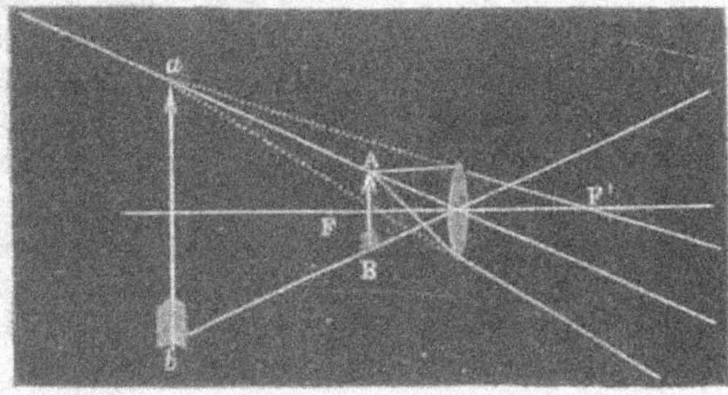

entre le foyer principal F et la lentille, l'image *ab* est *virtuelle, droite et plus grande que l'objet*. Le grossissement est d'autant plus considérable que la lentille est plus convexe et l'objet plus près du foyer principal. Les lentilles bi-convexes, ainsi employées comme verres grossissants, prennent le nom de *loupes* ou de *microscopes simples*.

Les lentilles bi-concaves donnent toujours des images *virtuelles, droites et plus petites que les objets*. C'est ce qui résulte de la figure 541,

Fig. 541.

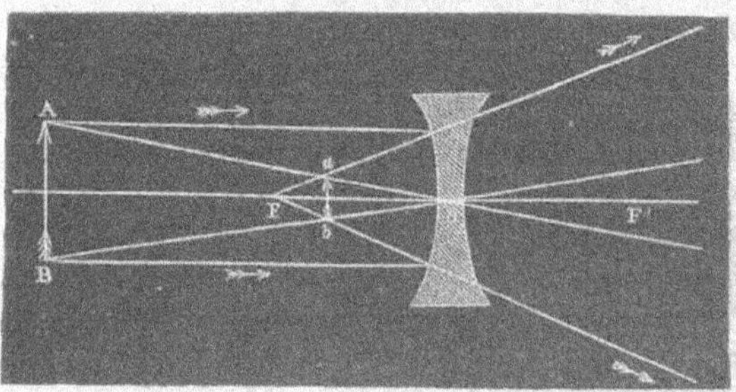

qui représente la construction de l'image *ab* d'un objet AB placé devant une pareille lentille. (H. V.)

5. — DÉTERMINATION DES FOYERS PRINCIPAUX.

La construction graphique de l'image d'un objet placé devant une lentille exige que l'on connaisse la position du foyer principal du verre employé.

Pour trouver le foyer principal d'une lentille bi-convexe, on expose celle-ci aux rayons solaires, en ayant soin que son axe principal leur soit parallèle. Recevant alors, sur un écran de carton ou de verre dépoli, le faisceau émergent, on détermine facilement le point où viennent concourir les rayons; c'est le foyer principal.

Fig. 542.

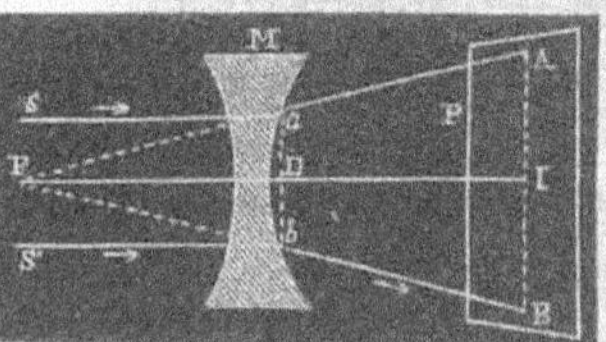

Si la lentille est bi-concave, on recouvre la face *a*D*b* (fig. 542) d'un corps opaque, de noir de fumée, par exemple, en réservant, dans un même plan méridien et à égale distance de l'axe, deux petits disques *a* et *b*, non noircis, qui laissent passer la lumière; puis on reçoit sur l'autre face de la lentille, parallèlement à l'axe, un faisceau de lumière solaire, et on avance ou l'on recule l'écran P, qui reçoit les rayons émergents, jusqu'à ce que les images A et B des petites ouvertures *a* et *b* soient distantes l'une de l'autre du double de *ab*. L'intervalle DI est alors égal à la distance focale FD, à cause de la similitude des triangles F*ab* et FAB.

6. — ABERRATION DE SPHÉRICITÉ.

Quand l'ouverture d'une lentille (p. 336) dépasse 10 à 12 degrés, il y a *aberration de sphéricité,* c'est-à-dire que les rayons qui tombent sur les bords de la lentille ne concourent plus exactement avec ceux qui passent près du centre, ainsi que cela a lieu sensiblement lorsque l'ouverture est égale ou inférieure à la limite que nous venons d'indiquer.

Il est facile de se rendre raison de l'aberration de sphéricité dans les lentilles à grande ouverture. En effet, dans ces lentilles, les rayons qui tombent sur les bords ou même à une certaine distance des bords, font des angles d'incidence notablement plus grands que ceux des rayons centraux; et comme la déviation des rayons réfractés augmente très-rapidement avec l'angle d'incidence, il est évident que les rayons périphériques, proportionnellement plus déviés, devront former leur foyer plus près de la lentille que les rayons centraux. La figure 343

Fig. 343.

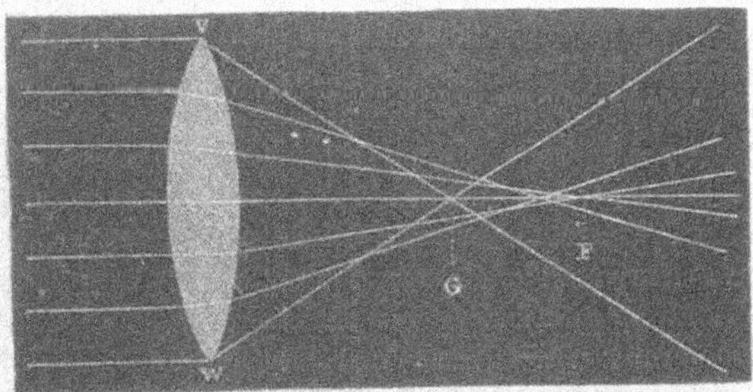

représente à peu près exactement la marche d'un faisceau de rayons incidents parallèles à l'axe d'une lentille bi-convexe de verre : F est le foyer des rayons centraux, et G celui des rayons périphériques. Cette figure montre aussi combien est rapide l'accroissement de l'aberration lorsqu'on augmente l'ouverture de la lentille. Voici, pour des lentilles bi-convexes de crown-glass, les aberrations de sphéricité exprimées en prenant pour unité la distance focale principale des rayons centraux :

Ouvertures des lentilles.	Aberration de sphéricité.
15°	0,025
22°	0,062
30°	0,150
45°	0,375

L'aberration de sphéricité nuit à la netteté des images. En effet, chaque point de l'objet, au lieu d'être représenté dans l'image par un point, y est représenté par un cercle d'un rayon d'autant plus grand que l'aberration est plus forte. On obvie à ce défaut des lentilles en plaçant, au devant, des diaphragmes percés d'une ouverture centrale, de manière à laisser passer les rayons qui se présentent vers le centre, mais à arrêter ceux qui tendent à se réfracter vers les bords. Ce moyen rétablit la netteté de l'image, mais il en diminue en même temps l'intensité. On évite ce dernier inconvénient, tout en détruisant l'aberration de sphéricité, en employant, au lieu de lentilles isolées, des combinaisons de deux lentilles de courbures convenables. On n'a plus besoin alors d'écran, et les images obtenues sont à la fois nettes et intenses. (H. V.)

RÉFRACTION DU SON.

En passant d'un milieu dans un autre, les rayons sonores se réfractent comme les rayons lumineux. C'est ce que l'on peut démontrer par l'expérience suivante, due à M. Sondhauss : avec deux portions d'une enveloppe sphérique en collodium (coton-poudre dissous dans l'éther) que l'on réunit par un cercle en tôle, on construit une espèce de sac, et on le remplit avec du gaz acide carbonique. L'appareil ainsi gonflé a la forme d'une lentille bi-convexe, et comme la vitesse du son dans l'acide carbonique est moindre que dans l'air, la théorie indique que lorsqu'un rayon sonore passe de l'air dans cette lentille, il doit se rapprocher de la normale au point d'incidence, exactement comme s'il s'agissait d'un rayon lumineux passant de l'air dans une lentille de verre. D'après cela, si l'on place sur l'axe de l'appareil, à une distance convenable, un corps sonore, une montre, par exemple, les rayons partis de ce corps, après avoir traversé la lentille d'acide carbonique, doivent former, du côté opposé, un foyer conjugué réel. C'est ce qui a lieu effectivement, ainsi qu'on peut s'en assurer en plaçant l'oreille sur l'axe : l'observateur trouve alors un point où il entend distinctement le bruit de la montre, et ce point est d'autant plus rapproché de la lentille que la montre est plus éloignée ; enfin, le son cesse d'être entendu, si l'oreille se trouve en dehors de l'axe. (H. V.)

IV. — DISPERSION ET ACHROMATISME.

SPECTRE SOLAIRE.

Les rayons lumineux diversement colorés sont inégalement réfrangibles. Pour le démontrer, on peut faire l'expérience suivante : On colle sur un carton noir, l'une à la suite de l'autre, deux bandes étroites de papier, la première rouge, la seconde violette, puis on les regarde à travers un prisme. On les voit déviées toutes les deux, mais inégalement ; la bande rouge l'est moins que la bande violette, ce qui fait voir que les rayons rouges sont les moins réfractés.

D'après cela, pour reconnaître si une lumière est *simple* ou *composée,* il suffit de la recevoir sur un prisme. Dans le premier cas, elle restera identiquement la même et sera simplement déviée ; dans le second cas, elle sera *décomposée* ou *dispersée,* c'est-à-dire séparée en ses éléments, par suite de l'inégale déviation que le prisme fera éprouver à ceux-ci.

C'est Newton qui, le premier, soumit, à ce moyen d'analyse, la lumière *blanche* du soleil, et reconnut que cette lumière n'est pas simple ou homogène, mais composée d'un grand nombre de rayons de couleurs différentes. Pour en faire l'expérience, on reçoit, dans une chambre obscure, un faisceau de lumière solaire S A (fig. 344), à travers une très-petite ouverture circulaire pratiquée dans le volet. Ce faisceau tend à aller former en K une image ronde et incolore du soleil ; mais si l'on interpose, sur son passage, un prisme en flint-glass q, disposé horizontalement, le faisceau, à l'entrée et à la sortie du prisme, se réfracte vers la base de celui-ci, et au lieu d'une image ronde et incolore, on reçoit sur un écran éloigné, une image H, qui,

Fig. 344.

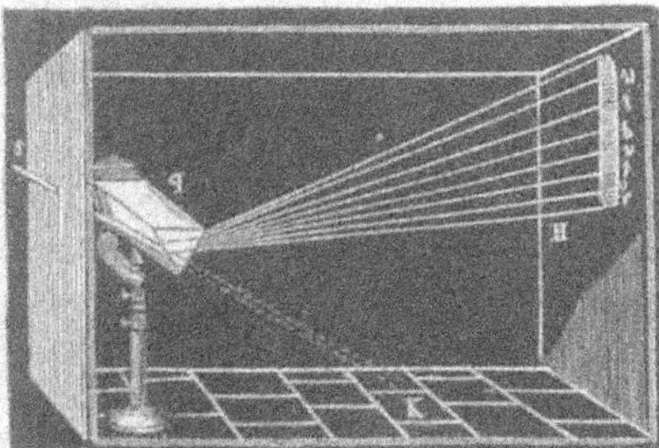

dans la direction horizontale, est de même dimension que le faisceau primitif, mais oblongue dans le sens vertical et colorée des belles teintes de l'arc-en-ciel. Cette image colorée s'appelle *spectre solaire.* Il existe en réalité, dans le spectre, une infinité de teintes; mais Newton en distingue sept principales, disposées, à partir de la plus réfrangible, dans l'ordre suivant : *violet*, *indigo*, *bleu*, *vert*, *jaune*, *orangé*, *rouge*. On remarquera qu'en faisant *violet* de deux syllabes, les noms de ces couleurs forment un vers mnémonique alexandrin.

La forme du spectre solaire, que l'on obtient en opérant comme il a été dit plus haut, est facile à expliquer. En effet, les rayons de chacune des couleurs de réfrangibilité différente qui existent dans la lumière solaire, doivent former sur l'écran une image circulaire, d'un diamètre proportionnel à la distance qui sépare l'écran de l'ouverture du volet, et dont le centre se trouve d'autant plus haut que les rayons de cette couleur sont plus réfrangibles. Les centres des cercles formés par toutes les couleurs élémentaires doivent être situés sur une droite comprise dans le plan vertical mené par l'axe du faisceau incident. Tous ces cercles se recouvrant partiellement les uns les autres, excepté les deux derniers, on conçoit qu'ils doivent donner sur l'écran une image allongée, comprise entre deux droites verticales et terminée à chacune de ses extrémités par un arc de cercle. On voit aussi que, dans cette image, les nuances doivent se succéder en quelque sorte d'une manière continue, sans lignes de démarcation nettes et tranchées.

Il suit de cette explication que, pour obtenir un spectre solaire dont les sept couleurs principales soient assez bien séparées, il faut rétrécir l'ouverture du volet, placer le prisme à une grande distance du volet et reculer l'écran. Une ouverture rectangulaire, formant une fente étroite d'un demi-millimètre de largeur que l'on dispose parallèlement à l'arête du prisme est aussi préférable à une simple ouverture circulaire.

Avec des prismes diaphanes de différentes substances, ou avec des prismes de verre creux remplis de divers liquides, on obtient constamment des spectres formés des mêmes couleurs et dans le même ordre; mais, à angle réfringent égal, la longueur du spectre varie avec la substance dont le prisme est formé. Celles qui lui donnent le plus d'étendue sont dites plus *dispersives*, et la dispersion se mesure par la différence des indices de réfraction des rayons extrêmes du spectre. Pour le flint-glass, cette différence est 0,0433; pour le crown-glass, elle est 0,0246; la dispersion du flint est donc presque double de celle du crown.

Pour des prismes de même substance, la dispersion décroît avec l'angle réfringent du prisme; car si cet angle était nul, les faces d'incidence et d'émergence seraient parallèles, et la lumière émergente ne serait pas colorée.

On a pareillement analysé au moyen du prisme les diverses lumières artificielles. Les spectres que donnent ces lumières ne renferment pas d'autres couleurs que celles que présente le spectre solaire, et leur ordre est le même; mais, en général, il en manque quelques-unes. Leur intensité relative est aussi très-modifiée. La nuance qui domine dans une flamme artificielle est également celle qui domine dans son spectre. Les flammes jaunes, rouges, vertes, donnent des spectres où la teinte dominante est le jaune, le rouge, le vert. La flamme de l'alcool salé ne renferme pour ainsi dire que des rayons jaunes; c'est une lumière presque *monochromatique*. (H. V.)

LES COULEURS DU SPECTRE SONT SIMPLES.

Pour démontrer cette proposition, on reçoit le spectre sur un écran percé d'une ouverture circulaire assez petite pour ne laisser passer que les rayons d'une même couleur. Si alors on interpose sur le trajet de ces rayons un second prisme, on observe bien encore une déviation, mais la lumière reste identiquement la même, c'est-à-dire que l'image reçue sur un écran est rouge, si l'on a laissé passer le faisceau rouge; bleue, si l'on a laissé passer le faisceau bleu : ce qui prouve que les couleurs du spectre sont *simples*, c'est-à-dire indécomposables par le prisme. Newton en a conclu que la lumière blanche est formée de sept lumières inégalement réfrangibles, qu'il a nommées lumières *simples* ou *primitives*, et que c'est en vertu de leur différence de réfrangibilité qu'elles sont séparées en traversant le prisme.

Cette théorie de Newton sur la composition de la lumière blanche est généralement admise par les physiciens. Quelques-uns cependant n'admettent pas sept couleurs simples, mais seulement trois, qui sont le rouge, le jaune et le bleu. Dans cette dernière théorie, qui a été mise en avant par M. Brewster, professeur à Édimbourg, on considère l'orangé, le vert et le violet comme des couleurs composées, résultant la première d'un mélange de jaune et de rouge, la seconde d'un mélange de bleu et de jaune, et la troisième d'un mélange de bleu et de rouge. Ces trois couleurs composées seraient indécomposables par le prisme, parce qu'elles seraient formées chacune de couleurs simples de même réfrangibilité; mais elles se laisseraient décomposer par leur passage à travers certains milieux colorés qui absorberaient l'un de leurs éléments et laisseraient passer l'autre. (H. V.)

RAIES DU SPECTRE.

Les diverses couleurs du spectre solaire ne sont point continues. Pour plusieurs degrés de réfrangibilité, les rayons manquent; de là résultent, dans toute l'étendue du spectre, un grand nombre de bandes obscures très-étroites qu'on nomme les *raies du spectre*. Pour les observer, on reçoit un faisceau de lumière solaire dans une chambre obscure, par une fente très-étroite; et à la distance de 3 à 4 mètres, on regarde cette fente à travers un prisme de flint bien exempt de stries, en ayant soin de le placer de façon que ses arêtes soient parallèles aux bords de la fente et qu'il se trouve dans la position du minimum de déviation (p. 332). On remarque alors un grand nombre de raies noires très-déliées, parallèles aux arêtes du prisme et très-inégalement espacées. Si l'on regarde le spectre avec une lunette achromatique, le nombre des raies peut aller jusqu'à six cents. On en distingue sept, qui sont plus apparentes que les autres et qu'on nomme les *raies de Fraunhofer*, du nom du physicien qui, le premier, les a remarquées. On les désigne par les lettres B, C, D, E, F, G et H. B est à peu près à l'extrémité rouge; C est vers la limite du rouge près de l'orangé; D est dans l'orangé et près du jaune; E se trouve dans le jaune, mais plus près du vert; F est presque au milieu du vert; G se trouve dans le bleu près de l'indigo; enfin H est dans le violet. Avec la lumière solaire, ces raies ont des positions fixes, ce qui donne le moyen de mesurer avec précision l'indice de chaque couleur simple.

La lumière des planètes donne les mêmes raies que celle du soleil, ce qui prouve que ces astres empruntent au soleil la lumière dont ils brillent. Mais la lumière des étoiles de première grandeur, et celle des corps éclairants artificiels, offrent, au contraire, des raies noires distribuées d'une manière toute différente; enfin la lumière électrique présente des bandes brillantes au lieu de raies noires. (H. V.)

PROPRIÉTÉS CALORIFIQUES ET CHIMIQUES DU SPECTRE SOLAIRE.

Indépendamment des rayons lumineux, le soleil nous envoie encore des rayons calorifiques et des rayons chimiques. Ces deux dernières espèces de rayons se réfractent comme les rayons de lumière, en formant des spectres qui ne coïncident pas exactement avec le spectre lumineux.

Dans le spectre lumineux, le maximum d'intensité de la lumière a lieu dans le jaune, et le minimum dans le violet. Dans le spectre calorifique, la position du maximum d'intensité dépend de la nature du prisme réfringent. Avec un prisme d'eau, Seebeck trouva le maximum dans le jaune; avec un prisme d'alcool, il l'observa dans le jaune orangé; et enfin dans le rouge moyen, avec un prisme de crown. Melloni a trouvé, en outre, que le maximum de chaleur s'éloigne d'autant plus du jaune vers le rouge, que la substance du prisme est plus diathermane (V. *Calorique*). Avec un prisme de sel gemme, qui transmet à peu près avec la même facilité toute espèce de rayons de chaleur, le maximum se forme tout à fait au delà du rouge.

La lumière solaire a la propriété d'exercer certaines actions chimiques. Sous son influence, le chlorure d'argent, par exemple, se décompose et change de couleur : de blanc qu'il est au moment de sa précipitation ou si on l'a conservé dans l'obscurité, il devient d'abord violet, puis noir. L'action de la lumière sur d'autres corps, tels que l'iodure et le brômure d'argent, n'est pas moins manifeste. Lorsqu'on reçoit un faisceau de rayons solaires sur une lame de cuivre plaquée d'argent et recouverte d'une mince couche d'iodure de ce dernier métal, cette substance est altérée, comme on le reconnait en exposant la plaque à la vapeur du mercure : en effet, celle-ci se condensera en plus grande quantité sur les points de la plaque qui ont subi l'action de la lumière que sur les autres. C'est sur cette propriété que repose la *daguerréotypie*, c'est-à-dire l'art de fixer sur une lame argentée les images de la chambre obscure. Le phosphore diaphane et les principes colorants d'origine végétale nous offrent pareillement des exemples de corps que la lumière solaire modifie profondément. On voit, en effet, que, sous l'influence prolongée de cet agent, le premier devient rouge, et que les autres se ternissent et se détruisent. Enfin, la lumière suffit même pour déterminer des combinaisons, comme il arrive avec un mélange de chlore et d'hydrogène; c'est elle, encore, qui, en décomposant l'acide carbonique et en fixant le carbone, contribue principalement à la production de la matière verte (*chlorophylle*) dans les plantes. Toutefois, les diverses couleurs du spectre ne possèdent pas la même action chimique. Scheele, le premier, fit voir que l'effet du rayon violet sur le chlorure d'argent est plus sensible que celui des autres rayons. Wollaston observa même que cette action s'étendait hors du spectre visible, avec la même intensité que dans le violet, et il en conclut que les modifications que la lumière solaire imprime à certains corps ne sont pas dues aux rayons lumineux eux-mêmes, mais à des rayons invisibles qui les accompagnent et auxquels on a donné le nom de *rayons chimiques*. Ces derniers rayons se réfléchissent et se réfractent d'après les mêmes lois que les rayons lumineux, car par la réflexion, la réfraction, etc., la lumière solaire ne perd pas la propriété d'exercer des actions chimiques. (H. V.)

FLUORESCENCE.

Lorsqu'on laisse tomber dans une infusion d'écorce fraîche de marronnier des Indes le faisceau convergent de rayons que l'on obtient en exposant à la lumière du soleil une lentille bi-convexe de flint, on observe, en regardant au sein de la masse liquide, que la portion du faisceau qui y a pénétré est diffusée dans tous les sens et présente une couleur bleuâtre très-vive. Des phénomènes analogues s'observent dans une dissolution aqueuse de sulfate de quinine, ainsi que dans une dissolution de chlorophylle, préparée en faisant infuser dans l'alcool ou mieux dans l'éther sulfurique, soit des feuilles de polygonum hydropiper, soit des feuilles vertes d'ortie, de lierre ou de toute autre plante : la première donne un cône intense de lumière grise, violâtre ou bleuâtre; et l'autre, un cône de lumière rouge ou pourpre d'une intensité remarquable. Plusieurs corps solides agissent sur la lumière comme les liquides précités; tel est le verre teint avec de l'oxyde d'urane, et qui colore les rayons solaires en vert jaunâtre, à peu près comme la teinture alcoolique des semences du datura stramonium.

Les phénomènes de diffusion et de coloration de la lumière que nous venons d'indiquer, ont été désignés, par M. Stokes, sous le nom de phénomènes de *fluorescence*, et l'on appelle *fluorescents* les corps qui les présentent.

Il existe une différence essentielle entre les couleurs des corps fluorescents et celles des corps ordinaires. Les premiers brillent d'une lumière propre, d'une couleur toujours la même et sans aucun rapport de teinte avec la source lumineuse qui a excité la fluorescence; c'est ainsi que la lumière violette ou bleue qui a traversé un verre bleu ou une dissolution de sulfate double d'ammoniaque et de cuivre, colore un cube de verre d'urane en vert clair, exactement comme le font les rayons du soleil. Les corps colorés ordinaires présentent, par contre, toujours des couleurs qui dépendent de celles des rayons qui les éclairent; un morceau de cire à cacheter rouge paraîtra noir dans une lumière privée de rayons rouges, et il présentera sa couleur propre, de quelque lumière qu'on l'éclaire, pourvu que cette lumière renferme des rayons rouges.

Toutes les lumières colorées ne sont pas également propres à exciter la coloration des corps fluorescents. Les rayons les plus efficaces sont ceux de la partie la plus réfrangible du spectre solaire, c'est-à-dire les rayons bleus et violets ; les autres sont presque complétement inactifs. Mais ce qu'il y a de remarquable, c'est que les rayons chimiques situés, dans le spectre solaire, au delà des rayons violets, possèdent la même propriété que ces derniers rayons, de sorte que les corps fluorescents peuvent transformer en rayons visibles des rayons qui, par eux-mêmes, n'agissent pas sur la rétine. Du reste, quels que soient les rayons employés pour exciter la fluorescence, ces rayons sont toujours transformés en rayons moins réfrangibles : le bleu indigo et le violet, par exemple, peuvent donner du rouge, de l'orangé, du vert, du jaune et même du bleu, mais le rouge, le jaune, l'orangé et le vert ne produisent jamais ni du bleu, ni du violet. C'est ce qui explique l'inefficacité des couleurs rouge, jaune, orangée et verte, pour le développement des couleurs de fluorescence.

Pour constater ces différents résultats, il suffit d'exposer la substance fluorescente aux rayons du spectre solaire. L'expérience peut se faire très-facilement au moyen d'une feuille de papier de curcuma dont la couleur de fluorescence est d'un vert grisâtre et s'étend, à partir de la raie F, beaucoup au delà de l'extrémité violette du spectre. Une feuille de papier imbibée d'une dissolution de sulfate de quinine peut également très-bien servir à cet usage. Si l'on regarde à travers un prisme de flint le spectre projeté ainsi sur une substance fluorescente, on peut reconnaître une autre propriété curieuse de ces substances, savoir, que leurs couleurs diffusées ne sont pas simples, mais composées.

Certaines substances ont la propriété d'arrêter les rayons fluorescents, tandis que d'autres leur livrent facilement passage. Parmi les premières nous citerons surtout le sulfure de carbone, et parmi les autres, les verres violets et le quartz ou cristal de roche.

La quantité de rayons fluorescents contenus dans la lumière varie considérablement avec la nature de la source. La lumière solaire, la lumière des courants d'induction dans le vide et la flamme bleue du soufre ou du sulfure de carbone, en contiennent beaucoup, tandis que la lumière du gaz et celle des bougies ou des lampes en renferment excessivement peu.

La plupart des faits qui précèdent ont été découverts par M. Stokes. La cause de la fluorescence est encore inconnue. (H. V.)

PHOSPHORESCENCE.

Il existe un grand nombre de corps qui possèdent ou peuvent acquérir, par certaines actions, la propriété de luire dans l'obscurité, sans qu'on puisse considérer la lumière qu'ils émettent comme étant la conséquence d'une grande élévation de température. On a nommé *phosphorescents* les corps qui sont ainsi lumineux dans l'obscurité, parce que cette propriété est surtout apparente dans le phosphore.

Il est des cas où la phosphorescence est accompagnée d'une action chimique lente; c'est ce qui a lieu dans le phosphore; chez plusieurs insectes, tels que le fulgore (porte-lanterne) et le lampyre (ver luisant), qui peuvent faire varier l'éclat de leur lumière sous l'empire de leur volonté; dans certaines substances végétales ou animales, par exemple, dans les bois en décomposition, chez certains poissons en putréfaction, et surtout chez le hareng. Il n'en est plus ainsi chez les corps qui deviennent phosphorescents sous l'influence de la chaleur, de la lumière solaire ou de la lumière électrique, comme le spath fluor en poudre, lequel étant chauffé à 300 ou 400 degrés devient tout à coup lumineux et répand une lumière bleuâtre assez vive, et comme certaines variétés de diamant et plusieurs autres minéraux, tels que le spath fluor déjà cité, le marbre blanc, etc., qui acquièrent la phosphorescence, soit par une exposition suffisamment prolongée aux rayons solaires, soit par l'action successive de plusieurs décharges d'une puissante batterie électrique. On ignore complétement la cause qui développe la phosphorescence dans ces divers corps, mais il est certain que cette cause n'est pas due à une action chimique.

Il existe, entre le phénomène de la phosphorescence et celui de la fluorescence, des analogies remarquables. C'est ainsi que les rayons bleus, violets et ultra-violets, qui excitent la fluorescence, développent pareillement la lumière des phosphores; les rayons rouges, jaunes ou verts sont constamment inactifs; enfin, comme les corps fluorescents, les phosphores brillent en général d'une lumière dont la couleur diffère de celle de la lumière qui a servi à développer la phosphorescence; c'est ainsi qu'après avoir été exposés pendant quelque temps aux rayons bleus et violets du spectre, le diamant, par exemple, et le spath fluor (la variété connue sous le nom de *chlorophane*), émettent, lorsqu'on les porte dans l'obscurité, le premier, de la lumière jaune orangée, et le second, de la lumière verte. En se fondant sur les analogies que nous venons d'indiquer, on pourrait considérer la fluorescence et la phosphorescence comme dues à une même cause; la première ne différerait de la seconde que parce qu'elle disparaîtrait avec l'action qui la met en jeu, tandis que la phosphorescence persisterait plus ou moins longtemps après que cette action aurait cessé.

Nous terminerons cet article par quelques mots sur les phosphores artificiels. Parmi ces phosphores, le plus anciennement connu est la pierre de Bologne ou sulfate de baryte calciné; on le conserve enfermé dans un flacon de verre bouché à l'émeri : après une exposition de dix secondes à la lumière solaire, il répand dans l'obscurité une lumière rouge semblable à celle d'un charbon ardent. Le phosphore de Baudouin, nitrate de chaux calciné, et les coquilles d'huîtres calcinées, doivent aussi être placées au premier rang des substances phosphorescentes. Le phosphore de Canton est le plus remarquable de tous : on le prépare en calcinant à une forte chaleur des coquilles d'huîtres en poudre avec une partie de soufre, ou du sulfate de chaux en poudre avec du charbon. Ce phosphore doit être conservé dans un flacon bien bouché. (H. V.)

RECOMPOSITION DE LA LUMIÈRE BLANCHE.

Après avoir décomposé la lumière blanche, il restait à reconnaître si on pouvait la reproduire en réunissant les différents faisceaux séparés par le prisme. Or, cette recomposition peut s'opérer par un grand nombre de procédés, parmi lesquels nous nous bornerons à indiquer les deux suivants :

1° On reçoit le spectre sur une lentille achromatique convergente, c'est-à-dire sur une lentille bi-convexe composée de deux substances convenablement choisies, qui lui donnent la propriété de concentrer sensiblement au même foyer des rayons incidents de toutes les couleurs, partis d'un même point. En plaçant ensuite un écran blanc au foyer de cette lentille, on y recueille une image blanche de l'ouverture du volet de la chambre obscure. Lorsque l'écran est plus près ou plus loin de la lentille que le foyer, l'image est colorée; mais l'ordre de succession des couleurs est différent dans les deux cas. Enfin, si l'écran étant au foyer, on intercepte quelques-uns des rayons colorés du faisceau dispersé, l'image prend une couleur uniforme, mais variable suivant la nature et la quantité des rayons interceptés.

2° Si l'on reçoit le spectre sur un second prisme de même angle

Fig. 345.

réfringent que le premier, et tourné en sens contraire, comme le montre la figure 345, ce dernier prisme réunit les différentes couleurs du spectre, et on observe que le faisceau émergent E, parallèle au faisceau incident S, est incolore.

Cette expérience montre assez clairement qu'il n'y a dans un prisme aucune force particulière pour décomposer la lumière blanche, car sans cela la coloration produite par le premier prisme, au lieu d'être détruite, serait augmentée par le second.

Newton a nommé *couleurs complémentaires* celles qui, réunies, forment du blanc. Il n'y a pas de couleur; quelle qu'elle soit, qui n'ait sa couleur complémentaire; car, si elle n'est pas blanche, il lui manque seulement quelques-uns des éléments de la couleur blanche, et ces éléments mélangés entre eux forment sa couleur complémentaire. Mais, si au mélange de ces éléments on ajoutait du blanc en diverses proportions, on aurait autant de nuances différentes qui seraient toutes également efficaces pour reproduire la couleur blanche avec la couleur donnée. Il y a donc rigoureusement une infinité de nuances différentes qui ont la même couleur complémentaire, et une infinité de nuances complémentaires qui appartiennent à la même couleur donnée. Si l'on n'admet dans la lumière blanche que trois couleurs primitives, le rouge, le jaune et le bleu, il est facile de trouver la couleur complémentaire d'une couleur quelconque. Le rouge, par exemple, est complémentaire du vert; le jaune, du violet; et le bleu, de l'orangé. (H. V.)

EXPLICATION DE LA COULEUR DES CORPS.

Pour expliquer la coloration des corps, on admet que toute particule pondérable a la propriété d'absorber ou d'éteindre une fraction déterminée des rayons lumineux qui atteignent son système. Cette propriété résulte de ce qu'aucun corps ne jouit d'une transparence absolue (p. 315). On admet, en outre, que la fraction restante, qui est en partie réfléchie, en partie transmise, varie avec l'espèce ou la couleur des rayons lumineux affluents, et avec la nature de la particule. On déduit facilement de ces hypothèses les conséquences suivantes que l'observation confirme :

1° La couleur d'un corps transparent doit être d'autant plus foncée que son épaisseur est plus considérable. 2° Les milieux diaphanes réduits en lames très-minces doivent laisser passer toute espèce de lumière, sans la modifier sensiblement. 3° La couleur des corps doit dépendre de la nature de la lumière qui les éclaire, et s'approcher d'autant plus du noir que cette lumière renferme des rayons d'une couleur plus éloignée de celle du corps, c'est-à-dire des rayons que celui-ci absorbe en plus grande proportion. 4° La couleur d'un corps doit paraître d'autant plus éclatante qu'on l'éclaire avec une lumière qu'il absorbe en moindre quantité. 5° Les corps blancs n'altèrent pas la composition de la lumière incidente, et se bornent à en absorber une partie, tandis que les corps noirs l'absorbent presque en totalité.

Les corps blancs résultent en général d'un mélange intime de deux substances incolores douées de pouvoirs réfringents très-différents. La neige, l'écume qui se forme par l'agitation de l'eau au contact de l'air, les nuages, doivent leur couleur blanche à une certaine quantité d'air mêlé intimement à la glace ou à l'eau dont ils sont formés. La blancheur de la craie est également due à la présence de l'air dans son intérieur. Quand on plonge pendant quelque temps un morceau de craie dans du baume du Canada liquide, l'air est déplacé et la craie acquiert un certain degré de transparence. On y distingue alors facilement, au microscope, les animalcules dont elle est en grande partie composée.

Voici encore une expérience assez curieuse qui vient à l'appui de la théorie précédente sur les couleurs propres des corps : Dans une chambre obscure, on fait brûler de l'alcool au moyen d'une mèche sur laquelle on a répandu du sel marin. Cette flamme ne donnant que des rayons jaunes (p. 345), la plupart des objets colorés paraissent noirs, et si une personne s'approche de la flamme, sa figure paraît livide comme celle d'un cadavre.

Nous terminerons cet article par quelques mots sur la couleur bleue du ciel. De Saussure a fait voir que cette couleur tenait à la réflexion de la lumière, et non à une couleur propre des particules aériennes. Hassenfratz a démontré par l'expérience que le rayon bleu est plus réfléchi par l'air que les autres rayons : aussi plus la couche d'atmosphère traversée par le rayon est épaisse, plus la couleur bleue disparaît, et plus la teinte rouge prédomine. Quand le soleil est à l'horizon, il nous paraît rouge, pourpre et jaune. (H. V.)

COULEURS DES OBJETS VUS A TRAVERS LES PRISMES.

Si l'on regarde une bande horizontale de papier blanc, d'une certaine largeur, collée sur un carton noir, à travers un prisme dont les arêtes lui soient parallèles et l'angle réfringent tourné en bas, toute la partie moyenne de cette bande reste blanche ; mais ses bords parallèles aux arêtes du prisme paraissent colorés des plus vives couleurs, le bord inférieur, en violet mélangé de bleu et d'indigo, et le bord supérieur, en rouge mélangé d'orangé et de jaune. Dans cette expérience, la lumière blanche, réfléchie par la bande de papier, est décomposée à son passage dans le prisme, et il se forme sept images de la bande colorées des sept couleurs du spectre. L'image violette, formée par la lumière la plus réfrangible, est déviée davantage, ce qui la fait paraître plus abaissée à l'œil qui la regarde à travers le prisme. L'image rouge sera la moins abaissée, et entre cette image et la précédente viendront se disposer les images des cinq autres couleurs du spectre. Il suit de là que, dans la partie moyenne de l'image de la bande vue à travers le prisme, les sept couleurs du spectre se trouveront superposées, de sorte que cette partie doit paraître blanche. Les bords de l'image où la superposition n'est pas complète devront, au contraire, rester colorés, l'inférieur en violet, et le supérieur en rouge. Une bande noire sur un carton blanc doit présenter des franges où les couleurs se succèdent dans un ordre inverse. C'est ce que l'expérience confirme.

A l'aide de ce qui précède, il sera facile maintenant de se rendre compte de tous les phénomènes de coloration que présentent les objets lorsqu'on les regarde à travers un prisme. (H. V.)

PRISMES ET LENTILLES ACHROMATIQUES.

Nous avons vu (p. 332) que, lorsqu'on laisse passer la lumière solaire à travers deux prismes de même angle réfringent et de même substance, mais tournés en sens contraire, les rayons émergents sont blancs et parallèles aux rayons incidents, de sorte que la déviation des rayons se trouve détruite en même temps que leur dispersion. On a vainement cherché pendant longtemps à obtenir des prismes capables de dévier la lumière, tout en la laissant incolore. Enfin, Dollond, opticien à Londres, est parvenu à résoudre le problème par l'invention des *prismes achromatiques*.

Ces prismes se construisent ordinairement en accolant en sens contraire un prisme de crown-glass et un prisme de flint d'un angle réfringent moindre. Ces deux verres ont à peu près même pouvoir réfringent, c'est-à-dire qu'ils réfractent à peu près également les rayons rouges du spectre; mais leurs pouvoirs dispersifs sont très-inégaux, le flint réfractant le violet plus fortement que ne le fait le crown (p. 344).

D'après cela, soit SI (fig. 346) un rayon de lumière blanche tom-

Fig. 346.

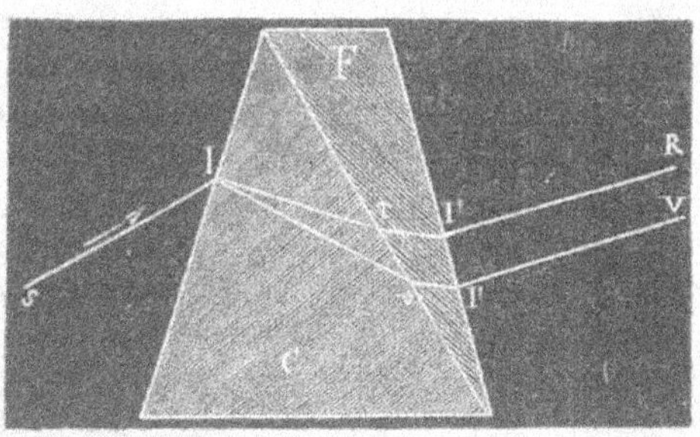

bant sur un prisme C de crown. En pénétrant dans le prisme, ce rayon sera dispersé, le rayon rouge suivant I*r*, et le rayon violet suivant I*v*, par exemple. Si nous recevons le faisceau dispersé sur un prisme de flint F, d'un angle réfringent moindre que celui du prisme C et tourné en sens contraire, le rayon rouge sera relevé vers la base de F, mais sans pouvoir devenir parallèle à SI, puisque, le flint et le crown ayant à peu près même pouvoir réfringent, le prisme F ne peut détruire la déviation produite par le prisme C que si son angle réfringent est égal à celui de ce dernier. Le rayon rouge sortira donc du prisme F suivant la direction I'R, qui fait un certain angle avec la direction du rayon incident SI. A son passage à travers le prisme F, le rayon violet I*v* sera aussi relevé vers la base de ce prisme, et proportionnellement plus que le rayon rouge, parce que le pouvoir dispersif du flint est, comme nous l'avons dit, supérieur à celui du crown. On conçoit, d'après cela, que, si les prismes C et F ont des angles convenables, les rayons rouge et violet pourront sortir du prisme F parallèlement entre eux, tout en faisant encore un certain angle avec la direction de la lumière incidente SI. Or, quand cette condition est remplie, le faisceau émergent est sensiblement incolore et le système des deux prismes est achromatique. Les contours des objets vus à travers un pareil système ne paraissent plus irisés, comme avec les prismes isolés; ces objets paraissent simplement déviés. L'expérience a indiqué que pour achromatiser un prisme de crown de 5°, il faut l'accoler à un prisme de flint de 2° 24'.

Lorsque des rayons solaires traversent une lentille bi-convexe, les diverses couleurs dont ils sont composés étant inégalement réfrangibles, ces couleurs convergent vers des points différents, en sorte que l'image du soleil au foyer principal, blanche vers le centre, est bordée d'anneaux de différentes couleurs. Ce qui vient d'être dit des rayons solaires s'applique également à la lumière composée émise par un corps placé devant une lentille. Lorsqu'on reçoit l'image de ce corps sur un écran, quelque position qu'on donne à celui-ci, cette image sera bordée de couleurs, et chaque point de l'objet sera représenté par un petit cercle. L'image ne sera donc jamais une reproduction exacte des formes de l'objet. C'est à cette diffusion des couleurs, dans les images formées par les lentilles, qu'on a donné le nom d'*aberration de sphéricité;* l'achromatisme a pour but de la faire disparaître. Pour achromatiser une lentille bi-convexe de crown, par exemple, on lui superpose une lentille bi-concave de flint qui, sans détruire entièrement la convergence des rayons émergents provenant de rayons incidents parallèles, ramène au même point les foyers des rayons rouges et violets du spectre.

L'achromatisme que l'on obtient par l'emploi d'un système de deux lentilles, et dont on se contente dans la pratique, n'est pas parfait; il rend presque insensible, mais n'annule pas tout à fait l'aberration de réfrangibilité; car lors même qu'on parvient à faire coïncider les rayons émergents rouges et violets, ceux des autres couleurs en restent généralement plus ou moins séparés. Toutefois, en employant trois lentilles de substances différentes au lieu de deux, on peut faire coïncider le foyer d'une troisième couleur avec le foyer commun des rayons violets et rouges; l'on obtient ainsi un achromatisme plus parfait et qui ne laisse presque plus rien à désirer. (H. V.)

DE L'ARC-EN-CIEL.

La composition de la lumière blanche et les différences de réfrangibilité des diverses couleurs ont conduit Newton à une explication complète de l'*arc-en-ciel*. Ce météore lumineux apparaît dans les nues opposées au soleil quand elles se résolvent en pluie; il est formé de sept arcs concentriques présentant successivement les couleurs du spectre solaire. Quelquefois on n'observe qu'un seul arc-en-ciel; mais le plus souvent on en voit deux : l'un, intérieur, dont les couleurs sont plus vives; l'autre, extérieur, qui est plus pâle et dans lequel l'ordre des couleurs est renversé. Dans l'arc intérieur, c'est le rouge qui est le plus élevé; dans l'autre arc, c'est le violet.

Pour expliquer la formation de l'arc intérieur, considérons une goutte d'eau V (fig. 547) dans laquelle pénètre un rayon solaire S. Au point d'incidence, une partie de la lumière se réfléchit sur la surface du liquide, l'autre y pénètre en se décomposant. Arrivée à la face

Fig. 547.

opposée de la goutte, une portion de la lumière sort du liquide et rentre dans l'air; l'autre portion se réfléchit sur la surface concave et revient vers la face antérieure de la goutte. En ce nouveau point d'incidence, la lumière est encore réfléchie partiellement, le reste émerge dans une direction VO, qui forme, avec le rayon incident S, un angle qu'on nomme *angle de déviation*.

Le calcul fait voir que la grandeur de cette déviation dépend de l'angle d'incidence et du degré de réfrangibilité du rayon incident S. Pour les rayons rouges qui ont subi une seule réflexion dans l'intérieur de la goutte, le maximum de la déviation est de 42° 2', et pour les rayons violets de 40° 17'. Le calcul fait voir, en outre, que, parmi les rayons solaires qui tombent parallèlement entre eux sur une même goutte, ceux qui avoisinent le rayon qui éprouve le maximum de déviation subissent une déviation sensiblement égale, de façon qu'entrés parallèlement entre eux dans la goutte de pluie, ils en sortent de même. De ce parallélisme, il résulte un petit faisceau de lumière qui peut se propager à de grandes distances sans perdre sensiblement de son intensité; ce sont ces rayons qui sortent parallèles entre eux qui produisent le phénomène de l'arc-en-ciel; on les appelle *rayons efficaces*.

Il suit de ce qui précède que pour toutes les gouttes placées de manière que les rayons qui vont du soleil à la goutte fassent, avec ceux qui vont de la goutte à l'œil placé en O, un angle de 42° 2', cet organe reçoit la sensation de la couleur rouge; ce qui, vu le parallélisme des rayons solaires, a évidemment lieu pour toutes les gouttes situées sur la circonférence de la base d'un cône dont le sommet coïncide avec l'œil de l'observateur, ce cône ayant son axe OP parallèle aux rayons solaires, et l'angle formé par deux génératrices opposées étant de 84° 4'. Telle est la manière dont se forme la bande rouge de l'arc-en-ciel. Pour la bande violette, l'angle du cône est de 80° 34'. Les cinq autres couleurs du spectre forment des bandes analogues distribuées entre celles du rouge et du violet.

L'étendue de la portion visible de l'arc-en-ciel dépend de la hauteur du soleil au-dessus de l'horizon. Quand cet astre se lève ou se couche, l'horizon est parallèle aux rayons solaires, et la portion visible de l'arc-en-ciel forme une demi-circonférence de cercle. Mais à mesure que le soleil s'élève, la portion de l'arc qui reste visible diminue, et quand l'élévation de l'astre est de 42° environ, l'arc intérieur ne se forme plus.

L'arc extérieur s'explique d'une manière analogue. Il est formé par des rayons efficaces qui ont subi dans les gouttes de pluie deux réflexions, comme le rayon S' dans la goutte *u*. Comme, à chaque réflexion et à chaque réfraction, il y a perte de lumière, l'arc-en-ciel extérieur offre toujours des teintes plus faibles que l'arc intérieur.

La lune produit quelquefois des arcs-en-ciel, comme le soleil, mais ils sont très-pâles. (H. V.)

V. — DE LA VISION.

DESCRIPTION DE L'ŒIL HUMAIN.

L'œil est l'organe de la *vision*, c'est-à-dire du phénomène en vertu duquel la lumière, émise ou réfléchie par les corps, fait naître en nous la sensation qui nous décèle leur présence.

Contenu dans une cavité osseuse qu'on nomme *orbite*, l'œil a une forme à peu près sphérique. — Son enveloppe est une membrane épaisse et fibreuse qui se compose de deux parties, l'une transparente et l'autre blanche et opaque; la première s'appelle *cornée transparente* ou simplement *cornée*, et la seconde *cornée opaque* ou *sclérotique*. Celle-ci forme le blanc de l'œil. La cornée transparente, qui n'occupe qu'une portion de la face antérieure du globe oculaire, a une courbure un peu plus forte que la sclérotique, et se continue avec celle-ci par une base sensiblement circulaire. On peut voir cette disposition sur la figure 348 ci-après, qui représente une coupe transversale de l'œil d'avant en arrière. Aux points où la sclérotique se

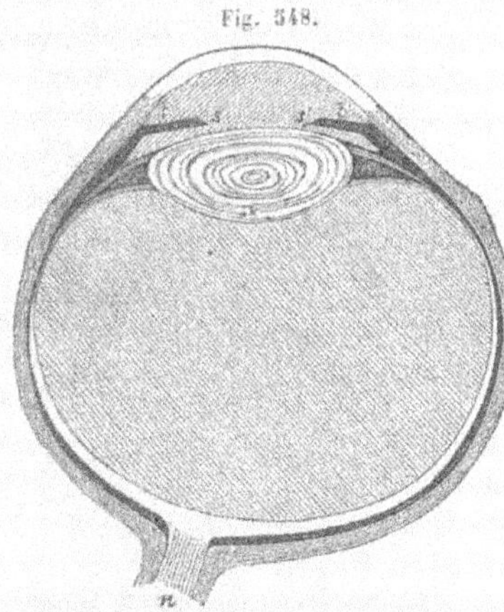

Fig. 348.

continue avec la cornée transparente est fixé *l'iris bb'*, qui donne à l'œil sa couleur; c'est une membrane opaque, composée de fibres musculaires, orbiculaires et rayonnantes, et percée vers son centre d'une ouverture circulaire *ss'*, variable de grandeur, qui est la *pupille* ou *prunelle*. Derrière l'iris se trouve, suspendu dans une membrane particulière, un corps solide diaphane, de forme lenticulaire, appelé le *cristallin*. Celui-ci est composé de couches concentriques, de densités croissantes vers le centre, et sa face antérieure a une convexité moindre que sa face postérieure. Outre les divers organes déjà indiqués, on trouve dans l'œil deux membranes, la *choroïde* et la *rétine*. La première, vasculaire et recouverte d'une matière colorante assez foncée, est en contact avec la surface interne de la sclérotique. La seconde, mince, blanchâtre et demi-transparente, est formée par l'épanouissement du nerf optique *n*, qui aboutit au fond de l'œil; elle s'applique sur la choroïde. Enfin, le cristallin et sa membrane séparent l'intérieur de l'œil en deux chambres; dans la chambre antérieure se trouve *l'humeur aqueuse*, dans la chambre postérieure *l'humeur vitrée*, humeur plus dense que la précédente et comparable à l'albumine de l'œuf. — On appelle *axe optique* de l'œil une droite fictive qui passe par les centres de la cornée, de la pupille et des deux faces du cristallin.

Voici quelles sont les dimensions moyennes des différentes parties de l'œil humain :

Rayon de courbure de la sclérotique.	10 à 11	millimètres.
Id. de la cornée	7 à 8	»
Diamètre de l'iris	11 à 12	»
Id. de la pupille	3 à 7	»
Épaisseur de la cornée.	1	»
Distance de la pupille à la cornée	2	»
Rayon antérieur du cristallin	7 à 8	»
Id. postérieur du cristallin.	5 à 6	»
Diamètre ou ouverture du cristallin	10	»

Épaisseur du cristallin.	5	millimètres.
Longueur de l'axe de l'œil.	22 à 24	»

Les indices de réfraction des parties transparentes de l'œil ont été déterminés par M. Brewster. Ils sont réunis dans le tableau suivant, avec celui de l'eau comme terme de comparaison :

Eau	1,3358	Centre du cristallin. . .	1,3990
Humeur aqueuse. . . .	1,3366	Réfraction moyenne du cristallin	1,3839
Humeur vitrée	1,3394		
Enveloppe ext. du crist.	1,3767		

(H. V.)

MARCHE DE LA LUMIÈRE DANS L'ŒIL.

Considérons maintenant un point lumineux P, situé devant l'œil, sur l'axe optique, et proposons-nous de déterminer la marche du faisceau de rayons que ce point enverra sur la cornée transparente. La surface extérieure de cette membrane étant très-polie, du moins à l'état normal, une portion de la lumière incidente sera réfléchie comme sur un petit miroir convexe et formera une image virtuelle *a* du point lumineux. L'autre portion pénétrera dans l'humeur aqueuse en se réfractant et en se rapprochant de l'axe optique, ce qui a pour effet de diminuer la divergence du faisceau. L'iris arrêtera une partie des rayons réfractés, mais une autre partie passera à travers la pupille et tombera sur la face antérieure du cristallin. Là ces rayons éprouveront de nouveau une réflexion et une réfraction. La première donnera lieu à une seconde image virtuelle *c* du point lumineux. Quant aux rayons qui pénétrent dans le cristallin, la réfraction qu'ils ont subie à leur entrée dans cette lentille a eu pour effet de diminuer encore davantage leur divergence primitive. Enfin, quand ces rayons atteindront la face postérieure et concave du cristallin, la lumière se partagera encore une fois en deux parties; l'une sera réfléchie et formera une image réelle *b* du point lumineux, et l'autre, pénétrant dans l'humeur vitrée, qui est moins réfringente que le cristallin, se rapprochera de l'axe optique, et, si le point lumineux est à une distance en rapport avec la disposition actuelle des milieux réfringents de l'œil, elle ira former une image réelle et nette en un foyer situé sur la rétine. L'œil perçoit alors une image distincte du point lumineux.

Pour s'assurer que les images se forment sur la rétine, ainsi que nous venons de l'indiquer, on prend un œil de bœuf ou mieux un œil de lapin albinos, parce que la choroïde des yeux de ces animaux est privée de pigment, et que, par conséquent, la lumière peut la traverser complètement; puis on dépouille cet œil, à la partie postérieure, du tissu cellulaire qui l'enveloppe. Ainsi préparé, on en approche une bougie; on observe alors que, pour une distance convenable de celle-ci, il se forme sur la rétine une image parfaitement nette de la flamme.

Pour observer les images *a, b, c*, dont il a été question plus haut, on place devant un œil sain la flamme d'une bougie. Celle-ci étant portée vers l'angle interne de l'œil, l'observateur, placé au côté externe, remarquera que les images *a* et *c* sont droites et plus rapprochées de la bougie, tandis que l'image moyenne *b* est renversée et se trouve plus près de lui.

Si maintenant nous supposons que le point lumineux P considéré plus haut se rapproche ou s'éloigne de l'œil, tout en restant sur l'axe optique, et si nous admettons, en outre, que l'œil n'éprouve aucune modification, soit dans la courbure, soit dans la position de ses divers milieux réfringents, ce point devra être vu d'une manière confuse, puisque les rayons qu'il enverra dans l'œil ne pourront plus concourir en un foyer situé sur la rétine. C'est ce que l'on peut facilement démontrer par l'expérience suivante de M. J. Müller, célèbre physiologiste allemand. On vise d'un seul œil les extrémités alignées de deux épingles placées à des distances différentes. On remarque alors qu'on peut à volonté voir distinctement la première ou la seconde, mais que jamais on ne distingue les deux à la fois; toujours celle sur laquelle notre regard ne se fixe pas spécialement nous paraît confuse et nébuleuse. On peut varier l'expérience en visant une épingle à travers une petite ouverture pratiquée dans une carte; il dépend de notre volonté de voir nettement le bord de l'ouverture ou l'épingle, mais alors aussi nous n'apercevons pas distinctement l'un ou l'autre. (H. V.)

ACCOMMODATION DE L'OEIL.

Tout œil a la faculté de voir distinctement à des distances comprises entre certaines limites qui varient d'un individu à l'autre. Mais l'expérience précédente de M. Müller prouve qu'il ne peut posséder cette faculté qu'à la condition de se modifier lorsque la distance varie, de manière à ramener les images de nouveau sur la rétine. L'œil sain peut voir distinctement, par un effort d'adaptation, à toute distance supérieure à une certaine limite qui est d'environ 10 centimètres. Chez les *myopes* la limite inférieure de la vue distincte est moindre, mais la limite supérieure ne s'étend qu'à une certaine distance finie, d'autant plus faible que la myopie est plus prononcée. Enfin, chez les *presbytes*, la limite inférieure de la vision distincte correspond à une distance beaucoup plus grande que pour l'œil à l'état normal, et cette distance croît avec le degré du presbytisme. C'est ce qui fait que ces personnes, pour lire un livre, sont obligées de l'éloigner, tandis que les myopes doivent le rapprocher de leurs yeux. La myopie et la presbytie sont donc des défauts dans la faculté d'accommodation.

La contemplation habituelle de petits objets, les observations microscopiques, peuvent faire naître la myopie. Ce défaut de l'œil est commun chez les jeunes gens; on prétend qu'il diminue avec l'âge. On corrige la myopie au moyen de verres divergents, qui, en écartant les rayons de leur axe, reculent le foyer et le portent sur la rétine. Quant au presbytisme, qui est commun chez les vieillards (de là son nom qui vient de πρέσβυς, vieillard), on y remédie au moyen de lunettes à verres convergents. Ces verres rapprochant les rayons avant leur entrée dans l'œil, il en résulte que si la convergence en est convenablement choisie, l'image peut se ramener exactement sur la rétine.

Ordinairement on fait usage de verres bi-convexes pour les presbytes, et de verres bi-concaves pour les myopes. Bien que ces verres ne fassent pas voir aussi distinctement les objets un peu éloignés de l'axe optique de l'œil, que le font les verres *périscopiques* de Wollaston (verres concavo-convexes ou convexo-concaves), cependant ils sont préférables à ces derniers, qui, par les miroitements qu'ils occasionnent, fatiguent beaucoup la vue. Les verres dont se servent les myopes et les presbytes se désignent sous le nom général de *besicles*. On grave ordinairement sur ces verres des numéros qui marquent, en *pouces*, leur distance focale.

Malgré les nombreuses recherches dont il avait été l'objet de la part d'hommes éminents dans la science, tels que Képler, Olbers, Young, de Haldat, Pouillet, Volkmann, Müller, Sturm, etc., le mécanisme de l'adaptation n'est connu que depuis quelques années à peine. Ce sont M. Cramer, en Hollande, et M. Helmholtz, en Allemagne, qui l'ont découvert, indépendamment l'un de l'autre, en observant les trois images *a*, *b*, *c*, qui se produisent lorsqu'on place devant un œil sain la flamme d'une bougie (p. 360). Dans un état déterminé de l'œil, les images *b* et *c* sont à une certaine distance l'une de l'autre. Supposons que, dans l'accommodation pour la vision des objets rapprochés, le cristallin devienne plus convexe en avant, tout étant égal du reste, l'image *c* avancera encore davantage du côté de la bougie, et la distance entre b et c deviendra plus grande. Or, c'est précisément ce qui a lieu. M. Cramer a pu observer ce déplacement même à l'œil nu. Il est à remarquer que, dans la même hypothèse, l'image c doit devenir plus brillante, et ici encore l'observation s'est trouvée d'accord avec la théorie.

De son côté, M. Helmholtz a constaté que dans l'adaptation pour les objets rapprochés la face antérieure du cristallin vient se placer sur un plan plus antérieur, en même temps que son rayon de courbure devient plus petit. Quant à la face postérieure du cristallin, elle subit également une augmentation de convexité, beaucoup moins marquée, il est vrai, que celle de la face antérieure; mais sa portion centrale n'éprouve aucun déplacement.

D'après M. Marc Sée, les changements de courbure des deux faces du cristallin se produisent par l'action de l'iris et par celle d'un muscle particulier (le muscle ciliaire de Bowman).

En résumé, quand l'œil s'adapte pour la vision des objets rapprochés, voici les modifications qui ont lieu dans son intérieur : 1° la pupille se rétrécit; 2° le bord pupillaire de l'iris se porte en avant; 3° la portion périphérique de ce diaphragme se porte en arrière; 4° la face antérieure du cristallin devient plus convexe, et la portion centrale de cette face avance vers la cornée; 5° la face postérieure du cristallin prend également une convexité un peu plus prononcée, mais sans subir aucun déplacement.

Hueck paraît être le premier qui ait appelé l'attention sur les changements de position de l'iris. Voici l'expérience qu'il rapporte : Une personne regarde le ciel bien éclairé, pour rétrécir sa pupille autant que possible; puis elle porte alternativement ses regards sur un objet très-éloigné et sur un point très-rapproché. En observant l'œil de cette personne de profil, on voit que chaque fois qu'il se porte sur le point rapproché, l'iris semble se projeter en avant.

Il suit de ce qui précède sur le mécanisme de l'accommodation, qu'à l'état de repos, l'œil doit être disposé pour la vision des objets éloignés, et que les efforts de l'adaptation, pénibles quand ils se prolongent, doivent surtout se faire sentir pendant que nous regardons des objets placés à une faible distance. L'observation confirme ces résultats de la théorie. Quand, après avoir fixé quelque temps nos yeux sur des objets très-rapprochés, nous portons nos regards au loin, nous sentons une sorte de détente, et nous éprouvons un véritable bien-être[1]. (H. V.)

[1] Voir, sur la question de l'accommodation de l'œil, la thèse remarquable de M. Marc D. Sée (Paris, 1856).

IMAGES RENVERSÉES SUR LA RÉTINE.

De ce que l'œil agit comme une lentille convergente sur les rayons lumineux qui le traversent, il suit qu'il doit exister sur l'axe optique de cet organe un point analogue au centre optique des lentilles ordinaires. Ce point, qu'on appelle *centre optique* de l'œil, est situé près de la face postérieure du cristallin; il est désigné par la lettre *k* dans la figure 348.

Connaissant la position du centre optique de l'œil, il est facile de construire l'image d'un objet quelconque placé devant cet organe. Cette image est renversée par rapport à l'objet et comprise dans l'angle des deux droites qu'on peut mener par le centre optique et par les extrémités opposées de l'objet. Cet angle est sensiblement égal à celui que forment les deux droites passant par les mêmes extrémités et par le centre de la pupille. Ce dernier angle a reçu le nom d'*angle visuel*. Pour une même distance, il décroît avec la grandeur de l'objet, et pour un même objet, il décroît avec la distance. Il résulte de là que les objets paraissent d'autant plus petits, qu'ils sont plus éloignés, car la grandeur de l'image projetée sur la rétine diminue avec l'angle visuel, puisqu'elle est toujours comprise entre les deux côtés de cet angle prolongés depuis le centre de la pupille jusqu'à la rétine.

Pour qu'un objet puisse être vu distinctement, il faut que son image sur la rétine ait une certaine étendue. Voilà pourquoi on rapproche autant que possible les petits objets qu'on veut regarder. Mais ce rapprochement a une limite qui dépend de la faculté d'accommodation de l'œil. La distance à laquelle on place de petits objets, comme des caractères d'imprimerie, pour les voir avec le plus de netteté, s'appelle *distance de la vue distincte*. Cette distance varie avec les individus, et souvent, pour le même individu, d'un œil à l'autre. Elle est à l'état normal de l'œil, de 25 à 30 centimètres. Elle est moindre pour les myopes et plus grande pour les presbytes. La différence entre la distance de la vue distincte et la distance minima ($0^{m},1$) à laquelle on commence à pouvoir distinguer des objets constitue ce que l'on appelle l'*étendue de l'accommodation*.

Chez les myopes et chez les presbytes, on détermine la distance de la vue distincte à l'aide d'appareils qu'on appelle des *optomètres*. L'optomètre le plus exact est celui qui repose sur l'expérience suivante du P. Scheiner. On perce dans une carte deux petits trous séparés l'un de l'autre par un intervalle plus petit que le diamètre de la pupille.

A travers ces ouvertures, on regarde un petit objet placé au-devant de l'œil, la pointe d'une épingle, par exemple; cet objet paraît simple et net quand il est à la distance de la vue distincte; à toute autre distance on le voit double, ou si on parvient à le voir simple, c'est par un grand effort d'adaptation.

Le renversement des images dans l'œil a beaucoup occupé les physiciens et les physiologistes, et de nombreuses théories ont été proposées pour expliquer comment nous ne voyons pas les objets renversés. L'opinion la plus probable est celle qui consiste à admettre que c'est par une véritable éducation de l'œil que nous voyons les objets redressés, c'est-à-dire dans leur position relative par rapport à nous. En effet, nous n'avons pas conscience de la formation des images sur la rétine. Dès lors, pour reconnaître la position d'un objet qui forme son image dans notre œil, nous avons besoin de nos autres sens, et principalement du toucher. Or, ce dernier sens nous apprend à chercher en bas les objets qui forment leur image sur la partie supérieure de la rétine, et en haut ceux dont les images se dessinent sur la partie inférieure de cette même membrane. On conçoit, d'après cela, comment au bout d'un certain temps, nous devons parvenir à juger exactement de la position des objets, bien qu'ils forment des images renversées sur la rétine. (H. V.)

L'ŒIL N'EST PAS ACHROMATIQUE.

Les différentes réfractions qui s'opèrent dans l'œil ayant toutes lieu dans le même sens, cet organe ne saurait être achromatique. L'absence des bandes colorées dans les images d'objets vus distinctement, doit être attribuée au peu de largeur des faisceaux lumineux qui passent par l'ouverture de la prunelle et principalement à ce que la distance focale de l'œil étant très-petite, les rayons inégalement réfrangibles ne peuvent jamais former leurs foyers loin les uns des autres.

On peut démontrer, au moyen d'une expérience très-simple imaginée par M. Plateau, que l'œil n'est pas achromatique, c'est-à-dire qu'il n'a pas la propriété de faire converger en un même foyer les diverses couleurs du spectre. Cette expérience consiste à regarder, dans une chambre obscure, la flamme d'une bougie au travers d'un verre bleu de cobalt. Ce verre laisse passer les rayons rouges, indigo et violets du spectre, et il éteint presque complétement les rayons intermédiaires, notamment les rayons jaunes et verts. Lorsque la bougie est à la distance de la vue distincte, la flamme paraît violette dans toute son étendue. Si alors, sans modifier l'état de l'œil, on s'éloigne de la bougie, le foyer des rayons violets se formera plus près du cristallin que le foyer des rayons rouges, et l'image de la flamme paraîtra rouge et entourée d'une auréole violette. Enfin, si au lieu de s'éloigner de la bougie, on s'en rapproche, on observera un phénomène inverse : la partie centrale de la flamme paraîtra violette et la partie extérieure rouge. (H. V.)

VISION BINOCULAIRE.

Fig. 549.

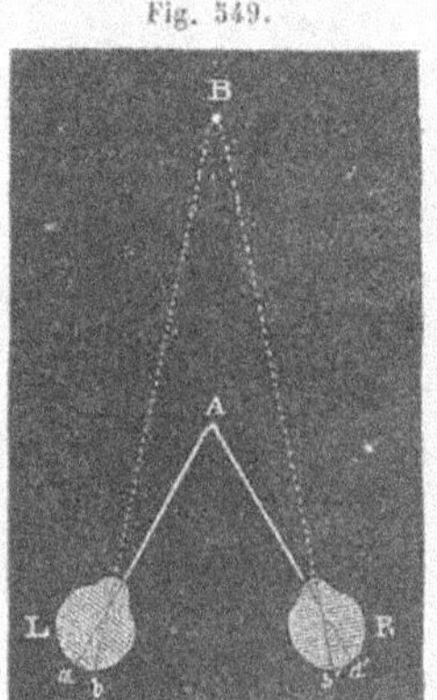

Lorsque nous voulons regarder avec les deux yeux un point lumineux A (fig. 549), nous dirigeons les axes optiques de ces organes vers le point, afin qu'il donne une image nette au centre de chacune des deux rétines. Bien que le point soit représenté alors par deux images, il est vu simple. Les autres parties des deux rétines se correspondent de même deux à deux, de façon à faire voir simples les objets qui forment leurs images sur deux d'entre elles. Les points des deux rétines qui jouissent de la propriété indiquée sont ceux qui viendraient à coïncider si l'on supposait ces deux membranes placées l'une dans l'autre. Ainsi, la face interne de la rétine de l'œil gauche correspond à la face externe de la rétine de l'œil droit, et la face externe de la première rétine à la face interne de la seconde. De même les parties supérieures des deux rétines se correspondent, ainsi que les parties inférieures de ces mêmes membranes. En effet, si l'on presse avec les doigts simultanément deux des points que nous venons d'indiquer comme correspondants, on observera que les deux lumières subjectives développées par la pression ne feront naître qu'une sensation unique, tandis que la sensation sera double si l'on a pressé des points non correspondants des deux rétines.

L'expérience suivante prouve qu'un objet n'est vu simple que lorsque ses deux images se forment sur des parties correspondantes des deux rétines. L'on place devant soi, à des distances différentes, deux objets déliés A et B (fig. 549). Si alors on regarde le corps A, par exemple, les deux images *b* et *b'* de B se formeront sur des parties non correspondantes des deux rétines. B devra donc être vu double, et c'est ce que l'expérience confirme. Lorsqu'on regarde, au contraire, le corps B, c'est A qui paraît double pour le même motif.

Pour expliquer la vue simple avec les deux yeux, Taylor et Wollaston ont émis l'opinion que deux points homologues de droite ou de gauche, sur les deux rétines, correspondent à un même filet nerveux cérébral de droite ou de gauche, bifurqué à l'entre-croisement des deux nerfs optiques. Cette opinion est d'accord avec un fait qu'on observe chez quelques individus, c'est la paralysie transitoire de la rétine, par moitié et du même côté pour chaque œil, de droite ou de gauche simultanément, en sorte que les malades ne voient que la moitié droite ou la moitié gauche des objets. Wollaston et Arago ont observé sur eux-mêmes cette affection de la rétine. Cette même théorie explique également très-bien un fait facile à observer, savoir, qu'on voit plus clair avec les deux yeux qu'avec un seul. Pour constater ce fait, on n'a qu'à placer devant soi, à la distance de la vue distincte, une feuille de papier blanc sur laquelle on a tracé quelques caractères. Si, pendant qu'on regarde ceux-ci, on place devant l'un des yeux un corps opaque qui lui cache une partie du papier, on remarquera immédiatement que la portion du papier qui reste visible pour les deux yeux paraît beaucoup plus éclairée que celle qui n'est aperçue que par un seul œil. (H. V.)

APPRÉCIATION DE LA DISTANCE ET DE LA GRANDEUR DES OBJETS.

La conscience des modifications que l'œil doit subir pour s'ajuster à la vision à diverses distances devient, par l'habitude, une donnée d'après laquelle nous portons notre jugement sur la distance. La vision binoculaire nous fournit une seconde donnée plus importante encore pour apprécier les distances. Lorsque les deux axes optiques sont fixés sur un même point, ils font entre eux un angle connu sous le nom d'*angle optique*, et qui est plus ou moins grand, suivant que le point qu'on regarde est plus ou moins voisin. Ce sont les variations de cet angle dont nous avons conscience qui nous servent principalement à apprécier les distances des objets sur lesquels nous fixons les yeux. En effet, lorsque ces objets sont très-éloignés, et que par suite l'angle optique est trop petit et trop peu variable, notre estimation de la distance est en défaut. Cette imperfection de la vue est la cause d'un grand nombre d'illusions. En effet, le jugement que nous portons sur la grandeur réelle des objets résulte d'une combinaison de la grandeur apparente et de l'estimation de la distance. Par conséquent, lorsque ce dernier élément nous manque, nos yeux doivent nous tromper sur la grandeur réelle des objets et c'est ce qui a lieu en réalité. Ainsi, une longue avenue, bordée de deux rangées d'arbres égaux en grandeur, nous paraît se rétrécir au loin, et les arbres y semblent plus petits. Le plancher, le plafond, et les parois latérales d'une longue galerie semblent se rapprocher vers son extrémité la plus éloignée de nous. C'est pour le même motif que l'horizon nous paraît de forme circulaire, bien que les points qui le bordent soient réellement à des distances différentes de l'œil de l'observateur. C'est encore pour le même motif qu'une longue pièce d'eau, que nous rapportons au plan de niveau qui passe par nos yeux, semble se relever à l'horizon; et qu'une tour très-élevée, vue d'en bas et comparée à la verticale qui passe par un de nos yeux, lorsque nous en regardons le sommet, paraît pencher vers le haut.

L'intensité plus ou moins grande de la lumière qui nous est envoyée d'un objet, et qui décroît, toutes choses égales d'ailleurs, à mesure que cet objet est plus éloigné, est un troisième élément de l'estimation de la distance. Mais les changements qui surviennent dans l'atmosphère faisant varier beaucoup la quantité de lumière absorbée par l'air, dans un même trajet, cette base de nos jugements les rend souvent fort erronés. (H. V.)

STÉRÉOSCOPE A MIROIRS DE M. WHEATSTONE.

Par suite de la position relative différente de nos deux yeux par rapport à un objet quelconque, nous ne le voyons pas sous le même aspect de l'œil droit et de l'œil gauche; il y a, entre les deux images que les rayons émis par cet objet peignent sur les rétines de nos deux yeux, une dissimilitude véritable, très-saillante si l'objet est à une faible distance, imperceptible, mais toujours réelle, s'il est plus éloigné. Développons ceci. Supposons une pyramide régulière à base carrée, placée à la distance de la vision distincte devant l'œil gauche; la pointe en avant et de manière qu'elle se projette au centre de la base, c'est-à-dire que si l'on regarde le sommet avec l'œil gauche, l'axe optique de cet organe aille percer la base de la pyramide en son centre. Le dessin de la pyramide, vue de l'œil gauche, serait donc un carré dont les quatre angles seraient réunis au centre par des lignes droites représentant les arêtes latérales de la pyramide. Ce dessin est semblable à l'image que la pyramide forme sur la rétine de l'œil gauche. S'il a les dimensions voulues et qu'on le mette à la place de la pyramide, il produira dans l'œil gauche la même image que la pyramide, et voilà pourquoi il sera, sur le papier, la représentation de cette dernière.

Lorsqu'on regarde maintenant cette même pyramide de l'œil droit et qu'on dirige pour cela l'axe optique de cet œil également vers le sommet de la pyramide, condition requise pour que ce sommet soit vu simple avec les deux yeux, il est évident que ce point ne se projettera plus au centre de la base de la pyramide comme pour l'œil gauche, mais d'autant plus vers la gauche de ce centre que la pyramide est plus rapprochée. Le dessin de la pyramide, vue de l'œil droit, différera donc du premier dessin que nous avons tracé : il se composera d'un carré et de quatre droites qui, partant des angles du carré, vont se couper en un même point situé à gauche du centre de ce polygone, et représentent les arêtes latérales de la pyramide. Ce nouveau dessin sera semblable à l'image que la pyramide peindra sur la rétine droite; mis à la place de la pyramide, il produira dans l'œil droit la même impression que cette pyramide, dont il sera la représentation. L'on voit, par ce qui précède, que la pyramide formera dans nos deux yeux des images dissemblables. Or, c'est précisément parce que ces deux images sont différentes, que leur perception simultanée produit l'impression exacte et fidèle de la forme réelle de la pyramide.

Si la théorie de la vision binoculaire est vraie, s'est dit M. Wheatstone, voici ce qu'il en doit résulter infailliblement. Je prends deux dessins d'un même objet, d'une pyramide, par exemple, placée comme il a été dit plus haut, et vue tour à tour de l'œil droit et de l'œil gauche; je les applique contre deux petites cloisons parallèles verticales, l'une à droite, l'autre à gauche; j'installe devant elles deux miroirs plans, faisant avec les cloisons des angles de 45 degrés, faisant entre eux un angle droit et dont l'arête commune ou l'angle diédre se dresse devant la ligne verticale qui sépare mes deux yeux. Je considère d'abord le dessin placé à ma droite. Ce dessin formera dans le miroir de droite une image qui se trouvera en face de moi et se comportera par rapport à l'œil qui la regarde comme un objet réel. Par conséquent, si mes distances ont été bien mesurées, cette image du dessin, vue de l'œil droit, impressionnera cet œil comme le dessin lui-même mis à sa place et vu directement, ou comme la pyramide que le dessin représente. De même, les distances étant toujours bien mesurées, l'image du dessin placé à gauche, vue de l'œil gauche dans le miroir correspondant, impressionnera cet œil comme le ferait la pyramide elle-même. Par conséquent, quand de mes deux yeux je regarderai dans les deux miroirs, les deux images qui se peindront sur mes deux rétines seront identiquement les mêmes que celles que produirait une pyramide réelle, et je devrai voir, non pas la représentation d'un objet plat, mais la pyramide en relief avec sa pointe se dressant contre mon œil. Ce que M. Wheatstone avait prévu se réalisa : le stéréoscope était créé, c'était bien la pyramide qui s'élançait vers son œil.

Mais la théorie de la vision binoculaire avait encore besoin d'une autre confirmation. Il fallait qu'en plaçant, et sur la cloison de droite et sur la cloison de gauche, la même image de l'objet vu d'un seul œil, l'œil droit ou l'œil gauche, le relief disparût pour faire place au plat le plus absolu, et c'est ce qui arriva encore; l'ombre même du doute devenait ainsi impossible, et la savante théorie avait reçu sa dernière consécration. (H. V.)

STÉRÉOSCOPE PAR RÉFRACTION DE M. BREWSTER.

Sir David Brewster, en substituant deux prismes aux deux miroirs, et transformant ainsi le stéréoscope à réflexion en stéréoscope à réfraction, a rendu plus portatif cet ingénieux instrument.

Fig. 550.

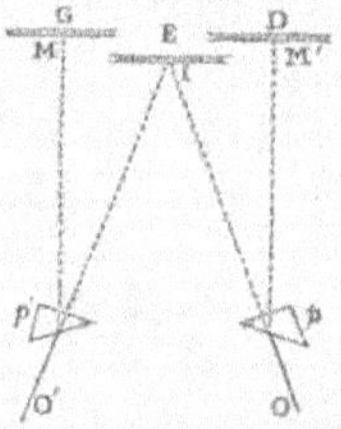

Supposons que D et G (fig. 550) sont les deux images d'un même objet vu tour à tour de l'œil droit et de l'œil gauche; considérons deux points M, M′ de ces deux images, et sur le trajet des rayons émis par ces points installons deux prismes p, p'; les rayons réfractés arriveront aux deux yeux O et O′, et sembleront partir d'un point unique E; de telle sorte que si l'angle des prismes et leur distance aux images G et D sont convenablement déterminées, ces deux images se superposeront en I, et leur superposition, comme dans le stéréoscope à réflexion, fera naître invinciblement la sensation des creux et des reliefs.

Une condition essentielle à remplir, c'est que les angles des deux prismes soient rigoureusement égaux, et qu'ils dévient les rayons exactement de la même quantité. M. Brewster a résolu complétement

Fig. 551.

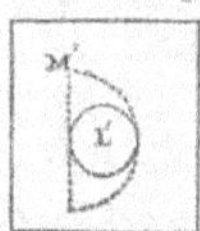

cette difficulté en substituant aux deux prismes les deux moitiés M, M′ d'une même lentille bi-convexe (fig. 551), dans laquelle on taille deux nouvelles lentilles L, L′, parfaitement symétriques, qui remplissent toutes les conditions voulues, et que l'on fixe aux extrémités de deux tubes. La figure 552 ci-après représente le stéréoscope de M. Brewster, tel qu'il

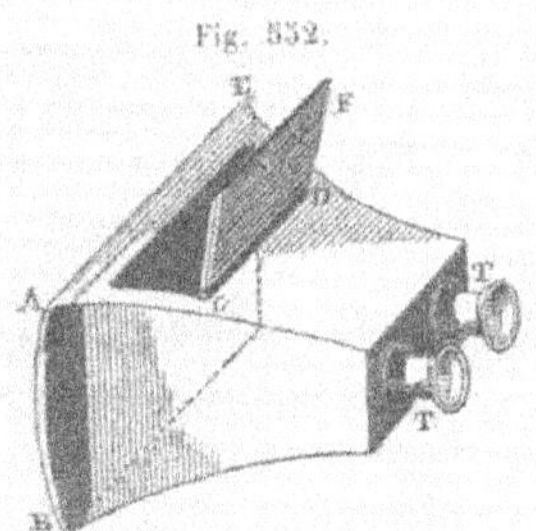

Fig. 532.

a été construit par M. J. Duboscq. C'est une boite de bois ou de carton; on a ménagé dans la paroi supérieure une ouverture fermée par la fenêtre F mobile autour de la charnière CD; l'intérieur de la fenêtre est recouvert d'une feuille de papier d'étain brillant, qui sert comme réflecteur à projeter la lumière sur les dessins introduits par la coulisse AB et dressés contre le fond de la boite. Quand les dessins sont transparents, ils sont éclairés par derrière, le fond de la boite du stéréoscope étant alors fermé d'une plaque de verre dépoli. Les lentilles n'ont pas seulement l'avantage de superposer les images; elles les montrent aussi amplifiées.

Les effets du stéréoscope, si extraordinaires et qui produisent une impression si vive, ne sont pas bornés à la représentation des objets géométriques. Si l'on regarde dans le merveilleux appareil deux images d'une statue, d'un être vivant, d'un paysage, deux portraits d'une même personne, la statue, le paysage, la personne, apparaissent ce qu'ils sont dans la nature. On verra, par exemple, les yeux, les lèvres, le nez, toutes les parties saillantes du visage et du corps, sortir très-nettement du fond du tableau, avec leurs dimensions proportionnelles, et l'illusion sera complète. Mais il serait impossible d'exécuter à la main les dessins dissemblables dont on a besoin pour produire ainsi la sensation des reliefs et des creux. On ne peut y parvenir qu'à l'aide du daguerréotype (p. 376). A cet effet, on dresse devant l'objet à reproduire la boite du daguerréotype successivement dans deux positions différentes, telles que l'angle formé par les deux directions de l'axe optique de l'appareil, dirigé chaque fois vers le même point de l'objet, soit égal à l'angle que formeraient les deux axes optiques de nos yeux, si nous regardions directement le même point de l'objet. Les deux images que le daguerréotype fournira dans ces deux positions, seront les deux dessins exigés par le stéréoscope, les deux dessins vus de l'œil droit et de l'œil gauche [1]. (H. V.)

IRRADIATION ET AURÉOLES ACCIDENTELLES.

L'*irradiation* est un phénomène par lequel les objets blancs ou d'une

[1] Voy., pour plus de détails, l'intéressante notice de M. l'abbé Moigno, sur le stéréoscope (Paris, 1852).

couleur très-vive, lorsqu'ils sont vus sur un fond obscur, paraissent avec des dimensions plus grandes que celles qui leur sont propres. L'inverse a lieu pour un corps noir vu sur un fond blanc. On admet que l'irradiation provient de ce que l'impression sur la rétine se propage plus ou moins au delà du contour de l'image.

L'irradiation est rendue très-sensible par le procédé suivant imaginé par M. Plateau, qui a publié, dans les *Mémoires de l'Académie de Bruxelles*, un travail très-important sur le phénomène dont il s'agit.

Sur un carton blanc rectangulaire d'environ 20 centimètres de hauteur sur 15 centimètres de largeur, on trace deux lignes droites parallèles, distantes entre elles d'un demi-centimètre, et on les coupe à angle droit, au milieu de leur longueur, par une troisième ligne droite; la partie supérieure de la bande limitée par les deux parallèles restant blanche, la partie inférieure est peinte en noir; inversement, des deux parties du fond ou du carton qui entourent la bande totale, la plus élevée est seule peinte en noir, et la plus basse conserve sa teinte blanche. On a ainsi, dans le prolongement l'une de l'autre, deux bandes d'égale largeur, l'une blanche sur un fond noir, l'autre noire sur un fond blanc. Or, si l'on place cet appareil devant une fenêtre, de telle manière qu'il soit bien éclairé, ou mieux si l'on découpe les deux rectangles blancs qui comprennent entre eux la bande noire et qu'on expose l'appareil au jour, puis qu'on s'éloigne dans l'un ou l'autre cas de 4 à 5 mètres, la bande blanche paraît notablement plus large que la bande noire, et cette différence augmente avec la distance.

Si l'on place entre la fenêtre et l'œil un morceau de soie colorée possédant une certaine transparence, et si l'on applique sur la soie une bande de papier blanc de quelques millimètres de largeur, elle paraîtra teinte de la couleur complémentaire : on la verra *rose* sur la soie verte, couleur *lilas* sur la soie jaune, *verte* sur la soie rouge, etc. L'effet est le plus prononcé quand la soie et le papier sont exposés au jour de manière à présenter le même éclat; de plus, si la petite bande de papier est elle-même colorée, sa couleur se combine avec la complémentaire de la soie. Ainsi une bande bleue paraîtra violette sur de la soie verte, une bande jaune paraîtra verte sur de la soie orangée, etc. Cette jolie expérience est due à Prieur, de la Côte-d'Or. Elle prouve que toute impression produite sur la rétine est entourée d'une *auréole subjective*, c'est-à-dire qui ne résulte pas de l'action directe de la lumière. Cette auréole, dont la couleur est toujours complémentaire de celle qui lui a donné naissance, ne s'étend qu'à une assez faible distance de la partie de la rétine frappée directement par la lumière. Sous ce rapport elle se distingue des ombres colorées dont il sera question plus loin, et qui peuvent présenter une largeur beaucoup plus considérable. Elle s'en distingue aussi par son mode de production, car on l'observe sur des bandes de papier de toute couleur, tandis que les ombres colorées ne se forment que sur des corps blancs. Ces deux phénomènes ne doivent donc pas être confondus ensemble, comme on l'a fait pendant longtemps.

L'auréole accidentelle complémentaire explique l'influence réciproque de deux couleurs différentes voisines et qui consiste, d'après M. Chevreul, en ce que chacune d'elles ajoute à l'autre sa teinte complémentaire. Cette influence disparait lorsque la distance entre les deux couleurs dépasse une certaine limite. Si les couleurs qui s'influencent virtuellement sont complémentaires, elles s'avivent par cette influence et acquièrent un éclat remarquable. Si l'on rapproche une bande blanche et une bande colorée, la première se teint de la couleur complémentaire de la seconde, qui de son côté prend une nuance plus foncée. Si les deux bandes sont l'une noire et l'autre colorée, la première parait se couvrir d'une teinte complémentaire de la seconde, et celle-ci devient plus claire. Enfin le blanc et le noir s'influencent aussi, le premier parait plus brillant, le second plus foncé. On conçoit combien il importe, dans la fabrication des étoffes, des tapis, de savoir apprécier ces effets dus aux auréoles accidentelles.

Rumford a observé que lorsqu'une ombre est produite dans une lumière colorée, cette ombre se teint de la couleur complémentaire; c'est à dire, par exemple, que si l'on éclaire un papier blanc avec de la lumière blanche et de la lumière verte, un corps opaque interposé entre la lumière verte et le papier produira sur ce dernier une ombre rouge. Voici deux autres exemples de la formation d'*ombres colorées* : L'un est relatif aux ombres bleues ou vertes qui se produisent sur un mur blanc, au lever ou au coucher du soleil; ces ombres offrent la couleur complémentaire de celle du soleil qui est orangée ou rougeâtre quand cet astre est à l'horizon (p. 353). L'autre est relatif aux ombres bleues que produisent les corps opaques sur des objets blancs, lorsqu'un appartement dans lequel on allume des bougies est encore faiblement éclairé par la lumière du jour qui s'éteint. Les ombres colorées paraissent devoir être attribuées au *contraste*, c'est-à-dire à une cause morale qui fait ressortir ce que les couleurs mises en présence ont de *dissemblable*, en affaiblissant le sentiment de ce qu'elles ont de *commun;* ainsi, un petit objet *blanc* se détachant sur un fond coloré, sur un fond *rouge*, par exemple, l'effet du contraste diminue pour nous le sentiment de la partie *rouge* de ce *blanc* pour exalter, au contraire, celui de la partie complémentaire ou *verte*. Quant aux auréoles subjectives complémentaires, on n'en possède pas encore de théorie satisfaisante. La cause de l'irradiation est également inconnue. Il en est de même de celle des couleurs accidentelles dont il sera question dans l'article suivant. (H. V.)

PERSISTANCE DE L'IMPRESSION SUR LA RÉTINE. — COULEURS ACCIDENTELLES.

En divers endroits de cet ouvrage, et notamment lorsque nous nous sommes occupé de la durée de l'étincelle électrique (t. I, p. 127), nous avons cité plusieurs phénomènes qui prouvent que la sensation produite par la lumière sur la rétine a une durée appréciable. Cette sensation ne s'éteint pas brusquement après la disparition de l'objet, mais d'une manière lente et graduelle. D'après M. Plateau, on peut admettre qu'elle conserve une intensité constante pendant un 1/10 de seconde, lorsqu'elle a été produite au moyen d'un objet éclairé par la simple lumière du jour.

On a fait de nombreuses applications de ce dernier principe. M. Wheatstone s'en est servi pour mesurer la vitesse de l'électricité et la durée de l'étincelle; M. Plateau en a tiré parti pour déterminer la forme exacte d'un corps en mouvement et dans son *phénakisticope*, ingénieux instrument qui fait paraître animées et mouvantes des figures dessinées sur un disque circulaire que l'on fait tourner autour de son axe; M. Foucault et M. Fizeau ont fondé sur le même principe des procédés pour la mesure directe de la vitesse de la lumière, etc.

Les impressions que la lumière produit sur la rétine sont souvent suivies d'un phénomène d'un autre genre que celui de leur persistance. Lorsqu'on fixe les yeux constamment sur le même point d'un objet coloré, placé sur un fond noir ou blanc, on remarque d'abord que l'intensité de la couleur s'affaiblit graduellement, et quand on dirige ensuite la vue sur un carton blanc, on aperçoit une image de l'objet, mais d'une couleur complémentaire (p. 352). On observe le même phénomène quand on ferme subitement les yeux, après avoir contemplé l'objet pendant un temps suffisant; on aperçoit alors très-distinctement une image de l'objet, teinte de la couleur complémentaire. On a désigné ces apparences sous le nom de *couleurs accidentelles*. M. Plateau a fait un travail très-remarquable sur ces couleurs. (H. V.)

VI. — INSTRUMENTS D'OPTIQUE.

CHAMBRE OBSCURE.

Nous avons expliqué, p. 306, la formation des images renversées que l'on produit au moyen de la chambre obscure. Si l'on fixe dans l'ouverture d'une pareille chambre une lentille bi-convexe, et qu'on place au foyer de celle-ci un écran blanc, les images gagnent considérablement en éclat et en netteté. A l'aide d'un prisme, on peut les redresser si on le désire.

Fig. 553.

Pour utiliser la chambre noire, dans l'art du dessin, on lui a donné diverses formes, de manière à la rendre portative et à redresser facilement les images. La figure 553 représente une des dispositions adoptées. Cet appareil consiste en un miroir incliné à 45°, qui reçoit directement les rayons partis des objets, les réfléchit et les projette sur une lentille horizontale, contenue dans un tuyau de cuivre que l'on peut élever ou abaisser à volonté et qui se trouve adapté à la paroi supérieure de la caisse de l'instrument. Un carton placé au foyer reçoit l'image. La caisse de l'appareil est percée d'une ouverture par laquelle l'observateur introduit la partie supérieure de son corps, pour dessiner l'image. Lorsqu'il a pris la position voulue, il s'enveloppe d'un rideau noir, attaché à la caisse. De cette façon se trouve écartée la lumière étrangère dont l'éclat nuirait à la sensibilité des yeux du dessinateur.

On construit maintenant des chambres obscures dans lesquelles le miroir extérieur est remplacé par un fort prisme isocèle à angle droit ; les rayons lumineux y entrent par la face verticale, se réfléchissent totalement sur celle qui correspond à l'hypothénuse, et sortent par la face horizontale. Ce prisme peut même aussi remplacer la lentille : il suffit pour cela que la face de sortie soit taillée de manière à former une portion de surface sphérique convexe. Ces modifications sont à l'avantage de l'intensité des images, ou de la quantité de lumière projetée sur le tableau.

Dans la chambre obscure photographique, la caisse se compose d'une partie fixe C (fig. 554 ci-après) et d'une partie mobile B qui peut glisser à coulisse dans l'autre. Dans un tube de cuivre A est

Fig. 554.

l'objectif : c'est une lentille convergente, achromatique, qui s'avance ou se recule au moyen d'une crémaillère et d'un petit pignon qu'on fait tourner avec la main, à l'aide d'une tige à bouton D. La paroi opposée à l'objectif est formée d'un écran en verre dépoli fixé dans son cadre E, qui s'enlève à volonté. (H. V.)

DAGUERRÉOTYPIE.

On donne le nom de *photographie*, qui signifie dessin par la lumière, à l'art de produire des images par l'action des rayons lumineux. Suivant la nature du tableau sur lequel on fixe l'image, on distingue la photographie sur *métal* ou daguerréotypie, la photographie sur *papier*, et la photographie sur *verre*. Nous devons nous borner ici à quelques indications sur la photographie sur métal, qui fut découverte, en 1839, par Daguerre, après un travail de plus de dix ans.

La lame métallique sur laquelle on fixe l'image dans la daguerréotypie est une lame de cuivre plaquée d'argent. On commence par polir cette lame de telle sorte que sa couche superficielle soit d'argent pur, et exempte de toute trace de corps étrangers adhérents. A cet effet, on se sert d'abord de tampons de coton très-légèrement imprégné d'alcool et soupoudré de tripoli. On achève ensuite le polissage avec du rouge d'Angleterre et un polissoir en cuir.

La plaque une fois polie, on la fixe, entre quatre bandes de plaqué, sur une tablette de bois, et on l'expose à la vapeur d'iode, en la plaçant sur une petite boîte rectangulaire dont le fond est occupé par quelques fragments de cette substance. Il se forme sur la lame une couche d'iodure d'argent, et sa couleur s'altère de plus en plus; on ne doit laisser la plaque que jusqu'au moment où elle a pris une belle couleur jaune d'or. On la retire ensuite pour l'exposer de la même manière à l'influence du chloro-brômure de chaux, qui doit lui communiquer une teinte rosée. Enfin, on la soumet une seconde fois à l'action de la vapeur d'iode, jusqu'à ce qu'elle ait pris une couleur violacée, ce qui se fait dans la moitié du temps employé au premier iodage.

L'image des objets qu'on veut reproduire est vue par derrière sur le verre dépoli de la chambre obscure (fig. 334). Quand tout est réglé pour que cette image soit bien nette, on enlève le verre dépoli pour substituer à la même place la face iodurée de la plaque. Elle doit séjourner dans l'appareil pendant 20 à 40 secondes, souvent même plus longtemps, suivant l'intensité de la lumière reçue, l'heure du jour et l'époque de l'année. La plaque retirée de la chambre obscure ne paraît avoir éprouvé aucune modification; il faut l'exposer à la vapeur de mercure pour faire paraître le dessin : on la dispose obliquement au milieu d'une boite dont le fond, en forme de capsule, contient du mercure liquide, que l'on échauffe par dessous à l'aide d'une lampe à alcool; la capsule contient, en outre, la boule d'un thermomètre, dont la tige se présente au dehors de la boite. On porte la température du mercure à 60° C. Une petite fenêtre latérale permet de regarder de temps en temps la surface de la plaque, en approchant une bougie allumée, car la boite doit être placée dans l'obscurité. On voit alors le dessin se manifester successivement, comme s'il était recouvert d'un brouillard opaque qui se dissiperait peu à peu. Dans cette opération, le mercure se précipite en globules microscopiques sur les parties de la surface de la lame que la lumière a attaquées; les parties restées dans l'ombre conservent leur iodure adhérent. La gradation des teintes et la finesse des traits sont tels, dans le dessin, que les plus petits détails des objets y sont visibles à l'aide d'une loupe ayant un grossissement suffisant.

Les parties de la plaque qui sont restées intactes conservent leur teinte violacée, qu'il importe de faire disparaître, tant pour éviter de nouvelles actions de la lumière que pour donner au dessin plus de vigueur : on lave la plaque à l'aide d'une solution étendue d'hyposulfite de soude, que l'on promène sur sa surface en inclinant dans différents sens la bassine où elle est immergée; on la lave ensuite par une nappe d'eau bouillante, distillée ou très-pure. Par ce double lavage, la solution d'hyposulfite dissout l'iodure adhérent et met l'argent à nu; puis l'eau bouillante enlève les dernières parties de cette dissolution qui pourraient tacher le dessin par des dépôts de sels. Mais l'image ne résiste pas à la plus légère friction. C'est pour corriger ce défaut qu'il reste encore l'opération qui a pour but de fixer l'image; à cet effet, on lave la plaque dans une solution faible de chlorure d'or et d'hyposulfite de soude. Dans cette opération, de l'argent se dissout, tandis que de l'or se combine au mercure et à l'argent de la plaque; l'amalgame d'argent qui forme le blanc de l'épreuve augmente alors de solidité et d'éclat en se combinant à l'or, d'où résulte un remarquable accroissement d'intensité dans les clairs de l'image. C'est à M. Fizeau qu'est dû l'emploi du chlorure d'or. (H. V.)

MICROSCOPE SOLAIRE.

Cet instrument se compose d'un système de verres pour éclairer les objets extrêmement petits dont on se propose d'obtenir des images très-amplifiées, et d'un système de lentilles destinées à produire ces images. Cet appareil fonctionne dans une chambre obscure; la figure 555 en montre la construction.

Fig. 555.

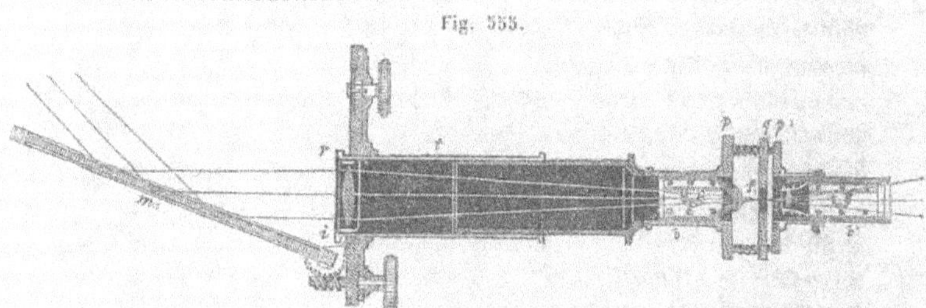

Le miroir *m* réfléchit la lumière solaire, et dirige dans le tube *t*, parallèlement à son axe, un faisceau qui en doit remplir toute l'étendue; la lentille éclairante *ir* imprime à la lumière de ce faisceau un premier degré de convergence; le *focus f*, qui la reçoit ensuite, la fait converger davantage, et de telle sorte qu'elle aille faire son foyer à très-peu près sur l'objet qui est en expérience. Pour remplir cette condition, il est nécessaire que le focus soit mobile, et on le fait mouvoir en effet au moyen d'une crémaillère qui règne le long de sa monture et d'un pignon dont le bouton est au dehors du tube.

L'ajustement de l'objet est un point important : lorsqu'on veut observer, par exemple, les corps très-petits contenus dans les liquides, comme les globules du sang ou les animalcules de différentes espèces, ou les molécules cristallines que déposent les dissolutions en s'évaporant, etc., il suffit d'étaler une goutte de liquide sur une lame de verre à faces parallèles, et de porter cette lame sous la lumière du focus en tournant le liquide de son côté. Dans plusieurs autres circonstances l'objet doit être simplement placé entre deux lames de verre, et il y a des cas enfin où il faut l'enfermer dans une boite à faces de verre remplie de liquide : c'est ce qui arrive quand on veut observer la circulation du sang dans la queue des têtards ou celle des globules du chara. Tous ces objets, disposés comme nous venons de le dire, peuvent être ajustés au microscope d'une manière commode au moyen du mécanisme qui est représenté sur la figure : p et p' sont des lames carrées de cuivre, unies aux quatre coins par de petites tiges de même métal; sur chaque tige est un ressort en spire qui pousse la troisième plaque q contre la plaque p'; c'est entre q et p' que se glissent les lames ou les assemblages de lames qui portent l'objet. Ce système de plaques doit encore tourner autour du tube t, pour qu'il soit possible de donner à l'objet toutes les positions sans le déranger et même sans perdre de vue son image.

L'objet ainsi ajusté et convenablement éclairé par le focus, il est facile d'en obtenir l'image amplifiée : pour cela, on fait mouvoir la lentille achromatique l, qui est véritablement la lentille objective; cette lentille se déplace au moyen d'une crémaillère adaptée à sa monture, et d'un pignon dont le bouton est en b'; on l'approche ou on l'éloigne de l'objet jusqu'à ce qu'on obtienne enfin une image nette et brillante sur un grand tableau de toile blanche ou de papier placé à la distance de plusieurs mètres. Puisque l'image est réelle, il en résulte que l'objet se trouve au delà du foyer de la lentille l. On obtient le grossissement en divisant la distance de l'image à la lentille, par celle de l'objet à ce même verre; mais si l'on veut observer le grossissement d'une manière directe, il faudra prendre pour objet un micromètre en verre portant des divisions de grandeur connue (p. 384), et mesurer l'étendue que ces divisions occupent sur le tableau.

On a construit des microscopes analogues dans lesquels la lumière solaire est remplacée par celle que donne la chaux exposée à la flamme d'un double courant d'hydrogène et d'oxygène, dans les proportions nécessaires pour former de l'eau. On a également employé avec avantage la lumière électrique dégagée entre les pointes de deux morceaux de charbon (t. I, p. 456).

LANTERNE MAGIQUE ET FANTASMAGORIE.

La *lanterne magique*, représentée par la figure 556 ci-après, se compose d'une caisse en bois ou en fer-blanc, à l'une des parois de laquelle est adaptée une lentille plan-convexe aa, destiné à faire converger les rayons d'une lampe vers une lame de verre bb sur laquelle est peint en couleurs l'objet dont on veut obtenir une image agrandie. La lame de verre étant placée un peu au delà du foyer de la lentille

Fig. 556.

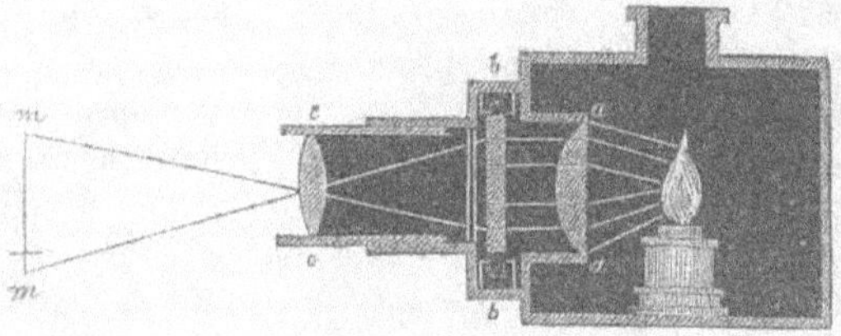

bi-convexe cc forme une image réelle et renversée sur un écran placé à la distance voulue. Un miroir concave, qui n'est pas représenté sur la figure, sert à renvoyer également vers la lentille éclairante aa les rayons de la lampe qui, sans cela, iraient tomber sur les parois latérales de la boite de l'appareil et seraient perdus pour l'éclairage de l'objet.

L'appareil connu sous le nom de *fantasmagorie*, n'est autre chose qu'une lanterne magique dans laquelle on fait varier convenablement les distances de l'objet et du tableau à la lentille convergente, de manière à changer la grandeur de l'image qui, d'abord très-petite, s'agrandit peu à peu, ou qui, d'abord très-grande, se rapetisse ensuite. Le tableau est en taffetas gommé ou en toile enduite de cire; tout l'appareil est caché aux yeux du spectateur qui, placé dans l'obscurité, et derrière le tableau, croit voir un objet s'approchant ou s'éloignant de lui. Pour que cette illusion soit complète, il faut écarter avec soin toute lumière étrangère; en outre, il faut faire varier la clarté de l'image, de telle manière qu'elle diminue quand l'objet paraît s'éloigner. (H. V.)

CHAMBRE CLAIRE OU CAMERA LUCIDA.

Cet appareil, inventé par Wollaston, sert à tracer l'image exacte d'un objet, d'un édifice, d'un paysage, etc. Il se compose essentiellement d'un prisme quadrangulaire $abcd$ (fig. 557 ci-après) ayant en b un angle droit, et en d un angle obtus de 135°. La face cb est tournée vers l'objet dont on veut prendre le dessin : dx, par exemple, étant l'axe d'un pinceau envoyé par un point de cet objet, on voit que ce rayon, après avoir pénétré perpendiculairement dans l'intérieur du prisme par la face cb, éprouve une première réflexion totale sur cd, une seconde réflexion totale sur ad, et vient enfin sortir perpendiculairement à la face ab près du sommet a du prisme. L'œil

Fig. 337.

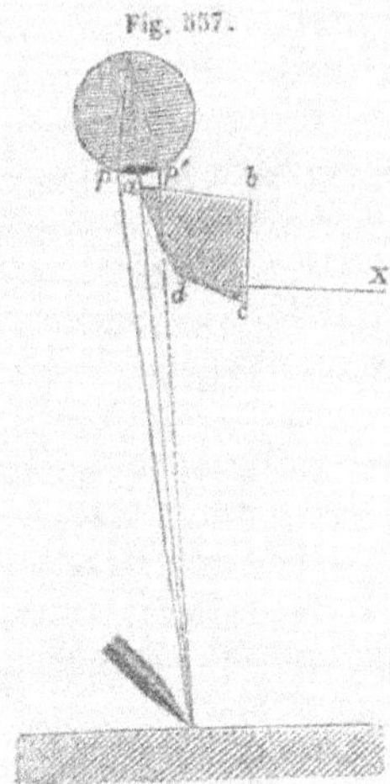

étant placé un peu au-dessus de cette face, de manière que la pupille soit en pp', par exemple, il est évident qu'on verra par la moitié antérieure de la pupille, par réflexion, l'image de l'objet x, et par l'autre moitié, directement un tableau horizontal, sur lequel cette image se projette. Ainsi, en tenant avec la main la pointe d'un crayon sur ce tableau, on pourra distinguer à la fois l'image et la pointe du crayon, et tracer avec celle-ci tous les contours de la première. Comme les rayons partis de l'objet n'arriveraient pas à l'œil avec le même degré de divergence que ceux partis de la pointe du crayon, il faut placer devant le prisme une lentille bi-concave, ou une lentille bi-convexe devant le carton, pour augmenter ou diminuer la divergence d'une partie des rayons. Il faut également employer des verres colorés afin de donner à peu près le même éclat à l'image de l'objet et à celle du crayon. (H. V.)

LOUPE ET MICROSCOPE COMPOSÉ.

Lorsqu'un objet placé devant l'œil est à une distance moindre que la distance de la vision distincte, il apparaît sous un angle visuel d'autant plus grand qu'il est plus rapproché, mais son image est confuse, parce que l'œil ne peut plus se modifier de façon à la ramener sur la rétine. Si, au contraire, on interpose entre l'œil et l'objet une lentille convergente dont le foyer principal se trouve un peu au delà de cet objet, la lentille peut substituer à celui-ci une image virtuelle placée à la distance de la vue distincte et qui sera vue sous le même angle que l'objet lui-même (p. 339). Les lentilles convergentes employées de cette manière pour obtenir des images agrandies et virtuelles d'objets très-petits qu'on ne distinguerait qu'imparfaitement s'ils étaient placés à la distance de la vue distincte, ont reçu le nom de *loupes* ou de *microscopes simples*. Le grossissement se mesure par le rapport entre l'angle visuel sous lequel on voit l'objet à travers la loupe et celui sous lequel apparaîtrait cet objet s'il était placé à la distance de la vue distincte; ou bien, à cause de la petitesse de ces deux angles, par le rapport entre la grandeur de l'image et celle de l'objet.

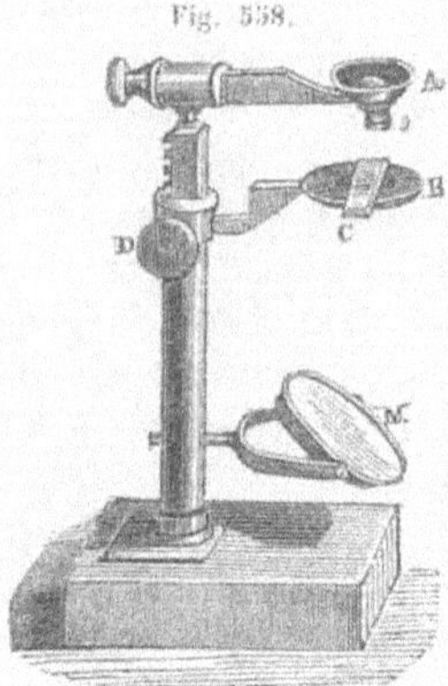
Fig. 558.

On a donné différentes dispositions au microscope simple. La figure 558 représente celle adoptée par M. Raspail. Un support horizontal, qui peut s'élever ou s'abaisser au moyen d'une crémaillère et d'une vis à bouton D, porte un *œilleton* noir A, au centre duquel est enchâssée une lentille *o* plus ou moins convexe. Au-dessous est le *porte-objet* B, qui est fixe, et sur lequel, entre deux lames de verre C, est placé l'objet qu'on observe. Comme il est nécessaire que l'objet soit fortement éclairé, on reçoit la lumière diffuse de l'atmosphère sur un réflecteur concave de verre M, qui s'incline de manière que les rayons réfléchis viennent tomber sur l'objet. Pour se servir de ce microscope, on place l'œil très-près de la lentille, qu'on abaisse vers l'objet ou qu'on élève jusqu'à ce qu'on trouve la position où l'image apparait avec le plus de netteté. Des lentilles de rechange permettent de varier le grossissement, et de le porter jusqu'à 120 fois en diamètre, sans que l'image cesse de conserver toute sa netteté.

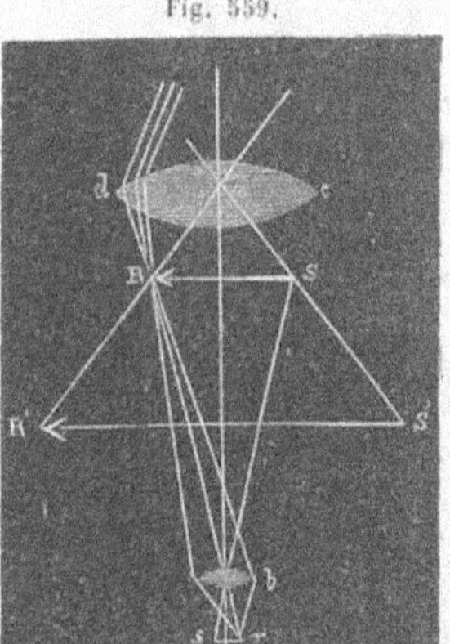
Fig. 559.

Le *microscope composé*, inventé en 1620, consiste essentiellement en deux lentilles convergentes dont les axes principaux coïncident : l'une *b* (fig. 559), d'un très-court foyer, est placée près de l'objet, et porte le nom d'*objectif;* l'autre *c*, d'une ouverture plus grande, et derrière laquelle on place l'œil, s'appelle *oculaire*. L'objet *sr* doit se trouver un peu au delà du foyer de l'objectif, foyer qui, dans la figure, est marqué par un point; quant à l'oculaire, on l'approche ou on l'éloigne de l'objectif, jusqu'à ce que l'image réelle et très-agrandie RS produite par celui-ci, se forme un peu au delà du foyer principal de l'oculaire, qui alors substitue à cette image une autre R'S', virtuelle, plus grande et située à la distance de la vue distincte (p. 339). Le grossissement se mesure par le rapport entre R'S' et *sr;* nous verrons à l'instant comment on parvient à le déterminer expérimentalement. Dans les microscopes ordinaires, l'objectif se visse à l'ouverture inférieure d'un tube vertical en cuivre; l'oculaire est ajusté, de son côté, à l'extrémité d'un second tube qui glisse à frottement doux dans le premier. Le porte-objet et le miroir réflecteur sont disposés comme dans le microscope simple de M. Raspail (fig. 558). On éclaire les objets opaques par en haut, au moyen d'une lentille convergente sur laquelle on reçoit la lumière diffuse du jour.

Fig. 560.

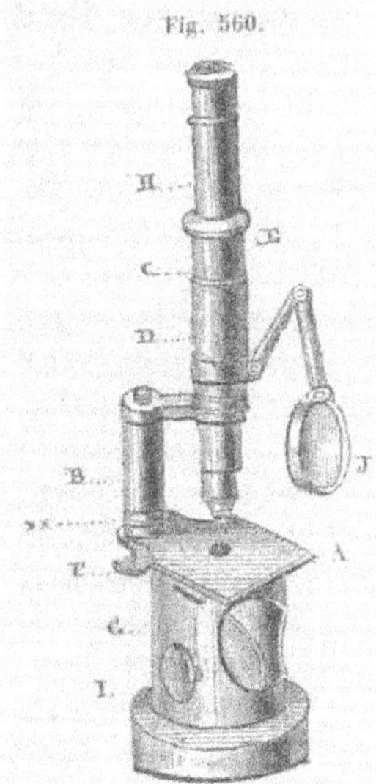

La figure 560 représente le microscope vertical de M. Oberhaüser, opticien à Paris : B, colonne fixée sur la table A et portant un tuyau cylindrique qui, à l'aide de la vis F, élève ou abaisse le corps C de l'instrument, pour mettre au foyer les parties les plus délicates des corps soumis à l'observation; C, corps de l'instrument contenant les objectifs et les oculaires, et glissant à frottement dans un tube fendu D; E, partie saillante servant à élever ou à abaisser plus ou moins la pièce C, afin de mettre au foyer l'objet que l'on veut étudier; H, tube contenu dans le tube C et qu'on enfonce plus ou moins dans celui-ci, pour diminuer ou augmenter le grossissement; G, diaphragme placé dans l'intérieur du gros cylindre qui supporte la table A; ce diaphragme a trois ouvertures de différents diamètres pour varier la quantité de lumière qui tombe sur les corps transparents que l'on observe; I, bouton à l'aide duquel on peut incliner le miroir éclairant: J, loupe servant à éclairer les corps opaques, et fixée à un mécanisme qui permet de la placer de telle sorte que la lumière puisse être prise dans toutes les directions.

Les microscopes verticaux donnent des images d'un grand éclat, mais ils ont l'inconvénient de forcer l'observateur à prendre une position qui fatigue bientôt. Pour obvier à cet inconvénient, Amici, en Italie, a imaginé les microscopes horizontaux dans lesquels l'image est rendue verticale par une réflexion totale que subissent les rayons avant de pénétrer dans l'oculaire. La figure 561 ci-après représente un microscope de ce système, construit par M. Ch. Chevalier, opticien à Paris. L'objectif est en *b*, l'oculaire en *c*; le faisceau de lumière par lequel on voit l'objet s'élève d'abord verticalement, mais, au moyen d'une réflexion totale sur l'hypothénuse du prisme *r*, ce faisceau est

Fig. 561.

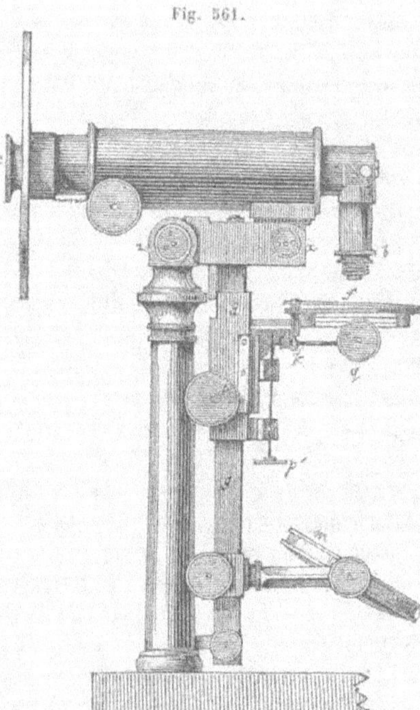

renvoyé horizontalement vers l'oculaire.

Dans tous les microscopes, l'objectif est formé d'une ou de plusieurs lentilles achromatiques réunies en un système. L'oculaire lui-même n'est pas simple, mais composé de deux lentilles plan-convexes, dont les faces planes sont tournées vers l'œil, comme le montre la figure 562. Le premier verre Q reçoit les rayons qui sortent de l'objectif, et concourt avec lui pour donner en ab une image réelle et renversée de l'objet placé au delà du foyer de l'objectif. L'œil regarde ensuite cette image avec le verre R qui fait l'office d'une loupe. Cette disposition, imaginée par Campani, diminue à la fois l'aberration de sphéricité et l'aberration de réfrangibilité qui se produiraient avec un oculaire simple. Dans l'oculaire de Campani la distance focale de la lentille R égale un tiers de celle de la lentille Q, et la distance des deux lentilles Q et R égale la demi-somme de leurs distances focales.

Fig. 562.

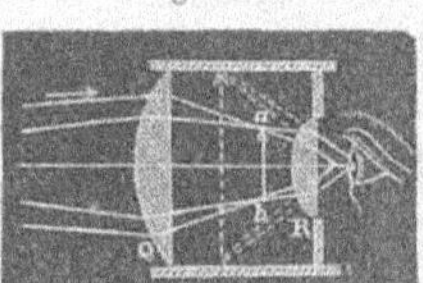

Le grossissement dans le microscope composé se mesure expérimentalement au moyen du *micromètre;* on nomme ainsi une petite lame de verre sur laquelle sont tracés, au diamant, des traits parallèles, distants les uns des autres de 1/10 ou 1/100 de millimètre. Supposons qu'il s'agisse d'un microscope vertical. Le micromètre ayant été placé au devant de l'objectif, on en regarde l'image avec l'œil gauche, tandis que de l'œil droit on regarde les branches d'un compas. L'image vue de l'œil gauche se projette en partie sur la table qui supporte le microscope. Si la distance de cette table à l'oculaire est égale à la distance de la vue distincte de l'observateur, ce qu'il est facile de réaliser, l'image du micromètre et les pointes du compas sont vues également nettes. On prend ensuite avec le compas la grandeur de l'image d'un 1/10 de millimètre, puis, sur une règle divisée, on mesure en millimètres la distance des pointes du compas. Cela fait, pour connaître le grossissement cherché, on n'a plus qu'à multiplier par 10 le nombre de millimètres obtenu, car ce produit exprime le nombre de millimètres qu'occupe l'image d'un millimètre vu à travers le microscope.

Dans les microscopes composés, le grossissement a été porté jusqu'à 1500 en diamètre, et même au delà; mais alors l'image perd en clarté ce qu'elle gagne en étendue. Pour obtenir des images nettes et bien éclairées, le grossissement ne doit pas dépasser 500 à 600 en diamètre, ce qui donne, en surface, une image 250 à 360 mille fois plus grande que l'objet.

Une fois le grossissement d'un microscope connu, il est facile d'en déduire la grosseur absolue des objets placés au devant de l'objectif. Pour cela, il suffit, en effet, de déterminer la grandeur de l'image par la méthode que nous venons d'indiquer, et de diviser le résultat par le grossissement; c'est ainsi qu'on peut trouver, par exemple, le diamètre des globules du sang.

Fig. 563.

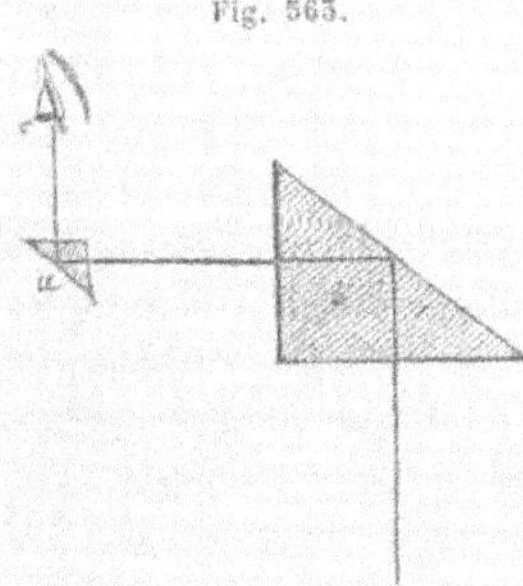

Pour tracer l'image d'un objet vu au microscope, on se sert de la chambre claire. Celle que l'on adapte aux microscopes verticaux consiste en deux prismes rectangles *a* et *b* (fig. 563); le plus petit *a* se trouve placé un peu au-dessus de l'oculaire; l'autre *b*, un peu reculé vers la droite, reçoit les rayons partis du crayon qui sert à dessiner et les réfléchit vers le prisme *a* qui les réfléchit à son tour et les renvoie verticalement dans l'œil placé au-dessus de l'oculaire, de façon à recevoir en même temps les rayons qui sortent de celui-ci. On voit que de cette manière, pour dessiner l'image, il suffit d'en suivre le contour avec le crayon, sur une feuille de papier blanc placé à la distance de la vue distincte. Il va sans dire que l'oculaire du microscope doit se trouver au-dessus du papier à une hauteur égale à cette même distance.

Il ne suffit pas qu'un microscope donne un fort grossissement; il faut, en outre, qu'il donne des images nettes et dans lesquelles on puisse distinguer les traits les plus fins. Pour essayer à ce point de vue un microscope, on se sert d'objets offrant à leur surface des stries très-déliées. Ces stries doivent apparaître nettes et distinctes. Parmi les objets qu'on peut employer pour ces essais, un des meilleurs est la poussière qui recouvre les ailes d'un papillon diurne appelé *Hipparchia Janira*. Avec un grossissement de 44 fois, un bon microscope doit laisser apercevoir sur chaque grain de cette poussière des stries longitudinales; et avec un grossissement de 300 fois, entre ces dernières, des stries transversales plus déliées et très-rapprochées. On peut employer dans le même but la poussière qui recouvre le corps de la forbicine plate (*lepisma saccharina*).

Le microscope a été la source des découvertes les plus curieuses en botanique, en zoologie, en physiologie. Des animaux, dont l'existence était restée jusqu'alors inconnue, ont été observés dans le vinaigre, dans la pâte de farine, dans les fruits secs, dans certains fromages; la circulation et les globules du sang sont devenus visibles. Le microscope offre aussi de nombreuses applications dans l'industrie. Par exemple, il donne le moyen de reconnaître les différentes espèces de fécules, les falsifications trop souvent introduites dans les farines, dans les chocolats, etc.; il permet encore de reconnaître, dans les étoffes, la présence du coton, de la laine, de la soie. (H. V.)

LUNETTE ASTRONOMIQUE.

La *lunette astronomique* est destinée particulièrement à l'observation des corps célestes; elle consiste, comme le microscope composé, en deux lentilles convergentes, l'*objectif*, qui, à raison de la distance de l'objet, forme une image réelle et renversée de celui-ci à peu près à son foyer principal, et l'*oculaire*, à travers lequel on regarde cette image. La figure 564 montre la disposition des deux verres : *v w* est

Fig. 564.

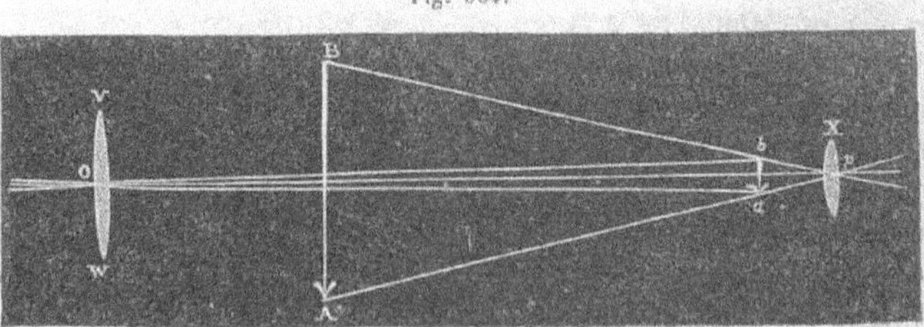

l'objectif, X l'oculaire, *ab* l'image réelle formée par le premier, et AB l'image virtuelle produite par le second. Dans cet instrument, le grossissement est donné par le rapport entre l'angle visuel *bpa* sous lequel l'œil placé derrière l'oculaire aperçoit l'image virtuelle AB, et l'angle visuel *bOa* sous lequel il verrait l'objet directement; ou bien, comme ces angles sont toujours très-petits, ce qui permet de leur substituer leurs tangentes, par le rapport entre les distances de l'image *ab* à l'objectif et à l'oculaire, rapport qui, lui-même, est sensiblement égal à la distance focale de l'objectif divisée par la distance focale de l'oculaire. Ainsi, dans la lunette astronomique, le grossissement est d'autant plus grand que l'objectif a un foyer plus long et l'oculaire un foyer plus court. D'après cela, la courbure de l'objectif devant être faible, on peut donner à ce verre une très-grande ouverture, ce qui permet de réunir beaucoup de lumière et d'obtenir, par suite, des images beaucoup plus éclairées que celles que pourraient former dans nos yeux les objets vus directement. C'est ce qui explique pourquoi, à travers une lunette astronomique, on peut distinguer des étoiles dont l'éclat est si faible qu'elles échappent à l'œil nu.

Pour diminuer la diffusion des couleurs, l'objectif est achromatique, et l'oculaire composé de deux verres, comme dans le microscope composé. On tend ordinairement au lieu même de l'image réelle, dans le tube de la lunette, deux fils très-fins, faisant entre eux un angle droit, et dont le point d'entre-croisement est sur l'axe de l'instrument. Ce réticule permet de déterminer la direction exacte suivant laquelle on voit un objet donné. En effet, cette direction est celle de l'axe du faisceau conique de rayons que cet objet, supposé réduit à un point, enverrait à la pupille, si on le regardait directement. Or, si l'on dirige la lunette de façon que l'objet se trouve sur le prolongement de l'axe optique de l'instrument, cet objet formera son image sur le même axe, et la direction de celui-ci coïncidera évidemment avec celle suivant laquelle l'objet serait vu directement. (H. V.)

LUNETTE TERRESTRE ET LUNETTE DE GALILÉE.

La *lunette terrestre*, ou *longue-vue*, ne diffère de la lunette astronomique que parce que les images sont redressées. Ce redressement s'obtient en plaçant dans la lunette astronomique, entre l'oculaire et l'image due à l'objectif, deux autres verres bi-convexes; l'un d'eux a son foyer principal au lieu même de l'image réelle; l'autre, placé derrière le premier, reçoit les faisceaux de rayons parallèles qui en émergent, et les fait converger de manière à former, à son foyer principal, une nouvelle image réelle évidemment renversée par rapport à la première, et conséquemment droite relativement à l'objet. C'est à travers l'oculaire qu'on regarde cette seconde image, à laquelle il doit substituer une image virtuelle agrandie (fig. 565). Les deux verres

Fig. 565.

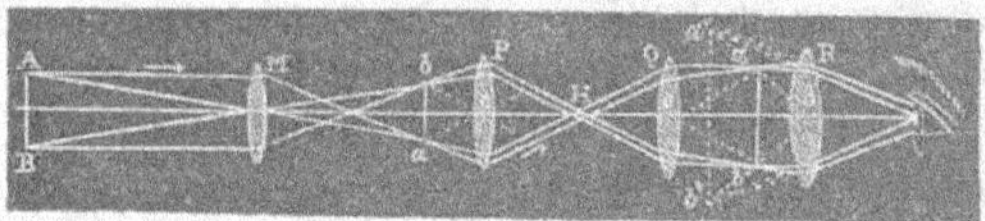

intermédiaires et l'oculaire forment un système auquel on donne le nom d'oculaire de Rheita.

Dans la lunette terrestre, le grossissement est le même que dans la lunette astronomique, en supposant, toutefois, que les verres redresseurs P et O sont de même convexité.

Comme la lunette terrestre, la *lunette de Galilée*, ou *lunette de spectacle*, donne des images droites, mais elle a l'avantage sur la première d'être beaucoup moins longue et plus portative. Elle se compose d'un objectif bi-convexe M (fig. 566) et d'un oculaire bi-concave B.

Fig. 566.

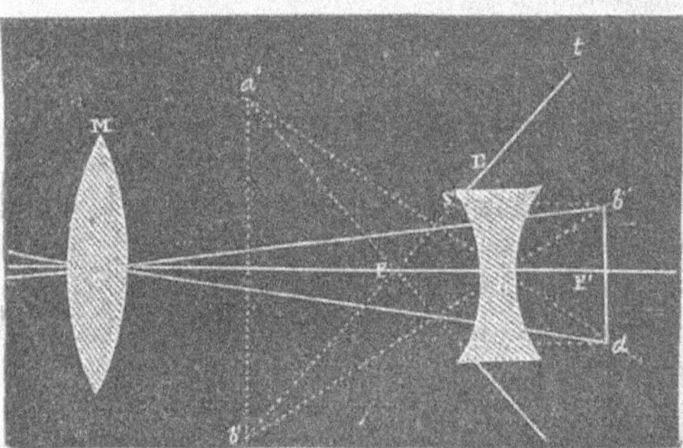

Celui-ci est placé de manière que l'image réelle et renversée *ab*, due à l'objectif, tende à se former un peu au delà de son foyer principal F'; de cette façon l'oculaire B reçoit les faisceaux qui iraient former cette image, et il les rend divergents, de telle manière qu'ils semblent partir de points situés à la distance de la vue distincte. Pour le démontrer, considérons, par exemple, le faisceau de rayons qui tend à aller former le point *b* de l'image *ab*. Ces rayons, à leur sortie de l'oculaire, concourront en un certain point qui sera le foyer conjugué de b. Pour déterminer la position de ce foyer, il suffira évidemment de connaître la marche de deux rayons réfractés. A cet effet, nous ferons remarquer que, parmi les rayons qui concourent au point b ou qu'on peut supposer y concourir, il y en aura un dirigé suivant Sb, parallèlement à l'axe optique de la lentille B et qui, après son passage à travers cette lentille, se propagera suivant une direction dont le prolongement passera par le foyer F. Un second rayon passera par le centre optique O de l'oculaire et sortira de celui-ci suivant Ob. Or, il est évident que si le point b est situé au delà du foyer F', les prolongements des deux rayons réfractés Ob et St se couperont en un point b' qui sera le foyer conjugué de b. Ce foyer sera virtuel. On verrait de même que le foyer conjugué de a se formera en a'; par conséquent, $a'b'$ sera l'image virtuelle de l'objet vu à travers la lunette. Quant au grossissement, il est égal au rapport entre les angles bOa et bCa.

La lunette de spectacle, ou *jumelle*, est la même que celle que nous venons de décrire; seulement elle est double, afin de former une image dans chaque œil, ce qui augmente l'éclat. (H. V.)

DES TÉLESCOPES.

La pièce essentielle de tous les télescopes est un grand miroir concave de métal qui est tourné vers un objet éloigné qu'on veut observer et qui en donne une image réelle et renversée à son foyer principal. On observe cette image au moyen d'un oculaire, et c'est dans le moyen d'atteindre ce but sans intercepter une trop grande partie des rayons incidents, que les télescopes diffèrent entre eux. Dans tous ces instruments le miroir courbe est placé au fond d'un long tube cylindrique dont les arêtes sont parallèles à l'axe de ce miroir, et dont la surface intérieure est noircie, afin d'éloigner autant que possible toute lumière étrangère.

Fig. 567.

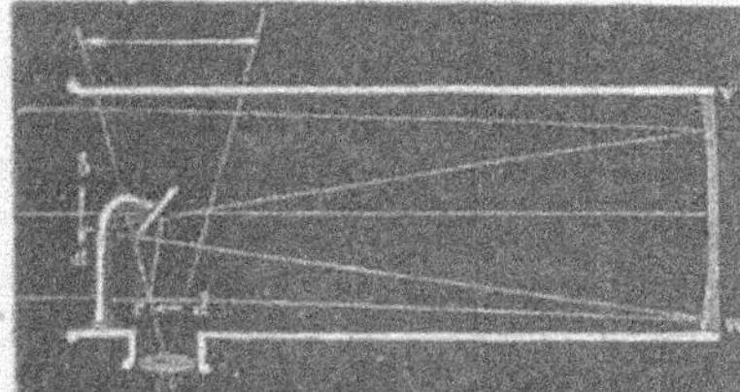

Parmi les divers télescopes qui ont été construits, les plus connus sont ceux de Newton, d'Herschel et de Gregory. Dans celui de Newton (fig. 567), on dirige l'axe de l'instrument vers l'objet, et l'on intercepte les rayons réfléchis par le miroir concave V, un peu avant leur concours à l'image *a b*, par un petit miroir plan incliné à 45° sur l'axe; l'image est ainsi transportée sur le côté, en *cd*, en sorte qu'elle peut être observée au moyen d'un oculaire dont l'axe est perpendiculaire à celui du miroir courbe. L'image observée n'étant pas située par rapport à l'observateur de la même manière que l'objet, il en résulte que l'on a de la peine à placer le télescope dans la direction de celui-ci. Pour remédier à cet inconvénient, on se sert d'une petite lunette astronomique, fixée parallèlement à l'axe du miroir courbe, et à laquelle on donne le nom de *chercheur;* on fait tourner, on soulève ou l'on abaisse le tube de l'instrument, jusqu'à ce que l'objet que l'on veut considérer soit dans l'axe optique du chercheur.

Fig. 568.

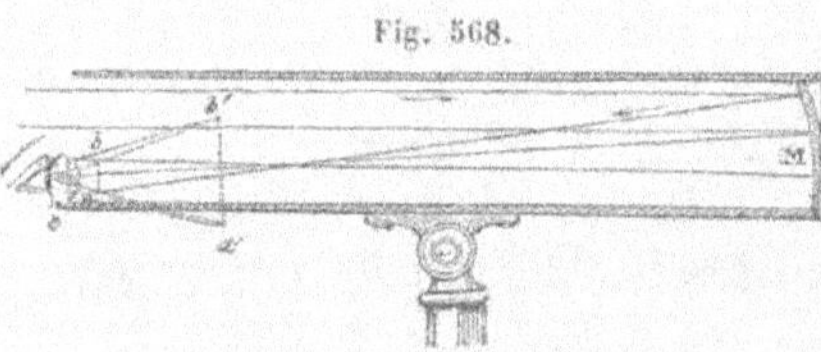

Au lieu de déplacer l'image par la réflexion sur un miroir plan, Herschel emploie un réflecteur concave M (fig. 568), incliné sur l'axe de manière que l'image de l'astre qu'on observe vienne se former en *a b*, sur le côté du télescope, près de l'oculaire *o*, qui donne ensuite l'image amplifiée *a' b';* dans ce télescope, les rayons n'éprouvant qu'une seule réflexion, la perte de lumière est moindre que dans le précédent, et l'image est plus éclairée. Le grand télescope d'Herschel avait un réflecteur de plus de quatre pieds de diamètre; la longueur du tube était de 40 pieds et son diamètre de près de 5 pieds; le miroir seul pesait 1,000 kilogrammes. Avec des oculaires simples, Herschel obtenait des grossissements de 6,000 et même de 6,450.

Fig. 569.

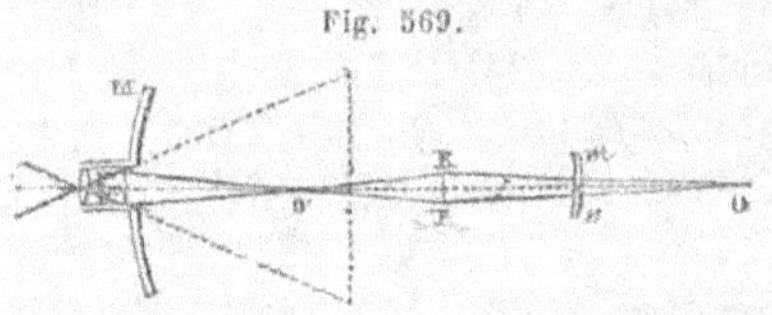

Dans le télescope de Gregory, le miroir sphérique principal M (fig. 569), est percé en son milieu d'une ouverture, où se trouve fixé le porte-oculaire. Pour renvoyer vers celui-ci les rayons réfléchis qui se sont croisés de manière à former l'image réelle F R, on les reçoit sur un autre petit miroir sphérique *m* placé au delà de cette image. La distance *m* M des deux miroirs surpasse la distance focale F M du grand, d'une quantité *m* F un peu plus grande que la longueur focale du petit miroir. Après leur réflexion sur le miroir *m*, les faisceaux lumineux vont former en avant de l'oculaire une nouvelle image réelle R' F', conjuguée de la première, à laquelle cet oculaire substitue enfin une image virtuelle placée à la distance de la vue distincte. Il est évident que, par cette disposition, l'image virtuelle, ainsi que la seconde image réelle R' F', inverses par rapport à la première image FR, sont directes par rapport à l'objet. En outre, celui-ci et son image vue dans l'instrument, sont placés de la même manière pour l'observateur.

Les télescopes furent adoptés à une époque où on ne savait pas corriger, dans les objectifs, l'aberration de réfrangibilité; depuis qu'on construit des objectifs achromatiques, on ne fait plus usage de ces instruments et on les remplace par des lunettes. Cependant, si l'expérience se prononçait en faveur des miroirs argentés que M. L. Foucault a proposé récemment de substituer aux miroirs métalliques ordinaires, substitution qui diminue notablement le prix des télescopes, il est probable qu'on emploierait de nouveau ces instruments, qui ont sur les lunettes le grand avantage d'être exempts de toute aberration de réfrangibilité. (H. V.)

VII. — EXPLICATION DES PHÉNOMÈNES DE L'OPTIQUE DANS LE SYSTÈME DES ONDULATIONS.

HYPOTHÈSES SUR LA NATURE DE LA LUMIÈRE.

On a imaginé bien des hypothèses sur la nature de la lumière, mais, dans le nombre, deux seulement ont fixé surtout l'attention des physiciens, savoir, la théorie de l'*émission*, appuyée principalement par Newton, et la théorie des *ondulations*, d'abord mise en avant par Descartes, et défendue ensuite par Huyghens, puis par Thomas Young, par Fresnel, Arago, et plusieurs autres.

Le système de l'émission suppose que la lumière est un fluide très-subtil dont les molécules, contenues dans les corps lumineux, sont lancées par eux, dans toutes les directions, avec une vitesse prodigieuse. Ces molécules lumineuses sont tellement ténues, qu'on ne peut constater leur poids, ni leur masse. Elles traversent les corps transparents sans perdre leur vitesse, mais elles sont arrêtées par les corps opaques. Une partie de cette substance émanée du corps lumineux, venant à traverser les parties transparentes de l'organe de la vue, atteint le fond de l'œil et y produit la sensation.

Dans cette même hypothèse, les couleurs sont dues à une différence dans la nature ou la forme des molécules lumineuses, et un rayon lumineux n'est autre chose que la direction suivant laquelle se propagent les molécules dont il s'agit. La propagation rectiligne de la lumière est une conséquence nécessaire de la théorie qui nous occupe ; en effet, elle assimile les molécules lumineuses à de petits projectiles qui, une fois lancés et abandonnés à leur inertie, doivent prendre un mouvement rectiligne et uniforme.

Le système des ondes part d'autres principes. Il suppose que les molécules des corps lumineux exécutent des vibrations excessivement rapides autour de leur position d'équilibre, à peu près comme une tige ou une lame d'acier trempé fixée à l'une de ses extrémités, et que l'on abandonne à elle-même après l'avoir légèrement fléchie (p. 252). On admet, de plus, l'existence d'un fluide particulier, très-subtil, très-élastique, répandu dans l'univers tout entier, dans les espaces vides de toute matière pondérable, comme dans les milieux transparents les plus denses. Ce fluide, c'est l'*éther lumineux*. Les mouvements vibratoires des corps lumineux se communiquent à ce fluide et y font naître un mouvement ondulatoire analogue à celui qui se produit quand on jette une pierre dans l'eau. Dans les circonstances convenables, ce mouvement vibratoire se propage dans l'œil par l'intermédiaire de l'éther lumineux contenu dans cet organe, et produit ainsi la sensation lumineuse. Les couleurs sont dues à la plus ou moins grande rapidité des vibrations qu'exécutent les molécules des corps lumineux : ici les couleurs seraient pour l'œil ce que les sons, ayant différents degrés d'acuité, sont pour l'oreille.

On voit, d'après cela, que la différence essentielle qui existe entre les deux théories, c'est que, dans celle de l'émission, la lumière est un corps ayant une existence propre, tandis que, dans la théorie des ondulations, elle n'est que le résultat d'un mouvement.

Ce caractère distinctif entre les deux systèmes permet de démontrer expérimentalement que l'hypothèse des ondes est la seule qui puisse être admise dans l'état actuel de la science. En effet, si la théorie de l'émission était exacte, il en résulterait que deux rayons de lumière, ajoutés l'un à l'autre, ne pourraient jamais produire de l'obscurité, car il est impossible que des molécules de lumière ajoutées les unes aux autres se détruisent ou s'anéantissent. Le système des ondulations conduit à une conséquence opposée. En effet, dans cette théorie, deux rayons de lumière, se propageant suivant la même direction, doivent, comme deux rayons sonores, se renforcer s'ils ont parcouru, à partir de leur origine commune, des chemins qui diffèrent entre eux d'un nombre pair de demi-ondulations ; ils doivent, au contraire, se détruire et donner lieu aux ténèbres les plus complètes, si, ayant même intensité, leur différence de marche est égale à un nombre impair de demi-ondulations; en d'autres termes, les rayons lumineux de même longueur d'onde doivent *interférer* entre eux comme les rayons sonores (p. 294). Or, l'expérience suivante imaginée par Fresnel, l'illustre créateur de l'optique moderne, démontre qu'il en est effectivement ainsi, et, par conséquent, que la théorie de Newton ne saurait plus être admise.

Fig. 570.

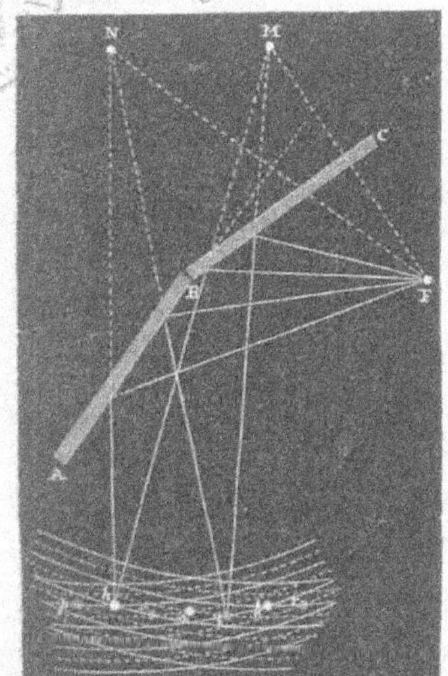

Deux miroirs plans C et A (fig. 570), en métal, sont disposés à côté l'un de l'autre, de manière à former un angle très-obtus. Une lentille hémicylindrique, à court foyer, concentre en F, en avant de ces miroirs, un faisceau de lumière homogène, de lumière rouge, par exemple, introduit dans la chambre noire et obtenu en fixant à l'ouverture de celle-ci un verre coloré en rouge, qui ne laisse passer que cette lumière. Ce faisceau tombe en partie sur l'un des miroirs et en partie sur l'autre. Les rayons lumineux, après s'être réfléchis, viennent se rencontrer sous un très-petit angle, comme le montre la figure, plus près du miroir A que du miroir C, et si on les reçoit alors sur un écran blanc, on observe, sur celui-ci, des bandes alternativement sombres et brillantes, parallèles à la ligne d'intersection des deux miroirs et symétriquement disposées des deux côtés d'un plan B*n*, qui, passant par la ligne d'intersection B des miroirs, et par le milieu de la droite NM, menée entre les deux images N et M du point lumineux F, partage en deux parties égales l'angle que forment entre eux les rayons réfléchis qui s'y rencontrent deux à deux en le traversant. Ces rayons ayant parcouru, à partir de la source F, des chemins exactement égaux, se renforcent et forment la bande centrale brillante *n*. Mais de part et d'autre du plan B*n*, les rayons qui se rencontrent deux à deux présentent entre eux une différence de marche qui va en augmentant à mesure qu'on s'éloigne de ce plan; cette différence est d'une demi-longueur d'onde en *l* et en *s*, où se forment les deux premières franges obscures; elle est égale à une longueur d'onde entière en *k* et en *h*, milieux des deux premières franges brillantes qui se trouvent de part et d'autre de la frange centrale *n*, et ainsi de suite.

Si l'on arrête la lumière qui tombe sur l'un des miroirs, les franges noires disparaissent, ce qui prouve qu'elles sont le résultat de la rencontre des rayons qui se détruisent deux à deux.

Si l'on répète l'expérience précédente avec de la lumière blanche, on obtient encore des franges, mais elles sont irisées. Pour expliquer cette coloration, il faut remarquer que la largeur des franges varie avec chaque couleur simple; il en résulte que quand on fait interférer deux faisceaux de lumière blanche, les franges dues à chaque couleur se séparent, ce qui produit l'irisation qu'on observe. L'inégale largeur des franges formées par les diverses couleurs démontre que celles-ci sont dues à des ondulations de longueurs différentes. Le rouge correspond aux ondes les plus longues, et le violet aux ondes les plus petites. (H. V.)

COULEURS DES LAMES MINCES. — ANNEAUX DE NEWTON.

Tous les corps diaphanes, solides, liquides ou gazeux, lorsqu'ils sont réduits en lames suffisamment minces, paraissent colorés des plus vives nuances, surtout si on les regarde par réflexion. Les cristaux qui se clivent en feuilles très-minces, tels que le mica, le gypse, etc., présentent ce phénomène, et leurs couleurs sont changeantes comme celles du plumage de certains oiseaux; il en est de même de la nacre et du verre soufflé en boule très-mince. Les diverses nuances que prennent les métaux polis, comme le fer et l'acier, par l'effet de la chaleur et du contact de l'air, sont dues à la même cause; car ces couleurs résultent de la formation d'une pellicule d'oxyde qui se colore à cause de son extrême minceur. Les liquides prennent aussi de brillantes couleurs, comme on le voit dans les gouttes d'huile qui s'étalent sur de l'eau et dans les bulles de savon. Celles-ci paraissent blanches d'abord; mais à mesure qu'on les enfle, on voit apparaître de brillantes teintes irisées, surtout à la partie supérieure où l'enveloppe liquide qui forme la bulle est plus mince. Ces couleurs se disposent en zones concentriques horizontales autour du sommet, qui devient noir un peu avant l'instant où la bulle va éclater. Lorsqu'on éclaire les bulles de savon à la lumière monochromatique de la flamme de l'alcool salé (p. 345), on n'observe que des zones alternativement jaunes et noires. Enfin l'air, les vapeurs et les gaz donnent naissance aux mêmes phénomènes : on le démontre, comme l'a fait Newton, en plaçant sur un plan de verre une surface convexe, par exemple, une lentille de 15 ou 20 mètres de rayon (fig. 571); cet appareil étant exposé devant une fenêtre, à la lumière du jour, de façon que l'on voie par réflexion la couche d'air interposée entre les deux verres, on aperçoit, au point de contact de ceux-ci, une tache noire entourée d'anneaux colorés, au nombre de six ou sept, dont les teintes s'affaiblissent graduellement. Si les verres sont vus par transmission, le centre des anneaux est blanc (fig. 572), et les couleurs de chacun d'eux sont exactement complémentaires de celles des anneaux par réflexion. Avec une lumière homogène, la couleur rouge, par exemple, les anneaux sont alternativement noirs et rouges, et d'un diamètre d'autant moindre que la couleur est plus réfrangible. C'est ce que l'on peut constater très-aisément en projetant les anneaux sur un écran blanc. A cet effet, on reçoit le spectre solaire sur un écran percé d'une ouverture qui ne laisse passer que les rayons d'une même teinte; après leur passage à travers l'ouverture, ces rayons tombent sur l'appareil de Newton, s'y réfléchissent, et vont passer à travers une lentille convergente achromatique, placée de façon que les anneaux produits se trouvent un peu au delà de son foyer principal. Cette lentille forme alors une image réelle et agrandie des anneaux que l'on reçoit sur un écran blanc, disposé au foyer conjugué de la lentille. En laissant arriver sur l'appareil de Newton successivement les sept couleurs principales du spectre, on voit les anneaux se dilater ou se resserrer, suivant que l'on passe du violet au rouge, ou réciproquement. Avec de la lumière blanche, les anneaux sont colorés des différentes couleurs du spectre, ce qui provient de ce que, les anneaux des différentes couleurs simples ayant des diamètres différents, les anneaux ne se superposent pas, mais se séparent plus ou moins.

Fig. 571.

Fig. 572.

L'appareil de Newton, mis sous une cloche dans un gaz quelconque, présente les mêmes phénomènes que dans l'air; il y a plus, il les présente encore dans le vide; d'où il suit qu'une lame mince de vide donne des couleurs, comme les lames minces des différents corps.

Le même appareil donne un moyen très-simple de déterminer l'épaisseur que doit présenter une lame mince pour former un anneau d'un ordre déterminé. En effet, soit egc (fig. 573 ci-après) la lame mince interposée entre la lentille et le plan de verre, et eg l'épaisseur de la couche où se forme le premier anneau brillant, lorsqu'on opère avec de la lumière rouge, par exemple. Si l'on mène par le

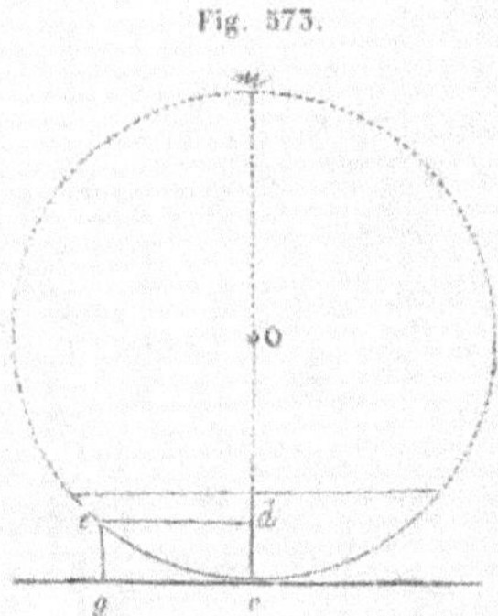
Fig. 573.

point e une parallèle à gc, la portion ed de cette parallèle sera évidemment le rayon de l'anneau qu'on considère. Ce rayon se mesure aisément au moyen d'un compas. Lorsqu'il est connu, ainsi que le rayon de courbure cO de la lentille, on a, pour déterminer l'épaisseur eg, laquelle est égale à cd, la proportion $cd:ed::ed:dm$, ou bien, à cause de l'extrême petitesse de cd par rapport à $cm, cd:ed::ed:cm$. Cette proportion donne $E = r^2 : D$, en représentant cd, ed et cm respectivement par E, par r et par D. En déterminant de cette manière les épaisseurs des couches d'air qui forment le premier anneau brillant, Newton les a trouvées égales à $0^{mm},000161$ pour le rouge et à $0^{mm},000101$ pour le violet. Les épaisseurs requises pour la formation des mêmes anneaux dans l'eau ne s'élèvent qu'aux 3/4 des épaisseurs dans l'air. On comprend maintenant comment on a pu déterminer quelques-uns des résultats que nous avons cités en parlant de la divisibilité des corps (p. 12).

La coloration des lames minces et des anneaux de Newton est un phénomène d'interférence qui résulte de ce que les rayons qui se sont réfléchis sur la seconde surface de la lame interfèrent avec ceux que la première surface a réfléchis. Quant aux anneaux vus par réfraction, ils résultent de l'interférence des rayons transmis directement avec les rayons qui ne sont transmis qu'après deux réflexions intérieures sur les faces de la lame (p. 330).

Les anneaux colorés ont permis de déterminer la longueur d'ondulation des diverses couleurs du spectre. Voici les résultats auxquels on est arrivé :

	Longueurs d'onde dans l'air, exprimées en millimètres.	Nombres de vibrations par millionième de seconde.
Violet	0,000423	764,000
Indigo	0,000449	694,000
Bleu	0,000475	655,000
Vert	0,000512	607,000
Jaune	0,000551	563,000
Orangé	0,000583	532,000
Rouge	0,000620	500,000

Connaissant ainsi la longueur d'ondulation pour chaque couleur, et sachant que la vitesse de la lumière est d'environ 70,000 lieues de 4000^m par seconde, on trouve les nombres inscrits dans la dernière colonne du tableau ci-dessus en divisant l'espace que la lumière parcourt dans un millionième de seconde par les longueurs d'ondulation des diverses couleurs (p. 256). (H. V.)

RÉFLEXION ET RÉFRACTION DE LA LUMIÈRE.

On dit qu'un milieu transparent est *isotrope*, lorsqu'il présente même élasticité et même densité dans toutes les directions autour de chacun de ses points. Tels sont l'air, l'eau, le verre, etc. On admet que l'éther lumineux a toujours une constitution analogue à celle du milieu dans lequel il se trouve, de sorte que, dans les milieux isotropes, l'éther lumineux est lui-même isotrope, c'est-à-dire qu'il présente une densité et une élasticité uniformes.

Un ébranlement produit en un point quelconque d'un éther isotrope doit se propager avec la même vitesse dans toutes les directions, mais cette vitesse doit varier avec la densité et l'élasticité de l'éther qu'on considère. Il suit de là que, dans les corps isotropes, la lumière, excitée en un point, se propagera par ondes sphériques autour du foyer, exactement comme cela s'observe pour les sons produits dans l'air. Les rayons lumineux seront donc des droites perpendiculaires à la surface de ces ondes, et si l'on considère celles-ci à une distance très-grande de leur origine, on pourra les regarder comme planes dans une certaine étendue autour de chacun de leurs points, et les rayons lumineux qui correspondent à une pareille portion limitée de la surface des ondes, comme des droites parallèles entre elles.

Fig. 574.

Soit maintenant mn (fig. 574) la surface d'une onde plane qui se présente pour passer d'un milieu isotrope dans un autre. Soit en outre m le point où le rayon incident am rencontre la surface de séparation mk des deux milieux. A l'instant où le mouvement qui se propage suivant am atteint la molécule m, celle-ci se met à vibrer comme un point lumineux, et devient le centre de deux nouvelles ondes, dont l'une se propagera dans le premier milieu avec la vitesse qui convient à ce milieu, tandis que l'autre se propagera dans le second milieu, avec la vitesse correspondante à son élasticité et à sa densité. Ce que nous venons de dire du point m de l'onde incidente mn est applicable à tous les autres points de celle-ci : à mesure que ces points rencontreront la surface mk, ils deviendront chacun le centre de deux nouvelles ondes comme celles qui se sont formées autour du point m. Il y aura donc dans chaque milieu une infinité d'ondes partielles émanant des divers points de la surface de séparation qui, par leur interférence, donneront lieu à deux ondes principales, l'une réfléchie et l'autre réfractée. Ces ondes principales ne sont autre chose que les surfaces enveloppes de toutes les petites ondes sphériques qui servent à les former respectivement. En d'autres termes, il se passe pour les ondes lumineuses ce que l'on observe lorsqu'on produit sur l'eau, à côté les unes des autres, une série d'ondes, au moyen de différents corps qu'on laisse tomber simultanément dans le liquide : les ondes partielles produites autour de ces corps comme centres se combinent de même en une onde unique ou principale qui est la surface enveloppe des petites ondes sphériques. La formation de la grande onde ou de l'onde principale au moyen des ondes partielles ou secondaires, a été appelée *le principe d'Huyghens*.

Cela posé, déterminons d'abord la forme et la position de l'onde lumineuse réfléchie. A cet effet, rappelons-nous que chaque portion de l'onde incidente mn, à mesure qu'elle rencontre la surface de séparation des deux milieux, devient le centre de nouvelles ondes sphériques qui se propagent dans le même milieu avec la vitesse de l'onde primitive. Ainsi, dès que la portion n a atteint la surface en k, la portion m a donné naissance à une onde sphérique dont le rayon est $mo = nk$. De même si m' est une autre portion quelconque de l'onde, elle aura fait naître dans le même temps une nouvelle onde sphérique dont le rayon $m'o' = n'k$. La surface qui à chaque instant touche toutes ces sphères est l'onde réfléchie. Or, puisque mo et $m'o'$ sont proportionnels à mk et $m'k$, il est évident que cette surface tangente est un plan. De plus, puisque $mo = nk$ et que les angles n et o sont droits, l'angle nmk sera égal à l'angle okm, c'est-à-dire que l'angle de réflexion sera égal à l'angle d'incidence.

Fig. 575.

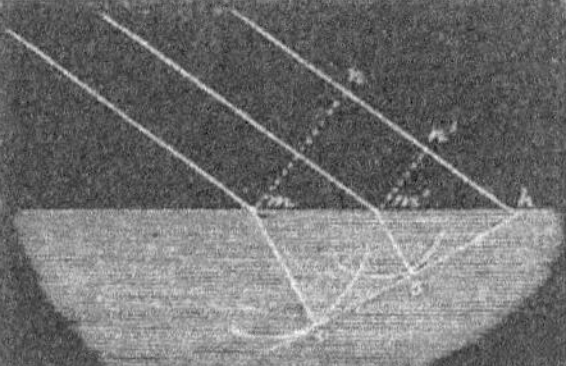

S'il s'agit de la réfraction, supposons que mn (fig. 575) est encore la surface de l'onde incidente : dans un intervalle de temps proportionnel à nh, la portion n de cette onde aura atteint la surface en h, et les portions m, m', seront devenues les centres d'ondes sphériques propagées dans le second milieu. Les rapports des rayons mo, $m'o'$ de ces sphères aux distances nh, $n'h$, seront d'ailleurs évidemment égaux au rapport unique des vitesses de propagation dans les deux milieux, et la surface tangente à toutes ces sphères sera l'onde réfractée. Or, il est évident que cette surface est un plan, et que l'on aura sin. nmh : sin. mho : : nh : mo, c'est-à-dire que le rapport du sinus de l'angle d'incidence au sinus de l'angle de réfraction est égal au rapport constant de la vitesse de l'onde incidente à la vitesse de l'onde réfractée. Il suit de là que la vitesse de la lumière est diminuée dans un milieu plus réfringent. Cette prévision de la théorie a été vérifiée par des expériences directes de M. Foucault. Le système de l'émission conduisant à une conclusion opposée, il est évident qu'il doit être rejeté définitivement. (H. V.)

DIFFRACTION DE LA LUMIÈRE.

La *diffraction* est une modification que subit la lumière quand elle rase le contour d'un corps, ou quand elle traverse une petite ouverture, modification en vertu de laquelle les rayons lumineux paraissent s'infléchir et pénétrer dans l'ombre. Découverte, en 1665, par le père Grimaldi, de Bologne, la diffraction fut successivement étudiée par Newton, Thomas Young, Fresnel, Frauenhofer et Schwerd. Comme les phénomènes de diffraction appartiennent aux plus brillants et aux plus curieux de l'optique, nous décrirons le procédé imaginé par ce dernier savant pour les observer.

On prend pour source de lumière, soit le point brillant que donne un bouton de métal ou un verre de montre noirci intérieurement quand on expose l'un ou l'autre de ces objets aux rayons solaires, soit la ligne lumineuse que produit dans la même circonstance un tube de verre noirci à l'intérieur comme le verre de montre. Pour observer ensuite les phénomènes de diffraction, on regarde la source lumineuse à travers une lunette au-devant de l'objectif de laquelle on a adapté un tube de bois fermé au moyen d'une feuille mince d'étain dans laquelle on a découpé, avec un canif, ou percé avec une aiguille fine, une ou plusieurs petites ouvertures que la lumière est obligée de traverser pour pénétrer dans la lunette.

Fig. 376.

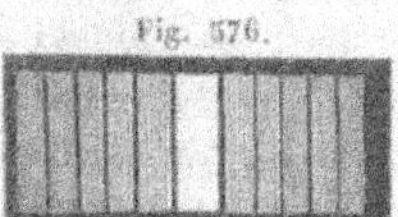

La figure 376 représente le phénomène que l'on observe à travers une fente très-étroite, en prenant pour source une ligne lumineuse et en plaçant, sur le trajet des rayons, un verre coloré qui ne laisse arriver à l'œil que des rayons homogènes, rouges, par exemple. Au milieu de l'image se trouve une bande très-brillante; et de part et d'autre de celle-ci, on observe une série de franges alternativement rouges et obscures. L'intensité des franges lumineuses décroit rapidement à mesure qu'on s'éloigne de la frange centrale. Enfin, les franges se resserrent d'autant plus, que la fente est plus large, et elles disparaissent quand la largeur de la fente dépasse une certaine limite. Les autres couleurs du spectre donnent les mêmes franges que la lumière rouge; seulement la largeur des franges est d'autant moindre que la lumière employée à les produire est plus réfrangible. En d'autres termes, les franges de diffraction présentent avec les diverses couleurs du spectre le même phénomène que les anneaux de Newton. Les phénomènes de diffraction qui précèdent se voient même à l'œil nu en regardant le point brillant d'un bouton métallique à travers une fente étroite placée devant l'œil.

Fig. 577.

La figure 577 représente le phénomène d'une ouverture parallélogrammique. Quand l'ouverture est circulaire, on obtient un petit cercle brillant, entouré de franges circulaires concentriques, alternativement brillantes et obscures, du moins tant que l'on opère avec de la lumière homogène, comme nous le supposons. Une ouverture triangulaire donne une étoile à six rayons, etc. Tous ces phénomènes et une foule d'autres qu'il nous est impossible de décrire, s'expliquent en admettant que chaque molécule d'éther située dans l'ouverture devient un foyer qui envoie des rayons dans toutes les directions. Ceux de ces rayons qui se propagent parallèlement entre eux, se réunissent au foyer de l'objectif de la lunette où ils se renforcent ou se détruisent suivant la différence de marche qu'ils présentent les uns par rapport aux autres. L'oculaire a pour but d'agrandir l'image diffractée qui se forme ainsi au foyer de l'objectif. Nous devons nous borner à cette simple indication, parce que le développement complet de la théorie de la diffraction dans le système des ondes nous entraînerait dans des détails qui dépasseraient le cadre de cet ouvrage.

Nous terminerons cet article par quelques mots sur les phénomènes des réseaux qui se rattachent également à la diffraction. On nomme *réseau*, en optique, une série de raies opaques et de raies transparentes très-rapprochées les unes des autres. Tels sont les traits parallèles qu'on grave au diamant, sur verre, pour former les micromètres (p. 384). Les traits sont ici la partie opaque du réseau. Si l'on reçoit, par transmission, la lumière d'une bougie à travers un pareil réseau, contenant 100 traits par millimètre, on aperçoit une suite de petits spectres ayant le rouge en dehors et le bleu en dedans. La même chose a lieu si l'on regarde la flamme d'une bougie à travers les barbes d'une plume placée près de l'œil. Des réseaux tracés sur des corps opaques donnent lieu aux mêmes phénomènes que ceux qui transmettent la lumière : c'est ce qui explique les jeux de lumière que présentent les surfaces striées de certains corps, la surface de la nacre de perles, par exemple. (H. V.)

POLARISATION DE LA LUMIÈRE.

Un célèbre physicien français, Malus, découvrit, en 1810, un phénomène tout à fait extraordinaire, savoir, que la réflexion peut imprimer à la lumière des caractères particuliers. En effet, il constata que lorsqu'un rayon de lumière $a\,b$ (fig. 578) a été réfléchi sur une plaque de verre $g\,f\,h\,i$, en faisant avec la surface un angle de 35° 25′, il n'éprouve *aucune réflexion* en tombant sur une seconde lame de verre, sous le même angle de 35° 25′, quand le plan d'incidence sur cette seconde lame est perpendiculaire au plan d'incidence sur la première, tandis qu'il se réfléchit partiellement dans d'autres plans et sous d'autres incidences. Le rayon $b\,c$ ainsi modifié par la réflexion est dit *polarisé*, et l'on appelle *polarisation*, la modification particulière qu'il a subie.

Fig. 578.

Tous les corps peuvent, comme le verre, polariser la lumière par réflexion, mais plus ou moins complétement et sous des angles d'incidence inégaux. Le marbre noir, par exemple, polarise complétement la lumière, tandis que le diamant, le verre ordinaire, l'eau, ne la polarisent que partiellement. De tous les corps, ce sont les métaux qui ont le plus faible pouvoir polarisant. M. Brewster a fait connaître, sur l'angle de polarisation, la loi suivante, remarquable par sa simplicité : *L'angle de polarisation est l'angle d'incidence pour lequel le rayon réfléchi est perpendiculaire au rayon réfracté.* Toutefois, cette loi n'est pas applicable à la lumière réfléchie par les cristaux biréfringents (V. l'article relatif à la double réfraction).

Enfin, on est convenu de nommer *plan de polarisation*, le plan suivant lequel a été réfléchie la lumière qui se trouve polarisée par la réflexion. Comme on pourrait avoir à étudier un rayon polarisé dont on ne connaîtrait pas l'origine, il a été nécessaire, tout en conservant cette définition, d'en faire une autre équivalente, ou plutôt d'indiquer un autre caractère pour reconnaître le plan de polarisation; une plaque de verre c peut servir pour cet usage. Quand un rayon polarisé bc, en tombant sur la plaque sous l'angle de 35° 25', ne se réfléchit plus et se réfracte complétement, son plan de polarisation est perpendiculaire au plan d'incidence. Les plaques de verre qui servent à polariser la lumière ou à déterminer la position des plans de polarisation doivent être noircies sur une de leurs faces ou être en verre noir, afin d'isoler, autant que possible, la lumière polarisée et d'empêcher son mélange avec de la lumière étrangère qui pourrait masquer ses propriétés.

Pour expliquer les nouvelles propriétés que la lumière acquiert par la réflexion, on admettait, dans la théorie de l'émission, que les molécules lumineuses ont des pôles et des axes qui, par la réflexion sous un certain angle, se tournent tous dans une même direction. C'est de là que vient le nom de polarisation.

Nous apprendrons bientôt à connaître d'autres propriétés remarquables de la lumière polarisée. Pour le moment, nous n'en citerons qu'une seule qui, découverte par Arago et Fresnel, a permis à ce dernier de déterminer la direction du mouvement vibratoire de l'éther dans les ondes lumineuses. Cette propriété consiste en ce que deux rayons provenant d'une même source ou de deux sources identiques, ne peuvent interférer lorsqu'ils sont polarisés suivant deux plans perpendiculaires entre eux; c'est-à-dire qu'alors la lumière de l'un s'ajoutant à celle de l'autre, produit toujours la même clarté, quelle que soit la différence des chemins parcourus par les deux lumières, ou ce qui est la même chose, quelle que soit l'avance ou le retard des deux rayons l'un sur l'autre à leur point de concours. La loi que nous venons d'énoncer ne peut s'expliquer que d'une seule manière, savoir, en admettant que les vibrations de l'éther, sur un rayon de lumière polarisée, s'exécutent suivant une même direction, parallèle à la surface de l'onde, ou perpendiculairement à la direction que suit la lumière en se propageant; ce qu'on exprime en disant que les vibrations sont *transversales*, tandis que celles de l'air, qui propagent le son, s'exécutent perpendiculairement à la surface de l'onde ou dans le sens des rayons sonores et sont dites *longitudinales* (p. 258). En effet, si l'éther vibrait longitudinalement, deux rayons de lumière polarisée devraient toujours interférer, quelle que fût la position relative de leurs plans de polarisation. Il n'en est plus de même si les vibrations sont transversales et qu'elles aient lieu suivant une même direction sur chacun des deux rayons; car, dans ce cas, lorsque les plans de polarisation sont à angle droit l'un sur l'autre, les mouvements vibratoires apportés par l'un des rayons sont perpendiculaires à ceux que produit l'autre, et, par conséquent, ces deux rayons ne peuvent jamais se détruire et laisser l'éther en repos. C'est en se fondant sur ces considérations que l'on a posé en principe que dans la lumière polarisée par réflexion, les molécules d'éther exécutent des oscillations transversales et rectilignes et pour ce motif, on dit de cette lumière qu'elle est *polarisée rectilignement;* on suppose, en outre, mais sans aucun fait à l'appui, que ces vibrations ont lieu perpendiculairement au plan de polarisation. Enfin, on admet, parce que cette hypothèse explique tous les faits, que la lumière naturelle et les diverses espèces de lumière polarisée que nous apprendrons à connaître plus loin, sont pareillement le résultat de vibrations transversales pouvant s'effectuer sans entrainer aucun changement de densité dans l'éther qui les transmet. La seule différence entre les diverses espèces de lumière polarisée consisterait dans la forme de la trajectoire parcourue par les molécules de l'éther. En effet, dans la lumière dite *polarisée circulairement*, cette trajectoire serait un cercle, et dans la lumière *polarisée elliptiquement*, une ellipse. Ce qui prouve l'exactitude de toutes ces hypothèses, c'est que chacune de ces espèces de lumière possède, comme nous le verrons, des propriétés parfaitement en rapport avec la forme assignée à la trajectoire des molécules d'éther. Nous verrons plus tard comment on peut envisager la lumière naturelle, qui nous vient, soit du soleil, soit des étoiles, soit des sources artificielles.

Les ondes lumineuses ont, comme on voit, la plus grande analogie avec celles qui se produisent dans les liquides. Si l'on examine ces dernières ondes, on remarque qu'elles consistent en des élévations et des dépressions du liquide au-dessus et au-dessous de la surface d'équilibre, et qui se succèdent périodiquement en un même point du liquide, et de même en tous les points de la surface où elles se propagent successivement à partir du centre d'ébranlement. L'onde, à proprement parler, est formée par l'ensemble de deux ondes, l'une, comprenant des molécules liquides actuellement au-dessus du niveau ordinaire, et que l'on appelle *onde exhaussée*, l'autre, des molécules au-dessous du niveau ordinaire et que l'on appelle *onde déprimée*. En outre, dans chacune des deux ondes, le mouvement d'oscillation des molécules liquides se fait dans une direction perpendiculaire à la direction du mouvement de propagation de l'onde. C'est exactement ce qui a lieu pour la lumière polarisée rectilignement.

De ce que la lumière est le résultat d'un mouvement, il suit que tout ce que nous avons dit en mécanique de la composition et de la décomposition des mouvements, doit lui être applicable, et, si nous parvenons à constater par l'expérience qu'il en est effectivement ainsi, nous aurons fourni une nouvelle preuve à l'appui de la théorie des ondulations.

Considérons, en premier lieu, un rayon A de lumière polarisée rectilignement se propageant, d'arrière en avant, perpendiculairement au plan de la figure 579, plan qu'il perce au point b, par exemple. Soit ba la direction et ca l'amplitude du mouvement vibratoire de la molécule d'éther située en b; enfin soit, à un instant donné, s la position de cette même molécule et sb son écart de la position d'équilibre. La force qui a produit cet écart pourra être remplacée par deux autres forces rectangulaires dirigées, l'une, suivant ba', l'autre, suivant bb', et capables, la première, de produire un écart bs', et la seconde, un écart bm. On verrait de même que l'écart ab, par exemple, pourra être produit au moyen de deux forces simultanées capables, si elles agissaient isolément, d'imprimer à la molécule b des écarts ba' et bb'. Par conséquent, si deux rayons polarisés à angle droit B et C arrivent à la molécule b, pour l'agiter dans le plan de la figure, et si leurs mouvements vibratoires sont à chaque instant dans la même phase, l'un s'accomplissant suivant ba', l'autre suivant bb', la molécule b oscillera suivant la diagonale du parallélogramme construit sur les demi-amplitudes des rayons composants comme côtés, de sorte que l'on peut considérer le rayon A comme la résultante des rayons B et C, et réciproquement substituer les rayons B et C au rayon A, ce qui conduit à deux théorèmes faciles à examiner. L'amplitude des oscillations sur le rayon B sera d'autant plus grande que l'angle aba', ou, ce qui revient au même, que l'angle des plans de polarisation de A et B sera moindre. Lorsque cet angle devient égal à 45°, mais seulement alors, les deux rayons B et C ont des intensités égales.

Fig. 579.

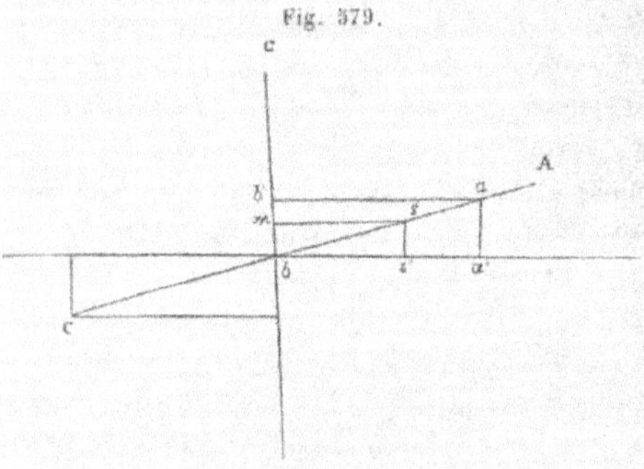

Lorsqu'un corps se meut sous l'influence de deux forces rectangulaires, il obéit à chacune de ces forces comme si l'autre n'existait pas. Ainsi, un mobile b (fig. 579), sollicité par deux forces ba' et bb', se meut suivant la diagonale ba, en parcourant parallèlement à bB un chemin égal à celui que la force ba' lui aurait fait parcourir pendant le temps qu'il met à parcourir la diagonale ba. Cela posé, considérons deux rayons A et B (fig. 580), polarisés à angle droit, de même intensité et de même longueur d'onde, se propageant d'arrière en avant, perpendiculairement au plan de la figure. Supposons que B ait sur A une avance d'un quart de longueur d'onde, et proposons-nous de déterminer la trajectoire de la molécule O qu'ils agitent simultanément, l'un suivant O A, l'autre suivant O B. A cet effet, désignons les demi-amplitudes des oscillations sur les deux rayons par O M et O N ; ces deux droites seront égales, puisque les rayons A et B ont même intensité. Considérons, en premier lieu, l'instant où la molécule O doit se trouver dans l'une de ses positions extrêmes M sur le rayon A. Puisque le rayon B est en avance sur A d'un quart de vibration, la molécule doit se trouver sur B dans sa position d'équilibre, et comme elle obéit à la fois aux deux impulsions qui lui arrivent de A et de B, elle sera nécessairement en M. Comptons le temps à partir de l'instant que nous venons de considérer, et observons que sur le rayon A, la molécule O va se mouvoir de M vers O, et sur le rayon B de O en N'. Après le quart de la durée d'une vibration, elle sera arrivée en O sur le rayon A et en N' sur le rayon B ; elle sera donc en N', et se sera mue de droite à gauche en décrivant une portion d'une courbe. On démontre que cette courbe est une circonférence de cercle, décrite autour du point O comme centre avec un rayon égal à O M. Après un nouvel intervalle de temps égal à 1/4 de la durée d'une oscillation, la molécule devra être en O sur le rayon B et en M' sur le rayon A; elle aura donc parcouru l'arc N' M'. Enfin, après un nouveau temps égal à 1/4 de la durée d'oscillation, la molécule sera parvenue en N ; puis, l'oscillation achevée, elle se retrouvera en M, passera de nouveau en N', de là en M', et ainsi de suite, en se mouvant de gauche à droite dans la moitié supérieure de sa trajectoire, et de droite à gauche dans la moitié inférieure. Lorsque sur un rayon les molécules d'éther décrivent, comme la molécule O, des circonférences de cercle, toutes dans le même sens, et de gauche à

Fig. 580.

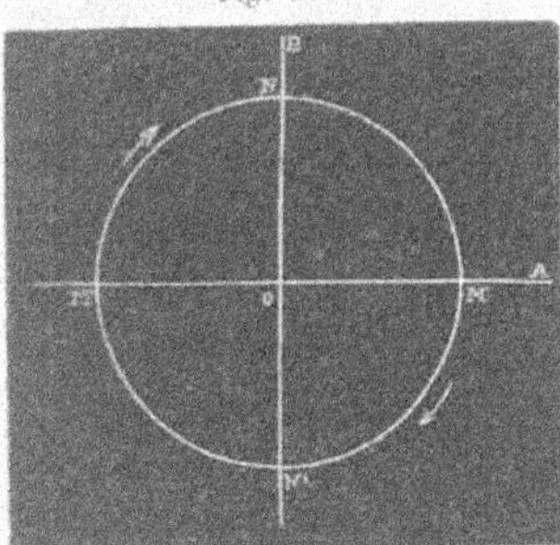

droite dans la partie supérieure, celles-ci étant observées par un œil placé sur le trajet du rayon, on dit que ce rayon est *polarisé circulairement de gauche à droite*. Il suit de cette définition et de ce qui précède que *deux rayons lumineux A, B, égaux, polarisés rectilignement dans des plans perpendiculaires, se propageant suivant la même droite, le premier étant en retard sur le second d'un quart de longueur d'ondulation, se combinent en un rayon unique, polarisé circulairement de gauche à droite*. Si, au contraire, A avait l'avance sur B, il se formerait encore un rayon unique polarisé circulairement, mais le sens du mouvement serait changé, de sorte que *le rayon résultant serait polarisé de droite à gauche*. Enfin, si les rayons A et B, tout en conservant leur différence de marche d'un quart de longueur d'onde, avaient des intensités inégales, *ils produiraient un rayon de lumière polarisée elliptiquement, de droite à gauche, ou de gauche à droite, suivant que l'avance appartiendrait au rayon* A, *ou au rayon* B (fig. 581).

Fig. 581.

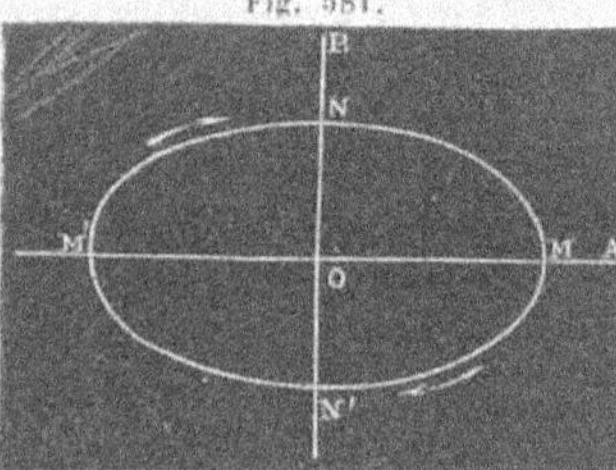

Enfin, voici une dernière proposition dont la connaissance nous sera utile par la suite : *Un rayon de lumière polarisé rectilignement peut toujours être remplacé par deux rayons de même intensité et polarisés circulairement, l'un de gauche à droite, l'autre de droite à gauche*. En effet, soit F E (fig. 582) la direction du mouvement vibratoire d'un rayon F polarisé rectilignement, et F', F'' deux rayons polarisés circulairement, le premier de gauche à droite, le second de droite à gauche. Si le diamètre des cercles que F' et F'' tendent à faire parcourir aux molécules d'éther est égal à l'amplitude du mouvement vibratoire sur le rayon F, il est facile de démontrer que F' et F'' imprimeront aux molécules d'éther le même mouvement que F, de sorte qu'ils pourront être substitués à ce dernier rayon. Pour le faire voir, admettons qu'à un instant donné *a* soit la position de la molécule d'éther *o*. Cette molécule sera sollicitée de droite à gauche par le rayon F'', et de gauche à droite par le rayon F'; elle restera, par conséquent, en

Fig. 582.

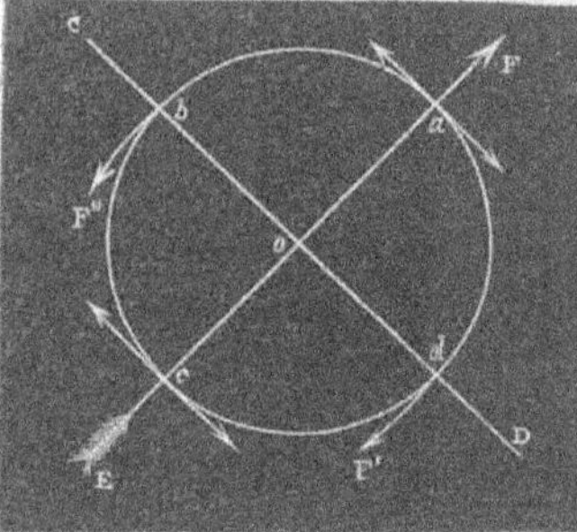

repos. Mais bientôt après, les rayons F′, F″ tendront tous les deux à la pousser vers la droite CD, car F′ la sollicite à se mouvoir vers *d*, et F″, vers *b*; sous cette double influence, la molécule se mouvra donc de *a* en *o*, et ensuite de *o* en *c*; arrivée en *c*, elle sera de nouveau soumise à deux forces égales et contraires et il y aura un moment imperceptible de repos; puis, elle commencera son mouvement rétrograde de *c* vers *a*, parce que c'est maintenant suivant *ca* qu'est dirigée la résultante des impulsions que lui impriment les rayons F′, F″. On voit donc que sous l'influence combinée de F′ et F″, la molécule d'éther oscille en restant constamment sur la droite *oa*, ou, en d'autres termes, que les deux rayons polarisés circulairement en sens contraire se combinent en un rayon polarisé rectilignement. On voit aussi, réciproquement, qu'un rayon polarisé rectilignement peut être remplacé par deux rayons polarisés circulairement en sens contraire, comme il s'agissait de le démontrer. (H. V.)

DOUBLE RÉFRACTION.

1. — CRISTAUX A UN AXE.

Tous les cristaux, ceux du système régulier exceptés, sont *biréfringents* ou doués de la *double réfraction*, c'est-à-dire qu'ils possèdent la propriété de donner naissance, pour un seul rayon incident, à deux rayons réfractés, de sorte que lorsqu'on regarde un objet à travers ces cristaux, on le voit double. Les corps privés de cristallisation, comme le verre, ne possèdent pas la double réfraction, mais, de même que les cristaux du système régulier, ils peuvent l'acquérir accidentellement, soit par une compression inégale, soit par la trempe. Les liquides et les gaz n'étant pas susceptibles d'une compression inégale dans les différents sens, ils ne peuvent jamais devenir biréfringents.

La double réfraction a d'abord été observée par Bartholin, en 1647; mais c'est Huyghens qui, le premier, en 1673, en donna une théorie complète. Ce phénomène est surtout apparent dans le spath d'Islande, ou chaux carbonatée des minéralogistes. Dans le quartz, ou cristal de roche, la double réfraction est très-faible, et pour la rendre sensible il faut un cristal d'une grande épaisseur et des appareils convenables.

Dans un cristal doué de la double réfraction, il y a toujours une ou deux directions suivant lesquelles on n'observe que la réfraction simple, c'est-à-dire suivant lesquelles on ne voit qu'une image des objets. Ces directions se nomment *axes optiques*, ou *axes de double réfraction*. On nomme *cristaux à un axe* ceux qui ne présentent qu'une direction où la lumière ne se bifurque pas, et *cristaux à deux axes* ceux qui en présentent deux. Les cristaux à un axe, dont l'emploi est le plus fréquent dans les instruments d'optique, sont le spath d'Islande, le quartz et la tourmaline. Le spath d'Islande a la forme d'un parallélipipède oblique, dont chacune des six faces est un rhombe ou losange (fig. 583). Les angles obtus de ces losanges sont de 101° 52′, et les angles aigus de 78° 8′. Les six faces du cristal du spath forment entre elles huit angles solides dont deux sont d'une certaine espèce, formés par la réunion de trois angles plans de 101° 52′, tandis que les autres sont formés par la réunion d'un angle de 101° 52′ avec deux angles de 78° 8′. Ces deux premiers angles forment les deux sommets, et la droite *ab* qui les joint s'appelle l'*axe de cristallisation* ou simplement l'*axe du cristal*. On appelle *section principale* du cristal, un plan parallèle à son axe, et contenant la perpendiculaire à une face quelconque par laquelle la lumière pénètre.

Fig. 583.

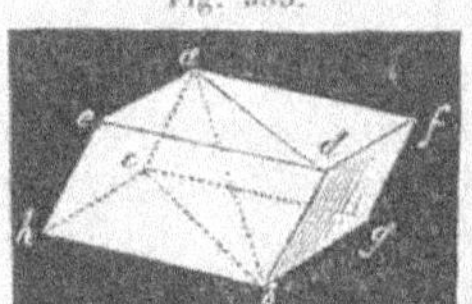

M. Brewster a constaté cette loi générale, dans les cristaux à un axe, que l'*axe de double réfraction coïncide toujours avec l'axe de cristallisation*.

Occupons-nous d'abord de la double réfraction dans les cristaux à un axe.

Des deux rayons réfractés auxquels ces cristaux donnent naissance, l'un suit toujours les lois de la réfraction simple (p. 324), mais l'autre n'est pas soumis à ces lois, c'est-à-dire que le rapport entre le sinus de l'angle d'incidence et le sinus de l'angle de réfraction n'est pas constant, et que le plan de réfraction ne coïncide pas avec le plan d'incidence. Le premier de ces rayons est dit le *rayon ordinaire*, et l'autre le *rayon extraordinaire*. Les images qui leur correspondent se désignent elles-mêmes sous les noms d'*image ordinaire* et d'*image extraordinaire*.

Pour constater la double réfraction dans le spath d'Islande, et en même temps pour reconnaître les différences qui existent entre les rayons ordinaire et extraordinaire, on peut opérer comme il suit : On fixe dans un tube cylindrique de cuivre C (fig. 584), au moyen d'un morceau de liége K, un rhomboèdre R de spath d'Islande, de manière que les deux faces f_1 et f_2 soient perpendiculaires et la section principale parallèle à l'axe du tube. Celui-ci est fermé d'un côté par une plaque *mm*, percée d'une petite ouver-

Fig. 584.

ture oo, et de l'autre par une seconde plaque, percée d'une ouverture un peu plus grande. Cela posé, si on laisse tomber, à travers l'ouverture oo, sur la face f_1, un mince faisceau a de rayons solaires, parallèles à l'axe de l'appareil, ce faisceau se bifurquera à son passage à travers le cristal, et ira projeter deux images a', a'' (fig. 585), sur un écran SS, disposé sur son trajet. De ces deux images, l'une a' se trouve sur le prolongement des rayons incidents; l'autre a'' est formée, au contraire, par des rayons d'autant plus écartés de la direction du faisceau a, que l'épaisseur du cristal est plus considérable. La première est l'image ordinaire, la seconde l'image extraordinaire. Celle-ci se trouve toujours dans le plan de la section principale ; de sorte que si l'on fait tourner le tube autour de son axe, elle décrit un cercle autour de l'image a', qui reste immobile. Il suit de là que le rayon extraordinaire ne tombe dans le plan d'incidence et n'obéit, par conséquent, à l'une des lois de la réfraction simple, que lorsque le plan d'incidence coïncide avec la section principale. Avec la lumière solaire, ou plus généralement avec toute espèce de lumière naturelle, c'est-à-dire avec la lumière telle qu'elle s'échappe des sources lumineuses, les deux images ont des intensités égales.

Fig. 585.

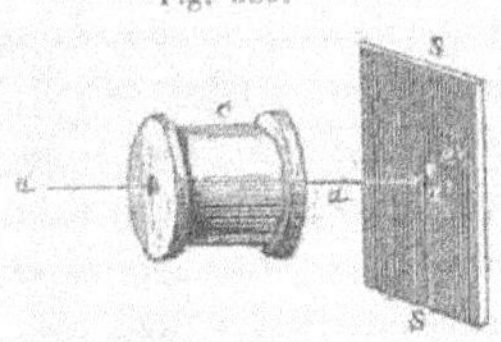

Interposons maintenant sur le trajet de l'un des deux faisceaux qui émergent du cristal R un corps opaque, et faisons tomber l'autre, sous l'angle de polarisation (p. 401), sur une lame de verre noir; puis faisons tourner cette lame autour du rayon, de manière à donner au plan d'incidence successivement diverses positions, tout en conservant au faisceau incident son inclinaison de 35° 32′ sur le plan de la lame. En opérant ainsi sur le rayon ordinaire, par exemple, on reconnaîtra que ce rayon présente tous les caractères de la lumière polarisée par réflexion, et que son plan de polarisation coïncide avec le plan de la section principale. Le rayon extraordinaire est pareillement polarisé, mais dans un plan perpendiculaire à la section principale, ce qui indique que, sur ce rayon, les vibrations des molécules de l'éther ont lieu dans le plan de cette section, car dans la lumière polarisée rectilignement, les vibrations sont toujours perpendiculaires au plan de polarisation (p. 405).

On peut déduire de ce qui précède deux conséquences extrêmement importantes : 1° que dans les cristaux à un axe, il ne peut que se transmettre deux systèmes de vibrations perpendiculaires entre elles ; 2° que ces vibrations se propagent avec des vitesses différentes, puisque sans cela les rayons ordinaire et extraordinaire suivraient la même route; 3° que la lumière naturelle est toujours susceptible d'être décomposée en deux rayons polarisés à angle droit, d'intensités égales; c'est là, comme nous le verrons page 422, un des caractères distinctifs de cette lumière.

Il existe une expérience extrêmement curieuse et instructive qui confirme la première des conclusions ci-dessus. Cette expérience consiste à recevoir l'un des faisceaux qui ont traversé le cristal R, par exemple, le faisceau ordinaire, sur un second cristal R', disposé comme le premier (fig. 586). A sa sortie du second rhomboèdre, ce faisceau donnera, en général, deux images disposées comme l'étaient les images a', a'', polarisées aussi l'une dans le plan de la section principale de R' et l'autre dans un plan perpendiculaire à cette section, mais ces nouvelles images ont des intensités inégales. Tant que les sections principales des deux rhomboèdres sont dans le même plan, la nouvelle image ordinaire présente à peu près la même intensité que l'image a', et la nouvelle image extraordinaire a disparu. Si les deux sections principales font entre elles un angle aigu de moins de 45°, on obtient deux images, mais l'intensité de l'image ordinaire l'emporte sur celle de l'image extraordinaire. Lorsque cet angle devient de 45°, les deux images existent toujours, mais leur intensité est la même. L'angle des deux sections principales augmentant encore, les deux images persistent, seulement c'est l'image extraordinaire qui devient prédominante par son intensité sur l'image ordinaire. Enfin, lorsque les deux sections principales sont à angle droit l'une sur l'autre, l'image extraordinaire prend sensiblement la même intensité que l'image a' et l'image ordinaire disparaît. En continuant à faire tourner le plan de la section principale de R', les phénomènes que nous venons de décrire se reproduisent, mais dans un ordre inverse, jusqu'à ce que les deux sections coïncident de nouveau et que l'image extraordinaire ait disparu.

Fig. 586.

Tous ces résultats sont faciles à expliquer. En effet, lorsqu'un rayon polarisé rectilignement pénètre dans un rhomboèdre de spath d'Islande, comme celui-ci ne peut que transmettre des vibrations rectangulaires, les unes contenues dans le plan de la section principale, les autres perpendiculaires à ce plan, il est évident que le rayon doit se décomposer toutes les fois que son plan de polarisation ne coïncide pas avec celui de la section principale ou qu'il ne lui est pas perpendiculaire, c'est-à-dire toutes les fois que les vibrations de la lumière incidente ne sont pas perpendiculaires ou parallèles à la section principale. Lorsque le plan de polarisation du rayon incident coïncide avec la section principale, ce rayon ne peut donner qu'une image ordinaire; si, au contraire, ces deux plans sont à angle droit, on ne peut obtenir qu'une image extraordinaire. Mais pour toute autre inclinaison, on doit observer deux images inégales, sauf pour l'inclinaison de 45°, car ce n'est que dans ce dernier cas, qu'un rayon polarisé rectilignement peut se décomposer en deux rayons polarisés à angle droit et d'intensités égales (p. 404).

Si, dans l'appareil représenté par la figure 584, on remplace le rhomboèdre R par une lame de spath d'Islande taillée parallèlement à l'axe, et si cette lame reçoit un rayon solaire diversement incliné sur une de ses faces, et dans un plan perpendiculaire à l'axe, on constate que, lors de l'incidence normale, la lumière traverse la lame sans se dévier, sans se bifurquer et sans se polariser. Lorsque la lumière tombe, au contraire, obliquement sur la lame, les rayons se bifurquent et les deux faisceaux réfractés se polarisent, le faisceau ordinaire perpendiculairement au plan d'incidence et le faisceau extraordinaire dans ce même plan. En outre, les rayons extraordinaires se trouvent contenus dans le plan d'incidence, et le rapport entre le sinus de l'angle d'incidence et le sinus de l'angle de réfraction extraordinaire devient constant, mais plus grand ou plus petit que l'indice ordinaire, suivant la nature du cristal employé; dans les cristaux dits *répulsifs*, comme le spath d'Islande, l'indice extraordinaire est plus petit que l'indice ordinaire; c'est l'inverse qui a lieu dans les cristaux dits *attractifs*, tels que le quartz, par exemple. Dans cette dernière substance, l'indice ordinaire, pour la raie F du spectre (p. 346), est égal à 1,54965, et l'indice extraordinaire à 1,55894; dans le spath d'Islande, ces mêmes indices sont respectivement 1,66802 et 1,49075.

Enfin, si l'on opérait sur une plaque taillée perpendiculairement à l'axe optique, on trouverait que, lors de l'incidence normale, les rayons traversent la plaque sans se dévier, ni se polariser, ce qui prouve que, dans les cristaux à un axe, les vibrations perpendiculaires à cet axe se transmettent, de quelque façon qu'elles soient dirigées, toutes avec la même vitesse, comme dans les cristaux monoréfringents.

Pour expliquer la double réfraction dans les cristaux à un axe, on suppose que les vibrations qui donnent naissance au rayon ordinaire et qui sont toujours perpendiculaires à l'axe, se transmettent avec la même vitesse dans toutes les directions, de sorte qu'elles doivent se propager par ondes sphériques dans le cristal. Le rayon qui correspond à ces vibrations doit donc, quant à sa marche, suivre les lois de la réfraction simple. Quant aux vibrations perpendiculaires aux précédentes et qui donnent lieu au rayon extraordinaire, on suppose qu'elles se propagent par des ondes ayant la forme d'un ellipsoïde de révolution autour d'un axe qui coïncide toujours avec l'axe de cristallisation. Il est facile de voir, en effet, qu'à l'aide de ces deux hypothèses, on peut se rendre compte du phénomène qu'il s'agit d'expliquer. Pour cela, considérons, par exemple, un faisceau de rayons parallèles tombant obliquement sur une lame de spath d'Islande taillée perpendiculairement à l'axe **MN** (fig. 587). Soit **LI** un de ces rayons,

Fig. 587.

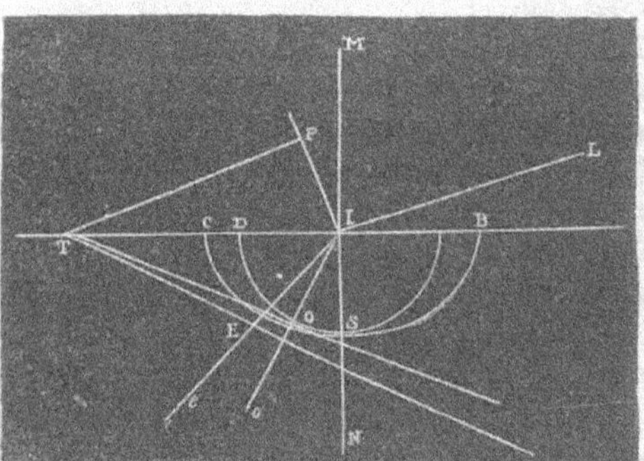

IP le front de l'onde, et **TB** la surface de séparation entre l'air et le milieu biréfringent : dans un intervalle de temps proportionnel à **PT**, la portion **P** de l'onde aura atteint la surface de séparation en **T**, et la portion **I** sera devenue le centre de trois ondes : la première sphérique qui, se propageant dans l'air avec la vitesse de l'onde primitive, concourt à la formation de l'onde réfléchie ; la seconde **DO** également sphérique qui se propage dans le milieu biréfringent et concourt à la formation de l'onde réfractée ordinaire ; et la troisième **CEB** présentant la forme d'un ellipsoïde de révolution autour de la droite **MN** comme axe et concourant à la formation de l'onde extraordinaire. Les dimensions de ces deux dernières ondes formées autour du point **I** comme centre sont faciles à déterminer, si l'on connaît les indices ordinaire ω et extraordinaire ε du milieu biréfringent (p. 411). En effet, le rapport entre **PT** et **IO** est égal au rapport entre la vitesse de propagation **V** de la lumière dans l'air et la vitesse o des rayons ordinaires ; de sorte que l'on a pour déterminer **IO** la proportion **PT : IO :: V :** o, ou bien, puisque $V : o = \omega$, l'équation $PT : IO = \omega$. La droite IO représente également le demi-axe de révolution de l'onde ellipsoïdale, de sorte que les deux ondes doivent couper l'axe optique IN en un même point S. Quant au demi-axe IC, on verrait facilement qu'il est donné par l'équation $PT : IC = \epsilon$. A l'instant où le point P de l'onde incidente IP arrive en T, les autres points de cette onde seront devenus pareillement les centres d'ondes analogues à celles formées autour du point I; seulement les dimensions de ces nouvelles ondes seront d'autant moindres que le point de la surface TB autour duquel elles se seront formées sera plus rapproché de T. Les surfaces tangentes menées par le point T aux ondes sphériques et aux ondes ellipsoïdales seront les ondes réfractées. Or, il est évident que ces surfaces sont des plans TE et TO. Ces plans touchent les ondes DO et CEB respectivement en O et en E. Si l'on joint ces deux points de contact au point I par les droites IO, IE, celles-ci mesureront les distances auxquelles se seront propagés les mouvements ondulatoires partis de I, et elles représenteront, par conséquent, les directions des rayons ordinaire et extraordinaire dans lesquels le rayon incident LI s'est partagé à son entrée dans le cristal biréfringent.

C'est à Huyghens que l'on doit la connaissance de la forme de l'onde lumineuse dans les cristaux à un axe, mais c'est Fresnel qui, le premier, constata la polarisation des rayons ordinaire et extraordinaire. (H. V.)

Tableau de quelques cristaux à un axe répulsifs ou négatifs.

Spath d'Islande.	Émeraude.
Tourmaline.	Mica (de Kariat).
Corindon.	Prussiate de potasse.
Saphir.	Phosphate de chaux.
Rubis.	Nitrate de soude.

Attractifs ou positifs.

Zircon.	Apophylite.
Quartz.	Oxyde ferrique.
Glace.	

2. — CRISTAUX A DEUX AXES.

Les cristaux à deux axes sont très-nombreux; tels sont l'arragonite (carbonate de chaux cristallisé dans le système rectangulaire droit p. 44), la topaze du Brésil, les sulfates de nickel, de magnésie, de baryte, de potasse et de fer, le gypse, le borax, le salpêtre, le sucre de canne, certaines variétés de mica, etc. Dans ces différents cristaux, les deux axes de double réfraction forment entre eux des angles qui varient de 5 jusqu'à 90 degrés, et jamais aucun de ces axes ne coïncide avec un des axes de cristallisation.

Fresnel a découvert par la théorie et démontré par l'expérience que dans les cristaux à deux axes, ni l'un ni l'autre des rayons réfractés ne suivent les lois de la réfraction simple; mais en appelant *ligne moyenne* et *ligne supplémentaire* les lignes qui divisent l'angle des deux axes et son supplément en deux parties égales, il a trouvé que, dans toute section perpendiculaire à la ligne moyenne, un des rayons réfractés suit les lois ordinaires de la réfraction, et que, dans toute section perpendiculaire à la ligne supplémentaire, c'est l'autre rayon qui suit ces lois.

La topaze et l'arragonite se prêtent très-bien aux expériences. Celle-ci cristallise en prismes rhomboïdaux droits. L'axe du prisme représente la direction de la ligne moyenne, et la grande diagonale des bases du prisme est parallèle à la ligne supplémentaire. L'angle des axes optiques est de 20°.

Dans les cristaux à deux axes la forme de l'onde, déterminée par Fresnel, est très-compliquée. Cette onde se compose de deux nappes ou surfaces comme l'onde dans les cristaux à un axe. On démontre que si on la coupe par le plan dans lequel sont contenus les deux axes optiques, elle donne, pour intersection, l'ensemble d'un cercle et d'une ellipse (fig. 588). Ces deux courbes, qui ont un centre commun, se couperont nécessairement en quatre points, puisque le rayon du cercle est intermédiaire entre les deux axes de l'ellipse. Comme pour ces points d'intersection, les tangentes à l'ellipse et au cercle ne coïncident pas, il est évident que suivant la direction OP, par exemple, il peut se propager deux rayons avec des vitesses égales; mais à leur sortie du cristal, ces deux rayons doivent se séparer, car ils appartiennent à des ondes planes animées de vitesses de propagation différentes. Comme par chaque point d'intersection P du cercle et de l'ellipse, on ne peut mener à ces courbes que deux tangentes, il semble qu'il ne puisse y avoir que deux rayons se propageant suivant OP. Mais M. W. Hamilton a démontré par le calcul que le point P est le point d'intersection de chacun des systèmes des deux courbes dont se composent les diverses coupes faites dans la surface de l'onde par les plans menés suivant le rayon vecteur OP. Dès lors, au lieu de deux tangentes, on aura un cône tangent à la surface,

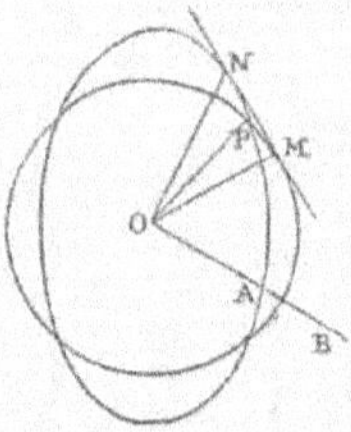

Fig. 588.

N
P
M
O
A
B

au point singulier P; et par conséquent, tout rayon qui pénétrera la surface dans la direction OP devra nécessairement s'épanouir à la sortie, et former un cône lumineux en se partageant en autant de rayons qu'il y a de tangentes. Cette division d'un rayon en un faisceau conique de rayons émergents a reçu le nom de *réfraction conique extérieure*, et la direction OP suivant laquelle le rayon doit se mouvoir dans le cristal pour présenter le phénomène, a été désignée sous le nom d'*axe de réfraction conique extérieure*.

Ce n'est pas tout encore : le cercle et l'ellipse ont quatre tangentes communes, telles que MN, et les plans menés par ces tangentes perpendiculairement à la section, sont perpendiculaires aux axes optiques du cristal. Or, M. Hamilton découvrit que ces plans ne touchaient pas seulement la surface de l'onde en deux points, mais dans un nombre infini de points constituant pour chacun d'eux un petit cercle de contact; et il en résultait qu'un rayon de lumière ordinaire arrivant de l'extérieur et se réfractant de manière à donner un rayon réfracté se propageant suivant l'axe optique OM, devait se partager dans l'intérieur du cristal en un cône de rayons, et ceux-ci, en sortant par la seconde surface du cristal que nous supposerons parallèle à la première, devaient se transformer en un *cylindre creux de rayons*. Cette division d'un rayon incident en un cône de rayons réfractés dans l'intérieur d'un cristal a été appelée *réfraction conique intérieure*. M. Lloyd, célèbre physicien irlandais, a vérifié par l'observation l'existence des deux réfractions coniques indiquées par M. Hamilton.

A cet effet, M. Lloyd s'est servi d'une plaque d'arragonite. Dans cette substance, les axes de réfraction conique extérieure forment entre eux un angle d'environ 20°. Ils coïncident presque avec les axes optiques. La plaque sur laquelle M. Lloyd opéra avait ses faces perpendiculaires à la ligne qui divise en deux parties égales l'angle des axes optiques, de sorte que les lignes des axes de réfraction conique faisaient de chaque côté de la perpendiculaire des angles d'environ 10°.

Fig. 589.

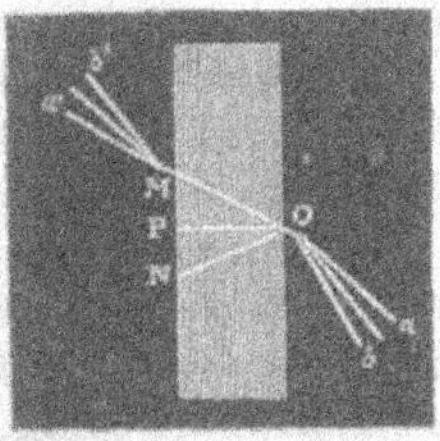

Soient OM et ON (fig. 589) ces lignes également inclinées sur la normale OP. Cela posé, une lame métallique très-mince et percée d'une petite ouverture fut appliquée sur chaque face du cristal, de manière que la ligne de jonction des deux ouvertures fût parallèle à OM. On plaça ensuite devant le cristal une lentille dont l'axe était situé dans le plan NOM, et qui, recevant un faisceau de rayons parallèles, les faisait converger vers une des ouvertures dans une position telle, que le rayon non dévié par la lentille fit sur la première face de la plaque un angle d'incidence de 15 ou 16 degrés. Par cette disposition, la lumière tombait sur le cristal en formant un faisceau conique qui devait fournir une infinité de rayons parcourant tous l'axe de réfraction conique extérieure; et l'œil placé immédiatement derrière l'autre ouverture ne recevait que ces rayons à leur émergence. Si la conséquence théorique signalée par M. Hamilton était vérifiable, l'œil devait apercevoir un anneau lumineux, entourant un espace obscur; or, c'est effectivement le phénomène qui fut observé par M. Lloyd. Ayant répété cette expérience dans une chambre obscure, mais recevant la lumière émergente sur un écran, M. Lloyd constata que l'image projetée était un anneau dont la grandeur augmentait avec la distance au cristal. L'angle sous lequel les rayons divergent est pour l'arragonite d'environ 3°.

M. Lloyd a également constaté l'existence de la réfraction conique intérieure. A cet effet, il se servit d'une plaque d'arragonite taillée perpendiculairement à l'un des deux axes optiques. Au moyen d'un morceau de liége, il fixa cette lame dans un tube de cuivre fermé à l'une de ses extrémités par une feuille mince d'étain percée de plusieurs petites ouvertures. L'appareil étant ainsi disposé, il fit pénétrer par ces ouvertures des rayons de lumière qui, arrivant normalement à la plaque, devaient s'épanouir, dans celle-ci, en faisceaux coniques. C'est ce qui eut lieu. En effet, en plaçant l'œil sur le trajet de la lumière émergente, M. Lloyd aperçut les ouvertures sous la forme de petits anneaux lumineux, qui se réduisaient en deux points lumineux aussitôt qu'on écartait l'œil de la direction voulue. Pour voir le phénomène plus distinctement, on peut armer l'œil d'une loupe. (H. V.)

APPAREILS DIVERS POUR LA POLARISATION RECTILIGNE DE LA LUMIÈRE.

Nous avons vu (p. 401) que la lumière se polarise rectilignement lorsqu'elle se réfléchit, sous une incidence convenable, sur une glace noire. Mais le même résultat peut être obtenu, soit par simple réfraction, soit par double réfraction.

Occupons-nous d'abord de la polarisation par simple réfraction.

Quand un rayon de lumière naturelle ou non polarisée tombe sur une lame de verre à faces parallèles, sous l'angle de polarisation, il n'est qu'en partie réfléchi; l'autre partie traverse la lame en se réfractant, et la lumière transmise est polarisée partiellement dans un plan perpendiculaire au plan de réflexion, et, par conséquent, au plan de polarisation de la lumière qui a été polarisée par réflexion. Arago a observé, en outre, que le faisceau réfléchi et le faisceau réfracté contiennent une égale quantité de lumière polarisée.

Une seule lame ne polarisant jamais complétement la lumière, on peut en réunir plusieurs qu'on superpose, et qui, par des réflexions et des réfractions successives, produisent un effet plus complet. Des lames de verre ainsi réunies forment ce qu'on appelle une *pile de glaces*, appareil qu'on utilise fréquemment pour obtenir un faisceau de lumière polarisée. La figure 590 représente une pile de glaces fixée dans un tube de cuivre.

Fig. 590.

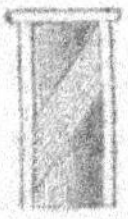

Lorsqu'on se propose de polariser la lumière par double réfraction, on emploie, soit un prisme biréfringent, soit un prisme de Nicol, soit une lame de tourmaline taillée parallèlement à son axe de cristallisation.

Les prismes biréfringents sont ordinairement en spath d'Islande ou en quartz. On les taille de manière que leurs arêtes soient parallèles ou perpendiculaires à l'axe optique du cristal. Il est nécessaire qu'ils soient achromatisés, car lorsque la lumière qui les traverse n'est pas simple, elle est décomposée par la réfraction. Pour cela, on accole au prisme biréfringent un second prisme de verre, d'un angle réfringent tel qu'en réfractant la lumière en sens contraire, il détruise à peu près complétement l'effet de la dispersion. La figure 591 représente un prisme biréfringent achromatisé, fixé à l'extrémité d'un tube de cuivre. Souvent on dispose l'ouverture du diaphragme qui ferme le tube de manière à ne recevoir qu'un seul des deux rayons que l'on obtient en faisant passer dans le tube un rayon de lumière naturelle. On choisit, à cet effet, le rayon extraordinaire, du moins dans les prismes de spath d'Islande, parce que ce rayon est mieux achromatisé que le rayon ordinaire.

Fig. 591.

Rochon a fait une ingénieuse application des prismes de quartz dans la lunette micrométrique, qui sert à mesurer le diamètre apparent des corps, et à l'aide duquel on peut déterminer la distance d'un objet quand sa grandeur est connue.

Le prisme de Nicol est l'appareil le plus précieux pour polariser la lumière, parce qu'il est tout à fait incolore, qu'il polarise complétement la lumière, et qu'il ne transmet qu'un seul rayon polarisé dans la direction de son axe. Voici de quelle manière on le construit :

Fig. 592.

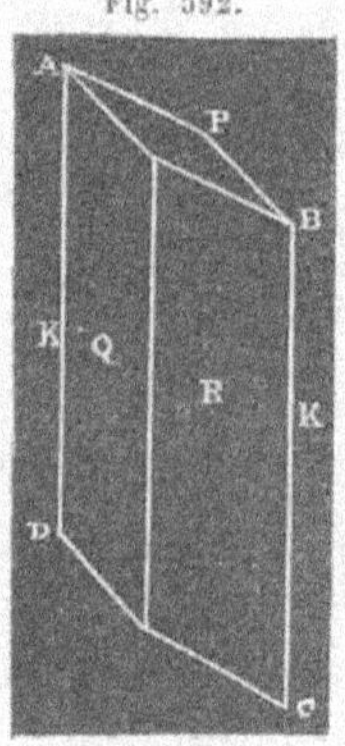

Soient P, Q et R (fig. 592) les faces naturelles d'un rhomboèdre de spath d'Islande, B et D les angles terminaux. La face P et la diagonale AB forment avec les arêtes K un angle d'environ 71°. On commence par remplacer les deux faces P par deux autres taillées perpendiculairement au plan ABCD et faisant avec les arêtes K un angle de 68°. On coupe ensuite le cristal en deux par un plan perpendiculaire à ABCD, ainsi qu'aux nouvelles faces qu'on a taillées. Puis on rejoint les deux moitiés dans le même ordre avec du baume de Canada. L'on a alors ce qu'on appelle le prisme de Nicol, mais c'est en réalité un parallélipipède.

L'indice de réfraction du baume de Canada étant plus petit que l'indice ordinaire du spath d'Islande, mais plus grand que son indice extraordinaire, il en résulte qu'un rayon lumineux *ss* (fig. 593) pénétrant dans le prisme, le rayon ordinaire *so* éprouve sur la surface *gf* la réflexion totale, tandis que le rayon extraordinaire *ses'* passe seul; c'est-à-dire que le prisme de Nicol ne laisse passer que de la lumière polarisée dans le plan de la section principale *abde*.

Fig. 593.

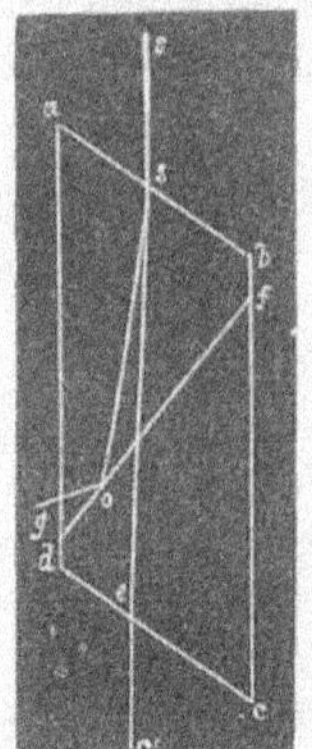

La tourmaline est un cristal à un axe. Une lame de cette substance, taillée parallèlement à l'axe de cristallisation et d'une épaisseur suffisante, a la propriété de ne laisser passer que des vibrations parallèles à son axe, c'est-à-dire des rayons polarisés dans un plan perpendiculaire à cette ligne. Lorsqu'on expose une pareille lame à des rayons de lumière naturelle, elle décompose celle-ci en rayons polarisés, ordinaires et extraordinaires. Ces derniers seuls pouvant se transmettre, il s'ensuit que la tourmaline offre un excellent moyen de se procurer de la lumière polarisée. Seulement, comme la tourmaline est toujours plus ou moins fortement colorée, elle ne peut donner que des rayons colorés de la même manière.

Fig. 594.

Dans beaucoup d'expériences on se sert d'une pince à deux lames de tourmaline, montées de manière à pouvoir tourner dans leur plan (fig. 594). Quand les axes des deux lames sont croisés à angle droit, le système arrête la lumière et paraît opaque. Mais lorsque les axes sont parallèles ou inclinés sous un angle inférieur à 90°, la lumière peut les traverser.

Tous les appareils propres à polariser la lumière peuvent aussi servir à reconnaître quand la lumière est polarisée, et à déterminer son plan de polarisation. C'est pour ce motif qu'on les désigne sous les noms de *polariscopes* ou d'*analyseurs*. (H. V.)

APPAREIL DE NORREMBERG.

M. Norremberg a imaginé un appareil simple et peu dispendieux, à l'aide duquel on peut répéter la plupart des expériences relatives à la lumière polarisée. Cet appareil, dont nous empruntons la description à l'excellent traité de physique de M. Ganot, se compose de deux colonnes b et d (fig. 595), en cuivre, qui soutiennent une glace non étamée n, mobile autour d'un axe horizontal. Un petit cercle gradué c indique l'angle de cette glace avec la verticale. Entre les pieds des deux colonnes est une glace étamée p, fixe et horizontale. A leur extrémité supérieure, ces mêmes colonnes supportent un plateau gradué i dans lequel peut tourner un disque circulaire o. Celui-ci, au centre duquel est une ouverture quadrangulaire, porte une glace de verre noir m, faisant, avec la verticale, un angle égal à l'angle de polarisation. Enfin, un disque annulaire k peut se fixer, par une vis de pression, à différentes hauteurs sur les colonnes. Un deuxième anneau a, soutenu par le premier, peut prendre différentes inclinaisons et porte un écran noir e, percé à son centre d'une ouverture circulaire.

Fig. 595.

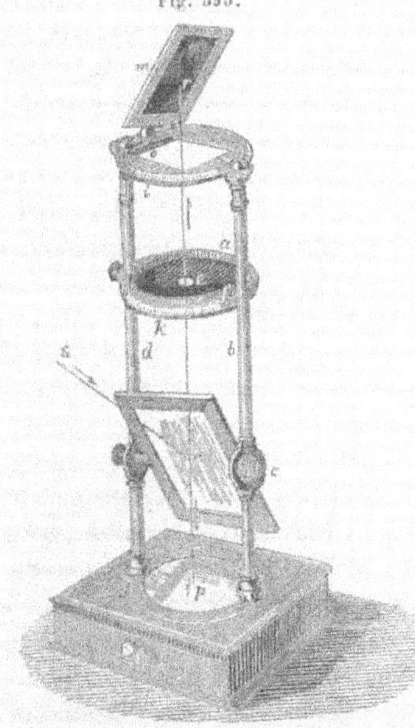

Cela posé, la glace n faisant, avec la verticale, un angle de 35° 25', c'est-à-dire égal à l'angle de polarisation du verre, les rayons lumineux Sn, qui rencontrent cette glace sous cet angle, se polarisent (p. 401) en se réfléchissant dans la direction np, vers la glace p qui les renvoie dans la direction *pnr*. Après avoir traversé la glace *n*, le faisceau polarisé tombe sur la glace noire *m* sous un angle de 35° 25', puisque cette glace fait précisément le même angle avec la verticale. Or, si l'on fait mouvoir horizontalement le disque *o* auquel est fixée la glace *m*, celle-ci se déplace en conservant toujours la même inclinaison, et l'on voit qu'on peut ainsi constater toutes les propriétés caractéristiques de la lumière polarisée rectilignement. Si la glace *m* fait, avec la verticale, un angle plus grand ou plus petit que 35° 25', le faisceau polarisé est toujours réfléchi dans toutes les positions du plan d'incidence.

Quand, au lieu de recevoir la lumière polarisée sur la glace noire *m*, on la reçoit sur un prisme biréfringent placé dans un tube *g* (fig. 596), on n'obtient qu'une image toutes les fois que le plan de la section principale du prisme coïncide avec le plan de polarisation sur la glace *n*, et c'est alors le rayon ordinaire qui est transmis. On ne voit encore qu'une image quand le plan de la section principale est perpendiculaire au plan de polarisation, et c'est alors le rayon extraordinaire qui passe. Pour toute autre position du prisme biréfringent, on voit deux images dont l'intensité varie avec la position de la section principale (p. 410).

Fig. 596.

Si l'on substitue une tourmaline au prisme biréfringent et qu'on la fasse tourner sur elle-même, le faisceau polarisé s'éteint complétement lorsque l'axe de la tourmaline est parallèle au plan d'incidence S*np*.

Enfin, en recevant le faisceau polarisé sur un prisme de Nicol, on remarque que ce faisceau s'éteint complétement lorsque le plan de la section principale du prisme coïncide avec le plan d'incidence; qu'il se transmet sans presque perdre de son intensité quand ces deux plans sont perpendiculaires; et que, pour les autres positions relatives de ces mêmes plans, l'intensité de la lumière transmise est plus ou moins affaiblie. (H. V.)

CARACTÈRES DISTINCTIFS DES DIVERSES LUMIÈRES.

Sous le rapport des propriétés qu'elles possèdent, on distingue diverses espèces de lumière, savoir : 1° la lumière polarisée rectilignement; 2° la lumière polarisée circulairement; 3° la lumière polarisée elliptiquement, 4° la lumière polarisée partiellement; et 5° la lumière naturelle.

Comme nous avons déjà indiqué les caractères distinctifs de la lumière polarisée rectilignement, nous pouvons passer à l'examen de ceux des autres espèces que nous venons d'indiquer. Mais auparavant, nous devons faire connaître de quelle manière on peut produire, soit la polarisation elliptique, soit la polarisation circulaire des rayons lumineux. A cet effet, le moyen le plus simple consiste à laisser tomber normalement sur une lame mince de mica ou de gypse cristallisé un faisceau de lumière polarisée rectilignement. Une lame de ces substances ne transmet, normalement à ses faces, que des vibrations rectangulaires contenues dans deux plans fixes, perpendiculaires aux faces et que l'on appelle les *sections principales* de la lame. Ces deux systèmes de vibrations se propagent d'ailleurs avec des vitesses différentes. Il suit de là que, si le plan de polarisation des rayons incidents ne coïncide pas avec l'une des sections principales de la lame cristalline, les vibrations de l'éther se décomposeront en deux composantes se propageant suivant la direction primitive des rayons, mais avec des vitesses inégales. En faisant varier l'épaisseur de la lame, on peut faire en sorte que, pendant leur trajet à travers celle-ci, l'une des composantes devance l'autre d'un quart de longueur d'onde. Lorsque ensuite les deux rayons rentrent dans l'air, ils se combineront ensemble pour former un rayon unique de lumière polarisée circulairement ou elliptiquement, suivant que leurs intensités sont égales ou inégales (p. 405 et 406). Le premier cas se présentera si l'angle du plan de polarisation de la lumière incidente divise en deux parties égales l'angle des sections principales de la lame; le second cas se présentera, au contraire, dans toutes les autres positions du plan de polarisation.

Une lame cristalline à l'aide de laquelle on peut produire, soit la polarisation elliptique, soit la polarisation circulaire de la lumière, se prête également très-bien à la démonstration des caractères distinctifs de ces deux genres de polarisation. En effet, supposons qu'un rayon de lumière polarisée elliptiquement, obtenu comme il a été dit plus haut, traverse une seconde lame, pareille à celle qui lui a communiqué sa polarisation elliptique, dans une direction perpendiculaire aux faces. Ce rayon peut être considéré comme la résultante de deux rayons inégaux, polarisés à angle droit et présentant l'un sur l'autre une avance ou un retard d'un quart de longueur d'onde (p. 406). Si l'on tourne la seconde lame cristalline dans son plan, on finira évidemment par trouver une position pour laquelle les sections principales coïncident avec les directions suivant lesquelles oscillent les molécules d'éther sur les deux composantes du rayon polarisé elliptiquement. Supposons cette position trouvée. Il est évident que, puisque la lame occasionne une avance ou un retard d'un quart de longueur d'onde de l'une des composantes sur l'autre, celles-ci, à leur rentrée dans l'air, seront ou d'accord ou leur différence de marche sera devenue égale à une demi-longueur d'ondulation. Dans les deux cas, elles devront se combiner en un rayon polarisé rectilignement, dont le plan de polarisation fera un angle plus ou moins grand avec celui du rayon polarisé qui a subi la polarisation elliptique par son passage à travers une première lame de mica ou de gypse. L'expérience confirme cette conclusion.

La lumière polarisée circulairement peut, comme la lumière polarisée elliptiquement, se convertir en lumière douée de la polarisation rectiligne. Mais elle s'en distingue par la manière dont elle se comporte en traversant un prisme de Nicol. En effet, elle donne, dans ce cas, une image dont l'intensité reste invariable quand on fait tourner le prisme autour de son axe; la lumière polarisée elliptiquement donne, au contraire, dans les mêmes circonstances, une image dont l'intensité dépend de l'orientation de la section principale, mais qui ne devient jamais nulle, comme pour la lumière polarisée rectilignement.

Le prisme de Nicol ne permet pas de distinguer entre elles les polarisations partielle et elliptique. Mais on parvient à ce résultat au moyen d'une lame mince de mica ou de gypse; car nous savons qu'à l'aide d'une pareille lame, d'épaisseur convenable, on peut transformer la polarisation elliptique en polarisation rectiligne, effet que l'on n'obtient jamais en opérant sur de la lumière polarisée partiellement. Cette dernière lumière peut être considérée comme un mélange de lumière naturelle et de lumière polarisée rectilignement.

Quant à la lumière naturelle, elle a pour caractères distinctifs de ne pas pouvoir se transformer en lumière polarisée rectilignement par son passage à travers une lame mince de gypse ou de mica, ce qui la distingue de la lumière polarisée circulairement ou elliptiquement, et de donner deux rayons égaux polarisés à angle droit, par son passage à travers un prisme biréfringent, dans toutes les positions de la section principale de celui-ci, ce qui la distingue de la lumière polarisée partiellement. D'après cela, on peut regarder la lumière naturelle comme formée par de la lumière polarisée rectilignement dont le plan de polarisation tournerait très-rapidement autour de la direction suivant laquelle elle se propage. M. Dove a, en effet, démontré par l'expérience qu'un pareil rayon polarisé, obtenu par le passage de la lumière naturelle à travers un prisme de Nicol, auquel on imprime un mouvement de rotation très-rapide autour de son axe, se comporte, dans toutes les circonstances, comme la lumière naturelle elle-même. (H. V.)

COULEURS DE LA LUMIÈRE POLARISÉE.

Lorsqu'un faisceau de lumière blanche polarisée rectilignement traverse une lame mince de substance biréfringente taillée parallèlement à l'axe, ou au plan des axes, s'il y en a deux, et qu'on le reçoit ensuite sur un prisme biréfringent achromatisé, il donne, en général, deux images colorées des plus vives nuances. Ces phénomènes de coloration ont été découverts par Arago. Pour les observer on peut se servir de l'appareil de M. Norremberg. A cet effet, on place la lame cristalline sur l'ouverture de l'écran *e* (fig. 595), et l'on prend, comme analyseur, un prisme biréfringent dont la monture s'adapte dans l'anneau *i*, où elle peut tourner.

Voici maintenant les phénomènes que l'on observe avec une lame de cristal de roche dont les deux faces sont parallèles entre elles et parallèles à l'axe, et dont l'épaisseur ne dépasse pas 0,45 de millimètre.

1° La section principale du prisme étant fixée dans le plan primitif de polarisation, pendant que la lame tourne sur son support, en restant perpendiculaire au rayon polarisé, on ne voit qu'une seule image blanche dans quatre positions : image ordinaire quand la section principale de la lame coïncide avec celle du prisme, image extraordinaire quand elle lui devient perpendiculaire; dans toutes les autres positions, il y a deux images, dont les couleurs sont toujours exactement complémentaires, car elles donnent du blanc parfait dans la portion où elles se superposent, et chacune passe tour à tour par la série des nuances prismatiques; ces deux images prennent à la fois leur plus vif éclat de coloration quand la section principale de la lame fait avec celle du prisme des angles de 1/2, 3/2, 5/2 ou 7/2 quadrants.

2° Si la section principale du prisme est perpendiculaire au plan primitif de polarisation, on observe des phénomènes analogues : seulement, l'image ordinaire prend la place de l'image extraordinaire, et *vice versâ*.

3° Quand la section principale du prisme n'est ni parallèle ni perpendiculaire au plan de polarisation primitive, on observe encore les mêmes phénomènes, savoir : une image nulle et l'autre blanche, quand les deux sections principales du prisme et de la lame sont parallèles ou perpendiculaires entre elles; maximum d'éclat dans les couleurs, quand les sections font un angle mesuré par un nombre impair de demi-quadrants; et toujours les mêmes nuances plus ou moins affaiblies, dans toutes les positions intermédiaires.

Les lames de cristal de roche de plus d'un demi-millimètre d'épaisseur donnent des teintes de plus en plus affaiblies; mais toutes les lames plus ou moins minces donnent des nuances différentes, et qui sont, en général, d'autant plus vives que l'épaisseur est moindre. M. Biot a trouvé qu'une lame de chaux carbonatée, parallèle à l'axe, devait être 18 fois plus mince qu'une lame de cristal de roche, aussi parallèle à l'axe, pour donner la même teinte. C'est pourquoi il est à peu près impossible d'étudier ces phénomènes dans la chaux carbonatée. Parmi les cristaux à deux axes, le gypse ou chaux sulfatée, qui a ses deux axes dans le plan des lames et qui se divise si facilement en minces feuillets, est un de ceux qui donnent les couleurs les plus éclatantes et qui se prêtent le mieux aux expériences. On fait, avec des lames minces de cette substance, des images représentant divers objets, et se colorant des plus belles nuances lorsque, en les éclairant avec de la lumière polarisée, on les regarde à travers un prisme biréfringent.

Fresnel a, le premier, donné une explication complète des phénomènes que nous venons de décrire. Il a démontré qu'ils résultaient de ce que chacun des rayons élémentaires de la lumière polarisée qui traverse la lame cristalline et le prisme biréfringent, se décompose en quatre rayons, dont deux, se propageant suivant la même direction, appartiennent à l'image ordinaire, tandis que les deux autres, qui se propagent aussi suivant une même direction, appartiennent à l'image extraordinaire; et de ce que les composantes de chacune des deux images peuvent, par leur interférence, se détruire ou se renforcer, suivant les positions relatives du prisme et de la lame cristalline par rapport au plan de polarisation de la lumière incidente.

Une lame cristalline mince, taillée perpendiculairement à l'axe ou à la ligne moyenne, suivant la nature de la substance, peut donner lieu à des phénomènes de coloration dus à la même cause. Pour les observer, il suffit de placer la lame entre la pince à deux tourmalines (fig. 594), et de regarder à travers ce système un point du ciel suffisamment clair. Si l'on opère sur un cristal à un axe, on aperçoit alors une suite d'anneaux colorés concentriques, dont le système est coupé, suivant les cas, par des croix blanches ou obscures, et qui sont d'autant plus dilatés que la lame est moins épaisse. Si les tourmalines sont croisées, on obtient une croix noire (fig. 1, pl. I), si elles sont parallèles, on voit la croix blanche (fig. 2, pl. I); enfin, si les tourmalines sont seulement obliques, et que l'on passe du croisement au parallélisme, on voit la croix noire qui s'altère, les anneaux qui se déplacent, et le renversement qui s'accomplit peu à peu pour passer de la figure qui correspond au croisement à celle qui se rapporte au parallélisme. Quant à la position de la plaque cristalline elle-même, elle est tout à fait indifférente.

Lorsque, entre la pince à deux tourmalines, on met une lame de nitrate de potasse (salpêtre), taillée perpendiculairement à la ligne moyenne, et que les tourmalines sont croisées, on observe deux systèmes d'anneaux dont chacun a pour centre l'un des axes optiques et se trouve traversé par une courbe hyperbolique noire (fig. 4, pl. I). Ce système se transforme en celui représenté par la figure 3, pl. I, lorsque, en faisant tourner la lame cristalline dans son plan, le plan des axes optiques vient à coïncider avec la section principale de l'une des tourmalines, qui doivent toujours rester croisées. Les autres cristaux à deux axes donnent lieu à des phénomènes analogues. La figure 5, pl. I, représente l'aspect des anneaux que l'on obtient avec une lame de carbonate plombique (*Weissbleiertz*), taillée perpendiculairement à la ligne moyenne et placée entre deux tourmalines croisées.

Les phénomènes que nous venons de décrire offrent un moyen très-simple de reconnaitre les substances cristallisées dans l'un des cinq derniers systèmes. Il suffit pour cela de les tailler en lames minces, et de voir si ces lames, placées entre deux tourmalines, sont susceptibles de donner des anneaux colorés. (H. V.)

MICROSCOPE POLARISANT.

Le microscope polarisant ne diffère du microscope ordinaire que par deux prismes de Nicol, disposés, l'un au-dessous du porte-objet, et l'autre au-dessus de l'objectif.

Avec le microscope polarisant on peut faire des observations extrêmement curieuses. Si l'on place sur le porte-objet, par exemple, de très-petits cristaux biréfringents, ceux-ci apparaissent colorés, soit sur un fond blanc, soit sur un fond noir, suivant que les sections principales des prismes de Nicol sont parallèles ou perpendiculaires entre elles. Par un effet de contraste, on distingue alors facilement des détails de forme qui auraient échappé sans l'emploi de la lumière polarisée. Le microscope polarisant offre, en outre, le moyen le plus facile de constater la double réfraction dans les corps cristallisés : la plus petite parcelle suffit pour l'expérience ; car si elle provient d'un cristal biréfringent, cette parcelle, si petite qu'elle puisse être, se colorera dans la lumière polarisée, tandis qu'elle restera blanche si elle provient d'un cristal appartenant au système cubique.

A l'aide du microscope polarisant on peut encore constater que la plupart des tissus d'origine organique, tels que la soie, les poils, les cheveux, le parchemin, les tuyaux de plumes, les cartilages, etc., se colorent à la lumière polarisée, de sorte que celle-ci offre un excellent moyen d'observer la structure des tissus dont il s'agit. C'est à M. Brewster que l'on doit la découverte de la propriété polarisante que possèdent certaines substances organiques. Ne pouvant entrer sur ce phénomène dans de longs développements, nous nous bornerons à citer les deux faits suivants observés par l'illustre physicien anglais :

Des grains de fécule examinés au microscope polarisant apparaissent traversés par une croix noire ou par une croix blanche, suivant que les deux prismes de Nicol sont croisés ou parallèles. Les deux branches de ces croix sont plus ou moins courbées, ce qui provient de la forme irrégulière des grains. Une mince lame du cristallin de l'œil des poissons offre des phénomènes plus curieux encore : en effet, au microscope polarisant, elle donne des anneaux qui présentent la plus grande ressemblance avec ceux que l'on obtient avec des lames de spath d'Islande taillées perpendiculairement à l'axe optique. (H. V.)

POLARISATION ROTATOIRE.

Lorsqu'un rayon polarisé de couleur simple traverse une plaque de quartz taillée perpendiculairement à l'axe de cristallisation, ce rayon est encore polarisé à l'émergence, mais non plus dans le même plan de polarisation qu'avant son passage dans le quartz. Avec certains échantillons, le nouveau plan est dévié à gauche de l'ancien; avec d'autres, il l'est à droite. C'est à ce phénomène qu'on a donné le nom de *polarisation rotatoire*. Il a été observé d'abord, en 1811, par Seebeck et par Arago ; mais il a été étudié surtout par M. Biot, qui a fait connaître les lois suivantes :

1° La rotation du plan de polarisation n'est pas la même pour les diverses couleurs simples, et elle est d'autant plus grande, que ces couleurs sont plus réfrangibles. C'est ce qui ressort des résultats suivants, qui donnent les déviations produites par une lame de quartz d'un millimètre d'épaisseur :

Rouge	19°	Bleu.	32°
Orangé.	21°	Indigo.	36°
Jaune.	24°	Violet.	41°
Vert	28°		

2° Pour une même couleur simple et pour des plaques d'un même cristal, la rotation est proportionnelle à l'épaisseur.

3° Dans la rotation de droite à gauche ou de gauche à droite, la même épaisseur imprime sensiblement la même rotation.

Pendant longtemps le quartz a été la seule substance solide dans laquelle on eût observé la polarisation circulaire; mais récemment, M. Marbach a retrouvé la même propriété dans le chlorate de soude, qui cristallise en cubes, et dans plusieurs bromates, tels que ceux de soude, de nickel et de cobalt. Plusieurs liquides et un grand nombre de dissolutions possèdent le même pouvoir que les solides précités, mais à un degré beaucoup moindre. Dans le sirop de sucre de canne concentré, par exemple, ce pouvoir est trente-six fois moindre que dans le quartz, d'où il résulte que, pour le constater, on est forcé d'opérer sur des colonnes liquides d'une assez grande longueur, 20 centimètres environ. Dans tous les cas, la rotation est proportionnelle à la longueur de la colonne, et lorsqu'il s'agit de dissolutions, elle est, en outre, proportionnelle à la quantité de substance active dissoute. C'est sur ces lois que repose l'appareil imaginé par M. Biot pour faire l'analyse des substances saccharifères. Cet appareil est du reste le même que celui dont l'illustre physicien français s'est servi pour déterminer les lois de la polarisation circulaire. Les mêmes principes servent de base au *saccharimètre* de M. Soleil.

On a nommé *dextrogyres* les substances qui tournent à droite : tels sont le sucre de canne en dissolution dans l'eau, l'essence de citron, la solution alcoolique de camphre, la dextrine et l'acide tartrique; et on a appelé *lévogyres* les substances qui tournent à gauche, comme l'essence de térébenthine, l'essence de laurier, la gomme arabique, le sucre de raisin.

Quand on regarde, avec un prisme biréfringent, une lame de quartz de quelques millimètres d'épaisseur, taillée perpendiculairement à l'axe et traversée par un faisceau de lumière blanche polarisée, on observe deux images vivement colorées, dont les teintes sont complémentaires. En tournant alors le prisme à droite ou à gauche, les deux images changent de teintes et prennent successivement toutes les couleurs du spectre, tout en continuant à être complémentaires. L'expérience peut très-bien se faire au moyen de l'appareil de Norremberg, en plaçant sur l'écran *e* (fig. 595) la plaque de quartz fixée dans un disque de liége.

Ce phénomène est une conséquence de la première loi sur la polarisation circulaire énoncée plus haut. En effet, il résulte de la grande inégalité qui existe entre les déviations que subissent les diverses couleurs simples, qu'un rayon blanc polarisé qui traverse normalement une lame de quartz perpendiculaire à l'axe, se trouve composé, à la sortie du cristal, de rayons de toutes couleurs polarisés dans des plans différents. Si ce faisceau est ensuite décomposé en deux autres, polarisés à angle droit, par son passage à travers un prisme biréfringent achromatisé, les couleurs se partagent en proportions inégales entre ces deux faisceaux, qui doivent conséquemment produire des images colorées et complémentaires.

C'est à Fresnel que l'on doit l'explication des phénomènes de la polarisation rotatoire. Il a démontré qu'ils sont dus à ce que les substances douées du pouvoir rotatoire transmettent, avec des vitesses différentes, le mouvement vibratoire circulaire de droite à gauche, et celui de gauche à droite. Il résulte, en effet, de là qu'un faisceau polarisé de couleur homogène F, qui pénètre normalement dans une de ces substances, réduite en lame d'épaisseur convenable, doit se partager en deux faisceaux F′ et F″, polarisés circulairement en sens contraires (p. 406), et se propageant avec des vitesses différentes sur la même direction. Si ensuite le groupe des deux faisceaux sort par la seconde face de la lame, les deux faisceaux F′ et F″, se propageant de nouveau avec la même vitesse, se recombinent en un faisceau polarisé, mais dont le plan doit faire un angle plus ou moins grand avec celui de la lumière incidente, suivant l'avance que l'un des faisceaux F′ et F″ aura prise sur l'autre pendant leur passage à travers la substance sur laquelle on a opéré. (H. V.)

EFFETS OPTIQUES DES PUISSANTS AIMANTS.

M. Faraday a découvert, en 1845, qu'un puissant électro-aimant exerce, sur plusieurs substances transparentes, une action telle que, si un rayon polarisé les traverse dans la direction de la ligne des pôles magnétiques, le plan de polarisation est dévié soit à droite, soit à gauche, suivant le sens de l'aimantation.

Pour constater ce phénomène, on peut placer les armatures I (fig. 247, t. I, p. 443) sur les pôles de l'électro-aimant de l'appareil de M. Plücker, de manière que les canaux de ces armatures soient tournés en bas et situés sur le prolongement l'un de l'autre. On dispose ensuite sur le prolongement de l'axe de ces canaux la flamme d'une bougie ou d'une lampe dont on reçoit les rayons sur un prisme de Nicol destiné à les polariser. Ces rayons, après avoir traversé les canaux des deux armatures, tombent sur un second prisme de Nicol que l'on tourne de façon à les éteindre. Si alors on place entre les deux armatures, sur le trajet des rayons, une plaque à faces parallèles de flint pesant (t. I, p. 442), la lumière est encore éteinte tant que le courant ne passe pas; mais, aussitôt qu'il commence à circuler, s'il a une intensité suffisante, la lumière reparait, et pour l'éteindre de nouveau, il faut tourner le second prisme d'un certain angle, à droite ou à gauche, selon la direction du courant. M. E. Becquerel a fait voir qu'un grand nombre de substances solides et liquides peuvent, comme le flint pesant, faire tourner le plan de polarisation, sous l'influence d'aimants énergiques.

Nous placerons ici les quelques lignes que nous pouvons consacrer à l'action des électro-aimants sur les corps cristallisés. C'est à M. Plücker que l'on doit la découverte de cette action, qui consiste en ce que, dans les cristaux à un axe placés entre les pôles d'un puissant électro-aimant, l'axe se place tantôt axialement et tantôt équatorialement, que la substance dont le cristal est formé soit magnétique ou diamagnétique. Dans les cristaux à deux axes, la ligne moyenne se comporte de la même manière. D'après les recherches de MM. Tyndall et Knoblauch, ces phénomènes sont dus à ce que dans les cristaux les molécules se trouvent à des distances différentes suivant la direction que l'on considère. Lorsque les molécules sont plus rapprochées dans le sens de l'axe d'un cristal que dans toute autre direction, cet axe se place axialement ou équatorialement, selon que la substance du cristal est magnétique ou diamagnétique. C'est l'inverse qui a lieu si les molécules se trouvent plus éloignés suivant l'axe que suivant les autres directions. (H. V.)

DE LA CHALEUR.

NOTIONS GÉNÉRALES.

On a donné le nom de *chaleur* ou de *calorique* à l'agent dont la pénétration dans nos organes détermine la sensation de chaud, et le départ la sensation de froid.

Les êtres organisés ne sont pas les seuls qui ressentent l'influence de la chaleur; les corps bruts eux-mêmes cèdent à son action; elle les décompose, en séparant les molécules d'espèce différente réunies dans les combinaisons, ou bien elle détermine l'union de ces molécules, qui, sans son intervention, resteraient mélangées sans se combiner; effets que la chimie étudie tout particulièrement. La chaleur peut encore changer l'état des corps : sous son influence, les corps solides se liquéfient et les liquides passent à l'état de gaz; et quand elle ne produit pas des effets aussi intenses, elle agit encore pour écarter les molécules des corps soumis à son action, tandis que ces molécules se rapprochent quand cette action diminue d'intensité. Enfin, c'est par l'effet du calorique que les molécules des corps sont retenues à distance les unes des autres, et ne peuvent venir jusqu'au contact, en obéissant à leurs attractions mutuelles (p. 38).

L'industrie tire chaque jour parti des phénomènes variés que produit la chaleur, et les progrès d'une multitude d'arts sont fondés sur la connaissance de ses propriétés; aussi les hommes qui ont ignoré l'usage du feu sont-ils restés ignorants et sauvages. Certains peuples de l'antiquité, saisis d'admiration par les effets merveilleux produits par la chaleur, soit sur les êtres vivants, à l'existence desquels elle est indispensable, soit sur les corps bruts exposés à son action, l'ont adorée sous le nom de *feu*.

De tous les effets de la chaleur, l'augmentation de volume des corps est le plus facile à mesurer avec exactitude, non que cette augmentation soit très-grande, mais parce qu'on peut toujours, par des procédés et des artifices convenables, la rendre assez apparente pour être observée. Aussi emploie-t-on ordinairement cet effet comme moyen de constater les gains de chaleur dans les corps.

Les effets qu'on doit attribuer à un accroissement ou à une diminution de chaleur se manifestent très-fréquemment dans des corps séparés, par un espace vide ou même par un milieu pondérable, d'autres corps qui éprouvent des changements inverses, c'est-à-dire qui perdent ou qui gagnent de la chaleur. On conclut de là que les échanges de chaleur peuvent se faire entre des corps éloignés les uns des autres, ou que la chaleur se transmet à distance et peut *rayonner* à travers certains milieux, comme le fait la lumière. Mais la chaleur peut encore se propager d'une autre manière. Ce second mode, qu'on appelle *propagation par communication*, a lieu lorsque la chaleur passe d'une molécule dans une autre, en échauffant préalablement toutes les molécules intermédiaires. Il s'observe entre les parties d'un même corps dont les unes sont plus chauffées que les autres, aussi bien qu'entre des corps en contact, dont les uns cèdent de la chaleur aux autres.

Lorsque deux corps mis en présence l'un de l'autre conservent chacun son volume primitif, on dit qu'ils sont à la même *température* ou au même degré de chaleur. Si, au contraire, le volume de l'un d'eux augmente ou diminue, on dit que ce corps est à une température plus basse ou plus élevée que l'autre. La température d'un corps est donc un état d'équilibre particulier, dans lequel le corps ne perd ni ne gagne de chaleur, et auquel correspond un certain volume déterminé de ce corps.

Il suit de là que si l'on a un corps disposé de manière que l'on puisse facilement observer et mesurer les changements de volume qu'il éprouve, on pourra se servir de ce corps pour reconnaître si d'autres corps perdent ou gagnent de la chaleur, c'est-à-dire si leur température s'élève ou s'abaisse. En effet, dans le premier cas, ils céderont de la chaleur au corps et le volume de celui-ci augmentera, et dans le second cas, ils lui enlèveront, au contraire, de la chaleur, de sorte que son volume deviendra moindre. Tout corps disposé comme celui dont il vient d'être question et qui peut servir à mesurer les températures, s'appelle un *thermomètre*. Parmi ces appareils, les plus usités sont le thermomètre à mercure et le thermomètre à alcool.

Les thermomètres donnent la température absolue des corps avec lesquels on les met en contact. Mais pour l'étude de plusieurs propriétés de la chaleur, on a besoin de connaître avec exactitude la différence entre les températures de deux corps. On se sert à cet effet d'instruments qu'on désigne sous le nom de *thermomètres différentiels*. Le plus sensible et le plus exact de ceux qui ont été proposés jusqu'à ce jour est celui connu sous les noms d'*appareil thermo-électrique* ou de *thermo-multiplicateur de Melloni*. Employé d'abord par Nobili, et perfectionné ensuite par Melloni, il repose sur la propriété que possède la chaleur de développer des courants électriques dans des circuits métalliques convenablement disposés (t. I, p. 331 et 500).

Nous diviserons l'étude de la chaleur en quatre parties : dans la première, nous exposerons la construction des thermomètres ordinaires et celle de l'appareil de Melloni ; dans la seconde, nous nous occuperons des deux modes de propagation de la chaleur ; la troisième sera consacrée à l'examen des effets de la chaleur sur les corps, pour les dilater ou changer leur état, et à la détermination des quantités de chaleur nécessaires pour produire ces divers effets ; enfin, dans la quatrième, nous ferons connaître les diverses sources de chaleur et de froid. (H. V.)

I. — CONSTRUCTION DES THERMOMÈTRES ORDINAIRES ET DE L'APPAREIL THERMO-ÉLECTRIQUE DE MELLONI.

THERMOMÈTRE A MERCURE.

Le thermomètre à mercure est fondé sur la grande différence qui existe entre la dilatation de ce métal et celle du verre. Il se compose d'un tube capillaire, de verre ou de cristal, soudé à un réservoir cylindrique ou sphérique de même matière. Le réservoir et une partie de la tige sont remplis de mercure, et une échelle, graduée sur le tube même, ou sur une règle qui lui est parallèle, fait connaître la dilatation du liquide (fig. 397 ci-après). Cette échelle doit être faite de telle manière que les différents appareils soient comparables entre eux, c'est-à-dire que, dans les mêmes circonstances, ils donnent les mêmes indications. Quant à la forme de l'enveloppe, elle a pour but de rendre l'instrument *sensible*, c'est-à-dire propre à indiquer de légères variations de température. Il est évident, en effet, que, pour un même degré d'échauffement, le déplacement de l'extrémité de la colonne de mercure sera d'autant plus grand que le réservoir sera plus gros et la tige intérieurement plus étroite.

Fig. 397.

Pour que les thermomètres soient comparables, il faut que deux points de leur graduation correspondent à des températures fixes déterminées, et que chaque division (ou degré) soit égale à une même fraction de la capacité de la partie du tube comprise entre les deux points fixes. En effet, supposons, pour fixer les idées, que chaque degré de l'échelle représente la 100ᵉ partie de la dilatation totale qu'éprouve le liquide en passant de la température fixe la plus basse à la température fixe la plus élevée. Il est évident alors que, si l'on prend les différents thermomètres à la même température et que si on les porte à une autre température telle, que le liquide de l'un des appareils se dilate, par exemple, de cinq divisions de l'échelle, c'est-à-dire de cinq centièmes de la dilatation qu'il éprouve entre les deux températures fixes, les masses liquides des autres thermomètres se dilateront aussi de cinq divisions, puisque celles-ci représentent la même fraction des dilatations que ces masses éprouvent respectivement entre les deux températures fixes; par conséquent, tous ces thermomètres seront constamment d'accord, ou, en d'autres termes, ils seront comparables entre eux.

On voit, par ce qui précède, qu'indépendamment de la soudure de la tige au réservoir, laquelle se fait au moyen de la lampe d'émailleur, la construction d'un thermomètre comprend trois opérations : la division du tube en parties d'égale capacité, l'introduction du mercure dans le réservoir et la graduation.

Si le tube était parfaitement cylindrique et d'un diamètre constant, il suffirait, pour obtenir sa division en parties de capacités égales, de diviser sa longueur, c'est-à-dire une des arêtes de sa surface, en parties égales. Mais le diamètre des tubes de verre étant, en général, plus fort à une extrémité qu'à l'autre, il en résulte que des capacités égales du tube sont représentées, sur l'échelle, par des longueurs inégales. Ce sont ces dernières qu'il s'agit de déterminer.

Pour cela, avant que le tube soit soudé au réservoir, on y introduit une colonne de mercure de 2 à 3 centimètres, qu'on fait mouvoir dans le tube de manière que son extrémité de droite vienne prendre la place qu'occupait celle de gauche, et à marquer, dans chaque position, les extrémités. Pour faire mouvoir la colonne de mercure, on imprime des secousses au tube, ou bien on attache à une extrémité une petite vessie que l'on comprime plus ou moins. S'il arrive que la longueur occupée par la colonne demeure invariable, c'est signe que la capacité du tube est partout la même; mais si elle varie, et va, par exemple, en décroissant, cela montre que le diamètre intérieur du tube augmente. Si l'on observe ainsi que la colonne de mercure éprouve des variations de longueur de plusieurs millimètres, on rejette le tube, et on en cherche un plus régulier. Mais si ces variations sont peu considérables, on admet le tube.

Cela posé, les divisions tracées sur le tube de la manière que nous avons indiquée correspondent nécessairement à des capacités égales entre elles et au volume de la petite colonne de mercure. Or, les intervalles de ces divisions étant assez rapprochés pour qu'on puisse regarder le diamètre du tube comme constant dans chacune d'elles, on passe à des divisions plus petites, en partageant les premières en un certain nombre de parties égales. On verra bientôt comment, à l'aide de ces divisions, on obtient une graduation exacte de l'échelle.

Le tube ayant été soudé au réservoir, pour introduire le mercure dans celui-ci, il faut employer des artifices particuliers, parce que, le tube étant capillaire, l'air logé dans l'intérieur empêcherait le liquide d'y descendre. On peut, par exemple, chauffer le réservoir afin d'en dilater l'air, et ensuite plonger rapidement l'extrémité du tube dans un bain de mercure. Le refroidissement qui a lieu diminue l'élasticité de l'air intérieur, et la pression atmosphérique force le liquide à monter de plus en plus; il suffit qu'il en arrive seulement quelques gouttes dans le réservoir. Alors, retournant l'appareil pour le chauffer de nouveau jusqu'à l'ébullition du mercure, les vapeurs que celui-ci forme en remplissent bientôt toute la capacité; l'air est complétement chassé, et cette fois, en plongeant très-vite l'extrémité du tube dans le bain de mercure, on est presque assuré qu'il se remplira complétement.

Lorsque l'instrument est ainsi rempli de mercure sec et pur, on ferme le tube en en soudant l'extrémité à la lampe. Mais on a soin de chauffer auparavant le réservoir, de manière à chasser la moitié ou les deux tiers du mercure qui est dans le tube; sinon, ce liquide ne pourrait se dilater sans briser le thermomètre. La quantité de mercure à expulser du tube est d'autant plus grande que l'instrument est destiné à mesurer des températures plus élevées. On a soin, en outre, au moment où l'on ferme le tube, de chauffer le réservoir, de manière que le liquide dilaté monte au sommet du tube. De la sorte, il ne reste pas d'air dans le thermomètre, ce qui est nécessaire; sinon l'air comprimé, lorsque le mercure s'élève, pourrait faire éclater le tube.

Après avoir rempli le thermomètre comme il vient d'être dit, il reste à le graduer. Pour cela, il a fallu se donner, sur cette tige, deux points fixes qui représentassent des températures faciles à reproduire et toujours identiques.

Or, l'expérience a fait connaître que la température de la fusion de la glace est toujours la même, quelle que soit la source de chaleur, car un corps plongé dans la glace fondante reprend toujours le même volume et le conserve pendant toute la durée de la fusion. Un physicien suédois, Rudberg, a constaté, d'un autre côté, que l'eau en ébullition, sous une pression quelconque, mais invariable, émet des vapeurs dont la température est absolument constante et toujours la même, quels que soient le vase qui renferme le liquide et le degré de pureté de celui-ci; mais cette température s'abaisse quand la pression diminue et elle s'élève, au contraire, quand la pression augmente. En conséquence, on a pris pour premier point fixe, c'est-à-dire pour le zéro de l'échelle, la température de la glace fondante, et pour second point fixe, qu'on représente par 100, la température de la vapeur d'eau bouillante, quand l'ébullition a lieu sous la pression atmosphérique de $0^{m},76$.

Pour marquer sur le tube thermométrique les deux points fixes, il faut user de quelques précautions que nous allons indiquer. Le zéro se détermine exactement à l'aide d'un vase qu'on remplit de glace pilée ou de neige, et dont le fond est percé d'un trou pour laisser écouler l'eau qui provient de la fusion de la glace. On plonge le réservoir du thermomètre et une partie de la tige dans cette glace, pendant un quart d'heure environ. La colonne de mercure s'abaisse d'abord rapidement, puis reste stationnaire. Alors, au point qui correspond au niveau du mercure, on marque sur le tube un trait à l'encre : c'est la place du zéro.

Pour déterminer exactement le second point fixe, on prend un vase en fer-blanc ou en cuivre M (fig. 598 ci-après), contenant de l'eau et portant deux tubulures : l'une centrale A, ouverte à ses deux bouts; l'autre B, fermée à ses deux extrémités et concentrique à la première qu'elle entoure en entier. Cette seconde enveloppe est munie de trois tubulures *a*, E, D. La première est fermée avec un bouchon dans lequel passe la tige *t* du thermomètre dont on cherche le point 100; à la seconde est adapté un petit tube de verre *m*, contenant du mercure, et destiné à servir de manomètre pour mesurer la tension de la vapeur dans l'intérieur de l'appareil; enfin, la troisième tubulure D sert de dégagement à la vapeur et à l'eau résultant de la condensation.

Fig. 598.

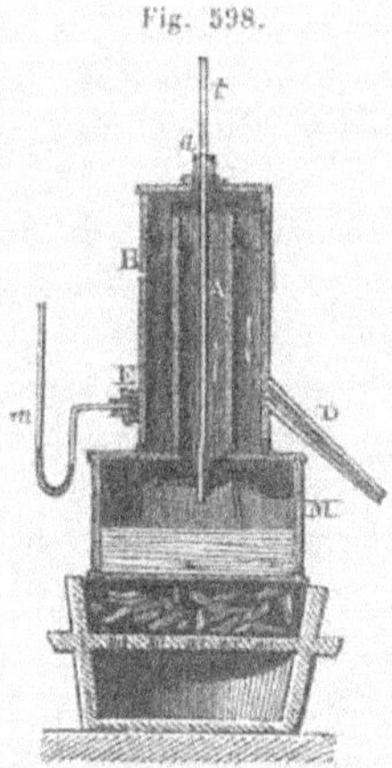

Cela posé, l'appareil étant placé sur un fourneau, et chauffé jusqu'à l'ébullition, la vapeur, après avoir enveloppé le thermomètre dans le tube A, pénètre dans l'enveloppe B, et se dégage ensuite dans l'atmosphère par la tubulure D. On voit que la deuxième enveloppe, qui a été ajoutée à l'appareil que nous venons de décrire par M. Regnault, a pour but d'éviter le refroidissement de la tubulure centrale par son contact avec l'air. Lorsqu'on remarque que le thermomètre a pris exactement la température de la vapeur, ce qui a lieu lorsque le niveau du mercure qu'il contient est devenu stationnaire, on marque au point *a*, où ce niveau s'arrête, un trait qui est le point 100 cherché, pourvu que la pression de l'air soit 0^m76. Si cette pression normale n'existe pas au moment de l'expérience, il faut, pour obtenir exactement le point 100, faire la correction indiquée par Wollaston. Ce physicien a constaté que lorsque, dans le baromètre, le mercure s'élève ou s'abaisse de 27 millimètres, la température d'ébullition monte ou descend d'un degré; par conséquent, si la hauteur du baromètre est, par exemple, 778 millimètres, c'est-à-dire de 18 millimètres, ou des deux tiers de 27, au-dessus de 760, la température de la vapeur d'eau bouillante sera égale à 100 degrés plus deux tiers. C'est donc 100 et 2/3 qu'on devra marquer au point où s'arrête le mercure.

Les deux points fixes obtenus, on partage l'intervalle qui les sépare en 100 parties d'égale capacité, qu'on nomme *degrés*, et on prolonge ces divisions sur toute la longueur de l'échelle, comme le montre la figure 597. A cet effet, il faut faire usage des divisions en parties d'égale capacité qui ont d'abord été tracées sur le tube. Pour cela, on compte le nombre de ces divisions comprises entre les deux points fixes, et, divisant ce nombre par 100, on a le nombre de divisions ou la fraction de division qui équivaut à un degré; on en déduit successivement, à partir du zéro, la position de chacun. Le thermomètre ainsi gradué est le *thermomètre centigrade*.

Les degrés se désignent par un petit zéro placé à droite du nombre qui marque la température, et un peu au-dessus. Enfin, pour distinguer les températures au-dessous du zéro de celles qui sont au-dessus, on les fait précéder du signe — (*moins*); 15 degrés au-dessous de zéro s'indiquent donc par — 15°.

Dans les thermomètres de précision, l'échelle est graduée sur le verre même de la tige. Elle ne peut ainsi se déplacer. Pour obtenir sur le verre les traits permanents, on recouvre la tige thermométrique d'une légère couche d'un vernis transparent, puis, avec une pointe d'acier, on marque, sur le vernis, les traits de l'échelle, ainsi que les chiffres correspondants; on expose enfin la tige, pendant 10 minutes environ, à des vapeurs d'acide fluorhydrique, qui jouit de la propriété d'attaquer le verre, et qui grave les traits en creux, partout où le vernis a été enlevé.

L'échelle centigrade ou centésimale est due à Celsius, d'Upsal; on en a adopté deux autres qu'il faut également connaître. Dans l'échelle de Réaumur, on partage l'intervalle entre les points fixes en 80 parties égales, de sorte que les degrés du *thermomètre de Réaumur* sont plus grands que ceux du thermomètre centigrade. En Angleterre et en Allemagne on se sert principalement de *l'échelle de Fahrenheit* : l'intervalle entre les points fixes est divisé en 180 parties; ces divisions sont portées au-dessous du point de la glace fondante, et à la 32°, on marque 0; de manière que, au point de la glace fondante se trouve 32°, et à l'eau bouillante 32 + 180 = 212°.

On voit qu'il est essentiel, quand on indique une température, de désigner en même temps de quelle échelle on s'est servi. Du reste, il est facile de passer des indications données dans l'une des échelles à celles qui leur correspondraient dans une autre : en effet, soit C et R les nombres correspondants des degrés centigrades et des degrés Réaumur; on aura $100 : 80 = C : R$, d'où $C = R. 5/4$, et $R = C. 4/5$. Si l'on donne des degrés Fahrenheit F, il faut commencer par en retrancher 32°, pour avoir le même point de départ, et l'on aura, pour passer, par exemple, aux degrés centigrades $F - 32 : C = 180 : 100$, d'où $C = (F - 32)\ 5/9$, et $F - 32 = C.\ 9/5$. La seconde formule donne le moyen de passer des degrés centigrades aux degrés de Fahrenheit; on voit qu'il faut ajouter 32° au nombre obtenu pour se conformer au point de départ particulier à l'échelle de Fahrenheit.

Lorsqu'on reprend, à des époques un peu éloignées, les points fixes d'un même thermomètre, on ne les trouve pas toujours à la même place : tous deux ont varié dans le même sens et d'une même quantité. Ces variations, qui s'élèvent souvent à 0°,5, sont un effet d'un changement qui se produit spontanément dans les dimensions du réservoir. Elles sont facilement observables sur des thermomètres de construction récente. Mais, dans tous les cas, on doit toujours être en garde contre cet effet, et cela ne présente aucune difficulté.

Le thermomètre à mercure ne peut servir que jusqu'à 360° au-dessus de zéro ; au delà, le mercure entrerait en ébullition et l'instrument serait brisé. Au-dessous de zéro, on ne peut s'en servir que jusqu'à 36° ; à la température de — 40°, le mercure se solidifie, et dès — 36°, et même — 35°, il éprouve des contractions irrégulières qui rendent les indications fautives. Pour les températures plus élevées que 360°, on se sert d'appareils variés désignés sous le nom de *pyromètres*, et dont nous parlerons après avoir étudié les lois de la dilatation des solides et des gaz. Pour les températures inférieures à — 36°, on se sert du *thermomètre à alcool*, parce que l'alcool pur ne se congèle pas, quel que soit le froid qu'on lui fasse subir. (H. V.)

THERMOMÈTRE A ALCOOL.

Le thermomètre à alcool ne diffère du thermomètre à mercure que parce qu'il est rempli d'alcool coloré en rouge avec de l'orseille.

Les thermomètres à alcool seront comparables entre eux aux mêmes conditions que les thermomètres à mercure ; seulement, comme l'alcool bout à 78 degrés, on ne peut plus, dans leur graduation, avoir recours à l'ébullition de l'eau pour déterminer le point fixe supérieur. Pour obtenir ce dernier, on plonge l'appareil à construire dans un bain liquide dont la température constante, et assez faible d'ailleurs, est indiquée par un bon thermomètre à mercure ; puis, au bout de quelques instants, on marque, au point où l'alcool s'arrête, le même nombre que celui indiqué par le thermomètre étalon. Les points fixes ainsi obtenus, on partage l'intervalle qui les sépare en autant de parties égales que le thermomètre à mercure marquait de degrés dans le bain qui a servi à la graduation, et l'on prolonge la graduation dans les deux sens. Ainsi gradués, les thermomètres à alcool sont comparables entre eux, et leurs indications différeront peu de celles des thermomètres à mercure placés dans les mêmes circonstances. (H. V.)

THERMOMÈTRE DE RUTHERFORD.

Lorsqu'il s'agit de déterminer, soit la température du fond de la mer, soit celle d'un puits artésien, soit celle d'une cavité profonde où les observations directes seraient impossibles, soit enfin la température la plus élevée ou la plus basse qui aient eu lieu dans une enceinte à température variable, on se sert de thermomètres d'une construction particulière que l'on appelle des thermomètres à *maxima* ou à *minima*, suivant qu'ils indiquent la plus haute ou la plus basse température à laquelle ils ont été exposés. M. Walferdin a imaginé différents appareils de ce genre; mais nous ne décrirons ici que le thermomètre de Rutherford qui est plus simple, mais aussi moins exact, que les instruments de M. Walferdin.

Le thermomètre à maxima de Rutherford est un thermomètre à mercure dont la tige contient un petit index de fer qui peut librement se mouvoir. Cette tige (fig. 399) doit rester horizontale pendant les

Fig. 399.

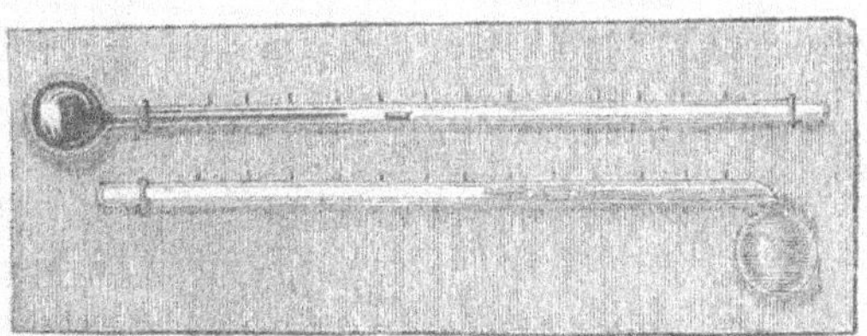

observations. Le mercure, qui ne mouille pas l'index de fer, le pousse devant lui lorsqu'il se dilate, et le laisse en place quand l'abaissement de température survient. La seule précaution à prendre lorsqu'on veut faire une observation, c'est de ramener le cylindre de fer à la surface du mercure; or, on y arrive sans peine en donnant quelques légères secousses à l'instrument, après l'avoir redressé de manière que la tige soit verticale et le réservoir à la partie inférieure.

Le thermomètre à minima est rempli avec de l'alcool. La tige est recourbée et contient un index d'émail qui suit le liquide thermométrique dans ses contractions et le laisse passer librement autour de lui quand la température s'élève.

C'est au moyen de son thermomètre à maxima que M. Walferdin a reconnu qu'à Paris, au puits de Grenelle (p. 112), la température, à 505 mètres de profondeur, est de 26°,48, tandis qu'elle en a en moyenne 10,82 à la surface du sol. A Mondorff, dans le Grand-Duché de Luxembourg, la température s'est trouvée de 25°,65 à 502 mètres au-dessous du sol. (H. V.)

APPAREIL THERMO-ÉLECTRIQUE DE MELLONI.

L'appareil thermo-électrique de Melloni se compose de deux parties principales : d'une pile thermo-électrique construite comme il a été dit t. I, p. 505, et d'un galvanomètre ou multiplicateur (t. I, p. 269), muni d'un fil court et gros, qui communique avec les deux pôles de la pile.

La figure 600 représente la disposition générale de l'appareil. Sur

Fig. 600.

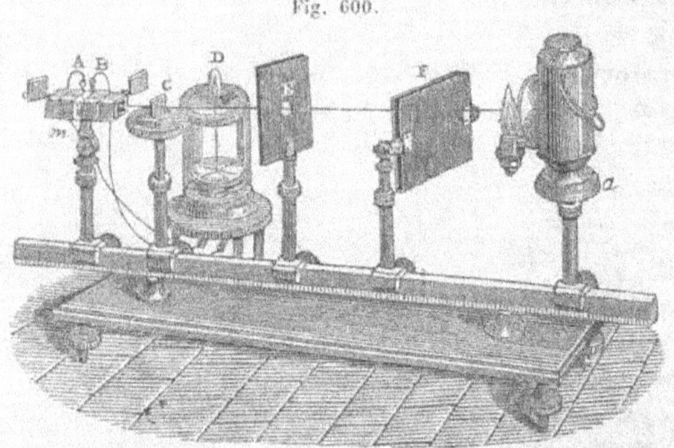

une tablette de bois, supportée par quatre vis calantes, est fixée, de *champ*, une règle de cuivre d'un mètre de longueur et divisée en centimètres. Sur cette règle se placent, à des distances variables, à l'aide de vis de pression, les différentes pièces de l'appareil, savoir : un support *a* sur lequel se met une lampe de Locatelli[1], ou une autre source de chaleur; puis des écrans F et E, l'un opaque et mobile, formé de deux feuilles de laiton séparées par une couche d'air, l'autre formé d'une lame unique percée d'une ouverture pour le passage des rayons de chaleur; ensuite un second support C où l'on place les corps sur lesquels on expérimente, et enfin la pile thermo-électrique *m*, qui communique en A et B avec le galvanomètre D. La pile *m*, soigneusement noircie aux deux bouts avec du noir de fumée, est entourée d'un étui en cuivre mince, garni intérieurement avec du carton, et fixé sur un support de manière que l'axe de la pile puisse être inclinée ou rendue horizontale. De chaque côté de l'anneau, est adapté un tube de cuivre, poli à l'extérieur. Ces tubes mettent la pile à l'abri des courants d'air et du rayonnement latéral. On en remplace souvent un par un cône poli en dedans. Les ouvertures des tubes peuvent être fermées par de petites plaques métalliques, qui glissent sur leurs bords en tournant à frottement dur

[1] La lampe de Locatelli est à un seul courant d'air et sans cheminée de verre. La mèche n'est pas creuse au milieu, et elle présente une section carrée. Un niveau constant d'huile est entretenu dans le bec par le même artifice que dans les quinquets ordinaires (p. 255).

autour d'axes fixes disposés convenablement. Quant au galvanomètre D, après l'avoir posé sur un support solide à l'abri de toute vibration, on le met de niveau pour que le fil de suspension des aiguilles aimantées soit au centre du cadran divisé, puis on le dirige dans le méridien des aiguilles et on le met en communication avec la pile.

L'appareil étant ainsi disposé, si les deux bases de la pile sont à la même température, l'aiguille du galvanomètre conserve sa position d'équilibre dans le méridien magnétique; mais lorsqu'il existe une différence de température entre leurs bases, si faible qu'elle soit, il y a production d'un courant électrique qui se manifeste par une déviation de l'aiguille dans un sens ou dans l'autre, suivant que la température de l'une des bases est plus élevée ou plus basse que celle de la seconde. Après une série d'oscillations, l'aiguille s'arrête dans une position fixe, tant que la différence de température entre les deux bases de la pile est maintenue constante.

L'appareil thermo-électrique de Melloni sert principalement à la comparaison des quantités de chaleur rayonnées par les corps. Pour faire comprendre de quelle manière il permet d'atteindre ce but, considérons une source de chaleur constante qui rayonne sur l'une des bases de la pile, que nous supposerons à la température de l'air environnant. La base qui reçoit les rayons venus de la source s'échauffera, mais sa température ne saurait s'élever indéfiniment, car la quantité de chaleur qu'elle reçoit en temps égaux est toujours la même, tandis que celle qu'elle cède, par rayonnement, aux corps environnants et, par communication, à l'intérieur de la pile resté froid, augmente avec l'excès de sa température sur celle de l'air ambiant. L'expérience indique, en effet, qu'un corps placé dans une enceinte dont la température est inférieure à la sienne, perd, pendant un temps très-court, une quantité de chaleur proportionnelle à la différence entre sa température et celle de l'enceinte, pourvu que cette différence ne comprenne qu'un petit nombre de degrés. C'est la loi de Newton sur le refroidissement; nous y reviendrons plus loin. Elle est applicable également au refroidissement d'un corps mis en contact avec un autre plus froid. Il suit de là qu'il doit arriver un moment où la quantité de chaleur perdue par la base chauffée de la pile est égale à celle qu'elle absorbe, et sa température doit alors rester stationnaire. Mais, d'après la loi de Newton, la quantité de chaleur perdue est proportionnelle à l'excès de la température de la base chauffée sur celle de la base restée à la température de l'enceinte. Donc la différence de température entre les deux bases de la pile est aussi proportionnelle à la quantité de chaleur rayonnée vers la pile par la source soumise à l'expérience. Par conséquent, s'il est possible de trouver la mesure absolue ou relative de cette différence, on aura un nombre qui pourra représenter la quantité de chaleur rayonnée par la source. Or, c'est à quoi l'on parvient en déterminant, au moyen du galvanomètre, l'intensité du courant qui correspond à la différence de température cherchée, car cette intensité est proportionnelle à la différence dont il s'agit (t. I, p. 504). Voici par quel procédé Melloni a obtenu le rapport qui lie l'intensité du courant à la déviation de l'aiguille du galvanomètre. Melloni s'est d'abord assuré qu'entre 0° et 20°, la déviation indiquée par cet instrument était sensiblement proportionnelle à la force du courant; car, ayant exposé successivement les deux extrémités de la pile, l'une à une première source de chaleur éloignée de manière à faire dévier l'aiguille de 20° dans un sens, et l'autre à une seconde produisant 10° de déviation dans l'autre sens, il observa qu'en faisant agir les deux sources simultanément, l'aiguille était déviée de 10°, ou précisément de la différence entre les deux premières déviations. Mais cette proportionnalité n'existait plus pour des déviations supérieures à 20°; par exemple, lorsque les deux sources opposées étaient capables de produire des déviations contraires de 20° et de 24°, en agissant séparément sur la pile, leurs effets réunis donnaient une déviation de 5,1; en sorte que la différence des intensités de ces courants équivalait à 5,1 fois l'intensité du courant produisant un degré de déviation à partir du zéro, quoique la différence des déviations correspondantes ne fût que de 4 degrés. Ainsi, puisque le courant qui occasionne une déviation de 20° est égal à 20 fois celui qui dévie l'aiguille d'un degré à partir du zéro, le courant qui produit une déviation de 24 sera représenté par 25,1 unités du courant. On conçoit qu'en variant ces expériences, il soit facile de dresser une table à deux colonnes : la première, exprimant les déviations définitives observées; la seconde, exprimant les degrés de déviation qu'on observerait si l'écart de l'aiguille n'affaiblissait pas l'action qu'elle éprouve de la part du courant. Dans les appareils de Melloni, les deux colonnes de cette table coïncidaient jusqu'à 20°; mais, pour 25, 30, 35, 40 et 45° de déviations observées, la deuxième colonne de la table donne 27, 35, 47, 62 et 83°. Cependant, par divers artifices ingénieux, Melloni a en général réduit toutes ses observations à ne produire que des écarts inférieurs à 30°. En outre, au lieu d'attendre chaque fois que l'aiguille eût pris sa déviation définitive, ce qui aurait exigé plusieurs minutes, Melloni n'a observé que la *déviation impulsive,* c'est-à-dire le maximum d'écart que l'aiguille atteint par son premier mouvement d'impulsion, et de cette manière une expérience ne durait que 10 ou 12 secondes; il avait, en effet, remarqué qu'à chaque déviation définitive correspond toujours la même déviation impulsive, et par des expériences préalables, il avait pour chaque appareil déterminé les déviations définitives correspondant respectivement aux différentes déviations impulsives.

En résumé, on voit que pour comparer les quantités de chaleur rayonnées par différentes sources, il suffit de faire agir ces sources successivement sur l'une des bases de la pile thermo-électrique, d'observer les déviations impulsives de l'aiguille du galvanomètre, et de chercher dans la table dressée pour l'appareil dont on fait usage, les intensités des courants correspondant respectivement à ces déviations; les intensités de ces courants pourront servir de mesure aux quantités de chaleur qu'il s'agissait de comparer entre elles. L'appareil de Melloni est tellement sensible qu'il est affecté par la chaleur naturelle d'une personne placée à une distance de 8 à 10^{m}, surtout quand on garnit la face qui reçoit la chaleur d'un cône poli en dedans, destiné à rassembler une plus grande quantité de chaleur. (H. V.)

II. — MODES DE PROPAGATION DE LA CHALEUR.

I. — CHALEUR RAYONNANTE.

1. — NOTIONS GÉNÉRALES.

La chaleur peut se propager de deux manières : ou bien dans la substance même des corps, de molécule à molécule, ou bien à travers l'espace, et à des distances qui peuvent être immenses, de la source d'où elle émane. Cette chaleur en mouvement hors des corps se nomme *chaleur rayonnante;* son existence est évidente quand il s'agit de la chaleur du soleil, qui nous arrive de 30 millions de lieues à travers l'espace. Mais la chaleur peut aussi traverser directement certaines substances, sans y être arrêtée pour en produire l'échauffement. Il est évident que l'air est une de ces substances. En effet, le feu d'un foyer, par exemple, nous échauffe à distance, sans que les couches d'air qui nous en séparent soient chauffées de proche en proche, car on s'aperçoit aisément qu'elles restent froides, et même qu'elles peuvent être agitées et rapidement renouvelées sans qu'à la même distance on en ressente un moindre effet. Le verre et en général les corps transparents pour la lumière se comportent d'une manière analogue. Mais comme les substances qui se laissent traverser par la chaleur n'ont pas toutes la propriété de laisser passer la lumière, Melloni a désigné sous le nom de *diathermanes* ou *diathermiques* les substances qui sont dans le premier cas. Ce mot correspond pour la chaleur au mot *transparent* relativement à la lumière. Le même physicien a appelé *corps athermanes* ou *adiathermiques* les corps privés de la propriété de laisser passer la chaleur; tels sont les métaux.

Tant qu'elle se meut dans un même milieu homogène, la chaleur se propage en ligne droite; pour le prouver, il suffit de placer entre un foyer de chaleur et l'une des bases de la pile de l'appareil thermo-électrique, une suite d'écrans percés chacun d'une petite ouverture circulaire. Ce n'est que lorsque les centres de toutes les ouvertures sont sur une même ligne droite partant de la source de chaleur et rencontrant la base de la pile, que l'on voit l'aiguille du galvanomètre indiquer une élévation de température.

On nomme rayon de chaleur toute direction prise à partir d'une surface qui émet de la chaleur, et suivant laquelle cette chaleur se transmet. De là le nom de *chaleur rayonnante* donné par Scheele au calorique en mouvement hors des corps. Un faisceau de chaleur n'est autre chose qu'un espace conique ou prismatique, dans tous les points duquel passent des rayons de chaleur qui partent du sommet du cône ou de la base du prisme.

La vitesse de propagation de la chaleur rayonnante est du même ordre de grandeur que celle de la lumière. D'après les recherches de Wrede, cette vitesse dans l'air serait d'environ 36,000 lieues par seconde. (H. V.)

INTENSITÉ DE LA CHALEUR RAYONNANTE.

En prenant pour *intensité du calorique* la quantité de chaleur reçue sur l'unité de surface, on trouve que trois causes peuvent modifier cette intensité : la température de la source de chaleur, sa distance, et l'obliquité des rayons calorifiques par rapport à la surface qui les émet. On observe, en effet, les trois lois suivantes sur l'intensité du calorique rayonnant :

1° *L'intensité du calorique rayonnant augmente avec la température de la source ;*

2° *Cette même intensité est en raison inverse du carré de la distance ;*

3° *L'intensité des rayons calorifiques est d'autant moindre qu'ils sont émis dans une direction plus oblique par rapport à la surface rayonnante.*

On démontre la première loi en présentant l'une des bases de la pile de l'appareil thermo-électrique à des sources de chaleur variables, par exemple, à un cube de fer-blanc rempli successivement d'eau à 100°, à 60° et à 20°. On remarque alors qu'à distance égale l'aiguille du galvanomètre éprouve des déviations qui diminuent à mesure que la température de l'eau devient moindre.

Pour démontrer expérimentalement la seconde loi, on place la pile à une certaine distance d'une source de chaleur constante, puis à une distance double, et on observe que la déviation de l'aiguille, dans cette seconde position, correspond à un courant quatre fois moindre que dans la première. A une distance triple, la déviation produite indiquerait un courant neuf fois moindre.

Cette seconde loi se démontre encore en s'appuyant sur un théorème de géométrie, que la surface d'une sphère croît comme le carré de son rayon. En effet, si l'on conçoit une sphère creuse, d'un rayon quelconque, et à son centre une source de chaleur constante, chaque unité de surface de la paroi intérieure reçoit une quantité déterminée de chaleur. Or, si le rayon de la sphère doublait, sa surface, d'après le théorème cité, serait quadruplée. La paroi intérieure contiendrait donc quatre fois plus d'unités de surface, et comme la quantité de chaleur émise du centre reste la même, chaque unité en recevrait nécessairement quatre fois moins.

Pour constater la troisième loi par l'expérience, entre la pile de l'appareil thermo-électrique et un vase cubique rempli d'eau bouillante et présentant une surface plane recouverte de noir de fumée, on place deux écrans parallèles et verticaux, à une distance convenable l'un de l'autre, et percés d'ouvertures égales dont les centres se trouvent sur le prolongement de l'axe horizontal de la pile. Si l'on suppose d'abord la surface plane qui émet la chaleur perpendiculaire à l'axe de la pile, les seuls rayons de chaleur qui pourront arriver à celle-ci seront à peu près horizontaux et perpendiculaires à la face du cube, car le système des deux écrans et de leurs ouvertures arrête les rayons divergents. On note l'angle dont l'aiguille du galvanomètre est déviée; puis, sans rien changer à la distance des pièces, on tourne légèrement la face rayonnante du cube de manière à l'incliner plus ou moins sur l'axe de la pile auquel elle était perpendiculaire. Dans cette nouvelle position, les rayons de chaleur, qui sont toujours dirigés parallèlement à l'axe de la pile, sont inclinés par rapport à la face du cube; en même temps, la portion de cette face dont le rayonnement arrive à la pile est augmentée. Dans le premier cas, en effet, cette portion de paroi était égale à la section droite du cylindre ayant pour bases les deux ouvertures des écrans; dans le second, elle égale une section oblique du même cylindre. La surface rayonnante se trouvant ainsi augmentée, la pile reçoit un plus grand nombre de rayons calorifiques. Or, le galvanomètre continue à indiquer la même déviation de l'aiguille; donc les rayons obliques sont moins intenses que les rayons perpendiculaires. Le calcul fait voir que l'*intensité des rayons est proportionnelle au sinus de l'angle que fait leur direction sur la surface rayonnante.*

La loi que nous venons d'énoncer est connue sous le nom de *loi de Lambert*, parce que c'est ce physicien qui le premier l'a énoncée. MM. de la Provostaye et P. Desains ont démontré, par l'expérience, qu'elle n'est exacte que pour le cas d'une surface sans pouvoir réflecteur, pour une surface recouverte de noir de fumée, par exemple, mais qu'elle cesse de l'être pour les surfaces susceptibles de réfléchir la chaleur. En recouvrant l'une des faces du cube d'une couche de céruse, par exemple, les quantités de chaleur rayonnées vers la pile perpendiculairement à la face et sous une inclinaison de 10°, au lieu d'être égales, comme pour le noir de fumée, étaient dans le rapport de 100 à 65,9. Ce résultat et d'autres analogues obtenus par MM. de la Provostaye et P. Desains démontrent que lorsqu'un corps acquiert un pouvoir réflecteur extérieur, il acquiert en même temps un pouvoir réflecteur intérieur, ou, en d'autres termes, ces expériences conduisent à admettre que la surface des corps agit de la même manière sur les rayons qui tendent à entrer que sur ceux qui tendent à sortir. (H. V.)

POUVOIR ÉMISSIF OU RAYONNANT.

Lorsqu'un corps est placé dans une enceinte dont la température est inférieure à la sienne, ce corps émet au dehors, sous forme rayonnante, une partie de la chaleur qu'il contient, et c'est cette propriété qu'on nomme le *pouvoir émissif*. Mais, comme nous le verrons plus loin, les corps n'émettent pas seulement de la chaleur quand ils se trouvent dans une enceinte à une température inférieure à la leur, mais encore quand leur température est égale à celle de l'enceinte et même quand elle est moindre. Les corps possèdent donc un pouvoir émissif, à quelque température qu'ils se trouvent.

Le thermo-multiplicateur de Melloni peut servir à comparer les pouvoirs émissifs des différentes substances. A cet effet, on place, en présence d'une des bases de la pile, un cube plein d'eau bouillante dont les faces sont recouvertes des différentes substances que l'on veut comparer. Les déviations indiquées par l'aiguille du galvanomètre font connaître les rapports entre les quantités de chaleur émises par ces substances. On a trouvé par ce moyen les résultats suivants, en représentant par 100 le pouvoir rayonnant du noir de fumée (carbone très-divisé qui se dépose lorsqu'on place un corps froid dans la flamme d'une bougie ou d'un bec de gaz), qui est le plus grand de tous et auquel on compare les pouvoirs des autres substances :

Noir de fumée.	100	Encre de Chine.	85
Blanc de céruse	100	Gomme laque	72
Colle de poisson.	91	Papier à écrire	98

Les recherches de MM. de la Provostaye et P. Desains ont conduit aux résultats suivants pour les premiers émissifs de quelques métaux rapportés à celui du noir de fumée représenté par 100 :

Argent vierge laminé. . . .	3,00	Platine laminé	10,80
Argent mat, chimiquement déposé sur le cuivre. . . .	5,36	Platine bruni.	9,50
		Or en feuilles	4,28
Argent pur bruni.	2,50	Cuivre en lames	4,90

On voit par les résultats qui précèdent que le noir de fumée, la céruse, le papier, possèdent à peu près le même pouvoir émissif. Celui des métaux est beaucoup moindre et il varie suivant la manière dont ils ont été travaillés. Voici comment Melloni explique les variations dont il s'agit.

Lorsqu'un corps ne peut par une modification quelconque éprouver un changement de densité à sa surface, son pouvoir rayonnant n'est nullement modifié par l'état plus ou moins net de la surface. Ainsi qu'il soit ou non poli, il rayonne la même quantité de chaleur. Melloni l'a démontré sur des plaques de marbre, de jais, d'ivoire, etc. Il n'en est plus de même quand la substance, comme les métaux, peut être écrouie et éprouver à sa surface un grand changement de densité. Le pouvoir émissif varie quelquefois de un à deux par l'écrouissage.

Melloni a opéré sur des lames d'argent et de platine qui sont inaltérables à l'air. Les métaux les plus écrouis et, par conséquent, les plus denses, sont ceux qui rayonnent le moins. Il explique facilement par ce moyen l'influence du dépoli des surfaces. Si on raye un métal fortement écroui, on augmente son pouvoir rayonnant, puisque par le rayage on met à nu des parties de métal moins denses. Si, au contraire, on raye un métal recuit et mou, on diminue son pouvoir rayonnant, parce que, dans ce cas, chaque trait formé sur le métal l'écrouit.

MM. de la Provostaye et P. Desains, à qui l'on doit tant de belles recherches sur la chaleur rayonnante, ont éclairci une autre question qui était surtout importante au point de vue théorique. Il s'agissait de savoir si le pouvoir émissif des corps est toujours le même ou s'il varie avec leur température. MM. de la Provostaye et P. Desains ont reconnu que c'est ce dernier cas qui a lieu. En effet, ils ont trouvé qu'à 200°, le verre et le sulfate de plomb émettent des quantités de chaleur sensiblement égales, tandis qu'à 310°, le pouvoir émissif du verre dépasse d'un tiers celui du sulfate de plomb (*Journ. de l'Inst.*, août 1852).

L'étude du pouvoir émissif des corps a encore conduit à un autre résultat curieux que nous devons indiquer, savoir, que la chaleur qui s'échappe d'un corps est rayonnée non-seulement par les particules qui forment sa surface, mais aussi par celles qui sont situées à une certaine profondeur. En effet, si l'on applique, avec un pinceau, sur l'une des faces d'un cube, une couche très-mince de colle, et qu'après avoir rempli ce cube d'eau bouillante, on détermine la déviation que la face recouverte de colle produit par son rayonnement sur la pile du thermo-multiplicateur, on trouve que cette déviation n'est ni celle que produirait la substance de la paroi du cube, ni celle qui est propre à la colle, tant que l'épaisseur de la couche appliquée est inférieure à $0^{mm},025$; mais lorsque l'épaisseur atteint ou dépasse cette limite, la déviation observée est constante et égale à celle que produirait la colle en couche épaisse. La gomme et la résine, que l'on peut dissoudre dans un liquide approprié, de manière à les appliquer en couches extrêmement minces, donnent des résultats semblables. Ces expériences prouvent évidemment que la chaleur rayonnante part d'une certaine profondeur au-dessous de la surface, et que si d'autres corps, tels que les métaux, le noir de fumée, donnent toujours les mêmes radiations, c'est qu'on n'a pas réussi à les réduire en couches suffisamment minces. Quoi qu'il en soit, il reste établi que pour déterminer les pouvoirs émissifs des corps, il n'est pas nécessaire d'opérer sur des lames très-épaisses de ces corps, mais qu'il suffit de lames très-minces appliquées sur les faces d'un cube dans lequel on a versé de l'eau que l'on maintient à une température constante.

Les faits qui précèdent s'expliquent en admettant que chaque particule d'un corps solide rayonne dans toutes les directions avec une intensité qui dépend de sa température et peut-être aussi de sa nature. Une partie de ces rayons peut passer au dehors quand la particule est assez près de la surface pour que les particules qui en sont encore moins éloignées ne les interceptent pas. Plus la particule est placée profondément, moins elle laisse échapper au dehors de la chaleur qu'elle rayonne dans tous les sens. C'est là l'hypothèse du *rayonnement particulaire*, émise par Fourier. Elle sert de base à la théorie mathématique de la chaleur, et explique très-bien, entre autres, la loi de l'intensité de la chaleur émise obliquement par la surface d'un corps recouvert de noir de fumée (p. 446).

Les premières recherches relatives à la détermination du pouvoir émissif des corps sont dues à Leslie. Ce physicien se servait d'un appareil particulier d'une sensibilité moindre que celui de Melloni, et cependant suffisante pour beaucoup d'expériences. En effet, la plupart des résultats obtenus par Leslie ont été confirmés au moyen du thermo-multiplicateur.

Lorsqu'on observe le refroidissement d'un corps placé dans une enceinte vide à une température inférieure, on constate que la vitesse de ce refroidissement augmente avec le pouvoir émissif du corps. L'expérience est facile à faire au moyen d'un thermomètre dont on recouvre la boule d'une couche mince des différents corps qu'on se propose d'étudier. Dans l'atmosphère, le refroidissement ne dépend plus exclusivement du pouvoir émissif des corps, parce qu'alors ceux-ci perdent leur chaleur à la fois par leur rayonnement et par leur contact avec l'air ambiant.

Newton est le premier qui se soit occupé de rechercher la loi suivant laquelle s'opère le refroidissement des corps lorsqu'on fait varier l'excès de leur température sur celle de l'enceinte. Se fondant sur des considérations théoriques, il avait admis que *la vitesse du refroidissement d'un corps est proportionnelle à la différence entre sa température et celle de l'enceinte*. On nomme vitesse du refroidissement d'un corps l'abaissement de température de ce corps pendant une minute, temps assez court pour qu'on puisse regarder la perte de chaleur comme se faisant uniformément. Cette loi n'est qu'approchée ; on ne peut la regarder comme suffisamment exacte que pour des différences de température ne dépassant pas 20°, la plus élevée des deux ne dépassant pas elle-même 40°. Connue sous le nom de *loi de Newton* ou de *loi de Richmann*, parce que ce dernier physicien a cherché à la constater par l'expérience, elle est également applicable au réchauffement des corps entre les limites que nous venons d'indiquer.

Depuis Newton, les plus habiles physiciens ont fait des expériences et des recherches mathématiques sur le refroidissement des corps, mais la question restait enveloppée de difficultés insurmontables, quand deux célèbres physiciens français, Dulong et Petit, parvinrent, en 1818, à la résoudre d'une manière assez complète, pour une étendue considérable de l'échelle thermométrique. Toutefois, les lois auxquelles ils sont arrivés sont trop compliquées pour que nous puissions les développer dans cet ouvrage. Dans ces derniers temps, MM. de la Provostaye et P. Desains ont fait de nouvelles expériences sur le refroidissement des corps. Ces expériences les ont conduits à rectifier quelques-unes des lois énoncées par Dulong et Petit. (H. V.)

2. — RÉFLEXION DE LA CHALEUR.

Lorsqu'un rayon de chaleur rencontre la surface de séparation entre deux milieux, il se partage en quatre parties, exactement comme s'il s'agissait d'un rayon lumineux : l'une qui est réfléchie *régulièrement*, l'autre *irrégulièrement* ou *diffusée* dans toutes les directions, la troisième qui est absorbée par le second milieu et qui sert à l'échauffer, et la quatrième qui est transmise à travers ce même milieu, s'il est diathermane. Cette quatrième partie s'appelle *chaleur réfractée*, et le milieu dans lequel se propage cette chaleur se nomme *milieu* ou *corps réfringent*.

La réflexion régulière s'effectue d'après les deux lois suivantes, qui sont les mêmes que pour la réflexion du son et de la lumière :

1° *Le rayon incident, le rayon réfléchi et la normale à la surface réfléchissante au point d'incidence se trouvent dans un même plan;*

2° *L'angle de réflexion est égal à l'angle d'incidence.*

Les mots *rayon incident, rayon réfléchi, angle d'incidence, angle de réflexion*, sont pris ici dans le même sens qu'à la page 270.

Pour démontrer ces lois directement, on fait tomber un faisceau de rayons calorifiques, limité par son passage à travers une ouverture pratiquée dans un écran, sur une surface plane qui les réfléchisse, et l'on place la pile du thermo-multiplicateur de manière que son axe passe par le point d'incidence et qu'elle reçoive le faisceau réfléchi. On trouve alors que la surface réfléchissante fait des angles égaux avec cet axe et avec la direction des rayons incidents, et qu'elle est perpendiculaire au plan de ces deux directions, ce qui prouve les deux lois énoncées. La figure 601 ci-après indique de quelle manière se fait l'expérience : S, lampe de Locatelli; *e*, écran percé d'une ouverture pour le passage des rayons incidents; *m*, surface réfléchissante dis-

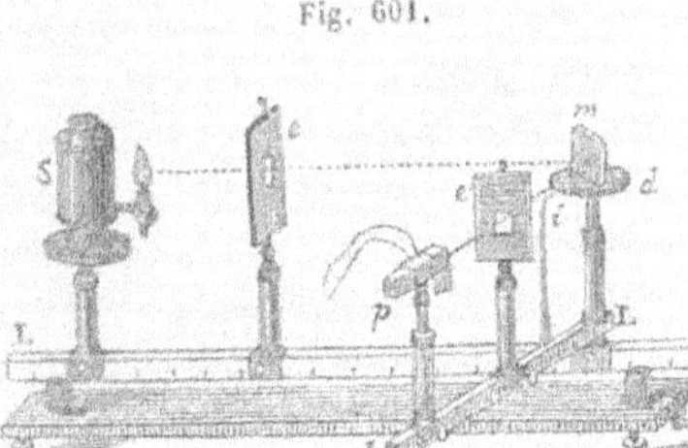
Fig. 601.

posée verticalement sur un disque horizontal divisé d, soutenu par une colonne verticale placée à l'articulation des deux règles horizontales LL, Ll; p, pile thermo-électrique soutenue par la règle Ll; e', écran soutenu par la même règle et percé d'une ouverture pour le passage des rayons réfléchis; i, index porté aussi par la règle Ll et permettant de reconnaître si l'axe de la pile fait avec la plaque m le même angle que les rayons incidents.

L'expérience suivante, faite à peu près en même temps par Scheele, en Suède, et par Pictet, à Genève, peut servir aussi à démontrer les lois de la réflexion du calorique. Deux réflecteurs sphériques concaves mn et p (fig. 602), en cuivre jaune, bien polis, sont disposés à 4 ou 5 mètres de distance, de manière que leurs axes principaux coïncident (p. 517). Au foyer principal de l'un d'eux, dans un petit panier en fil de fer b, on place des charbons incandescents; au foyer principal a de l'autre est un corps inflammable, de l'amadou ou du coton-poudre, par exemple. Si la chaleur se réfléchit d'après les mêmes lois que la lumière, les rayons émis par la source b se réfléchiront une première fois sur le miroir b au foyer principal duquel est cette source, et, par l'effet de cette réflexion, ils prendront une direction parallèle à l'axe (p. 518); puis, rencontrant le miroir mn, ils subiront une seconde réflexion qui les fera concourir au foyer principal a. Or, c'est ce qui a lieu. En effet, le corps inflammable placé en ce point prend feu, tandis qu'en deçà ou au delà du foyer principal a il ne s'enflamme pas. En plaçant une bougie en b, on remarque que le point où se rassemblent les rayons lumineux coïncide avec le foyer des rayons de chaleur.

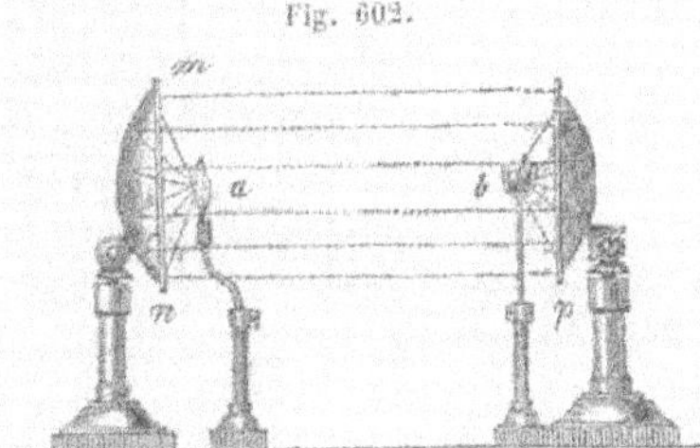
Fig. 602.

Les miroirs sphériques, pour rendre parallèles les rayons partis du foyer principal, doivent n'avoir qu'une ouverture très-faible, de 10 à 12°, par exemple. La surface de ces miroirs est donc nécessairement peu étendue. Pour éviter cet inconvénient et pouvoir opérer sur des surfaces réfléchissantes plus considérables, de façon à augmenter le nombre des rayons réfléchis, on se sert avec avantage de réflecteurs paraboliques, c'est-à-dire de surfaces concaves polies, ayant la forme d'un paraboloïde de révolution. La figure 603 représente une section d'un pareil réflecteur par un plan passant par l'axe de figure du miroir. Cette section est telle que, si l'on mène par un point quelconque *m* de la courbe d'intersection une droite *sm*, parallèle à l'axe de figure du miroir, et une autre *mf* passant par un certain point *f* appelé le *foyer* de la courbe, l'angle de ces deux droites sera partagé en deux parties égales par la normale *mn* en ce point; et, réciproquement, si, ayant mené une droite *fm* du foyer à un point *m* de la courbe, on mène par ce point une parallèle *ms* à l'axe de figure du paraboloïde, l'angle *smn* sera égal à l'angle *fmn*, et cette droite sera dans le plan de ce dernier angle. Si donc nous plaçons un point rayonnant en *f*, les rayons, après s'être réfléchis sur ce miroir parabolique, formeront un faisceau parallèle à son axe, quelle que soit l'étendue de la surface réfléchissante; et si, ensuite, nous recevons ce faisceau sur un second réflecteur parabolique dont l'axe de figure coïncide avec celui du premier, ce second réflecteur les fera concourir rigoureusement en son foyer.

Fig. 603.

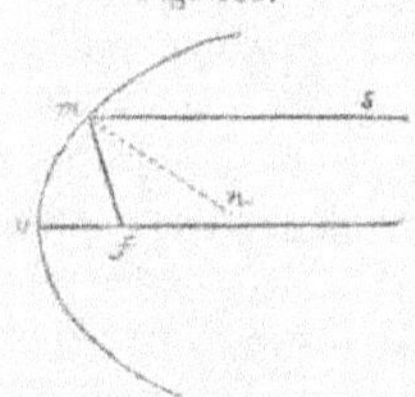

Si l'on fait tomber les rayons du soleil sur un miroir sphérique concave, ils se réunissent, après la réflexion, au foyer principal, parce que les rayons du soleil sont très-sensiblement parallèles, à cause de la grande distance de cet astre. Si l'on met en ce point des matières inflammables, on les voit brûler promptement, pour peu que le miroir ait 20 ou 30 centimètres d'ouverture. C'est l'expérience si connue des *miroirs ardents*. On peut se servir de miroirs en glace étamée ou mieux de miroirs métalliques, qui réfléchissent mieux la chaleur. Quand le miroir a une grande ouverture, et en même temps un grand rayon de courbure, pour qu'il satisfasse à la condition de ne comprendre qu'un petit nombre de degrés, il peut fondre les métaux, l'ardoise, la brique et d'autres matières terreuses. Buffon fit construire un appareil composé de 100 miroirs plans en verre étamé d'un demi-pied carré, ajustés à charnière sur un châssis, de manière que l'ensemble eût la forme d'une surface sphérique. Cet appareil à miroirs articulés constituait un miroir concave dont on pouvait faire varier à volonté la distance focale. Avec cet instrument, Buffon fit fondre du plomb à 140 pieds de distance, et de l'argent à 100 pieds. Le bois s'enflammait à 200 pieds.

Les propriétés des miroirs ardents étaient connues des anciens. On rapporte qu'Archimède embrasa, au moyen de semblables miroirs, les vaisseaux des Romains assiégeant Syracuse, et Proclus, en 514, ceux de Vitalien assiégeant Byzance. (H. V.)

POUVOIR RÉFLECTEUR.

On nomme *pouvoir réflecteur* d'un corps le rapport entre la quantité de chaleur que ce corps réfléchit et la quantité totale de chaleur qui tombe à sa surface. Pour déterminer ce rapport, on peut, comme l'ont fait MM. de la Provostaye et P. Desains, employer l'appareil de Melloni disposé comme le montre la figure 601. On place d'abord la règle L*l* dans la direction de LL, et l'on observe quelle est la déviation produite sur l'aiguille du galvanomètre. On place ensuite la lame réfléchissante *m* verticalement sur le disque divisé *d*, puis, en faisant tourner la règle L*l*, on dispose cette lame de manière que le faisceau de chaleur, après s'être réfléchi sur la surface *m*, tombe sur la base de la pile. On conclut alors de la déviation du galvanomètre, la quantité de chaleur que reçoit cette base. Le rapport entre cette quantité et celle que recevait la pile dans la première expérience, donne le pouvoir réflecteur cherché. Pour plus de sûreté et pour se mettre à l'abri des erreurs provenant de changements accidentels dans l'intensité de la source, on mesure de nouveau la déviation produite sur la pile par les rayons directs, et c'est la moyenne entre cette déviation et celle qu'on a observée en premier lieu que l'on introduit dans le calcul. Enfin, comme vérification, on met les lames sur lesquelles on a successivement opéré l'une après l'autre sur le support *d*, et l'on compare les effets produits; ils doivent être dans le rapport des pouvoirs réflecteurs mesurés à part.

Voici les principaux résultats obtenus par MM. de la Provostaye et P. Desains, sous l'incidence de 50° :

Plaqué d'argent poli	0,97	Cuivre rouge verni	0,86
Or	0,95	Métal des miroirs poli	0,855
Laiton, cuivre rouge	0,93	Platine	0,83
Acier	0,825	Fer	0,77
Zinc	0,81	Fonte de fer	0,74

En déterminant par le procédé que nous venons d'indiquer, ou par des procédés analogues, les pouvoirs réflecteurs de différents corps, on a reconnu : 1° que les métaux, surtout quand leur poli est très-grand, réfléchissent le plus de chaleur, tandis que le noir de fumée, la craie, le blanc de plomb, n'en réfléchissent régulièrement aucune portion; 2° que la proportion de chaleur réfléchie par le verre augmente avec l'incidence, tandis que le pouvoir réflecteur des métaux est sensiblement constant jusqu'à ce que l'angle d'incidence atteigne 70°; à partir de là il diminue; 3° que les corps, relativement au pouvoir réflecteur, doivent être rangés dans un ordre inverse à celui que l'on trouve pour les pouvoirs émissifs; 4° que pour un même corps, le pouvoir réflecteur diminue, en général, avec le degré de poli de la surface réfléchissante. (H. V.)

3. — DIFFUSION DE LA CHALEUR.

Quand on détruit le poli d'un miroir concave, la proportion de chaleur réfléchie à son foyer diminue considérablement. Ce résultat, constaté par Leslie, s'explique par la *diffusion* ou *réflexion irrégulière* d'une partie de la chaleur sur la surface dépolie. Ce phénomène, dont Melloni a fait une étude particulière, est analogue à la réflexion diffuse de la lumière sur les surfaces non polies, en vertu de laquelle nous distinguons la forme et la couleur des objets éclairés (p. 312).

Fig. 604.

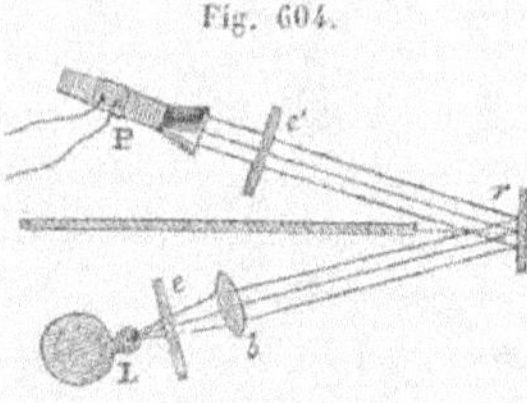

Pour constater la diffusion de la chaleur, Melloni procède comme suit : Un disque de bois compacte r (fig. 604) est recouvert de noir de fumée sur l'une de ses faces, et d'une matière blanche, de céruse, par exemple, sur l'autre; il est placé verticalement sur un plateau tournant horizontal. Une lampe est en L, et la pile thermo-électrique est en P; un large écran les sépare. Les rayons de la source sont rassemblés et rendus sensiblement parallèles, au moyen d'une lentille en verre b, qui a aussi pour objet d'épurer le flux calorifique en arrêtant certains rayons (Voy. réfraction de la chaleur). Un écran diathermane e sert à faire varier la nature du flux qui tombe sur le disque r. Cela posé, si l'on tourne le côté blanchi de ce disque du côté de la source L et de la pile, on voit aussitôt l'aiguille du galvanomètre marcher de 25° à 30°.

Ce résultat est dû à la réflexion diffuse; car 1° l'aiguille se met en mouvement aussitôt qu'on démasque la lampe, ce qui exclut l'idée de rayons émis par le disque après qu'il se serait échauffé; de plus, en présentant à la source la face noircie du disque, il n'y a plus qu'un effet très-faible, et cependant le noir s'échauffe beaucoup plus promptement que le blanc; 2° une lame de verre placée en e', et qui, comme nous le verrons plus loin, intercepterait tous les rayons émis par une surface de basse température, comme celle du disque r, n'affaiblit que très-peu l'effet produit sur la pile, parce que la lentille b a déjà absorbé les rayons que le verre est capable d'absorber; 3° on ne peut attribuer le résultat observé à la réflexion spéculaire, car la surface n'est pas polie et la pile peut être placée de manière que la direction Pr fasse avec la surface du disque un angle très-différent de celui que forme la direction Lr avec la même surface, sans que la déviation de l'aiguille du galvanomètre cesse de se produire.

Melloni a aussi opéré sur les rayons solaires, qu'il faisait entrer par une ouverture de $0^m,1$ de diamètre pratiquée dans le volet d'une chambre obscure, et qu'il recevait sur le mur opposé. La pile placée en face de la partie éclairée donnait toujours la même déviation, quand son axe formait le même angle dans une direction quelconque avec la surface du mur.

Le noir de fumée renvoie aussi un peu de chaleur diffuse, car l'aiguille du galvanomètre s'éloigne de 1° environ quand on tourne la face noircie du disque r du côté de la source. Cet effet n'est pas dû au rayonnement du disque qui se serait d'abord échauffé, car il commence de suite. (H. V.)

4. — RÉFRACTION DE LA CHALEUR.

Lorsqu'un rayon de chaleur passe d'un milieu dans un autre, il se réfracte comme la lumière, et en obéissant aux mêmes lois. En effet, l'expérience a démontré depuis longtemps qu'il en est ainsi pour les rayons de chaleur qui accompagnent la lumière solaire, car par leur passage à travers un prisme, ces rayons sont déviés dans le même sens que les rayons lumineux, comme le prouve le spectre calorifique qui se produit en même temps que le spectre lumineux lorsqu'on reçoit sur un écran un faisceau de rayons solaires qui a traversé un prisme (p. 346). Mais on a contesté longtemps le phénomène de la réfraction calorifique dans le cas de la chaleur obscure, c'est-à-dire de celle qui est émise par les sources non lumineuses. C'est Melloni qui a levé tous les doutes à cet égard. L'expérience se fait de la manière qui suit : On place sur la règle L de l'appareil de Melloni une seconde règle ll' (fig. 605), mobile autour d'un axe vertical porté par une pince que l'on fixe sur la règle L au moyen d'une vis de pression. Un support lo est placé sur le prolongement de cet axe, et l'angle que font les deux règles l'une avec l'autre est indiqué par l'index i et une division tracée sur le contour du plateau o. Sur ce plateau on fixe verticalement un prisme p de *sel gemme* (parce que cette substance est très-diathermane), et la pile P se place à la même hauteur sur la règle ll'. Un faisceau de rayons, émanant d'un vase plein d'eau bouillante et délimité par un écran percé, rencontre le prisme, est dévié en le traversant et vient tomber sur la pile, à laquelle on donne une position convenable, en tournant peu à peu la règle ll'. Si l'on enlève le prisme, l'aiguille du galvanomètre, qui avait été déviée, revient au repos; il en est de même si on retourne le prisme d'une demi-circonférence, de manière que son arête de sommet change de position; ce qui montre que l'effet produit sur la pile n'est pas dû à de la chaleur rayonnée par le prisme qui se serait d'abord échauffé.

Fig. 605.

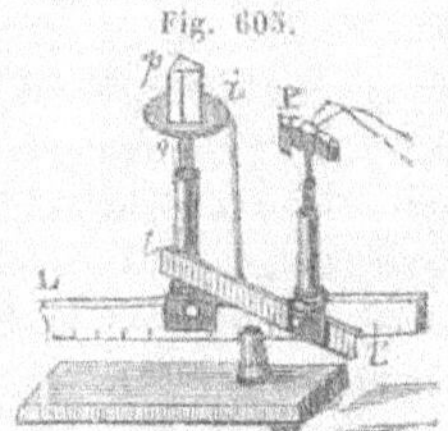

Les lentilles bi-convexes peuvent également servir à démontrer que la chaleur se réfracte d'après les mêmes lois que la lumière. En effet, on sait que les rayons calorifiques venant du soleil se concentrent, avec la lumière, au foyer principal des lentilles de verre, et Melloni, en opérant avec une lentille convergente de sel gemme, a constaté qu'un point échauffé qui émet des rayons de chaleur obscure, forme son foyer conjugué comme le ferait un point lumineux placé de la même manière par rapport à la lentille.

Les anciens connaissaient la propriété qu'ont les lentilles de verre de concentrer à leur foyer les rayons parallèles du soleil, et ils en faisaient usage pour allumer du feu. Avec des lentilles ou *verres ardents* de 5 ou 6 centimètres, on peut brûler du bois, et en leur donnant une grande ouverture et en même temps un grand rayon aux deux surfaces sphériques, pour qu'elles ne comprennent qu'un petit nombre de degrés, on obtient au foyer des effets d'une intensité remarquable et supérieurs à ceux que produisent les miroirs ardents (p. 452). Dans les grandes lentilles, dont l'épaisseur est nécessairement assez considérable, une grande partie de la chaleur est absorbée par le verre. Buffon, pour diminuer cette perte de chaleur, qui a sur-

Fig. 606.

tout lieu au milieu, a imaginé les *lentilles à échelons* (fig. 606). Un côté de la lentille est plan, et de l'autre côté les différentes parties de la surface sphérique sont rentrées les unes par rapport aux autres, de manière que l'ensemble soit composé de couronnes, dont on voit la coupe en *aa*, *bb*, lesquelles entourent une lentille centrale *o*. Indépendamment de la diminution d'épaisseur obtenue par cette disposition, on y trouve encore l'avantage de pouvoir donner aux différentes couronnes des courbures telles, que les rayons réfractés se réunissent exactement au même point, et qu'il n'y ait plus, par conséquent, d'aberration de sphéricité (p. 341). Buffon construisait ces lentilles avec une seule masse de verre. Fresnel, qui les a beaucoup perfectionnées pour les appliquer à l'éclairage des phares, a imaginé de les former de plusieurs pièces soudées avec de la colle de poisson, et a vaincu par là une grande difficulté de construction, qui avait fait renoncer à ces sortes de lentilles.

POUVOIR TRANSMISSIF OU DIATHERMIQUE.

Lorsqu'un faisceau de chaleur tombe sur une lame d'un corps diathermique, une partie de la chaleur traverse la lame et sort par la face opposée. On appelle *pouvoir transmissif* de la lame le rapport entre la quantité de chaleur qu'elle laisse passer et la quantité de chaleur incidente.

Prévost, à Genève, et Delaroche, en France, avaient déjà constaté, en 1811 et 1812, le pouvoir transmissif de plusieurs substances, tant pour la chaleur lumineuse que pour la chaleur obscure; mais c'est seulement en 1832 que Melloni parvint, à l'aide du thermo-multiplicateur, à reconnaître et à mesurer ce pouvoir dans un grand nombre de substances qu'on en croyait privées, et à donner une théorie complète des propriétés diathermiques des solides et des liquides.

Melloni, dans ses expériences, a fait usage de cinq sources de chaleur, savoir : 1° une lampe de Locatelli, c'est-à-dire sans verre, avec réflecteur, et à un seul courant d'air; 2° une lampe d'Argant, c'est-à-dire à double courant d'air et munie d'un verre; telles sont les lampes Carcel; 3° un fil de platine contourné en hélice, et maintenu au rouge blanc dans la flamme d'une lampe à alcool; 4° un petit cube de cuivre rouge noirci à l'extérieur et rempli d'eau maintenue à 100 degrés; 5° enfin, une plaque de cuivre rouge noircie et chauffée à 400 degrés environ par une de ses faces, au moyen de la flamme d'une lampe à alcool.

Pour déterminer le pouvoir transmissif d'une plaque diathermane, Melloni opérait comme suit : la source de chaleur étant placée sur le support *a* (fig. 600), et l'écran F abaissé, il déterminait la quantité de chaleur rayonnée vers la pile *m*; il éloignait la source de manière que la déviation définitive de l'aiguille du galvanomètre ne dépassât jamais 30° quand les rayons tombaient librement sur la pile; en cherchant ensuite, dans la table de graduation dressée pour son appareil, l'intensité correspondante du courant, il avait un nombre qui pouvait servir de mesure à la quantité de chaleur émise vers la pile (p. 441). Cette donnée étant obtenue, Melloni interposait l'écran mobile F, et plaçait sur le support C la lame dont il s'agissait d'obtenir le pouvoir transmissif; cette lame était disposée perpendiculairement au trajet des rayons incidents; puis, l'aiguille du galvanomètre étant revenue au zéro, on abaissait l'écran F, et aussitôt on voyait cette aiguille se déplacer de nouveau, et, après quelques oscillations, s'arrêter dans une nouvelle position d'équilibre. Observant alors l'angle qu'elle faisait avec le méridien magnétique, on pouvait facilement déterminer l'intensité de la chaleur qui avait traversé la lame, et calculer le pouvoir transmissif de celle-ci. Au lieu des déviations définitives de l'aiguille aimantée, on peut aussi se borner à observer ses déviations impulsives (p. 442). On représente ordinairement par 100 la quantité de chaleur que reçoit directement la pile, et l'on y rapporte la quantité transmise au moyen d'une proportion. Si l'intensité de la chaleur envoyée directement à la face de la pile est exprimée par 35, par exemple, et si l'intensité de celle qui arrive à la pile est seulement égale à 14, quand on interpose une lame, on écrira $35 : 14 :: 100 : x$, d'où $x = 40$. On exprime souvent ce résultat en disant que, sur 100 rayons de chaleur, la lame en a laissé passer 40 et en a arrêté 60, de sorte que son pouvoir transmissif est égal à 0,40.

Lorsqu'on veut opérer sur un liquide, on le verse dans une auge ayant deux faces parallèles formées par des lames de verre mince.

C'est, en déterminant par le procédé que nous venons d'indiquer, les pouvoirs transmissifs d'un grand nombre de substances tant solides que liquides, que Melloni a constaté les faits que nous allons faire connaître.

1° Parmi les corps solides et liquides, il y en a un grand nombre qui se laissent traverser par la chaleur rayonnante comme les milieux transparents se laissent traverser par la lumière, tandis que d'autres ne jouissent pas de cette propriété et sont analogues aux corps opaques qui arrêtent la lumière qui se présente pour les traverser. Il n'existe, en général, aucun rapport entre le pouvoir transmissif des corps et leur transparence pour la lumière. C'est ainsi qu'une plaque d'alun très-transparente et d'une épaisseur de $1^{mm},5$ n'a laissé passer que le tiers environ de celle que transmettait une plaque de quartz enfumé presque opaque d'une épaisseur de 86^{mm}.

Ces faits justifient la division des corps en diathermiques et adiathermanes, ainsi que les dénominations proposées par Melloni pour désigner la manière dont ils se comportent à l'égard de la chaleur. Toutefois, cette division ne doit pas être prise d'une manière absolue; car il est probable que tous les corps, réduits en lames suffisamment minces, se laisseraient traverser par une certaine quantité de chaleur, au moins il paraît impossible d'expliquer autrement le fait qu'une partie de la chaleur qui s'échappe d'un corps provient des molécules situées à une certaine profondeur au-dessous de celles qui forment sa surface (p. 448). Quoi qu'il en soit, on peut citer parmi les corps adiathermanes par excellence les différents métaux : sous quelque épaisseur qu'on les ait présentés aux rayons de chaleur, ils les ont constamment arrêtés tous. Les bois, le papier, certaines pierres, sont aussi des substances adiathermanes. Le sel gemme, le verre, le quartz, le spath d'Islande, l'eau, l'huile, les gaz, sont, au contraire, des corps diathermiques.

2° Le pouvoir diathermique d'une lame augmente avec son degré de poli. Par exemple, Melloni a trouvé que les indications de son appareil variaient de 12 à 5 degrés en interposant des lames de verre de même nature et de même épaisseur, mais plus ou moins polies.

3° La quantité de chaleur qui traverse un corps diathermique décroît quand l'épaisseur augmente; mais l'absorption n'est pas proportionnelle à l'épaisseur. C'est, en général, dans les premières couches que l'absorption se fait. Au delà d'une certaine épaisseur, la quantité de chaleur transmise tend à rester constante, lors même que l'épaisseur continue à croître. Le sel gemme fait exception : il laisse toujours passer la même quantité de chaleur, du moins pour des épaisseurs comprises entre 2 et 40 millimètres.

4° La nature de la source de chaleur modifie beaucoup, en général, le pouvoir diathermique des corps, ainsi que le démontrent les résultats obtenus par Melloni, en faisant usage de quatre sources différentes. En effet, en représentant par 100 les rayons incidents, ce physicien a trouvé les résultats consignés dans le tableau suivant :

Lames de 2mm,6.	Lampe Locatelli.	Spirale de platine.	Plaque de cuivre à 400°.	Cube rempli d'eau à 100°.
Sel gemme diaphane. . . .	92	92	92	92
Spath d'Islande	39	28	6	0
Quartz diaphane	38	28	6	0
Verre à glace	39	24	6	0
Chaux sulfatée	14	5	0	0
Alun	9	2	0	0

Ce tableau montre, le sel gemme faisant seul exception, que la proportion de chaleur transmise à travers les solides diminue avec la température de la source, et devient nulle pour une source à 100 degrés. Les liquides présentent le même phénomène.

Pour expliquer ces résultats, Melloni admet que les rayons provenant de diverses sources ne sont pas identiques entre eux, mais qu'ils présentent des différences analogues à celles qui distinguent les rayons de lumière diversement colorés ; que chaque source envoie des rayons d'une infinité d'espèces différentes, surtout quand sa température s'élève, et enfin que les corps diathermiques se comportent par rapport à la chaleur comme les milieux colorés transparents par rapport à la lumière. Une seule substance, le sel gemme, transmet la même proportion de chaleur rayonnante, quelle que soit la température de la source, et, par conséquent, il se comporte pour la chaleur comme les substances transparentes et *incolores* par rapport à la lumière.

Pour distinguer les corps diathermiques et les rayons de chaleur émanés de diverses sources, Melloni emploie les expressions suivantes, en regard desquelles nous mettrons les dénominations qui leur correspondent dans l'histoire de la lumière :

CHALEUR.	LUMIÈRE.
Milieux thermochroïques.	Milieux colorés.
» athermochroïques (sel gemme).	» incolores.
Thermochrose.	Coloration.

3° Les rayons calorifiques qui ont déjà traversé une ou plusieurs substances diathermiques, subissent une modification qui les rend plus ou moins propres à être transmis à travers de nouvelles substances diathermiques. C'est ainsi qu'une lame de spath d'Islande qui, sur 100 rayons directs de la lampe Locatelli, en laisse passer 39, transmet 91 rayons sur 100 quand la chaleur a préalablement traversé une lame d'alun de $2^{mm},6$ d'épaisseur. L'acide citrique, au contraire, ne laisse passer que 0,02 de la chaleur qui a traversé une lame de verre noir de $1^{mm},85$ d'épaisseur, et 0,88 de celle qui a traversé la lame d'alun ci-dessus, etc. Le sel gemme seul laisse toujours passer la même quantité de chaleur incidente, quelles que soient les lames que le flux de chaleur a d'abord traversées.

En comparant ces faits avec ceux qu'on observe quand la lumière traverse différents verres de couleur, nous dirons, par exemple, que l'alun et l'acide citrique ont à peu près la même *thermochrose*, et que le verre noir et l'acide citrique ont, au contraire, des thermochroses très-différentes.

Les verres différemment colorés ont généralement la même thermochrose, car la chaleur qui a traversé un de ces verres passe en grande proportion à travers un autre. Le verre coloré en vert avec de l'oxyde de cuivre fait exception : il n'a pas la même thermochrose que les verres colorés avec d'autres substances, et, de plus, il est beaucoup moins diathermane, tellement que, si l'on rassemble les rayons du soleil au foyer d'une lentille faite avec cette sorte de verre, la lumière y présente un vif éclat, mais la pile thermo-électrique n'y indique aucune élévation de température. Ce qui montre, une fois de plus, l'indépendance des rayons de la chaleur et des rayons de lumière (p. 346).

Les faits qui précèdent démontrent qu'il existe une analogie complète entre les propriétés que présentent la chaleur et la lumière dans leur passage à travers les corps. La même analogie existe dans la diffusion de ces deux agents à la surface des corps dépolis. En effet, ainsi que les corps éclairés par une même lumière présentent des couleurs différentes, c'est-à-dire réfléchissent de la lumière diffuse affectant différentes teintes ; de même la chaleur réfléchie par la plupart des surfaces dépolies présente aussi des qualités différentes, c'est-à-dire que ces surfaces sont thermochroïques de diverses manières. C'est ce que Melloni a démontré par de nombreuses expériences. Ce physicien a trouvé, par exemple, que le noir de fumée ne peut réfléchir que des quantités extrêmement faibles de chaleur diffuse, de même qu'il ne réfléchit pas de lumière diffuse; le noir de fumée se comporte donc pour la chaleur comme pour la lumière, il est à la fois *mélanothermique* pour les rayons de la première, et *noir* pour ceux de la seconde, qu'il éteint également presque en totalité, quelle que soit leur couleur. Les substances blanches, au contraire, sont *thermochroïques*, ainsi que beaucoup d'autres. Les métaux polis ou non nous offrent des corps *leucothermiques*, c'est-à-dire qu'ils réfléchissent également toute espèce de rayons, comme les corps *blancs* réfléchissent également tous les rayons colorés. (H. V.)

3. — POUVOIR ABSORBANT OU ADMISSIF.

La faculté plus ou moins grande que possèdent les corps de laisser passer par leur surface une partie de la chaleur incidente pour se l'approprier et s'échauffer, constitue le *pouvoir absorbant* ou *admissif* de ces corps.

La chaleur absorbée par un corps adiathermique est égale à celle qu'il reçoit, diminuée de celle qui est réfléchie régulièrement et d'une manière diffuse; c'est-à-dire que plus un pareil corps réfléchit de calorique, moins il en absorbe, et réciproquement. C'est ce que l'on exprime encore en disant que, dans les corps adiathermiques, le pouvoir absorbant est complémentaire de la somme des pouvoirs réflecteur et diffusif. Il suit de là que toute cause qui modifie ces derniers, doit nécessairement modifier le pouvoir absorbant en sens inverse. Or, la chaleur diffusée varie avec la nature des rayons incidents (p. 461), il doit donc en être de même de la quantité de chaleur absorbée. Le pouvoir absorbant d'un corps n'est donc pas constant, pas plus que les pouvoirs réflecteur, diffusif et émissif.

Tant que les rayons qui tendent à sortir d'un corps sont de même nature que ceux qui tendent à y pénétrer, il paraît naturel de supposer que la surface fait éprouver aux uns et aux autres les mêmes modifications, et, par conséquent, que le pouvoir absorbant d'un corps est égal à son pouvoir émissif. L'observation confirme cette hypothèse. En effet, Dulong et Petit ont démontré, par des expériences directes, l'égalité des deux pouvoirs dont il s'agit. Pour cela, après avoir recouvert la boule d'un thermomètre de la substance dont ils voulaient comparer les pouvoirs émissif et absorbant, ils ont observé le réchauffement et le refroidissement de ce thermomètre, pendant des temps très-courts et égaux, dans le vide et pour des excès de température égaux, mais toujours très-faibles : ils ont trouvé que les nombres de degrés perdus ou gagnés, la différence de température de l'enceinte et du thermomètre étant la même, étaient égaux dans les deux cas. Or, il est facile de voir que ce résultat démontre l'égalité des pouvoirs émissif et absorbant. En effet, puisque la loi de Newton (p. 449) est applicable pour de petites différences de température, on peut admettre que, pour une même différence, le thermomètre tendra à envoyer vers l'enceinte autant de chaleur que celle-ci lui en enverrait s'il était à une température inférieure à celle de l'enceinte ; l'excès de température entre le thermomètre et l'enceinte étant, par exemple, de 5°, on pourra donc représenter par 5 les quantités de chaleur que les deux systèmes de corps tendent à s'envoyer mutuellement. Cela posé, si le thermomètre est à 5° au-dessus de la température de l'enceinte, il perdra évidemment, dans un temps très-court, une quantité de chaleur proportionnelle à son excès de température et à son pouvoir émissif E, et qui pourra être représentée par 5 E. Quand, au contraire, le thermomètre se trouvera à 5° au-dessous de la température de l'enceinte, celle-ci lui enverra une quantité de chaleur égale à 5, mais dont il n'absorbera qu'une partie égale à 5 A, A désignant son pouvoir absorbant. Or, puisque l'expérience indique que le réchauffement et le refroidissement sont égaux, il s'ensuit que $5\,E = 5\,A$, d'où $E = A$.

Melloni et MM. de la Provostaye et P. Desains ont constaté, par l'expérience, que le pouvoir absorbant des corps varie avec la nature des rayons incidents. A cet effet, ces deux derniers physiciens ont opéré sur des métaux polis, sensiblement dépourvus de pouvoir diffusif. Pour obtenir le pouvoir absorbant de ces substances, il suffisait donc de déterminer leur pouvoir réflecteur par le procédé décrit p. 455, et de retrancher, dans chaque cas, le nombre obtenu de l'unité, par laquelle on représente la quantité de chaleur incidente. Le tableau suivant contient les résultats des expériences faites de la manière que nous venons d'indiquer.

POUVOIRS ABSORBANTS DES MÉTAUX POLIS POUR LA CHALEUR VENUE DES DIFFÉRENTES SOURCES.

	CHALEUR				
	solaire.	de la lampe à modérateur.	de la lampe de Locatelli.	de la lampe à alcool salé	obscure émise par une lame de cuivre chauffée à 400°.
Acier.	0,42	0,34	0,475	0,12	»
Métal des miroirs. .	0,34	0,30	0,145	»	»
Platine.	0,39	0,30	0,17	0,14	0,105
Zinc.	»	0,32	0,19	»	»
Etain.	»	0,32	0,15	»	»
Laiton.	»	0,46	0,07	0,06	0,055
Or.	0,13	»	0,043	»	0,045
Argent plaqué très-brillant.	0,08	0,033	0,025	»	»

Ces valeurs sont applicables, à très-peu près, à toutes les incidences comprises entre 0 et 70°. Elles montrent combien varie l'absorption de la chaleur, quand la nature des rayons incidents vient à changer.

D'après les recherches de Melloni, on n'a trouvé jusqu'ici qu'un seul corps qui absorbe également toute espèce de rayons : c'est le noir de fumée. Cette propriété est précieuse, car sans elle on ne pourrait comparer les intensités des flux calorifiques de nature différente. En effet, si l'on ne recouvrait pas les bases de la pile thermo-électrique de noir de fumée, non-seulement elle serait moins sensible, mais les indications cesseraient d'être proportionnelles aux intensités des radiations, quand elles émaneraient de sources différentes, car les métaux modifient la chaleur qu'ils réfléchissent régulièrement, et peut-être aussi celle qu'ils diffusent, bien que, depuis Melloni, on admette que, dans la diffusion, ils se comportent comme des corps leucothermiques (p. 462).

(H. V.)

POLARISATION ET DOUBLE RÉFRACTION DE LA CHALEUR.

Les analogies que nous avons reconnues jusqu'à présent entre les propriétés de la chaleur rayonnante et celles de la lumière ne sont pas les seules ; la chaleur est aussi, comme la lumière, susceptible d'éprouver la double réfraction, d'être polarisée, de subir la réflexion totale et de donner lieu aux phénomènes de la diffraction.

Pour constater la double réfraction de la chaleur rayonnante, MM. de la Provostaye et P. Desains ont opéré comme il suit : un trait horizontal de lumière solaire, réfléchie horizontalement, tombe sur un prisme de spath d'Islande achromatisé, et d'un angle assez grand pour que les deux faisceaux se séparent à 60 centimètres. L'un est arrêté par un écran ; l'autre, après avoir subi les épreuves convenables, arrive à la pile de l'appareil de Melloni, qui en donne l'intensité. Veut-on prouver que sa chaleur est complétement polarisée, on le réfléchit sur une glace verticale, sous l'angle de polarisation, et l'on constate, si c'est le faisceau ordinaire, qu'il donne une grande déviation quand la section principale du prisme est horizontale, et qu'il ne produit aucun effet quand elle est verticale : l'action est inverse pour le faisceau extraordinaire : le premier est donc polarisé dans la section principale, l'autre dans un plan perpendiculaire. Veut-on prouver que, dans un second prisme, ces faisceaux se partagent en deux parties inégales comme la lumière polarisée, on présente à l'un de ces faisceaux un second prisme qu'il doit traverser avant d'arriver à la pile, et l'on observe l'intensité calorifique de l'un des faisceaux émergents pour diverses positions de la section principale du second prisme par rapport à celle du premier; ces intensités varient presque exactement comme celles du faisceau lumineux correspondant.

De son côté, M. Knoblauch a constaté que la chaleur solaire éprouve la double réfraction en traversant une tourmaline taillée parallèlement à l'axe et que le rayon ordinaire est complétement absorbé pour une épaisseur suffisante de la lame cristalline. Le même physicien a démontré, en outre, que la chaleur solaire se polarise complétement en traversant un prisme de Nicol et que le rayon transmis est éteint en totalité par un second Nicol, si les sections principales sont perpendiculaires l'une à l'autre. Il s'ensuit que la chaleur présente aussi le phénomène de la réflexion totale (p. 418).

Les premières recherches sur la polarisation de la chaleur rayonnante par réflexion remontent à 1810. Elles appartiennent à Bérard. Mais ce n'est que depuis l'invention du thermo-multiplicateur que le phénomène a pu être démontré d'une manière rigoureuse et incontestable. C'est encore à Melloni que l'on doit cette démonstration. A cet effet, il s'est servi de piles de lames minces de mica qui agissent comme des piles de lames de verre, mais sans occasionner une aussi grande absorption de chaleur. Deux piles de mica étaient adaptées aux extrémités d'un tube de cuivre. Ces piles pouvaient tourner autour de l'axe du tube et être, à volonté, inclinées sur cet axe. Les piles étant ainsi disposées, on les place, sous l'angle de polarisation, sur le trajet des rayons de chaleur que l'on se propose de polariser. Or, si l'on reçoit ces rayons sur la pile thermo-électrique après leur passage à travers les deux piles de mica, on constate que ces rayons ont leur maximum d'intensité quand les piles sont parallèles, tandis que leur intensité est presque nulle lorsque les piles sont perpendiculaires.

La diffraction de la chaleur rayonnante a été constatée par M. Knoblauch (*Ann.* de Poggendorf, V. 74, p. 9). (H. V.)

HYPOTHÈSES SUR LA NATURE DE LA CHALEUR.

On a émis sur la nature de la chaleur deux hypothèses analogues à celles qui ont été proposées pour expliquer les propriétés de la lumière : ces hypothèses sont celle de l'*émission* et celle des *ondulations*.

Dans la première, on admet que la cause de la chaleur est un fluide matériel, impondérable, qui peut passer d'un corps à un autre, et dont les molécules se repoussent mutuellement. Ce fluide existerait dans tous les corps à l'état de combinaison avec les dernières particules et s'opposerait à leur contact immédiat. Dans cette hypothèse, la chaleur, considérée comme un fluide transportable et susceptible de se combiner en masse plus ou moins grande avec les molécules pondérables, prend plus particulièrement le nom de *calorique*. Lorsqu'un corps se refroidit, on dit qu'il perd du calorique, tandis qu'on dit qu'il en reçoit, quand sa température s'élève.

Dans le système des ondulations, on admet que la chaleur est due à un mouvement vibratoire des molécules des corps chauds, lequel mouvement se transmet aux molécules des autres corps par l'intermédiaire d'un fluide éminemment subtil et élastique, qu'on nomme l'*éther*, et dans lequel il se propage à la manière des ondes sonores dans l'air. Cette hypothèse attribue les propriétés des différentes espèces de rayons calorifiques à des vibrations plus ou moins rapides, ou à des ondes d'inégale longueur; en d'autres termes, elle suppose que la thermochrose est l'analogue du degré d'acuité des sons ou de la couleur des rayons lumineux.

Nous avons vu que les phénomènes de la chaleur rayonnante présentent l'analogie la plus complète avec ceux de la lumière. On est donc conduit à leur assigner une cause commune avec ceux de la lumière. Or, ces derniers sont pour la plupart inexplicables dans l'hypothèse de l'émission. D'après cela, il est impossible de ne pas adopter l'hypothèse des ondulations pour expliquer les phénomènes de la chaleur rayonnante. Quant aux effets que la chaleur produit sur les corps, ils n'ont pas d'analogues en optique. Ces phénomènes restent encore complétement inexpliqués, tant dans le système des ondulations, que dans celui de l'émission. (H. V.)

ÉQUILIBRE MOBILE DE TEMPÉRATURE.

Quand plusieurs corps sont dans une même enceinte dont les parois possèdent la même température que chacun d'eux, la quantité de chaleur qu'ils contiennent ne varie pas. On peut expliquer ce résultat de deux manières différentes : ou bien en supposant que ces corps ne rayonnent pas de chaleur et n'en reçoivent pas, ou bien en admettant que l'enceinte et les corps rayonnent les uns vers les autres et échangent des rayons de même intensité, de manière que, perdant autant qu'ils reçoivent, leur température reste stationnaire. Si les pouvoirs absorbants et réflecteurs de ces différents corps ne sont pas les mêmes, cette circonstance ne changera rien au résultat, car si un corps reçoit des rayons d'intensité i, il en absorbera une partie ni et réfléchira l'autre égale à $i\,(1 - n)$. Or, il émet aussi une quantité égale à ni, le pouvoir émissif étant égal au pouvoir absorbant ; il enverra donc aux autres corps la quantité ni, augmentée de la quantité réfléchie $i\,(1 - n)$, c'est-à-dire en tout $ni + i\,(1 - n) = i$. Par conséquent, il enverra la quantité même qu'il a reçue ; il ne gagnera donc ni ne perdra de chaleur.

Si un corps est plus froid que ceux qui l'environnent, il s'échauffe en recevant plus de chaleur qu'il n'en émet ; s'il est plus chaud, il lance des rayons plus intenses que ceux qu'il reçoit, et il perd de la chaleur jusqu'à ce qu'il y ait équilibre de température entre tous les corps de l'enceinte ; alors les échanges de chaleur se font d'une manière égale.

Ce système, connu sous le nom de *théorie de l'équilibre mobile de température*, a été imaginé par Pierre Prevost, de Genève, en 1791. Il est aujourd'hui exclusivement adopté par les physiciens, parce qu'il est plus en harmonie que l'autre avec les idées que nous nous faisons de la nature du calorique, et qu'il rend mieux compte de tous les phénomènes.

Parmi ces phénomènes il en est un sur lequel nous devons appeler l'attention du lecteur : c'est celui qui est connu sous le nom de phénomène de la *réflexion apparente du froid*. Pour l'observer, on dispose deux réflecteurs en regard l'un de l'autre, comme le représente la figure 602, et au lieu de charbons incandescents on place au foyer de l'un d'eux une certaine masse de glace, l'air ambiant étant à 12 ou 15 degrés, par exemple. On observe alors qu'un thermomètre, placé au foyer de l'autre réflecteur, indique un refroidissement de plusieurs degrés. Cet effet semble d'abord résulter de rayons frigorifiques émis par la glace. Mais cette *réflexion apparente du froid*, comme on l'appelle, s'explique très-bien dans la théorie de l'équilibre mobile de température. En effet, d'après cette théorie, la glace rayonne de la chaleur tout aussi bien que le thermomètre ; mais comme celui-ci est à une température plus élevée que la glace, les rayons qu'il émet sont plus intenses que ceux émis par la glace, de sorte qu'il perd plus de chaleur qu'il n'en reçoit, d'où il résulte qu'il doit éprouver un abaissement de température. (H. V.)

DU RAYONNEMENT NOCTURNE.

Nous placerons encore ici, comme faciles à expliquer dans la théorie de l'équilibre mobile de température, les changements de température qu'éprouvent les corps terrestres par l'effet de leur rayonnement nocturne. Ce phénomène a été étudié avec une rare sagacité par le Dr Wells, qui en a fait la base de la théorie qu'il a émise sur la formation de la rosée. Pendant la nuit, les corps à la surface de la terre se refroidissent d'autant plus que l'air est plus calme et plus serein, que leur pouvoir émissif est plus considérable et que, de la position qu'ils occupent, on peut apercevoir une plus grande étendue du ciel, non masquée par d'autres corps. Pour s'en assurer, il suffit d'observer la marche de différents thermomètres couchés sur le sol et dont les boules sont en contact avec les corps à étudier ou enveloppées d'une mince couche de ces mêmes corps. On constatera ainsi que loin de tout abri les métaux, qui ont tous un faible pouvoir émissif, se refroidissent rarement de 1 ou 2°; tandis que la température des substances organiques, du papier, du verre, etc., tous corps doués d'un grand pouvoir rayonnant, descend ordinairement de 4 à 8°. Ce refroidissement n'a plus lieu, ou au moins il est beaucoup diminué, lorsque le ciel est couvert, que l'air est agité par le vent ou qu'on place un écran opaque, soit horizontalement au-dessus, soit verticalement à côté des thermomètres.

Pendant que la température des corps terrestres s'abaisse dans les circonstances que nous venons d'indiquer, celle des couches inférieures de l'atmosphère descend également, mais d'une quantité beaucoup moindre. En effet, un thermomètre exposé dans l'air à quelques pieds au-dessus du sol n'éprouve que de faibles variations en comparaison de celles des thermomètres couchés à terre. Or, ce thermomètre doit indiquer la température de l'air, car si à cause de la matière dont il est formé, il tend à se refroidir, l'air se renouvelant sans cesse autour de lui, le réchauffe sans cesse et lui communique, par conséquent, sa température. On doit donc conclure des faibles variations que sa température éprouve durant la nuit, que l'atmosphère ne participe pas au refroidissement nocturne des corps terrestres ou au moins n'y participe qu'à un degré beaucoup moindre.

Ces divers faits ont été constatés par le docteur Wells. Ils s'expliquent très-bien dans la théorie de l'équilibre mobile de température, en admettant que les corps échauffés ainsi que l'air par l'insolation au jour précédent, envoient, sous forme rayonnante, vers les régions supérieures de l'atmosphère, une quantité de chaleur plus grande que celle qu'ils reçoivent en retour de ces mêmes régions, toujours plus froides que la partie inférieure de l'atmosphère, comme le prouvent les neiges éternelles qui couvrent les cimes des montagnes élevées. Il est en effet facile de se convaincre qu'il n'y a aucune des circonstances reconnues favorables ou nuisibles à l'abaissement de température observé, qui ne soit parfaitement expliquée par cette cause de refroidissement. Par exemple, si lorsque le ciel est couvert, les corps de la surface de la terre se refroidissent peu, c'est qu'ils reçoivent des nuages, toujours très-rapprochés du sol, une quantité de chaleur presque égale à celle qu'ils leur envoient. On conçoit de même l'influence des abris; elle est analogue à celle des nuages. Enfin, s'il faut, pour que les corps terrestres puissent se refroidir, que l'air soit calme, c'est que dans un air agité, ils se trouvent sans cesse réchauffés par le courant d'air qui ne participe que faiblement à leur abaissement de température. Cette dernière circonstance paraît devoir être attribuée au faible pouvoir émissif de l'air et à sa mauvaise conductibilité pour la chaleur.

(H. V.)

II. — PROPAGATION DE LA CHALEUR PAR COMMUNICATION.

La chaleur ne se propage pas seulement sous la forme rayonnante, mais elle peut encore se transmettre de molécule à molécule dans l'intérieur des corps, en vertu d'une propriété qu'on appelle leur *conductibilité pour la chaleur*. L'existence de ce mode de propagation peut se démontrer par une foule d'expériences : la chaleur du feu contenue dans un poêle se fait bientôt sentir au dehors; si l'on verse de l'eau bouillante dans un vase, sa surface extérieure devient très-chaude; une barre de fer devient brûlante à l'une de ses extrémités quand l'autre plonge dans un foyer, etc.

La vitesse avec laquelle la chaleur se propage de proche en proche dans l'intérieur des corps est très-variable : elle dépend à la fois de leur nature et de leur constitution moléculaire. Nous l'examinerons successivement dans les solides, dans les liquides et dans les gaz.

Les corps solides présentent entre eux de grandes différences sous le rapport de leur conductibilité ou de leur *pouvoir conducteur* pour la chaleur. Tout le monde sait, en effet, que l'on peut tenir impunément un tube de verre à une très-petite distance du point où il est en fusion; tandis que si une barre de fer est chauffée au rouge à l'une de ses extrémités, ce n'est qu'à une très-grande distance de cette extrémité que la main pourra en supporter la température. De là la division des corps solides en *bons* et en *mauvais conducteurs* de la chaleur. Les résines, les métalloïdes, tels que le soufre, le charbon non calciné, sont de mauvais conducteurs; les métaux, au contraire, conduisent facilement la chaleur : ce sont les meilleurs conducteurs connus.

On peut rendre l'inégalité de faculté conductrice des corps solides sensible à l'œil par l'expérience suivante, qui est due à Ingenhous. Une caisse rectangulaire en fer-blanc (fig. 607) est garnie latéralement d'un grand nombre de tubulures dans lesquelles on a mastiqué des cylindres égaux de différentes substances; on les plonge tous à la fois dans la cire fondue et on les retire promptement. La couche mince de cire qui les recouvre se solidifie par le refroidissement. Lorsque la cire est congelée sur tous, on remplit le vase d'eau ou d'huile bouillantes; la chaleur se propage dans les cylindres, et l'on juge par la rapidité de la fusion de la cire sur chacun d'eux de la rapidité avec laquelle ils propagent la chaleur. D'après les expériences d'Ingenhous, l'argent et l'or sont les métaux les meilleurs conducteurs; après viennent le cuivre, l'étain et le platine, à peu près au même degré; ensuite le fer, l'acier et le plomb; le verre, la porcelaine et les poteries sont inférieurs aux métaux; le charbon non calciné et les bois secs conduisent plus mal encore. Les corps les plus mauvais conducteurs sont les substances composées de filaments très-fins qui ne se touchent que par très-peu de points, tels que le coton, la laine en flocons, le duvet, le son, la paille, etc. On range également les oxydes métalliques et les pierres parmi les corps mauvais conducteurs.

Fig. 607.

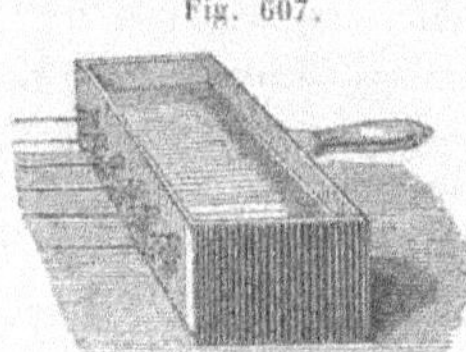

Des expériences familières suffisent même pour reconnaître les grandes différences qui existent entre les pouvoirs conducteurs des divers corps solides. Dans nos habitations, par exemple, si les carreaux nous paraissent plus froids que le parquet, c'est qu'ils conduisent mieux le calorique. La sensation de chaleur ou de froid que nous ressentons au contact de certains corps est due à la conductibilité. Si leur température est moins élevée que la nôtre, ils nous paraissent plus froids qu'ils ne sont, à cause du calorique qu'ils nous enlèvent en vertu de leur conductibilité; c'est ce qui a lieu pour les métaux, le marbre, etc.; si, au contraire, leur température est supérieure à celle de notre corps, ils nous semblent plus chauds qu'ils ne sont, par le calorique qu'ils nous cèdent des divers points de leur masse; c'est le phénomène que nous présente une barre de fer exposée au soleil.

La méthode d'Ingenhous ne donne pas en nombres les rapports des pouvoirs conducteurs des corps. Pour obtenir ces rapports, M. Despretz a suivi une méthode qui repose sur la distribution de la chaleur dans des barres chauffées à l'une de leurs extrémités. MM. Wiedemann et Franz ont suivi la même méthode, mais en se servant de la pile thermo-électrique pour déterminer la température dans les diverses couches des barres soumises à l'expérience, tandis que M. Despretz déterminait cette même température à l'aide de thermomètres plongés dans de petites cavités creusées dans les barres et remplies de mercure. Ces cavités détruisaient partiellement la continuité des barres et modifiaient la transmission de la chaleur. Les résultats de M. Despretz sont donc affectés d'une cause d'erreur que MM. Wiedemann et Franz ont écartée. C'est pour ce motif que nous nous bornerons à indiquer ceux de ces derniers. Ces résultats, qui se trouvent exprimés en représentant par 100 la conductibilité de l'argent, sont indiqués dans le tableau suivant :

Argent	100	Acier	11,6
Cuivre	73,6	Plomb	8,5
Or	53,2	Platine	8,4
Étain	14,5	Alliage de Rose	2,8
Fer	11,9	Bismuth	1,8

Tout ce qui précède se rapporte uniquement aux corps dont les molécules sont groupées de la même manière dans tous les sens, ou dont l'élasticité est uniforme et la même dans toutes les directions. Les autres corps solides, tels que les bois et les cristaux des cinq derniers systèmes ont des pouvoirs conducteurs qui varient suivant la direction que l'on considère. C'est ce que MM. De la Rive et A. Decandolle ont démontré pour les bois, et M. de Sénarmont pour les cristaux. En effet, le bois conduit beaucoup mieux dans le sens des fibres que dans le sens transversal. Le rapport des conductibilités dans les deux sens est de 5 : 3 pour le chêne; la différence est plus prononcée dans les bois tendres que dans les bois durs. Quant aux cristaux, pour en étudier la conductibilité, M. de Sénarmont opère sur des plaques minces polies, obtenues soit par clivage, soit par des procédés mécaniques, et dont les faces ont, par rapport aux axes du cristal, une position qu'on a déterminée avec soin. Un petit trou un peu conique est pratiqué au milieu de la plaque; il y engage l'extrémité d'un gros fil d'argent assez long, et qui apporte au milieu de la lame la chaleur qu'il reçoit par son extrémité opposée, d'une lampe à alcool. La lame, abritée par un écran, est enduite d'une légère couche de cire, et on la place horizontalement; on voit alors la cire fondre et former, à la limite de fusion, un bourrelet liquide qui correspond à une ligne *isotherme*, c'est-à-dire ayant partout la même température, celle de la fusion de la cire. Cette ligne est d'autant plus nettement dessinée que la plaque est moins conductrice. Quand la plaque est refroidie, ce bourrelet est encore très-distinct, et on peut prendre la mesure des divers diamètres de la courbe qu'il dessine. En appliquant ce procédé à des cristaux du second système et du troisième, qui sont symétriques autour d'un axe, M. de Sénarmont a reconnu que ces cristaux donnent des courbes isothermes circulaires, sur des plaques prises perpendiculairement à l'axe de symétrie, et des courbes elliptiques, quand elles sont prises dans toute autre direction, et que la différence entre le plus grand et le plus petit diamètre de l'ellipse est la plus prononcée quand la lame est taillée parallèlement à l'axe. Il résulte de là que les surfaces isothermes ont la forme d'ellipsoïdes de révolution autour de l'axe. Dans les cristaux des trois derniers systèmes les résultats sont plus compliqués. Les surfaces isothermes sont des ellipsoïdes à trois axes inégaux. Il suffit d'énoncer ces lois pour faire comprendre les analogies remarquables qui existent entre la propagation de la chaleur et celle de la lumière dans les corps cristallisés.

La propagation de la chaleur dans les liquides se fait en général par les courants multipliés qui s'établissent nécessairement par les différences de densité qui résultent elles-mêmes des différences de température. Ces courants sont rendus visibles dans l'eau, au moyen de petits corps flottant dans la masse, comme de la sciure de bois très-fine : lorsqu'on chauffe, par exemple, de l'eau très-lentement par le fond, dans un vase en verre, à parois transparentes (fig. 608 ci-après), on voit les courants ascendants s'établir au centre, et les courants descendants suivre les parois. Cependant, si les masses liquides étaient chauffées par en haut, de manière que l'équilibre hydrostatique ne pût pas être troublé, il est évident que la chaleur s'y transmettrait alors de proche en proche, comme dans les solides; car ces corps ont aussi une conductibilité propre, puisque s'ils en étaient dépourvus, ils ne pourraient ni se réchauffer, ni se refroidir, ni prendre des densités différentes par l'effet de la chaleur. M. Despretz a essayé de déterminer cette conductibilité, en prenant des

Fig. 608.

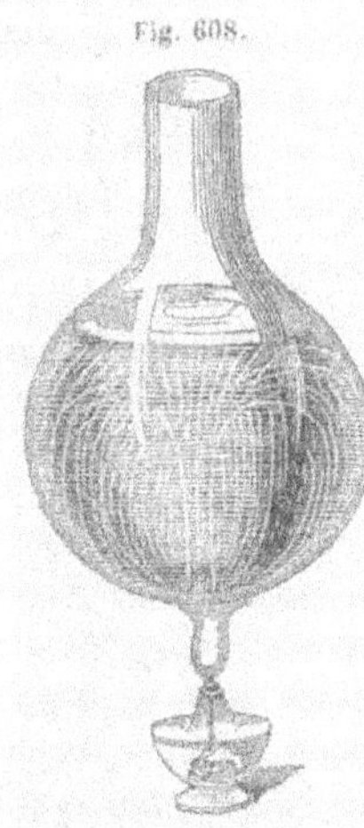

colonnes d'eau d'un mètre de hauteur, et en les chauffant par le sommet au moyen d'un renouvellement d'eau chaude contenue dans un vase en cuivre mince qui reposait sur le plan de niveau de la colonne liquide. Il a trouvé ainsi qu'il fallait environ trente heures pour que la colonne prît un état stationnaire, et que la conductibilité de l'eau est à peu près 95 fois moindre que celle du cuivre.

Les mouvements qui animent une masse liquide chauffée par sa partie inférieure ont été utilisés pour transporter la chaleur dans les différentes parties des édifices. L'ensemble des appareils consiste en une série de tuyaux formant deux systèmes; l'un dans lequel l'eau chaude monte, l'autre dans lequel l'eau descend, après s'être refroidie en partie en cédant de sa chaleur aux tuyaux placés dans les chambres qu'il s'agit de chauffer. Le premier calorifère à eau chaude qui ait été employé est celui que Bonnemain a imaginé à la fin du XVIIe siècle, pour le chauffage des couvoirs artificiels.

Les fluides élastiques s'échauffent et se refroidissent comme les liquides par des courants intérieurs. Il est d'ailleurs impossible de constater leur conductibilité propre, à cause de la grande mobilité de leurs particules, et du passage facile qu'ils donnent à la chaleur rayonnante. Le seul genre d'expérience qui prouve la mauvaise conductibilité des gaz, et particulièrement de l'air, est la lenteur des réchauffements et des refroidissements des corps qui sont protégés par des couches d'air, quand le mouvement de l'air lui-même est empêché par des corps très-divisés, comme la paille, la laine, l'édredon et toutes les substances filamenteuses. Ainsi, la mauvaise conductibilité de nos vêtements, des fourrures et de tous les corps de cette espèce, tient à deux causes : elle tient à ce que tous les corps déliés et divisés sont de mauvais conducteurs par eux-mêmes; et à ce que l'air qui remplit les intervalles, et dont une foule de petits obstacles empêchent le déplacement, est lui-même un mauvais conducteur de la chaleur. Ces corps tiennent chaud, parce qu'ils ne livrent pas passage à la chaleur du corps. Par suite de leur mauvaise conductibilité, ils ne sont pas moins propres à empêcher la fusion de la glace en été qu'à empêcher pendant l'hiver le refroidissement des corps qu'ils enveloppent. Quand on veut empêcher un corps de se refroidir, il faut donc l'envelopper d'une étoffe épaisse de laine, ou d'une couche épaisse de toute autre substance filamenteuse. C'est pour ce motif qu'on entoure de lisières de drap ou de tresses de paille les tuyaux par lesquels la vapeur, l'eau chaude, l'air échauffé doivent être transportés. La même précaution doit être prise pour empêcher la chaleur de pénétrer dans des vases où l'on veut conserver des corps à une basse température.

C'est à cause de la mauvaise conductibilité de l'air qu'on emploie les doubles fenêtres dans les appartements. L'air y est très-desséché au moyen de substances hygrométriques, afin d'empêcher les vapeurs de se déposer sur les vitres. La double fenêtre a aussi l'avantage de laisser pénétrer facilement les rayons solaires, tout en empêchant la chaleur ainsi introduite de pouvoir s'échapper par la même voie. L'expérience suivante, imaginée par de Saussure, démontre ce résultat d'une manière frappante : On construit une caisse en bois léger et mauvais conducteur, dont l'intérieur est noirci et dont l'une des faces est formée par trois lames de verre séparées par des couches d'air. Si l'on expose un semblable appareil aux rayons solaires, un thermomètre placé dans l'intérieur peut s'élever jusqu'à 80° à 100°. Pour nous rendre compte de ce résultat, remarquons que les rayons solaires qui frappent les parois intérieures de la chambre, sont absorbés en ne pénétrant que dans les couches superficielles qui s'échauffent beaucoup, puis cèdent par contact leur chaleur à l'air intérieur. Cet air s'échauffe donc notablement. La chaleur ne peut passer au dehors, car les parois sont formées avec de mauvais conducteurs, et les lames de verre, ainsi que les couches d'air qui les séparent, ne laissent pas sortir la chaleur, car l'air et le verre sont de mauvais conducteurs et, de plus, le verre est très-peu diathermane pour les rayons lancés par les corps faiblement échauffés (p. 460). La cloison vitrée laisse donc entrer la chaleur solaire, mais ne lui permet pas de sortir; d'où son accumulation dans l'intérieur de la chambre.

Le double vitrage est très-employé dans les serres et dans les pays du Nord. (H. V.)

APPLICATIONS.

La faculté que possèdent les corps de conduire plus ou moins la chaleur, d'accélérer ou de ralentir le refroidissement, est fréquemment utilisée dans les arts. En outre, la construction des habitations et des appareils de chauffage, le choix des vêtements suivant les saisons, le transport des masses chaudes ou froides dont il convient de conserver la température, donnent souvent lieu à des questions relatives à la conductibilité. Ces applications sont trop nombreuses pour trouver place dans cet ouvrage; nous nous bornerons à en indiquer quelques-unes.

Dans les contrées du Nord, on se sert de poêles en brique de grandes dimensions, dont le refroidissement est beaucoup plus lent que celui des appareils de chauffage en fonte ou en tôle. On ne tient ces poêles allumés qu'une ou deux heures le matin; lorsqu'il ne reste plus dans le foyer que de la braise sans flamme, on l'étouffe en fermant la cheminée et toutes les issues. Les portes et les fenêtres joignant presque hermétiquement, toute circulation d'air est interrompue et la chaleur se conserve, si les murs ont l'épaisseur voulue. Le bois étant un très-mauvais conducteur, les maisons que l'on en construit, dans le Nord, sont à la fois les plus chaudes et les plus économiques : des poutres de 8 à 10 pouces d'équarrisage, superposées horizontalement, dont les joints sont remplis avec de l'étoupe tassée au marteau, et dont l'ensemble est recouvert des deux côtés par des planches de 2 pouces d'épaisseur, arrêtent presque complétement la chaleur. Dans les grandes villes les bâtiments, et même les palais, sont tous en briques; les murs ont une épaisseur de 2 à 3 pieds. Les maisons de pierre ou de marbre sont très-rares; et la théorie en indique la raison, puisque le marbre conduisant deux fois mieux la chaleur que la brique, il faudrait donner aux murs une épaisseur de six pieds pour produire le même effet.

Dans les climats tempérés où l'on adopte comme moyen de chauffage des sources de chaleur entretenues dans des foyers continus, les appareils doivent satisfaire à des conditions différentes, et en quelque sorte inverses de celles exigées par le mode dont il vient d'être question. Ici, comme l'air se renouvelle constamment, il importe que les parois qui doivent lui communiquer la chaleur soient très-conductrices, afin que son échauffement soit suffisamment rapide. De là l'emploi des poêles et des calorifères en métal.

Les *glacières*, dans lesquelles la glace amassée pendant l'hiver se conserve jusqu'à la fin de l'été, sont construites de manière que la chaleur du dehors ne puisse pas y pénétrer; elles consistent ordinairement en une fosse profonde C (fig. 609 ci-après), revêtue de murs construits de préférence en briques, parce que les briques conduisent moins la chaleur que les pierres ordinaires. Au fond est une grille O, sur laquelle repose la glace qui remplit la fosse. L'eau provenant de la

Fig. 609.

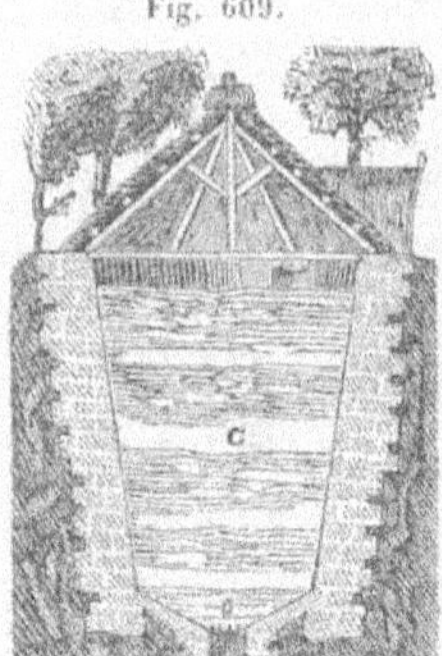

fusion d'une partie de la glace se rend dans un puisard, d'où on l'extrait de temps à autre. Un toit, recouvert d'une couche épaisse de paille, empêche la chaleur de l'extérieur de pénétrer. Souvent on plante tout autour des arbres dont le feuillage intercepte les rayons solaires. On remplit la glacière pendant qu'il fait grand froid ; on y jette aussitôt de l'eau, qui se congèle bientôt et réunit la glace en une seule masse, de manière que l'air ne peut circuler dans l'intérieur. On superpose ensuite une couche de paille, puis des planches chargées de pierres.

Aux États-Unis, on exporte à la Havane, dans l'Inde, en Chine, de grandes quantités de glace qu'on amasse pendant l'hiver et qu'on préserve, dans les navires, de la chaleur extérieure au moyen d'une épaisse couche de sciure de bois et de copeaux, séparant les flancs du bâtiment, des blocs de glace. (H. V.)

III. — DES EFFETS QUE LA CHALEUR PRODUIT SUR LES CORPS.

I. — DE LA DILATATION.

Les corps augmentent de volume (se dilatent) quand on élève leur température, et diminuent de volume (se contractent) quand on les refroidit; les plus dilatables sont les gaz, après eux les liquides, et ensuite les solides. L'eau et quelques alliages font seuls exception à cette loi générale pour certains points de l'échelle thermométrique. Nous ferons d'abord abstraction de ces cas singuliers, que nous examinerons plus loin.

Pour constater la dilatation des corps solides, on peut employer l'appareil représenté dans la figure 610 ci-après : *t* est la tige soumise à l'expérience; l'une de ses extrémités vient butter contre la vis V, tandis que l'autre extrémité reste libre et s'appuie contre le levier mobile *ab*, très-près de son point fixe *a*; ce levier vient à son tour s'appuyer contre l'aiguille *p*, très-près aussi de son centre de rotation, et fait parcourir à son extrémité un espace plus ou moins grand sur le cadran *c*. Un ressort, convenablement disposé, maintient tous ces contacts, soit que la tige s'allonge par la chaleur, soit qu'elle se contracte par le refroidissement. Un réservoir à esprit-de-vin, formant lampe,

Fig. 610.

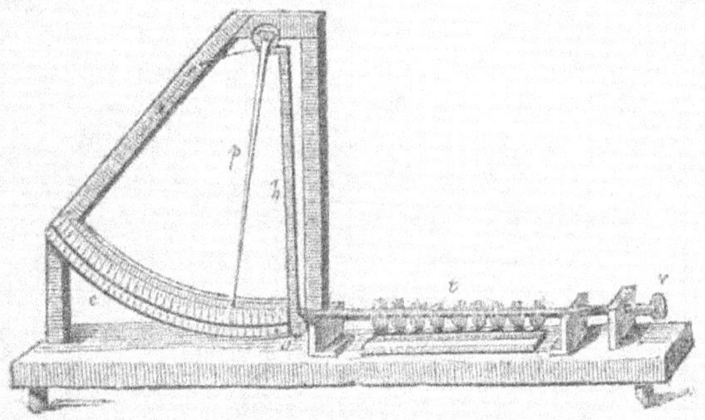

sert à chauffer la tige. Quand les allongements sont assez amplifiés par la combinaison des leviers, il suffit même de transporter l'appareil d'un appartement plus froid dans un appartement plus chaud, ou *vice versâ*, pour observer des mouvements très-sensibles de l'aiguille sur les divisions du cadran. Ces effets ne se manifestent ici que sur la longueur de la tige, mais il est facile de comprendre qu'ils se produisent pareillement dans toutes ses dimensions.

Le thermomètre à mercure démontre que ce métal se dilate par la chaleur, et même que l'accroissement de volume qu'il éprouve est supérieur à celui de la capacité du vase en verre dans lequel il est contenu. Des thermomètres construits avec d'autres liquides, ou simplement des liquides introduits dans des vases en verre de la forme de ceux des thermomètres ordinaires, présentent des phénomènes analogues au mercure. Tous les liquides se dilatent donc par la chaleur, sauf l'eau qui, comme nous le verrons, se contracte depuis 0 jusqu'à + 4°, pour se comporter au delà comme les autres liquides.

La dilatation de l'air et des gaz peut être rendue sensible au moyen de l'appareil représenté par la figure 611 ci-après. Le gaz du réservoir A exerce sa pression sur un index liquide D contenu dans le tube CE, et à mesure qu'il se chauffe et se dilate, fait monter cet index à diverses hauteurs; au contraire, quand il se refroidit et se contracte, son élasticité devient moindre, et la pression atmosphérique fait redescendre le sommet de la petite colonne liquide. On suppose que pendant l'expérience le baromètre ne change pas.

Lorsqu'un corps se dilate, on peut considérer l'effet produit d'une manière absolue, ou l'excès de la dilatation du corps sur celle d'un

Fig. 641.

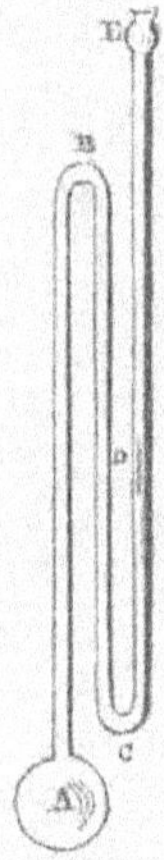

autre supposée plus petite. Dans le premier cas, on a la *dilatation absolue*, et dans le second la *dilatation apparente*.

En outre, dans les corps solides, on peut distinguer la dilatation *linéaire*, c'est-à-dire suivant une seule dimension, la dilatation *superficielle*, c'est-à-dire en surface, et la dilatation *cubique*, c'est-à-dire en volume. Toutefois, ces dilatations n'ont jamais lieu l'une sans l'autre. Dans les liquides et dans les gaz, on ne considère que les dilatations en volume.

On nomme *coefficient de dilatation linéaire* l'allongement que prend l'unité de longueur d'un corps lorsque sa température s'élève de zéro à 1 degré; *coefficient de dilatation superficielle* l'accroissement que prend, dans le même cas, l'unité de surface; et *coefficient de dilatation cubique*, celui que prend l'unité de volume.

Ces coefficients varient d'un corps à l'autre. Les corps solides homogènes non cristallisés ou cristallisés dans le système cubique, se dilatent également dans tous les sens. Pour un même corps de cette classe, il existe, entre les coefficients des dilatations linéaire, superficielle et cubique des relations simples qui permettent de trouver deux de ces coefficients lorsque le troisième est connu. Pour trouver ces relations, soit un cube dont le côté égale 1 à zéro. Si l'on représente par l l'allongement que prend ce côté en passant de zéro à 1 degré, sa longueur à 1 degré sera $1 + l$, et le volume du cube, qui était 1 à zéro, sera actuellement $(1 + l)^3$, c'est-à-dire $1 + 3l + 3l^2 + l^3$. Or, comme nous le verrons, l'allongement l est toujours une fraction très-petite; par conséquent, son carré l^2 et son cube l^3 sont des fractions assez petites pour ne pas influencer la dernière décimale des nombres qui représentent les coefficients de dilatation cubique. On peut donc négliger les quantités $3l^2$ et l^3, et le volume à 1 degré devient très-approximativement $1 + 3l$. L'accroissement de volume est donc $3l$, c'est-à-dire triple du coefficient de dilatation linéaire. On trouverait par un raisonnement analogue que le coefficient de dilatation superficielle est égal au double du coefficient de dilatation linéaire. (H. V.)

1. — DILATATION DES SOLIDES.

La dilatation des solides a été l'objet des recherches d'un grand nombre de physiciens, parmi lesquels nous devons citer principalement Musschenbroek, Laplace et Lavoisier, Roy et Ramsden, Borda,

Dulong et Petit, etc. Ces deux derniers savants se sont occupés de la détermination directe des coefficients de dilatation cubique ; tandis que les autres s'étaient proposé la recherche des coefficients de dilatation linéaire. L'appareil employé par Musschenbroek était construit à peu près comme celui qui nous a servi à constater la dilatation linéaire des métaux. Celui de Laplace et Lavoisier était beaucoup plus parfait, mais il reposait sur le même principe.

Voici les résultats généraux que l'on peut déduire de l'ensemble des recherches qui ont été faites sur la dilatation des corps solides. Le coefficient de dilatation linéaire varie d'un corps à l'autre. Celui des métaux est sensiblement constant entre zéro et 100 degrés, c'est-à-dire que, pour un même nombre de degrés, la longueur augmente constamment de la même fraction de ce qu'elle était à zéro. La dilatation des métaux est donc régulière et uniforme entre les limites de température que nous venons d'indiquer. Mais, d'après les expériences de Dulong et Petit, le coefficient de ces mêmes corps devient plus grand entre 100 et 200 degrés, et croît encore entre 200 et 300 degrés, et ainsi de suite jusqu'au point de fusion. L'acier trempé fait exception ; son coefficient décroît lorsque sa température dépasse une certaine limite. Cela tient au recuit que lui fait éprouver la chaleur ; en effet, on a constaté que l'acier recuit se dilate moins que l'acier trempé.

Coefficients de dilatation linéaire, entre zéro et 100 degrés, des corps les plus employés dans les arts.

Platine	0,000008842	Cuivre rouge . . .	0,000017182
Verre	0,000008613	Bronze	0,000018167
Acier non trempé .	0,000010788	Cuivre jaune. . . .	0,000018782
Fonte	0,000011250	Argent de coupelle.	0,000019097
Fer doux forgé. . .	0,000012204	Étain	0,000021750
Acier trempé . . .	0,000012395	Plomb.	0,000028575
Or de départ . . .	0,000014660	Zinc.	0,000029417

Ce tableau montre que les métaux les plus dilatables sont le zinc et ensuite le plomb ; le moins dilatable est le platine, et le verre l'est à peu près au même degré. Le coefficient du verre n'est pas constant : il varie d'après la composition des échantillons, et même, d'après M. Regnault, suivant la forme de l'objet. Il résulte de là que si l'on veut une grande précision, il faut mesurer directement la dilatation des vases de verre dont on doit faire usage.

Dans les cristaux autres que ceux du système cubique, la dilatation n'est pas égale dans tous les sens. C'est à M. Mitscherlich qu'on doit la découverte de ce phénomène, qu'il est facile de constater dans la variété de chaux sulfatée connue sous le nom de *gypse lenticulaire* ou en *fer de lance*, formée de cristaux altérés et arrondis, de manière que la masse présente la forme d'une lentille. Il arrive souvent que deux lentilles sont accolées l'une à l'autre et paraissent se pénétrer mutuellement; on peut alors, par le choc ou par le clivage, en détacher des fragments qui ont la forme de fer de lance (fig. 612). Si l'on y taille une lame *abba* terminée par deux faces polies *aa*, *bb*, perpendiculaires à la ligne *oo'*, et si l'on élève la température à 80° ou 100°, l'on reconnaît que les faces *aa*, *bb* ne sont plus planes, mais qu'elles forment des angles *a'ca'*, *b'db'*; car un objet délié et vu par réflexion très-obliquement sur ces faces, donne deux images, tandis que l'on n'en verrait qu'une si la face qui sert de miroir était plane.

Fig. 612.

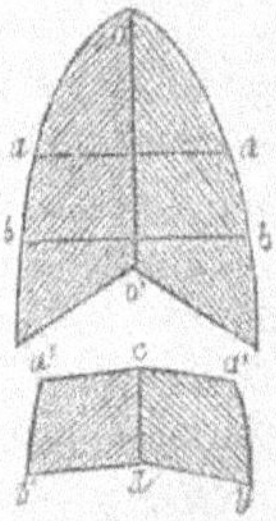

Les bois se dilatent aussi inégalement suivant les diverses directions. D'après Rittenhouse, le bois desséché se dilate, dans le sens des fibres, beaucoup moins que le verre. (H. V.)

APPLICATION DE LA DILATATION DES SOLIDES.

FORCE DÉVELOPPÉE PAR LA DILATATION.

On a souvent à faire usage des coefficients de dilatation linéaire ou cubique des corps solides. Nous allons en citer quelques exemples. Mais auparavant, nous indiquerons une application importante que l'on a faite de la force de contraction du fer.

La force avec laquelle les corps tendent à augmenter de volume par l'accroissement de température est évidemment égale à l'effort qu'il faudrait exercer sur eux pour les comprimer d'une quantité égale à la dilatation. Cette force est très-considérable; car de très-grandes pressions ne produisent sur les corps solides, et principalement sur les métaux, que des diminutions de volume extrêmement petites. La force avec laquelle les corps tendent à se contracter quand on les refroidit est également très-considérable; elle est évidemment égale à l'effort qu'il faudrait faire pour allonger ces corps suivant chacune de leurs dimensions de la quantité dont ils tendent à se raccourcir. Molard a fait de cette dernière force une très-heureuse application. Au Conservatoire des arts et métiers, à Paris, deux murailles latérales d'une galerie s'étaient inclinées par le poids d'un plafond qu'elles soutenaient : pour les rapprocher, Molard imagina de les faire traverser par des barres de fer terminées en dehors par des vis recevant des écrous qui venaient s'appuyer sur de larges boucliers en fonte, lesquels embrassaient une assez grande étendue de la surface extérieure des murailles. En serrant les écrous, on pouvait retenir les murailles et empêcher un plus fort écartement; mais il était impossible de les faire revenir : alors, on chauffa la moitié des barres par des lampes que l'on suspendait au-dessous, de manière que les barres chaudes et froides alternassent. Les barres chaudes s'étant allongées, on put serrer de nouveau les écrous; on laissa ensuite refroidir ces barres : le retrait qu'elles éprouvèrent ramena les murailles d'une partie de leur écart, et, en réitérant cette opération, on parvint à faire disparaître toute l'inclinaison primitive.

Si dans quelques cas on peut tirer parti de la force de dilatation ou de contraction des corps, il en est d'autres dans lesquels cette force serait dangereuse et où il faut l'empêcher de se produire, en disposant les corps de façon qu'ils puissent se dilater et se contracter librement. C'est ainsi que pour assurer la conservation des toitures en zinc, il faut superposer les feuilles comme des tuiles, afin de leur laisser la liberté de se dilater dans un sens ; car si on les soudait les unes aux autres, les variations de la température de l'air auraient pour effet de les fendre. C'est pour le même motif que les tuyaux de conduite doivent être compensés : de distance en distance on les dispose de manière qu'une partie puisse entrer dans l'autre, à travers une boite à étoupe destinée à empêcher les fuites de liquide ou de gaz. C'est encore pour le même motif que l'on a soin de laisser un espace de quelques millimètres entre les barres de fer placées bout à bout qui forment les rails des chemins de fer ; de cette façon elles ont le jeu nécessaire pour pouvoir se dilater librement. Quand la température passe de — 20° à 40°, un kilomètre de rails se dilate de 7 décimètres. (H. V.)

PENDULE COMPENSATEUR.

La durée des oscillations d'un pendule dépend de la longueur d'oscillation (p. 214), et par conséquent de sa longueur absolue. Or, cette longueur varie avec la température, d'où il résulte qu'une horloge à pendule retarde quand il fait chaud, et avance quand il fait froid. C'est pour remédier à cet inconvénient que l'on a imaginé le *pendule compensateur ;* on nomme ainsi un pendule dont la durée d'oscillation n'est pas affectée par les changements de température; on le nomme encore *pendule compensé*. Le premier pendule de cette espèce fut inventé par Graham, en 1726 ; mais l'appareil de Graham n'est plus en usage, on lui préfère aujourd'hui le pendule à cadre de J. Harrisson. Le point de suspension du pendule est placé au milieu d'une pièce transversale (fig. 613), aux extrémités de laquelle sont fixées deux verges en fer, réunies à leur partie inférieure par une traverse. Cette traverse supporte deux verges en laiton, réunies à leur partie supérieure par une traverse à laquelle sont suspendues deux autres verges en fer. Celles-ci supportent deux nouvelles verges de laiton, à la partie supérieure desquelles est enfin suspendue une tige de fer qui porte la lentille. Les traverses sont percées de manière à laisser passer les tiges qu'elles ne soutiennent pas, et deux brides servent à maintenir l'ensemble de l'appareil.

Fig. 613.

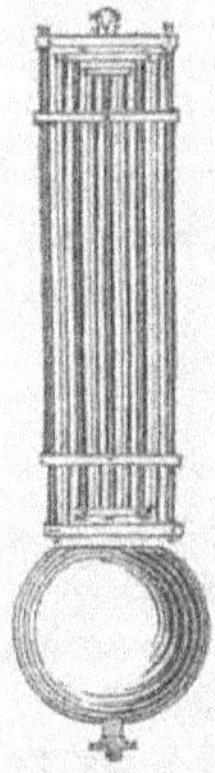

Il est facile de voir que les tiges de laiton, en se dilatant, font remonter la lentille, tandis que les verges de fer la font descendre. On obtiendra un premier degré de compensation en donnant aux verges de fer et de laiton des longueurs telles, que la dilatation des premières soit égale à celle des secondes; de cette façon, malgré les changements de température, le centre de gravité de la lentille reste constamment à la même distance de l'axe de suspension. Mais cela ne suffit pas pour obtenir une compensation complète, car le centre de gravité de la lentille, et à plus forte raison celui du pendule tout entier, est loin de se confondre avec le centre d'oscillation. Pour achever alors d'établir la compensation, on règle par tâtonnement la position de la lentille au moyen de la vis qui est au-dessous. (H. V.)

THERMOMÈTRE MÉTALLIQUE DE BREGUET.

Breguet a imaginé un thermomètre métallique fondé sur les courbures que les variations de la chaleur font prendre à un système de lames de métaux différents, vissées ou soudées les unes sur les autres de manière à ne pouvoir se séparer. Considérons, pour fixer les idées, un système de deux lames planes (fig. 614). Quand la température change, les dilatations ou les contractions des deux métaux étant inégales, la double lame doit se courber, pour que le métal dont les variations sont les plus

Fig. 614.

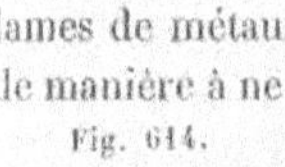

fortes puisse prendre une longueur plus grande ou plus petite, en occupant la convexité ou la concavité de la courbe formée.

Fig. 615.

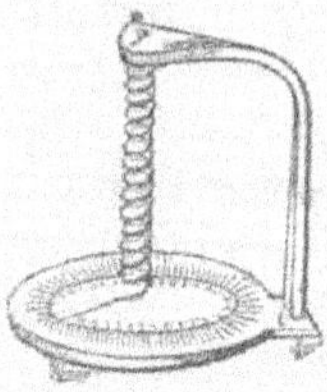

Cela posé, le thermomètre de Breguet consiste en une hélice cylindrique (fig. 615), suspendue verticalement par une de ses extrémités à une tige de cuivre *c*, et dont l'autre extrémité porte une aiguille horizontale qui parcourt les divisions d'un cadran ; l'hélice est formée de trois lames minces de platine, d'or et d'argent, qui ont été soudées ensemble et passées ensuite sous le laminoir; la spirale est tournée de manière que l'argent soit en dedans. L'inégalité des dilatations du platine et de l'argent fait tordre ou détordre la spirale par les changements de température, et, par conséquent, fait tourner l'aiguille. On a reconnu, par des expériences directes, que les arcs décrits par l'aiguille étaient proportionnels aux variations de la température. Par conséquent, en déterminant, par la comparaison avec un bon thermomètre, les positions de l'aiguille correspondantes à deux températures quelconques, divisant l'intervalle en autant de parties égales entre elles que la différence des températures comprend de degrés, et portant ces divisions au delà de ces deux termes, on aura un instrument dont les indications seront aussi certaines que celles du thermomètre à mercure.

Cet instrument a le grand avantage de subir très-rapidement les variations de la température, à cause de sa petite masse et du peu d'épaisseur de la lame multiple. On s'en sert lorsqu'il s'agit de constater des variations de chaleur subites et légères. La lame d'or placée entre le platine et l'argent ayant une dilatation intermédiaire entre celles de ces deux derniers métaux, empêche ceux-ci de se déchirer par la grande inégalité de leur dilatation. (H. V.)

PYROMÈTRE DE PORCELAINE ET PYROMÈTRE DE WEDGWOOD.

Pour évaluer les hautes températures des fourneaux que l'on emploie dans les fabriques de porcelaine et de peinture sur verre, Brongniart a imaginé un pyromètre fondé sur la propriété de la porcelaine de ne se dilater que d'une quantité extrêmement petite, même pour des températures très-élevées. Ce pyromètre consiste en une table fixe en porcelaine PP' (fig. 616), munie d'une rainure dans laquelle

Fig. 616.

est logée une barre de fer ff', dont l'extrémité f s'appuie contre le fond de la rainure. Une barre de porcelaine cf' passe à travers le mur du fourneau et presse l'extrémité c d'un levier dont les mouvements se transmettent à une aiguille e, qui peut parcourir les divisions d'un cadran. Un ressort agit sur cette aiguille, de manière que la lame cf' soit toujours appuyée contre la barre ff'. Quand cette dernière barre s'allonge par la chaleur, l'extrémité f' pousse la barre $f'c$, et l'aiguille se met en mouvement. Ce pyromètre ne donne pas les températures en degrés comparables à ceux du thermomètre à mercure ; car nous avons vu que les dilatations des corps solides vont en augmentant à mesure que la température s'accroît au delà de 100°. A la température des fourneaux, la différence doit être trop grande pour qu'il soit possible de considérer cet instrument comme autre chose qu'un simple *pyroscope*. Heureusement que, dans les opérations industrielles, il suffit de pouvoir retrouver certains termes de température déterminés qui conviennent aux opérations que l'on veut effectuer.

Le célèbre potier anglais Wedgwood est l'inventeur du pyromètre le plus connu, et qui est fondé sur la propriété de l'argile desséchée d'éprouver dans le feu une contraction permanente d'autant plus prononcée que la température est plus élevée.

Cet appareil consiste simplement en une plaque de cuivre sur laquelle sont fixées trois barres A, B, C (fig. 617), inclinées entre elles d'un certain angle pour former deux rainures dont la largeur va en décroissant, de telle sorte que l'une de ces rainures prolonge le décroissement en largeur comme si elle était placée à la suite de l'autre. Cette disposition n'a d'autre but que de diminuer la longueur de l'instrument et de le rendre plus portatif. La longueur totale des deux espaces angulaires est de 505mm et comprend 240 divisions égales, qu'on appelle degrés du pyromètre. La plus grande distance des règles est de 12mm,7, et la plus petite de 8mm,5. Cela posé, on prépare une pâte d'argile, qu'on rend aussi homogène que possible en malaxant ensemble plusieurs espèces ; puis, on en forme de petits cylindres de mêmes dimensions, que l'on fait sécher en les exposant à la température du rouge obscur. Chaque cylindre a doit s'enfoncer dans la rainure jusqu'au point marqué zéro. Maintenant, pour obtenir la température d'un foyer, on y plonge un des cylindres, et quand il en a pris la température, on le laisse refroidir, puis on le fait

Fig. 617.

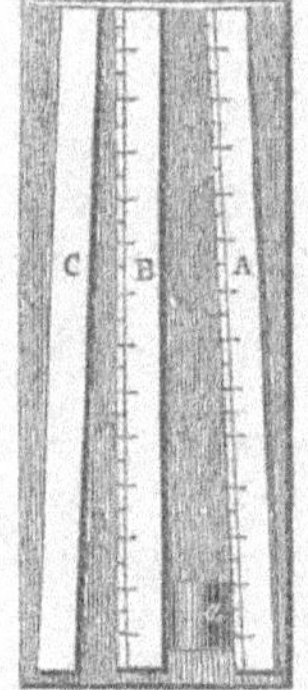

glisser entre les règles ; à cause du retrait qu'il a éprouvé, on peut le pousser plus loin que le zéro sans qu'il touche les deux parois latérales ; le point de division où ce double contact a lieu donne la température du foyer en degrés du pyromètre. Il est évident que, pour que les résultats soient comparables, il faut que les cylindres d'argile soient tous de même nature. Ceux que Wedgwood employait contenaient 47,35 de silice, 44,29 d'alumine et 8,36 d'eau. Avec ces cylindres, Wedgwood a trouvé que le zéro de son pyromètre correspondait à 581°, et chaque degré à 72° du thermomètre à mercure. Cette évaluation a été faite en déterminant les températures à l'aide de la dilatation de l'argent qu'on supposait constante. Comme cette supposition n'est pas exacte, on voit que le pyromètre de Wedgwood ne donne pas plus que celui de Brongniart des degrés comparables à ceux du thermomètre à mercure ; mais il est précieux et d'un usage fréquent, à cause des petites dimensions des corps que l'on plonge dans le foyer, ce qui permet d'apprécier la température d'un point déterminé.

La dilatation des gaz nous fournira un pyromètre plus parfait que ceux dont il vient d'être question, mais d'un usage moins facile.

(H. V.)

FORMULES RELATIVES AUX DILATATIONS DES CORPS SOLIDES.

Soient l_o la longueur d'un corps à zéro, l_t sa longueur à t^o, $l_{t'}$, sa longueur à t'^o, et k son coefficient de dilatation linéaire. Cherchons les relations qui existent entre ces diverses quantités.

A cet effet, nous observerons que, puisque k exprime l'allongement que prend l'unité de longueur à zéro pour chaque élévation de température d'un degré, l'accroissement correspondant à t^o sera tk ; de sorte que l'unité de longueur à zéro dilaté à t^o sera $1 + tk$. La longueur qui est l_o à zéro, devient donc $l_o\,(1 + tk)$ à t degrés, d'où $l_t = l_o\,(1 + tk)$ (1). On trouverait de même $l_{t'} = l_o\,(1 + t'k)$ (2). Si maintenant on divise les équations (2) et (1) membre à membre, on obtient la relation

$$\frac{l_{t'}}{l_t} = \frac{(1 + t'k)}{(1 + tk)} \quad (3),$$

à l'aide de laquelle on peut calculer $l_{t'}$ lorsqu'on connaît l_t, t, t' et k.

Si au lieu de considérer les dilatations linéaires, on considère les dilatations cubiques, on trouve des formules analogues aux précédentes.

Lorsqu'on connaît le poids spécifique d_t d'un corps à t^o et son coeffi-

cient de dilatation cubique c, il est facile de trouver son poids spécifique d_0 à zéro (p. 182). En effet, si l'on représente par 1 le volume du corps à zéro, le volume à t^o sera $1+ct$; et comme le poids spécifique exprime le poids de l'unité de volume du corps, la densité à t^o sera égale à $d_0 : (1+ct)$. L'on aura, par conséquent, $d_t = d_0 : (1+ct)$.
(H. V.)

2. — DILATATION DES LIQUIDES.

Soit un vase de verre de la forme des thermomètres ordinaires. Supposons qu'on ait divisé le tube en parties d'égale capacité (p. 433), et déterminé le rapport de la capacité du réservoir à celle d'une de ces divisions égales (p. 179). Remplissons le réservoir et une très-petite partie du tube du liquide dont on veut connaître la dilatation; plaçons l'appareil ainsi rempli dans de la glace fondante et, quand il aura pris la température de celle-ci, déterminons avec soin le nombre V_0 des divisions que le liquide occupe à cette température; cela fait, disposons l'appareil dans un bain convenable à côté d'un bon thermomètre à mercure, impressionnable à peu près comme lui, afin qu'ils puissent prendre ensemble leur température d'équilibre t, dont on fait l'observation sur le thermomètre à mercure. On lit sur l'appareil à liquide la division n où se tient le niveau de ce liquide, et partant on connaît le nombre V_t de divisions occupées par celui-ci à t^o. Cela posé, si nous désignons par D et par K les coefficients des dilatations cubiques du liquide et du verre, on aura évidemment $V_0(1+Dt) = V_t(1+Kt)$ [1], équation à l'aide de laquelle on peut déterminer D, si l'on connaît K, ou, réciproquement, K, si D est donné.

Comme le coefficient de dilatation du verre varie suivant la composition de cette substance et même suivant la forme du vase thermométrique (p. 479), il faut, dans la recherche de la dilatation des liquides, commencer par déterminer celle du vase de verre dont on fait usage. A cet effet, on remplit le vase de mercure, et en opérant comme il a été dit plus haut on détermine les volumes V_0 et V_t occupés par ce liquide à zéro et à t^o. Si t est inférieur à 50°, on a, d'après les expériences de M. Regnault, $D = \frac{1}{5547}$; si t est compris entre 50° et 100°,

[1] Cette formule suppose que si l'on élève la température d'un vase, l'accroissement de capacité du vase équivaut à la dilatation qu'éprouverait un volume solide, de même nature que le vase, égal en grandeur à sa capacité, et subissant le même changement de température. L'expérience démontre l'exactitude de cette supposition. (H. V.)

on a, d'après le même savant, $D = \frac{1}{5509}$. En introduisant les valeurs de V_0, V_t et D, dans l'équation $V_0(1 + Dt) = V_t(1 + kt)$, on en tire ensuite facilement la valeur de K. Le coefficient K une fois connu, on peut se servir de l'équation ci-dessus pour déterminer, avec exactitude, la dilatation d'un liquide quelconque. Cette méthode est connue sous le nom de *méthode des thermomètres comparés*.

C'est en déterminant, par cette méthode ou par des méthodes équivalentes, les coefficients de dilatation des divers liquides, qu'on est arrivé aux lois suivantes : 1° Pour un même changement de température, la plupart des liquides se dilatent plus que les solides; 2° le coefficient de dilatation de chaque liquide varie en général, et augmente sensiblement avec la température indiquée par le thermomètre à mercure, même entre 0° et 100°; la loi de cette variation dépend de la nature du liquide et n'est connue pour aucun; 3° l'eau présente un phénomène remarquable qui la distingue des autres liquides. Lorsque sa température s'abaisse de 100° à 4°, son volume diminue ou sa densité augmente, comme cela a lieu pour tous les corps dont la température décroît; mais, si la température continue à s'abaisser de 4° vers 0°, sa densité diminue, au contraire, en sorte qu'elle se dilate en se refroidissant. M. Despretz, à la suite de recherches d'une précision remarquable, a trouvé que le maximum de condensation ou de densité de l'eau a lieu à 4°; et qu'à 8° une même masse d'eau occupe sensiblement le même volume qu'à 0°. M. Despretz a trouvé, en outre, que l'eau de mer et toutes les solutions aqueuses ont un maximum de densité comme l'eau pure, mais à une température inférieure à 4°, et variable avec la composition du liquide soumis à l'expérience.

Le fait du maximum de densité de l'eau à 4° peut être facilement constaté par l'expérience; il donne d'ailleurs l'explication de plusieurs phénomènes naturels, dont il serait impossible de se rendre compte sans l'admettre. Si l'on prend un vase d'une hauteur suffisante (fig. 618), et si, après l'avoir rempli d'eau, on entoure sa partie moyenne d'un mélange réfrigérant dont la température soit de — 10° (voy. plus loin le chapitre relatif aux sources de chaleur et de froid), on remarque que de deux thermomètres t et t', dont les réservoirs cylindriques horizontaux sont plongés dans le liquide, l'un au-dessus du manchon c qui contient le mélange réfrigérant, l'autre au fond du vase, le dernier atteint et conserve la température de 4°, tandis que

Fig. 618.

le premier descend à 0°. L'eau peut même se congeler dans la partie supérieure, sans que le thermomètre inférieur cesse d'indiquer 4°.

On a donné une grande importance au phénomène du maximum de densité de l'eau, en choisissant l'eau à 4° pour définir l'unité de poids. Un centimètre cube d'eau ne pèse précisément 1 gramme qu'à cette température; à toute autre température, son poids est différent; il est alors plus petit qu'un gramme d'une quantité qui dépend de la dilatation que l'eau éprouve en passant de 4° à la nouvelle température qu'on considère. Mais c'est surtout par l'influence que le maximum de densité de l'eau exerce sur le climat des zones froides de notre globe qu'il mérite de fixer l'attention, car si ce liquide ne faisait pas exception aux règles de l'action que le calorique exerce sur les corps liquides, une grande partie de ces zones serait inhabitable. En hiver, effectivement, l'eau, même dans les grands lacs, se refroidirait promptement jusqu'à zéro et au-dessous, et se prendrait en masse tout à la fois; les poissons périraient tous, les autres classes d'êtres vivants manqueraient d'eau liquide, et l'été suffirait à peine pour fondre ces masses énormes de glace. Mais dans l'état actuel des choses, dès qu'elle est refroidie jusqu'à 4°, elle tombe au fond des bassins, et c'est seulement lorsque sa masse entière a acquis cette température, que sa surface peut se refroidir encore davantage, parce que l'eau plus froide surpasse alors celle qui l'est moins en légèreté, et que l'eau, comme tous les liquides, transmet le calorique avec beaucoup de lenteur. Ainsi, le fond des lacs conserve la température de 4°, et les rivières ne gèlent qu'à la surface, sauf dans les hivers très-rigoureux où elles gèlent jusqu'au fond, si elles n'ont pas une profondeur suffisante.

Les tableaux ci-dessous mettront le lecteur à même de s'assurer de l'exactitude de ce que nous avons dit sur la dilatation des liquides.

	Volume à 0.	Volume à 10°.	Volume à 40°.
Eau	1	1,000146	1,007492
Alcool	1	1,010661	1,044828
Éther	1	1,015408	1,066863
Sulfure de carbone	1	1,011554	1,049006
Esprit de bois	1	1,012020	1,050509
Zinc	1	1,000882	1,003528

Ainsi, en passant de zéro à 10° et de zéro à 40°, les liquides dont les noms sont inscrits au tableau ci-dessus se dilatent dans une proportion qui n'est pas celle de 1 à 4; en outre, les variations de leurs volumes sont bien supérieures à celles que le zinc éprouverait dans les mêmes circonstances; et l'on sait que le zinc est le plus dilatable des métaux usuels.

Tableau de la dilatation du mercure, d'après M. Regnault.

TEMPÉRATURE ou T°.	COEFFICIENT de la dilatation réelle à T°.	COEFFICIENT de la dilatation moyenne entre 0 et T°.
0	$0,00017905 = \frac{1}{5585}$	
50	$0,00018152 = \frac{1}{5509}$	$0,00018027 = \frac{1}{5547}$
100	$0,00018305 = \frac{1}{54605}$	$0,00018153 = \frac{1}{5509}$
150	$0,00018657 = \frac{1}{5360}$	$0,00018279 = \frac{1}{5471}$
200	$0,00018909 = \frac{1}{5288}$	$0,00018405 = \frac{1}{5433}$
250	$0,00019161 = \frac{1}{5219}$	$0,00018531 = \frac{1}{5396}$
300	$0,00019413 = \frac{1}{5151}$	$0,00018658 = \frac{1}{5357}$
350	$0,00019666 = \frac{1}{5085}$	$0,00018784 = \frac{1}{5324}$

Dilatation de l'eau, d'après M. Despretz.

TEMPÉRATURES.	VOLUMES OCCUPÉS par un poids d'eau constant.
0	1,0001269
4	1,0000000
10	1,0002684
20	1,00179
30	1,00433
40	1,00773
50	1,01205
60	1,01698
70	1,02255
80	1,02885
90	1,03566
100	1,04315

(H. V.)

CORRECTION DES POIDS SPÉCIFIQUES.

Le poids spécifique d'un corps est le rapport entre le poids d'un certain volume de ce corps et le poids d'un égal volume d'eau à 4° (p. 181). Les procédés que l'on emploie pour trouver ce rapport n'en donnent pas la valeur exacte, parce que l'eau ne peut qu'exceptionnellement se trouver à la température que suppose la définition. Il faut donc en général faire subir aux résultats de l'expérience une correction pour les ramener à ce qu'ils auraient été si l'on avait pu déterminer directement le poids d'un volume d'eau égal à celui du corps (p. 182). Nous pouvons maintenant indiquer de quelle manière on fait la correction dont il s'agit.

Supposons qu'on veuille déterminer le poids spécifique d'un corps solide, au moyen du procédé de la balance hydrostatique (p. 183). Soit P le poids du corps, corrigé de la perte qu'il éprouve par son immersion dans l'air (p. 192); t la température et p le poids d'un volume d'eau distillée à t° égal au volume que le corps occupe à la même température; p s'obtient en retranchant de P le poids du corps dans l'eau. Soit, en outre, D la dilatation que l'unité de volume d'eau éprouve en passant de 4° à t°. Cela posé, il s'agit de trouver le poids p' d'un volume d'eau à 4° égal au volume du corps à t°. A cet effet, il suffit d'observer que le poids de l'unité de volume d'eau à 4° étant 1, celui de l'unité de volume du même liquide à t° ne sera plus égal qu'à $\frac{1}{1+D}$, et, par conséquent, les poids de volumes égaux d'eau à 4° et à t° seront entre eux comme $1 : \frac{1}{1+D}$, de sorte que l'on aura $p' : p :: 1 : \frac{1}{1+D}$, d'où $p' = p(1+D)$. D'après cette valeur de p', le poids spécifique du corps à t° sera $\frac{P}{p'} = \frac{P}{p(1+D)}$, et l'on voit que pour l'obtenir on n'a qu'à multiplier le poids spécifique $\frac{P}{p}$ donné par l'expérience, par la fraction $\frac{1}{1+D}$. Cet exemple suffira pour faire comprendre la manière de faire la correction des densités dans les autres cas qui peuvent se présenter. (H. V.)

DILATATION DES GAZ [1].

C'est Amontons qui, le premier, vers le commencement du dernier siècle, fit des recherches sur la dilatation de l'air. Mais ses expériences étaient trop imparfaites pour donner autre chose qu'une idée de la grandeur du phénomène. Ce n'est qu'au commencement de notre siècle que la dilatation des gaz fut étudiée de nouveau par Charles, par Dalton et par Gay-Lussac. Ce dernier surtout parvint à en déterminer les lois fondamentales par plusieurs méthodes, entre autres par la suivante : Gay-Lussac renfermait le gaz dans un gros thermomètre dont la tige, divisée en parties de capacités égales, avait été jaugée avec soin, ainsi que le réservoir (p. 179). Un index de mercure, qui séparait l'air extérieur du fluide élastique intérieur, indiquait par ses déplacements les changements de volume qu'éprouvait ce dernier lorsqu'on chauffait ou refroidissait l'appareil. Enfin, comme le thermomètre restait toujours dans une position horizontale, les opérations se faisaient nécessairement sous la pression atmosphérique. Il fallait seulement être en garde contre les variations que cette dernière pouvait subir.

La manière d'opérer est fort simple. L'appareil entier doit avoir une capacité double au moins de celle du réservoir. Pour le remplir de gaz sec, on le met en communication, par une série de tubes desséchants I, avec l'une des tubulures inférieures d'une pompe à main A (fig. 619). La seconde tubulure C peut s'ouvrir dans l'air, ou dans

Fig. 619.

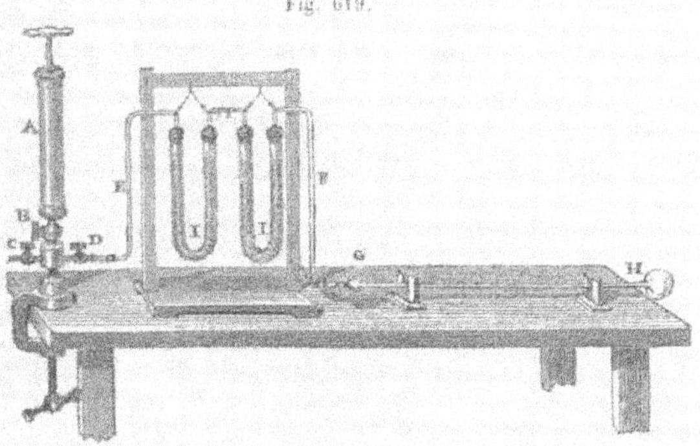

[1] Cet article a été rédigé d'après les *Leçons de physique* de M. P. Desains (Paris, 1857). (H. V.)

un gazomètre renfermant un gaz quelconque. Les choses ainsi disposées, on chauffe à 100°. On fait le vide, et on laisse rentrer lentement le gaz sur lequel on veut opérer. En répétant plusieurs fois cette opération, on arrive à ne plus avoir dans l'appareil qu'un fluide élastique bien pur et bien sec. Pour le séparer de l'air extérieur, on soulève légèrement l'extrémité G; alors une gouttelette de mercure placée à cet effet dans l'ampoule G, pénètre dans le tube; elle s'y engage de plus en plus par le refroidissement, et finit par venir se fixer dans le voisinage du réservoir.

Cela fait, on rompt la communication avec les tubes I; d'un trait de lime on détache l'ampoule G, et l'on porte le thermomètre dans une petite cuve en fer-blanc dans laquelle on met de la glace fondante (fig. 620). La tige sort à travers une tubulure latérale E en glissant à frottement dans un bouchon. On s'arrange de manière que l'extrémité intérieure de l'index soit à fleur du bouchon, et quand sa position est bien fixe on lit le volume occupé par le gaz, qui est alors complétement à zéro. Soit V ce volume. On enlève la glace et on lui substitue de l'eau chaude, l'index avance; on enfonce alors davantage le tube dans l'étuve, de manière à ce que tout le gaz dont on veut mesurer le volume soit en tous ses points également échauffé. Un agitateur G permet de bien mélanger l'eau de l'étuve, et deux thermomètres F en donnent exactement la température t. Soit à cette température V' le volume apparent du gaz. Le volume véritable est en réalité un peu plus grand, parce que l'enveloppe s'est aussi dilatée, et, d'après les lois connues de la dilatation des solides, si l'on représente, pour abréger, par k le coefficient $\frac{1}{38700}$ relatif au verre, l'espace que le gaz occupe après son échauffement sera $V'(1+tk)$, par suite la dilatation qu'il aura éprouvée aura pour expression $V'(1+tk)-V$; et enfin $\frac{V'(1+tk)-V}{V}$ représentera l'accroissement de l'unité de volume à partir de zéro.

Fig. 620.

Cette manière d'estimer la dilatation que subit le gaz en passant de 0 à $t°$ suppose que la pression atmosphérique ne change pas pendant la durée des opérations. Les variations, il est vrai, ne sont pas en général bien considérables; il faut néanmoins y avoir égard, et cela n'offre pas de difficulté.

Supposons en effet que le volume primitif V ait été observé sous la pression H, et le volume V′ sous la pression H′; pour ramener V′ à la première pression il suffit évidemment, d'après la loi de Mariotte, de résoudre la proportion $V' : x = H : H'$, d'où $x = V' \frac{H'}{H}$. D'après cela, l'équation qui donnerait la dilatation a de l'unité de volume de gaz entre 0° et t° serait

$$\frac{V'(1 + tk)\frac{H'}{H} - V}{V} = a.$$

Gay-Lussac avait déduit de ses expériences les lois suivantes :

1° *Le coefficient de dilatation de l'air est* 0,00375; 2° *tous les gaz ont le même coefficient de dilatation que l'air; et* 3° *le coefficient conserve la même valeur, quelle que soit la pression supportée par les gaz.*

Gay-Lussac n'avait étendu ses observations que jusqu'à 100°. En 1817, Dulong et Petit étudièrent la dilatation de l'air entre des limites beaucoup plus distantes, savoir, 0° et 300°, et ils déduisirent de leurs expériences qu'entre ces limites le coefficient moyen de la dilatation de l'air est 0,00366. Entre — 36° et 100°, ils avaient adopté le coefficient 0,00375 donné par Gay-Lussac. On continua à adopter ce dernier coefficient jusqu'en 1835. A cette époque, Rudberg, professeur à l'Université d'Upsal, entreprit de nouvelles recherches sur la dilatation des gaz entre 0 et 100°. Il trouva qu'entre les limites de ses expériences le coefficient moyen de la dilatation avait pour valeur, non pas 0,00375, mais bien 0,00365. Il était important de vérifier ces nouveaux résultats, et il y avait de plus un haut intérêt à examiner avec rigueur l'influence que peut avoir sur la dilatation d'un gaz, et sa nature propre, et la grandeur de la pression à laquelle il est soumis. M. Regnault, en France, et M. Magnus, en Allemagne, entreprirent de le faire. Leurs nombreuses expériences ont été généralement d'accord : elles ont pleinement confirmé les assertions de Rudberg; enfin elles ont enrichi la physique de plusieurs résultats nouveaux et importants que nous ferons bientôt connaître.

Nous ne pouvons exposer l'ensemble des recherches de M. Regnault; nous devons nous borner à décrire un des appareils dont il fit usage. Cet appareil fut pour la première fois construit et employé par

M. Pouillet dans ses recherches pyrométriques. Il permet d'étudier la dilatation des gaz entre des limites quelconques de température, et sous une pression arbitraire que l'on peut rendre rigoureusement constante pendant la durée des opérations.

Le réservoir de chauffe A (fig. 621) est un ballon de verre qui, dans les expériences de M. Regnault, avait quelquefois jusqu'à un litre de capacité. Il communique par un tube intérieurement capillaire $a\,c\,b$ au manomètre à deux branches $m\,f\,h\,g$. La moitié supérieure de la branche $m\,f$ a un diamètre égal à celui de la branche $h\,g$, et elle est divisée en parties de capacités égales entre elles et connues; nous la désignerons sous le nom de *réservoir de dilatation*. La virole inférieure $f\,h$ R est en fer; le robinet R, dont la section est représentée en R', est percé de deux conduits à angle droit, de sorte qu'en le tournant convenablement, on peut établir ou intercepter la communication entre les deux tubes du manomètre, établir ou intercepter la communication de ces tubes avec l'air, soit ensemble, soit séparément.

Le tube de communication $a\,b$ est formé de deux parties qui se rajustent en d à l'aide d'une petite pièce métallique à trois branches dans laquelle elles se mastiquent à chaud. La troisième branche ed du tube de rajustement est de même soudée au mastic avec un tube de verre e par lequel la communication peut s'établir avec une pompe et un gazomètre.

Voici de quelle manière on opère : on commence par verser un peu de mercure dans le manomètre, de manière à ce qu'il apparaisse au-dessus de la virole en fer inférieure, et après avoir tourné le robinet R de façon à intercepter toute communication entre les tubes m et n, on sèche exactement l'appareil : pour cela, on y fait plusieurs fois le vide, au moyen d'une pompe à main disposée comme celle de la figure 619, et en laissant chaque fois rentrer du gaz à travers des tubes à ponce sulfurique que l'on a placés entre la pompe et la branche e du tube de rajustement. La dessiccation obtenue, on entoure de glace fondante le réservoir de chauffe, et l'on verse du mercure pur et sec en n; on fait alors communiquer de nouveau ce tube avec le réservoir de dilatation en changeant la position du robinet, et enfin on s'arrange de manière à faire arriver le mercure jusqu'en un trait m voisin de la partie supérieure du tube mf. Le gaz doit être alors à la pression sous laquelle on désire opérer : on obtient évidemment la mesure de cette pression en ajoutant à celle de l'atmosphère ou en en retranchant la différence des niveaux du mercure dans les deux tubes du manomètre.

Le volume du gaz et sa pression se trouvant ainsi réglés, on intercepte toute communication entre l'intérieur de l'appareil et les gazomètres. Pour cela, il suffit de fondre le tube de verre e si l'on opère sous une pression qui ne dépasse pas celle de l'atmosphère; sous de plus fortes pressions, il faudrait fermer ce tube sans faire communiquer l'intérieur du ballon avec l'air extérieur, ce que l'on obtiendrait, soit en fermant le tube avec un robinet, soit en le recourbant et faisant solidifier dans la coudure une colonne de mastic fusible avant de le séparer de l'appareil de dessiccation. La compression du gaz est obtenue au moyen d'une pompe de compression disposée comme celle de la figure 418 (p. 169).

Pour continuer l'opération, on chauffe le réservoir A; le gaz se dilate, passe en partie dans le tube m, et en même temps la pression tend à augmenter; mais, en faisant écouler du mercure par le robinet R on la maintient constante. Enfin quand l'équilibre de température est atteint, on mesure exactement le volume u occupé par le gaz dans le réservoir de dilatation. Comme le tube de communication reste toujours à la même température, u est le volume qu'occupe après refroidissement le gaz qui est sorti de A.

Si donc on suppose que le réservoir de dilatation soit maintenu à zéro, et si l'on appelle x la fraction qui représente la dilatation de l'unité de volume entre 0 et T°, $u(1+x)$ sera le volume qu'occupait à T° le gaz sorti de A.

D'autre part, il est bien clair que l'on obtient une autre expression de ce même volume, en retranchant la dilatation VkT du réservoir de chauffe de la dilatation Vx du gaz qu'il renfermait au commencement de l'expérience.

Donc enfin, pour déterminer x, on a l'équation très-simple $V(x - kT) = u(1+x)$.

Si le réservoir de dilatation était maintenu à une température supérieure à 0°, par exemple à t°, on appellera y le coefficient moyen de la dilatation du gaz entre 0 et t, et l'équation précédente deviendra

$$V(x - kT) = \frac{u(1 + x)}{1 + ty}.$$

Elle renferme deux inconnues; mais, pour déterminer y, il suffira de faire une seconde expérience dans laquelle on prendra $T = t$, c'est-à-dire dans laquelle on laissera le gaz se réchauffer simplement de zéro à la température extérieure. Alors l'équation du problème devient $Vt(y - k) = u$, et elle détermine y sans difficulté.

Le tableau suivant fait connaître, d'après M. Regnault, la dilatation des gaz entre 0 et 100°, et sous la pression $0^m,76$.

NOMS DES GAZ.	COEFFICIENTS MOYENS de la dilatation entre 0 et 100°.
Air	0,003670
Azote	0,003670
Hydrogène	0,003661
Oxyde de carbone	0,003669
Protoxyde d'azote	0,003676
Cyanogène	0,003877
Acide carbonique	0,003710
Acide sulfureux	0,003903

Entre 0 et 100°, sous la pression $0^m,76$, les gaz facilement liquéfiables se dilatent notablement plus que les autres. La différence s'exagère sous les pressions plus considérables.

Au contraire, la dilatation de l'hydrogène paraît indépendante de la pression à laquelle ce gaz est soumis.

Ces nouveaux résultats sont établis par les nombres suivants :

Tableau des dilatations des gaz sous de fortes pressions.

NOMS DES GAZ.	PRESSIONS.	COEFFICIENT MOYEN de dilatation entre 0 et 100°.
Hydrogène.	0,760	0,003661
	2,545	0,003661
Acide carbonique	0,760	0,00371
	2,520	0,003845
Acide sulfureux	0,760	0,00390
	0,980	0,00398

(H. V.)

THERMOMÈTRES A AIR.

Les appareils qui servent à mesurer la dilatation des gaz peuvent aussi être employés comme thermomètres. Ils prennent alors le nom de *thermomètres à air*. On détermine avec ces instruments la dilatation qu'éprouve une masse d'air dont le volume à 0 est l'unité, et qui passe de cette température à celle qu'on veut évaluer sans changer de force élastique. Ensuite, en admettant qu'une dilatation de 0,00367 répond à 1° de température, il ne s'agit plus, pour avoir la température, que de trouver combien la dilatation totale contient de fois 0,00367.

L'appareil de M. Pouillet, représenté dans la figure 621 et dont M. Regnault s'est servi pour étudier la dilatation des gaz, convient très-bien comme thermomètre à air, en y remplaçant, pour les températures supérieures à celle du ramollissement du verre, le ballon en verre A par un ballon en platine, métal qui résiste, sans fondre, aux plus hauts degrés de chaleur qui se produisent dans les diverses espèces de fourneaux employés dans l'industrie. A l'aide de l'équation $V(x - kT) = u(1 + x)$ de la page 495, on détermine ensuite la dilatation x qu'éprouve l'unité de volume d'air en passant de 0° à la température qu'il s'agit d'évaluer, et l'on divise la valeur de x par 0,00367; le quotient exprime la température T en degrés du thermomètre à air. On peut aussi obtenir T en résolvant par rapport à cette quantité l'équation

$$V\,T\,(0{,}00367 - k) = u\,(1 + T \times 0{,}00367),$$

équation qui ne diffère de la précédente que parce qu'on a substitué à x, dans celle-ci, $T \times 0{,}00367$.

A la vérité, dans l'application de cette dernière équation, une difficulté se présente. En effet, le coefficient k de la dilatation de l'enveloppe entre 0 et T°, n'est rigoureusement connu que dans les limites de marche du thermomètre à mercure; mais heureusement les incertitudes qui dans les autres cas existent sur sa valeur absolue, n'ont pas d'influence sensible. Pour le montrer sur un exemple, supposons qu'il s'agisse de mesurer une température d'environ 800° avec un thermomètre à réservoir de platine; les coefficients moyens de la dilatation de ce métal sont, entre :

$$0 \text{ et } 100 \ldots \frac{1}{38700} = 0{,}0000258$$

$$0 \text{ et } 300 \ldots \frac{1}{36300} = 0{,}0000275.$$

Ces nombres sont fort petits relativement au coefficient 0,00367 de la dilatation de l'air : de plus, la loi d'accroissement qu'ils manifestent semblent indiquer qu'entre 0 et 800, le coefficient moyen n'est pas supérieur à $\frac{1}{30000}$.

Or, si dans la formule précédemment citée, on pose $u_0 : V_0 = 3 : 4$, on en déduira $T = 840$ en supposant $k = \frac{1}{36300}$, et

$$T = 846 \text{ pour } \qquad k = \frac{1}{30000}.$$

Et bien évidemment, la différence qui existe entre les deux valeurs de T ainsi calculées, est relativement peu considérable, quoique nous ayons exagéré l'incertitude qui existe sur la valeur de k.

Au reste, si au point de vue de l'exposition, on trouvait quelque avantage à éviter une apparence de cercle vicieux, on pourrait supposer que l'on détermine directement la valeur de Tk. On admettrait alors que l'on place dans le bain liquide ou le courant d'air qui échauffe les thermomètres une barre de la substance dont les réservoirs sont formés, et que l'on mesure directement la dilatation linéaire de cette barre.

D'après M. Regnault, deux thermomètres à mercure ne sont comparables entre eux que s'ils sont formés, non-seulement avec du mercure identique, mais encore par des enveloppes de verre de même nature. En effet, les différentes espèces de verre ne se dilatent pas d'après les mêmes lois au delà de 100°, et les variations de cette dilatation sont du même ordre de grandeur que la dilatation du mercure; il en résulte, comme il s'agissait de le faire voir, que deux thermomètres à mercure ne peuvent marcher d'accord à toutes les températures que si leurs enveloppes sont de même nature. Cet inconvénient n'existe pas avec les thermomètres à air, qui sont toujours comparables, quelle que soit la nature du verre qui constitue leur enveloppe, parce que la dilatation du verre est si petite, en comparaison de celle de l'air, que les variations de cette dilatation sont tout à fait sans influence sur la marche de ces appareils. Il faudra donc, dans les expériences très-précises, surtout dans celles qui ont pour objet de déterminer des constantes qui puissent être employées par les physiciens, observer directement les hautes températures sur le thermomètre à air.

Pour montrer jusqu'où peut aller le désaccord entre deux thermomètres à mercure dont les enveloppes sont formées de verres de composition différente, nous rapporterons les résultats comparatifs suivants obtenus par M. Regnault.

THERMOMÈTRE à air.	THERMOMÈTRE A MERCURE en cristal.	en verre ordinaire.
100°	100°	100
200	201	199,70
300	303,72	301,08
350	360,50	354,00.

M. Pouillet s'est servi de son thermomètre ou pyromètre à air pour déterminer les valeurs des températures très-élevées. Voici les résultats auxquels il est arrivé :

COULEURS DU PLATINE.	TEMPÉRATURES.
Rouge naissant	525
Rouge sombre	700
Cerise naissant	800
Cerise	900
Cerise clair	1000
Orangé foncé	1100
Orangé clair	1200
Blanc	1300
Blanc soudant	1400
Blanc éblouissant	1500

Nous ajouterons que, dans tous les cas où l'on se sert de thermomètres en platine, il faut être en garde contre la propriété que possède ce métal, de condenser à froid les gaz contre sa surface (p. 40); aussi ne doit-on jamais mesurer le volume de l'air intérieur à une température plus basse que 100°. Il est bien clair, du reste, que la méthode est complétement indépendante de cette particularité. (H. V.)

FORMULES RELATIVES A LA DILATATION DES GAZ.

En admettant comme exactes les lois de Gay-Lussac sur la dilatation des gaz, il est facile de déterminer le volume V′ d'une masse de gaz à t'° et sous la pression P′, lorsqu'on connaît le volume V que ce même gaz occupe à t° et sous la pression P. A cet effet, soient v et v' les volumes qu'occuperait le gaz proposé à la température 0°, sous les pressions P et P′.

Le coefficient de dilatation d'un fluide élastique étant sensiblement le même, quelle que soit la pression, pourvu qu'elle reste constante pendant les variations de température, on aura, en représentant par a le coefficient de dilatation du gaz,

$$V' = v'(1 + at') \quad (1)$$
$$V = v(1 + at) \quad (2).$$

La loi de Mariotte (p. 154) ayant lieu, quelle que soit la température, pourvu que celle-ci reste la même pendant les variations de pression, on aura aussi

$$v' : v = P : P'.$$

En divisant les équations (1) et (2) membre à membre, et remplaçant le rapport $\frac{v'}{v}$ par sa valeur $\frac{P}{P'}$, on aura, pour déterminer V', l'équation

$$V' = \frac{V(1 + at')P}{(1 + at)P'} \quad (3).$$

Cette dernière formule conduit à plusieurs conséquences importantes.

En premier lieu, si l'on chauffe le gaz, mais sans lui permettre de se dilater, elle montre que la force élastique du gaz augmente et elle donne la valeur de cette augmentation. En effet, si l'on suppose $V = V'$, la formule se réduit à celle-ci :

$$\frac{P'}{P} = \frac{(1 + at')}{(1 + at)}.$$

En second lieu, si, d'un état à l'autre, la pression reste constante, on aura

$$\frac{V'}{V} = \frac{(1 + at')}{(1 + at)}.$$

Ces formules sont applicables, sans erreur très-sensible, à tous les gaz, seuls ou mélangés, lorsqu'ils sont parfaitement secs ou dépourvus de vapeurs. Elles sont vraies si t et t' sont exprimés en degrés du thermomètre à air, quelque grands que soient ces nombres; mais elles ne sont exactes qu'entre les limites — 36° et 100°, si les températures sont évaluées au moyen du thermomètre à mercure, car, d'après les recherches de Dulong et Petit, ce n'est qu'entre ces limites que le coefficient de dilatation des gaz est constant lorsqu'on prend le thermomètre à mercure pour mesurer les températures (p. 493).

La formule (3) peut servir à déterminer le poids d'un litre d'air sec à une température quelconque T et sous une pression donnée p. En effet, si, dans cette formule, nous faisons $V = 1$, $t = o$, $t' = T$, $P' = p$, $P = 0^m,76$, et $a = 0,00367$, nous en déduirons le volume V' qu'occupera à T° et sous la pression p, la masse d'air dont le volume est égal à l'unité à 0° et sous la pression 0^m,76. La valeur de V' obtenue de cette manière est

$$V' = \frac{(1 + 0,00367\ T)\ 0^m,76}{p}.$$

Or, nous savons qu'un litre d'air à 0° et sous la pression 0^m,76 pèse 1^{gr},293 (p. 189); par conséquent, puisque cette masse d'air occupe un volume V' à T et sous la pression p, 1 litre d'air, dans ces dernières conditions, aura un poids Q donné par l'équation

$$Q = \frac{1^{gr},293 \cdot p}{(1 + 0,00367\ T)\ 0^m,76}.$$

Si l'on connaît le volume V, la température t et la pression P d'une masse quelconque de gaz, et si l'on détermine le volume V' que ce même gaz occupe sous la pression P' et à la température t', la formule (3) pourra encore servir à calculer t', au moyen des valeurs de V, t, P, V' et P'. Voici, pour déterminer les valeurs de V et V', un moyen très-simple que Dulong et Petit ont souvent employé, et dont la première idée est due à Gay-Lussac. On chauffe, à la température t' que l'on veut mesurer, un tube de verre (fig. 622) fermé par un bout, effilé à l'autre, et plein d'air sec. Lorsque le degré final est atteint, on ferme la pointe à la lampe, on prend immédiatement la pression extérieure P', et on laisse refroidir; quand l'appareil est revenu à la température extérieure t, on casse la pointe sous le mercure, et l'on mesure la pression P que le gaz supporte après la rentrée du liquide. On détermine alors le poids p' de mercure introduit, et le poids p de celui qui remplit complétement le tube. Ceci posé, il est facile de déterminer les volumes V et V' occupés à t et à t' degrés par l'air contenu dans le tube. En effet, soient D le poids spécifique du mercure à $t°$, et k le coefficient de dilatation du verre. La capacité du tube à $t°$ est évidemment $\frac{p}{D}$ (p. 182); d'un autre côté, le volume du poids p' de mercure est $\frac{p'}{D}$, de sorte que le volume V occupé par le gaz à $t°$ et à la pression P est $\frac{(p-p')}{D}$. La valeur du volume V' est tout aussi facile à obtenir, car ce volume est égal à la capacité du tube dilaté à t', c'est-à-dire à $\frac{p(1+kt')}{D(1+kt)}$. En introduisant ces valeurs de V et V' dans l'équation (3), celle-ci devient

Fig. 622.

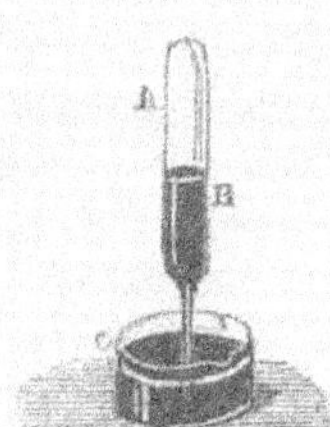

$$\frac{p\,(1+kt')}{D\,(1+kt)} = \frac{(p-p')\,(1+at')\,H}{D\quad(1+at)\,H'}.$$

Comme t, H, H', k et a sont connus, elle donne immédiatement la valeur de t'. Quant à D, il est inutile d'en connaître la valeur, puisqu'on peut effacer la fraction 1 : D qui entre comme facteur dans les deux membres de l'équation. (H. V.)

APPLICATIONS DE LA DILATATION DE L'AIR.

Lorsqu'une masse d'air isolée est à une température supérieure à celle de l'air environnant, elle tend à s'élever en vertu d'une force égale à l'excès du poids de l'air froid déplacé sur son propre poids. La même chose a lieu quand l'air chaud est renfermé dans une *cheminée*, c'est-à-dire dans un tuyau vertical ouvert par les deux bouts. C'est donc la force ascensionnelle de l'air chaud qui est la cause du *tirage* de nos cheminées, et, par conséquent, de l'activité que ces appareils impriment à la combustion par l'appel d'air froid auquel ils donnent lieu.

Une autre application de la tendance à monter de l'air dilaté est celle que l'on en fait pour échauffer les différentes pièces d'une habitation au moyen de la circulation de l'air chaud. Les calorifères destinés à cet usage sont construits dans deux systèmes différents : dans les uns, la flamme du foyer enveloppe un tuyau plusieurs fois recourbé, dans lequel circule l'air à échauffer, lequel se rend ensuite, par différents canaux ascendants, à des ouvertures nommées *bouches de chaleur;* dans les autres, le tuyau est traversé par la flamme du foyer, et l'air à échauffer enveloppe extérieurement ce tuyau.

Les cheminées de ventilation reposent également sur la force ascensionnelle de l'air chaud. Elles sont ordinairement en tôle, et elles prennent l'air vicié des pièces à ventiler par une ouverture pratiquée au plafond.

Enfin, la force ascensionnelle de l'air chaud est la cause principale de la formation des *vents*, c'est-à-dire du transport de l'air d'un lieu dans un autre. Comme ce phénomène a beaucoup d'importance en climatologie, nous lui consacrerons un article spécial. (H. V.)

CAUSES GÉNÉRALES DES VENTS [1].

L'explication des vents est toute moderne. On a admis dans l'an-

[1] Voy. *le Traité de physique* de M. Daguin, t. II, p. 161.

tiquité qu'ils sortaient de l'intérieur de la terre, principalement dans les pays de montagnes, et que certaines cavernes étaient destinées à leur fournir une issue. C'est à Halley et Franklin que l'on doit les premières notions exactes sur les causes du vent. Ils ont démontré que ce phénomène est dû le plus généralement à la distribution inégale de la chaleur à la surface du globe.

Fig. 623.

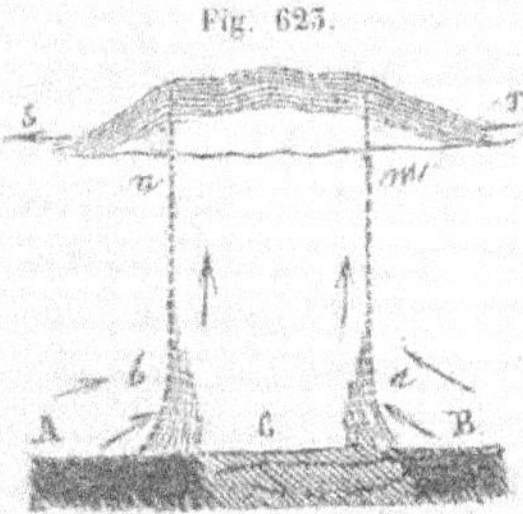

Considérons une région assez étendue ACB (fig. 623), dans laquelle le sol présente des propriétés différentes : en C il est dénudé et susceptible de s'échauffer fortement; en A et B, il est humide ou couvert de végétation qui empêche sa température de s'élever autant. L'air qui recouvre la partie C étant plus dilaté que celui qui l'entoure, montera et sera remplacé par l'air qui affluera horizontalement des régions A et B. Il y aura donc des courants dirigés dans le sens des flèches A*b*, B*a*. En même temps la colonne dilatée *abnm* s'élevant au-dessus de la limite *mn* des colonnes voisines, se déversera sur elles de chaque côté, dans le sens des flèches *s* et *r*, de manière à engendrer des courants supérieurs qui marcheront en sens contraire des vents de terre A*b*, B*a*, et donneront lieu, à une certaine distance, à des courants descendants pour remplacer l'air de la partie inférieure qui se dirige vers le point échauffé. Les *brises* qui soufflent chaque jour sur les côtes s'expliquent très-facilement dans la théorie qui précède.

Le vent peut être dû à une autre cause, à laquelle on attribue principalement ceux qui soufflent avec violence. Quand une grande quantité de vapeur d'eau se résout en pluie, il se produit une grande diminution de pression, puisque l'eau occupe un volume beaucoup plus petit que la vapeur qui la fournit. L'air des régions voisines se précipitera donc pour combler ce vide, et il naîtra un grand vent.

Il résulte des explications qui précèdent, qu'un vent se fait sentir d'abord auprès de la colonne d'air échauffée, l'air voisin se précipitant le premier dans l'espace abandonné par la colonne ascendante; en même temps cet air se raréfie et cette raréfaction se communique de proche en proche, comme cela a lieu pour les ondes dilatantes du son (p. 253), de manière que le vent se propage en sens opposé du sens dans lequel il souffle. Un vent qui se propage ainsi se nomme *vent d'aspiration*. On nomme *vent d'insufflation* celui qui se propage dans le sens même où il souffle. C'est à Franklin que l'on doit la connaissance des vents d'aspiration; par exemple, il observa un vent de nord-est qui s'éleva à 7 heures du soir à Philadelphie, et ce même vent ne commença à se faire sentir qu'à 11 heures du soir à Boston, qui est situé au nord-est de Philadelphie. L'abaissement du baromètre qui accompagne souvent le vent est la conséquence de cette raréfaction de l'atmosphère.

L'existence des vents d'insufflation n'est pas moins prouvée que celle des vents d'aspiration. Nous citerons l'ouragan du 29 novembre 1836, qui passa sur Londres à 10 heures du matin, à Amsterdam à 10 heures et demie, à Hambourg à 6 heures, et enfin à Stettin à 9 heures et demie du soir, se propageant ainsi dans le sens où il soufflait. Quant à l'origine des vents d'insufflation, nous voyons que les vents de retour dans les régions supérieures de l'atmosphère sont de cette espèce; l'air refroidi sur le flanc des montagnes coule dans les vallées et produit ainsi un vent d'insufflation. Il y a enfin des vents produits par la rencontre de deux courants marchant en sens contraire et qui forment des tourbillons où l'air est entraîné avec violence dans un mouvement circulaire, qui se propage dans le sens même où il exerce son impulsion.

II. — CHANGEMENTS D'ÉTAT DES CORPS.

FUSION.

La plupart des corps solides qui supportent l'action de la chaleur sans se décomposer, changent d'état et se liquéfient à un certain degré de température variable d'une substance à l'autre. Tous les corps de composition bien définie passent subitement de l'état solide à l'état liquide; les autres, qui résultent d'un mélange de diverses substances, fondent en général, en passant par des états intermédiaires; tels sont le verre, les corps gras, les résines, etc. Les substances organiques se décomposent souvent par l'action du feu plutôt que de se liquéfier. C'est ainsi que le bois fortement chauffé se carbonise et ne se fond pas. Plusieurs corps inorganiques se décomposent aussi avant de se fondre; mais on peut, comme l'a fait Hall, démontrer leur fusibilité en les renfermant dans des tubes de porcelaine ou de fer hermétiquement fermés, de manière que les gaz provenant d'une petite portion décomposée exercent une pression énorme qui empêche le reste de se décomposer. La craie entre ainsi en fusion et prend souvent, après le refroidissement, l'aspect du marbre saccharoïde, c'est-à-dire qu'on distingue dans la cassure une multitude de facettes cristallines. La sciure de bois se transforme dans les mêmes circonstances en un charbon bitumineux semblable à la houille et brûlant avec une flamme brillante.

Nous avons dit plus haut que la température à laquelle il faut porter les différentes substances pour les faire fondre varie quand on passe de l'une à l'autre. Ainsi, le mercure solide fond à — 40°, la glace à 0°, le suif à 33°, le soufre à 115°, l'étain à 235°, le plomb à 332°, l'argent à 1000°, l'or à 1250°, l'acier à 1400°, etc. Le platine peut être fondu au moyen de la chaleur que produit l'électricité, ou de celle du chalumeau à gaz hydrogène et oxygène. M. Despretz est parvenu à fondre le bore et le silicium, au moyen d'une pile de 600 éléments. Le charbon lui-même s'est ramolli entre les mains du même physicien et a donné des signes non équivoques de fusion. On nommait autrefois substances *réfractaires* ou *fixes* celles qui n'avaient pu être fondues. Dans l'état actuel de la science, on ne peut plus admettre l'existence de corps réfractaires ou infusibles; aussi ne conserve-t-on cette dénomination aujourd'hui que pour désigner les corps qui, comme le platine, n'entrent que difficilement en fusion. (H. V.)

SOLIDIFICATION.

Quand un liquide est soumis à une diminution de température suffisante, il passe à l'état solide et présente alors des phénomènes correspondants à ceux de la *fusion*. La solidification s'opère pour chaque substance à une température fixe qui est celle de la fusion, et qui varie, par conséquent, avec la nature du corps. Cependant, dans certaines circonstances, l'eau peut être amenée jusqu'à 10 ou 12° au-dessous de zéro, sans se congeler. Pour réussir, il faut que les différentes parties du liquide soient en repos les unes par rapport aux autres et que le froid agisse lentement afin d'éviter les courants intestins (p. 472). L'eau doit être limpide, sans cela les mouvements des parcelles en suspension qui se contractent autrement que le liquide en troubleraient la tranquillité. Une couche d'huile placée sur le liquide aide au succès de l'opération. Quand l'eau a été amenée au-dessous de zéro, il suffit d'un léger ébranlement imprimé à la masse, pour déterminer à l'instant une solidification plus ou moins complète.

L'abaissement de la température de l'eau au-dessous de zéro s'observe aussi quand ce liquide est contenu dans des tubes capillaires. M. Despretz a pu maintenir ainsi de l'eau à — 20°, dans des tubes thermométriques ordinaires. Ce phénomène explique comment les corps organisés résistent à la gelée, les fluides étant chez eux renfermés dans des vaisseaux très-capillaires.

Plusieurs autres substances peuvent, comme l'eau, être maintenues liquides au-dessous du point de congélation. Ce phénomène est dû à l'inertie des molécules qui doit être vaincue pour qu'elles puissent prendre le groupement qui correspond à l'état solide.

L'alcool absolu, l'éther, le sulfure de carbone, et quelques autres liquides n'ont pu être solidifiés. Cependant, M. Despretz est parvenu à augmenter tellement la consistance de l'alcool qu'on pouvait retourner le vase qui le contenait, sans qu'il s'en écoulât. Le froid était produit par un mélange de protoxyde d'azote liquéfié, d'acide carbonique solide et d'éther (voy. l'article relatif aux sources de froid).

Généralement, les corps qui passent lentement et sans état intermédiaire de l'état liquide à l'état solide, cristallisent, c'est-à-dire affectent des formes géométriques déterminées (p. 40); mais si l'une ou l'autre de ces deux conditions n'est pas remplie, ils ne produisent qu'une masse amorphe ou cristallisée confusément.

Les corps qui se solidifient éprouvent, en changeant d'état, un changement de volume : le plus grand nombre éprouvent une diminution de volume, et par suite un accroissement de densité; quelques-uns, au contraire, présentent à l'état solide un volume plus grand qu'à l'état liquide. Parmi ces derniers, on peut citer : 1° la fonte, qui doit à son accroissement de volume, au moment de la solidification, la propriété de se mouler facilement et de rendre en relief les traits les plus déliés et les plus variés; 2° l'eau. Tout le monde sait que la glace est moins dense que l'eau et qu'elle brise souvent les vases où elle se forme. La force expansive de la glace au moment de sa formation est très-grande; c'est ce que Huyghens a montré le premier, vers 1670, en faisant éclater un canon de pistolet rempli d'eau et exposé à la gelée. Pour répéter cette expérience, on peut prendre des tubes de fer très-épais, de 1 mètre de longueur, de 3 centimètres de diamètre intérieur, fermés à vis aux deux bouts; après les avoir remplis d'eau, on les dispose dans une caisse de bois peu profonde, et on les couvre d'un mélange réfrigérant de sel et de glace pilée; bientôt l'explosion se fait entendre, les tubes qui résisteraient à plusieurs centaines d'atmosphères sont déchirés dans leur longueur, on peut même faire sortir les cylindres de glace et montrer que l'eau n'a été qu'en partie congelée pour produire une si forte pression. C'est à cette force expansive que certaines pierres qui absorbent et retiennent de l'eau en assez grande quantité doivent d'éclater en morceaux pendant les hivers rigoureux. C'est cette même force expansive qui rend l'action de la gelée si nuisible aux plantes; leur sève, en se congelant, rompt les tissus. (H. V.)

VAPORISATION.

La plupart des liquides jouissent de la propriété de pouvoir se transformer à certaines températures en fluides aériformes qu'on nomme *vapeurs*. L'existence de ces corps à l'état de vapeur ou de fluide élastique est manifestée par les forces mécaniques qu'ils déploient dans cet état. Les liquides capables de passer ainsi à l'état aériforme se désignent sous le nom de *liquides volatils;* les liquides qui ne donnent de vapeur à aucune température sont appelés *liquides fixes;* tels sont les *huiles grasses*. La plupart des solides peuvent aussi passer à l'état de gaz, les uns directement sans se liquéfier préalablement, tels que l'arsenic, le camphre, l'iode, la glace même; les autres indirectement, après avoir été mis préalablement en fusion et portés à une température plus ou moins élevée; tels sont le soufre, l'or, l'argent, et, d'après M. Deville, le platine. Dans tous les cas, le passage des corps à l'état de vapeur est, comme la fusion, dû à l'absorption d'une certaine quantité de chaleur; c'est ce qui sera démontré dans les articles relatifs à la chaleur latente.

Nous allons examiner la formation des vapeurs successivement : 1° dans un espace vide limité; 2° dans un espace limité et plein de gaz; 3° dans un espace vide indéfini; et 4° dans un espace indéfini rempli de gaz. (H. V.)

1. — VAPEUR DANS UN ESPACE VIDE LIMITÉ.

Si dans une large cuvette *o* (fig. 624 ci-après), on dispose deux baromètres B et *a* qui donnent très-exactement la pression de l'atmosphère, et si ensuite on fait passer une petite quantité d'un liquide volatil, par exemple, de l'eau ou de l'éther, dans le tube du baromètre *a*, le liquide s'élève en vertu de sa légèreté spécifique, il arrive bientôt dans le vide de Torricelli, et, à l'instant, on voit le sommet de la colonne de mercure s'abaisser dans ce tube, ce qui prouve qu'il a dû se former un fluide élastique agissant à la manière des gaz, car la dépression observée ne saurait être attribuée au poids de la faible quantité de liquide introduite. Le fluide élastique formé est ce qu'on appelle la vapeur du liquide soumis à l'expérience. La force expansive,

Fig. 624.

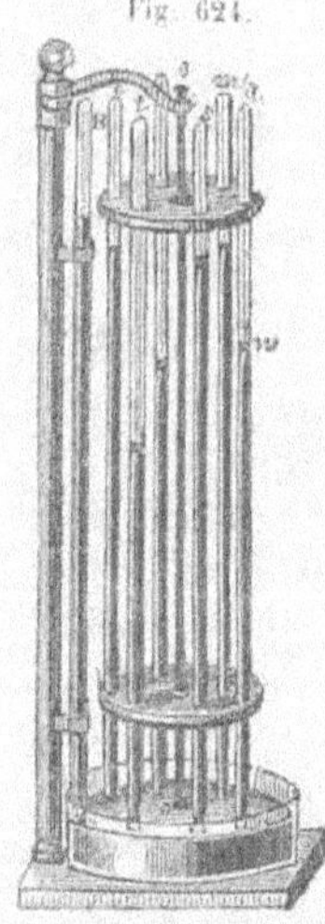

la force élastique ou la tension de cette vapeur, dont la formation est presque instantanée, est mesurée par la dépression qu'elle produit, ou, ce qui revient au même, par la différence entre le vrai baromètre B et le baromètre à vapeur *a*. Pour chaque température, la force élastique des vapeurs que forme un même liquide dépend de sa masse et de la grandeur de l'espace vide dans lequel on l'introduit : si la quantité de liquide est assez minime, il se volatilise en totalité et la force élastique de la vapeur est d'autant moindre que l'espace dans lequel elle peut se répandre est plus considérable; si, au contraire, la masse liquide est telle qu'une partie conserve son état, ou en d'autres termes, si l'on emploie un excès de liquide, la force élastique de la vapeur est la plus grande possible pour la température à laquelle on opère : on dit alors que la vapeur est *au maximum de tension ou de densité* et que l'espace où elle se trouve est *saturé de vapeurs*, c'est-à-dire qu'il contient toute la quantité de vapeur qu'il est capable de retenir à cette même température. La tension maximum d'une vapeur varie considérablement avec la nature du liquide. Pour s'en assurer, il suffit de mettre différents baromètres *m*, *s*, *t*, *e*, etc., à côté des deux premiers, et d'y introduire différents liquides; on remarque que, pour une même température, l'abaissement du mercure est très-inégal suivant la nature du liquide employé. Pour la facilité des observations, les baromètres à vapeur sont fixés à deux plateaux circulaires, mobiles autour d'un axe vertical *oo* qui passe par leurs centres. Le baromètre sec B reste fixe. Pour connaître la dépression occasionnée par la vapeur dans un des tubes *a*, *m*, *s*, etc., il suffit d'amener ce tube en présence de B. On trouve ainsi qu'à la température de 10°, les tensions maxima des vapeurs d'eau et d'éther sulfurique, par exemple, sont respectivement d'environ 9^{m} et 286 millimètres de mercure. En introduisant dans le vide de Torricelli de petits morceaux de camphre, de musc et de plusieurs autres corps solides, on s'assure que ces corps forment des vapeurs comme les liquides.

Pour démontrer d'une manière plus complète qu'à une température donnée les vapeurs ne peuvent pas, comme les gaz, acquérir par la compression une force élastique supérieure à celle qu'elles possèdent lorsqu'elles sont en contact avec un excès de liquide, et pour étudier en même temps les propriétés des vapeurs à partir de leur point de saturation, on se sert du baromètre à longue cuvette, qui est représenté dans la figure 405, p. 155 : son tube D est très-long et sa cuvette AC a plus d'un mètre de profondeur. Après avoir fait bouillir, dans toute sa longueur, le tube plein de mercure, on achève de le remplir avec une petite colonne d'un liquide, et ensuite on le retourne verticalement pour le plonger dans la cuvette. Le liquide gagne la partie supérieure du tube et s'y vaporise. Alors, en élevant ou abaissant le baromètre, on peut augmenter ou diminuer l'espace libre laissé à la vapeur. Or, en opérant ainsi, à une température constante, on observe que la force élastique de la vapeur est invariable tant qu'il reste du liquide à la surface du mercure. Si l'on diminue le volume ED, en enfonçant le tube barométrique dans la cuvette AC, la masse liquide augmente par la liquéfaction d'une partie de la vapeur. Si, au contraire, on agrandit le volume ED, le liquide diminue par la formation d'une nouvelle quantité de vapeur, de telle sorte que la force élastique et la densité de la vapeur restent constantes, tant qu'il existe du liquide non vaporisé.

Enfin, si le tube est suffisamment long pour qu'on puisse, en augmentant convenablement le volume occupé par la vapeur, gazéifier tout le liquide, on observe, au moment où tout le liquide a disparu, que la pression diminue à mesure qu'on accroît le volume de la vapeur et que la diminution de cette pression suit la loi de Mariotte. La vapeur, à partir du moment où il ne reste plus de liquide sur la surface du mercure, se comporte donc comme un gaz. — On admet également, quoique la chose ne soit pas démontrée par des expériences directes, que les vapeurs non saturées se dilatent sous l'influence de la chaleur, d'après les mêmes lois que les gaz.

Comme les vapeurs éloignées de leur point de saturation se comportent à la manière des gaz, et que réciproquement les fluides élastiques, que nous appelons des gaz, ne sont que des vapeurs éloignées de leur point de liquéfaction, puisque l'on est parvenu, par des procédés que nous décrirons plus loin, à les liquéfier pour la plupart, nous conserverons le nom particulier de *vapeurs* pour les gaz qui sont au maximum de tension ou à des tensions peu éloignées de ce maximum.

(H. V.)

MESURE DE LA TENSION MAXIMUM DES VAPEURS AUX DIFFÉRENTES TEMPÉRATURES.

On peut avoir à mesurer la tension maximum des vapeurs, soit entre 0° et la température d'ébullition du liquide, soit au-dessous de 0°, soit au-dessus du point d'ébullition jusqu'aux plus hautes températures. Chacune de ces déterminations exige un appareil différent.

Entre 0° et le point d'ébullition du liquide supposé inférieur ou égal à 100°. L'appareil se compose de deux tubes barométriques *b* et *v*, placés très-près l'un de l'autre et plongeant dans la même cuvette (fig. 625). Le premier de ces tubes est un baromètre parfait; le deuxième est un baromètre à vapeur, c'est-à-dire un baromètre au-dessus duquel on a fait passer une colonne de liquide qui s'est en partie vaporisée dans le vide. Ces deux tubes plongent dans une petite chaudière pleine de mercure; un manchon en verre les enveloppe l'un et l'autre; il contient de l'eau qui repose sur le mercure, en déprimant son niveau dans le manchon d'une quantité égale à 1/14 environ de la hauteur de l'eau. On échauffe ce dernier liquide par l'intermédiaire du mercure; un thermomètre *t* indique la température communiquée à l'eau du manchon, et partant au baromètre parfait, au baromètre à vapeur, et à la vapeur elle-même qui se forme à son sommet. Pour avoir la force élastique de cette vapeur correspondante à chaque degré, il suffit alors d'observer la dépression du baromètre à vapeur par rapport au baromètre parfait, et l'on y parvient aisément au moyen d'une échelle divisée de métal que l'on dispose entre les deux tubes. Cette dépression, réduite à 0°, exprime la véritable tension de la vapeur.

Fig. 625.

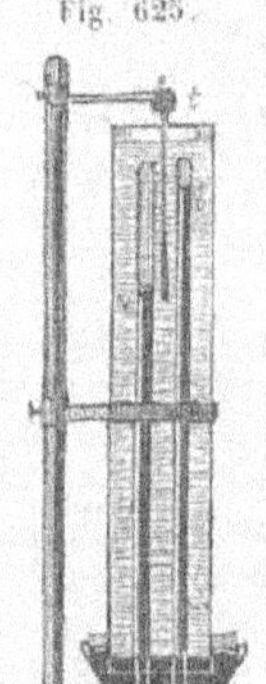

L'appareil très-simple que nous venons de décrire a été employé pour la première fois, en 1805, par Dalton, de Manchester. Voici les principaux résultats qu'il a déduits de ses expériences : 1° quelle que soit la nature de la substance, la force élastique de la vapeur croît très-rapidement avec la température; 2° la force élastique de la vapeur formée dans le vide par un liquide, à la température de son ébullition à l'air libre, est égale à la pression atmosphérique. Il résulte de cette dernière loi que pour mesurer la tension des vapeurs à des températures supérieures au point d'ébullition du liquide qui les fournit, il faut nécessairement employer un appareil autre que celui de Dalton, car la force élastique de la vapeur surpassant la pression atmosphérique, cette vapeur s'échapperait par l'extrémité ouverte du tube barométrique, à travers le mercure de la cuvette.

Au-dessous de 0°. Pour déterminer la force élastique des vapeurs à des températures égales ou inférieures à 0°, on peut se servir de la méthode suivante, imaginée par Gay-Lussac : le liquide est introduit dans un tube barométrique recourbé comme on le voit en *na* (fig. 626). La branche recourbée de ce tube étant à moitié pleine de liquide, on fait bouillir celui-ci pour chasser l'air, puis l'on plonge l'appareil rapidement, par son extrémité ouverte, dans une cuvette de mercure. On forme ainsi un baromètre dont la dépression est correspondante à la tension maximum de la vapeur du liquide pour la température de l'air ambiant; puis, l'on refroidit la branche *a* de la chambre vide en la plongeant dans un mélange réfrigérant; l'on voit alors le baromètre monter rapidement, et il est facile de démontrer qu'il doit s'arrêter quand la dépression marque précisément la tension maximum du liquide pour la température du mélange réfrigérant. En effet, l'espace occupé par la vapeur se compose d'une partie refroidie et d'une partie à la température ambiante; or, par les conditions d'équilibre des fluides élastiques, il faut que la tension soit la même dans tous les points où il y a de la vapeur, et comme, dans les points les plus froids, la tension maximum ne peut jamais être aussi grande que dans les points les plus chauds, une partie de la vapeur contenue dans ces derniers avant le refroidissement de la branche *a*, se précipitera dans celle-ci pour s'y condenser, et l'équilibre sera rétabli lorsque la partie restante, quoique à la température de l'air, aura une tension égale à la tension maximum des points les plus froids. Ainsi, dans un espace inégalement chaud, quand l'équilibre est établi, la tension de la vapeur est la même dans tous les points, et partant elle est égale à la tension maximum des parties de cet espace qui sont à la température la plus basse. Ce principe sert de base au condenseur des machines à vapeur à basse pression. Au moyen de l'appareil que nous venons de décrire, Gay-Lussac a reconnu que la glace se vaporise comme l'eau, et qu'elle émet à 0° des vapeurs dont la tension maximum est de $4^{mm},6$ de mercure.

Fig. 626.

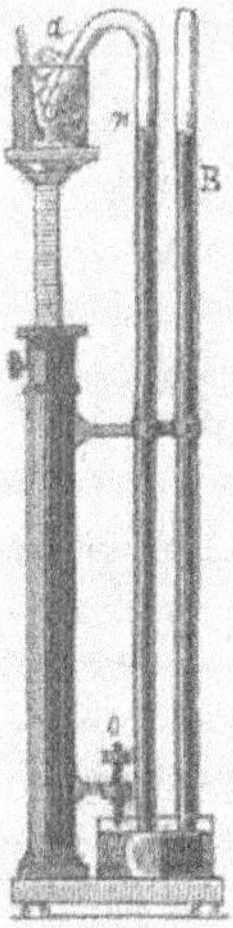

Au-dessus du point d'ébullition. — Pour déterminer les forces élastiques des vapeurs à des températures supérieures au point d'ébullition à l'air libre des liquides qui les ont fournies, on peut se ser-

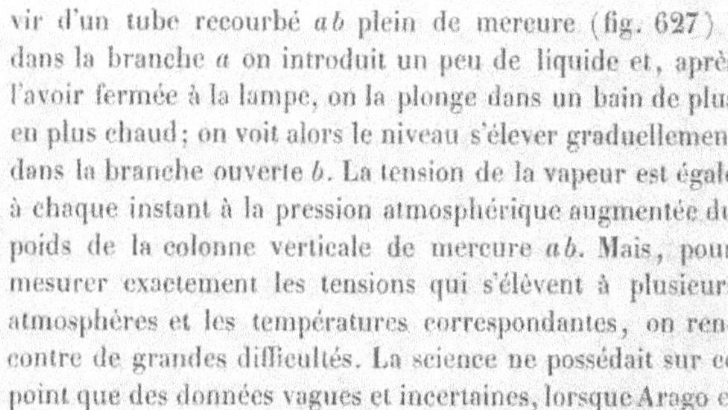
Fig. 627.

vir d'un tube recourbé *ab* plein de mercure (fig. 627) : dans la branche *a* on introduit un peu de liquide et, après l'avoir fermée à la lampe, on la plonge dans un bain de plus en plus chaud ; on voit alors le niveau s'élever graduellement dans la branche ouverte *b*. La tension de la vapeur est égale à chaque instant à la pression atmosphérique augmentée du poids de la colonne verticale de mercure *ab*. Mais, pour mesurer exactement les tensions qui s'élèvent à plusieurs atmosphères et les températures correspondantes, on rencontre de grandes difficultés. La science ne possédait sur ce point que des données vagues et incertaines, lorsque Arago et Dulong furent chargés par l'Académie des sciences de Paris de déterminer les forces élastiques de la vapeur d'eau jusqu'aux plus hautes pressions dont on fasse usage dans les applications industrielles. Dans ce grand travail, qui a été terminé en 1830, ils mesurèrent la force élastique de la vapeur d'eau jusqu'à 24 atmosphères, au moyen d'un manomètre à air comprimé.

Les dernières recherches et en même temps les plus étendues et les plus remarquables par leur exactitude, sont celles de M. Regnault. L'illustre académicien français a généralement employé la *méthode par l'ébullition*, qui consiste à faire bouillir le liquide dans un vase, sous une pression connue, et à mesurer la température à laquelle se produit l'ébullition. En s'appuyant alors sur ce principe, qu'au moment de l'ébullition la force élastique de la vapeur qui se dégage est précisément égale à la pression que supporte le liquide (p. 510), on connaît la tension de la vapeur et la température correspondante, ce qui résout la question. M. Regnault a pu, par ce procédé, observer les pressions de la vapeur d'eau jusqu'à 28 atmosphères.

Nous avons consigné dans les tables suivantes quelques-uns des résultats relatifs à la vapeur d'eau.

Tensions de la vapeur d'eau, de — 30 *à* 100 *degrés, d'après M. Regnault.*

TEMPÉRATURES.	TENSIONS en millimètres de mercure à zéro.	TEMPÉRATURES.	TENSIONS en millimètres de mercure à zéro.	TEMPÉRATURES.	TENSIONS en millimètres de mercure à zéro.	TEMPÉRATURES.	TENSIONS en millimètres de mercure à zéro.
— 30°	0,356	5	6,534	40	54,906	75	288,517
— 25	0,553	10	9,165	45	71,391	80	354,643
— 20	0,841	15	12.699	50	91.982	85	433,041
— 15	1,284	20	17,391	55	117,478	90	525,450
— 10	1.963	25	23,550	60	148,791	95	633,778
— 5	3,004	30	31,548	65	186,945	100	760,000
0	4,600	35	41.827	70	233,093		

Tensions, en atmosphères, de 100° à 230°,9, d'après M. Regnault.

TEMPÉRATURES.	NOMBRE d'atmosphères.	TEMPÉRATURES.	NOMBRE d'atmosphères.	TEMPÉRATURES.	NOMBRE d'atmosphères.	TEMPÉRATURES.	NOMBRE d'atmosphères.
100°	1	170,8	8	198,8	15	217,9	22
120.6	2	173.8	9	201,9	16	220,3	23
133,9	3	180,3	10	204,9	17	222,5	24
144.0	4	184,5	11	207,7	18	224,7	25
152,2	5	188,4	12	210,4	19	226.8	26
159,2	6	192.1	13	213,0	20	228,9	27
165,3	7	195,5	14	215,5	21	230,9	28

Ces tables font voir que la force élastique de la vapeur d'eau croît suivant une loi beaucoup plus rapide que la température (p. 510) ; mais cette loi n'est pas connue.

Voici les résultats que l'on a déduits des observations qui ont été faites sur les dissolutions salines : 1° la vapeur produite à leur surface est de la vapeur d'eau pure ; 2° la tension de cette vapeur dans un espace limité et à une température donnée est moindre que la tension de la vapeur produite par de l'eau pure ; elle varie avec la nature du sel dissous.

Les acides étendus d'eau se comportent d'une manière analogue quand l'acide n'est pas volatil à la température ordinaire ou qu'il l'est peu. Dans le cas contraire, les vapeurs qu'ils émettent contiennent des vapeurs de l'acide.

Des mélanges de deux liquides sans action chimique l'un sur l'autre se comportent comme si chaque liquide était seul.

On trouvera dans le tableau ci-dessous les forces élastiques des vapeurs de cinq liquides différents ; ces tensions, exprimées en millimètres de mercure à zéro, ont été déterminées par M. Regnault.

TEMPÉRATURES.	ESSENCE de térébenthine.	ALCOOL.	CHLOROFORME.	SULFURE de carbone.	ÉTHER.
— 20°	—	3,34	—	—	69,2
— 10	—	6,50	—	79,0	113,2
0	2,1	12,73	—	127,3	182,3
10	2,3	24,08	130,4	199,3	286,5
20	4,3	44,0	190,2	298,2	434,8
30	7,0	78,4	276,1	434,6	637,0
40	11,2	134,10	364,0	617,5	913,6
50	17,2	220,3	524,3	852,7	1268,0
60	26,9	350,0	758,0	1162,6	1730,3
70	44,9	539,2	976,2	1549,0	2309,5
80	61,2	812,8	1367,8	2030,5	2947,2
90	91,0	1190,4	1811,5	2633,1	3899,0
100	134,9	1685,0	2354,6	3321,3	4920,4
110	187,3	2351,8	3020,4	4136,3	6249

Ce tableau confirme pleinement la première des deux lois de Dalton que nous avons énoncées p. 510. (H. V.)

POIDS SPÉCIFIQUE DES VAPEURS.

On nomme *densité* ou *poids spécifique d'une vapeur* le rapport entre le poids d'un certain volume de cette vapeur et celui d'un même volume d'air, à température et à tension égales.

Deux méthodes ont été suivies pour déterminer la densité des vapeurs : la première, due à Gay-Lussac, est applicable aux liquides qui entrent en ébullition au-dessous de 100 degrés ou peu au-dessus; la seconde, due à M. Dumas, permet d'opérer à des températures qui peuvent aller jusqu'à 360 degrés environ.

La méthode de Gay-Lussac est inverse de celle qu'on applique aux gaz : au lieu de chercher le poids de la vapeur contenue dans un espace donné, on détermine le volume qu'occupe un poids connu de vapeur.

A cet effet, on renferme le liquide qui doit fournir la vapeur dans une ampoule de verre, qui puisse se briser par l'élévation de température. Cette ampoule se compose d'un petit réservoir sphérique terminé par un tube effilé en pointe; on la remplit de liquide, par une opération semblable à celle employée pour la construction du thermomètre à alcool; on ferme ensuite la pointe à la lampe. La différence des poids de l'ampoule pleine et vide donne le poids P du liquide qu'elle contient; des tâtonnements préliminaires ont dû indiquer les limites entre lesquelles doit être compris ce dernier poids, pour que l'expérience puisse réussir.

Fig. 628.

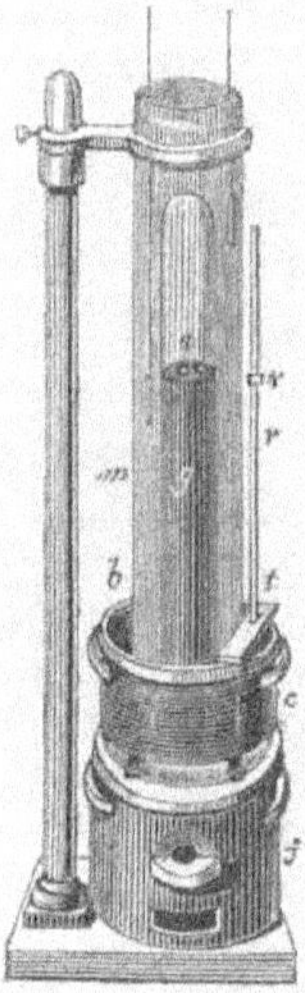

L'appareil qui sert à l'expérience est représenté dans la figure 628 : c'est un fourneau *f* sur lequel repose une chaudière *c*, en fonte, dont le bord *b* a été travaillé de manière à former un plan qu'on ajuste avec un niveau dans la direction horizontale; *g* est une cloche graduée, de trois ou quatre décimètres de longueur, plongeant dans le bain de mercure de la chaudière; *m* est un manchon de verre dans lequel on verse un liquide qui enveloppe la cloche dans toute sa longueur, depuis le niveau extérieur du mercure, et qui la recouvre à son sommet; *r* est une règle divisée qui se met verticalement au moyen de la traverse *t*, dont la face plane se pose exactement sur le bord horizontal de la chaudière. La cloche est pleine de mercure bouilli et c'est dans sa partie supérieure qu'on fait passer l'ampoule *a* pleine et fermée. On met des charbons sous la chaudière ; le mercure, l'ampoule et le liquide du manchon s'échauffent graduellement, et divers thermomètres donnent à chaque instant leur température commune. A un certain instant, la vapeur qui se forme, ou plutôt qui tend à se former dans l'ampoule la brise : il y a alors dépression du mercure dans l'éprouvette, et tout le liquide de l'ampoule se gazéifie. On chauffe jusqu'à ce que la vapeur formée ait évidemment une densité moindre que celle maxima, correspondante à la température du bain ; ce qui a lieu lorsque la pression exercée par la vapeur est moindre que la tension correspondante à la température observée, et qui est donnée par les tables des forces élastiques.

Lorsque cette condition est remplie, on mesure la température t de l'eau du manchon. On observe ensuite le nombre de divisions de l'éprouvette dont la capacité est connue, et qui sont occupées par la vapeur ; on en déduit facilement son volume V, exprimé en litres. Il ne reste plus qu'à déterminer sa tension, ce qui se fait au moyen de la règle *r*. D'abord, on la fait monter ou descendre de manière que sa pointe inférieure vienne affleurer la surface du mercure de la chaudière, et ensuite on fait marcher le *voyant v* jusqu'à ce que le rayon visuel rase le sommet de la colonne de mercure de la cloche. La longueur qui se trouve entre la pointe et le *voyant* est la hauteur de la colonne soulevée : on la réduit à 0, on la retranche de la hauteur actuelle du baromètre, pareillement réduite à 0, et la différence est la dépression de la colonne barométrique ou la force élastique H de la vapeur. Pour déduire son poids spécifique des nombres t, V, H, il faut remarquer d'abord que le volume V est évalué d'après la capacité de chaque division de l'éprouvette correspondante à 0°, en sorte que le volume réel de la vapeur à la température t est $V(1+kt)$, k étant le coefficient de dilatation du verre. D'après cela, $\frac{P}{V(1+kt)}$ sera le poids d'un litre de la vapeur proposée, à la température t et sous la pression H. Il faut maintenant trouver quel serait le poids d'un litre d'air dans les mêmes circonstances. Or, ce poids est $\frac{H}{0,76} \cdot \frac{1}{1+at} \cdot 1^{gr},293$ (p. 501), a étant le coefficient de dilatation de l'air ; ainsi le poids spécifique cherché, celui de l'air étant pris pour unité, sera $\frac{0,76}{H} \cdot \frac{(1+at)}{1} \cdot \frac{P}{1^{gr},293 \cdot V(1+kt)}$.

On a trouvé de cette manière, pour le poids spécifique de la vapeur d'eau 0,6235, pour celui de la vapeur d'alcool 1,6138, pour celui de la vapeur d'éther sulfurique 2,5860.

Il est facile de déduire du poids spécifique de la vapeur d'un liquide, rapporté à celui de l'air, le volume que doit occuper un poids donné de cette vapeur à une certaine température. Soit proposé, par exemple, de déterminer le volume d'un gramme de vapeur d'eau au maximum de tension à 100°. Puisqu'un litre d'air sec, sous la pression de $0^{m},76$, pèse $1^{gr},29$ à 0°, et, par suite, $\frac{1^{gr},293}{1+0,00367\,.\,100}$ à 100°, un litre ou mille centimètres cubes de vapeur d'eau à 100°, et au maximum de tension, pèseront 0,6235 fois autant, ou $\frac{0,6235\,.\,1^{gr},293}{1,367}$. On conclut de là qu'un gramme de cette vapeur occupe $\frac{1,367\,.\,1000}{0,6235\,.\,1^{gr},293}$, ou à très-peu près 1700 centimètres cubes, ou un volume 1700 fois plus grand que celui de l'eau qui a servi à la former.

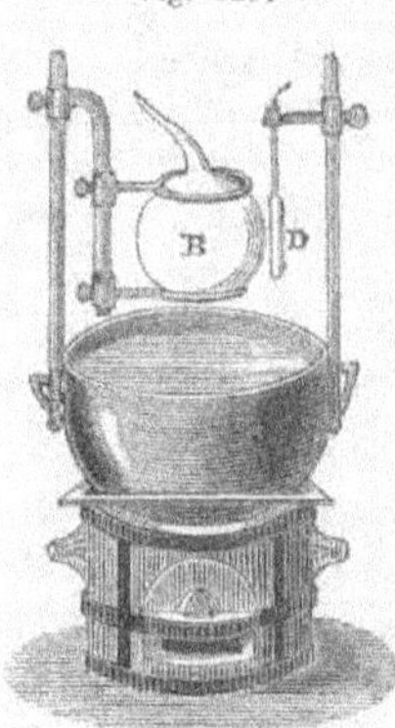

Fig. 629.

L'appareil de M. Dumas se compose d'un ballon de verre B (fig. 629), dans lequel on met une certaine quantité de la substance solide ou liquide qui doit former la vapeur; après en avoir effilé le col à la lampe, on le dispose dans un bain d'eau saturée de sel, ou dans un bain d'huile de pied de bœuf, ou d'alliage de d'Arcet, si l'on a besoin d'une température très-élevée, afin qu'elle soit supérieure à celle de l'ébullition de la matière introduite. Cette matière entre alors en ébullition; la vapeur chasse l'air et quand il n'y a plus de liquide en excès ou que le jet de vapeur cesse d'être aperçu, on ferme l'ouverture à la lampe et on laisse refroidir le ballon.

La température t du bain est connue. Le baromètre donne la pression atmosphérique H; V étant le nombre qui représente la capacité du ballon à 0°, et qu'un jaugeage préliminaire a fait connaître, cette capacité doit être $V(1+kt)$ à $t°$, k étant le coefficient moyen de dilatation du verre entre 0 et $t°$. Enfin, en retranchant du poids du ballon refroidi, celui du même vase vide de toute matière pondérable, déterminé par des pesées antérieures, on obtient le poids P de la vapeur qui occupait le volume $V(1+kt)$, à la température t et sous la pression H. On a ainsi toutes les données nécessaires pour évaluer le poids spécifique cherché.

Dans ce qui précède, nous avons supposé tacitement que l'air était expulsé et le ballon rempli seulement de vapeur. Mais, en général, il reste dans le ballon une certaine quantité d'air qui n'est pas chassée par l'ébullition. Pour défalquer le poids de cet air, on prend le ballon après la dernière pesée, on en plonge la pointe dans un bain de mercure et on la brise ; aussitôt le mercure remplit le ballon, sauf l'espace occupé par l'air qui était mélangé avec la vapeur; alors on enlève encore une portion du tube effilé, jusqu'à ce que l'ouverture soit assez large pour que l'on puisse faire passer l'air dans un tube gradué, afin d'en avoir le volume à une température connue et sous une pression connue. Cela fait, on en calcule le poids, et l'on trouve alors facilement le poids réel de la vapeur qui était contenue dans le ballon au moment où il a été fermé.

Lorsqu'il est resté de l'air avec la vapeur, son poids étant déterminé comme nous venons de le dire, il faut en calculer la pression pour la température à laquelle on a fermé le ballon, en supposant que, mélangé avec la vapeur, il le remplissait comme elle; cette pression trouvée, il faut la retrancher de la pression barométrique, pour avoir en définitive la pression de la vapeur elle-même.

Le tableau ci-dessous contient les poids spécifiques de quelques vapeurs.

NOMS des substances.	POIDS SPÉCIFIQUE observé.	POIDS d'un litre de vapeur ramenée fictivement à 0° et à la pression de 0m,76.	OBSERVATEURS.
Chloride stannique	9,200	11gr,051	M. Dumas.
Iode	8.716	11,525	»
Chlorure titanique.	6.856	8,881	»
Mercure	6.976	9,062	»
Chloride arsénieux	6,301	8.185	»
Chloride silicique	5,939	7,715	Gay-Lussac.
Huile de térébenthine. . .	5,015	6,512	»
Chloride phosphoreux. . .	4,875	6,333	M. Dumas.
Arséniure hydrique	2,695	3,502	»
Sulfide carbonique.	2,645	3.436	Gay-Lussac.
Ether sulfurique.	2,586	3,395	»
Chlorure éthylique	2,219	2,885	Thénard.
Alcool	1,615	2,096	Gay-Lussac.
Acide cyanhydrique. . . .	0,948	1,251	»
Eau.	0,625	0,810	»

(H. V.)

CONDENSATION DES VAPEURS ET LIQUÉFACTION DES GAZ.

Il résulte de ce qui précède que les vapeurs peuvent être condensées par la compression et par le refroidissement, car ce n'est que jusqu'à leur point de saturation qu'elles sont susceptibles d'être comprimées ou refroidies, sans se liquéfier partiellement. Depuis longtemps on soupçonnait que les gaz dits *permanents* n'étaient que des vapeurs éloignées de leur maximum de tension. Mais H. Davy et M. Faraday réussirent les premiers à vérifier cette hypothèse par des expériences décisives, en liquéfiant des gaz réputés jusqu'alors permanents. Leur procédé consistait à développer les gaz dans des tubes de verre recourbés, à parois épaisses et scellés à leurs deux bouts. Les gaz se liquéfiaient sous leur propre pression. Un exemple rendra ceci plus clair.

Que l'on introduise un peu de cyanure de mercure dans un fort tube en verre, qu'on le ferme ensuite à la lampe et qu'on le courbe comme le montre la figure 650. Si alors on chauffe, avec précaution, la longue branche qui contient le cyanure pour dégager le gaz cyanogène, celui-ci va se condenser dans l'autre branche qu'on doit refroidir en la plongeant dans l'eau. C'est par ce procédé ou par des procédés équivalents que l'on est parvenu à liquéfier l'acide sulfureux, le gaz chlore, le gaz ammoniac, les acides hydrochlorique, carbonique, nitreux, etc. D'autres gaz, tels que l'air atmosphérique, l'oxygène, l'azote, l'hydrogène, etc., ont jusqu'ici résisté à tous les efforts tentés pour les obtenir à l'état liquide.

Fig. 650.

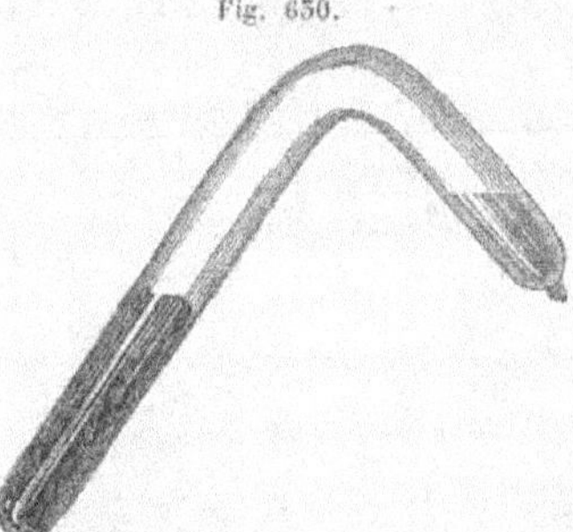

D'après les expériences de Thilorier, la vapeur qu'émet l'acide carbonique liquide possède déjà une tension maximum de 36 atmosphères à 0°, et de 73 atmosphères à 30°.

Thilorier a le premier construit un appareil qui permet d'obtenir en grandes masses l'acide carbonique à l'état liquide; mais l'emploi de cet appareil n'était pas exempt de danger d'explosion, comme cela résulte de plusieurs accidents auxquels il a donné lieu. L'appareil imaginé par M. Natterer, de Vienne, pour liquéfier l'acide carbonique n'offre pas cet inconvénient. Il est représenté dans les figures 631 et 632 : *r*, réservoir qui reçoit le gaz comprimé, vu en place dans la figure 631, et beaucoup plus en grand dans la figure 632; *p*, enve-

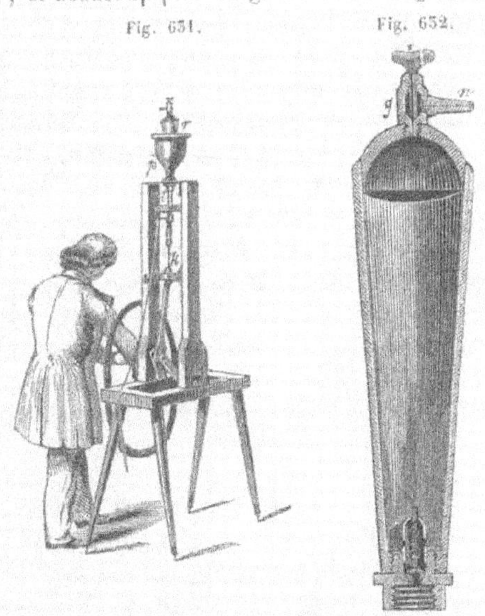

Fig. 631. Fig. 632.

loppe où l'on met un mélange réfrigérant; *l*, corps de pompe; *k*, tige du piston; *s*, tube d'aspiration, par lequel la pompe prend le gaz dans un gazomètre où il a été recueilli; entre ce tube et le gazomètre se trouve disposé un tube à chlorure de calcium pour dessécher le gaz à condenser; une manivelle adaptée à un volant sert à donner le mouvement à la pompe.

Le réservoir a une capacité de 7 ou 8 décilitres. Quand, après en avoir chassé l'air au commencement de l'opération, on reconnait que son poids a augmenté d'environ 450 grammes, ce qui indique qu'il est rempli aux 2/3 de liquide, on reçoit celui-ci dans des tubes de verre à parois épaisses, disposés comme l'indique la figure 633. A cet effet,

Fig. 633.

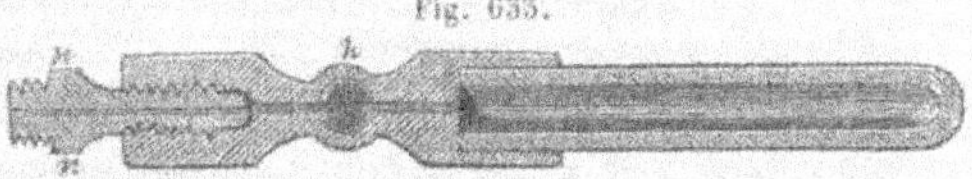

on visse la garniture à robinet *h* du tube sur l'ajutage d'échappement *n*, on remonte la vis *t* et l'on ouvre le robinet *h*, comme le montre la figure. Quand le tube est rempli de liquide, on abaisse *t*, on ferme *h* et l'on dévisse le tube que l'on introduit, avec sa garniture, dans un cylindre de verre, à parois épaisses et rempli d'eau froide. De cette manière on diminue les dangers d'explosion.

Le même appareil peut servir à la liquéfaction du protoxyde d'azote.

L'acide carbonique présente cette particularité digne de remarque que sa dilatation est quadruple de celle de l'air; tandis que depuis 0 jusqu'à 30°, l'air se dilate de 0,109 de son volume primitif, la dilatation de l'acide carbonique, pour un même changement de température, s'élève à 0,423. M. Thilorier est aussi parvenu à solidifier l'acide carbonique. A cet effet, après l'avoir liquéfié, on le laisse échapper du récipient dans l'air en le forçant toutefois à passer à travers une sorte de boite dans laquelle il circule quelques instants avant de s'écouler au dehors. Le refroidissement qu'il éprouve par suite de l'expansion prodigieuse qu'il prend au moment où il n'est plus soumis qu'à la pression atmosphérique suffit pour le congeler; et en ouvrant la boîte au bout de quelques instants, on y trouve une masse neigeuse d'acide solide. (H. V.)

VAPEURS DANS UN ESPACE LIMITÉ ET PLEIN DE GAZ.

Fig. 633.

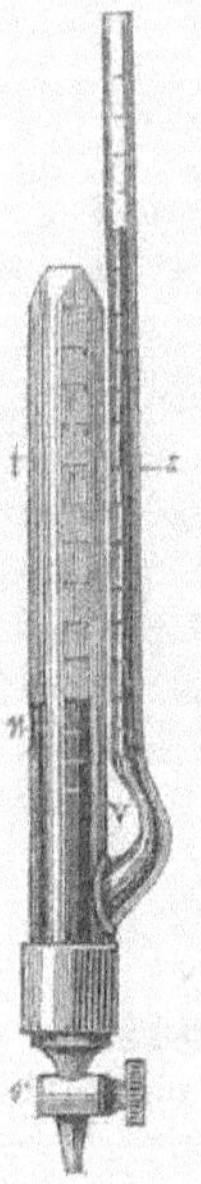

Lorsqu'un liquide est introduit dans une cloche placée sur une cuve à mercure et en partie pleine d'un gaz n'ayant aucune action chimique sur le liquide, celui-ci se répand en vapeurs dans le gaz et la force élastique devient plus grande que la tension primitive du gaz. La figure 634 représente l'appareil que Gay-Lussac a imaginé pour étudier le phénomène dont il s'agit : *t* est un tube large et gradué, fermé à son extrémité supérieure et mastiqué par son autre extrémité dans une boite métallique munie d'un robinet de fer *r*. A sa partie inférieure, le tube *t* communique avec un tube latéral *s*, plus long et plus étroit. Après avoir rempli tout l'appareil de mercure, on ouvre le robinet *r*. Alors à mesure que le mercure s'échappe par ce robinet, le niveau de celui qui reste dans le tube *s* descend successivement jusqu'en V, et à partir de cet instant, le robinet *r* restant ouvert, des bulles d'air passeront du tube *s* dans le tube *t*, dont elles viendront occuper la partie supérieure. On arrête l'écoulement du mercure quand environ la moitié du tube *t* est remplie d'air ; pour que le gaz qui arrive par le tube *s* soit sec, il faut faire communiquer l'extrémité supérieure de ce tube avec un tube à chlorure de calcium destiné à retenir l'humidité de l'air qui s'introduit dans l'appareil.

Quand la partie supérieure du tube *t* est ainsi remplie d'air sec, on ferme le robinet *r* et on ramène la pression du fluide intérieur à celle de l'atmosphère en versant du mercure par le petit tube *s*, jusqu'à ce que le liquide s'élève au même niveau dans les deux branches; on observe alors le niveau *n* du mercure ou le volume V occupé par le gaz sec.

Après cette première opération, on verse le liquide qu'on veut soumettre à l'essai dans la branche *s*, on tourne le robinet *r* pour faire échapper un peu de mercure, et le liquide de la branche ouverte est bientôt aspiré dans la branche fermée; cela fait, on attend jusqu'à ce que le gaz, sec d'abord, soit enfin saturé de vapeur; ce but est atteint quand le niveau du mercure dans le tube étroit cesse de s'élever. Quand le gaz est saturé de vapeur, son volume s'est augmenté, mais on le ramène à sa première grandeur en versant du mercure par le petit tube, jusqu'à ce que le niveau soit revenu en *n* dans le grand tube. On remarque alors que le mercure se tient à une plus grande hauteur dans le petit tube que dans le grand. La différence *a* de ces niveaux mesure évidemment l'augmentation de force élastique due à la formation de la vapeur dans le volume invariable occupé par le gaz, ou la tension de cette vapeur seule. Or, cette tension est précisément égale à celle de la vapeur à saturation que ce même liquide aurait formée dans le vide, à la température de l'expérience. Ainsi la tension et par suite la densité de la vapeur qui sature un certain espace à une température donnée, restent les mêmes, que cet espace soit vide ou déjà occupé par un gaz. M. Regnault est arrivé, par un autre procédé, à des résultats peu différents de ceux de Gay-Lussac.

Il suit de ce qui précède qu'un espace limité en contact avec un liquide, et contenant un gaz, se sature de vapeur comme s'il était vide. Il n'y a d'autre différence que dans la rapidité avec laquelle s'opère cette évaporation; car elle se fait en quelque sorte instantanément dans le vide, tandis que la vapeur emploie un certain temps pour se former dans un lieu déjà occupé par un fluide élastique. La même indépendance existe encore lorsque l'espace proposé renferme plusieurs gaz, et même d'autres vapeurs qui ne puissent agir chimiquement sur celle que l'on éprouve; cette dernière se développe toujours sensiblement en même quantité que si l'espace ne contenait aucune matière pondérable. (H. V.)

3. — FORMATION DES VAPEURS DANS UN ESPACE VIDE INDÉFINI.

Si l'on expose dans un espace vide indéfini un liquide volatil quelconque, l'évaporation qui se produit lui enlève nécessairement de la chaleur (voy. les articles relatifs au calorique latent), et par suite détermine un abaissement dans sa température. Mais l'abaissement ne s'accroît pas indéfiniment; car aussitôt que le liquide est plus froid que l'enceinte où il se trouve, il tend à se réchauffer sous l'influence du rayonnement des corps voisins. Or, cette action échauffante est d'autant plus énergique que l'abaissement de température de la masse liquide est plus considérable; au contraire, l'évaporation est d'autant moins rapide que la surface où elle s'opère est plus froide; par suite, il arrive bientôt un moment où la compensation s'établit entre les pertes et les gains de chaleur qui ont lieu à chaque instant, et la température du liquide devient stationnaire. Cette température peut être fort au-dessous de la température primitive de la masse liquide. On peut s'en assurer au moyen des deux expériences suivantes dans lesquelles la vapeur étant absorbée au moment de sa formation, se produit dans des circonstances qui se rapprochent assez de celles que nous venons de supposer; l'une de ces expériences est due à Leslie, et l'autre à Wollaston.

Expérience de Leslie. On place, sous le récipient de la machine pneumatique, un vase de verre contenant de l'acide sulfurique concentré, et, au-dessus, une petite capsule métallique contenant quelques grammes d'eau. En faisant le vide, l'eau se réduit partiellement en vapeur, et celle-ci étant absorbée par l'acide, il se produit une vaporisation rapide qui amène bientôt la congélation de l'eau contenue dans la capsule.

On peut accélérer la congélation de l'eau en multipliant les points de contact entre la vapeur et le corps destiné à l'absorber. A cet effet, il suffit d'employer, comme corps absorbant, du charbon de bois très-poreux imbibé d'acide sulfurique concentré. On met ce charbon dans une capsule en métal dont le fond est muni d'un tube que l'on visse sur la platine de la machine pneumatique; puis, l'on dispose au-dessus de cette capsule le vase dans lequel on a versé l'eau à congeler, et, après avoir recouvert le tout d'une cloche, on fait le vide dans le récipient. L'eau se congèle alors en quelques minutes, parce que la vapeur produite est appelée, au fur et à mesure de sa formation, sur le charbon sulfurique qui, à raison de sa surface énorme, l'absorbe, pour ainsi dire, instantanément, et augmente de cette manière la rapidité de l'évaporation et, par suite, l'intensité du froid produit.

Fig. 635.

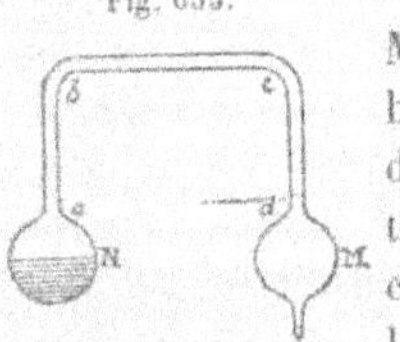

Expérience de Wollaston. Deux boules de verre M et N étant soudées aux extrémités d'un tube doublement recourbé *abcd* (fig. 635), on introduit de l'eau dans la boule N, et l'on porte l'eau à l'ébullition pour chasser complétement l'air de l'appareil; cela fait, on ferme à la lampe la pointe effilée de la boule M par laquelle l'air et la vapeur d'eau se sont échappés. Wollaston a désigné ce petit appareil sous le nom de *cryophore*. Lorsqu'on place la boule M dans un mélange réfrigérant, formé, par exemple, de deux parties de glace pilée et d'une partie de sel marin, une partie du liquide contenu dans la boule M se vaporise rapidement, et l'autre se congèle par l'abaissement de température qui en résulte.

Dans le vide, la vapeur peut se former, soit à la surface libre du liquide seulement, soit, à la fois, à cette surface et à celle qui est en contact avec les parois du vase qui renferme le liquide; la vapeur formée sur les parois du vase s'élève à travers le liquide sous la forme de bulles, semblables à des bulles d'air, et qui viennent éclater à la surface libre du liquide : on dit alors que le liquide est *en ébullition*. La formation des vapeurs à la surface libre des liquides constitue le phénomène de l'*évaporation*. Lorsqu'on congèle l'eau au moyen du cryophore (fig. 635), on n'observe jamais de bulles de vapeur partant des parois de la boule N; la formation des vapeurs n'a donc lieu alors que par évaporation. (H. V.)

4. — FORMATION DES VAPEURS DANS UN ESPACE INDÉFINI REMPLI DE GAZ.

Un liquide exposé dans un espace indéfini rempli de gaz, comme l'espace qu'occupe l'air atmosphérique, doit présenter des phénomènes analogues à ceux que l'on observe dans le vide, avec cette seule différence que l'évaporation sera moins rapide, et, par conséquent, le froid qui l'accompagne moins intense. Comme dans le vide, les vapeurs peuvent ne se former qu'à la surface libre du liquide, ou bien, à la fois, à cette surface et à celle qui est en contact avec les parois du vase qui contient le liquide. Dans le premier cas, on dit qu'il y a *évaporation*, et dans le second cas *ébullition*.

Lorsqu'un liquide s'évapore à l'air, la couche de ce gaz qui se trouve en contact avec la surface du liquide se sature rapidement de vapeur. Si, en vertu de la diffusion (p. 160), une partie de cette vapeur ne se mêlait avec les couches d'air plus éloignées du liquide, l'évaporation s'arrêterait bientôt. Mais les vapeurs se mélangent avec les gaz comme les gaz entre eux, d'où il résulte que la vapeur qui s'élève du liquide doit se dissiper peu à peu et l'évaporation continuer tant qu'il reste du liquide. Quand le poids spécifique de la vapeur est moindre que celui de l'air, ce qui a lieu pour la vapeur d'eau (p. 517), les couches d'air saturées de vapeur s'élèvent en vertu de leur légèreté spécifique, et sont remplacées par des couches d'air qui viennent se saturer à leur tour; de cette manière l'évaporation est activée. Cependant, comme la différence entre les densités de l'air et de la vapeur d'eau n'est pas considérable, l'évaporation de ce liquide reste néanmoins encore assez lente. (H. V.)

LOIS DE L'ÉVAPORATION SPONTANÉE A L'AIR ATMOSPHÉRIQUE.

Les énormes quantités d'eau répandues à la surface de la terre s'évaporent sans cesse et les vapeurs formées se dissipent dans l'atmosphère. Comme ces vapeurs jouent un rôle important dans la plupart des phénomènes qui se passent dans l'air atmosphérique, il importe de connaître les causes qui influent sur la rapidité de leur formation. Ces causes sont au nombre de cinq, savoir : 1° l'étendue de la surface d'évaporation; 2° la température de l'atmosphère ambiante; 3° le renouvellement de cette même atmosphère; 4° son état hygrométrique; et 5° la température du liquide.

Dans l'évaporation, les vapeurs ne se formant qu'à la surface libre du liquide, l'influence de la première cause est évidente. L'accroissement de température de l'atmosphère accélère l'évaporation, parce qu'il a pour effet d'augmenter la quantité de vapeur dont l'air peut se charger avant d'être saturé. L'influence de l'état hygrométrique se conçoit facilement; car l'évaporation serait nulle si l'air était saturé, et elle serait la plus grande possible s'il était parfaitement sec. Quant à l'influence du mouvement de l'air, pour la concevoir, il suffit de remarquer que l'évaporation se ralentit d'autant plus que les couches d'air en contact avec le liquide sont plus près de leur état de saturation; il est donc évident qu'en les renouvelant sans cesse par des couches sèches, on doit activer l'évaporation d'autant plus que ce renouvellement sera plus rapide. Cette activité de l'évaporation par les courants d'air se vérifie tous les jours sous nos yeux. Enfin, l'accroissement de température du liquide accélère l'évaporation par l'excès de force élastique qu'il détermine dans les vapeurs. (H. V.)

FROID PRODUIT PAR L'ÉVAPORATION A L'AIR.

Des expériences nombreuses constatent le froid qui accompagne l'évaporation des liquides à l'air libre. Lorsqu'on met sur la main des corps très-volatils, tels que de l'alcool, de l'éther, leur évaporation est accompagnée d'une sensation de froid. Quand on enveloppe la boule d'un thermomètre d'un linge imbibé d'un liquide volatil, le thermomètre descend de plusieurs degrés. Le froid serait encore plus considérable si l'instrument était exposé à un courant d'air animé d'une grande vitesse.

Le procédé qui est usité en Égypte et en Espagne pour rafraîchir l'eau et les boissons spiritueuses est fondé sur le froid produit par l'évaporation spontanée : on emploie des vases poreux en argile, nommés *alcarazas*, à travers lesquels le liquide suinte lentement et présente à l'extérieur une grande surface humide qui facilite son évaporation. Le froid produit de cette manière peut abaisser la température du vase et du liquide de 10, 15 et même 20° au-dessous de la température ambiante. (H. V.)

DE L'ÉBULLITION.

Lorsqu'on chauffe par la partie inférieure un liquide, de l'eau, par exemple, contenue dans un vase de verre communiquant avec l'air par une large ouverture, pour que les vapeurs puissent se répandre librement au dehors, la température de ce liquide s'élève rapidement par les courants qui se produisent et qui répartissent la chaleur dans toute la masse (p. 472). En même temps, on voit se former des bulles qui traversent le liquide et viennent éclater à sa surface libre; ces bulles ne sont autre chose que de l'air qui était dissous dans l'eau et qui se dégage. Mais bientôt les couches liquides en contact avec les parois échauffées du vase sont à une température assez élevée pour pouvoir émettre des vapeurs possédant une force élastique égale à celle de l'air augmentée de la pression que ces couches éprouvent de la part du liquide environnant. Alors il se forme de petites bulles de vapeur qui s'élèvent de tous les points échauffés des parois ; mais, traversant les couches supérieures, dont la température est plus basse, elles s'y condensent avant d'atteindre la surface. C'est la formation et la condensation successives de ces premières bulles de vapeur qui occasionnent le frémissement qui précède ordinairement l'ébullition et qu'on appelle le *chant du liquide*.

Enfin la chaleur cédée par les bulles condensées échauffe toute la masse et la température des différentes couches arrive à un point où chacune d'elles est capable d'émettre de la vapeur exerçant une tension égale aux pressions qu'elle supporte de la part de l'air et de la part des couches plus élevées. Dès ce moment, non-seulement les bulles de vapeur ne se condensent plus en montant, mais leur volume augmente, parce que la pression qu'elles supportent diminue et que les courants liquides qui s'élèvent des parois échauffées du vase émettent une certaine quantité de vapeur qui s'ajoute à celle que les bulles contenaient déjà. Quand les bulles de vapeur formées sur les parois du vase peuvent ainsi traverser toute la masse liquide et venir éclater à sa surface, on dit que le liquide est en *ébullition*.

Dès que l'ébullition a commencé, la température des diverses couches du liquide reste stationnaire, parce que toute la chaleur reçue du foyer est employée à former de la vapeur. Mais cette température varie d'une couche à l'autre : elle est croissante de la surface au fond, parce que chaque couche est pressée par celles qui sont au-dessus, et, par conséquent, pour pouvoir émettre des vapeurs possédant une tension égale aux pressions qu'elle supporte, elle doit posséder une température d'autant plus élevée qu'elle est plus éloignée de la surface libre de la masse totale. Si le liquide était de l'eau, par exemple, formant dans une chaudière une colonne de $10^m,33$ de hauteur, la tension de la vapeur au fond de la chaudière devrait être de deux atmosphères : par conséquent les couches inférieures seraient à $120°,6$, tandis que les couches supérieures seraient seulement à $100°$; en effet, ce ne serait qu'à ces températures que ces couches pourraient respectivement émettre des vapeurs possédant des tensions égales aux pressions qu'elles supportent (p. 512 et 513).

Concluons de ce qui précède que la température d'ébullition d'un liquide dépend de sa nature et qu'elle doit augmenter avec la pression qu'il supporte ; quant à la vapeur émise par un liquide en ébullition, elle est toujours au maximum de densité ; sa tension est constamment égale à la pression atmosphérique et sa température est celle qui correspond à cette tension. C'est ce qui résulte des expériences de Rudberg, déjà citées page 433. Ainsi, quand la pression de l'air est $0^m,76$, la force élastique de la vapeur d'eau bouillante est aussi $0^m,76$ et la température de cette vapeur est toujours égale à $100°$. Mais cette température diffère, en général, de celle de l'eau elle-même. En effet, plusieurs causes peuvent faire varier la température d'ébullition d'un liquide, savoir : les substances en dissolution, la nature des vases, le degré de cohésion du liquide et la pression. Nous allons successivement faire connaître les effets de ces différentes causes, particulièrement sur l'eau.

Une substance dissoute dans un liquide, lorsqu'elle n'est point volatile, ou qu'elle l'est moins que le liquide, retarde l'ébullition d'autant plus qu'il y a davantage de la substance en dissolution. L'eau qui bout à 100 degrés lorsqu'elle est pure, ne bout qu'aux températures suivantes lorsqu'elle est saturée de différents sels :

L'eau saturée	de sel marin bout à	. . . .	109 degrés.
—	—	de salpêtre.	116
—	—	de carbonate de potasse. .	135
—	—	de chlorure de calcium. .	179

Les dissolutions acides présentent des résultats analogues ; mais les substances purement en suspension, comme les matières terreuses, la sciure de bois, n'élèvent pas la température d'ébullition.

Lorsque l'eau est mise en ébullition dans un vase métallique, sa température diffère à peine de celle de la vapeur qu'elle émet. Il n'en est plus de même lorsqu'on opère dans des vases de porcelaine ou de verre. D'après Gay-Lussac, à la pression $0^m,76$ et dans un ballon de verre, l'eau distillée n'entre en ébullition qu'à 101 degrés ; et, d'après Marcet, quand le vase de verre a été bien nettoyé avec de l'acide sulfurique concentré ou de la potasse, la température de l'eau peut même s'élever jusqu'à 105 et 106 degrés. Toutefois, un simple fragment de métal, placé au fond du ballon, suffit pour ramener la température de l'ébullition à 100 degrés, et, en même temps, pour faire disparaître les soubresauts violents qui accompagnent l'ébullition des dissolutions salines ou acides dans des vases de verre. De même que pour les substances en dissolution, la température de la vapeur n'est pas influencée par celle que prend l'eau dans les vases de verre. A la pression $0^m,76$, elle est encore 100 degrés, ainsi que dans les vases de métal.

On attribue le retard qu'éprouve l'ébullition de l'eau dans des vases de verre à l'attraction moléculaire que le verre exerce sur l'eau et qui doit être vaincue avant que le liquide puisse se vaporiser, effet qui ne peut évidemment être produit que par une élévation de température.

L'influence de la cohésion du liquide est évidente, car les molécules ne peuvent se vaporiser que lorsque, par l'effet de la chaleur, leur attraction mutuelle est détruite. A l'appui de cette théorie, on peut citer quelques expériences de M. Donny qui démontrent que l'eau, complétement purgée d'air par une ébullition prolongée, bout à une température beaucoup plus élevée que l'eau ordinaire qui tient toujours en dissolution de l'air et dont, par suite, la cohésion est moindre que celle de l'eau parfaitement dépouillée de gaz.

Tout liquide n'entrant en ébullition qu'au moment où la tension de sa vapeur égale la pression qu'il supporte (p. 510), on conçoit que cette pression augmentant ou diminuant, la tension de la vapeur et, par conséquent, la température nécessaire à l'ébullition, doivent croître ou décroître. C'est ce qui a lieu en effet.

Pour s'en assurer, il suffit de mettre un vase plein d'eau, d'alcool ou d'éther, sous une cloche reposant sur le plateau d'une machine pneumatique; on observe alors que l'ébullition se manifeste à une température d'autant plus basse que l'air a été plus raréfié : on fait ainsi facilement bouillir de l'alcool et de l'éther à la température ordinaire, et de l'eau à la température de 25 ou 30°.

On peut encore opérer d'une autre manière : On remplit à moitié d'eau un ballon à long col et on met le liquide en ébullition : en éloignant le ballon du foyer, l'ébullition cesse; alors on le ferme avec un bouchon, et, après l'avoir retourné, on applique sur le fond un linge mouillé : le refroidissement condense une partie de la vapeur qui occupe l'espace situé au-dessus de l'eau, la pression diminue et l'ébullition se manifeste de nouveau avec vivacité. Elle cesse, au contraire, d'une manière presque complète, quand on ôte le linge, pour recommencer encore une fois lorsqu'on le réapplique. Ces alternatives d'ébullition et de calme du liquide peuvent se renouveler un grand nombre de fois.

C'est par l'effet de la diminution de la pression atmosphérique que, sur les hautes montagnes, l'eau bout au-dessous de 100 degrés. Sur le Mont-Blanc, par exemple, qui s'élève à 4,775 mètres au-dessus du niveau de la mer, l'eau entre en ébullition à 84 degrés. Cette propriété a été appliquée récemment dans un petit appareil, l'*hypsomètre*, qui fait connaître la hauteur d'un lieu d'après la température à laquelle l'eau y entre en ébullition.

Si, au contraire, la pression augmente, l'ébullition est retardée. Elle n'a lieu pour l'eau, par exemple, qu'à 120°,6, quand la pression est de deux atmosphères. On peut effectuer cette augmentation de pression en diminuant de plus en plus l'ouverture par laquelle communique avec l'air le vase qui contient le liquide. En effet, lorsque cette ouverture est trop petite pour livrer passage à la vapeur qui se forme lors de l'ébullition à la pression atmosphérique, la température du liquide et, par suite, la tension de la vapeur doivent s'élever progressivement, jusqu'à ce que le poids plus grand de vapeur qui s'écoule à chaque instant, à raison de cette augmentation de force expansive, entraine autant de chaleur que le foyer en fournit aux parois du vase. L'ébullition commencera alors et aura lieu à une température constante d'autant plus élevée que l'orifice d'écoulement de la vapeur sera moindre. En fermant complétement cette ouverture, on peut même rendre l'ébullition impossible, puisque l'espace qui se trouve au-dessus du liquide pourra se saturer de vapeurs. La température et la force élastique des vapeurs croissent alors avec une grande rapidité.

On peut constater les faits qui précèdent au moyen de la chaudière en tôle représentée dans la figure 636. Le couvercle, qui est fortement boulonné sur la chaudière, est percé de trois ouvertures : la première est fermée avec une soupape que l'on charge de manière à produire une pression en rapport avec la force des parois; dans la seconde on visse un tube de fer a qui descend dans la chaudière et qu'on remplit de mercure; enfin, sur la troisième, on visse un tube à robinet susceptible de recevoir des ajutages de différentes dimensions.

Fig. 636.

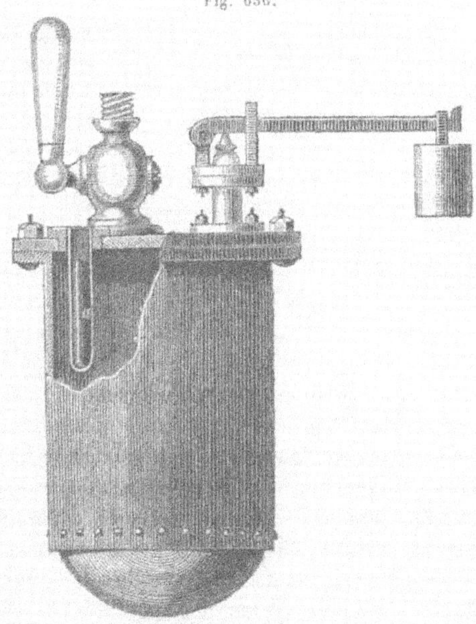

On remplit d'eau les 2/3 de la chaudière, et on expose celle-ci à l'action d'un foyer de chaleur. Un thermomètre plongé dans le mercure du tube *a* indique la température de la vapeur du liquide.

L'appareil dont il vient d'être question ne diffère pas essentiellement de celui qu'on connait sous le nom de *marmite ou digesteur de Papin* et dont ce savant s'est servi, vers le milieu du XVIIe siècle, soit pour montrer la force mécanique de la vapeur, soit pour montrer la puissance dissolvante de l'eau, maintenue liquide à des températures plus hautes que 100°.

L'observation des points d'ébullition des liquides chimiquement purs offre un excellent moyen de distinguer ces substances entre elles et auquel on a souvent recours. Nous donnons ci-dessous les points d'ébullition de quelques liquides à la pression $0^m,76$.

Cyanogène liquide	— 18	degrés.
Acide sulfureux liquide	— 10	»
Éther sulfurique	38	»
Sulfure de carbone	47,0	»
Alcool	79,7	»
Essence de térébenthine	156	»
Phosphore	290	»
Soufre	299	»
Acide sulfurique	310	»
Huile de lin	316	»
Mercure	350	»

(H. V.)

ÉBULLITION DE LIQUIDES MÉLANGÉS.

Quand deux ou plusieurs liquides volatils sans action chimique l'un sur l'autre sont mélangés, chacun d'eux produit des vapeurs comme s'il était seul exposé à la température du mélange, et l'ébullition commence lorsque la somme des forces élastiques des vapeurs émises par les différents corps est égale à celle de l'atmosphère : c'est ce qui a lieu, par exemple, quand on chauffe un mélange d'eau et d'essence de térébenthine. La température d'ébullition du mélange est donc inférieure à celle des corps dont il est formé. C'est sur cette propriété que repose l'extraction des huiles volatiles : on sait, en effet, que pour les séparer des parties végétales qui les renferment, on arrose celles-ci d'eau et on soumet le tout à l'action d'un foyer de chaleur; l'eau et l'huile volatile se réduisent en vapeurs qu'on condense dans un appareil convenable (p. 352); après la condensation de ces vapeurs, l'eau et l'huile se séparent, en vertu de leur différence de poids spécifique. (H. V.)

VAPEUR VÉSICULAIRE.

La vapeur d'eau est transparente et invisible comme l'air. On ne peut donc distinguer la vapeur d'eau contenue dans l'air, pas plus que celle qui se forme dans le vide barométrique lorsqu'on y introduit quelques gouttes de ce liquide.

Il ne faut pas confondre cette vapeur d'eau invisible ou vapeur proprement dite, avec la vapeur d'eau visible, telle qu'elle existe dans le jet qui s'élance d'une chaudière à vapeur, dans les nuages et les brouillards, et que l'on désigne sous le nom de *vapeur vésiculaire*. Celle-ci se produit dans l'évaporation de l'eau, toutes les fois que ce phénomène a lieu dans un gaz et que la quantité de vapeur formée excède celle que le gaz exige pour sa saturation, ou que la température de la vapeur est supérieure à celle du gaz. Elle se forme encore lorsqu'on refroidit de l'air chargé de vapeur invisible jusqu'à ce qu'il se trouve saturé avec la quantité de vapeur qu'il contient. Pour en faire l'expérience, il suffit de raréfier rapidement de l'air humide contenu dans un récipient; par la raréfaction l'air se refroidit, et l'on voit apparaître une espèce de brouillard qui n'est autre chose que de la vapeur vésiculaire; le brouillard disparaît en peu d'instants, la vapeur vésiculaire s'évaporant dans le gaz, qui a bientôt repris la température ambiante. De même la vapeur, pure ou mêlée d'air, chassée dans un espace plus froid rempli d'air, forme un brouillard, parce qu'il y en a plus qu'il n'est nécessaire pour saturer l'air plus froid où elle arrive. Si cet espace est indéfini et non saturé d'avance, la vapeur vésiculaire disparaît bientôt, en s'évaporant dans les portions d'air plus éloignées. C'est ce qui a lieu, par exemple, quand, l'hiver ou par un temps frais et humide, on distingue son haleine. Les légers nuages qui s'exhalent de l'eau bouillante ou même de l'eau chaude sont dus à la même cause; ils se dissipent presque aussitôt en s'évaporant dans les couches d'air plus élevées.

Pour expliquer la suspension dans l'air, des particules qui composent les brouillards et les nuages, on a admis il y a longtemps, et quelques-uns admettent encore, que ces particules sont formées de globules creux remplis d'air saturé, d'une petitesse extrême et assez légers pour flotter dans l'air; on a donné à ces globules le nom de *vapeur vésiculaire*. Cette opinion, mise en faveur par Saussure, a été pendant quelque temps universellement adoptée. Elle s'appuyait principalement sur ce que l'on n'observe jamais d'arc-en-ciel coloré dans les nuages comme dans les gouttes de pluie. Mais cet argument est sans valeur. En effet, les gouttelettes des nuages sont tellement petites que les rayons colorés qui en sortent sont en trop petit nombre pour impressionner l'organe de la vue, surtout en présence de la lumière que renvoient ordinairement les nuages qui ne donnent pas de pluie. On a encore cité à l'appui de la théorie des vésicules la suspension des nuages; mais ce phénomène trouve une explication satisfaisante dans les courants ascendants qui règnent presque continuellement dans l'air, et dans la résistance que l'air oppose au mouvement des particules qui composent les nuages et tendent à tomber vers la terre; cette résistance que l'air oppose à la chute des corps très-divisés n'est pas une simple supposition, mais un fait réel comme le démontre la poussière de corps solides et très-denses qui flotte constamment dans l'atmosphère. En un mot, l'existence de la vapeur vésiculaire n'est prouvée par aucun fait, et tous les phénomènes s'expliquent parfaitement en admettant que la vapeur visible est formée de très-petites gouttelettes d'eau. Il serait donc à désirer qu'on renonçât unanimement à une hypothèse gratuite qui ne peut qu'entraver la marche de la science. (H. V.)

ÉTAT SPHÉROÏDAL.

Plusieurs liquides, mis en contact avec une surface chauffée jusqu'au rouge ou seulement à une température dépassant celle de l'ébullition du liquide d'un nombre de degrés variable avec la nature de celui-ci, au lieu de mouiller cette surface, comme ils le feraient à des températures moins élevées, prennent la forme globulaire que l'eau prend sur les corps gras, ou le mercure sur le verre; la masse tourne rapidement sur elle-même, et, au lieu d'entrer en ébullition violente, elle ne s'évapore que très-lentement. M. Boutigny désigne sous le nom d'*état sphéroïdal* l'état particulier des liquides dans les vases incandescents. Cet état fut découvert, en 1756, par Leidenfrost, qui le constata pour l'eau. La température du vase à laquelle il commence à se produire s'élève avec celle de l'ébullition du corps et paraît indépendante de la nature de ce vase; pour l'eau, l'alcool absolu, l'éther, ces températures sont, d'après M. Boutigny, de 171°, 134° et 61°, bien inférieures, comme on le voit, à la chaleur rouge. Quand la surface se refroidit et descend au-dessous des degrés de chaleur que nous venons d'indiquer, le liquide s'étale davantage ; il commence à la mouiller, et tout à coup il est projeté avec violence dans toutes les directions. Les acides sulfurique, nitrique, hydrochlorique et tartrique, la potasse, l'ammoniaque, le chlorure ammonique, le sel marin, l'alun, etc., en dissolution dans l'eau, se comportent comme l'eau pure quand le vase est à la température voulue; seulement les globules entrent dans un état vibratoire qui leur donne l'aspect d'une étoile à un nombre pair, mais variable, de rayons. La température des liquides à l'état sphéroïdal n'est pas encore bien déterminée ; il paraîtrait qu'elle est invariable et inférieure à celle de leur ébullition. Il n'y a pas de contact entre le corps à l'état sphéroïdal et la surface sur laquelle il est déposé ; car si celle-ci est plane, on peut apercevoir une lumière entre elle et la partie inférieure du globule ; d'ailleurs, des liquides qui attaquent fortement certains métaux n'agissent pas sur eux lorsqu'ils sont à l'état sphéroïdal. Le contact entre le liquide et la surface du vase est empêché par une couche de vapeur, une sorte d'atmosphère qui se forme autour du globule et qui se renouvelle sans cesse. C'est ce défaut de contact qui ralentit la transmission de la chaleur au liquide, et, par suite, son évaporation.

La même cause produit le même effet dans une expérience inverse bien connue des forgerons. Une barre de fer ou d'acier, chauffée au rouge blanc, et plongée subitement dans l'eau, y reste éblouissante pendant quelques instants; c'est seulement quand elle est un peu refroidie qu'elle entre en contact avec le liquide et produit ce bouillonnement tumultueux qui projette le liquide de toutes parts. L'ancienne expérience qui consiste à plonger sans se brûler le doigt, ou la main, dans un bain de plomb, de bronze ou de fonte en fusion, s'explique de la même manière. Pour qu'elle réussisse, il faut cependant quelques précautions : on ne doit pas plonger le doigt trop brusquement et ne pas le laisser trop longtemps. Il faut aussi prendre la précaution de mouiller légèrement la partie du corps que l'on va exposer à l'action de la chaleur. Dans ce cas, la petite quantité d'eau qui revêt la peau, passant à l'état sphéroïdal, forme autour d'elle une enveloppe qui s'oppose au passage rapide de la chaleur. (H. V.)

III. — CHALEUR SPÉCIFIQUE.

Sous le même poids, les différents corps exigent des quantités inégales de chaleur pour éprouver une même élévation de température. Cette loi résulte de ce que la température du mélange de masses égales de deux corps à des températures différentes n'est jamais la moyenne de ces températures. Si, par exemple, on mêle ensemble un kilogramme d'eau à 14° et un kilogramme de mercure à 100°, la température, après le mélange, ne sera que d'environ 17°. Ainsi, toute la quantité de chaleur nécessaire pour élever un kilogramme de mercure de 83°, ne peut élever que de 3° un kilogramme d'eau. Si, au contraire, des poids égaux de mercure et d'eau avaient exigé des quantités égales de chaleur pour éprouver un même changement de température, le thermomètre plongé dans le mélange précédent aurait dû indiquer 57°, c'est-à-dire la moyenne entre 14 et 100, puisque évidemment, dans cette hypothèse, la température de l'eau aurait dû s'élever et celle du mercure s'abaisser, chacune d'un même nombre de degrés. Des expériences analogues faites sur d'autres corps conduisent à la même conséquence. On énonce la propriété que nous venons de constater, en disant que les corps ont des *capacités calorifiques* différentes.

Les capacités calorifiques des corps ne sont pas constantes. Elles croissent avec la température, c'est-à-dire que pour chauffer un même corps de t° à $(t+1)^\circ$, il faut lui communiquer d'autant plus de chaleur que t est plus élevé. Pour s'en assurer, il suffit, par exemple, de prendre un kilogramme de mercure à 0° et de le mêler rapidement avec un même poids de mercure à 350°; on trouvera que la température des deux kilogrammes de mercure est devenue 180° et non 175°, comme cela aurait eu lieu si la capacité de ce métal était la même à toutes les températures. Cependant comme les variations des capacités calorifiques des corps sont très-faibles, on peut regarder ces capacités comme constantes dans des limites de température assez étendues, de 0° à 100°, par exemple. Pour l'eau, entre autres, de 0° à 100°, les variations dont il s'agit sont très-négligeables. En effet, si on mêle 1 kil. d'eau à 20° avec 1 kil. d'eau à 50°, la température du mélange est 35° : par conséquent, la chaleur qui s'est dégagée de la seconde masse pour la refroidir de 15° est égale à celle qui a été absorbée par la première pour s'échauffer du même nombre de degrés; d'où il suit que l'eau absorbe autant de chaleur pour passer de 20° à 35°, que de 35° à 50°.

Pour évaluer la quantité de chaleur absorbée ou dégagée par un corps qui s'échauffe ou se refroidit, il faut choisir une unité de chaleur et déterminer combien de fois cette unité est contenue dans la quantité de chaleur à mesurer. On est convenu de prendre pour *unité de chaleur*, la quantité de chaleur qu'il faut pour chauffer un kilogramme d'eau de 0° à 1°. Cette unité de chaleur se nomme aussi une *calorie*.

D'après cela, et en faisant abstraction des changements qu'éprouve la capacité calorifique de l'eau entre 0° et 100°, on voit que pour chauffer m kilogrammes de ce liquide de 0° à t°, t étant moindre que 100, il faut mt unités de chaleur, et que pour chauffer cette même quantité de liquide de t° à T°, il faut lui communiquer $m(T-t)$ calories.

On appelle *calorique spécifique* d'un corps le rapport qui existe entre la quantité de chaleur qu'absorbe un poids quelconque de ce corps pour éprouver une élévation de température d'un degré, et celle qu'exige un égal poids d'eau pour éprouver un même changement de température. Lorsque la température d'un corps ne varie que d'un degré, on peut considérer la capacité de ce corps pour la chaleur comme rigoureusement constante, et, par conséquent, son calorique spécifique sera un nombre indépendant de l'échelle thermométrique, ainsi que des unités de chaleur et de poids, mais variable avec la température de laquelle on est parti pour chauffer la substance d'un degré. Si l'on adopte le kilogramme comme unité de poids et comme unité de chaleur la calorie définie précédemment, on peut dire également que le calorique spécifique d'un corps est le nombre d'unités de chaleur qu'absorbe un kilogramme de ce corps pour subir une élévation de température d'un degré.

Il résulte de cette dernière définition que si un corps, ayant un poids de m kilogrammes et un calorique spécifique c, se réchauffe ou se refroidit de t°, il gagne ou il perd mct unités de chaleur, en supposant toutefois que c ne varie pas dans toute l'étendue du changement de température éprouvé par le corps.

Trois méthodes ont été employées pour la détermination des calorîques spécifiques : la méthode de la fusion de la glace, celle des mélanges, et celle du refroidissement ; dans cette dernière on calcule le calorique spécifique d'un corps d'après le temps qu'il met à se refroidir d'un nombre de degrés connu. Nous n'exposerons que les deux premières méthodes. (H. V.)

MÉTHODE DE LA FUSION DE LA GLACE.

Cette méthode est fondée sur ce qu'un kilogramme de glace à 0° exige, pour se transformer en eau à la même température, 79 unités de chaleur (p. 544).

D'après cela, concevons qu'on prenne un morceau de glace compacte à zéro ; au moyen d'un fer chaud, pratiquons-y une cavité propre à recevoir le corps dont on cherche le calorique spécifique. Dressons les bords de la cavité avec un fer chaud, puis, après avoir introduit dans la cavité le corps chauffé préalablement à T° au-dessus de zéro, recouvrons-la d'un morceau de glace aussi dressé avec soin de manière qu'il ferme exactement. Soit P le poids du corps exprimé en kilogrammes, et C son calorique spécifique. Lorsqu'on jugera qu'il s'est refroidi jusqu'à zéro, on le retirera de la cavité ainsi que l'eau de fusion, dont on déterminera le poids. Soit P′ ce poids. La chaleur absorbée par la glace sera P′.79. Celle qui a été cédée par le corps aura pour expression le produit PCT; on aura donc $P'.79 = PCT$, d'où $C = \frac{P'.79}{PT}$.

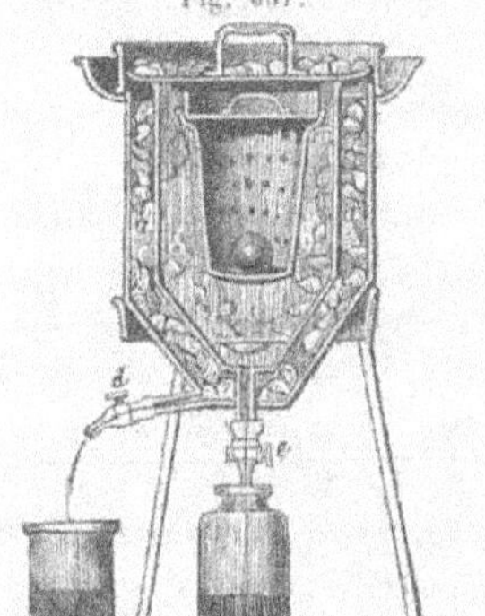

Fig. 657.

Lavoisier et Laplace ont imaginé un appareil nommé *calorimètre à glace*, dont la figure 657 représente une coupe verticale, et qui réalise jusqu'à un certain point l'idée des deux morceaux de glace dont il vient d'être question. Cet instrument se compose de trois vases minces en fer-blanc *a*, *b* et *c*, dont le plus grand enveloppe le moyen *b*, et celui-ci, à son tour, enveloppe le plus petit *c*. L'intervalle qui sépare le premier du second se remplit de glace dont l'eau de fusion s'écoule par le robinet *d*, et l'intervalle qui sépare de toutes parts le second du troisième est pareillement rempli de glace pilée dont l'eau de fusion s'écoule par le robinet *e*. Le vase *c* est destiné à recevoir le corps dont on veut mesurer le calorique spécifique. Après l'y avoir introduit, on ferme le vase supérieurement par un couvercle à rebord que l'on couvre de glace ; puis l'on ferme le vase *a* avec un couvercle pareil que l'on couvre également de glace. Par cette disposition, le calorique extérieur est arrêté et absorbé par la première couche de glace, et ne peut jamais pénétrer jusqu'à la seconde pour y opérer une fusion ; de même le calorique intérieur, celui qui sort de la substance enfermée dans le petit vase, est entièrement absorbé par la seconde couche de glace, et employé à la fondre, sans pouvoir jamais passer dans la première couche, et, à plus forte raison, sans pouvoir jamais se perdre à l'extérieur. D'après cela, il est facile de comprendre l'usage de cet instrument pour la détermination des caloriques spécifiques. Nous ajouterons seulement que pour soumettre les liquides à ces expériences, il faut les renfermer dans un flacon, et alors on fait deux expériences, l'une avec le flacon vide, l'autre avec le flacon contenant le liquide. La première expérience a pour but de déterminer le calorique spécifique de la matière du flacon. Ce calorique spécifique étant obtenu, on trouve facilement le poids de la glace fondue par le flacon dans la seconde expérience, et en retranchant ce poids du poids total de l'eau de fusion dans cette seconde expérience, on aura l'effet dû au liquide seul.

Il y a dans la méthode du calorimètre de Lavoisier et Laplace deux causes d'erreur dont il est impossible d'évaluer l'influence : 1° on ne sait pas si toute la glace est à 0°, et il arrive presque toujours que cela n'a pas lieu ; 2° les morceaux de glace qui restent dans l'appareil retiennent une certaine quantité d'eau de fusion. L'emploi de deux fragments de glace ne remédie pas à la première de ces causes d'erreur, et il a, en outre, l'inconvénient que le corps se mouille et enlève une quantité d'eau dont il est assez difficile de tenir un compte exact.

(H. V.)

MÉTHODE DES MÉLANGES.

Pour déterminer, par la méthode des mélanges, le calorique spécifique d'un corps solide ou liquide, après l'avoir porté à une température connue, on le plonge dans une masse d'eau à une température inférieure également connue. De la quantité de chaleur que le corps cède à l'eau, on déduit ensuite son calorique spécifique.

A cet effet, représentons par P le poids du corps, par T sa température au moment où on le plonge dans le liquide, et par C son calorique spécifique.

De même, soient p le poids de l'eau froide et t sa température.

Enfin, soient p' le poids du vase qui contient l'eau, c' son calorique spécifique, et t sa température, laquelle est évidemment celle de l'eau. Ce vase est, en général, un cylindre de laiton, à parois minces et polies ; il repose entre quatre petits montants en bois, sur deux fils croisés, de manière à se trouver complétement isolé.

Dès que le corps chaud est plongé dans le liquide, la température de celui-ci s'élève, et si l'on représente par T' la plus haute température qu'il atteint, on voit que le corps s'est refroidi d'un nombre de degrés représenté par (T — T'), et que, par conséquent, il a perdu une quantité de chaleur qui a pour mesure PC (T — T') (p. 535). L'eau et le vase, au contraire, se sont échauffés d'un nombre de degrés égal à (T' — t), et ont absorbé respectivement des quantités de chaleur égales à p (T' — t) et à $p'c'$ (T' — t). Or, la quantité de chaleur cédée par le corps chaud est évidemment égale à la somme des quantités de chaleur absorbées par l'eau et par le vase; on a donc l'équation $PC(T - T') = p(T' - t) + p'c'(T' - t)$, de laquelle il est facile de tirer la valeur de C, lorsque le calorique spécifique c' du vase est connu. S'il ne l'était pas, on devrait commencer par le déterminer, en plongeant dans l'eau un corps chaud de même matière que le vase, et ayant, par conséquent, le même calorique spécifique. L'équation précédente prend alors la forme $Pc'(T - T') = p(T' - t) + p'c'(T' - t)$; c'est-à-dire qu'elle ne contient plus que l'inconnue c'. Le calorique spécifique du vase étant connu, on introduit la valeur obtenue dans l'équation $PC(T - T') = p(T' - t) + p'c'(T' - t)$, qui, ne contenant plus que l'inconnue C, permet alors de déterminer le calorique spécifique du corps soumis à l'expérience.

Pour donner à la méthode des mélanges toute la précision qu'elle comporte, on doit tenir compte de la chaleur absorbée par le verre et le mercure du thermomètre. Enfin, il faut avoir égard au rayonnement du vase pendant la durée de l'expérience. En effet, l'eau du vase réfrigérant ne prend pas immédiatement après l'immersion du corps sa température maxima T' : il faut pour cela quelques minutes, plus ou moins, suivant le degré de conductibilité des substances sur lesquelles on opère. Or, si l'eau était avant l'expérience à une température égale à celle de l'air ambiant, elle sera pendant tout le temps de son réchauffement à une température supérieure à celle de l'air environnant, et par suite elle perdra une certaine quantité de chaleur. Pour diminuer cet inconvénient, on peut prendre l'eau à une température un peu inférieure à celle de l'air environnant. Dans ce cas, l'eau reste pendant la première partie de l'expérience au-dessous de la température de l'air et pendant la seconde partie, elle monte au-dessus. On peut alors admettre qu'elle gagne pendant la première période précisément la quantité de chaleur qu'elle perd pendant la seconde.

(H. V.)

RÉSULTATS OBTENUS.

On peut déduire des recherches qui ont été faites sur les caloriques spécifiques des corps solides et liquides, les conséquences suivantes :

1° Ces caloriques spécifiques sont compris entre celui de l'eau, qui est égal à 1, et celui du bismuth qui, d'après M. Regnault, est égal à 0,03084.

2° Les caloriques spécifiques augmentent avec la température. Ceux des métaux, par exemple, sont plus grands entre 100 et 200 degrés, qu'entre zéro et 100 degrés, et plus grands encore de 200 à 300 degrés. C'est-à-dire que, pour élever la température d'un corps de 200 à 250 degrés, il faut plus de chaleur que pour l'élever de 100 à 150 degrés, et, dans ce dernier cas, plus que pour l'élever de zéro à 50 degrés.

3° Le calorique spécifique d'un même corps change aussi avec l'état d'agrégation de la matière : pour le cuivre recuit et malléable, par exemple, M. Regnault a trouvé 0,0950, tandis que le même corps écroui et cassant donne seulement 0,0936. Ces différences deviennent bien plus grandes pour le soufre : en cristaux naturels, sa capacité est 0,1776 ; fondu depuis deux mois, elle est 0,1803, et fondu récemment, elle est 0,1844 ; et elles deviennent plus saillantes encore pour le carbone, puisque la capacité du diamant est 0,1469, celle du graphite naturel 0,219, et celle du charbon de bois 0,2415. Enfin, elles deviennent souvent plus grandes encore lorsqu'on considère le même corps successivement à l'état solide, à l'état liquide ou à l'état gazeux. Le calorique spécifique de la glace, par exemple, est égal à 0,51, d'après M. Ed. Desains ; celui de l'eau est 1 ; et, d'après M. Regnault, celui de la vapeur d'eau n'est que de 0,4750. Le phosphore est jusqu'ici le seul corps connu qui ait exactement le même calorique spécifique à l'état solide et à l'état liquide ; d'après M. Ed. Desains, ce calorique spécifique est égal à 0,20. M. Person a fait de nombreuses expériences sur les métaux ; il a trouvé que la capacité de ces corps simples est à peu près la même à l'état liquide et à l'état solide.

4° Si l'on détermine les quantités de chaleur qu'absorbent, pour subir une élévation de température d'un degré, des poids des divers corps simples proportionnels à ceux suivant lesquels ces corps se combinent entre eux, on trouve, en prenant le poids de l'oxygène égal à 100, pour la plupart des corps simples, le nombre 38 ; d'où Dulong et Petit ont conclu que les *atomes des corps simples ont exactement la même capacité pour la chaleur*. M. Neuman, en Allemagne, est allé plus loin, et il a démontré que la même loi était applicable *aux corps composés* ayant même élément électro-négatif et des constitutions atomiques semblables. Enfin, M. Regnault a établi que souvent, dans les composés chimiquement analogues, quoique n'ayant pas même élément électro-négatif, la similitude des formules entraînait l'égalité des quantités de chaleur absorbées par les atomes pour éprouver une même élévation de température. (H. V.)

CALORIQUE SPÉCIFIQUE DES GAZ.

On rapporte le calorique spécifique des gaz à celui de l'eau ou à celui de l'air : dans le premier cas, il représente la quantité de chaleur nécessaire pour élever de 1 degré un poids donné de gaz, comparativement à celle qui serait nécessaire au même poids d'eau ; et dans le second, la quantité de chaleur nécessaire pour élever de 1 degré un volume donné de gaz, comparativement à celle qu'il faudrait pour le même volume d'air.

Dans cette dernière manière de considérer les caloriques spécifiques des gaz, on peut, en outre, supposer ceux-ci à *pression constante* et à volume variable ; ou bien à *volume constant*, sous une pression variable.

Les caloriques spécifiques des gaz ont été déterminés en 1812 par Delaroche et Bérard. Depuis cette époque plusieurs physiciens se sont occupés de la même détermination. Parmi ces physiciens, nous devons citer principalement Clément et Désormes, Laplace, Poisson, de la Rive et Marcet, et M. Regnault, dont les travaux datent de mai 1854.

Il résulte de l'ensemble de ces recherches : 1° que les caloriques spécifiques sous pression constante des gaz simples, tels que l'azote, l'oxygène, l'hydrogène, sont égaux ; 2° d'après M. Regnault, que la chaleur spécifique de l'air et celle de quelques autres gaz permanents ne varient pas sensiblement avec la température ; 3° que la chaleur spécifique d'une même masse de gaz est indépendante de sa densité ; cette loi est due à M. Regnault ; toutefois il ne la présente qu'avec réserve ; 4° que le rapport des chaleurs spécifiques d'un gaz sous pression constante et sous volume constant est égal, d'après Dulong, à 1,42 ; 5° que par la compression, tous les gaz dégagent la même quantité de chaleur ; cette loi a été établie par Dulong. (H. V.)

Tableau des caloriques spécifiques des gaz, d'après M. Regnault.

NOMS DES SUBSTANCES.	CHALEURS SPÉCIFIQUES.		DENSITÉS rapportées à l'air.
	EN POIDS.	EN VOLUMES.	
Air	»	0,2377	1,0000
Oxygène	0,2182	0,2412	1,1056
Azote	0,2440	0,2370	0,9713
Hydrogène	3,4046	0,2356	0,0692
Chlore	0,1214	0,2962	2,4216
Brôme	0,05518	0,2992	5,39
Oxyde de carbone	0,2479	0,2399	0,9569
Acide carbonique	0,2164	0,3308	1,5291
Protoxyde d'azote	0,2238	0,3413	1,5269
Deutoxyde d'azote	0,2315	0,2406	1,0390
Gaz oléfiant	0,3694	0,3572	0,9672
Vapeur d'eau	0,4750	0,2950	0,6210
— d'alcool	0,4513	0,7171	1,5890
— d'éther	0,4810	1,2296	2,5563
— de chloroforme	0,1568	0,8310	5,30
Essence de térébenthine	0,5061	2,3776	4,6978

CHALEUR LATENTE.

Lorsqu'on élève graduellement la température d'un corps solide quelconque, il arrive un moment où ce corps commence à entrer en fusion. Dès ce moment et quelle que soit l'intensité de la source de chaleur employée, la température du corps cesse de s'élever et reste constante jusqu'à ce que la fusion soit complète. Il suit de là que, pour changer d'état, les corps solides absorbent une certaine quantité de chaleur dont l'unique effet est de les maintenir à l'état liquide. Cette quantité de chaleur, qui n'agit pas sur le thermomètre et qui ne produit d'autre effet qu'un nouveau groupement moléculaire, se désigne sous le nom de *chaleur latente de fusion*, ou simplement de *chaleur de fusion*. L'expérience suivante démontre très-nettement l'existence de la chaleur de fusion : Si l'on mélange 1 kilogramme de glace pilée à zéro avec un égal poids d'eau à 79 degrés, la glace se fond aussitôt et on obtient 2 kilogrammes d'eau à zéro. On voit par là que, sans changer de température et uniquement pour se fondre, 1 kilogramme de glace absorbe la quantité de chaleur nécessaire pour élever de zéro à 79 degrés 1 kilogramme d'eau, c'est-à-dire 79 unités de chaleur. Cette quantité de chaleur représente donc la chaleur latente de l'eau ou le calorique de fusion de la glace.

Les liquides, sans changer de température et uniquement pour se réduire en vapeur, ont pareillement besoin d'une certaine quantité de chaleur qui constitue leur *chaleur de volatilisation*. L'existence de cette seconde espèce de chaleur latente se démontre, soit par la fixité de la température des liquides en ébullition, quelle que soit l'activité du foyer auquel ils sont exposés, soit par la chaleur que les vapeurs dégagent au moment où elles repassent à l'état liquide, soit par l'abaissement de température qui accompagne l'évaporation des liquides (p. 522) et qui serait évidemment inexplicable si l'on n'admettait pas l'existence de la chaleur latente de volatilisation.

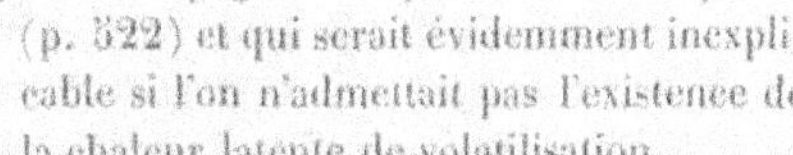

Fig. 638.

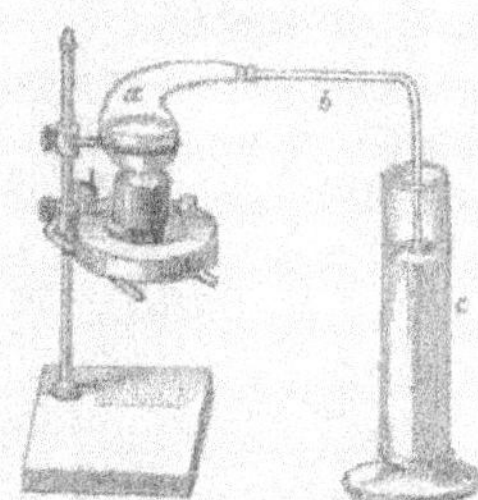

Quant au dégagement de chaleur qui a lieu lors de la liquéfaction des vapeurs, il est facile à constater au moyen de l'expérience suivante : La vapeur produite dans une cornue de verre *a* (fig. 638), se rend dans une éprouvette *c* remplie d'eau froide que l'on a pesée avec soin. Lorsque l'eau de la cornue est en ébullition, quelques minutes suffisent pour que la vapeur qui arrive dans l'eau de l'éprouvette élève la température de ce liquide de 6 à 7°. On arrête alors l'expérience et l'on pèse de nouveau l'éprouvette; l'accroissement de poids p de celle-ci représente le poids de la vapeur liquéfiée. Supposons qu'on ait trouvé p égal à 43^gr^; le poids de l'eau froide contenue dans l'éprouvette égal à 4200^gr^, sa température initiale de 12° et sa température au moment où l'on arrête l'expérience de 18°. Faisons abstraction de la chaleur absorbée par l'éprouvette, et désignons par x le nombre d'unités de chaleur que dégage 1 gramme de vapeur d'eau en se liquéfiant sans changer de température. Si la vapeur d'eau arrive à 100°, 43 grammes de cette vapeur dégageront, en se liquéfiant, 43 x unités, et l'eau provenant de cette liquéfaction abandonnera, en se refroidissant de 100° à 18°, $43 \times 82 = 3526$ unités. La chaleur que l'eau de l'éprouvette a gagnée a pour expression $4200 \times 6 = 25200$; on doit donc avoir $43\,x + 3526 = 25200$, d'où $x = 504$. Cette valeur de x n'est qu'approchée, parce que nous avons négligé de tenir compte de la chaleur absorbée par l'éprouvette, et de plusieurs autres causes d'erreur inhérentes au procédé que nous avons employé.

Enfin, se fondant sur l'exemple des gaz qui exigent, pour éprouver une même élévation de température, une plus grande quantité de chaleur lorsqu'ils peuvent se dilater que lorsqu'on les maintient sous le même volume, on admet que la chaleur qui pénètre dans les corps que l'on échauffe se compose toujours de deux parties : l'une servant à élever la température, et l'autre, à produire le déplacement moléculaire qui constitue la dilatation dont le changement de température est accompagné. Cette seconde partie, qui devient latente et par conséquent insensible au thermomètre, s'appelle *chaleur latente de dilatation*. Ce que l'on nomme le calorique spécifique des corps liquides ou solides est la somme de ces deux quantités de chaleur que l'unité de poids de ces corps absorbe pour éprouver une élévation de température d'un degré. On ne connait jusqu'ici aucun procédé pour déterminer le calorique latent de dilatation soit des solides, soit des liquides. Il n'en est pas de même pour le gaz, dont la physique est, sous ce rapport, plus avancée que celle des deux autres classes de corps pondérables. (H. V.)

MESURE DU CALORIQUE DE FUSION.

Le calorique de fusion des corps se détermine par la méthode des mélanges. Supposons, par exemple, qu'il s'agisse de celui de la glace. On introduit dans un vase renfermant un poids d'eau connu P à la température T, un morceau de glace bien pure et à zéro. La fusion s'opère rapidement, on mesure la température finale t, et, en pesant ensuite le vase dans lequel le mélange a été effectué, on en mesure l'accroissement de poids p, lequel représente le poids de la glace introduite. Si l'on appelle P' le poids du vase au mélange et C' son calorique spécifique, la quantité de chaleur abandonnée par l'eau et par le vase sera égale à $P(T-t)+P'C'(T-t)$. Cette chaleur a été absorbée pour fondre le poids p de glace et pour chauffer l'eau de fusion de 0° à t°. En désignant par x ce qu'il faut de chaleur pour fondre l'unité de poids de glace à zéro, la chaleur cédée à la glace et à l'eau de fusion aura pour expression $px+pt$. Par conséquent, il faut que l'on ait $P(T-t)+P'C'(T-t)=px+pt$. A l'aide de cette équation, il est ensuite facile de déterminer x.

En opérant de cette manière, et en tenant compte de légères perturbations dues aux échanges de chaleur qui s'opèrent, durant l'expérience, entre le vase au mélange et les corps qui l'entourent, MM. de la Provostaye et P. Desains ont trouvé pour le calorique de fusion d'un kilogramme de glace à zéro 79,25 unités de chaleur. Laplace et Lavoisier avaient trouvé le nombre 75, et Black, savant physicien écossais, qui, le premier, démontra l'existence de la chaleur latente, le nombre 80, qui se rapproche beaucoup de celui qui résulte des expériences de MM. de la Provostaye et Desains.

Lorsqu'il s'agit d'un corps qui fond à une température supérieure à zéro, on opère encore d'une manière analogue. Soit proposé, par exemple, de déterminer le calorique de fusion du plomb. On fond un poids P de ce corps, et après en avoir pris la température T, on le verse dans une masse d'eau dont on connait le poids p et la température t. Cela posé, représentons par C le calorique spécifique du plomb, par x son calorique de fusion, enfin par T' la température finale que prend l'eau échauffée par le plomb.

La masse d'eau s'étant échauffée de t à T' degrés, elle a absorbé une quantité de chaleur représentée par $p(T'-t)$; d'un autre côté, la masse de plomb, en se refroidissant de T à T', a cédé, d'une part, une quantité de chaleur $PC(T-T')$, et de l'autre, au moment de la solidification, elle a dégagé une quantité de chaleur représentée par Px. On a donc pour déterminer x l'équation $PC(T-t)+Px=p(T'-t)$.

Dans ce qui précède, nous avons négligé la chaleur absorbée par le vase au mélange; mais il est facile d'y avoir égard. En effet, si p'

est le poids du vase et c' son calorique spécifique, la chaleur absorbée sera évidemment $p' c' (T' - t)$, et il suffira de l'ajouter au second membre de l'équation ci-dessus, pour obtenir la valeur exacte de x.

M. Person a fait de nombreuses recherches sur le calorique latent de fusion des corps. Parmi les résultats remarquables auxquels ce physicien est arrivé, nous citerons celui-ci, savoir : que le calorique latent de fusion des métaux augmente avec la ténacité de ces corps, résultat facile à comprendre, puisque le travail que la chaleur doit effectuer pour fondre un corps devient d'autant plus grand, que la force qui réunit les molécules devient elle-même plus considérable.

Tableau de chaleurs latentes de fusion de quelques corps.

Eau.	79,25	calories.	Plomb.	5,369	calories.
Phosphore. . . .	5,4	»	Zinc.	28,13	»
Soufre.	9,368	»	Argent.	21,07	»
Étain.	14,252	»	Mercure.	2,83	»

(H. V.)

MESURE DU CALORIQUE DE VOLATILISATION.

Fig. 639.

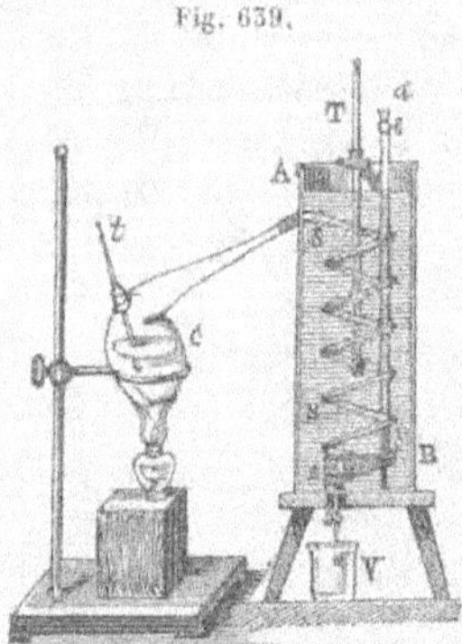

La figure 639 représente l'appareil employé dans ce genre de recherches par M. Despretz. La vapeur se forme dans la bouilloire C, se condense dans le serpentin SS, et le liquide provenant de cette condensation se rassemble dans une petite caisse c complétement entourée par l'eau contenue dans le cylindre A; un tube ab communique avec l'intérieur de cette caisse et sert au dégagement de l'air. Des thermomètres t et T donnent, le premier, la température de la vapeur; le second, celle de l'eau du réfrigérant. Des écrans empêchent le rayonnement de la lampe d'arriver au cylindre A, et des agitateurs permettent d'agiter sans cesse l'eau qui entoure le serpentin. En mettant le tube ab en communication avec une pompe foulante ou une pompe pneumatique, on peut maintenir pendant l'expérience, dans la bouilloire et dans tout l'appareil, une pression quelconque, afin de déterminer le calorique de volatilisation de la vapeur à différentes températures et sous des pressions supérieures ou inférieures à celle de l'atmosphère.

Cela posé, soit p le poids de la vapeur condensée, T sa température initiale, c le calorique spécifique du liquide résultant de la liquéfaction de la vapeur, t la température primitive de l'eau contenue dans le cylindre A, P le poids de cette eau, T′ la température au moment où l'on arrête l'expérience. La quantité de chaleur abandonnée par le poids p de vapeur condensée sera $px + pc\,(T - T')$, x représentant le calorique latent de cette vapeur. D'un autre côté, P′ représentant le poids du vase A et du serpentin supposés de même matière et C′ leur calorique spécifique, $P'C'\,(T' - t)$ sera la quantité de chaleur absorbée par eux, tandis que $P\,(T' - t)$ sera la chaleur absorbée par l'eau contenue dans le vase A. Nous aurons donc pour déterminer x l'équation $px + pc\,(T - T') = P'C'\,(T' - t) + P\,(T' - t)$.

M. Despretz a trouvé ainsi pour le calorique de vaporisation de l'eau le nombre 540, c'est-à-dire que 1 kilogramme d'eau, à 100 degrés, absorbe, en se vaporisant, la quantité de chaleur nécessaire pour chauffer 540 kilogrammes d'eau d'un degré, ou 540 calories.

M. Regnault a repris la question de la détermination de la chaleur de volatilisation de l'eau, et il l'a résolue par des expériences faites sur une échelle considérable. On trouvera dans le tableau ci-dessous les résultats des recherches du savant académicien français.

Tableau de chaleurs latentes de la vapeur d'eau à différentes pressions, d'après M. Regnault.

TEMPÉRATURES.	CHALEURS latentes.	CHALEUR totale.	TEMPÉRATURES.	CHALEURS latentes.	CHALEUR totale.
0°	607	605	120	522	642
10	600	610	130	515	645
20	593	613	140	508	648
30	586	616	150	501	651
40	579	619	160	494	654
50	572	622	170	486	656
60	565	625	180	479	659
70	558	628	190	472	662
80	551	631	200	464	664
90	544	634	210	457	667
100	537	637	220	449	669
110	529	639	230	442	672

On voit, par ce tableau, que la quantité totale de chaleur contenue dans un kilogramme de vapeur d'eau au maximum de tension varie avec la température. Ce résultat avait déjà été annoncé par M. Despretz, en 1819, c'est-à-dire à une époque où tous les physiciens admettaient l'opinion de Watt, savoir : *que la quantité totale de chaleur contenue dans un même poids de vapeur d'eau saturée, est constante à toute pression et à toute température.*

La vapeur d'eau contenant une grande quantité de chaleur latente, et cette chaleur étant rendue libre lors de la condensation de la vapeur, il s'ensuit qu'en transportant la vapeur par des tuyaux, dans des vases où on la condense, on transporte au loin la chaleur qu'on a fournie pour la produire. C'est sur ce principe que sont fondés tous les procédés de chauffage par la vapeur.

Le système d'appareil destiné à chauffer les différentes parties d'un édifice par ce moyen se compose : 1° d'une chaudière à vapeur, disposée comme celle des machines à vapeur ; 2° d'un système de tuyaux dans lesquels doit circuler la vapeur ; 3° de récipients à grande surface destinés à la condenser et à porter au dehors la chaleur qu'elle abandonne. Le chauffage par la vapeur convient lorsqu'il faut porter la chaleur à de grandes distances, et dans des pièces qui doivent pouvoir être chauffées indépendamment les unes des autres. Le chauffage par l'eau chaude ne présente pas ces avantages, mais il donne une chaleur plus uniforme et qui se maintient longtemps, même lorsque, par un défaut de surveillance de la part du chauffeur, le feu n'a pas été convenablement entretenu dans le foyer de la chaudière de l'appareil.

(H. V.)

APPLICATIONS DE LA THÉORIE DES VAPEURS.

1. — MACHINES A VAPEUR.

On donne le nom de *machines à vapeur* aux machines dans lesquelles on utilise la vapeur comme force motrice. Jusqu'ici on a exclusivement employé à cet effet la vapeur d'eau ; mais, dans ces derniers temps, on a commencé à faire usage aussi de la vapeur d'autres liquides, plus volatils que l'eau, tels que l'éther, le chloroforme, etc.

La vapeur constitue une des forces motrices les plus puissantes et les plus précieuses que nous possédions, non-seulement parce qu'on est maître de lui donner le degré d'intensité qu'on désire, mais encore parce qu'on peut la produire et l'appliquer partout. Aussi doit-on considérer les machines qui en tirent parti, sinon comme la plus belle invention dont l'esprit humain puisse s'honorer, du moins comme celle qui a exercé le plus d'influence sur le développement de l'industrie et des relations entre les divers peuples.

A ce double titre, l'étude de ces machines offre de l'intérêt pour tout le monde. Cependant, comme le cadre trop restreint de cet ouvrage ne nous permet pas de traiter ce sujet avec tous les détails que nous voudrions lui consacrer, nous nous bornerons à mettre à la portée de nos lecteurs les principes fondamentaux sur lesquels repose cette importante application de la vapeur.

Dans toute machine à vapeur, on distingue deux parties : la *chaudière* dans laquelle se forme la vapeur, et la *machine proprement dite*, dans laquelle elle est utilisée. Une machine est dite à *basse pression*, lorsque la tension de la vapeur ne dépasse pas 1 1/4 atmosphère ; à *moyenne pression*, lorsque la tension de la vapeur est comprise entre 1 1/4 atmosphère et 4 atmosphères ; et à *haute pression*, quand la vapeur agit avec une tension supérieure à 4 atmosphères. On distingue encore les *machines fixes* et les *machines mobiles*, comme celles des bateaux et des locomotives qui se déplacent avec les corps qu'elles sont destinées à mettre en mouvement. La machine de Watt, que nous décrirons succinctement, est une machine fixe à basse pression.

Fig. 640.

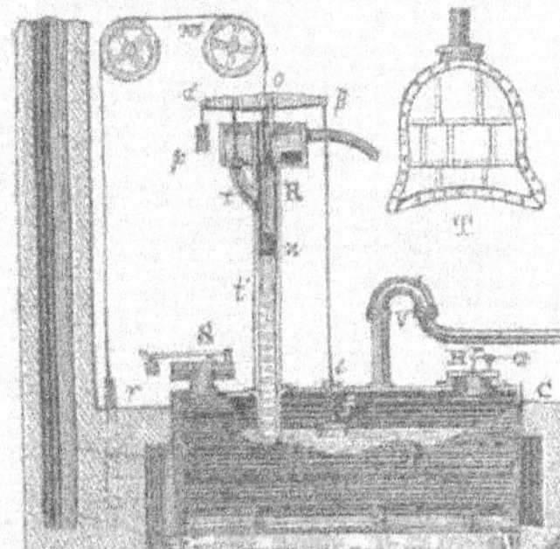

La figure 640 représente la chaudière de cette machine et le fourneau qui sert à la chauffer. La chaudière, formée de feuilles de tôle rivées ensemble, est vue en T par l'une de ses extrémités et en CC par le côté. Le combustible est jeté sur la grille du foyer F, placée sous la chaudière ; la flamme s'engage dans le conduit FC ; arrivée à l'extrémité postérieure du fourneau, elle prend un premier conduit latéral, et chauffe ainsi une des parois latérales de la chaudière ; revenue vers l'extrémité antérieure de celle-ci, elle passe dans un second conduit latéral, disposé exactement comme le premier ; enfin arrivée à l'extrémité postérieure de la chaudière, la flamme passe dans la cheminée qui détermine le tirage (p. 502). Un registre r' sert à régler l'activité de la combustion. A cet effet, ce registre est soutenu par un cordon m, qui passe sur deux poulies de renvoi et s'attache à un flotteur n qui suit le niveau de l'eau dans le tuyau t' de l'appareil d'alimentation dont il sera question plus loin. La longueur du cordon m est telle que le registre laisse complétement libre le passage de la cheminée, quand l'eau dans le tuyau t' est à une hauteur convenable, c'est-à-dire quand la vapeur a la tension désirée. Mais si cette tension augmente, la colonne d'eau t' s'élève, et le flotteur montant, la plaque r' ferme en partie le passage de la fumée, ce qui diminue le tirage et ralentit la combustion.

L'eau dans la chaudière doit constamment être maintenue vers le milieu de la hauteur de ce réservoir, un peu au-dessus de la limite supérieure des conduits latéraux de la fumée. V est le tuyau par lequel la vapeur se rend dans la machine où elle doit être employée. L'eau d'alimentation arrive dans le réservoir R, qui communique avec le tuyau t', dont le prolongement plonge presque jusqu'au fond de la chaudière. Ce tuyau doit avoir une hauteur suffisante pour que l'eau de la chaudière ne puisse pas être lancée au dehors par l'excès de la force élastique de la vapeur sur celle de l'air extérieur. L'alimentation est réglée de la manière suivante : une soupape t, destinée à fermer l'ouverture de communication entre le réservoir R et le tuyau t', est attachée à un levier $d\,\beta$, mobile autour du point o; ce même levier porte, attaché en β, le fil de suspension du flotteur f, et en d un poids p, qui fait équilibre au flotteur, lorsque, l'eau ayant la hauteur voulue, celui-ci plonge d'une certaine quantité dans le liquide; par cette disposition, quand le niveau de l'eau baisse dans la chaudière, la soupape t se lève et y laisse pénétrer l'eau, jusqu'à ce que le flotteur soit de nouveau entraîné par le contre-poids p.

Indépendamment de l'appareil d'alimentation, la chaudière est munie : 1° d'une soupape de sûreté S, disposée comme celle de la presse hydraulique (p. 96) et destinée à se soulever, pour laisser échapper la vapeur, lorsque la pression de celle-ci dépasse une certaine limite; 2° d'un manomètre à air libre ou d'un manomètre métallique qui fait connaître la pression de la vapeur (p. 156); 3° d'une large ouverture H, nommé *trou d'homme;* elle est fermée par un couvercle que la vapeur maintient appliquée contre le bord de l'ouverture H ; c'est par cette ouverture que l'ouvrier s'introduit dans la chaudière pour la nettoyer quand elle est vide et froide; la soupape r, qui s'ouvre de dehors en dedans, laisse rentrer l'air quand on fait refroidir la chaudière qui, sans cette précaution, pourrait être déformée par la pression atmosphérique après la condensation de la vapeur; et 4° d'un *tube à niveau,* composé de deux tuyaux métalliques, réunis en avant du fourneau par un tube vertical en cristal, et dont l'un communique avec la vapeur et l'autre avec la chaudière; le niveau dans le tube de cristal est à la même hauteur que celui de la chaudière, d'après la théorie des vases communiquants. Des robinets habituellement ouverts sont placés aux extrémités du tube de cristal : on les fermerait si ce tube venait à être brisé par accident.

La machine est représentée par la figure 641. La vapeur arrive par l'orifice *c* dans la boite à distribution. On se propose d'employer

Fig. 641.

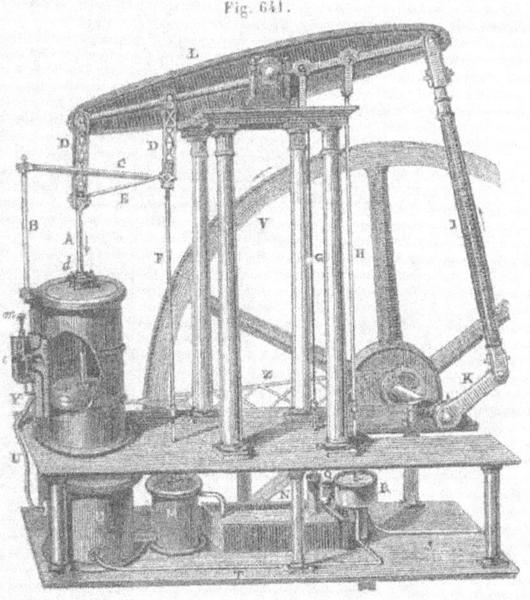

la force élastique de ce fluide à imprimer un mouvement de va-et-vient au piston P, mobile dans un cylindre de fonte vertical. A cet effet, la boite à distribution communique par deux conduits en haut et en bas avec le cylindre, et par le tuyau U, qui s'ouvre en *a*, dans l'intérieur de la boite à vapeur, avec le cylindre O du condenseur, dans lequel on fait une injection continue d'eau froide ; cette eau, prise dans le réservoir R, arrive dans le condenseur O par le tube T. Enfin, dans la boite à distribution se meut le tiroir *b*, dont nous allons expliquer la construction. Ce tiroir est creusé d'un côté ; il s'applique par cette face sur une surface bien dressée, dans laquelle sont pratiquées les deux orifices par lesquels la boite à distribution communique avec le cylindre à vapeur et l'orifice *a* qui établit la communication avec le condenseur. Cela posé, admettons, qu'à l'aide de la tige à laquelle il est fixé, on imprime au tiroir un mouvement de va-et-vient. Quand il sera au milieu de sa course, les bandes bien dressées qu'il présente couvriront les deux orifices de communication avec le cylindre à vapeur, et il y aura même un peu de recouvrement tout autour. Quand, au contraire, il se trouvera au bas de sa course, la vapeur pourra affluer au-dessus du piston, pour le faire descendre. Dans la marche régulière de la machine, au moment où le piston arrive au haut de sa course, l'espace au-dessous est rempli de vapeur. Pour que la vapeur qui afflue au-dessus du piston puisse le faire descendre, il faut que la vapeur qui se trouve au-dessous soit condensée. Cette condensation aura lieu quand le tiroir sera au bas de sa course, et même un peu plus tôt, car alors la partie inférieure du cylindre communiquera avec la cavité du tiroir en même temps que le tube U du condenseur. Le piston pourra donc descendre. Quand il sera arrivé au bas de sa course, pour le faire remonter, il suffira de faire glisser le tiroir en haut, de manière que la vapeur puisse affluer au-dessous du piston, et que celle qui se trouve au-dessus et qui a produit son effet, puisse aller se condenser. Le problème d'employer la vapeur à imprimer au piston P un mouvement de va-et-vient dans un cylindre, se trouvera donc résolu, si l'on parvient à donner au tiroir le mouvement rectiligne alternatif que nous venons de supposer, de telle sorte qu'il s'exécute toujours à propos et jamais à contre-temps. Nous verrons bientôt par quel mécanisme la machine produit elle-même le mouvement demandé.

La plupart des travaux que l'on effectue au moyen des machines à vapeur exigent que l'on transforme le mouvement de va-et-vient du piston en un mouvement circulaire continu. Voici comment Watt a réalisé cette transformation. Le balancier L, grand levier mobile autour de son milieu, porte trois tringles D, D, E, formant, avec l'extrémité du balancier, un *parallélogramme articulé* auquel est fixée la tige A du piston, et qui a pour but de conserver à cette tige un mouvement rectiligne pendant sa course, tout en permettant au balancier de prendre un mouvement oscillatoire autour de son axe. Un *bras de rappel* double C dirige le mouvement du parallélogramme. Par cette disposition, on transforme donc le mouvement de va-et-vient du piston en un mouvement oscillatoire du balancier. C'est ce dernier mouvement qu'il s'agit actuellement de transformer en mouvement circulaire continu. A cet effet, on emploie la bielle I, et la manivelle K, dont l'arbre porte le *volant* V, grande roue en métal qui sert, par son inertie, à régulariser le mouvement de rotation.

Quel que soit l'effet mécanique que la machine doive produire, qu'il s'agisse de moudre du blé, d'écraser des graines oléagineuses, de faire tourner des broches ou des cylindres de laminoir, etc., c'est toujours sur l'arbre du volant que se prend la force, et elle s'y prend, en général, au moyen d'une roue dentée qui donne le mouvement à d'autres engrenages destinés à porter la force au point où elle doit produire son effet.

Fig. 642.

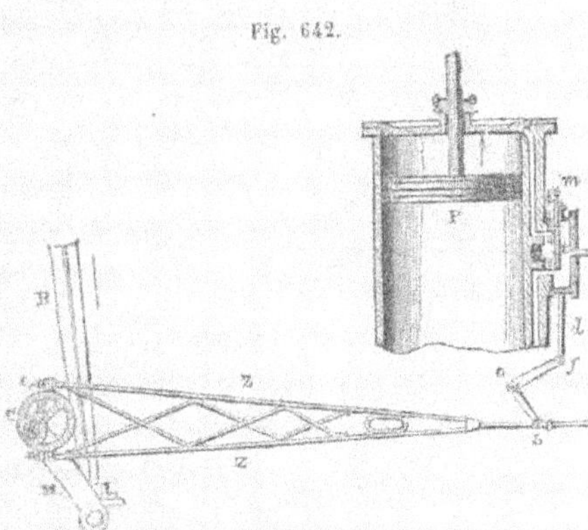

La figure 642 montre le mécanisme qui communique au tiroir *t* le mouvement de va-et-vient requis pour la distribution de la vapeur. Ce mécanisme se compose essentiellement de l'*excentrique*, pièce circulaire E, fixée à l'arbre du volant, mais de manière que son centre ne coïncide pas avec l'axe de cet arbre. L'excentrique est enveloppé par un collier C dans lequel il tourne à frottement doux. C'est à ce collier que s'attachent les tringles ZZ. Le collier suit, sans tourner, le mouvement de l'excentrique et en reçoit, dans la direction horizontale, un mouvement alternatif qu'il communique au levier S*oy*, et de là à la tringle *d*, articulée en *m* avec la tige *b* du tiroir *t*.

Pour terminer cette description sommaire de la machine de Watt, il nous reste à ajouter quelques mots sur les pompes que le balancier met en mouvement. Ces pompes sont au nombre de trois : la pompe à air, la pompe d'alimentation et la pompe à eau froide. La première, dont le cylindre M est en communication avec le condenseur O, est destinée à enlever de celui-ci l'eau et l'air qui s'y introduit sans cesse, soit par l'eau froide qui sert à la condensation, soit par l'eau de la chaudière dont l'air se mêle avec la vapeur et finit par arriver dans le condenseur. C'est une pompe aspirante ordinaire; la tige de son piston est représentée en F; N est le réservoir dans lequel elle déverse l'eau qu'elle aspire du condenseur. La seconde pompe, dite d'alimentation, est aspirante et foulante. Son piston, attaché à la tige G, refoule, par le tube S, dans le réservoir d'alimentation de la chaudière, ou même directement dans l'intérieur de celle-ci, l'eau chaude qui arrive du condenseur dans le réservoir N. Q est le réservoir d'air (p. 174) de la pompe foulante alimentaire. La troisième, ou pompe d'eau froide R, prend l'eau dans un puits ou dans une source, et la verse, au moyen du tuyau T, dans le cylindre O du condenseur; H est la tige du piston de cette pompe.

Dans la machine que nous venons de décrire, le cylindre à vapeur communique avec la boîte à distribution pendant toute la course du piston; on dit alors que la vapeur agit sans *détente* ou à pleine pression; mais dans les machines à moyenne ou à haute pression, on fait généralement agir la vapeur par détente, pendant une partie de la course du piston, c'est-à-dire que, par une disposition convenable du tiroir, on s'arrange de façon à ce que la vapeur cesse d'arriver sur le piston, lorsque celui-ci est seulement aux deux tiers ou aux trois quarts de sa course : la vapeur se *détend* alors, c'est-à-dire, en vertu de sa force élastique, due à sa haute température, elle agit encore sur le piston et achève de lui faire parcourir sa course. De là la distinction de *machines avec détente* et de *machines sans détente*. Les machines à moyenne pression sont, en général, à condensation, comme la machine de Watt, et à détente. Les machines à haute pression, comme les locomotives, ne sont jamais munies de condenseur, et la vapeur, après avoir agi, s'échappe dans l'air. On y applique toujours la détente.

Comme nous l'avons dit au commencement de cet article, on a commencé, dans ces derniers temps, à combiner l'emploi de la vapeur d'eau avec celui de la vapeur d'autres liquides plus volatils. C'est à M. Tremblay que revient l'honneur de cette heureuse innovation.

(H. V.)

2. — DISTILLATION, ALAMBICS.

La *distillation* est une opération qui a pour objet de séparer un liquide volatil des substances fixes qu'il tient en dissolution, ou bien deux liquides inégalement volatils. Cette opération est fondée sur la transformation des liquides en vapeur par l'action du calorique, et sur la condensation des vapeurs par le refroidissement.

Les appareils employés pour la distillation se nomment *alambics*. Leur forme peut varier de plusieurs manières, mais ils se composent toujours de trois pièces principales : 1° la *cucurbite* B (fig. 643 ci-après), vase en cuivre rouge étamé, qui contient le liquide à distiller, et dont la partie inférieure est maçonnée dans un fourneau; 2° le *chapiteau* A, qui se pose sur la cucurbite et donne issue à la vapeur par un col latéral R; 3° le *serpentin* C, consistant en un long tuyau d'étain ou de cuivre, enroulé en hélice, et placé dans une cuve remplie d'eau froide; l'objet du serpentin est de condenser la vapeur en la refroidissant. Les vapeurs qui se condensent échauffant rapidement l'eau de la

Fig. 643.

cuve, par suite du calorique latent qu'elles abandonnent lors de leur liquéfaction, il importe de renouveler constamment l'eau du réfrigérant, sans quoi la condensation n'aurait plus lieu. A cet effet, un tube *n*, alimenté d'une manière continue par un courant d'eau froide, conduit celle-ci à la partie inférieure de la cuve, tandis que l'eau chaude, qui est moins dense, se porte toujours à la partie supérieure, et se déverse par un tube *m* placé au haut de la cuve.

C'est par la distillation qu'on sépare l'eau de puits ou de rivière des sels qu'elle tient en dissolution et qu'on se procure l'eau distillée, qui est de l'eau presque chimiquement pure. C'est encore par la distillation qu'on extrait des plantes les huiles essentielles qu'elles contiennent (p. 530). Enfin, c'est par la distillation, à l'aide d'alambics analogues à celui décrit ci-dessus, qu'on extrait des vins l'alcool qu'ils contiennent. (H. V.)

3. — HYGROMÉTRIE.

Les grandes masses d'eau qui se trouvent à la surface du globe s'évaporant sans cesse, l'air atmosphérique doit constamment renfermer une certaine quantité de vapeur aqueuse, et, si cette vapeur ne se condensait de temps à autre, pour retomber à terre sous forme de pluie, de neige, de grêle, ou se déposer sur les corps terrestres, sous forme de rosée ou de givre, l'eau des mers, des fleuves et des lacs finirait par se vaporiser complétement et par se dissiper dans l'atmosphère.

On reconnait que l'air contient toujours de l'eau à l'état de vapeur, en y exposant des corps appelés *déliquescents*, ou qui ont une grande affinité pour l'eau ; ils absorbent alors l'humidité de l'air et deviennent liquides au bout de quelque temps, en se dissolvant dans l'eau qu'ils ont précipitée. Cette expérience réussit très-bien avec des morceaux de chlorure de calcium calciné. On peut encore reconnaître l'existence de l'eau dans l'atmosphère, par le dépôt en croûte glacée qui se forme sur la surface extérieure d'un vase contenant un corps très-froid, phénomène qu'on peut observer en tout temps et en tout lieu. La couche d'eau qui se condense sur les carreaux de vitre quand l'air extérieur est plus froid que celui des appartements a la même origine que la croûte glacée dont il vient d'être question.

L'*hygrométrie* a pour objet les moyens à l'aide desquels on peut déterminer, à chaque instant, la quantité de vapeur d'eau contenue dans l'air atmosphérique : les instruments dont on se sert à cet effet portent le nom d'*hygromètres*, et on désigne par *état hygrométrique* de l'air, le rapport entre la quantité de vapeur d'eau contenue dans l'air et celle qui s'y trouverait s'il en était saturé, ou le rapport entre la tension de la vapeur dans l'air et sa tension maximum à la même température.

Les différentes méthodes qui ont été imaginées jusqu'ici pour mesurer le degré d'humidité de l'air sont fondées chacune sur un des phénomènes suivants : 1° sur l'augmentation de poids des substances ayant une grande affinité pour l'eau (méthode chimique) ; 2° sur l'allongement passager que l'humidité de l'air fait éprouver à certaines substances organiques (hygromètre de Saussure) ; 3° sur l'abaissement de température que l'air doit éprouver pour atteindre le terme de la saturation (hygromètres à condensation) ; 4° enfin, sur le froid produit par l'évaporation (psychromètre). (H. V.)

MÉTHODE CHIMIQUE.

Pour déterminer le poids de la vapeur d'eau dans l'air, on peut remplir d'eau un vase d'une capacité déterminée, mettre la partie supérieure de ce vase en communication avec des tubes en *u* remplis de ponce sulfurique et qui ont été exactement pesés, et faire écouler l'eau du vase d'une manière régulière par un orifice inférieur ; l'eau qui s'écoule par le bas se trouve remplacée, dans la partie supérieure, par un volume égal d'air. L'air aspiré se dépouille complétement de son humidité en traversant les tubes. Lorsque le vase aspirateur s'est vidé d'eau, on pèse les tubes ; leur augmentation de poids représente le poids de l'eau qui existait dans un volume d'air égal à la capacité de l'aspirateur. Si l'on a soin de faire subir aux résultats les corrections convenables, cette méthode est tout à fait rigoureuse et très-utile pour étudier la marche des autres hygromètres. Mais elle est trop embarrassante, trop longue et elle ne donne que l'état hygrométrique moyen pendant la durée de l'expérience. (H. V.)

HYGROMÈTRE A CHEVEU.

De tous les hygromètres basés sur l'allongement qu'un grand nombre de substances organiques prennent quand la quantité d'humidité augmente dans l'air, le meilleur est l'hygromètre à cheveu de Saussure, représenté dans la figure 644. Un cadre métallique, dont on néglige la dilatation par la chaleur, comme incomparablement plus petite que les changements de dimension qu'il s'agit d'observer, présente à sa partie supérieure une pince *a* dans laquelle est fixé, par une vis de pression *d*, le cheveu *c*, dont l'autre bout est attaché à la gorge d'une poulie *o*; un poids *p* d'un ou de deux décigrammes est attaché à la même poulie, dans une gorge parallèle à la première, de façon à tendre constamment le cheveu; avec la poulie se meut une aiguille dont l'extrémité indique, sur un cadran, si le cheveu s'allonge ou se raccourcit. Le cheveu doit avoir été dégraissé, en le laissant séjourner pendant 24 heures dans un tube rempli d'éther.

Fig. 644.

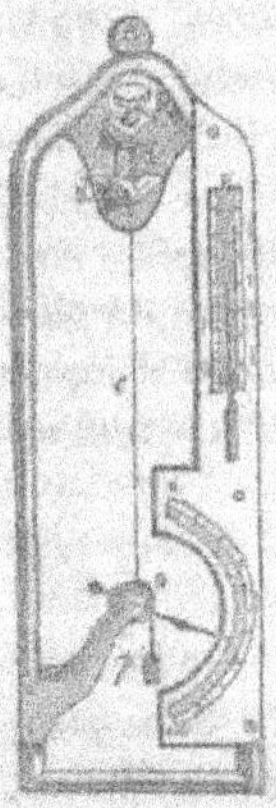

Pour graduer l'instrument, on le place d'abord sous une cloche contenant de l'air et une substance déliquescente calcinée, qui absorbe l'humidité du récipient. L'aiguille de l'hygromètre descend d'abord très-rapidement; son mouvement se ralentit ensuite, mais elle n'atteint une position sensiblement stationnaire qu'au bout de quinze à vingt jours; on marque alors sur le cadran, au point où l'aiguille s'arrête, le zéro de l'hygromètre. On place ensuite l'hygromètre sous un autre récipient dont les parois sont mouillées; l'air renfermé se sature d'humidité, l'aiguille monte alors rapidement et devient stationnaire au bout d'une heure au plus. On marque 100° au point où s'arrête la pointe de l'aiguille. L'arc compris sur le cadran entre les deux points marqués est enfin divisé en 100 parties égales, qui sont les degrés de l'hygromètre.

D'après les recherches de M. Regnault, les hygromètres à cheveu offrent plusieurs inconvénients. Construits avec des cheveux d'espèces différentes, leurs indications peuvent varier de plusieurs degrés, quoique d'accord aux deux points fixes. De plus, un même hygromètre ne reste pas comparable à lui-même, parce que le cheveu s'allonge par la tension prolongée du poids qu'il supporte. Enfin, l'hygromètre à cheveu présente encore l'inconvénient de ne pas donner immédiatement l'état hygrométrique. Lorsque l'aiguille marque 50 degrés, par exemple, l'air est loin d'être à moitié saturé. Il a donc fallu trouver expérimentalement l'état hygrométrique correspondant à chaque degré de l'instrument. D'après Gay-Lussac, ce n'est qu'à 72 degrés de l'hygromètre que l'air est à moitié saturé, à la température de 10°. Comme c'est à ce point que correspond le plus souvent l'aiguille de l'hygromètre, à la surface du sol, on en conclut que l'air contient, en moyenne, la moitié de la vapeur qu'il contiendrait s'il était saturé. Dans nos climats, l'hygromètre ne descend jamais jusqu'à 100 degrés, même après les pluies les plus abondantes. Pendant les plus grandes sécheresses, il monte rarement au-dessus de 30 degrés; l'état hygrométrique de l'air est alors égal à 0,148. Lorsqu'on s'élève dans l'atmosphère, l'hygromètre marche, en général, vers zéro. Dans l'ascension aérostatique de Gay-Lussac (p. 198), à 7,000 mètres de hauteur, l'hygromètre marquait 26 degrés, nombre qui correspond à peu près à l'état hygrométrique 1/8. (H. V.)

HYGROMÈTRES A CONDENSATION.

Concevons un vase de verre plein d'eau, dans une atmosphère tranquille à 20°, par exemple; si l'on refroidit l'eau graduellement, à 19°, 18°, etc., il arrive un moment où les parois du vase se troublent et se couvrent de rosée; alors, la force élastique de la vapeur qui existe dans l'air est connue, car elle est la tension maximum correspondant à la température du point de rosée. En effet, la couche de gaz qui est en contact avec les parois du vase se refroidit comme ces parois elles-mêmes, et, tout en se refroidissant, l'air et la vapeur dont elle se compose conservent leur élasticité primitive; or, à l'instant où cette vapeur commence à se déposer, elle a évidemment la force élastique maximum correspondant à la température de condensation; par conséquent, cette dernière tension est la force élastique cherchée. Tel est le principe des hygromètres à condensation.

Parmi les instruments fondés sur ce principe, les plus employés sont l'hygromètre de Daniell et celui de M. Regnault. L'appareil de M. Regnault donne avec le plus d'exactitude la température du point de rosée, mais il est d'un emploi un peu plus difficile que l'hygromètre de Daniell, qui, pour ce motif, est préféré lorsqu'on n'a pas besoin d'une très-grande précision.

Fig. 645.

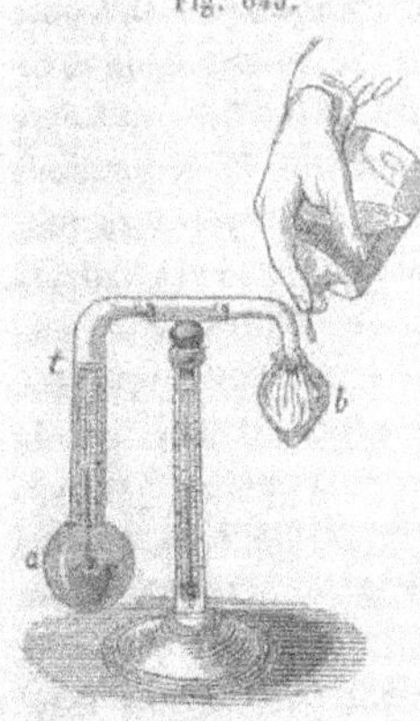

L'hygromètre de Daniell consiste essentiellement en un tube de verre d'environ $0^m,008$ de diamètre intérieur, recourbé deux fois à angle droit, et terminé par deux boules plus grosses *a* et *b* (fig. 645). La boule *a* est de verre bleu bien brillant; elle est remplie à moitié par de l'éther dans lequel plonge la boule d'un thermomètre *t*. Quant à la manière d'introduire l'éther, elle est fort simple : lorsque l'extrémité de la petite pointe de *b* est encore ouverte, on la plonge dans un verre plein de ce liquide, puis on chauffe un peu *a*, de manière à expulser une partie de l'air intérieur; lorsqu'on abaisse ensuite la température, de l'éther rentre en *b*, et on le fait arriver en *a* en inclinant convenablement le tube.

On met alors le liquide en ébullition, et quand l'air est chassé on ferme la pointe; puis on assujettit l'appareil sur un support, et pour déterminer un état hygrométrique on opère de la manière suivante :

On verse quelques gouttes d'éther sur une gaze fine dont on a enveloppé la boule *b*. Cet éther se vaporise rapidement, et les parois de *b* se refroidissent; de là condensation de la vapeur d'éther renfermée dans cette boule et volatilisation partielle du liquide contenu en *a*. La surface extérieure de ce second réservoir se refroidit donc à son tour; bientôt la rosée s'y dépose. On lit aussitôt la température du thermomètre *t*, et l'on cesse de verser de l'éther en *b*. On fait une seconde lecture au moment où la petite couche de vapeur condensée en *a* se dissipe, et la moyenne des deux lectures donne exactement le point de rosée.

Quant à la température de l'air, elle est indiquée par un thermomètre fixé au support de l'instrument.

L'hygromètre de M. Regnault se compose d'un dé en argent très-mince, parfaitement poli, de 45 millimètres de hauteur et de 20 millimètres de diamètre, ajusté à l'extrémité inférieure d'un tube de

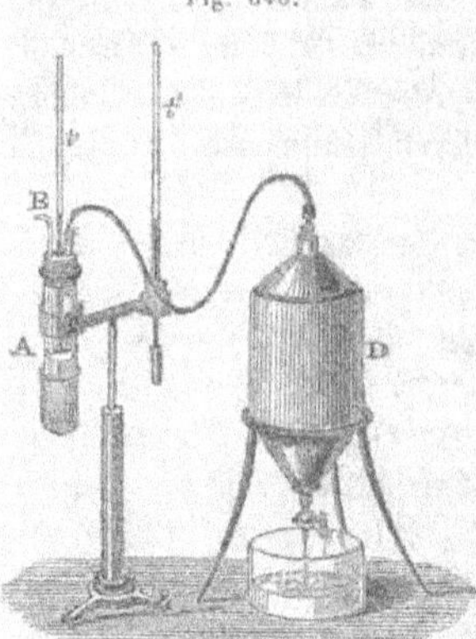

Fig. 646.

verre A (fig. 646), fixé à un support de forme convenable. L'ouverture supérieure du tube A est fermée par un bouchon traversé, au centre, par la tige d'un thermomètre *t*, dont le réservoir se trouve dans le dé d'argent; le bouchon porte en outre un tube de verre B d'un petit diamètre, qui descend jusqu'au fond du dé, et un autre tube qui communique, par un tuyau de plomb, avec l'aspirateur D, dont la capacité est de 3 ou 4 litres. Cet aspirateur, qu'on remplit d'eau, est placé près de l'observateur et assez loin de l'appareil. On verse de l'éther dans le tube A et on ouvre le robinet de l'aspirateur; l'air, forcé de passer à travers l'éther, se charge de sa vapeur, le refroidit et l'agite constamment, de sorte que le thermomètre *t* indique exactement sa température; on l'observe de loin avec une lunette; et, en variant convenablement l'ouverture du robinet pour faire paraître et disparaître la rosée, on parvient facilement, avec un peu d'exactitude, à déterminer le point de rosée à 1/20 de degré. A côté de l'appareil se trouve un thermomètre *t'*, ou mieux un tube disposé exactement comme le tube A, mais ne contenant pas d'éther; le thermomètre *t'* ou celui du second tube A, si l'appareil en est muni, indique la température de l'air; l'emploi d'un second tube A, par la comparaison qu'il permet de faire de l'éclat des deux dés, offre le grand avantage de faire facilement apercevoir la plus légère trace de rosée, et, par conséquent, d'augmenter la sensibilité de l'hygromètre. (H. V.)

PSYCHROMÈTRE.

Le *psychromètre*, inventé par un physicien allemand, M. August, se compose de deux thermomètres, marquant les dixièmes de degré, fixés à un même support l'un à côté de l'autre, et dont l'un est à boule sèche, tandis que celle de l'autre est enveloppée d'un linge *a* (fig. 647 ci-après) qui plonge, par sa partie inférieure, dans un petit vase contenant de l'eau pure. Tant que l'appareil est placé dans un air saturé d'humidité, il n'y a pas d'évaporation, et les deux thermomètres indiquent la même température. Mais, si l'air n'est pas saturé, il se fait

Fig. 647.

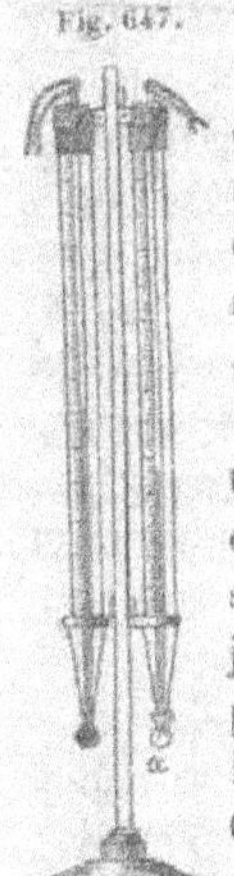

sur le thermomètre à boule humide une évaporation qui abaisse sa température d'autant plus qu'elle est plus active, c'est-à-dire que l'air est plus éloigné de son point de saturation. Il s'établit alors une différence de température entre les deux thermomètres que l'on observe et au moyen de laquelle on peut obtenir l'état hygrométrique de l'air.

M. August admet que la boule humide du psychromètre est constamment entourée d'une couche d'air saturée d'humidité et à la même température que cette boule. Il suppose, en outre, que la température de celle-ci s'abaisse jusqu'à ce que les couches d'air qui arrivent successivement pour se saturer de vapeur d'eau lui cèdent autant de chaleur que la quantité de vapeur d'eau formée lui en enlève. Or, la quantité de chaleur cédée est proportionnelle à la différence d des températures des deux thermomètres de l'appareil et nous pouvons admettre, sans erreur sensible, qu'il en est de même de la quantité de vapeur d'eau que l'air absorbe en venant en contact avec la boule humide. Par conséquent, si nous représentons par M le poids de la vapeur d'eau que contient un mètre cube d'air saturé à la température de la boule humide, par x le poids de la vapeur que cette même masse de gaz contenait avant son arrivée sur cette boule, et par c une constante, on pourra poser $M = x + cd$, d'où $x = M - cd$.

Des essais comparatifs avec d'autres hygromètres ont donné $c = 0,65$.

C'est d'après cette valeur de c que l'on a calculé le tableau suivant qui indique, pour chaque température de l'air et pour chaque différence correspondante entre les températures des deux thermomètres, le poids, en grammes, de la vapeur d'eau contenue dans un mètre cube d'air.

Températures de l'air, en degrés C.	INDICATIONS DU PSYCHROMÈTRE.												
	0	1	2	3	4	5	6	7	8	9	10	11	12
— 20°	1,3	0,8	0,1										
— 19	1,6	0,9	0,2										
— 18	1,8	1,0	0,3										
— 17	1,9	1,1	0,4										
— 16	2,0	1,2	0,5										
— 15	2,1	1,4	0,6										
— 14	2,3	1,5	0,8										
— 13	2,4	1,6	0,9	0,1									
— 12	2,6	1,8	1,0	0,3									
— 11	2,7	2,0	1,2	0,4									
— 10	2,9	2,1	1,3	0,6									
— 9	3,1	2,3	1,5	0,7									
— 8	3,3	2,5	1,7	0,9	0,1								
— 7	3,5	2,7	1,9	1,1	0,3								
— 6	3,7	2,9	2,1	1,3	0,5								
— 5	4,0	3,1	2,3	1,5	0,7								
— 4	4,2	3,4	2,5	1,7	0,9	0,1							
— 3	4,5	3,6	2,8	1,9	1,1	0,3							
— 2	4,8	3,9	3,0	2,2	1,4	0,5							
— 1	5,1	4,2	3,3	2,4	1,6	0,8							
0	5,4	4,5	3,6	2,7	1,9	1,0	0,2						
+ 1	5,7	4,7	3,8	2,9	2,1	1,2	0,4						
+ 2	6,1	5,1	4,1	3,2	2,3	1,4	0,5						
+ 3	6,5	5,4	4,4	3,4	2,5	1,6	0,7						
+ 4	6,9	5,8	4,8	3,7	2,7	1,8	1,0						
+ 5	7,3	6,2	5,1	4,1	3,1	2,1	1,2	0,3					
+ 6	7,7	6,6	5,5	4,5	3,4	2,4	1,4	0,5					
+ 7	8,2	7,0	5,9	4,9	3,8	2,8	1,8	0,8					
+ 8	8,7	7,5	6,4	5,3	4,2	3,2	2,1	1,1	0,2				
+ 9	9,2	8,0	6,9	5,7	4,6	3,6	2,5	1,5	0,5				
+ 10	9,7	8,5	7,3	6,2	5,1	4,0	2,9	1,9	0,9				
+ 11	10,3	9,1	7,9	6,7	5,6	4,4	3,3	2,3	1,2	0,2			
+ 12	10,9	9,7	8,4	7,2	6,0	4,9	3,8	2,7	1,7	0,6			
+ 13	11,6	10,3	9,0	7,8	6,6	5,4	4,3	3,1	2,1	1,0			
+ 14	12,2	10,9	9,6	8,3	7,1	5,9	4,8	3,6	2,5	1,4	0,4		
+ 15	13,0	11,6	10,3	9,0	7,7	6,5	5,3	4,1	3,0	1,9	0,8		
+ 16	13,7	12,3	10,9	9,6	8,3	7,0	5,8	4,6	3,5	2,4	1,3	0,2	
+ 17	14,5	13,1	11,6	10,3	9,0	7,7	6,4	5,2	4,0	2,9	1,7	0,7	
+ 18	15,3	13,8	12,4	11,0	9,6	8,3	7,0	5,8	4,6	3,4	2,2	1,1	
+ 19	16,2	14,7	13,2	11,7	10,3	9,0	7,7	6,4	5,1	3,9	2,8	1,6	
+ 20	17,1	15,5	14,0	12,5	11,1	9,7	8,3	7,0	5,8	4,5	3,3	2,2	
+ 21	18,1	16,5	14,9	13,4	11,9	10,5	9,1	7,7	6,4	5,1	3,9	2,7	
+ 22	19,1	17,4	15,8	14,2	12,7	11,2	9,8	8,4	7,1	5,8	4,5	3,3	
+ 23	20,2	18,5	16,8	15,2	13,6	12,1	10,6	9,2	7,8	6,4	5,2	3,9	2,5
+ 24	21,3	19,5	17,8	16,1	14,5	12,9	11,4	10,0	8,5	7,2	5,8	4,5	3,1
+ 25	22,5	20,6	18,9	17,1	15,5	13,8	12,3	10,8	9,3	7,9	6,5	5,2	3,9
+ 26	23,8	21,8	20,0	18,2	16,5	14,8	13,2	11,6	10,1	8,7	7,3	5,9	4,6
+ 27	25,1	23,1	21,2	19,3	17,5	15,8	14,2	12,6	11,0	9,5	8,1	6,7	5,3
+ 28	26,4	24,4	22,4	20,5	18,7	16,9	15,2	13,5	11,9	10,4	8,9	7,5	6,1
+ 29	27,9	25,8	23,7	21,7	19,8	18,0	16,3	14,6	12,9	11,3	9,8	8,3	6,8
+ 30	29,4	27,2	25,1	23,0	21,1	19,2	17,4	15,6	13,9	12,3	10,7	9,1	7,7
+ 31	31,0	28,7	26,5	24,4	22,4	20,4	18,5	16,7	15,0	13,3	11,6	10,1	8,5
+ 32	32,6	30,3	28,0	25,8	23,8	21,7	19,8	17,9	16,1	14,3	12,7	11,0	9,4
+ 33	34,4	31,9	29,6	27,3	25,2	23,1	21,1	19,1	17,3	15,4	13,7	12,0	10,4
+ 34	36,2	33,7	31,2	28,9	26,7	24,5	22,4	20,4	18,5	16,6	14,8	13,1	11,4
+ 35	38,1	35,5	33,0	30,6	28,2	26,0	23,8	21,8	19,8	17,8	16,0	14,2	12,5

Il résulte de nombreuses expériences de M. Regnault, que l'agitation de l'air exerce une influence très-sensible sur les indications du psychromètre; ainsi, dans un lieu fermé, la température de la boule humide ne s'abaisse jamais autant que lorsque l'appareil est exposé à l'air libre. Le même savant a constaté, en outre, que, dans les basses températures et quand l'air est chargé de beaucoup de vapeur d'eau, les résultats du psychromètre s'éloignent notablement de ceux auxquels on arrive par la méthode chimique. Il suit de là que le tableau précédent ne peut servir que lorsque l'air n'est ni très-humide, ni à une température inférieure à celle qu'il présente moyennement. (H. V.)

DE LA ROSÉE.

Lorsque, par une cause quelconque, la température de l'air s'abaisse d'une quantité suffisante, une partie plus ou moins considérable de la vapeur d'eau qu'il contient se condense, soit à l'état de vapeur vésiculaire, soit à l'état liquide, soit même à l'état solide. Telle est l'origine des nuages, des brouillards, qui ne sont que des nuages suspendus près de la surface de la terre, de la pluie, du serein, de la neige, de la grêle, de la rosée et du givre. Ces divers phénomènes se rattachent plutôt à la météorologie qu'à la physique proprement dite. Cependant nous dirons quelques mots de la formation de la rosée.

On donne le nom de *rosée* aux gouttelettes d'eau plus ou moins volumineuses qui se déposent la nuit, par un temps calme et serein, sur les corps exposés à l'air libre.

Les circonstances les plus favorables à la formation de la rosée, sont la pureté du ciel et l'absence presque complète de vent. Ce dépôt n'a jamais lieu sous un ciel couvert, ou lorsque l'air est agité. La rosée ne s'observe que la nuit; elle est moins abondante avant minuit que durant les heures qui précèdent le lever du soleil. Elle est plus fréquente au printemps, et surtout en automne qu'en été. Dans un même lieu, les courants qui amènent l'air des contrées où se trouvent de grandes masses d'eau favorisent la production de la rosée.

La rosée ne se dépose pas sur tous les corps en quantités égales ou proportionnellement à leurs surfaces. L'herbe et les feuilles, le bois, le papier, le verre, se couvrent abondamment de rosée, tandis que les substances métalliques placées dans les mêmes circonstances restent sèches ou sont très-peu mouillées. L'état de division mécanique influe aussi sur le dépôt humide : les copeaux s'humectent plus que le bois;

les flocons de filasse, de coton et de laine, augmentent plus de poids que le linge et le drap.

La rosée est d'autant plus abondante, dans un point situé à la surface de la terre, que de ce point on peut apercevoir une plus grande étendue du ciel, non masquée par les corps environnants. Ce résultat général a été conclu par Wells d'un grand nombre d'expériences et d'observations. De deux flocons de laine de même poids, l'un placé sous une planche ou au fond d'un long tube opaque vertical et ouvert par le haut, l'autre dans un lieu voisin non abrité, le second s'est beaucoup plus humecté que le premier. Le dépôt humide est sensiblement moindre et souvent nul sur les plantes situées sous les arbres ou près d'un édifice. La rosée est plus abondante sur le sommet des collines que dans les vallées.

Si l'on rapproche les observations qui précèdent, de celles relatives au refroidissement nocturne des corps (p. 468), on remarquera que les circonstances favorables à la production de la rosée sont précisément celles-là aussi qui favorisent le refroidissement dont il s'agit. Ce rapprochement conduisit le docteur Wells à admettre que le refroidissement nocturne des corps était la cause immédiate du dépôt de la rosée sur leur surface, ou, en d'autres termes, que la rosée a la même origine que l'eau qui se condense sur la surface intérieure des vitres des appartements, lorsque l'air extérieur est beaucoup plus froid que l'air intérieur. Cette explication est maintenant admise par tous les physiciens, car il n'est aucun fait relatif au phénomène de la rosée dont elle ne rende complétement raison. Elle a été vérifiée par l'expérience suivante de Melloni : on prend un disque en fer-blanc mn (fig. 648), dont la partie centrale vv' est recouverte d'une couche épaisse de vernis, dans une largeur égale au tiers de son diamètre. Un autre disque en fer-blanc aa', moins large de 10^{mm} que le cercle verni, est maintenu à une distance de 5^{mm} de ce dernier par un épais fil de fer. Cet appareil étant exposé, la nuit, horizontalement en plein air par un ciel pur, la partie vernie, qui dépasse de 5^{mm} le disque aa', se refroidit par rayonnement et se couvre de rosée, puis le froid se communiquant aux parties voisines, la rosée se propage vers le centre jusqu'à une certaine distance, ainsi que du côté de la circonférence, où la propagation est plus prompte, parce que les parties, une fois humectées, rayonnent vers l'espace. Ce qu'il y a surtout à remarquer, c'est que la partie inférieure du disque mn se recouvre de rosée

Fig. 648.

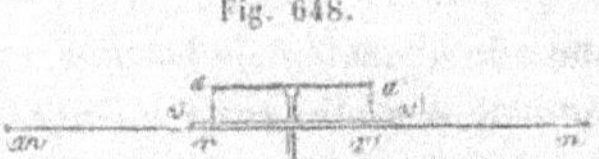

exactement de la même manière que la partie supérieure, et au même instant sur les points qui se correspondent. Le disque supérieur reste sec ; on voit donc que la rosée ne tombe pas du ciel, comme on l'a cru avant les travaux de Wells ; elle ne vient pas non plus de la terre, puisque la partie centrale du disque *mn* reste sèche en dessous.

Le *givre* ou *gelée blanche* se forme comme la rosée : quand la température des corps descend au-dessous de 0°, l'humidité de l'air passe à l'état de glace, *sans passer par l'état liquide*, et forme une couche de glace spongieuse dont l'épaisseur augmente peu à peu. On dit souvent que le givre n'est autre chose que la rosée congelée ; mais il est facile de voir que la vapeur ne s'est pas déposée d'abord à l'état liquide ; car, s'il en était ainsi, le givre se présenterait sous forme de petits mamelons de glace amorphe et transparente, et non de couche cristalline opaque, dans laquelle on distingue souvent des prismes implantés les uns à côté des autres à la surface des corps. Ce n'est qu'au printemps et en automne que les corps peuvent se refroidir assez par le rayonnement pour qu'il y ait formation de givre. (H. V.)

IV. — SOURCES DE CHALEUR ET DE FROID.

I. — SOURCES DE CHALEUR.

On peut diviser les différentes sources de chaleur en trois classes :

1° Les *sources accidentelles ou artificielles*, qui sont celles que l'on peut faire agir à volonté par différents moyens ;

2° Les *sources physiologiques*, c'est-à-dire les causes de la production de la chaleur dans les êtres vivants ;

3° Les *sources permanentes*, qui sont le soleil, le globe terrestre et les différents astres très-éloignés, comme les étoiles.

Les sources artificielles sont : 1° les sources mécaniques ; 2° les sources physiques ; et 3° les sources chimiques, c'est-à-dire les combinaisons des corps, et notamment la combustion.

SOURCES MÉCANIQUES.

Toute cause capable d'effectuer un travail mécanique peut, par son action sur les corps, développer de la chaleur. Parmi ces causes, nous citerons principalement la *compression*, la *percussion* et le *frottement*.

Toutes les fois qu'on comprime subitement un corps, il s'en dégage de la chaleur. On le démontre pour les gaz au moyen du briquet pneumatique (p. 15). Pour les solides, on peut citer l'exemple des monnaies et des médailles qui s'échauffent d'une manière notable à l'instant où elles reçoivent leurs empreintes sous l'action du balancier qui les frappe subitement et diminue un peu leur volume. Quant aux liquides, MM. Colladon et Sturm ont constaté que la température de ces corps s'élève aussi lorsqu'on les soumet à une forte compression.

La chaleur dégagée dans la compression d'un corps semble provenir du passage à l'état sensible d'une partie de la chaleur latente qu'il contient. C'est ce que confirment les expériences faites au moyen des gaz, dont la grande compressibilité rend les résultats beaucoup plus sensibles.

La *percussion* est également une source de chaleur. Les ouvriers ont chaque jour l'occasion de remarquer qu'en frappant avec des marteaux sur du fer ou du plomb, la température s'élève beaucoup : une barre de fer arrivée au rouge-brun étant frappée vivement devient plus rouge ; si l'on vient à frapper deux coups de marteau sur un clou posé sur une enclume, de manière à l'aplatir successivement dans deux sens opposés, il devient assez chaud pour enflammer de l'amadou.

La chaleur développée par le *frottement* est tellement grande qu'elle détermine souvent l'inflammation des corps quand ils sont très-combustibles. Tout le monde sait qu'en frottant vivement un morceau de bois sur des cailloux, les sauvages parviennent à l'enflammer. On cite des arbres en fer dont les tourillons ont acquis par le frottement une température suffisante pour se souder aux coussinets. On conçoit alors la nécessité de lubrifier par de l'eau ou de l'huile tous les pivots doués d'un mouvement très-rapide.

Les étincelles lancées par du fer ou de l'acier usé sur une meule et celles que l'on obtient par le briquet à pierre, sont des exemples frappants de la grande quantité de chaleur développée par la percussion et le frottement ; les parcelles de fer arrachées s'échauffent au point de prendre feu à l'air.

Lorsque les molécules mêmes d'un corps frottent les unes contre les autres, ce qui arrive, par exemple, quand on plie ce corps dans différents sens et très-vivement, il y a également production de chaleur. Ce fait se manifeste en pliant brusquement et pour le briser un fil de fer, d'étain, etc. La torsion d'un fil de métal est pareillement accompagnée d'un dégagement considérable de chaleur.

Toutes ces expériences ont cela de curieux qu'elles semblent prouver que la chaleur n'est pas un fluide subtil qui s'échappe constamment des corps, mais qu'elle résulte plutôt d'un mouvement moléculaire qui se communique à un fluide particulier répandu dans tous les corps; ou, en d'autres termes, ces expériences paraissent en opposition avec la théorie de l'émission, tandis qu'elles se conçoivent très-bien dans celle des ondulations. Aussi, au point de vue de la nature de la chaleur, mériteraient-elles d'être étudiées avec plus de soin qu'elles ne l'ont été jusqu'ici.

Dans ces derniers temps, MM. Beaumont et Mayer ont proposé d'employer la chaleur dégagée par le frottement pour le chauffage des liquides. Ils désignent sous le nom d'*appareil thermogène* la machine qu'ils ont imaginée à cet effet. A l'aide de cet appareil, ils ont pu, en quelques heures, chauffer 400 litres d'eau à 130°. Partout où le combustible est rare et la force motrice abondante, l'appareil thermogène paraît donc appelé à rendre de grands services. (H. V.)

SOURCES PHYSIQUES.

Les sources physiques de chaleur comprennent les changements d'état des corps et l'électricité.

Comme nous nous sommes déjà occupé de la chaleur produite par les changements d'état aux articles relatifs à la *chaleur latente* (p. 541 et suivantes), et des effets calorifiques produits par l'électricité dans plusieurs articles du premier volume de cet ouvrage, nous n'avons plus à revenir sur ces divers sujets. (H. V.)

SOURCES CHIMIQUES.

De toutes les sources artificielles de chaleur, les plus importantes sont celles qui résultent des réactions chimiques, et notamment de la combustion ordinaire, c'est-à-dire de la combinaison des corps combustibles avec l'oxygène de l'air atmosphérique. C'est, en effet, de la chaleur qui se dégage par la combustion du bois, de la houille, du charbon de bois, etc., que nous tirons parti pour chauffer nos habitations, faire bouillir les liquides, chauffer et faire rougir les corps solides, etc.

Plusieurs physiciens se sont occupés de la détermination des quantités de chaleur dégagées par les combinaisons chimiques : Laplace, Lavoisier, Rumford, Dulong, M. Despretz, et récemment MM. Favre et Silbermann ont étudié sous ce rapport les combinaisons qui résultent de la combustion par l'oxygène; enfin, Hess, M. Andrews et

M. Graham ont dirigé leurs recherches vers les combinaisons par voie humide.

Laplace et Lavoisier se sont servis du calorimètre à glace pour déterminer les quantités de chaleur dégagées dans les réactions chimiques. Tous les autres physiciens ont fait usage de calorimètres remplis d'eau froide; la combinaison s'effectuait dans une chambre disposée au milieu de cette eau; on calculait ensuite la quantité de chaleur dégagée au moyen de l'élévation de température subie par l'appareil calorimétrique.

On trouvera, dans le tableau ci-dessous, quelques-uns des résultats obtenus par Dulong.

Tableau des quantités de chaleur dégagées, d'après Dulong,

par la combustion dans l'oxygène de 1 gramme des combustibles suivants :

Hydrogène.	34,60 calories.	Essence de térébenthine.	11,12 calories.
Gaz des marais.	13,35 »	Ether sulfurique.	10,04 »
Oxyde de carbone. . .	2,49 »	Cyanogène.	5,24 »
Gaz oléfiant.	12,20 »	Huile d'olive.	9,86 »
Alcool absolu.	6,96 »	Soufre.	2,60 »
Charbon.	7,29[1] »		

Les seules lois générales qu'il semble permis de déduire des recherches faites jusqu'à ce jour sur le dégagement de chaleur dans les combinaisons chimiques sont les suivantes : 1° la chaleur de combinaison est la même, que la combinaison se fasse directement ou indirectement, en une fois ou à différentes reprises; 2° la chaleur de combustion d'un composé est plus faible, le plus souvent, que celle que dégageraient ses éléments en brûlant séparément. (H. V.)

SOURCES PHYSIOLOGIQUES.

Les animaux ont une température sensiblement fixe et indépendante de celle du milieu où ils se trouvent, mais qui varie d'une espèce et surtout d'une classe à l'autre. Chez l'homme, par exemple, à quelque race qu'il appartienne, sous quelque climat qu'il vive, cette température est, moyennement et pour l'état normal, de 36 à 37°. Cependant les animaux vivant généralement dans des milieux plus froids que leur propre corps, perdent incessamment de la chaleur; ils en perdent aussi par la transpiration et par la vapeur d'eau qu'ils expirent avec

[1] 8,40, d'après MM. Favre et Silbermann.

l'air. Par quels moyens ces pertes sont-elles réparées incessamment? On a cru pendant longtemps que c'était l'action du système nerveux qui restituait la chaleur à mesure qu'elle se dissipait, mais depuis les travaux de Dulong, de MM. Despretz, Liebig, Magnus, etc., on a renoncé à cette théorie et l'on s'accorde à admettre que c'est dans l'acte de la respiration qu'il faut chercher la cause véritable de la chaleur animale. L'oxygène inspiré est, en effet, absorbé en partie dans les poumons, introduit dans le torrent circulatoire, où il sert principalement à brûler du carbone, puis il est ramené dans les poumons et expiré à l'état d'acide carbonique. La respiration est donc une véritable combustion, et c'est cette combustion qui est la cause de la chaleur animale. En effet, en calculant la quantité de chaleur qui correspond à l'acide carbonique expiré pendant un certain temps, on trouve qu'elle est sensiblement égale à la quantité de chaleur dégagée par l'économie pendant le même temps.

Voilà, en peu de mots, les principes fondamentaux de la théorie actuellement admise sur l'origine de la chaleur animale. Plusieurs de ces principes ont été démontrés, pour la première fois, par M. Despretz, dans un grand travail qu'il a publié, en 1822, et qui porte le cachet de l'exactitude et de la précision que l'illustre académicien français a mises depuis dans les nombreuses et importantes recherches dont il a enrichi presque toutes les branches de la science; aussi ce travail mérite-t-il d'être cité comme modèle aux jeunes physiciens qui veulent s'occuper de la solution de questions analogues à celles dont il traite.

Les végétaux ont pareillement une température propre qui, d'après M. Dutrochet, est supérieure de 5 à 6 dixièmes de degré à celle de l'air ambiant. C'est à la respiration des plantes, et, par conséquent, encore à des actions chimiques, qu'il faut la rapporter.

Les recherches relatives à la température des végétaux se font avec les appareils thermo-électriques (t. I, p. 505). (H. V.)

SOURCES NATURELLES DE CHALEUR.

Dans chaque lieu de la terre la température moyenne de l'année reste sensiblement constante. A Paris, elle est de 10°,6, et à Bruxelles, d'après M. Quetelet, de 10°,25. Cependant comme le globe terrestre, suspendu au milieu des espaces célestes, rayonne sans cesse de la chaleur, sa température décroîtrait indéfiniment, jusqu'au froid absolu, si rien ne venait compenser ces pertes dues à son rayonnement, c'est-à-dire s'il n'existait pas de sources permanentes ou naturelles de chaleur.

Comme nous l'avons dit plus haut, ces sources sont au nombre de trois, savoir : la radiation *solaire*, la *chaleur centrale du globe* et la *chaleur des espaces planétaires*.

1. *Chaleur solaire*. — La quantité de chaleur solaire que reçoit la terre est très-considérable. M. Pouillet a fait un grand nombre d'expériences dans le but d'en obtenir une évaluation. Il a conclu de l'ensemble de ses recherches : 1° que l'atmosphère absorbe les 0,4 de la totalité de la chaleur envoyée par le soleil à la terre; 2° que si celle qui lui parvient durant le cours d'une année était répartie uniformément sur toute sa surface, elle serait capable de fondre une couche de glace qui l'envelopperait entièrement, et aurait environ 14 mètres d'épaisseur.

2° *Chaleur centrale de la terre*. — Lorsqu'on observe la température au-dessous de la surface de la terre, dans la direction d'une même verticale, on remarque que les variations annuelles de température vont en décroissant à mesure qu'on s'éloigne davantage de la surface, et qu'à une certaine profondeur la température reste constante; au delà, la température est encore constante en un même point, mais elle augmente avec la profondeur, à peu près de 1° pour 30 ou 40 mètres. Ces résultats qui ont été vérifiés sur tous les points du globe, et à toutes les profondeurs où l'on a pu pénétrer, ne peuvent être produits par l'effet actuel de la chaleur solaire, car les variations de température seraient en sens contraire; on ne peut, non plus, les attribuer à des actions chimiques, ni à toute autre cause accidentelle, car on ne comprendrait pas comment ces causes seraient indépendantes de la nature des terrains. On les explique en admettant que la terre a été primitivement en fusion ignée, et qu'elle se trouve maintenant à une certaine période de son refroidissement. Les phénomènes géologiques, tels que le soulèvement des montagnes, les eaux thermales, les volcans, et l'applatissement de la terre, rendent cette hypothèse très-probable.

3° *Chaleur des espaces planétaires*. — Tout nous porte à penser que les astres qui occupent les diverses régions du ciel ne sont pas dépourvus de chaleur; il y a donc probablement une certaine température dans les espaces célestes, en vertu de laquelle ils envoient à la terre une quantité déterminée de chaleur qui concourt avec la chaleur solaire et la chaleur centrale à maintenir l'équilibre de température auquel elle est actuellement arrivée, et c'est cette chaleur que nous avons désignée sous le nom de *chaleur des espaces planétaires*.

La température des espaces célestes est évaluée diversement : suivant Fourier, elle serait de — 60°, et suivant M. Pouillet, de — 142°. Dans l'état actuel de la science, on doit considérer la valeur réelle de cette température comme inconnue.

On peut comprendre maintenant comment se conserve la température de la *couche invariable*, qui se trouve à une certaine profondeur au-dessous du sol et où cessent les variations annuelles que l'on observe dans les couches qui la recouvrent (p. 568). Cette couche doit sa température à la chaleur centrale ; elle la conserve parce que les couches plus superficielles reçoivent, dans le courant d'une année, du soleil, de l'espace planétaire et de l'air atmosphérique autant de chaleur qu'elles en perdent par leur rayonnement. (H. V.)

II. — SOURCES DE FROID.

Outre les courants électriques qui peuvent, comme nous l'avons vu (t. I, p. 502), produire, dans certaines circonstances, un abaissement de température dans les corps qu'ils traversent, on ne connait d'autres sources de froid que les phénomènes dans lesquels on observe une absorption de chaleur latente ; tels sont la dilatation des gaz, la vaporisation et le passage des solides à l'état liquide.

On a vu (p. 563) que, par la compression des gaz, il se développe une grande quantité de chaleur. Réciproquement la raréfaction d'un gaz est accompagnée d'un abaissement de température. Pour le démontrer, on place le thermomètre de Breguet (p. 483) sous le récipient de la machine pneumatique, et on fait le vide : à chaque coup de piston, l'aiguille avance vers le zéro, puis revient aussitôt ; en même temps on observe qu'une partie de la vapeur d'eau contenue dans l'air du récipient passe à l'état de vapeur vésiculaire, phénomène qui démontre également le froid qui accompagne la raréfaction de l'air.

Le froid qui accompagne la dilatation des gaz est une des causes de l'abaissement de température que l'on observe à mesure que l'eau s'élève dans l'atmosphère, et qui est démontré par l'existence des neiges éternelles qui recouvrent les sommets des hautes montagnes. Les couches inférieures de l'air, chauffées par le soleil et surtout par leur contact avec le sol qui, à raison de son grand pouvoir absorbant, s'échauffe fortement aux rayons de cet astre, s'élèvent, et comme, pendant leur ascension, la pression diminue de plus en plus, elles se dilatent et se refroidissent, leur chaleur sensible passant à l'état de chaleur latente. Ces couches ainsi refroidies ne peuvent se réchauffer au soleil, à cause de la facilité extrême avec laquelle elles se laissent traverser par ses rayons. Le plus grand froid observé sur le globe est de — 57° : cette température a été observée le 17 janvier 1834, au fort Reliance, à 62° 46′ de latitude boréale.

Nous avons déjà parlé du froid produit par l'évaporation spontanée des liquides à l'air libre ou sous le récipient de la machine pneumatique. Nous ajouterons seulement quelques faits qui viennent à l'appui de ceux que nous avons déjà rapportés.

Lorsqu'on verse de l'éther ou surtout de l'acide sulfureux liquide sur la boule d'un thermomètre, il en résulte immédiatement un abaissement de température considérable. Ce dernier liquide est souvent employé dans les cours pour obtenir des effets curieux. Il suffit, par exemple, d'y plonger un petit tube plein d'eau pour qu'elle soit presque instantanément solidifiée. On peut de la même manière congeler le mercure. A cet effet, on place le tube qui le contient dans un verre à expérience ordinaire, et l'on verse dans ce dernier quelques centimètres cubes d'acide sulfureux liquide dont on active l'évaporation à l'aide de la machine pneumatique. En peu d'instants le métal est solidifié. Enfin, on obtient les températures les plus basses par l'évaporation, dans le vide, d'un mélange d'éther et d'acide carbonique solide. M. Faraday a produit de cette manière un froid de — 110°. Le protoxyde d'azote liquide est également très-propre à développer, par son évaporation, des froids considérables.

Il nous reste à prouver que le passage rapide d'un corps solide à l'état liquide est accompagné d'une production de froid, quand aucune cause ne lui restitue la chaleur qu'il rend latente. C'est à quoi l'on parvient en mélangeant ensemble, dans des proportions convenables, deux ou plusieurs corps, dont un au moins est à l'état solide, et qui, par leur affinité, tendent à former une combinaison liquide. Lorsque la chaleur produite par cette combinaison est moindre que la chaleur rendue latente par les corps solides qui se liquéfient, la température s'abaisse et le mélange reçoit le nom de *mélange réfrigérant* ou *frigorifique*. On peut obtenir des mélanges de cette espèce avec de la glace et des acides ou des sels ayant de l'affinité pour l'eau. En mélangeant, par exemple, deux parties de glace pilée avec une partie de sel marin, on peut obtenir un froid de — 20°. De même, une partie d'acide sulfurique mêlée avec quatre parties de neige produit un froid qui peut aller jusqu'à 15 ou 20 degrés au-dessous de zéro. Mais, comme il se dégage beaucoup de chaleur lorsque l'acide sulfurique s'unit à l'eau, si la proportion de neige diminue suffisamment, il arrive que sa fusion absorbe moins de chaleur que sa combinaison avec l'acide n'en développe, et alors la température du mélange s'élève au lieu de s'abaisser. On voit donc que la composition et les proportions des mélanges influent considérablement sur le degré de froid qu'ils peuvent développer.

Il semble, au premier abord, que, pour obtenir des températures de plus en plus basses, il suffirait d'employer à la préparation des mélanges réfrigérants des corps déjà fortement refroidis. Mais on n'obtient jamais ainsi qu'un abaissement limité de température, parce que l'affinité des substances diminuant lorsque le froid augmente, la cause qui détermine la fusion s'anéantit à une certaine température. Un mélange de sel et de glace, par exemple, ne peut s'abaisser au-dessous de — 22°, parce qu'à — 22°, une dissolution de sel marin abandonnerait le sel pour le laisser cristalliser.

Tableau des abaissements de température obtenus dans certains mélanges frigorifiques.

NOMS DES SUBSTANCES.	PROPORTIONS À PRENDRE.	ABAISSEMENT DE TEMPÉRATURE.
Neige ou glace pilée.	1	de 0° à — 21°.
Sel marin.	1	
Neige.	3	de 0° à — 48.
Chlorure de calcium hydraté	4	
Nitrate d'ammoniaque	1	de + 10° à — 15.
Eau	1	
Chlorhydrate d'ammoniaque.	5	de + 10° à — 15.
Nitrate de potasse	5	
Sulfate de soude	8	
Eau.	16	
Sulfate de soude	8	de + 10° à — 17.
Acide chlorhydrique.	5	

Avec le chlorure de calcium cristallisé et la neige, on arrive aisément à la congélation du mercure. Le chlorure de calcium doit être pris en poudre ; quant à la neige, il faut qu'elle soit bien sèche ; or, il suffit, pour l'obtenir en cet état, de la refroidir dans un mélange de glace et de sel marin, ce qui est toujours facile. Enfin, pour empêcher la fusion trop prompte du mélange, il est bon, suivant M. Person, d'opérer dans un système de vases métalliques très-minces, renfermés les uns dans les autres, et laissant entre eux des couches d'air de 3 centimètres d'épaisseur environ. On arrive alors à geler 700 à 800 grammes de mercure avec 400 grammes de chlorure de calcium et 300 grammes de neige, en opérant par un temps sec, à 2 ou 3 degrés au-dessous de zéro.

Fig. 649.

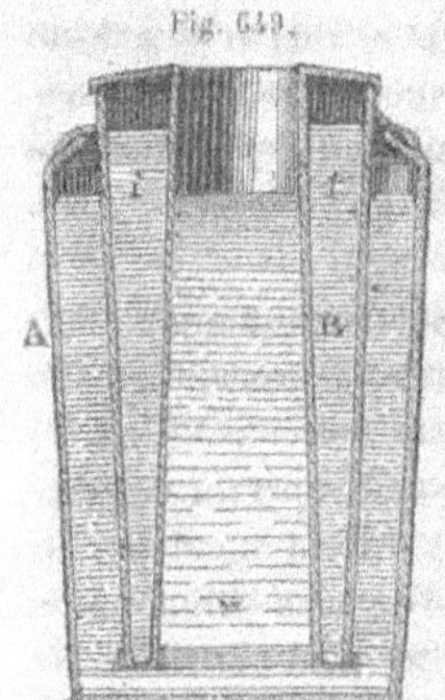

Depuis quelque temps, l'emploi du mélange réfrigérant composé de sulfate de soude et d'acide chlorhydrique a pris une certaine extension par suite de la vulgarisation des glacières artificielles; ces appareils (fig. 649) sont essentiellement formés : 1° d'un seau en fer-blanc A recouvert extérieurement de lisière de drap et dans lequel on place le mélange réfrigérant; 2° d'un vase B, aussi en fer-blanc, destiné à recevoir l'eau que l'on veut congeler; il est formé de deux cônes, et l'eau se met dans leur intervalle *i*. Le cône intérieur étant ouvert, le mélange réfrigérant y monte à son niveau. On a ainsi l'avantage de refroidir l'eau par ses deux faces, et de former un cône creux de glace qui sort aisément de ses enveloppes lorsqu'on retourne le vase B. (H. V.)

ÉQUIVALENT MÉCANIQUE DE LA CHALEUR. — CORRÉLATION DES FORCES PHYSIQUES.

Nous avons vu que la pression, le frottement, la compression et, en général, toute force capable d'effectuer un certain travail mécanique, peut développer de la chaleur. En même temps que la chaleur se produit, le travail mécanique est usé, détruit. On est donc conduit à admettre que le travail d'une force est susceptible de se convertir ou de se transformer en chaleur.

Réciproquement, la chaleur produit des effets mécaniques. En effet, quand un gaz comprimé se détend en soulevant un poids, et en effectuant, par conséquent, un certain travail, il se refroidit. De même, lorsque la vapeur se détend, dans une machine à vapeur, elle accomplit un travail, et cet effet est accompagné d'un abaissement de température, puisque, après s'être dilatée, la vapeur contient moins de chaleur qu'auparavant (p. 545).

Montgolfier, vers 1800, a le premier considéré la chaleur comme capable de se transformer en travail mécanique et réciproquement. Mais ses idées passèrent inaperçues; elles étaient en contradiction avec les doctrines régnantes, relatives à la manière d'agir de la vapeur dans les machines à feu. S'appuyant sur les expériences de Watt, desquelles il semblait résulter que la quantité de chaleur contenue dans un kilogramme de vapeur est la même à toutes les températures, on admettait que dans les machines à vapeur le travail mécanique se produit sans disparition de chaleur. M. Séguin, revenant aux idées de Montgolfier, soutint de nouveau que l'effet mécanique est toujours la conséquence d'une perte de chaleur, et que cet effet est proportionnel à la quantité de chaleur qui disparait dans le passage de la vapeur à travers la machine. Cette manière de voir a d'abord réuni peu de partisans; mais plus tard elle fut adoptée et développée par des physiciens de premier ordre, tels que M. Regnault, en France; MM. Joule, Rankine, Thomson, en Angleterre; MM. Mayer, Clausius, en Allemagne; M. Kupfer, en Russie, etc.

Dans la théorie que nous exposons, on nomme *équivalent mécanique* de la chaleur la quantité de travail que peut effectuer une *calorie*, c'est-à-dire la quantité de chaleur qui élève d'un degré la température d'un kilogramme d'eau. M. Séguin a obtenu, au moyen de l'expansion de la vapeur, le nombre 449 k. m. pour la valeur de cet équivalent. M. Mayer, en faisant dilater un gaz, a trouvé la valeur 367k. m.

Réciproquement, si la nouvelle doctrine est exacte, il faut qu'en dépensant un travail égal à l'équivalent mécanique de la chaleur, on dégage une unité de chaleur ou une calorie. M. Joule a vérifié cette conséquence par différents procédés. Le premier moyen est fondé sur la compression des gaz : en évaluant le travail nécessaire pour comprimer de l'air à 22 atmosphères environ, et en mesurant la quantité de chaleur dégagée par la compression, M. Joule a trouvé qu'une dépense de travail de 444 kilogrammètres est accompagnée de la production d'une calorie. D'après cela, l'équivalent mécanique de la chaleur serait 444k. m. Ce nombre diffère assez peu de celui qui résulte des expériences de M. Séguin. M. Joule a ensuite cherché à mesurer l'équivalent mécanique de la chaleur en partant de la chaleur dégagée, soit dans le frottement des liquides, soit dans celui des solides. Ces deux moyens ont donné, pour l'équivalent cherché, le nombre 432k. m. Enfin, M. Person, par un autre procédé, est arrivé au nombre 424 kilogrammètres pour le travail produit par une calorie. L'accord qui existe entre ces différents résultats doit évidemment être considéré comme une forte preuve en faveur de la théorie mécanique de la chaleur, qui est aujourd'hui l'objet des travaux d'un grand nombre de physiciens éminents.

La possibilité de transformer la chaleur en travail mécanique et celui-ci en chaleur, a fait naître l'idée que les autres forces de la nature, la lumière, le magnétisme, l'électricité, l'affinité chimique, sont susceptibles d'une transformation analogue, ce qui conduirait à admettre que tous les agents de la nature peuvent se convertir les uns dans les autres dans des conditions données. Le développement de ces idées est devenu la matière d'un livre d'un haut intérêt, publié en Angleterre par M. W. R. Grove, et dont une traduction très-soignée, due à M. l'abbé Moigno, a enrichi, récemment, la littérature française. A l'appui de la *corrélation entre les forces physiques*, M. Grove rappelle, entre autres, que le mouvement engendre, non-seulement de la chaleur, mais encore de l'électricité, qui, à son tour, peut produire de l'électricité, du magnétisme, de la lumière, de la chaleur et des réactions chimiques; mais il constate que, dans l'état actuel de la science, il est encore impossible de prouver que deux forces quelconques, prises au hasard, s'engendrent l'une l'autre. Toutefois, il est convaincu que la génération directe et immédiate de toutes les forces de la nature par l'une quelconque d'entre elles, est possible. La science attend la constatation de ce fait capital, qui ouvrirait une ère toute nouvelle de découvertes; mais dès à présent, et en considérant de haut et dans leur ensemble les forces naturelles en jeu dans l'univers, on peut déjà affirmer que rien ne se perd, rien ne se crée dans la nature, mais que tout s'y convertit et s'y transforme. (H. V.)

FIN DU TOME SECOND ET DERNIER.

TABLEAU

POUR LA RÉDUCTION DES MESURES DE LONGUEUR.

NOUVELLES MESURES.	MESURES PRUSSIENNES OU DU RHIN.	ANCIENNES MESURES FRANÇAISES.	MESURES ANGLAISES.
1mm	0,459‴	0,443‴	0,0394″
2	0,918	0,887	0,0787
3	1,376	1,330	0,1181
4	1,835	1,773	0,1575
5	2,294	2,216	0,1969
6	2,753	2,660	0,2362
7	3,212	3,103	0,2756
8	3,671	3,546	0,3150
9	4,129	3,990	0,3543
1cm	4,588‴	4,433‴	0,3937″
2	9,176	8,866	0,7874
3	1″ 1,764	1″ 1,299	1,1811
4	1 6,353	1 5,732	1,5748
5	1 10,941	1 10,165	1,9685
6	2 3,529	2 2,604	2,3622
7	2 8,117	2 7,031	2,7560
8	3 0,705	2 11,462	3,1497
9	3 5,294	3 3,897	3,5434
1dm	3″ 9,882‴	3″ 8,330‴	3,9371
2	7 7,765	7 4,659	7,8742
3	11 5,645	11 0,989	11,8112
4	1′ 3 3,527	1′ 2 9,318	15,7483
5	1 7 1,408	1 6 5,648	19,6854
6	1 10 11,290	1 10 2,038	23,6225
7	2 2 9,172	2 1 10,307	27,5596
8	2 6 7,054	2 5 6,637	31,4966
9	2 10 4,935	2 9 2,966	35,4337
1m	3′ 2″ 2,817‴	3′ 0″ 11,296‴	3′ 3,3708″
2	6 4 5,634	6 1 10,592	6 6,7416
3	9 6 8,451	9 2 9,888	9 10,1124
4	12 8 11,268	12 3 9,184	13 1,4832
5	15 11 2,085	15 4 8,480	16 4,8539
6	19 1 4,902	18 5 7,776	19 8,2247
7	22 3 7,719	21 6 7,072	22 11,5955
8	25 5 10,536	24 7 6,368	26 2,9663
9	28 8 1,353	27 8 5,664	29 6,3371
10	31 10 4,170	30 9 4,950	32 9,7079

Les indications suivantes serviront pour réduire en mesures du système métrique des longueurs exprimées, soit en anciennes mesures françaises, soit en mesures prussiennes, soit en mesures anglaises.

1° Le pied de Paris (pied de roi) = 12″ = 144‴ = 0m,32484. La toise vaut 6 pieds, et 1 lieue de France = 4000 mètres.

2° Le pied du Rhin (prussien et danois) = 12″ = 144‴ = 0m,31385.

Le pied de Berlin = 12″ = 144‴ = 0m,30972.

1 mille allemand = 4 milles anglais = 6432 mètres.

3° 1 pied anglais = 12 pouces = 0m,3047928, et 1 mètre = 3′ 3 3/8″ anglais. Le plus souvent le pouce anglais = 8 lignes, quelquefois 10, d'autres fois, mais rarement, 12. — 1 yard = 3 pieds. 1 mille = 5280 pieds = 1608 mètres.

MESURES DE POIDS.

1° Le tonneau anglais ou la tonne anglaise (= 1015 kil.) = 20 quintaux. Le quintal d'Angleterre renferme 112 livres anglaises (avoir du poids). La livre anglaise (avoir du poids) = 0k,453237.

2° La livre de Berlin = 2 mark = 16 onces = 32 loth = 0k,46846. Le quintal de Prusse = 110 livres de Berlin = 51k,38.

Pl. 1.

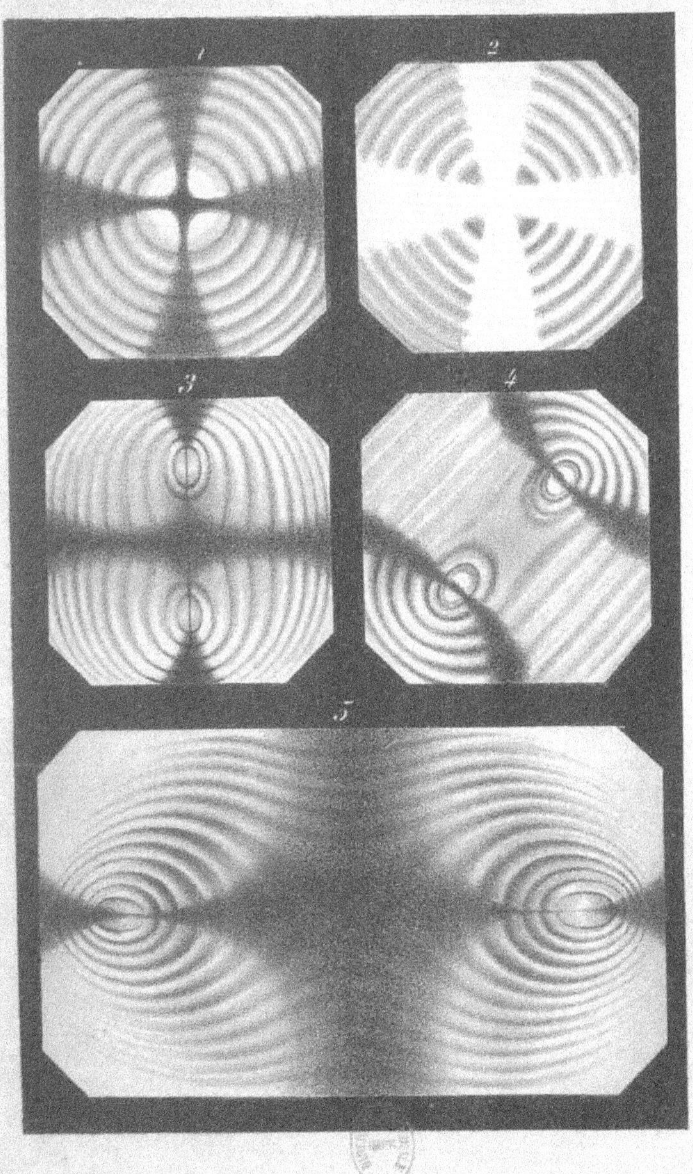

TABLE DES MATIÈRES

DU SECOND VOLUME.

Les articles de M. H. Valérius sont signés de ses initiales ; ceux qui ne portent pas de signature sont, pour la plupart, une traduction libre des articles correspondants de l'ouvrage de M. Zimmermann.

PROPRIÉTÉS GÉNÉRALES DES CORPS.

PRINCIPES GÉNÉRAUX DE MÉCANIQUE.

I. — NOTIONS GÉNÉRALES.

II. — STATIQUE DES SOLIDES.

III. — HYDROSTATIQUE.

IV. — AÉROSTATIQUE.

DES BAROMÈTRES.

APPAREILS FONDÉS SUR LES LOIS DE LA STATIQUE DES FLUIDES.

DÉTERMINATION DES POIDS SPÉCIFIQUES.

V. — DYNAMIQUE DES SOLIDES.

VI. — HYDRODYNAMIQUE.

VII. — AÉRODYNAMIQUE OU DYNAMIQUE DES FLUIDES ÉLASTIQUES.

ACOUSTIQUE.

OPTIQUE.

I. — NOTIONS GÉNÉRALES.

II. — RÉFLEXION DE LA LUMIÈRE.

III. — RÉFRACTION SIMPLE DE LA LUMIÈRE.

IV. — DISPERSION ET ACHROMATISME.

V. — DE LA VISION.

VI. — INSTRUMENTS D'OPTIQUE.

VII. — EXPLICATION DES PHÉNOMÈNES DE L'OPTIQUE DANS LE SYSTÈME DES ONDULATIONS.

DE LA CHALEUR.

I. — CONSTRUCTION DES THERMOMÈTRES ORDINAIRES ET DE L'APPAREIL THERMO-ÉLECTRIQUE DE MELLONI.

II. — MODES DE PROPAGATION DE LA CHALEUR.

CHALEUR RAYONNANTE.

PROPAGATION DE LA CHALEUR PAR COMMUNICATION.

III. — DES EFFETS QUE LA CHALEUR PRODUIT SUR LES CORPS.

I. DILATATION.

II. CHANGEMENTS D'ÉTAT DES CORPS.

III. CHALEUR SPÉCIFIQUE ET CHALEUR LATENTE.

APPLICATIONS DE LA THÉORIE DES VAPEURS.

ERRATA DU TOME SECOND.

Pages.	Lignes.	
19	20	ÉLASTICITÉ, *lisez :* ÉLASTICITÉS.
42	31	Telle sont, *lisez :* Telles sont.
302	7	Sous le rapport de la manière, etc., *lisez :* En égard à la manière.
306	18	L'ouverture libre de l'un de ces tubes est percée à son centre, etc., *lisez :* L'extrémité libre de l'un de ces tubes est fermée par un disque opaque percé à son centre.
308	21	513285304, *lisez :* 513274304.
308	21	78321, *lisez :* 78318.
377	22	Sont tels, *lisez :* sont telles.
412		La figure 387 n'est pas complétement exacte : la droite T E devrait être tangente à l'ellipse C S B.
507	25	VAPEUR DANS, etc., *lisez :* VAPEURS DANS.

25 centimes la livraison.

LES

PHÉNOMÈNES

DE

LA NATURE

LEURS LOIS

ET LEURS APPLICATIONS AUX ARTS ET A L'INDUSTRIE.

D'APRÈS LE Dr W. F. A. ZIMMERMANN,

PAR

LE Dr H. VALÉRIUS,

Professeur de physique à l'université de Gand.

DEUX VOLUMES GR. IN-8°,

ILLUSTRÉS D'UN GRAND NOMBRE DE GRAVURES SUR BOIS, ET DE PLUSIEURS PLANCHES COLORIÉES,

publiés en 64 livraisons.

PHYSIQUE POPULAIRE A L'USAGE DES GENS DU MONDE.

PARIS. SCHULZ ET THUILLIÉ, **12, Rue de Seine.**

BRUXELLES. CHARLES MUQUARDT, **Éditeur.**

PARIS. GUSTAVE HAVARD, **15, Rue Guénégaud.**

ET CHEZ HECTOR BOSSANGE ET FILS, COMMISSIONNAIRES POUR L'ÉTRANGER.

1857

Livraisons 34 et 35.

25 centimes la livraison.

LES

PHÉNOMÈNES

DE

LA NATURE

LEURS LOIS

ET LEURS APPLICATIONS AUX ARTS ET A L'INDUSTRIE,

D'APRÈS LE Dr W. F. A. ZIMMERMANN,

PAR

LE Dr H. VALÉRIUS,

Professeur de physique à l'université de Gand.

DEUX VOLUMES GR. IN-8°.

ILLUSTRÉS D'UN GRAND NOMBRE DE GRAVURES SUR BOIS, ET DE PLUSIEURS PLANCHES COLORIÉES,

publiés en 64 livraisons.

PHYSIQUE POPULAIRE A L'USAGE DES GENS DU MONDE.

PARIS.	BRUXELLES.	PARIS.
SCHULZ ET THUILLIÉ,	CHARLES MUQUARDT,	GUSTAVE HAVARD,
12, Rue de Seine.	Éditeur.	15, Rue Guénégaud.

ET CHEZ HECTOR BOSSANGE ET FILS, COMMISSIONNAIRES POUR L'ÉTRANGER.

1857

Livraisons 56 *et* 57.

25 centimes la livraison.

LES

PHÉNOMÈNES

DE

LA NATURE

LEURS LOIS

ET LEURS APPLICATIONS AUX ARTS ET A L'INDUSTRIE,

D'APRÈS LE Dr W. F. A. ZIMMERMANN,

PAR

LE Dr H. VALÉRIUS,

Professeur de physique à l'université de Gand.

DEUX VOLUMES GR. IN-8°,

ILLUSTRÉS D'UN GRAND NOMBRE DE GRAVURES SUR BOIS, ET DE PLUSIEURS PLANCHES COLORIÉES,

publiés en 64 livraisons.

PHYSIQUE POPULAIRE A L'USAGE DES GENS DU MONDE.

PARIS. SCHULZ ET THUILLIÉ, 13, Rue de Seine.

BRUXELLES. CHARLES MUQUARDT, Éditeur.

PARIS. GUSTAVE HAVARD, 15, Rue Guénégaud.

ET CHEZ HECTOR BOSSANGE ET FILS, COMMISSIONNAIRES POUR L'ÉTRANGER.

1857

Livraisons 38 et 39.

25 centimes la livraison.

LES

PHÉNOMÈNES

DE

LA NATURE

LEURS LOIS

ET LEURS APPLICATIONS AUX ARTS ET A L'INDUSTRIE,

D'APRÈS LE Dr W. F. A. ZIMMERMANN,

PAR

LE Dr H. VALÉRIUS,

Professeur de physique à l'Université de Gand.

DEUX VOLUMES GR. IN-8°,

ILLUSTRÉS D'UN GRAND NOMBRE DE GRAVURES SUR BOIS, ET DE PLUSIEURS PLANCHES COLORIÉES,

publiés en 64 livraisons.

PHYSIQUE POPULAIRE A L'USAGE DES GENS DU MONDE.

PARIS. SCHULZ ET THUILLIÉ, 12, Rue de Seine.

BRUXELLES. CHARLES MUQUARDT, Éditeur.

PARIS. GUSTAVE HAVARD, 15, Rue Guénégaud.

ET CHEZ HECTOR BOSSANGE ET FILS, COMMISSIONNAIRES POUR L'ÉTRANGER.

1857

Livraisons 40 *et* 41.

25 centimes la livraison.

LES

PHÉNOMÈNES

DE

LA NATURE

LEURS LOIS

ET LEURS APPLICATIONS AUX ARTS ET A L'INDUSTRIE,

D'APRÈS LE Dr W. F. A. ZIMMERMANN,

PAR

LE Dr H. VALÉRIUS,

Professeur de physique à l'université de Gand.

DEUX VOLUMES GR. IN-8°,

ILLUSTRÉS D'UN GRAND NOMBRE DE GRAVURES SUR BOIS, ET DE PLUSIEURS PLANCHES COLORIÉES,

publiés en 64 livraisons.

PHYSIQUE POPULAIRE A L'USAGE DES GENS DU MONDE.

PARIS. SCHULZ ET THUILLIÉ, 12, Rue de Seine.

BRUXELLES. CHARLES MUQUARDT, Éditeur.

PARIS. GUSTAVE HAVARD, 15, Rue Guénégaud.

ET CHEZ HECTOR BOSSANGE ET FILS, COMMISSIONNAIRES POUR L'ÉTRANGER.

1857

Livraisons 44 et 45.

25 centimes la livraison.

LES

PHÉNOMÈNES

DE

LA NATURE

LEURS LOIS

ET LEURS APPLICATIONS AUX ARTS ET A L'INDUSTRIE,

D'APRÈS LE Dr W. F. A. ZIMMERMANN,

PAR

LE Dr H. VALÉRIUS,

Professeur de physique à l'université de Gand.

DEUX VOLUMES GR. IN-8°,

ILLUSTRÉS D'UN GRAND NOMBRE DE GRAVURES SUR BOIS, ET DE PLUSIEURS PLANCHES COLORIÉES,

publiés en 64 livraisons.

PHYSIQUE POPULAIRE A L'USAGE DES GENS DU MONDE.

PARIS. SCHULZ ET THUILLIÉ, 12, Rue de Seine.

BRUXELLES. CHARLES MUQUARDT, Éditeur.

PARIS. GUSTAVE HAVARD, 15, Rue Guénégaud.

ET CHEZ HECTOR BOSSANGE ET FILS, COMMISSIONNAIRES POUR L'ÉTRANGER.

1857

Livraisons 46 — 49.

25 centimes la livraison.

LES

PHÉNOMÈNES

DE

LA NATURE

LEURS LOIS

ET LEURS APPLICATIONS AUX ARTS ET A L'INDUSTRIE,

D'APRÈS LE Dr W. F. A. ZIMMERMANN,

PAR

LE Dr H. VALÉRIUS,

Professeur de physique à l'université de Gand.

DEUX VOLUMES GR. IN-8°,

ILLUSTRÉS D'UN GRAND NOMBRE DE GRAVURES SUR BOIS, ET DE PLUSIEURS PLANCHES COLORIÉES,

publiés en 64 livraisons.

PHYSIQUE POPULAIRE A L'USAGE DES GENS DU MONDE.

PARIS. SCHULZ ET THUILLIÉ, 17, Rue de Seine.

BRUXELLES. CHARLES MUQUARDT, Éditeur.

PARIS. GUSTAVE HAVARD, 15, Rue Guénégaud.

ET CHEZ HECTOR BOSSANGE ET FILS, COMMISSIONNAIRES POUR L'ÉTRANGER.

1857

Livraisons 50 — 53.

25 centimes la livraison.

LES

PHÉNOMÈNES

DE

LA NATURE

LEURS LOIS

ET LEURS APPLICATIONS AUX ARTS ET A L'INDUSTRIE,

D'APRÈS LE Dr W. F. A. ZIMMERMANN,

PAR

LE Dr H. VALÉRIUS,

Professeur de physique à l'université de Gand.

DEUX VOLUMES GR. IN-8o,

ILLUSTRÉS D'UN GRAND NOMBRE DE GRAVURES SUR BOIS, ET DE PLUSIEURS PLANCHES COLORIÉES,

publiés en 64 livraisons.

PHYSIQUE POPULAIRE A L'USAGE DES GENS DU MONDE

PARIS. SCHULZ ET THUILLIÉ, 12, Rue de Seine.

BRUXELLES. CHARLES MUQUARDT, Éditeur.

PARIS. GUSTAVE HAVARD, 15, Rue Guénégaud.

ET CHEZ HECTOR BOSSANGE ET FILS, COMMISSIONNAIRES POUR L'ÉTRANGER.

1857

Livraisons 54 — 57.

25 centimes la livraison.

LES

PHÉNOMÈNES

DE

LA NATURE

LEURS LOIS

ET LEURS APPLICATIONS AUX ARTS ET A L'INDUSTRIE,

D'APRÈS LE Dr W. F. A. ZIMMERMANN,

PAR

LE Dr H. VALÉRIUS,

Professeur de physique à l'université de Gand.

DEUX VOLUMES GR. IN-8°,

ILLUSTRÉS D'UN GRAND NOMBRE DE GRAVURES SUR BOIS, ET DE PLUSIEURS PLANCHES COLORIÉES,

publiés en 64 livraisons.

PHYSIQUE POPULAIRE A L'USAGE DES GENS DU MONDE.

PARIS. SCHULZ ET THUILLIÉ, 17, Rue de Seine.

BRUXELLES. CHARLES MUQUARDT, Éditeur.

PARIS. GUSTAVE HAVARD, 15, Rue Guénégaud.

ET CHEZ HECTOR BOSSANGE ET FILS, COMMISSIONNAIRES POUR L'ÉTRANGER.

1857

Livraisons 58 — 61.

25 centimes la livraison.

LES

PHÉNOMÈNES

DE

LA NATURE

LEURS LOIS

ET LEURS APPLICATIONS AUX ARTS ET A L'INDUSTRIE,

D'APRÈS LE Dr W. F. A. ZIMMERMANN,

PAR

LE Dr H. VALÉRIUS,

Professeur de physique à l'université de Gand.

DEUX VOLUMES GR. IN-8°,

ILLUSTRÉS D'UN GRAND NOMBRE DE GRAVURES SUR BOIS, ET DE PLUSIEURS PLANCHES COLORIÉES,

publiés en 64 livraisons.

PHYSIQUE POPULAIRE A L'USAGE DES GENS DU MONDE.

PARIS. SCHULZ ET THUILLIÉ, **17, Rue de Seine.**

BRUXELLES. CHARLES MUQUARDT, **Éditeur.**

PARIS. GUSTAVE HAVARD, **15, Rue Guénégaud.**

ET CHEZ HECTOR BOSSANGE ET FILS, COMMISSIONNAIRES POUR L'ÉTRANGER.

1857

Livraisons 62 — 64.

www.ingramcontent.com/pod-product-compliance
Lightning Source LLC
LaVergne TN
LVHW011938220826
846092LV00001B/28